# 复杂神经动力网络的稳定性和同步性

王占山 著

科学出版社

北京

# 内 容 简 介

复杂神经动力网络是复杂网络、神经网络和动力系统交叉结合的一门新型学科。本书围绕基于还原论的神经动力系统稳定性，对基于系统论的复杂神经动力网络同步性的演化脉络展开研究，揭示了稳定性、同步性的本质及二者之间的关系。对递归神经网络的稳定性进行了综述，并建立了四种时滞情况下的神经网络稳定性判据。随后对复杂神经动力网络的自同步性、自适应同步性及容错同步性进行了研究。本书内容是作者近年来的研究心得，另外，为了内容自成体系，在第 1 章介绍了一些基本理论知识，较为详尽地对动力系统、稳定性及 $M$ 矩阵等相关概念的不同理解进行了对比，以方便读者进行比较阅读和比较学习。

本书可供高等院校的自动化、控制理论、非线性科学、计算机、应用数学等相关专业的高年级本科生、研究生、教师，特别是从事神经网络理论、复杂网络、动力系统、智能控制理论研究的相关科技工作者借鉴和参考。

**图书在版编目(CIP)数据**

复杂神经动力网络的稳定性和同步性/王占山著. —北京：科学出版社，2014

ISBN 978-7-03-039931-1

Ⅰ.①复… Ⅱ.①王… Ⅲ.①计算机网络-研究 Ⅳ.①TP393

中国版本图书馆 CIP 数据核字(2014) 第 039428 号

责任编辑：张海娜 高慧元／责任校对：张小霞
责任印制：吴兆东／封面设计：蓝正设计

**科 学 出 版 社** 出版
北京东黄城根北街 16 号
邮政编码：100717
http://www.sciencep.com

**北京九州迅驰传媒文化有限公司** 印刷
科学出版社发行 各地新华书店经销

*

2014 年 3 月第 一 版 开本：720 × 1000 1/16
2023 年 2 月第四次印刷 印张：26 1/2
字数：525 000

**定价：188.00 元**
(如有印装质量问题，我社负责调换)

# 前　　言

自从 Hopfield 型神经网络模型和 Cohen-Grossberg 型神经网络模型提出以来，递归神经网络稳定性的研究得到了极大的发展，人们对神经网络稳定性的认识得到了极大提升。稳定性的研究主要是基于动力系统的稳定性理论，特别是 Lyapunov 稳定理论。事实上，稳定性是运动稳定性的简称，是有一定的参考坐标系作为标架或者论域的，我们所研究的稳定性都是在这一标架或坐标体系中的相对稳定性，或者是研究相对标架下的绝对稳定性。选取的参考坐标系不同，得到的运动形式就不同，相应的稳定判据也就不同，但这些结果都是从不同的方式和角度对所研究问题的不同描述和阐释的反映。随着系统规模的扩大，系统之间的信息交互、数据共享等使得很多孤岛式的系统主动或者被动地互联起来，特别是随着互联网络技术、计算机技术、通信技术、电力电子技术、网络控制技术及控制理论的发展，大规模集群系统不断涌现，使得大规模的复杂系统呈现出很多孤岛式系统不具备的特性，其中的一种复杂网络系统动态特性就是同步性。同步性是稳定性的一种升级和本源再现，是对还原论认识的一种自然回归，即系统论或网络论。在同步性研究中，最典型的例证就是同步性的证明过程与稳定性的证明过程极为相似；过程虽相似，但不同的始终点最终导致解决的问题不一样。稳定性与同步性的最大差别之一为：稳定性的终态至少是有界的或者是事先明了的，与系统本身的结构特性具有内在必然性；同步性的终态可以是趋于无界的或者是事先无法预期的，不仅与孤立节点系统的结构特性有关 (此处属于稳定性的动态特性范畴)，而且与诸多节点系统之间的互联拓扑结构和耦合强度等因素有关。这样，即使所有的孤立系统都是稳定的，但通过一定的拓扑结构耦合连接得到的复杂网络的总体性态也可能是不稳定的。这一点与模糊逻辑系统通过加权将诸多模糊规则进行整合及与神经网络通过不同的连接强度将不同激励作用进行重组等智能系统方法具有相似之处。由此可进一步深入地看到智能系统之所以能够有效解决一大类非线性特性问题，是因为抓住了事物复杂性的本质，即复杂源于简单，简单之间的不同相互作用形成涌现复杂性的过程，由此进一步揭示认识事物的同步性和平行性之间具有内在的相通性。

稳定性和同步性源出同门，但又有各自的演化轨迹。稳定性主要强调个体本身的性态，同步性强调不同个体之间的相互作用；稳定性强调个体外在行为与内在特性的统一，同步性强调个体之间外在表现形式的一致性。此外，神经网络本身是由大量神经元组成的，通过一定的联结机制形成不同的功能单元，从本质上来说，神经网络就是复杂网络的一种，只是由于基于仿生概念抽取的不同非线性特征及生态信息而便于不同功能实现使得神经网络的数学模型描述得到极度简化,尽管如此简化的模型或仿生效用也使设计者体验了极大的受益。因此,研究神经网络的稳定性到研究复杂网络的同步性本是一脉相承、自然而然的事,是对一个事物不同发展阶段的认识过程。认识无止境,复杂网络的研究也就无限延展;认识的目的是要探索规律为人类生产生活服务,研究的方式和方法也要遵循客观事物的原态。稳定性和同步性仅是复杂世界呈现的一种同性态的不同表现形式。

　　作者对神经网络的认识和理解构成了本书写作的动力:一是对十年来神经网络稳定性研究工作的总结;二是对神经网络定性理论发展的一个方向进行自然外展和拓延;三是对比同步性的研究,探究稳定性的根源,由此在认识上能够有一个较为理性的认知 —— 相对性与绝对性的统一;四是将以往所取得的理论成果应用到当下热点研究课题中。理论不存在过时与否,但存在如何适应问题的需要而焕发新的动力,即经典理论与当下研究热点课题之间也存在如何实现同步性的问题。神经网络稳定性理论如此,当下的复杂网络同步性等理论在未来的发展中也是如此。

　　全书共 10 章。第 1 章是绪论,借鉴了国内外一些专家和同行学者的论文和专著,目的是让读者对一些基本概念和常用工具有一些对比认识;第 2~6 章的内容主要是在作者博士后出站报告的基础上补充整理而成的,主要是关于时滞递归神经网络稳定性的研究;第 7~10 章的内容是基于作者近三年的研究成果整理而成的,主要是关于复杂神经动力网络同步性的研究及对未来的憧憬。

　　本书的出版得到国家自然科学基金(No.61074073,No.61034005,No.61374124)、教育部新世纪优秀人才支持计划 (NCET-10-0306)、中央高校基本科研业务费 (No. N110504001)、国家高技术研究发展计划 (863 计划) 先进制造技术领域重点课题 (No.2012AA040104)、流程工业综合自动化国家重点实验室基础科研课题 (No. 2013ZCX01-07) 和中国博士后科学基金特别资助金 (No.200902547) 的资助,在此一并表示感谢。

　　本书的初稿得到东北大学刘秀翀博士的校核,在措辞及某些定义、概念等方面给出了一些指正,在此表示感谢。

　　感谢家人对作者工作的理解和支持。

　　复杂神经动力网络的研究还处在快速发展的阶段,相关研究不断推陈出新。由于作者水平有限,书中难免存在不足之处,敬请读者批评指正。

王占山

2013 年 10 月于东北大学

# 目　　录

# 第1章 绪 论

## 1.1 系统和动力系统的概念

系统存在于自然界和人类社会活动的一切领域中。系统是控制理论 (严格地说应是系统控制理论) 所要研究的对象。从系统控制理论的角度看，通常将系统定义为由相互关联和相互制约的若干部分所组成的具有特定功能的一个整体。系统的状态由描述系统行为特征的变量来表示，随着时间的推移，系统会不断地演化。导致系统状态和演化进程发生变化的因素主要包括外部环境的影响、内部组成的相互作用以及人为的控制作用等。

系统作为控制理论的一个最为基本的概念，具有如下三个基本特征[1]：①整体性。整体性有两层基本含义：一是强调系统在结构上的整体性，即系统由部分所组成，各组成部分之间的相互作用是通过物质、能量和信息的交换来实现的；二是突出系统行为和功能由整体所决定的特点，系统可以具有其组成部分所没有的功能，有着相同组成部分，但它们的关联和作用关系不同的两个系统可以呈现出很不相同的行为和功能。②抽象性。在现实世界中，一个系统总是具有具体的物理、自然或社会属性。例如，工程领域中的机电系统、制造系统、电力系统、通信系统等，自然领域中的生物系统、生态系统、气候系统等，以及社会领域中的经济系统、人口系统、社会系统等。但是，作为系统控制理论研究对象的系统，常常弱化了具体系统的物理、自然或社会含义，而把它抽象化为一个一般意义下的系统模型 (可视为绝对化的系统) 而加以研究。系统概念的这种抽象化处理，有助于揭示系统的一般特性和规律，使系统控制理论的研究具有普适性，属于宏观的定性研究的范畴。同时，针对具体的特定实际系统，定性评价之后还需要进行微观的定量研究，如科学计算、仿真验证、实验检验等，这样，从定性和定量两方面将系统的规律和行为进行了解和掌握，实现综合设计的要求。③相对性。在系统的定义中，所谓系统和部分这种称谓具有相对的属性。事实上，对于一个系统而言，其组成部分通常也是由若干个更小的部分所组成的一个系统，而这个系统往往又是另一个系统的组成部分 (如复杂网络系统、大规模互联系统等)。基于系统的这种相对关系，人们常把系统进一步分类为小系统、系统、大系统、巨系统等。这种区分反映了不同系统在组成规模和信息结构上的不同复杂程度。

动力系统的研究始于 19 世纪末期，自 1881 年起，庞加莱开始了常微分方程定性理论的研究, 其讨论的问题 (如稳定性、周期轨道的存在及回归性等) 以及所用研究方法的着眼点, 即为后来的动力系统这一数学分支的创始[2]。伯克霍夫自 1912 年起, 以三体问题为背景, 扩展了动力系统的研究, 包括他得出的遍历性定理。在他们关心的天体力学或哈密顿系统的领域中, 多年后出现了以太阳系稳定性为背景的柯尔莫哥洛夫–阿诺尔德–莫泽扭转定理。从 1931 年起, 马尔可夫总结伯克霍夫理论, 正式提出动力系统的抽象概念, 苏联学者进一步推动了动力系统理论的发展。

　　在 20 世纪的中后期, 动力系统的研究又产生了质的变化, 这源于结构稳定性的研究。这方面的主要成果许多是在 $X$ 是紧致光滑流形 $M$ 的情况下得出的。$M$ 上的 $C^1$ 常微系统 $S$, 如果充分小的 $C^1$ 扰动不改变 $S$ 的相图结构, 就称为结构稳定的。也就是说, 若 $M$ 上任一 $C^1$ 常微系统 $Z$ 充分靠近 $S$, 则有 $M$ 到其自身上的一拓扑变换把 $S$ 的轨线映到 $Z$ 的轨线 (这里所谓充分靠近是就 $C$ 意义上来说的)。结构稳定性这一概念之所以为人们广泛接受, 是因为在实际应用中所取的数学模型, 比起真实现象, 往往经过了简化, 因此要使所取模型有效, 就要求虽有小扰动但仍能有某种程度不变的结构。显然, 从这个意义上的稳定性出发的动力系统理论, 不仅涉及每一单个常微系统相图的整体性, 也涉及同一流形上由许多常微系统组成的集合的整体性, 换言之, 这是大范围的。

　　常微系统结构稳定性的概念首先由安德罗诺夫和庞特里亚金于 1937 年就某类平面常微分方程组提出, 但隔了 20 多年, 在佩克索托给出了二维结构稳定系统稠密性定理后, 才受到人们的重视。因为二维闭曲面上的结构稳定系统不仅有较简单的相图结构, 且任一 $C^1$ 常微系统都可以由结构稳定系统来任意地靠近。在流形维数大于 2 时, 是否也有同样的结论? 这个问题激发了人们对微分动力系统的研究, 在高维情况下结构稳定系统的相图一般很复杂, 且稠密性定理不再成立。以斯梅尔为代表的数学家在微分动力系统研究方面作出了重要贡献, 其影响经久不衰。例如, 具有双曲构造的紧致不变子集仍然是许多具体课题的根苗。因为高维情况下稠密性定理不再成立, 于是就介入了具有异常复杂性的分岔问题, 这也许更符合自然界中出现的一些 "混沌" 现象。人们关心的洛伦兹奇异吸引子及费根堡姆现象很有启发性, 这方面的研究已渗入物理、化学、生物等许多科学领域中。

　　那么, 什么是动力系统? 大量的文献提到过, 但查找很多书和文章及结合网络搜索, 确切地给出动力系统定义的文献零散分布在学位论文、经典书籍和互联网中, 而在研究神经动力网络的书籍中还不多见。为此, 下面根据不同的参考文献和网络搜索, 给出几种动力系统的定义或解释, 以便从不同的角度和语言描述来综合认识动力系统。

　　下面引用文献 [3] 中的原文来介绍: A dynamical system is a system that evolves in time through the iterated application of an underlying dynamical rule. That transition rule describes the change of the actual state in terms of itself and possibly also previous states. The dependence of the state transition on the state of the system itself means that the dynamics is recursive. In particular, a dynamical system is not a simple input-output transformation, but the actual states depend on the system's own history. In fact, an input need not even be given to the system continuously, but rather it may be entirely sufficient if the input is only given as an initial state and the system is then allowed to evolve according only to its internal dynamical rules. This will represent the typical paradigm of a dynamical system for us.

根据文献 [3]，对于动力系统的理解主要有四方面的内容：同构性问题 (isomorphism problem)、同一性问题 (identity problem)、稳定性问题 (stability problem) 和动力系统的统计行为 (statistical behavior of dynamical systems)。下面仅在稳定性问题上进行考虑，关于其他的方面，可参见文献 [3]。

动力系统的定性行为在什么时候对初始摄动不敏感？根据动力系统将初始条件转换为渐近终态的观点来理解，这就是动态稳定性问题，即初始条件的微小变化将产生相似的终态。动力系统的终态可以用吸引子或吸引盆来描述，但这些吸引子的存在未必能够保证渐近终态的存在，如奇异吸引子、混沌吸引子等。根据对同构性问题的理解，这涉及结构稳定性的问题，即存在参数微小摄动的系统与参数摄动之前的原系统之间是同构的。根据对同一性问题的理解，系统 (其形态或终态) 在某一时间区间内没有发生结构变化，仍保持定性不变。

文献 [4] 认为动力系统是动态的，一些事情在发生，一些事情在随时间变化。自然界中的事物如何变化？Galilei 和 Newton 在以自然遵循可用数学描述的不变法则 (即确定性) 为中心原则的革命中扮演了关键角色。事物的行为与演化的方式由确定不变的规则决定。众所周知，在动力系统之前的历史，是力学法则的发展史，是对严密科学的追求，以及经典力学与天体力学的全面发展史。Newton 的革命基于如下的事实：自然原理可由数学语言描述，物理事件可依赖数学的确定性预测和设计。在力学、电学、磁学和热力学之后，其他自然科学也亦步亦趋，而社会科学也在掌握确定性的定量描述。这是经典动力系统的发展时期。基于上述确定性思想，动力系统首先是数学上的一个概念。其次，在动力系统中存在一个固定的规则，描述了几何空间中一个点随时间的变化情况。例如，钟摆晃动、管道中水的流动或者湖中每年春季鱼类的数量等数学模型都是动力系统。

该类描述形式都是基于模型在动力系统中有所谓状态的概念，状态是一组可以确定下来的实数。状态的微小变动对应这组实数的微小变动。这组实数也是一种流形的几何空间坐标。动力系统的演化规则是一组函数的固定规则，它描述未来状态如何依赖于当前状态。这种规则是确定性的，即对于给定的时间间隔内状态只能演化出一个未来的状态。同时，书中详细列举了关于动力系统的起源和生动丰富的事例。

动力系统现代理论的研究起源于 19 世纪后期的庞加莱,他曾写过如下一段话以示异议:"如果我们精确地知道自然法则以及宇宙在初始时刻的状态,我们就能精确地预测这一宇宙在后续时刻的状态,但是,即使自然法则对我们已毫无秘密,我们也只能近似地知道初始状态。如果这能使我们以同等精度预见后续状态,那么这就是我们所需要的一切。我们说这一由自然法则确定的现象已被预测,但情形并不总是这样。可能初始条件的微小差别会导致最终结果的巨大差别,先前的小误差会导致后来的大误差,预测变得不可能"。庞加莱所得到的观点正是动力系统研究正在实践的:长期渐近行为的研究,特别是其定性方面,所需的是无须事先对解进行显式计算的方法。除了动力系统中的定性方法,概率现象也在起作用[4]。

研究动力系统的主要原因,是其在处理我们与周围世界的关系中具有随处可见的重要性。许多系统随时间连续变化,如力学系统,但也有些系统是一步一步间歇演化的,如关于每年蝴蝶数量的模型描述,就是依季节循环计时等。这种逐步过程的重要性还有另一理由,它不仅涉及周围的世界,也存在于我们的意识中,即发生在当我们以一系列重复的步骤走向通往闪烁不定的完整解答的道路中。在这样的过程中,动力系统提供了有助于进行分析的洞察力和方法。

在网络搜索到的动力系统定义如下:自然界中常出现一些随时间而演变的体系,如行星系、流体运动、物种绵续等,这样的一些体系,如果都有数学模型的话,则它们有一个共同的最基本的数学描述:有一个由所有可能发生的各种状态构成的集合,并有与时间有关的动态规律。这样,一个状态随时间变动而成为状态轨迹。如果状态集合是欧几里得空间或是一个拓扑空间,时间占满所属区域,动态规律还满足其他简单且自然的条件 (见拓扑动力系统),则得一动力系统。这时,过每一点状态就有一条轨线,即轨迹集合。

动力系统理论与常微分方程定性理论中所探讨的内容看似无多大的区别,然而它们有不同的侧面,动力系统着重在抽象系统而非具体方程的定性研究,其研究办法着眼于一族轨线间的相互关系,换言之,是整体性的。这整体性有些是拓扑式的,也有些是统计式的,后者主要是遍历性的。动力系统理论是经典常微分方程理论的一种发展。

文献 [5] 给出如下的介绍:动力系统的概念起源于常微分方程定性理论的研究,考虑定义在 $\mathbf{R}^m$ 上的微分方程组:

$$\frac{\mathrm{d}x}{\mathrm{d}t} = \Phi(x) \tag{1.1}$$

和初始条件 $x(0) = x_0$。其中, $\Phi \in C^r(\mathbf{R}^m, \mathbf{R}^m)$; $x_0 \in \mathbf{R}^m$。如果 $\Phi(x)$ 满足一定的条件,那么解 $\phi(t, x_0)$ 可以对一切 $t \in \mathbf{R}$ 和 $x_0 \in \mathbf{R}^m$ 有定义。将 $x_0$ 写为 $x$,解

$\phi(t, x)$ 应满足如下关系:

$$\phi(0, x) = x, \quad \forall x \in \mathbf{R}^m$$

$$\phi(s + t, x) = \phi(s, \phi(t, x)), \quad \forall s, t \in \mathbf{R}; x \in \mathbf{R}^m$$

满足上述条件的映射 $\phi : \mathbf{R} \times \mathbf{R}^m \to \mathbf{R}^m$ 称为 $\mathbf{R}^m$ 中的动力系统或者流。对于给定的 $x \in \mathbf{R}^m$, 把点集 $\mathrm{Orb}_\phi(x) = \{\phi(t, x) | t \in \mathbf{R}\} \subset \mathbf{R}^m$ 称为流 $\phi$ 经过点 $x$ 的轨道。从 19 世纪末开始, 庞加莱等就对这样的系统轨道结构展开了研究。

需说明的是, 式 (1.1) 作为一个特例, 可取非线性函数 $\Phi(x)$ 满足如下条件:

$$|\Phi(x)| \leqslant \Psi(|x|) \tag{1.2}$$

式中, $|x| = \sqrt{\sum_{i=1}^{m} x_i^2}$; $\Psi : [0, +\infty) \to \mathbf{R}$ 连续。当 $r > 0$ 时, $\Psi(r) > 0$, 且对某个 $\alpha > 0$ 有

$$\int_\alpha^{+\infty} \frac{\mathrm{d}r}{\Psi(r)} = +\infty \tag{1.3}$$

受到上述研究的启发, 人们考虑更一般的连续映射 $\phi : \mathbf{R} \times X \to X$, 这里, $X$ 是一个拓扑空间。如果 $\phi$ 满足 $\phi(0, x) = x(\forall x \in X)$; $\phi(s + t, x) = \phi(s, \phi(t, x))$ $(\forall s, t \in \mathbf{R}; x \in X)$, 则 $\phi$ 称为 $X$ 上的一个拓扑动力系统。20 世纪初期, 伯克霍夫等开展了拓扑动力系统一般理论的研究。

文献 [6] 给出如下的介绍: 令 $X$ 表示具有度量 $\rho$ 的度量空间, $\mathbf{R}$ 表示实数集, $\pi(X, \mathbf{R}, \pi)$ 表示定义在 $X$ 空间上的一个动力系统, 其中, $\pi$ 是乘积空间 $X \times \mathbf{R}$ 到空间 $X$ 的一个映射, 此映射满足下列公理: ①恒等公理, $\pi(x, 0) = x$ $(\forall x \in X)$; ②群公理, $\pi(\pi(x, t_1), t_2) = \pi(x, t_1 + t_2)$ $(\forall x \in X; \forall t_1, t_2 \in \mathbf{R})$; ③连续公理, $\pi$ 是一个连续映射。

在 $X$ 空间上给定了一个动力系统, 则空间 $X$ 和映射 $\pi$ 分别称为该动力系统的相空间和映射。映射 $\pi(x, t)$ 对于固定的 $t \in \mathbf{R}$, 便确定了一个映射 $\pi^t(x) : X \to X$, 称此映射为转换; 对固定的 $x \in X$, 便确定了一个映射 $\pi_X(t) : \mathbf{R} \to X$, 称 $\pi x(t)$ 为运动。

文献 [5] 和 [6] 给出的动力系统描述与文献 [7] 中微分流形上的动力系统描述是相似的, 即一个动力系统就是指由拓扑空间上连续自映射所生成的迭代系统。

文献 [8] 认为, 微分动力系统是一门有关系统演化规律的数学学科, 着重于整体性和大范围的研究, 主要研究的是当系统有某种扰动时, 有哪些不变性质及其反面, 即突变性质。这些不变性质包括重要的结构稳定和 $\Omega$ 稳定[2, 9]。动力系统的经典背景是常微分方程的解族所确定的整体的流动。在常微分方程发展早期, 牛

顿、莱布尼茨、欧拉、伯努利 (家族) 等发现了许多通过初等函数或积分表达式等方法来求常微分方程的通解。但是，Liouville 在 1841 年证明了大多数微分方程都不能求得显式解。所以微分方程的定性理论在理论和实际应用中有头等重要的意义。这里所说的微分方程的定性理论是指不通过微分方程的显式解而直接研究解的几何和拓扑性质，它是法国数学家庞加莱在 19 世纪末为赢得奥斯卡国王的大奖研究三体问题时创立的。伯克霍夫在 20 世纪早期关于拓扑动力系统的公理化为动力系统这一学科建立了大范围的理论框架[10]。今天的动力系统大致可分为微分动力系统、Hamilton 动力系统、拓扑动力系统、无穷维动力系统、复动力系统、遍历论、随机动力系统等。

文献 [11] 中给出的动力系统的定义为：动力系统是状态随时间变化的系统。

文献 [1] 中给出的动力系统的解释如下：所谓的动态系统，就是运动状态按照确定规律或确定设计规律随时间演化的一类系统。通常，动态系统也称为动力学系统。大量的自然系统、工程系统和社会系统都属于动态系统。

动力系统的行为由其各类变量间的关系来表征。系统的变量可区分为三类形式：一是反映外部对系统的影响或作用的输入变量组，如控制、投入、扰动等；二是表征系统状态行为的内部状态变量组；三是反映系统对外部作用或影响的输出变量组，如响应、产出等。对于很大一类动力系统，可以基于数学语言对系统变量间的动态过程进行描述，这种描述常具有微分方程组或差分方程组的形式。在系统描述的基础上，通过解析推导或数值分析的途径，可对系统的运动规律和各种性质给出严格的和定量的表达。

表征系统动态过程的数学描述具有两类基本形式：一是系统的内部描述，通常也称为"白箱"描述，它建立在系统的内部机制为已知的基础上。内部描述由两部分组成，一部分是反映输入变量组对状态变量组的动态影响关系，其描述具有微分方程组或差分方程组的形式；另一部分是反映输入变量组和状态变量组两者到输出变量组间的变换影响关系，其描述呈现为代数方程的形式。二是系统的外部描述，通常也称为"黑箱"描述或输入输出描述，它建立在系统的内部机理为未知的基础上。外部描述反映的是输入变量组对输出变量组间的动态影响关系，描述具有高阶微分方程组或高阶差分方程组的形式。对于特定的动态系统，两类描述之间可以进行相互的转化，内部描述通过既定的关系可化为输入输出描述，输入输出描述也可通过实现理论所提供的算法转化为内部描述。

对于动力系统，可以进一步按照其机制、特性和作用时间类型等进行多种方式的分类。从机制的角度，动力系统可划分为连续变量动态系统和离散时间动态系统；从特性的角度，动力系统可划分为线性系统和非线性系统、集中参数系统和分布参数系统；从作用时间类型的角度，动力系统可分为连续时间系统、离散时间系统和采样数据系统等。

目前研究动力系统动态特性的主流之一就是研究在给定的时间区间内系统的定性不变性问题。

## 1.2　神经动力网络概述

电子计算机是按照冯·诺依曼原理,用逻辑规则进行计算的,它有极强的算术和逻辑运算功能,其运算速度、运算结果的精度和可靠程度都是人工无法企及的。但是,电子计算机的形象思维能力与人却相去甚远。人们对十分复杂的物体可以不假思索、一目了然地予以识别,但即使是很简单的物体,用电子计算机来识别也不是容易的事。因此,要使人造的设备具有较强的形象思维能力,按照冯·诺依曼原理的思路看来是行不通的,必须另辟蹊径[12]。

神经计算机是新一类的计算机,它的出现原因如下:一方面是对电子计算机结构起决定作用的元件技术的发展;另一方面是对更快更有效地解决实际问题方法的需求。发展神经计算机的基本因素是早在 20 世纪 50 年代发展起来的阈值逻辑,它和以与、或、非为基本运算的布尔逻辑不同。阈值逻辑的发展促进了 20 世纪六七十年代一系列专用和通用神经计算机的制造。“神经计算机”这个专用名词与人或者生物的神经系统没有任何联系,它仅指具有类似神经元栅格间简单传递函数的权值可调或固定的阈值元件系统[13]。建造通用神经计算机的出发点是构造模拟–数字型计算机,其中,快速–模拟计算部分基于阈值逻辑实现高维计算。权值调节算法可以用模拟方式快速实现,也可用专用数字电路或借助通用计算机以数字方式慢速实现。

电子计算系统的逻辑基础决定于它的基本元件。对传统的计算机而言它是与、或、非运算,用它们可组成第一级的较复杂的运算 (如与非门、或非门等),再进一步可构造一些运算处理器。在这种情况下,计算系统的基本运算与待解问题的逻辑基础就难以应对了,因而需要附加复杂的编程过程。而对于神经计算机来说,其逻辑运算基础在最简单的情况下是 $\{\sum ax, \text{sign}\}$,它可最大限度地对应于待解问题的逻辑基础。通常情况下无须附加人工改造即可适应任务的要求。

建造神经计算机,要求从原理上构造一种新的可解决多维问题的算法,这种算法解决具体问题所用的时间一方面应与问题的规模呈线性关系,另一方面又决定于具体神经网络实现迭代算法的收敛速度。这样,构建神经计算机算法的形式化基础就是神经网络理论[12-14]。

模拟人工智能特点和结构的人工神经网络的研究应运而生。神经网络是以大脑的生理研究成果为基础,通过对人脑若干基本特性的抽象和模拟,由人工建立的以有向图为拓扑结构的动态系统;它通过对连续或离散的输入作状态响应而进行信息处理,其目的在于模拟大脑的某些机理与机制,实现某个方面的功能。关于更多神经网络理论的介绍可参见文献 [15] 和 [16]。

1982 年，美国加利福尼亚州技术学院的生物物理学家 Hopfield 提出了一个神经网络模型，后来称为 Hopfield 神经网络，他用集成电路硬件实现了这个动力学的系统，又通过广义能量及 LaSalle 不变性原理给出了十分重要的动力学分析的结果：神经网络的状态，即动力学模型中的流，最终收敛于平衡点集。这为联想记忆及优化的性能与功能提供了强有力的理论基础，为实际的应用提供了可靠的依据，如在巡回推销商问题 (TSP) 的求解上得到了很好的应用。以此作为一个里程碑，神经网络进入了一个兴盛的全面发展阶段。目前，神经网络研究在诸多领域取得了令人瞩目的进展。

1983 年，Cohen 和 Grossberg 首次提出了一类竞争、合作模型用以产生自组织、自适应的神经网络模型 (或竞争动力系统)，称为 Cohen-Grossberg 神经网络模型[17]。这类模型包含了一系列生物学人口模型、神经生物模型和演化理论模型，如 Volterra-Lotka 方程、Hartline-Ratliff 方程、Eigen-Schuster 方程等，且众所周知的 Hopfield 神经网络、细胞神经网络 (CNN)、双向联想记忆 (BAM) 神经网络模型就是其数学表述形式上的特例。

特别地，在联想记忆的应用中，初始条件不一定是预先给出的，然而要获取网络中存在的特定模式需要这些条件。网络中平衡点和周期解的数目关系到联想记忆的存储容量，也就是网络具有越多的动态吸引子 (包括平衡点和周期解)，其存储容量也就越大。人们当然希望对于微分方程描述的网络能提出一个清楚的、具有全局性的动力学定性分析。此外，当神经网络用于解决最优化问题时，平衡点却是越少越好，一般希望有唯一稳定的平衡点。有时，则需要具有唯一的周期解。因而，关于平衡状态的全局动力学性质的研究，特别是平衡点、周期解的研究，是一个必不可少的重要课题。从生物神经系统来看，人的大脑时刻处在周期和混沌状态，对神经网络周期振荡和混沌现象的研究有着十分重要的现实意义。

进一步地，Cohen-Grossberg 神经网络模型和 Hopfield 神经网络模型的运用使得联想记忆的计算机实现和平行计算成为可能。一方面，在这些实现过程中，人工神经网络中由于机器的限制，硬件实现中开关滞后、参数的变化、分布杂散参数释放特性的影响使时滞不可避免，这就导致了系统大幅度的振动。另一方面，在生物神经网络中，不同的神经系统有不同触突长度和递质释放关系，这就决定了神经元的传递必然是有差异的，从而滞后特性成为其固有的属性。而这是原始的 Cohen-Grossberg 模型所未考虑的。Cohen-Grossberg 模型在工程领域，特别是信号、图像处理等领域已经得到了广泛应用。我们知道，神经网络数学理论是神经网络应用的前提和桥梁，早期的工作多数集中在对常时滞或无时滞、常系数、自治神经网络模型动力学的分析与研究，得到了许多有意义的结果，如平衡点的存在性、全局稳定性、周期解 (概周期解) 的存在性和稳定性等问题。最近几年，一类非自治、变系数和变时滞的 Cohen-Grossberg 神经网络模型的动力学行为也得到了研究[18]。

## 1.3　稳定性理论概述

为说明稳定性的重要性及其简要发展历史, 本节引用几篇重要经典文献的序言内容加以介绍, 以此可见一斑。

### 1. 文献 [19] 的前言部分

运动的稳定性起源于力学。Lagrange 于 1788 年最早提出了关于平衡稳定性的一个一般性定理: 势能极小的平衡是稳定的。但这个定理的证明是后来 Dirichlet 于 1846 年给出的。著名力学家 Routh 于 1877 年给出了线性系统稳定性的检验法, Hurwitz 于 1894 年也给出了线性系统的稳定性判据, 这就是今天常被使用的 Routh-Hurwitz 稳定判据。英国力学家 Thomson 与 Tait 的著作大大丰富了力学系统的稳定性理论。

Lyapunov 于 1892 年发表的论文开创了稳定性理论新的一页。他给出了关于稳定性概念的严格数学定义, 并提出了解决稳定性问题的方法, 从而奠定了现代稳定性理论的基础。

早期关于运动稳定性的理论, 主要是针对力学问题的, 其后由于调节原理、控制理论的需要, 大大地推动了运动稳定性理论的发展。现代很多科学领域中, 特别是工程技术、自然科学, 以及在社会、经济、生态、管理等领域, 运动稳定性都是它们最主要的问题之一, 众多的研究不断开拓着运动稳定性的范围, 提出新的稳定性概念及解决方法。

### 2. 文献 [20] 的前言部分

稳定性理论是研究动态系统中的过程 (包括平衡位置) 相对干扰是否具有自我保持能力的理论。古代中国《晋书》中 "行人安稳, 布帆无恙" 的说法就是当时人们对自我保持能力或稳定的一种具体的、直觉的说法。在西方, "stable" 一词源自拉丁文 "stabilis", 也只表示一种坚持的意思。这些千年以前的名词与说法反映了人类对稳定性这一概念的最初理解。由这种理解开始到真正形成稳定性理论其间经历了近 1500 年的历史, 其决定性因素来自两个方面: 工业革命后技术科学进步的需要和人类在 19 世纪对自然科学尤其是数学和力学方面的贡献[20]。

在稳定性理论发展进程中一个伟大的事件就是俄国数学家和力学家 Lyapunov 在 1892 年完成的博士学位论文《运动稳定性的一般问题》, 该论文将 Peano、Bendixson 和 Darboux 等建立的微分方程解对初值和参数的连续依赖性这一概念, 由自变量在有限区间上变化延拓到无穷区间上, 给出了系统中运动是稳定和渐近稳定的概念。同时，Lyapunov 从类似系统总能量的物理概念得到启示，提出了后来被称为 Lyapunov 函数的概念，将一般 $n$ 阶微分方程组中扰动解渐近性质的讨论归结为讨论一个标量函数 (即 Lyapunov 函数) 及其对系统全导数的一些特性的研究，成功地避开了讨论 $n$ 阶微分方程组解的困难，从而创立了用于分析系统稳定性的理论研究框架。

Lyapunov 对稳定性理论所做的奠基性工作的出现在当时有其深刻的背景，以 Poincare 为代表的对天体运动是否稳定的研究，Maxwell 在 1868 年完成的关于离心调速系统的稳定性分析，在 Cauchy 完成了分析基础的工作 ($\epsilon$-$\delta$ 语言) 以后，Peano 等给出了微分方程解对初值与参数连续依赖性的结果等，以这些工作为代表的 19 世纪在数学上和力学上的成果极大地推动了 Lyapunov 稳定理论的产生。

常系数线性系统模式是系统模式中最简单的一种，Routh 与 Hurwitz 在大致与 Lyapunov 能量判别法的同时，利用常系数线性系统的零解可以通过系统的特征多项式来进行判定，给出了一组由多项式系数组成的不等式作为稳定的判据 (这部分内容在自动控制原理的教材中重点介绍，称为 Routh–Hurwitz 稳定判据)。后来的 TaHTNaxep 等引入了正多项式对作为工具讨论稳定多项式，这些结果在研究系数空间和参数空间中稳定性区域的讨论上具有重要作用。考虑到系统中存在的控制作用，运用控制作用来实现系统的稳定–镇定，就成为稳定性理论中的一项内容。

促使稳定性理论发展并使其应用广泛的一个重要方面是有关控制系统或闭合回路系统的稳定性。这类问题的特点是研究当回路开环部分具有何种特性时用何种反馈可使闭环系统稳定。这方面杰出的工作是由 Nyquist 在 20 世纪 30 年代做出的，而由以鲁利为代表的一批苏联人研究的绝对稳定性研究从 20 世纪 40 年代起持续了 20 多年，在 20 世纪 60 年代后期由罗马尼亚人 Popov 为代表的关于超稳定性的工作可以看做上述工作的发展，而这些稳定性又常常与网络理论中的正实系统有关，这一系列工作使回路稳定性理论形成了一个体系，至今仍在不断研究。

由德国数学家 Kamke 在 20 世纪 30 年代初建立的比较原理，原本是讨论微分方程解的特性的，这种借助于微分不等式讨论问题的方法，在渐近稳定性的分析上具有独到之处，它可以由标量形式推广至向量形式，从而可将大阶次系统的稳定性问题转化成小阶次特殊系统的问题。

### 3. 文献 [21] 的绪论部分

运动稳定性是研究干扰力 (微小的干扰因素) 对系统运动状态的影响，从而建立判别运动状态是否稳定的准则。运动状态即系统的运动性状。例如，在力学系统和工程系统中，系统的运动状态是通过系统的坐标、速度及其函数等来表征的。干扰力对不同的运动状态将产生不同的影响。如果干扰力对某些运行状态的影响并不显著，即随着时间的发展受干扰的运行状态 (受扰运动) 与不受干扰的运动状态 (无扰动运动) 相差很小，则称无扰运动是稳定的；否则，称它是不稳定的。

对于运动稳定性的研究，已经有了比较长的历史，可以追溯到几个世纪前。例如，17 世纪中叶，就有学者研究过太阳系的稳定性问题，即随着时间的无限增加，行星是无限接近太阳或远离它，或处于稳定状态中。Lagrange 在前人研究的基础上，证明了平衡状态的稳定性定理：如果势函数在平衡位置是严格极小，则该平衡位置稳定。Routh 对于系统的非循环坐标，曾证明过稳恒状态的稳定性定理。但他们的逆定理在一般的条件下都没有严格的证明。

19 世纪末期，由于生产技术的需要和数学、天体力学的进一步发展，在庞加莱有关理论的启发下 (法国数学家和力学家庞加莱在 1885 年出版了名著《微分方程所定义的积分曲线》，书中第一次应用了定性的方法来研究运动稳定性问题)，Lyapunov 在理论上对运动稳定性的普遍问题进行了严格的论证和系统的分析，提出了解决运动稳定性问题的两个方法。第一个方法是通过求解微分方程来分析运动的稳定性；第二种方法是所谓的定性方法，它不需要求解微分方程，即可直接判别系统的稳定性，所以又称为直接法。直接法是通过寻求具有某些性质的函数 (数量函数、矢量函数或泛函)，并使这类函数与微分方程相联系，就可以控制积分轨线的动向，从而分析系统的稳定性。从几何上来讲，就是要建立一族封闭的、彼此不相交的超曲面 (在平面上就是一族封闭的、彼此不相交的曲线)，去包围其坐标原点；同时还要求构造的函数在与运动微分方程相联系后，能够控制积分轨线由外向里的或由里向外的与每一曲面 (或曲线) 相交。一旦找到了具有这种性质的函数 (数量函数、矢量函数或泛函)，系统的稳定性问题就可以得到解决。

Lyapunov 稳定性理论，对于分析线性和非线性系统、定常与非定常系统的稳定性问题，都是适用的。但由于原著是一篇博士论文，内容又比较艰深，所以一般的科技工作者阅读起来比较困难。后经苏联学者多年的研究、发展、应用和推广，才使得这个严格精确的、行之有效的分析方法，显示了它巨大的优势。从而使其在数学、力学、航空、航海、新技术和高技术中得到了广泛的应用，发挥了越来越大的作用。随着系统的大型化和复杂化，运动稳定性的研究也就更加重要，如飞行器的姿态稳定性就可能成为姿态控制的一个关键性问题。这样，控制理论已由古典控制理论和现代控制理论，发展到以大系统理论和智能控制为主要内容的新阶段，因此，大系统的稳定性研究与应用，也是控制系统稳定性向更高层次发展的一个重要标志。

大系统理论的发展和应用，正在沿着宏观–微观、非生物–生物、自然科学–社会科学等方向交叉地发展着。其中，大系统稳定性是一个比较活跃的研究领域，如耗散结构论、协同论和突变论等，虽然在研究方法上各有千秋，但研究的主要目标和思路却惊人地相似，即都是通过大系统的稳定性分析，来揭示非生物和生物这两类不同的有序结构的宏观行为和微观渊源，其中，非线性非平衡态热力学稳定性分析，就是一个基本问题，而 Lyapunov 稳定性理论为他们提供了一个简明有效的分析方法。

在理论研究中，可以把运动稳定性视为力学、应用数学的一个分支。例如，引进现代数学的某些方法 (算符理论、拓扑原理等) 来推广稳定性的概念，就可以在流形、群 (半群) 的基础上获得一些新的结果。又例如，现代应用数学中的稳定性问题以及控制理论中的输入输出稳定性等，就是泛函分析与稳定性理论相结合的重要成果。

Lyapunov 稳定性理论与输入输出稳定性理论已成为两种平行的强有力的分析方法，而且在一定的条件下，二者又是相互联系的，它们是控制理论的一个重要分支。

电子计算机的广泛应用，也是运动稳定性理论研究现代化的一种趋势。例如，利用电子计算机研究分布参数大系统的算子谱、应用电子计算机来构造非线性大系统的 Lyapunov 函数等，都已经获得了积极的成果。

世界范围的新技术革命，已经深刻地影响着人们的生产与生活，科学技术也酝酿着新的突破。高技术、边缘学科、交叉学科也在社会的迫切需要和科学技术的内在逻辑的汇合点上蓬勃地发展起来。可以看到，运动稳定性作为理论学科与新技术、高技术的结合点，将在各门学科之间的相互渗透以及新学科的开拓中，得到进一步的应用和发展。

### 4. 文献 [6] 的前言部分

动力系统的稳定性的重要性是众所周知的，19 世纪俄国著名数学家、力学家 Lyapunov 院士首创的运动稳定性的一般理论，受到了各国学者的高度重视。苏联控制论专家列托夫、数学家马尔金先后在他们的专著序言中说道："无论现代控制以何种方法描述，总是建立在 Lyapunov 运动稳定性的牢固基础之上的"。美国数学家 LaSalle 也说过："稳定性理论在吸引全世界数学家注意…… Lyapunov 直接法得到了工程师们的广泛赞赏，稳定性理论在美国正迅速变为训练控制论工程师们的标准部分"。我国著名科学家钱学森、宋健在《工程控制论》中写道："对于控制系统的第一个要求是稳定性，从物理意义上讲，就是要求控制系统能稳妥地保持预定的工作状况，在各种不利因素的影响下不至于动摇不定、不听指挥……" 这些足以说明了稳定性具有普遍意义，事实上，在经典控制中，稳定性是唯一的要求，即使在现代控制中，它仍然是主要的性能指标。近 20 多年来，Lyapunov 函数又成功地应用到神经网络，借助于动力系统的吸引子和电子电路的实现来完成某些智能优化计算和联想记忆，开辟了新途径。

**5. 文献 [22] 的前言部分**

早在 2000 年前古代中国的汉朝, 淮南王刘安所著的《淮南子·说山训》中就曾指出 "下轻上重, 则覆必易"。到了宋朝,《梦溪笔谈》的作者、科学家沈括把这种观察到的事实已经付诸应用, 他在《忘怀录》中指出 "安车车轮不欲高, 高则摇", 这是古代中国对稳定与不稳定现象观察得到的结论, 它已经隐含了后来的 Lagrange 关于不稳定平衡的一些思想。至于类似稳定这个词的出现, 至少可以追溯到《晋书》上所述 "行人安稳, 布帆无恙", 这大概在 1500 年前了。

稳定性由具有这种最初的理解到形成一门科学理论, 其间经历了 1000 多年。从 18 世纪下半叶到 19 世纪末的这 100 多年的时间, 发生了一些具有深远影响的事件, 从中人们可以看到稳定性理论产生的必然性。

(1) Watt 于 1765 年创造性地改进了 Newcomen 发明的蒸汽机, 由此引发了随后蓬勃发展的工业革命。

(2) Lagrange 于 1780 年出版的《分析力学》, 科学地讨论了平衡位置的稳定性。

(3) Hermite 于 1856 年建立了关于多项式对根交错的理论。

(4) Maxwell 于 1868 年发表的《论调节器》一文, 讨论了蒸汽机自动调速器与钟表擒纵机构的运动稳定性。

(5) Cauchy 在 19 世纪给出了关于极限描述的 $\epsilon$-$\delta$、$\epsilon$-$N$ 语言。

(6) Poincare 在微分方程定义的积分曲线和天体力学方面做出的贡献。

(7) Peano、Bendixson 和 Darboux 关于微分方程解对初值及参数连续依赖性的研究。

上述这些重要事件及相关科学的进展促成了 19 世纪末稳定性理论的两个主要学派的形成。

基于线性时不变微分方程解的收敛性与对应的实系数多项式根是否具有负实部的关系, Routh 在 1875 年利用多项式根的 Sturn 组方法与有理函数的 Cauchy 指数之间的联系, 建立了判断实多项式右半平面根个数的算表, 从而给出了判断稳定性的 Routh 判据。随后, Hurwitz 在 1895 年又独立地采用多项式系数排成的矩阵主子式的符号来判断右半平面根的个数和稳定性。他们的工作为稳定性理论研究的代数方法奠定了基础。这种代数方法与复变函数论中的关于有理函数在特定区域内零极点数估计的理论结合为近代稳定性判定的频域方法奠定了基础。无论频域法中的 Nyquist 判据还是受 Hermite 早期工作的启发而由 Gantmancher 等建立的正多项式对方法, 从理论上都是与代数方法一脉相承的。

代数方法产生的同时, Lyapunov 在 1892 年发表了著名的博士论文《运动稳定性的一般问题》。他按照 Cauchy 关于极限描述的 $\epsilon$-$\delta$ 语言, 将常微分方程解对初值的连续依赖性由有限时间区间拓宽到无穷时间区间, 给出了有关稳定、渐近稳定的科学概念；进而又参照力学系统中总能量及其随时间变化的特性在决定平衡位置稳定与否上的应用，引入了后来称为 Lyapunov 函数的判定函数，利用该函数及其时间导数的性质，建立了判断一般系统稳定性的一系列定理，从而避开了求解一般微分方程组解的困难。Lyapunov 讨论的系统是一般非线性时变系统，其结论具有一般性，可以运用于各种类型的系统，因而意义深远。

当时理论上的拓展首先表现在对时变系统稳定性的认识上。1933 年，Persidski 首先指出稳定性与初始时刻的关系并提出了一致稳定的概念，进而 Barbasin 与 Krasovskii 提出了一致渐近稳定的概念并给出了判据，此时人们才认识到 Lyapunov 关于时变渐近稳定的定理实际上已经判定了一致渐近稳定。于是，一些人饶有兴趣地试图在 Lyapunov 关于渐近稳定的定理中除去无穷小上界的条件，以期达到判别渐近稳定而不要求一致渐近稳定的结论。直到 Massera 在 1949 年给出了一个反例，表明在对时变系统不作附件限制时，即使要证明系统渐近稳定，Lyapunov 原来的条件也未必可以减弱，这些结果使得人们对时变系统稳定性有了更深刻的认识。

与用多项式根判定线性时不变系统零解渐近稳定不同，用 Lyapunov 方法判别系统零解的渐近稳定性实际上只提供了一种充分条件。但对于系数有界的线性时变系统来说，一致渐近稳定、指数渐近稳定和存在满足相关稳定性判定要求的时变二次型 Lyapunov 函数是等价的。而对于非线性系统零解的一致渐近稳定，Massera 同样也证明了用来判定的 Lyapunov 函数的存在性。这样便对于 Lyapunov 方法判定稳定性在一定意义下给出了必要性的结论，使人们对这一方法进一步提高了认识。

理论上的另一种发展更具方法论性质。即针对一类问题，将 Lyapunov 函数由一个扩展为几个，在研究问题时相互搭配来判断零解的稳定性。由于系统阶次的增高，针对系统结构上的特征将 Lyapunov 函数由标量函数扩展为向量函数，然后用来判断人系统的稳定性，是 20 世纪 50 年代后才发展起来的。这种先将一个大系统分解成一些子系统，再根据子系统构造合适的 Lyapunov 函数，然后集成起来形成向量 Lyapunov 函数研究整个大系统的稳定性以及关联稳定性的方法，已在电力系统、经济系统中得到了应用。

虽然代数方法与 Lyapunov 方法从理论方法上有明显的区别，但它们讨论的系统及理论研究的客观背景则是在同一前提下进行的：①描述系统的模式是确定的，不考虑人为改变的因素；②系统中的不确定性表现在系统运动的初始条件摄动上；③系统是单一给定的，不考虑由于不确定性存在而导致的系统族。

上述三个方面刻画了经典稳定性理论的主要特征，这样的特征反映了 19 世纪物理学研究特点的影响。正如马克思在《资本论》第一卷第一版序言中指出的 "物理学家是在自然过程表现得最确实、最少受干扰的地方考察自然过程的，或者，如有可能，是在保证过程以其纯粹形态进行的条件下从事实验的"，在这种纯粹化与确定论思潮影响下的经典稳定性理论，在 20 世纪后半期由于大量工程应用的需要而遇到了挑战。这一挑战的推动，使稳定性理论的研究获得了从未有过的发展动力，得到了巨大的发展，研究队伍也由基本上是少数数学家与力学家的圈子扩大到了包括工程科学家在内的众多领域。

## 1.4　神经动力网络稳定性概述

具有一个或多个反馈回路的神经网络称为递归神经网络。反馈的应用能导致本来是稳定的系统变成不稳定的，这样，关于递归神经网络的稳定性就成为人们普遍关注的热点。被视为非线性动力系统并特别强调稳定性问题的神经网络的主题称为神经动力学[23]。非线性动力系统的稳定性 (或不稳定性) 的一个重要特征就在于它是整个系统的特性，稳定性的存在总是意味着在系统的各个独立部分之间有某种形式的协调[24]，似乎对神经动力系统的研究始于 1938 年 Rashevsky 的工作中，那时将动力学应用于生物学领域第一次浮现在他充满幻想的头脑中[11]。

非线性动态系统的稳定性是一个处理起来很棘手的问题。当谈到稳定性问题的时候，拥有工程背景的人经常会想到有界输入有界输出 (BIBO) 的稳定性准则。依照这一准则，稳定性意味着如果有界的输入和初始条件或没有不必要的干扰，那么系统的输出就必定不会无界地增长。这样，BIBO 稳定性准则非常适合于线性动态系统。但是，由于嵌入到神经元结构中的饱和非线性使得所有的这样一些非线性动力系统都是 BIBO 稳定的，所以，将 BIBO 稳定性准则应用到神经网络上是没有意义的[11]。当在非线性动力系统背景下谈及稳定性时，通常都意味着 Lyapunov 意义上的稳定性。

根据实际的应用，对神经动力学的研究可遵从两种途径：①确定性神经动力学。此时的神经网络模型带有确定的行为，数学上用一组非线性微分方程来描述，用来精确刻画随时间变化的动力模型[17, 25, 26]。②统计性神经动力学。此时的神经网络受到存在噪声的扰动，数学上用一组随机非线性微分方程来描述，进而用概率术语来表示稳定性解[27-29]。

为了进行神经动力学的研究，需要用一个数学模型来描述非线性系统的动力学，状态空间模型就是可供选择方法之一。根据这一模型，考虑一组状态变量，并假设这些变量的值 (在任意特定时刻) 都包含充分的信息可以预测系统的可能演化。令 $x_1(t), x_2(t), \cdots, x_n(t)$ 表示非线性动态系统的状态变量，其中连续时间 $t$ 是独立变量且 $n$ 为系统的阶次。为简化起见，定义一个系统状态向量 $x(t) = (x_1(t), x_2(t), \cdots, x_n(t))^{\mathrm{T}}$，T 表示向量的转置。这样，非线性动力系统一大类的动力学特性就可用如下的一阶微分方程组来描述：

$$\frac{\mathrm{d}}{\mathrm{d}t}x_i(t) = f_i(x_i(t)), \quad i = 1, \cdots, n$$

式中，$f_i(x_i(t))$ 是满足一定约束条件的自变量 $x_i(t)$ 的非线性函数。上式可写成紧凑的向量形式：

$$\frac{\mathrm{d}}{\mathrm{d}t}x(t) = f(x(t)) \tag{1.4}$$

式中，$f(x(t)) = (f_1(x_1(t)), f_2(x_2(t)), \cdots, f_n(x_n(t)))^{\mathrm{T}}$。若向量函数 $f(x(t))$ 不显式地依赖于时间 $t$，则这样的非线性动态系统可称为自治的系统 (autonomous)；若显式地依赖于时间 $t$ (如 $f(x(t), t)$)，则称为非自治的系统。

　　不管非线性函数 $f(x(t))$ 的精确表达形式如何，状态向量 $x(t)$ 必须随时间改变，这样才能形成动力系统。此外，如果将 $x(t)$ 作为位移考虑，则 $\mathrm{d}x/\mathrm{d}t$ 可以看做速度，这种概念的对照不是在物理意义上而是在抽象意义上的。这样，向量函数 $f(x(t))$ 可看做速度向量场或梯度场。

　　将状态空间方程式 (1.4) 看做描述 $n$ 维状态空间中一个点的运动是适合的。状态空间可能是欧几里得 (简称欧氏) 空间或者是它的一个子集，也可能是非欧氏空间，就像圆、球、环或者其他一些微分流形。一般来说，欧氏空间是研究最多的空间。

　　状态空间很重要，因为可用该空间提供的可视的/概念化的工具用来分析式 (1.4) 描述的非线性系统的动力学。状态空间可提供运动的全局特性而不是方程的解析解或数值解的细节方面。

　　在一个给定时刻 $t$，用 $n$ 维状态空间中的一个点表示系统被观察的状态 (即状态向量 $x(t)$)，用状态空间中的一条曲线表示系统的状态随时间 $t$ 的变化，曲线上的每一个点 (显式的或隐含的) 都带有记录观察时间的标记，这条曲线则称为系统的轨线或轨道。

　　在不同的初始条件下产生的不同轨线的集合称为系统的状态相图，状态相图包含状态空间中所有那些定义向量场 $f(x(t))$ 的点。需说明的是，对于自治系统来说，每种初始状态将只有一条轨线穿过。从状态相图产生的一个有用的概念就是动力系统的流 (flow)，被定义为状态空间在系统内部的流动。换句话说，可以想象一下状态空间在自身内部的流动，就像一种流体，每一个点 (状态) 沿着一条特定轨线的流动[11]。给定一个动力系统的状态相图，可以构造一个对应于状态空间中每一个点的速度 (切线) 向量场，这样得到的图也提供系统中向量场的描述。事实上，向量场的用处在于它通过在状态空间中每一个特定点以惯性速度移动，给我们提出一种对动力系统固有运动倾向的可视描述。

　　神经网络突出的特性是大规模的处理单元及其相互联结，单元虽然简单，由于非线性，其集合行为可以十分复杂，并有并行和分布处理能力。从动力学观点看，神经网络是一个超高维非线性动力学系统, 网络的主要功能、前向网的学习功能和反馈网的联想记忆功能可由它的两个动力学子系统 (状态动力学子系统和权值动力学子系统) 实现。神经网络的记忆是动态的, 信息的重现是一个过程, 新的信息到来, 要修正连接强度产生新的稳定模式, 联想表现为网络演化到网络中一给定模式就产生了联想记忆。学习由动态地改变网络单元连接的权值来实现, 当权值达到体现特定要求后, 就转到网络的状态动力学过程。网络的自适应、自组织、概括等能力也都由上述两个动力学过程的耦合来实现。又由于网络分布式表示具有大量处理单元, 因而具有很强的鲁棒容错能力, 因为少量单元的损失不会破坏网络总的表现。神经网络的这些优良功能由神经网络动力学演化来实现。由于神经网络这种动力学系统具有超高维和强非线性, 它的动力学特性具有高度复杂性, 由此而带来提供更佳性能的潜在可能性[30]。

　　人工神经网络是基于大脑与行为的神经式模型。迄今为止, 人们提出的神经网络模型数量已相当可观, 但这些模型大都是对生物神经系统不同程度上的模拟, 其信息处理功能通常是由网络单元 (神经元) 的输入输出特性 (激活特性)、网络的拓扑结构、连接权的大小和神经元的阈值所决定的。人工神经网络是由众多相互连接的形式简单的神经元按照一定的拓扑结构所组成的网络系统。它的一个简明而非严格的定义, 是具有加权权值边的有向图。该图可以通过调整边的权值储存模式和具有从不充分输入回忆出储存模式的能力。如果将神经网络看做一个高维动力学系统, 现有神经动力学模型的讨论大都作了某些限制, 例如, 在权值固定神经元状态随时间变化行为, 即状态动力学:

$$\frac{\mathrm{d}x_i}{\mathrm{d}t} = F_i(x, w_{i1}, w_{i2}, \cdots), \quad x = (x_1, x_2, \cdots, x_n)^{\mathrm{T}} \tag{1.5}$$

或在神经元状态固定下的连接权值随时间变化行为, 即权值动力学:

$$\frac{\mathrm{d}w_{ij}}{\mathrm{d}t} = G_{ij}(w, x) \tag{1.6}$$

动力学方程 (式 (1.5) 和式 (1.6)) 分别表示了神经网络的记忆过程和学习过程, 它们都是人工神经网络具有智能性的关键功能。为了能较真实地反映生物神经系统的动力学行为, 联合处理式 (1.5) 和方程 (1.6) 就构成一个高度复杂的神经动力学耦合系统, 对这个系统的任何解析解都是不可能的。式 (1.5) 和式 (1.6) 可以参照如下的离散形式采用计算机模拟求解:

$$x_i(t+1) = x_i(t) + F_i(x, w_{i1}, w_{i2}, \cdots) \tag{1.7}$$

$$w_{ij}(k+1) = w_{ij}(k) + G_{ij}(w(k), x) \tag{1.8}$$

这里时间步长取为 $\delta t = 1$。第一个过程是记忆过程, 即快过程 (用 $t$ 表示), 第二个过程是学习过程, 即慢过程 (用 $k$ 表示)。对迭代得到的权值令其在式 (1.7) 中保持不变, 一直到式 (1.7) 收敛于平稳态后再迭代式 (1.8) 得到 $w_{ij}(k+1)$, 然后再返回式 (1.7) 重复迭代。式 (1.7) 和式 (1.8) 有时也可以看做离散型神经网络模型。一般地, 学习过程即权值动力学大都有某种性能指标, 如网络实际输出与期望输出之间的偏差朝梯度下降方向进行[30]。

　　一个神经网络总是要执行某些计算任务, 如识别、联想、优化等, 计算结果实际上就是网络动力学的稳定态, 因此稳定性问题是神经网络首先要面对的问题。前向网络中关键问题是学习, 系统的稳定性取决于学习过程的收敛与否; 反馈网络的运行过程就是系统的回忆过程、系统稳定性是其关键问题。只有当人们对某一非线性系统的稳定性了解比较充分时, 系统的许多良好性质才能被人们逐渐掌握。好的稳定性条件应当包括对系统的约束少和条件容易验证等。Hopfield 当初提出现在以他名字命名的网络模型时, 除了该模型极易电路实现, 还因为引入了计算能量函数作为稳定性判据, 使得人们重新认识到神经网络的巨大计算能力, 这些结果对 20 世纪 80 年代神经网络研究高潮的出现起到了积极推动作用。一般情况下能量函数可以作为 Lyapunov 函数, 但有时并不是这样[31]。一旦寻找到所研究系统的 Lyapunov 函数, 系统的运动稳定性就可以解决, 这就是著名的 $V$ 函数法。

　　稳定性的种类很多, 根据系统的不同性能要求可以讨论一种或几种稳定性条件。针对神经网络这一超高维非线性动力学系统, 一般有解或过程的收敛性 (某些场合也称完全稳定性)、Lyapunov 意义上的运动稳定性和系统的鲁棒稳定性等。早期的一些稳定性结果都是关于具有对称权值神经网络系统的, 如离散型、连续型 Hopfield 网络和细胞神经网络等。目前关于神经网络稳定性的研究大都取消了对称的限制。从生物大脑神经系统的角度出发, 这个限制是完全没有必要的。一般来说, 非对称网络的稳定性研究较之对称情况要困难, 此时网络的动力学行为比较复杂, 如可能出现周期振荡 (极限环) 或参数微小变化导致某一平衡点分叉出周期解等。如果所研究的网络系统在形式上与标准的非线性动力系统相类似, 则关于其平衡点 (渐近) 稳定性的条件可参照现有一些稳定性方法确定, 如 $V$ 函数法和局部线性化方法等。鉴于许多用途各异的神经网络模型在形式上与标准的动力系统有一定差距, 这些网络的稳定性问题一般都采取特殊的处理手段来对待, 例如, 连续时间细胞神经网络就是一个非光滑的常微分方程系统, 对这类网络就某些具体非对称模板 (template) 类, 可以研究其完全稳定性问题。由于目前尚未出现关于神经网络系统的统一模型, 关于网络稳定性的研究, 不仅没有统一的方法可循, 而且许多研究结果也时常具有交叉和重复的内容。值得强调的是, 众多的神经网络稳定性结果大都是些充分条件, 仅有的 Hopfield 型网络中几个充分必要条件是针对某些特殊权值矩阵类的, 如对称矩阵类或 $Z$ 矩阵类 (即非对角元非负的矩阵) 得到的, 并且也很少涉及吸引域问题, 如果对某些神经网络能得到系统稳定的充分必要条件, 那无疑会加深人们对网络性能的认识和理解。另一个重要的方面就是时滞对系统行为的影响。我们知道在高等动物神经系统中突触传递一般是通过称为神经介质或递质的特殊化学物质释放、扩散来完成的，大约需要 0.5∼1ms，反映在模型方程中就是时滞量。时滞量对系统的动力学行为 (如稳定性和分叉等) 影响很大，有时无论时滞量是多小都会引起系统的失稳等。目前对时滞动力学深层上的认识已经取得了一些显著的进展。通常的 Lyapunov 渐近稳定使得系统轨线从初态到平衡点的时间是无限长，这实际上是由系统状态方程满足所谓 Lipschitz 条件决定的 (该条件保证系统解的存在性和唯一性)。既然人们有时想构造一个神经网络来实现某一特定任务如模式识别等，就可不必遵守这个原则。文献 [32] 和 [33] 引入终端吸引子 (terminal attractor) 的概念使构造的系统有意破坏 Lipschitz 条件使得解轨线可以相交，这样系统由初态到平衡态的时间就可以是有限长。这种方法同样可用于神经网络学习时间过长的问题和基于终端吸引子的终端混沌 (terminal chaos) 的动态信息处理过程等[34, 35]。

当下的神经网络模型中考虑的因素比整个 20 世纪所考虑的神经网络模型要复杂得多，如考虑了随机干扰信号的影响、反应扩散的响应、脉冲的影响、各种时滞 (如有限分布时滞、无限分布时滞、中立型时滞、泄漏时滞及其混合时滞形式)的影响等，建立了各种条件的稳定判据[36-38]。在这些稳定性结果中，最关心的问题还是稳定结果的保守性问题，即在指定网络系统的 "邻近" 系统中，某些动力学行为 (如平衡稳定性) 的最大保持能力问题，例如，给定网络结构，如何求取最大的时滞上界以保持稳定性能的不变性就是一个研究热点。显然，如何定量地研究 "受扰" 神经网络与名义系统之间在某些指标上 (动力学或非动力学) 的差异程度，如容量大小、学习速度、吸引域和网络的容错性等，将具有重要的应用价值。

## 1.5　复杂网络及其同步性概述

### 1. 复杂网络简介

1998 年，*Nature* 发表了 Watts 和 Strogatz 关于复杂网络的一篇论文[39]。1999 年，*Science* 发表了 Barabasi 和 Albert 关于复杂网络的另一篇论文[40]。这两篇论文的发表引发了关于复杂网络的研究热潮。这个潮流席卷全球，涉及数学、力学、物理学、计算科学、管理科学、系统科学、社会科学、金融经济科学等许多科学领域，以及交通运输、能源传输、通信工程、电子科学，甚至医学、烹饪等许多应用学科[41-43]。

人们把周围的许多系统 (天然的或者人造的，如交通网、电力网、人际关系网等) 看做网络由来已久，运用数学的一个分支 —— 图论对这些系统进行研究也已经有百年以上的历史。上述两篇文章的重要之处在于作者发现了许多实际网络具有一些共同的拓扑统计性质，即小世界性和无标度性。这些性质既不同于规则网络, 也不同于随机网络, 正如近几十年来物理学家认为的 "复杂性位于规则和随机之间" 一样, 所以大家把实际网络称为复杂网络。小世界性是指实际网络具有比规则网络小得多的平均节点间距离和比随机网络大得多的平均集群系数; 无标度性是指实际网络中节点邻边数取一个定值的概率分布函数是幂函数 (规则网的这个分布是 $\delta$ 函数, 而随机网络的是正态分布)。这个幂函数标志基本单元与其邻居相互作用能力的极其不均匀分布。更加引人注目的是, 论文的作者提出了解释这些独特规律的网络演化模型, 而且运用统计物理学方法从这些模型解析的得出了这些独特规律。这些模型的思想简单明了、直观合理。产生小世界性的机制就是一部分基本单元之间相互作用的远程性、跳跃性和随机性; 产生无标度性的机制就是基本单元建立相互作用的优选法则 (或称为 "富者更富" 法则)。这是第一次把统计物理学的思想和方法引进网络或者图论的研究[41]。

为说明研究复杂网络的思路和工具, 先回顾一下经典动力系统的研究方法。以经典力学和经典电磁学为例, 研究的对象 —— 运动物质, 被想象为可以被分割为无限多个无限小, 又在空间中连续分布的基本单元的集合。这些基本单元 (质点或者电荷元) 被放在均匀空间中的各个规则格点位置上, 因此, 使用千年前数学家创造的坐标体系就可以完善地描述这个体系的运动。尽管各个基本单元的空间位置不同, 而且一般来说在随时间变化, 但是由于它们之间的相互作用遵从已经被认识的、简单的、普适的基本法则, 因此运用几百年前创立的微积分工具以及基本思想类似的一些现代数学工具就可以非常简明地表示支配每一大类客观体系运动变化的普遍动力学规律, 并且可以用准确的语言来描述这些体系未来的行为, 为人类服务。以坐标的运动学描述和微积分 (以及其他基本思路相似的一些现代数学方法) 为基础的动力学描述成为现代物理学辉煌大厦的支柱。然而, 自然界中存在大量不适于或者不能够用这种方法论 (可称为还原论) 讨论的系统。在第一类系统中, 虽然原则上可以运用还原论进行它们的演化讨论, 但实际上, 由于基本单元的相互作用涉及非常多的因素, 这些因素又错综复杂的交连, 所以不但进行动力学的解析讨论困难, 连不考虑近似的用理想精确数值从头计算也不大可能。与国计民生密切相关的气象系统、地震系统、足够复杂结构的各种材料系统都是这类系统的例子。可以说随着物理学研究的不断深入, 几乎各个物理学分支的前沿都涉及这类复杂系统。物理学家越来越认识到不能继续局限在还原论的框架内去讨论这类系统, 必须探寻全新的思想方法论才有解决问题的希望。除此之外, 另一类系统根本不能用还原论来处理, 因为这类系统基本单元的组织会涌现许多种大量分立个体不会展现的性质, 因此不可能仅依据单元个体性质来预言系统整体的丰富行为。这类系统最典型的代表是具有生命特征的自适应系统 (即基本单元具备根据外界信息进行预测、采取对策、改进自身及其与其他单元或环境的关系的系统), 如生物系统、生态系统、社会系统、经济系统等。近几十年来, 由于各门学科, 尤其是计算机科学和非线性科学的发展, 许多学者认为突破还原论的限制、寻求描述复杂系统的概念和理论, 把物理学的适用领域推广到复杂系统的任务已经提上日程。改造世界必须认识世界, 而认识世界必须先描述世界。这样, 世界上的客观系统是由规则、均匀分布、全同、遵从简单普适规律的基本单元构成的, 还是由高度不规则、不均匀分布、显示丰富多彩的种类、相互作用、有组织的基本单元构成的? 这可能就是经典物理动力系统与复杂系统的主要区别所在, 也是研究复杂网络要明晰的一个主要问题。在研究复杂网络的方法上, 统计物理学将会有大的作用, 网络描述作为复杂系统的研究工具也可能大有作为。图论是研究复杂网络的主要数学基础, 但图论的主流还很难与动力学建立联系, 不能提供对相互作用丰富特性及其随时间演化的描述方法, 更缺乏总结这些相互作用的特性和规律。如何从其他角度探索复杂网络动力学工具的研究仍是道路漫长[41]。

迄今为止, 绝大多数的人工神经网络模型的网络结构都是规则的、确定的、对称的或不对称的。这里的网络是指不考虑由于信号流的输入输出关系所带来的方向性, 而将神经元节点作为节点 (node/vertex), 神经元之间的连接关系作为节点之间的连边 (edge/link), 由此抽象得到的一个网络 (也可称为 graph, 这是从图论角度来考虑神经网络的整体特性, 当然也可以用其他的方法)。甚至尽管基于连接主义的神经网络研究者完全知道人类的生物神经系统内部拥有以亿计数的神经元, 根本不可能在任意的两个神经元细胞之间都存在神经突触的联系, 许多人工神经网络模型却依然建立在一个相对简化的全连接的规则网络结构上[44]。

这种结构上的简化一方面是因为人们受还原论的影响。还原论的基本前提是, 在由不同层次组成的系统内, 高层次的行为是由低层次的行为所决定的。例如, 具有还原论观点的生物学家通常认为, 只要认识了构成生命的分子基础, 如基因和蛋白质, 就可以理解一个细胞或个体的活动规律, 而其组分之间的相互作用常常被忽略不计。尽管基于还原论的分子生物学极大地促进了人类对单个分子功能的认识, 然而绝大多数生物特征都来自于细胞的大量不同组分, 如蛋白质、DNA、RNA 和小分子之间的交互作用。连接主义者受当时的还原论思想的影响, 在许多人工神经网络模型中也忽略了神经元节点之间不规则的复杂连接关系, 取而代之的是规则的、确定的和对称的网络结构, 即使不对称网络结构的提出也是从对称网络被提出算起又经过了十几年的努力研究和探索才得以实现的。

另一方面, 这种结构上的简化也是与人们对网络, 或者是复杂网络的结构复杂性的认知程度密切相关的。复杂网络的先驱者之一, 美国康奈尔大学的 Strogatz 在 2001 年的 Nature[45] 指出: 网络系统的复杂性主要体现在结构复杂性、节点复杂性以及各种复杂性因素之间的相互影响。这里的结构复杂性是指网络的连接结构看上去错综复杂, 并且网络的连接结构会随着时间或环境的变化而变化。显然, 在规则、确定和对称的网络结构基础上提出的各种人工神经网络模型, 使得连接主义者由此得以在不考虑结构复杂性的简化环境下去研究人工神经网络的复杂功能[44]。这与当时人们认识事物的程度、考察事物的出发点以及由此建立联系的深度和广度有关系,属于一定历史认识阶段的结果,固然无可厚非。早期的人工神经网络研究是基于模仿生物的行为功能来实现自适应控制或调节,是一种映射工具,而不是对神经网络本身的内在机制的探索。随着人们认知能力的提升、技术条件的改进及外界生存环境的变化,新的事物不断涌现,人类在探索仿生行为的外部特性方面的研究得不到满足,就势必深入到生物内部进行探索,不仅要模仿,而且还要改造或创造。这就犹如从经典的传递函数理论到状态空间理论的演变一样,由外到内、由浅入深、由简单到复杂、由知之不多到知之甚详、由还原论到系统论的循环、由否定再到否定之否定,不断波浪式前进、螺旋式上升,以期达到认识世界、认识本身故我的目的。

需指出的是,在文献 [39] 中研究小世界网络的存在时,就引证了一个 C. elegans 的生物神经系统的实际例子。他们认为:只要两个神经元之间存在神经突触 (synapse) 或者间隙连接 (gap junction),则这两个神经元所对应的两个节点之间就是相连的,因此抽象得到了一个包含 282 个节点、平均度为 14 的网络。这个 C. elegans 网络的聚类系数为 0.28,平均路径长度为 2.65。相比之下,由 ER 随机图生成的一个同等规模的网络 (即相同的数目节点、相同数目的边),计算相应的聚类系数为 0.05,平均路径长度为 2.25。因此,通过实际数据计算发现,生物神经系统 C. elegans 是一个具有短的平均路径长度和大的聚类系数的小世界网络。再结合当下的研究成果可知,脑功能网络是一个小世界、无标度的复杂网络,既不是一个全连接、规则、确定的神经网络结构,也不是完全随机的将各个神经元连接在一起,而是貌似随机的以某种自组织的形式将以亿计数的神经元细胞组织在一起。因此,将这样一个复杂的脑神经系统一律用规则、确定和对称的人工神经网络模型来描述,就显得有些过于简化了[44]。

复杂网络的研究取得突破性进展的主要原因可归结如下[46]:

(1) 越来越强大的计算设备和迅猛发展的互联网技术,使得人们能够开始收集和处理规模巨大的且种类不同的实际网络数据;

(2) 学科之间的相互交叉使得研究人员可以广泛地比较各种不同类型的网络数据,从而揭示复杂网络的共性;

(3) 以还原论和整体论相结合为重要特色的复杂性科学的兴起,也促使人们开始从整体上研究网络的结构与性能之间的关系;

(4) 过去关于实际网络结构的研究常常着眼于包含几十个甚至几百个节点的网络,而近些年关于复杂网络的研究中常可以见到包含从几万到几百万个节点的网络,网络规模尺度上的变化也促使网络分析方法作出相应的改变,甚至很多问题的提法也都要有相应的改变。

复杂网络理论的主要研究内容可以归纳如下[46]：

(1) 发现：揭示刻画网络系统结构的统计性质，以及度量这些性质的合适方法；

(2) 建模：建立合适的网络模型以帮助人们理解这些统计性质的意义与产生机理；

(3) 分析：基于单个节点的特性和整个网络的结构性质分析与预测网络的行为；

(4) 控制：提出改善已有网络性能和设计新的网络的有效方法，特别是稳定性、同步性和数据流通等方面。

复杂网络研究的简单历史如表 1.1 所示[46]。

**表 1.1　复杂网络的研究简史**

| 时间 (年) | 人物 | 事件 |
|---|---|---|
| 1736 | Euler | 七桥问题 |
| 1959 | Erdos 和 Renyi | 随机图理论 |
| 1967 | Milgram | 小世界实验 |
| 1973 | Granovetter | 若连接的强度 |
| 1998 | Watts 和 Strogatz | 小世界模型 |
| 1999 | Barabasi 和 Albert | 无标度网络 |

2. 复杂网络中的同步

1665 年，物理学家惠更斯躺在病床上惊讶地发现，挂在同一个横梁上的两个钟的摆在一段时间以后会出现同步摆动的现象。1680 年，荷兰旅行家肯普弗在暹罗 (即现在的泰国) 旅行时，记录下了在湄南河上顺流而下的时候观察到的一个奇特的现象："一些明亮发光的昆虫飞到一棵树上，停在树枝上，有时候它们同时发光，有时候又同时不闪光，闪光与不闪光很有规律，在时间上很准确"。肯普弗游记中所说的昆虫就是萤火虫。钟摆和萤火虫这两个例子表现的就是现实世界中存在的同步现象。在人的日常生活中，同步现象俯拾皆是。例如，一场精彩表演之后，掌声在最初时刻是凌乱的，节奏是不同的，但在几秒之后，每个人都会和着别人的节奏鼓掌，然后大家用共同的节奏欢呼起来。2000 年，文献 [47] 从非线性动力学的观点阐述了观众掌声同步的产生机理。在我们的心脏中，无数的心脏细胞同步振荡着，它们同时做着一个动作，使心瓣膜舒张开，然后又一下子同时停下来，心瓣膜就收缩了。今天，同步在激光系统、超导材料和通信系统等领域起着重要作用。然而，事物都具有两面性，同步现象也可能是有害的。例如，2000 年 6 月 10 伦敦千年桥落成，当成千上万的人们开始通过大桥时，共振使这座 690t 钢铁造成的大桥开始振动。桥体的 "S" 形振动所引起的偏差甚至达到了 20cm，使得桥上的人们开始恐慌，大桥于是不得不临时关闭。Internet 上也有一些对网络性能不利的同步现象。例如，Internet 上的每一个路由器都要周期的发布路由消息，尽管各个路由器都是自己决定它什么时候发布路由消息的，但是研究人员发现不同的路由器最终会以同步的方式发送路由消息，从而引发网络的交通堵塞[46]。

科学研究发现，这些大量的看似巧合的同步行为可以用数学来给出理论解释：假定一个集体中所有成员的状态都是周期变化的，例如，从发光到不发光，那么这种现象完全可以用数学语言来描述。在这里，每个个体是一个动力学系统，而诸多的动力学个体之间存在着某种特定的耦合关系。实际上，在物理学、数学和理论生物学等领域，耦合动力学系统中的同步现象已经研究了很多年。早期的开创性工作要归功于 Winfree，他假设每个振子只与它周围有限个振子之间存在强力作用 (与远离它的振子之间存在弱的作用力，或可以忽略这种弱力。这种处理方式类似于局部工作点的线性化，或者局部 "线性" 主导的确定性分析原则。否则，不分主次地进行全面囊括和描述，是不易得到有效结果和认识的，不利于事情的解决。抓住主要矛盾和主要矛盾的主要方面，这就是科学分析的主导思想)，这样振子的幅值变化可以忽略，从而将同步问题简化成研究相位变化的问题[48]。在此基础上，Kuramoto指出，一个具有有限个恒等振子的耦合系统，无论系统内部各个振子之间的耦合强度有多么微弱，它的同力学特性都可以由一个简单的相位方程来表示[49]。此后，关于耦合系统的网络同步化现象引起了人们的极大兴趣。但 20 世纪的工作大多集中在具有规则拓扑形状的网络结构上，其中两个典型例子是耦合映象格子 (CML)[50]和细胞神经网络[51]。研究这些具有比较简单结构的网络可以使人们将研究的重点放在网络节点的非线性动力学所产生的复杂行为上，而暂时不去考虑网络结构复杂性对网络行为的影响[46](这也是研究问题的一种方法论，逐点突破、逐线突破、再拓展到逐面突破。每个研究者都在某一点上有所建树，通过社团网络的交互，就可对不同方面的集成来了解整个事情的全貌，问题就会一一突破。做每一件事，即使再简单，但能够在某一方面有所创新或突破，都是了不起的。勿以善小而不为，系统论和还原论的统御，才能见微知著、以小见大)。

然而，网络的拓扑结构在决定网络动态特性方面起着重要的作用。例如，尽管已有的结果表明，在一定的条件下，足够强的耦合可以导致网络中节点之间的同步[52]，但这一结果无法解释为什么即使在弱耦合的情况下许多实际的复杂网络仍呈现出较强的同步化趋势。复杂网络的小世界性和无标度特性的发现，使得人们开始关注网络的拓扑结构与网络的同步化行为之间的关系[53-63]。

从复杂网络的某一点来进行突破才能了解复杂网络的不同性态，就是当下复杂网络研究的趋势，各有侧重、各有所得。例如，研究一定拓扑结构下复杂网络的同步性，就是这一方面的体现。

## 1.6  预 备 知 识

下面给出动力系统中涉及最普遍的稳定性定义、定性稳定性常用研究方法、动力系统的解的存在性条件，以及常用的 $M$ 矩阵及其相关性质、线性矩阵不等式等常用数学工具的介绍。这部分内容是基于不同的教材或文献中的内容进行的汇总，集结了不同研究者的认识和智慧，以便能从不同的角度来更好地理解相应的概念。

### 1.6.1　稳定性的几种定义

1. 稳定性的定义 (一)[11]

1) 平衡状态

考虑由状态空间方程式 (1.4) 所描述的自治动力系统。一个常向量 $\bar{x} \in M$ 称为系统的平衡 (稳定) 状态，如果如下条件成立：

$$\frac{\mathrm{d}}{\mathrm{d}t}\bar{x} = f(\bar{x}) = 0 \tag{1.9}$$

式中，0 为零向量。速度向量 $\mathrm{d}x/\mathrm{d}t$ 在平衡状态 $\bar{x}$ 处消失，因此常量方程 $x(t) = \bar{x}$ 是微分方程式 (1.4) 的解。此外，由于解的唯一性，没有其他的解曲线能够穿过平衡状态 $\bar{x}$。平衡状态也称为奇异点，表示在平衡点的这种情况下，轨线将会退化到这个点本身。

在和带有平衡状态 $\bar{x}$ 的自治非线性动态系统的相关环境中，稳定性和收敛性的定义如下[64]。

2) 一致稳定性

若对于任意给定的正数 $\epsilon$，存在一正数 $\delta$，使得当满足条件 $\|x(0) - \bar{x}\| < \delta$ 时，对于所有的 $t > 0$ 恒有 $\|x(t) - \bar{x}\| < \epsilon$，则称平衡状态 $\bar{x}$ 为一致稳定的。

这一定义表明，如果初始状态 $x(0)$ 很接近 $\bar{x}$，则系统的一条轨线可能会停留在平衡状态 $\bar{x}$ 很小的一个邻域内。

3) 收敛性

如果存在一个正数 $\delta$，使得当条件 $\|x(0) - \bar{x}\| < \delta$ 时，对于 $t \to \infty$ 时，有 $x(t) \to \bar{x}$，则称平衡状态 $\bar{x}$ 是收敛的。

这一定义的含义在于，如果一条轨线的初始状态 $x(0)$ 足够接近于平衡状态 $\bar{x}$，则在时间 $t$ 接近无穷的时候，由状态向量 $x(t)$ 所描述的轨线将收敛于 $\bar{x}$。

4) 渐近稳定性

若平衡状态是稳定的并且是收敛的，则称平衡状态 $\bar{x}$ 为渐近稳定性。

这里需注意的是，稳定性和收敛性是两个相互独立的性质，只有两者都具备才有渐近稳定性。

5) 全局渐近稳定性

如果平衡状态是稳定的，并且所有的系统轨线在时间 $t$ 趋于无穷的时候都收敛于 $\bar{x}$，则称平衡状态 $\bar{x}$ 为渐近稳定的或者全局渐近稳定的。

这一定义意味着系统不可能有其他的平衡状态，而且它要求系统中的每一条轨线对所有的时间 $t > 0$ 都保持有界。换句话说，全局渐近稳定意味着对于任意初始条件系统都将最终稳定在一个稳态上。

6) 吸引子

耗散系统一般可以用存在吸引集或者比状态空间维数低的流形来表征。流形是指嵌入在 $n$ 维状态空间中的一个 $k$ 维曲面，则

$$M_j(x_1, x_2, \cdots, x_n) = 0 \tag{1.10}$$

式中，$j = 1, 2, \cdots, k(k < n)$；$x_1, \cdots, x_n$ 是系统 $n$ 维状态向量的元素；$M_j$ 是这些元素的一个函数。这些流形称为吸引子，这是因为吸引子为有界集，初始条件为非零状态空间体积的区域随时间的增加而收敛到它们。流形可以是状态空间中的一个点，这种情况称为点吸引子。另外，它也可以是周期性轨道，这种情况称为稳定的极限环，稳定意味着附近的轨线渐近地趋近它。吸引子代表动态系统中的唯一可以通过试验方法观察到的平衡状态。但是，在吸引子的情况下，平衡状态 (equilibrium) 既不意味着一个静态平衡 (static equilibrium)，也不意味着一个定常状态 (steady state)。例如，一个极限环代表一个吸引子的稳定状态 (stable state)，但是它随时间连续变化。

7) 吸引域

每个吸引子由它自己独有的区域包围，这样的区域称作吸引盆或吸引域 (basin/domain of attraction)。系统的每个初始状态都在某一吸引子的盆中。分隔不同吸引盆的边界称为分界线 (separatrix)。

2. 稳定性的定义 (二)[12, 65]

考虑由下述非线性常微分方程描述的非线性动力系统：

$$\frac{\mathrm{d}}{\mathrm{d}t} x(t) = g(x(t), t) \tag{1.11}$$

式中，$x \in \mathbf{R}^n$；$t \in J$；$g : B(r) \times J \to \mathbf{R}^n$ (对某一 $r > 0$)。假设 $g$ 足够光滑，即对每个 $x_0 \in B(r)$ 和 $t_0 \in \mathbf{R}^+$，式 (1.11) 具有且仅有一个解 $x(t, x_0, t_0)$ 对所有的 $t \in J$ 成立，且满足条件 $x_0 = x(t_0; x_0, t_0)$，称 $x_0$ 为初始点，而 $t_0$ 为初始时间，同时假设对式 (1.11) 有 $g(0, t) = 0, \forall t \in J$。

1) 平衡点

称 $\bar{x}$ 是动力系统式 (1.11) 的平衡点，如果对于所有的 $t \in J$，则

$$\frac{\mathrm{d}}{\mathrm{d}t} \bar{x} = g(\bar{x}, t) = 0 \tag{1.12}$$

对于非线性系统, 通常可能有一个或多个平衡点, 它们分别对应于式 (1.12) 的一个或多个常值解。而对线性系统, 则其平衡方程可写为

$$A\bar{x} = 0, \quad \forall t \in J \tag{1.13}$$

且当 $A$ 为非奇异矩阵时, 系统只有唯一的平衡点 $\bar{x} = 0$。而当 $A$ 奇异时, 则存在无限多个平衡点。如果平衡点是彼此孤立的, 这样的平衡点称为孤立平衡点。所谓的稳定性问题, 就是考虑式 (1.11) 的运动轨迹是否趋向于平衡点的问题。为方便起见, 假定式 (1.11) 的平衡点为 $\bar{x} = 0$。

2) 稳定性

式 (1.11) 的平衡点 $\bar{x} = 0$ 称为稳定的, 如果对于每个 $\epsilon > 0$ 和任意 $t_0 \in \mathbf{R}^+$, 均存在 $\delta(\epsilon, t_0) > 0$, 使得对所有 $t \geqslant t_0$, 当 $\|x_0\| < \delta(\epsilon, t_0)$ 时, $\|x(t; x_0, t_0)\| < \epsilon$。

3) 一致稳定性

在上述的稳定性定义中, $\delta$ 依赖于 $\epsilon$ 和 $t_0$。若 $\delta$ 与 $t_0$ 无关, 即 $\delta = \delta(\epsilon)$, 则式 (1.11) 的平衡点 $\bar{x} = 0$ 称为一致稳定的。

4) 渐近稳定性

式 (1.11) 的平衡点 $\bar{x} = 0$ 称为渐近稳定的, 如果下述条件成立: ①它是稳定的; ②存在 $\eta(t_0) > 0$, 使当 $\|x_0\| < \eta$ 时, 有 $\lim\limits_{t \to \infty} x(t; x_0, t_0) = 0$。

5) 吸引域

满足如下条件的所有 $x_0 \in \mathbf{R}^n$ 的集合称为式 (1.11) 的平衡点 $\bar{x} = 0$ 的吸引域: 存在 $\eta(t_0) > 0$, 使当 $\|x_0\| < \eta$ 时, 有 $\lim\limits_{t \to \infty} x(t; x_0, t_0) = 0$。

6) 一致渐近稳定性

式 (1.11) 的平衡点 $\bar{x} = 0$ 称为一致渐近稳定的, 如果下述条件成立: ①它是一致稳定的; ②对每一 $\epsilon > 0$ 和任意的 $t_0 \in \mathbf{R}^+$, 均存在与 $t_0$ 和 $\epsilon$ 无关的 $\delta_0 > 0$ 及与 $t_0$ 无关的 $T(\epsilon) > 0$, 使对所有 $t \geqslant t_0 + T(\epsilon)$, 当 $\|x_0\| < \delta_0$ 时, 有 $\|x(t; x_0, t_0)\| < \epsilon$。

7) 指数稳定性

式 (1.11) 的平衡点 $\bar{x} = 0$ 称为指数稳定的, 如果存在 $a > 0$, 对于任意 $\epsilon > 0$ 均存在 $\delta(\epsilon) > 0$, 使得对所有 $t \geqslant t_0$, 当 $\|x_0\| < \delta(\epsilon)$ 时, 有 $\|x(t; x_0, t_0)\| \leqslant \epsilon \, \mathrm{e}^{-a(t - t_0)}$。

8) 不稳定性[65]

式 (1.11) 的平衡点 $\bar{x} = 0$ 称为不稳定的, 如果存在一个初始点序列 $\{x_0^i\}$ 和时间序列 $\{t_i\}$, 使对所有的 $i$ 和任意的 $\epsilon > 0$, 均有 $\|x(t_0 + t_i; x_0^i, t_0)\| \geqslant \epsilon$。

9) 不稳定性[12]

如果对于某一实数 $\epsilon > 0$ 和任一 $\delta > 0$, 且不管取多么小, 由 $\|x_0 - \bar{x}\| \leqslant \delta$ 确定的 $S(\delta)$ 内总存在一初状态 $x_0^*$, 由此出发的轨迹满足 $\|x(t; x_0^*, t_0) - \bar{x}\| \geqslant \epsilon$, 则称式 (1.11) 的平衡点 $\bar{x} = 0$ 为不稳定的。

当式 (1.11) 中的非线性函数为 $g : \mathbf{R}^n \times J \to \mathbf{R}^n$ 时，且式 (1.11) 对所有的 $x_0 \in \mathbf{R}^n$ 和每一个 $t_0 \in \mathbf{R}^+$，均有唯一解，则有如下全局性定义。

10) 有界性 (Lagrange 稳定性)

式 (1.11) 的解 $x(t; x_0, t_0)$ 称为有界的，如果存在 $\beta > 0$，使对所有 $t \geqslant t_0$ 均有 $\|x(t; x_0, t_0)\| < \beta$。

11) 一致有界性 (Lagrange 一致稳定性)

式 (1.11) 的解 $x(t; x_0, t_0)$ 称为一致有界的，如果对于任何 $a > 0$ 和 $t_0 \in \mathbf{R}^+$，均存在与 $t_0$ 无关的 $\beta = \beta(a) > 0$，使对所有 $t \geqslant t_0$，当 $\|x_0\| < a$ 时，有 $\|x(t; x_0, t_0)\| < \beta$。

12) 一致终极有界性

式 (1.11) 的解 $x(t; x_0, t_0)$ 称为一致终极有界的，如果存在 $\beta > 0$，且对应于每一个 $a > 0$ 和 $t_0 \in \mathbf{R}^+$，均存在与 $t_0$ 无关的 $T = T(a) > 0$，使对所有 $t \geqslant T + t_0$，当 $\|x_0\| < a$ 时，有 $\|x(t; x_0, t_0)\| < \beta$。

13) 大范围渐近稳定

式 (1.11) 的平衡点 $\bar{x} = 0$ 称为大范围渐近稳定的，如果下述条件成立：①它是稳定的；②式 (1.11) 的每个解在 $t \to \infty$ 时趋于 0。此时式 (1.11) 的平衡点的吸引域是整个实空间 $\mathbf{R}^n$。

14) 大范围一致渐近稳定

式 (1.11) 的平衡点 $\bar{x} = 0$ 称为大范围一致渐近稳定的，如果下述条件成立：①它是一致稳定的；②式 (1.11) 的解是一致有界的；③对任意的 $a > 0$，$\epsilon > 0$ 和 $t_0 \in \mathbf{R}^n$，都存在与 $t_0$ 无关的 $T(\epsilon, a) > 0$，使得当 $\|x_0\| < a$ 时，对所有的 $t \geqslant t_0 + T(\epsilon, a)$，$\|x(t; x_0, t_0)\| < \epsilon$ 成立。

15) 大范围指数稳定

式 (1.11) 的平衡点 $\bar{x} = 0$ 称为大范围指数稳定的，如果存在 $a > 0$，对于任意的 $\beta > 0$，均存在 $k(\beta) > 0$，使得当 $\|x_0\| < \beta$ 时，对所有的 $t \geqslant t_0$，$\|x(t; x_0, t_0)\| \leqslant k(\beta)\|x_0\| \mathrm{e}^{-a(t-t_0)}$ 成立。

16) $K$ 类和 $K\mathbf{R}$ 类函数

称连续函数 $\phi : [0, r_1] \to \mathbf{R}^+$(或者连续函数 $\phi : [0, \infty) \to \mathbf{R}^+$) 为 $K$ 类函数，即 $\phi \in K$，如果 $\phi(0) = 0$，且 $\phi$ 在 $[0, r_1]$(或者 $[0, \infty)$) 上是严格递增的；又若 $\phi : \mathbf{R}^+ \to \mathbf{R}^+, \phi \in K$，且有 $\lim\limits_{r \to \infty} \phi(r) = \infty$，则 $\phi$ 称为 $K\mathbf{R}$ 类函数。

17) 径向无界性

称定义在 $\mathbf{R}^n \times J$ 上的函数 $V$ 是径向无界的，若存在 $\phi \in K\mathbf{R}$，使对所有的 $x \in \mathbf{R}^n$ 和 $t \in J$，均有 $V(x, t) \geqslant \phi(\|x\|)$。

18) 等度函数

称定义在 $[0, r_1]$ 或者 $[0, \infty)$ 上的两个函数 $\phi_1, \phi_2 \in K$ 为等度函数, 如果存在常数 $k_1$、$k_2$, 使对所有的 $r \in [0, r_1]$ 或者 $r \in [0, \infty)$, 均有 $k_1 \phi_1(r) \leqslant \phi_2(r) \leqslant k_2 \phi_1(r)$。

### 3. 鲁棒稳定性 [66, 67]

实际中存在种种不确定因素, 如参数变化、未建模动态特性、平衡点的变化、传感器噪声、不可预测的干扰输入等, 所以所建立的对象模型只能是实际物理系统不精确的表示。鲁棒系统设计的目标就是要在模型不精确和存在其他变化因素的条件下, 使系统仍能保持预期的性能。如果模型的变化和模型的不精确不影响系统的稳定性和其他动态性能, 这样的系统称为鲁棒控制系统。

"鲁棒" 一词为英文单词 "robust" 的音译。robustness, 即鲁棒性, 其含义是稳健或强壮, 因而也常称为稳健性或强壮性。自 20 世纪 70 年代初, 人们正式地将鲁棒性的概念引入现代控制理论中, 然而关于鲁棒性本身却没有给出确切的定义。控制理论中所涉及的各种鲁棒性都具有其各自的含义。简单地说, 鲁棒性就是抗扰动的能力。

1) 鲁棒性定义 (一)[66]

文献 [66] 是从某种抽象的意义上来谈及鲁棒性本身, 而不局限于控制系统的鲁棒性。

首先, 鲁棒性是一种性质, 它应该与某种事物相关联, 如控制系统、动力系统、矩阵等。因而, 通常所说的控制系统的鲁棒性就是指与控制系统相关的某种意义上的抗扰能力。

其次, 鲁棒性所研究的对象并不是事物本身, 而是事物的某种性质。例如, 控制系统稳定性的鲁棒性, 简称控制系统的稳定鲁棒性; 控制系统某种性能的鲁棒性, 简称性能鲁棒性。从这种意义上来说, 同一事物可以有多种不同的鲁棒性, 取决于研究的属性性质。

再次, 既然鲁棒性表征的是抗干扰的能力, 则必与所言事物某种形式的扰动相关联。例如, 对于控制系统而言, 某些参量的变化、外界干扰等都可视为扰动; 对于矩阵而言, 其元素的摄动即是一种扰动。扰动往往具有多种形式, 某事物的某性质针对事物不同形式的扰动决定了该事物、该性质不同的鲁棒性。

上面提及的事物、事物的某种性质和事物的某种形式的扰动是言及鲁棒性所必需的三个方面。

鲁棒性的一般定义可阐述如下: 给定某种事物 $M$ 及其所受的某种形式的扰动 $D$, 如果事物 $M$ 的某种性质 $P$ 在事物 $M$ 受到扰动 $D$ 后仍然完全保持, 或在一定程度或范围内继续保持, 则称事物 $M$ 的性质 $P$ 对于扰动 $D$ 具有鲁棒性。

鲁棒性分析大致上可分为两类: ①已知某事物 $M$ 及其性质 $P$, 及该事物的某

种形式的扰动 $D$，但不知道扰动 $D$ 的范围。一般来说，只要扰动 $D$ 足够小，事物 $M$ 受到扰动 $D$ 之后仍能够保持其性质 $P$。但当扰动 $D$ 的扰动范围大到一定程度时，事物 $M$ 受到扰动 $D$ 后便不再具有性质 $P$。那么事物 $M$ 受到扰动 $D$ 后仍保持性质 $P$ 所允许的扰动 $D$ 的最大扰动范围是多大呢？这就是第一类鲁棒性分析所考虑的问题。这里的允许的最大扰动范围的描述要依据具体的问题和具体的处理方法来决定，它一般是所论事物及其扰动量的函数，常称为鲁棒性指标。当下的神经网络的鲁棒稳定性分析就属于这类问题。②第一类鲁棒性分析问题是在事物 $M$ 所受扰动 $D$ 的形式已知但扰动范围未知的条件下，分析事物 $M$ 能够保持其某种性质 $P$ 所允许的这种形式的扰动范围的大小。与第一类问题不同，第二类鲁棒性分析是指：已知事物 $M$ 及其性质 $P$、事物 $M$ 的某种形式的扰动 $\Delta M$ 及其扰动范围，要给出事物 $M$ 受到扰动 $\Delta M$ 之后是否仍具有性质 $P$ 的确切结论。

2) 鲁棒性定义 (二)[67]

鲁棒性是指标称系统所具有的某一种性能品质对于具有不确定性系统集合的所有成员均成立，如果所关心的是系统的稳定性，那么就称该系统具有鲁棒稳定性；如果所关心的是用干扰抑制性能或用其他性能准则来描述的品质，那么就称该系统具有鲁棒性能。

鲁棒控制理论是分析和处理具有不确定性系统的控制理论，包括两大类问题：鲁棒性分析和鲁棒性综合。鲁棒性分析是指根据给定的标称系统和不确定性集合，找出保证系统鲁棒性所需的条件；而鲁棒性综合 (鲁棒控制器设计问题) 是指根据给定的标称模型和不确定性集合，基于鲁棒性分析得到的结果来设计一个控制器，使得闭环系统满足期望的性能要求。主要的鲁棒控制理论包括 Kharitonov 区间理论、$H_\infty$ 控制理论、结构奇异值理论 ($\mu$ 理论)。

### 1.6.2　连续系统的定性稳定性方法

任意系统的给定运动的稳定性问题，一般可以化为 $\dot{x} = f(x,t), f(0) = 0$ 的零解 $x = 0$ 的稳定性问题。$x = 0$ 的稳定性，取决于从位于 $x = 0$ 邻域中的所有初始状态 $x(t_0) = x_0$ 出发的被扰运动 $x = x(t; x_0, t_0)$ 的渐近性状，即 $t \to \infty$ 时 $x(t)$ 的性状。若当 $t \to \infty$ 时，$x(t)$ 保持在 $x = 0$ 的邻域内，则原点稳定；此时若还有 $x(t) \to 0$，则原点渐近稳定。对于一般情况，求解非线性微分方程的通解 $x = x(t; x_0, t_0)$ 是困难的或不可能的。这就提出一个问题：如何不通过求解非线性微分方程的解而直接按照方程本身 (即按已知的非线性函数 $f(x,t)$) 来获得关于原点的稳定性的结论？这就是运动稳定性研究的基本任务[19]。

不求解微分方程的解，按微分方程本身的右端函数 $f(x,t)$ 来判定其解的性状，形成了常微分方程的一个分支 —— 定性理论。系统运动的稳定性是系统运动微分方程解的定性性质之一，所以运动稳定性理论也是微分方程定性理论的重要组成部分。下面简要介绍一下这方面的主要方法。

1. Lyapunov 函数法 [65, 68, 69]

稳定性的 Lyapunov 第二方法也称为直接法,它可以不用求解系统的运动方程而给出系统平衡状态稳定性的信息。Lyapunov 直接方法是建立在这样一个直观的物理事实之上的:如果一个系统的某个平衡状态是渐近稳定的,即 $\lim_{t\to\infty} x(t) = \bar{x}$,那么随着系统的运动,其储存的能量将随时间的增长而衰减,直至趋于平衡状态而使能量趋于极小值。当然,对于一般的系统而言,并没有这样的直观。因此,Lyapunov 方法引入的是一个广义的能量函数,称为 Lyapunov 函数。这样,Lyapunov 直接法可归结为:在不直接求解方程的前提下,通过研究 Lyapunov 函数及其导数的定号性,就可以给出系统平衡状态的稳定性信息。一般来说,Lyapunov 函数的选取形式不唯一,因而它和能量函数的概念又是不完全相同的。需要说明的是,无法找到适用的 Lyapunov 函数并不能证明系统是不稳定的,Lyapunov 函数的存在是系统稳定的充分条件,而不是必要条件。现介绍 Lyapunov 稳定定理[68] 如下。

令 $x = 0$ 是式 (1.4) 的平衡点,$D \subset \mathbf{R}^n$ 是包含 $x = 0$ 的一个域。令 $V(x) : D \times \mathbf{R}$ 是一个连续可微的函数,使得:①$V(0) = 0$,且在 $D - \{0\}$ 中 $V(x) > 0$;②在 $D$ 中,$\dot{V}(x) \leqslant 0$,则 $x = 0$ 是稳定的。此外,如果在 $D - \{0\}$ 中 $\dot{V}(x) < 0$,则 $x = 0$ 是渐近稳定的。

**证明** 需事先说明的是,在文献 [68] 中,式 (1.4) 中的非线性函数 $f : D \to \mathbf{R}^n$ 是一个从域 $D \subset \mathbf{R}^n$ 到实数域 $\mathbf{R}^n$ 的一个局部 Lipschitz 映射 (locally Lipschitz map),并假定 $0 \in D$ 是式 (1.4) 的一个平衡点。

采用 $\epsilon$-$\delta$ 论证方式来证明稳定性。为了说明原点是稳定的,则对任一个需要小心给定的 $\epsilon$ 值,可以得到一个 $\delta$ 值 (该值可能依赖于 $\epsilon$),使得在原点的 $\delta$ 邻域内出发的每一条轨线将永远离不开 $\epsilon$ 邻域。下面将采用 $\epsilon$-$\delta$ 形式来证明 Lyapunov 稳定定理。

给定 $\epsilon > 0$,选择 $r \in (0, \epsilon]$ 使得 $B_r = \{x \in \mathbf{R}^n | \|x\| \leqslant r\} \subset D$。令 $a = \min_{\|x\|=r} V(x)$,则 $a > 0$。取 $b \in (0, a]$,并令 $\Omega_b = \{x \in B_r | V(x) \leqslant b\}$,则 $\Omega_b$ 在 $B_r$ 的内部。集合 $\Omega_b$ 具有这样的特性:在 $t = 0$ 时刻起始于集合 $\Omega_b$ 的任意轨线在所有的 $t \geqslant 0$ 时仍将在集合 $\Omega_b$ 中,由此可知 $\dot{V}(x(t)) \leqslant 0 \Rightarrow V(x(t)) \leqslant V(x(0)) \leqslant b, \forall t \geqslant 0$。因为 $\Omega_b$ 是一个紧集,则可断言 (注意 $f$ 是一个局部 Lipschitz 函数):只要 $x(0) \in \Omega_b$,对于所有的 $t \geqslant 0$,式 (1.4) 具有唯一的解。因为 $V(x)$ 是连续的,且 $V(0) = 0$,则存在 $\delta > 0$ 使得 $\|x\| \leqslant \delta \Rightarrow V(x) < b$。这样,$B_\delta \subset \Omega_b \subset B_r$,以及 $x(0) \in B_\delta \Rightarrow x(0) \in \Omega_b \Rightarrow x(t) \in \Omega_b \to x(t) \in B_r$。因此,$\|x(0)\| < \delta \Rightarrow \|x(t)\| < r \leqslant \epsilon(\forall t \geqslant 0)$,这表明平衡点 $x(t) = 0$ 是稳定的。

现在假定在 $D - \{0\}$ 中 $\dot{V}(x) < 0$ 也成立。为了证明渐近稳定性,则需要证明

当 $t \to \infty$ 时，$x(t) \to 0$。也就是说，对于每一个 $a > 0$，存在一个 $T > 0$ 使得对于所有的 $t > T$ 都有 $\|x\| < a$。重复上面的论证过程可知，对于每一个 $a > 0$，可以选择 $b > 0$ 使得 $\Omega_b \subset B_a$。这样，当 $t \to \infty$ 时，证明 $V(x(t)) \to 0$ 就足够了。因为 $V(x(t))$ 是单调递减的，并且下界为 0，则当 $t \to \infty$ 时，$V(x(t)) \to c \geqslant 0$。为了证明 $c = 0$，采用反证法。先假定 $c > 0$。根据 $V(x(t))$ 的连续性，存在一个 $d > 0$ 使得 $B_d \subset \Omega_c$。$V(x(t)) \to c > 0$ 的极限意味着，对于所有的 $t \geqslant 0$，轨线 $x(t)$ 位于球 $B_d$ 的外面。令 $-\gamma = \max\limits_{d \leqslant \|x\| \leqslant r} \dot{V}(x)$（该式存在是因为连续函数 $\dot{V}(x)$ 在紧集 $\{d \leqslant \|x\| \leqslant r\}$ 上具有最大值）。因为 $\dot{V}(x) < 0$，则 $-\gamma < 0$。进一步，则有

$$v(x(t)) = V(x(0)) + \int_0^t \dot{V}(x(s))\mathrm{d}s \leqslant V(x(0)) - \gamma t.$$

因为右手侧最终要变为负值，则该不等式与前提假设 $c > 0$ 相矛盾。由此证明 $c = 0$。

**注释 1.1** 称满足 $V(0) = 0$，在 $D - \{0\}$ 域内 $V(x) > 0$，在域 $D$ 内 $\dot{V}(x) \leqslant 0$ 的连续可微函数为 Lyapunov 函数。对于某个 $c > 0$，表面 $V(x) = c$ 称为 Lyapunov 表面或者水平面。利用 Lyapunov 表面可以证明，随着 $c$ 的减小，Lyapunov 表面也在缩小。条件 $\dot{V}(x) \leqslant 0$ 意味着：当一条轨线与 Lyapunov 表面 $V(x) = c$ 相交时，该轨线将向着集合 $\Omega_c = \{x \in \mathbf{R}^n | V(x) \leqslant c\}$ 的内部移动，并再也出不来。当 $\dot{V}(x) < 0$ 时，轨线将从一个 Lyapunov 表面移向其内部具有小的 $c$ 值的 Lyapunov 表面。当 $c$ 逐渐减小时，Lyapunov 表面 $V(x) = c$ 最终收缩到原点。这也表明了，随着时间的推移，轨线将向着原点逼近。如果仅知道 $\dot{V}(x) \leqslant 0$，没法确定轨线将会向着原点趋近。但此时可以断定原点是稳定的，因为如果要求初始状态 $x(0)$ 位于球 $B_c$ 中一个 Lyapunov 表面的内部，则由此初始态出发的轨线将仍被包含在该球 $B_c$ 中。

称满足条件 $V(0) = 0$，$x \neq 0$ 时，$V(x) > 0$ 的函数 $V(x)$ 为正定的。如果该函数满足弱一点的条件，即对于 $x \neq 0$ 有 $V(x) \geqslant 0$，则此时称函数 $V(x)$ 为半正定的。如果 $-V(x)$ 分别是正定的和半正定的，称函数 $V(x)$ 是负定的或者半负定的。如果 $V(x)$ 不属于这四种情况，即具有不确定的符号，则称此时的 $V(x)$ 是不定的。根据这样的术语，可重新陈述 Lyapunov 稳定定理如下。

**Lyapunov 稳定定理** 如果存在连续可微的正定函数 $V(x)$ 使得 $\dot{V}(x)$ 是半负定的，则原点是稳定的；如果 $\dot{V}(x)$ 是负定的，则原点是渐近稳定的。

2. LaSalle 不变集方法[70]

1960 年，LaSalle 发现了 Lyapunov 函数和 Birkhoff 极限集之间的关系，给出了 Lyapunov 理论的统一认识。他认为关于一个运动的极限集的研究，实际上是考察该运动的渐近行为，利用所选定的 Lyapunov 函数和极限集的不变性，即可给出极限集位置的有关信息，因此称为不变性原理。国际著名学者 Hopfield、Cohen、Grossberg

及 Michel 等及其团队关于神经网络的"能量函数"与稳定性的研究，实际上是 LaSalle 不变原理的具体应用[68]。

针对自治非线性系统 (式 (1.4)) 所描述的一类非线性动态神经网络，假定 $f(0) = 0$，$f: D \in \mathbf{R}^n \to \mathbf{R}^n$，且保证解的唯一性。这样，给出如下的概念。

在介绍 LaSalle 不变性原理之前，先给出两个预备知识。

集合 $M \in \mathbf{R}^n$ 称为式 (1.4) 定义的轨线正向不变集，若 $\forall x_0 \in M$，$x(t; x_0, t_0) \subset M(t \geqslant t_0)$，称当 $t \to \infty$ 时，$x(t; x_0, t_0) \to M$，若存在 $\bar{x} \in M$ 和 $t_i \to \infty (i \to \infty)$，使得 $\|x(t_i; x_0, t_0) - \bar{x}\| \to 0$。

若 $x(t; x_0, t_0)$ 对一切 $t \geqslant t_0$ 有界，则 $x(t; x_0, t_0)$ 的 $\omega$ 极限点组成的 $\Omega(x_0)$ 集具有如下性质：①$\Omega(x_0)$ 非空；②$\Omega(x_0)$ 是紧集 (有界闭)；③$\Omega(x_0)$ 是 (1.4) 的轨线不变集；④当 $t \to \infty$，$x(t; x_0, t_0) \to \Omega(x_0)$。

1) LaSalle 不变原理 (一)[65]

设 $D$ 是一个有界闭集，从 $D$ 内出发的式 (1.4) 的解 $x(t, x_0, t_0) \subset D$(停留在 $D$ 中)，若存在 $V(x): D \to R$ 且 $V(x) \in C^1$，使得 $\dot{V}(x) \leqslant 0$。又设 $E = \{x | \dot{v}(x) = 0, x \in D\}$，$M \subset E$ 是最大不变集，则当 $t \to \infty$ 时，有 $x(t; x_0, t_0) \to M$。

特别地，若 $M = \{0\}$，则非线性系统 (式 (1.4)) 的平衡点是渐近稳定的。LaSalle 不变性原理不要求 $v(x)$ 定号，只要求 $\dot{V}(x)$ 常负即可。如果 $M = \{0\}$，则不变性原理同时给出了吸引域 $D$。

2) LaSalle 不变原理 (二)[68]

令 $\Omega \subset D$ 是一个紧集，且其相对于式 (1.4) 是正不变的。令 $V: D \to \mathbf{R}$ 是一个连续可微的函数使得在集合 $\Omega$ 中 $\dot{V}(x) \leqslant 0$。令 $E$ 是集合 $\Omega$ 中 $\dot{V}(x) = 0$ 处的所有点的集合，令 $M$ 是集合 $E$ 中的最大不变集。则当 $t \to \infty$ 时，起始于集合 $\Omega$ 的每一个解都将趋向于最大不变集 $M$。

**证明**　在文献 [68] 中，式 (1.4) 的非线性函数 $f: D \to \mathbf{R}^n$ 是一个从域 $D \subset \mathbf{R}^n$ 映射到实数域 $\mathbf{R}^n$ 的一个局部 Lipschitz 函数，并假定 $\bar{x} \in D$ 是式 (1.4) 的一个平衡点。

为了陈述和证明 LaSalle 不变定理，需介绍一些定义。令 $x(t)$ 是式 (1.4) 的一个解。称点 $p$ 是 $x(t)$ 的一个正极限点，如果存在一个序列 $\{t_i\}$(即当 $i \to \infty$ 时 $t_i \to \infty$) 使得当 $i \to \infty$ 时，$x(t_i) \to p$。$x(t)$ 的所有正极限点的集合称为 $x(t)$ 的正极限集。称集合 $M$ 是相对于式 (1.4) 的一个不变集，如果 $x(0) \in M \Rightarrow x(t) \in M, \forall t \in \mathbf{R}$。也就是说，在某一时刻，式 (1.4) 的一个解属于集合 $M$，则对于所有的过去时刻及未来时刻该解都属于集合 $M$。如果 $x(0) \in M \Rightarrow x(t) \in M(\forall t \geqslant 0)$，则称集合 $M$ 是正不变集。当 $t$ 趋近于无穷时也称 $x(t)$ 趋近于集合 $M$，如果对于每一个 $\epsilon > 0$，存在一个 $T > 0$ 使得 $\mathrm{dist}(x(t), M) < \epsilon(\forall t > T)$，其中，$\mathrm{dist}(p, M)$ 表示从点 $p$ 到集合

$M$ 的距离。$\mathrm{dist}(p, M)$ 也就是从点 $p$ 到集合 $M$ 中的任一点的最小距离, 更精确地说, $\mathrm{dist}(p, M) = \inf_{x \in M} \|p - x\|$。这些概念在示例说明平面内的渐近稳定平衡点和稳定极限环时是很有效的。渐近稳定的平衡点是起始于充分接近平衡点的每一个解的正极限集。稳定极限环是起始于充分接近该极限环的每一个解的正极限集, 当 $t \to \infty$ 时, 该解趋近于极限环。然而, 需注意的是, 该解不能趋近于极限环上任意具体的点。换句话说, 当 $t \to \infty$ 时, $x(t) \to M$ 不意味着 $\lim_{t \to \infty} x(t)$ 的极限存在。平衡点和极限环是不变集, 因为起始于每一个相应集合中的解对于所有的 $t \in \mathbf{R}$ 仍将保持在该集合中。对于所有的 $x \in \Omega_c$, 具有 $\dot{V}(x) \leqslant 0$ 时的集合 $\Omega_c = \{x \in \mathbf{R}^n | V(x) \leqslant c\}$ 是一个正不变集, 因为起始于 $\Omega_c$ 中的解在所有的 $t \geqslant 0$ 时仍将保持在 $\Omega_c$ 集合中。现在, 极限集的一个基本特性可陈述如下: 如果式 (1.4) 的解 $x(t)$ 是有界的, 且对于所有的 $t \geqslant 0$ 该解属于 $D$, 则它的正不变集 $L^+$ 是非空的、紧的不变集。此外, 当 $t \to \infty$ 时, $x(t) \to L^+$。

现在开始证明 LaSalle 定理。令 $x(t)$ 是起始于 $\Omega$ 中的式 (1.4) 的一个解。因为在 $\Omega$ 中 $\dot{V}(x(t)) \leqslant 0$, 则 $V(x(t))$ 相对于时间 $t$ 来说是一个减函数。因为 $V(x(t))$ 在紧集 $\Omega$ 上是连续的, 进而在紧集 $\Omega$ 上是有下界的。因此, 当 $t \to \infty$ 时, $V(x(t))$ 存在极限 $a$。因为 $\Omega$ 也是一个闭集, 正不变集 $L^+$ 也是在紧集 $\Omega$ 中。对于任意的 $p \in L^+$, 存在一个具有 $t_i \to \infty$ 的序列 $t_i$ 及 $i \to \infty$ 时的 $x(t_i) \to p$。根据 $V(x(t))$ 的连续性, $V(p) = \lim_{i \to \infty} V(x(t_i)) = a$。因此, 在 $L^+$ 上有 $V(x(t)) = a$。因为 $L^+$ 是一个不变集, 在 $L^+$ 上有 $\dot{V}(x(t)) = 0$。这样, $L^+ \subset M \subset E \subset \Omega$。因为 $x(t)$ 是有界的, 所以当 $t \to \infty$ 时, $x(t)$ 趋近于 $L^+$。由此, 当 $t \to \infty$ 时, $x(t)$ 趋近于 $M$。

**注释 1.2**　　与 Lyapunov 定理不同, LaSalle 不变定理不要求函数 $V(x)$ 是正定的。同时也注意到, 集合 $\Omega$ 的构造也不必与函数 $V(x)$ 的构造捆绑到一起。然而, 在许多应用中, 构造 $V(x)$ 的本身就保证了集合 $\Omega$ 的存在。特别地, 如果 $\Omega_c = \{x \in \mathbf{R}^n | V(x) \leqslant c\}$ 是有界的, 在集合 $\Omega_c$ 内 $\dot{V}(x) \leqslant 0$, 则此时可取 $\Omega = \Omega_c$。当 $V(x)$ 是正定的时候, 对于充分小的 $c > 0$, $\Omega_c$ 是有界的; 当 $V(x)$ 不是正定的时候, 该结论不必成立。例如, 如果 $V(x) = (x_1 - x_2)^2$, 则不论 $c$ 取多小, 集合 $\Omega_c$ 也不是有界的。如果 $V(x)$ 是径向无界的, 即 $\|x\| \to \infty$ 时 $V(x) \to \infty$, 则对于所有的 $c$, $\Omega_c$ 都是有界的。不论 $V(x)$ 是正定与否, 这一结论都成立。对于正定函数来讲, 检验其径向无界性是很容易的, 因为沿着主轴方向令 $x$ 趋向于 $\infty$ 即可判定。而对于非正定函数而言, 就不是这么容易的事了。以 $V(x) = (x_1 - x_2)^2$ 为例, 沿着直线 $x_1 = 0$ 和 $x_2 = 0$ 变化时, 随着 $\|x\| \to \infty$, 有 $V(x) \to \infty$。但是当沿着直线 $x_1 = x_2$ 变化时, 随着 $\|x\| \to \infty$, $V(x) \nrightarrow \infty$。

### 3. 比较原理方法[65, 71]

考虑 $n$ 维非自治系统 (式 (1.11)) 和如下的系统:

$$\frac{\mathrm{d}y(t)}{\mathrm{d}t} = g(y(t), t) \tag{1.14}$$

式中，$g \in C[[t_0, \infty) \times \mathbf{R}^+ \to \mathbf{R}^+]$；$g(y, t) \equiv 0$，当且仅当 $y = 0$。由于式 (1.14) 中的 $y > 0$，因此关于式 (1.14) 的平衡点稳定性定义中的初始扰动 $y_0 \geqslant 0$。

若存在正定连续函数 $V(x, t) \in [J \times \mathbf{R}^n, \mathbf{R}^+]$，且关于 $x$ 满足局部 Lipschitz 条件，$V(0, t) = 0$。而 $V(x)$ 沿着式 (1.11) 的解的右上导数满足 $D^+V|_{(1.11)} \leqslant g(V, t)$，则有：①式 (1.14) 的平衡点稳定，蕴涵着式 (1.11) 的平衡点的稳定；②若 $V$ 具有无穷小上界，则式 (1.14) 的平衡点一致稳定，蕴涵着式 (1.11) 的平衡点的一致稳定；③式 (1.14) 的平衡点渐近稳定，蕴涵着式 (1.11) 的平衡点的渐近稳定；④若 $V$ 具有无穷小上界，则式 (1.14) 的平衡点一致渐近稳定，蕴涵着式 (1.11) 的平衡点的一致渐近稳定；⑤若存在 $\alpha > 0, \beta > 0$，使得 $\alpha\|x\|^\beta \leqslant V(x, t)$，且 $V$ 具有无穷小上界，则式 (1.14) 的平衡点是指数稳定的，蕴涵着式 (1.11) 的平衡点是指数稳定的；⑥若存在 $\phi_1, \phi_2 \in K\mathbf{R}$，使得 $\phi_1(\|x\|) \leqslant V(x, t) \leqslant \phi_2(\|x\|)$，则式 (1.14) 的平衡点是全局一致渐近稳定，蕴涵着式 (1.11) 的平衡点是全局一致渐近稳定。

需说明的是，比较定理的结论包含了 Lyapunov 稳定性理论的结论，它最大的优越性是放弃了 $\dot{V}$ 负定、半负定等要求，但它不能包含 Lyapunov 渐近稳定性定理。

### 1.6.3　微分方程解的存在性和唯一性

研究运动的稳定性，除了被研究的那个运动，还要考虑临近的运动，所有这些运动，都是运动微分方程的解。因此，在研究运动稳定性时，需要知道关于解的一些更一般的性质，如解的存在性、唯一性等[19, 68]。

任何实际系统总会发生运行的，用数学的语言来表述，就是说系统的运动微分方程 $\dot{x} = f(x, t)$ 总是有解的。即任给一个初始状态 $x(t_0) = x_0$，总可确定一个解。为了表示这个解是由初始条件 $t_0$、$x_0$ 决定的，可记为 $x(t) = x(t; x_0, t_0)$。既然如此，再讨论解的存在性与唯一性，似乎是多余的。

事情是这样的，因为任何客观存在的实际系统总是十分复杂的，要对它进行绝对精确的数学描述几乎是不可能的。所以从本质上说，不可能写出实际系统的运动微分方程，能做到的仅仅是对真实系统某一种简化了的 (常常是大大简化了的) 物理模型，写出它的运动微分方程。而且同一个真实系统，由于模型的简化不同，可以写出不同的数学方程，它们之间的差异也可能是很大的。例如，一个系统可视为非弹性的刚体，写出的运动微分方程是常微分方程；但若考虑到系统的弹性变形，有可能写成偏微分方程，其差异是根本性的。

以上强调了事物的一个方面 —— 多样性。其实，研究任一系统总是有确定的目标的，就是说，不能研究它的全部问题，而要研究的只是某一个或几个问题。那么就可以在建立系统的物理模型时，仅考虑与欲研究的问题有关的主要因素，从而建立尽可能简单的又能反映问题特性的物理模型，这就是事物的另一个方面 —— 确定性。

总体来说，由于建立的系统的运动微分方程只是其物理模型的方程，因此，这个方程的解是否存在与唯一，就成为需要考虑的一个理论问题。尤其重要的是，由于非线性系统的解的解析表达式一般是求不出来的，所以关于解的一般性质的定理，在微分方程定性理论中也起着基础性的作用。

### 1. 解的存在性及唯一性定理[19]

对于微分方程 $\dot{x} = f(x,t)$，若 $f(x,t)$ 在其定义域 $D \times J$ 上连续，且满足 Lipschitz 条件 $\|f(x,t) - f(y,t)\| \leqslant L\|x-y\|$，则对任意的初始条件 $(x_0, t_0) \in D \times J$，总存在常数 $a > 0$，使得有唯一解 $x = x(t)$ 在 $[t_0 - a, t_0 + a]$ 上存在，对 $t$ 连续，且满足初始条件 $x(t_0) = x_0$。其中，$x \in D \subseteq \mathbf{R}^n$；$t$ 属于某开区间 $J = (t_1, t_2)$，$t_1 > -\infty$，$t_2 < +\infty$（一般常取 $t \in (-\infty, +\infty)$）；$L$ 为 Lipschitz 常数。

### 2. 解的延拓性推论

在上述存在性与唯一性定理中，由任意初始条件 $x_0, t_0$ 确定的解 $x(t)$，在 $t$ 向前延拓时 (令 $t$ 无限增大)，或者位于 $D$ 的内部，或者在有限时刻 $t^*$ 到达 $D$ 的边界；向后延拓也是一样。

**注释 1.3**　　在存在性与唯一性定理中说明，在初始状态 $(x_0, t_0)$ 附近解存在且唯一。解的延拓性推论表明，通过上述 $x_0$、$t_0$ 的解的延拓，对所有的 $t \geqslant t_0$，解在 $D$ 上存在，即解在 $D$ 上可向正向无限延拓。

### 3. 解对初始值的连续依赖性与可微性[19]

在解的存在性及唯一性定理的条件下，假设如下：

(1) 对微分返程组 $\dot{x} = f(x,t)$ 的解 $x^1(t) = x(t; x_0^1, t_0)$ 与解 $x^2(t) = x(t; x_0^2, t_0)$ 在 $[t_0, t_2]$ 上有定义，均位于 $D$ 之内，则任给一个 $\epsilon > 0$ 可以找到一个 $\delta > 0$，使得当初始状态 $x_0^1$ 与 $x_0^2$ 的各分量满足 $|x_{i,0}^1 - x_{i,0}^2| \leqslant \delta (i = 1, \cdots, n)$ 时，则对任意的 $t \in [t_0, t_2]$，都有 $|x_0^1(t) - x_0^2(t)| < \epsilon (i = 1, \cdots, n)$。

(2) 此外，若所有的偏导数 $\dfrac{\partial f_i}{\partial x_j}$ $(i, j = 1, \cdots, n)$ 连续，则解 $x_i(t) = x_i(t; x_0, t_0)$ 对初始坐标 $x_{i0}$ 也连续可微。其中，$f(x,t) = (f_1(x,t), f_2(x,t), \cdots, f_n(x,t))^{\mathrm{T}}$；$x(t) = (x_1(t), x_2(t), \cdots, x_n(t))^{\mathrm{T}}$。

该连续依赖性定理说明，若在 $t_0$ 时初始状态 $x_0^1, x_0^2$ 十分接近，则对于任意 $t \in [t_0, t_2]$，解表示的状态 $x^1(t)$ 和 $x^2(t)$ 也甚为相近。

### 4.解对参数的连续依赖性与可微性[19]

考虑依赖于参数的微分方程组 $\dot{x}_i = f_i(x_1, \cdots, x_n, t, \mu)\,(i=1,\cdots,n)$，其中，$x \in D, t \in J$，参数 $\mu \in U = (\mu_1, \mu_2)$。设 $f_i$ 是其所有变量的连续函数，对每个确定的 $\mu$，$f_i$ 在 $D \times J$ 上满足 Lipschitz 条件。

(1) 对于 $t_0 \in J, x_0 \in D, \mu_0 \in U$，存在常数 $\rho > 0, \alpha > 0$，使得当 $|\mu - \mu_0| \leqslant \rho$ 时，微分方程组 $\dot{x}_i = f_i(x_1, \cdots, x_n, t, \mu)$ 有唯一解 $x = x(t; x_0, t_0, \mu)$ 满足初始条件 $x(t_0) = x_0$，在 $[t_0 - a, t_0 + a]$ 上有定义，并且是 $\mu$ 的连续函数。

(2) 若 $f_i$ 是一切变量的解析函数，则当 $\mu \in (\mu_1, \mu_2)$ 时，解 $x(t) = x(t; x_0, t_0, \mu)$ 也是 $\mu$ 的解析函数。

(3) 如果 $f_i$ 是 $x_1, \cdots, x_n$ 及 $\mu$ 的连续可微函数，则解 $x = x(t; x_0, t_0, \mu)$ 对 $\mu$ 连续可微。

### 5.Lyapunov 意义的稳定性与初始条件的连续依赖性[72]

考虑微分方程和它在相空间中的一个特解，如某一曲线 $C$ 表示的解轨迹。如果同一方程由 $C$ 附近出发的其他所有解曲线都永远与 $C$ 保持接近，就称这个特解 $C$ 是稳定的。换句话说，在相空间中存在包含 $C$ 的 (狭窄的) 带子，使得含有带子中的点的每一条解曲线都永远保留在带子中。这样，Lyapunov 的稳定性定义可以应用于任何种类的解：定常的、周期的或更为奇异的解。

上述这一定义看起来类似于流关于初始条件的连续依赖性。但它们有严格的区别。连续依赖性仅仅要求方程的解在一段时间内相互接近，两个解在起始点越接近，它们在一起相处的时间就越长，但这通常只能在一段有限的时间区间内成立。稳定性要求在某一时刻接近稳定轨道的所有的解永远接近这条稳定轨道。

### 1.6.4　$M$ 矩阵及其相关等价关系

本小节关于 $M$ 矩阵及其相关性质的内容主要参见文献 [65]、[73] 和 [76] 等，目的是将一些文献中常用到的而对读者来说却很难在一本教材中直接查找的一些内容进行汇总和陈述。

关于 $M$ 矩阵的一篇最早的论文发表于 1887 年，Stieltjes 证明了一个具有非正非对角元的、非奇异对称对角占优矩阵的逆是一个非负矩阵。之后，1937 年 Ostrowski 最先提出 $M$ 矩阵定义：具有非正非对角元且逆是非负矩阵 (由于参照了 Minkowski 的 1900 年关于 $Z$ 矩阵的工作，故 Ostrowski 将一类特殊的 $Z$ 矩阵命名为 $M$ 矩阵)[73]。近年来，国内外的许多学者对 $M$ 矩阵判定方法的研究都极为重视，并开展了深入的研究工作，给出了许多判定方法：

1) 非负矩阵

称 $n$ 阶矩阵 $A = (a_{ij})$ 是非负矩阵，如果矩阵 $A$ 的每个元素 $a_{ij} \geqslant 0\,(i, j = 1,$

$\cdots, n)$。在早期的文献中，非负矩阵一般用 $A \geqslant 0$ 来表示。

2) 正矩阵

称 $n$ 阶矩阵 $A = (a_{ij})$ 是正矩阵，如果矩阵 $A$ 的每个元素 $a_{ij} > 0$ $(i, j = 1, \cdots, n)$。在早期的文献中，正矩阵一般用 $A > 0$ 来表示。

3) 置换矩阵

置换矩阵 (permutation matrix) 是从单位矩阵演化而来，具体来说，是通过置换单位矩阵中的行或列而得到的一类矩阵，其元素由 0 和 1 组成。

4) $Z$ 矩阵[73-75]

$n$ 阶矩阵 $A = (a_{ij})$，$a_{ij} \leqslant 0$ $(i \neq j; 1 \leqslant, i, j \leqslant n)$，称满足这类性质的矩阵集合为 $Z$ 矩阵。

5) $M$ 矩阵 (一)[65, 73, 76]

如果 $n$ 阶矩阵 $A = (a_{ij})$ 的主对角线外的元素非正，且 $A^{-1}$ 为非负矩阵，即 $a_{ij} \leqslant 0$ $(i \neq j)$，$A^{-1} = (\bar{a}_{ij})(\bar{a}_{ij} \geqslant 0)$，则称 $A$ 为 $M$ 矩阵。

6) $M$ 矩阵 (二)[77]

称矩阵 $A$ 是一个 $M$ 矩阵，如果 $A$ 是一个 $Z$ 矩阵，且 $A$ 是正稳定的。若 $A$ 是正稳定的，则 $A$ 是非奇异的。

7) $M$ 矩阵 (三)[78]

假定 $n$ 阶矩阵 $A$ 的非对角元素非正，则 $A$ 是一个 $M$ 矩阵，但且仅当 $A$ 是非奇异的，且 $A_{-1} = (\bar{a}_{ij})$ 存在，且 $\bar{a}_{ij} \geqslant 0$ $(i, j = 1, \cdots, n)$。

8) $M$ 矩阵 (四)[78, 79]

称实的方矩阵 $A$ 是一个 $M$ 矩阵，如果其非对角元素是非正的且所有主子式都是正的。

9) $M$ 矩阵 (五)

$n$ 阶矩阵 $A$ 具有非正的非对角元素，且其主子式是非负的，称这类矩阵为 $M$ 矩阵。

10) 非奇异 $M$ 矩阵 (六)

$n$ 阶矩阵 $A$ 具有非正的非对角元素，且其主子式是正的，称这类矩阵为非奇异 $M$ 矩阵。

11) 非奇异 $M$ 矩阵 (七)[80]

具有非正非对角元素的非奇异矩阵 $A$ 是 $M$ 矩阵，当且仅当它的逆矩阵 $A^{-1}$ 是一个非负矩阵，即 $A^{-1}$ 中的所有元素都是非负的。

基于上述的几种 $M$ 矩阵的定义可知，$M$ 矩阵是一类特殊的 $Z$ 矩阵；非奇异 $M$ 矩阵是 $M$ 矩阵的一个子集。若 $A$ 是非奇异的正半稳定矩阵且属于 $Z$ 矩阵，则 $A$ 是非奇异的 $M$ 矩阵；对于属于 $Z$ 矩阵的 $A$，如果 $A$ 是正半稳定的而不是正稳定的，则称 $A$ 是奇异的 $M$ 矩阵[77]。在实际应用中用到的多是非奇异的 $M$ 矩阵

(各阶主子式都是正的), 所以, 如果没有特殊说明, 以后提到的 $M$ 矩阵都可按照非奇异 $M$ 矩阵来处理。

12) 非奇异 $M$ 矩阵的充要条件 (一)

此处的 $A > 0$ 和 $A \geqslant 0$ 分别表示的是正矩阵和非负矩阵。不要与正定矩阵和半正定矩阵的表示相混淆。所以, 读文献时, 每个符号具体的涵义要根据上下文的相关性来进行推测, 不能武断地先入为主。此处的结论主要参考了文献 [65]、[77] 和 [73], 特别是文献 [73] 提出了 40 条非奇异 $M$ 矩阵的等价描述, 在此处起到了校辅之功。

如果 $A = (a_{ij})$ 是一 $n$ 阶非奇异 $M$ 矩阵, $a_{ij} \leqslant 0 (i \neq j)$, 则有如下结论:

(1) 矩阵 $A$ 的全部主子式都是正值;

(2) 矩阵 $A$ 的任意主子矩阵的实特征值都是正值;

(3) 矩阵 $A + D$ 对任意非负对角矩阵 $D$ 均为非奇异矩阵;

(4) 对任意的矢量 $x \neq 0$, 都存在主对角元素为正值的对角矩阵 $D$ 满足 $x^{\mathrm{T}}ADx > 0$;

(5) 对任意的矢量 $x \neq 0$, 都存在非负对角矩阵 $D$ 满足 $x^{\mathrm{T}}ADx > 0$;

(6) 矩阵 $A = (a_{ij})$, 不改变任意矢量 $x = (\xi_1, \cdots, \xi_n)^{\mathrm{T}} \neq 0$ 的符号, 即对任意矢量 $x \neq 0$, 至少有一个下标 $i$, 使 $x$ 的第 $i$ 个分量 $\xi_i$ 和矢量 $Ax$ 的第 $i$ 个分量同号, 即有 $\xi_i \sum\limits_{j=1}^{n} a_{ij}\xi_j > 0$;

(7) 对任意主对角元素为 1 或 $-1$ 的对角矩阵 $S$, 都存在向量 $x > 0$, 使 $SASx > 0$;

(8) 矩阵 $A$ 的全部 $k(k = 1, 2, \cdots, n)$ 阶主子式 (共有 $c_n^k$ 个) 的和都是正值;

(9) 矩阵 $A$ 的实特征值都是正值;

(10) 矩阵 $A + aI$ 对任意 $a \geqslant 0$ 都为非奇异矩阵;

(11) 矩阵 $A$ 的顺序主子式都是正值;

(12) 矩阵 $A$ 能作三角分解 $A = LU$, 并使下三角形矩阵 $L$ 和上三角形矩阵 $U$ 的主对角元素都是正值, 且其余元素为非正值;

(13) 存在置换矩阵 $P$, 使矩阵 $PAP^{\mathrm{T}}$ 的顺序主子式都是正值;

(14) 存在置换矩阵 $P$, 使矩阵 $PAP^{\mathrm{T}}$ 能作三角分解 $PAP^{\mathrm{T}} = LU$, 并使下三角形矩阵 $L$ 和上三角形矩阵 $U$ 的主对角元素都是正值, 且其与元素为非正值;

(15) 矩阵 $A$ 是逆非负的, 即 $A^{-1} = (\bar{a}_{ij})$ 是非奇异的, 且 $\bar{a}_{ij} \geqslant 0$;

(16) 矩阵 $A$ 是单调的, 即能由 $Ax \geqslant 0$ 推出 $x = (x_1, \cdots, x_n) \geqslant 0$, 即 $x_i \geqslant 0$ $(i = 1, \cdots, n)$;

(17) 矩阵 $A$ 具有收敛的正则分裂 (convergent regular splitting), 也就是说, $A$ 可表示为 $A = M - N$ $(M^{-1} \geqslant 0, N \geqslant 0)$, 且 $M^{-1}N$ 是收敛的, 即 $\rho(M^{-1}N) < 1$;

(18) 矩阵 $A$ 具有收敛的弱正则分裂 (convergent weak regular splitting), 也就是说, $A$ 可表示为 $A = M - N$ $(M^{-1} \geqslant 0, M^{-1}N \geqslant 0)$, 且 $M^{-1}N$ 是收敛的, 即 $\rho(M^{-1}N) < 1$;

(19) 矩阵 $A$ 具有弱正则分裂 (weak regular splitting), 且存在矢量 $x > 0$, 使矢量 $Ax > 0$;

(20) 存在逆正矩阵 $M_1^{-1} \geqslant 0$ 和 $M_2^{-1} \geqslant 0$, 满足 $M_1 \leqslant A \leqslant M_2$;

(21) 存在 $M^{-1} \geqslant 0$, 满足 $M \geqslant A$, 并且 $M^{-1}A$ 为 $M$ 矩阵;

(22) 存在 $M^{-1} \geqslant 0$, 使 $M^{-1}A$ 为 $M$ 矩阵;

(23) 矩阵 $A$ 的任意弱正则分裂 (splitting) 都是收敛的;

(24) 矩阵 $A$ 的任意正则分裂都是收敛的;

(25) 对于 $A$ 存在一个正对角矩阵 $D$, 使矩阵 $AD + DA^{\mathrm{T}}$ 为对称正定, 即 $A$ 为 V-L 稳定 (具体含义见 1.6.5 节的正稳定矩阵部分);

(26) $A$ 对角相似于一个对称部分是正定的矩阵, 也就是说, 存在一个正对角矩阵 $E$, 使 $(B + B^{\mathrm{T}})/2$ 为正定的, 其中 $B = E^{-1}AE$;

(27) 对于任意非零半正定矩阵 $P$, 矩阵 $PA$ 有一个正的对角元素;

(28) 矩阵 $A$ 的每一个主子矩阵都满足条件 (25), 即任意主子式都是正的;

(29) 矩阵 $A$ 是正稳定的, 即 $A$ 的任意特征值的实部都是正的;

(30) 存在一个对称正定矩阵 $W$, 使矩阵 $AW + WA^{\mathrm{T}}$ 为正定的;

(31) 矩阵 $A + I$ 为非奇异的, 并且矩阵 $G = (A + I)^{-1}(A - I)$ 为收敛矩阵, 其中, $I$ 为单位矩阵;

(32) 矩阵 $A + I$ 为非奇异的, 并且存在一个对称正定矩阵 $W$ 使 $W - G^{\mathrm{T}}WG$ 也是对称正定的, 其中 $G$ 和条件 (31) 的 $G$ 相同;

(33) 矩阵 $A$ 是半正定的, 即存在一个矢量 $x > 0$, 使矢量 $Ax > 0$;

(34) 存在一个矢量 $x \geqslant 0$, 使矢量 $Ax > 0$;

(35) 存在一个正对角矩阵 $D$, 使 $AD$ 的全部行和都是正值;

(36) 存在使 $Ax \geqslant 0$ 的向量 $x > 0$, 使得如果 $(Ax)_{i_0} = 0$, 则对于 $0 \leqslant k \leqslant r - 1$ 和 $(Ax)_{i_r} > 0$, 存在使 $a_{i_k, i_{k+1}} \neq 0$ 的指数 $1 \leqslant i_1, \cdots, i_r \leqslant n$。

(37) 对于矩阵 $A = (a_{ij})$, 存在一个矢量 $x = (\xi_1, \cdots, \xi_n)^{\mathrm{T}} > 0$, 使矢量 $Ax \geqslant 0$, 并且 $\sum_{j=1}^{n} a_{ij}\xi_j > 0$ $(i = 1, 2, \cdots, n)$;

(38) 存在一个矢量 $x > 0$, 使对于任意主对角元素为 1 或 $-1$ 的对角矩阵 $S$ 都有矢量 $SASx > 0$;

(39) 矩阵 $A$ 的主对角元素都是正值, 且存在一个正对角矩阵 $D$, 使 $AD$ 为强对角占优, 即 $a_{ii}d_i > \sum_{j \neq i} |a_{ij}|d_j$ $(i = 1, \cdots, n)$;

(40) 矩阵 $A$ 的主对角元素都是正值，且存在一个正对角矩阵 $D$，使 $D^{-1}AD$ 为强对角占优；

(41) $A = \alpha I - P$，其中，$P \geqslant 0$，$\alpha > \rho(P)$，$\rho(P)$ 是矩阵 $P$ 的最大特征值或者谱半径，即 $\rho(P) = \max\{|\lambda| : \det(\lambda I - P) = 0\}$；

(42) 对于每一个非零 $x \in \mathbf{R}^n$，存在一个指数 $1 \leqslant i \leqslant n$，使 $x_i(Ax)_i > 0$。

13) 非奇异 $M$ 矩阵的充要条件 (二)[73]

这里考虑任意矩阵 $A \in \mathbf{R}^{n \times n}$ 是非奇异 $M$ 矩阵的充分必要条件。这里不必假定 $A$ 具有非正的非对角元素。令 $A \in \mathbf{R}^{n \times n}$，$n \geqslant 2$，则如下非奇异 $M$ 矩阵的充分必要条件描述之间相互等价：

(1) 对于每个非负对角矩阵 $D$，$A + D$ 是逆正的；

(2) 对于每个标量 $\alpha \geqslant 0$，$A + \alpha I$ 是逆正的；

(3) 每一个 $A$ 的主子矩阵是逆正的；

(4) 1 阶、2 阶和 $n$ 阶的矩阵 $A$ 的每个主子矩阵是逆正的。

14) 非奇异 $M$ 矩阵的传递性[73]

令 $A = (a_{ij})$ 和 $B = (b_{ij})$ 为两个给定的 $Z$ 矩阵。假定 $A$ 是非奇异的 $M$ 矩阵，且 $b_{ij} \geqslant a_{ij}$，则有：①$B$ 也是 $M$ 矩阵；②$A^{-1} \geqslant B^{-1} \geqslant 0$，即 $A$ 的逆矩阵的元素大于 $B$ 的逆矩阵的元素，且二者都是非负矩阵；③$\det B \geqslant \det A > 0$，即非奇异性；④$\det A \leqslant a_{11}a_{22} \cdots a_{nn}$。

15) 可约简矩阵

称矩阵 $A$ 是可约简的矩阵，如果存在一个置换矩阵 $P$ 使得 $P^{\mathrm{T}}AP = \begin{bmatrix} X & Y \\ 0 & Z \end{bmatrix}$，其中，$X$ 和 $Z$ 都是方阵。

16) 不可约简矩阵

(1) 称矩阵 $A$ 是不可约简的矩阵，如果对于所有的置换矩阵 $P$，$P^{\mathrm{T}}AP \neq \begin{bmatrix} X & Y \\ 0 & Z \end{bmatrix}$，其中，$X$ 和 $Z$ 都是方阵。

(2) 方矩阵 $A$ 是不可约简的，当且仅当它的有向图是强连通的。

(3) 方阵 $A = (a_{ij})$ 是不可约简的，当且仅当对于每一对指数 $(i, j)$，在 $A$ 中存在一个元素序列使得 $a_{ik_1}a_{k_1k_2} \cdots a_{k_tj} \neq 0$。

### 1.6.5　正稳定矩阵及矩阵不等式

1) 正定矩阵

一实 $n$ 阶矩阵 $A$ 称为正定矩阵，当且仅当对任意的 $n$ 维实矢量 $x \neq 0$，有 $x^{\mathrm{T}}Ax > 0$。

需说明的是, 这里给出的判别正定矩阵的定义是广义的, 原始的定义出自文献 [81], 该定义取消了正定矩阵必须满足对称性的要求, 进一步拓宽了正定矩阵的适用范围, 并引发了后续关于广义正定矩阵的研究[82]。

2) 广义正定矩阵[82]

一实 $n$ 阶矩阵 $A$ 称为广义正定矩阵, 当且仅当对任意的 $n$ 维实矢量 $x \neq 0$ 都有正定对角矩阵 $D$ 使得 $x^{\mathrm{T}}DAx > 0$。

针对广义正定矩阵 $A$, $A$ 的每一个主子矩阵的特征值实部都为正。

3) 半正定矩阵

一实 $n$ 阶矩阵 $A$ 称为半正定矩阵, 当且仅当对任意的 $n$ 维实矢量 $x \neq 0$, 有 $x^{\mathrm{T}}Ax \geqslant 0$。

若 $A$ 为实对称矩阵, 则当且仅当 $A$ 的所有主子式均为非负时, $A$ 为半正定矩阵。

一般来说, 目前为止关于控制领域的大多数文献中用到的正定矩阵都是针对对称矩阵而言的, 进而相应的稳定判据就很多, 如基于行列式的、主子式的、特征值的等方法。而对于广义正定矩阵, 即非对称结构的正定矩阵的判定, 在控制理论中的研究还不是很多。即使在稳定条件中用到了广义正定矩阵的含义, 但在验证和实现中还是针对对称矩阵的特殊情况来讨论的。所以, 不引起歧义的情况下, 下面的矩阵都可等效地按照对称矩阵来处理。由此也可见, 在基础理论方面仍旧有很多问题未能够得到深入解决, 进而影响到应用领域的进展。或者说, 应用领域中很多经验的东西可能不满足现有的理论。抑或等价地说, 某些理论解释不了实际中的存在事件, 由此产生认识差距和理论实践的脱节, 问题还在于基础问题没有解决。

4) 对称矩阵为正定矩阵的判据 (一)

若 $A$ 为实对称矩阵, 则当且仅当 $A$ 的所有主子式为正时, $A$ 为正定矩阵。

5) 对称矩阵为正定矩阵的判据 (二)[83]

设 $C$ 是 $n$ 阶可逆矩阵, $A$ 为 $n$ 阶方阵, 则 $A$ 为对称正定阵的充要条件是 $C^{\mathrm{T}}AC$ 对称正定。

6) 对称矩阵为正定矩阵的判据 (三)[83]

设 $n$ 阶方阵 $A = \begin{bmatrix} A_{11} & A_{12} \\ A_{12}^{\mathrm{T}} & A_{22} \end{bmatrix}$, 其中, $A_{22} \in \mathbf{R}^{r \times e}$ $(1 \leqslant r \leqslant n)$, 则 $A$ 对称正定的充要条件是 $A_{22}$ 和 $A_{11} - A_{12}A_{22}^{-1}A_{12}^{\mathrm{T}}$ 均为对称正定。

**证明** 设 $C = \begin{bmatrix} I_1 & 0 \\ -A_{22}^{-1}A_{12}^{\mathrm{T}} & I_2 \end{bmatrix}$, 则 $C^{\mathrm{T}} = \begin{bmatrix} I_1 & -A_{12}A_{22}^{-1} \\ 0 & I_2 \end{bmatrix}$。这样, $C^{\mathrm{T}}AC = \begin{bmatrix} A_{11} - A_{12}A_{22}^{-1}A_{12}^{\mathrm{T}} & 0 \\ 0 & A_{22} \end{bmatrix}$, 所以, $C^{\mathrm{T}}AC$ 对称正定的充要条件是 $A_{22}$ 和 $A_{11} -$

$A_{12}A_{22}^{-1}A_{12}^{\mathrm{T}}$ 均为对称正定。由此得证。

7) 正稳定矩阵 (一)[65]

对于 $n$ 阶矩阵 $A$, 若存在 $n$ 阶正定矩阵 $W$ 使得 $AW + (AW)^{\mathrm{T}}$ 为正定矩阵, 则称 $A$ 为正稳定矩阵。

8) 稳定矩阵[77]

$n$ 阶矩阵 $A$ 的每个特征值的实部都是负的, 则这类矩阵称为稳定矩阵。

9) 正稳定矩阵 (二)[77]

$n$ 阶矩阵 $A$ 的每个特征值的实部都是正的, 则这类矩阵称为正稳定矩阵。

10) 正稳定矩阵 (三)[77]

$A$ 是 $n$ 阶方阵, 如果 $A + A^*$ 是正定的, 则 $A$ 是正稳定的, 其中, $A^*$ 是埃尔米特伴随矩阵 (Hermitian adjoint matrix), $A^* = (\bar{A})^{\mathrm{T}}$, $\bar{A}$ 是矩阵 $A$ 的共轭矩阵, $A^{\mathrm{T}}$ 表示矩阵 $A$ 的转置。反之, 则结论不成立。

11) 正稳定矩阵的充分必要条件[65]

(1) $n$ 阶对称矩阵 $A$ 为正稳定矩阵的充分必要条件是 $A$ 的每个特征值 $\lambda_i(A)$ 的实部都是正值, 即有 $\mathrm{Re}\lambda_i(A) > 0$ $(i = 1, \cdots, n)$。

(2) $A$ 为正稳定矩阵的充要条件是 $A+I$ 为非奇异矩阵, 并且 $G = (A+I)^{-1}(A-I)$ 为收敛矩阵, $I$ 为适维的单位矩阵。

(3) $A$ 为正稳定矩阵的充要条件是 $A+I$ 为非奇异矩阵, 并且存在正定矩阵 $W$ 使得 $W - G^{\mathrm{T}}WG$ 为正定矩阵, 其中, $G = (A+I)^{-1}(A-I)$。

(4) $A$ 为正稳定矩阵的充要条件是, 对于任何满足 $x^{\mathrm{T}}Nx \neq 0$ 的半正定矩阵 $N$(其中, $x$ 为 $\dot{x} = Ax$ 的非平凡解), 存在正定矩阵 $M$ 使得 $AM + (AM)^{\mathrm{T}} = N$。

如文献 [82] 中所述, 广义正定矩阵 $A$ 满足如下性质 (还有很多性质, 这里仅列出两种): ①$A$ 的一切主子式全为正 (即仅强调各阶主子式或者顺序主子式为正还不够); ②$A$ 的每一个主子矩阵的实特征值都为正。这样文献 [82] 给出特例来说明: 矩阵 $A$ 的所有特征值都为正值或者矩阵 $A$ 的各阶顺序主子式都为正时, 非对称矩阵 $A$ 也未必是广义正定矩阵 (若对于对称矩阵而言, 这两个条件都是保证正定矩阵的充要条件)。进一步, 文献 [82] 还指出, 即使所有的特征值都为正值且各阶顺序主子式也全为正, 非对称矩阵 $A$ 也未必是广义正定矩阵。可见, 评判一个非对称矩阵是否为正定矩阵不是一件容易的事。

12) 强稳定矩阵

若对一切非负对角矩阵 $D$, $A + D$ 为正定矩阵, 则 $A$ 称为强稳定矩阵。

13) $D$ 稳定矩阵

若存在一个正定对角矩阵 $D$ 使得 $AD$ 为正稳定矩阵, 则 $A$ 称为 $D$ 稳定矩阵。

14) Volterra-Lyapunov 稳定矩阵

若存在一个正对角矩阵 $D$ 使得 $AD + (AD)^{\mathrm{T}}$ 为正定矩阵, 则 $A$ 称为 Volterra-Lyapunov 稳定矩阵, 简称 V-L 稳定矩阵。

15) Jacobian 矩阵

若 $f(x) : \mathbf{R}^n \to \mathbf{R}^n, x \in \mathbf{R}^n$, 则 $f(x) = (f_1(x), f_2(x), \cdots, f_n(x))^{\mathrm{T}}$ 对 $x = (x_1, x_2, \cdots, x_n)^{\mathrm{T}}$ 的 Jacobian 矩阵 $\left[\dfrac{\partial f}{\partial x}\right]$ 是实 $n \times n$ 矩阵, 即

$$\left[\frac{\partial f}{\partial x}\right] = \begin{bmatrix} \dfrac{\partial f_1}{\partial x_1} & \dfrac{\partial f_1}{\partial x_2} & \cdots & \dfrac{\partial f_1}{\partial x_n} \\ \dfrac{\partial f_2}{\partial x_1} & \dfrac{\partial f_2}{\partial x_2} & \cdots & \dfrac{\partial f_2}{\partial x_n} \\ \vdots & \vdots & & \vdots \\ \dfrac{\partial f_n}{\partial x_1} & \dfrac{\partial f_n}{\partial x_2} & \cdots & \dfrac{\partial f_n}{\partial x_n} \end{bmatrix}_{n \times n}$$

16) 对角占优矩阵

(1) 若 $n$ 阶矩阵 $A = (a_{ij})$ 满足 $|a_{ii}| \geqslant \sum\limits_{j \neq i} |a_{ij}|$ $(i = 1, 2, \cdots, n)$, 则称 $A$ 为行对角占优矩阵;

(2) 若 $n$ 阶矩阵 $A = (a_{ij})$ 满足 $|a_{ii}| \geqslant \sum\limits_{j \neq i} |a_{ji}|$ $(i = 1, 2, \cdots, n)$, 则称 $A$ 为列对角占优矩阵;

(3) 若 $n$ 阶矩阵 $A = (a_{ij})$ 满足 $|a_{ii}| > \sum\limits_{j \neq i} |a_{ij}|$ $(i = 1, 2, \cdots, n)$, 则称 $A$ 为行强对角占优矩阵;

(4) 若 $A$ 为强对角占优矩阵, 则 $A$ 为非奇异矩阵。

上面部分内容是由文献 [19]、[84]~ [89] 中的部分章节组成的, 一方面是介绍稳定性的种类和包含关系, 更主要的是对控制领域研究稳定性及其相关工作的文献的一个汇总, 以便自己以后参考并为读者提供更多的经典参考文献。神经网络稳定性方面主要参考了文献 [90]~[92] 等。

## 参 考 文 献

[1]  郑大钟. 线性系统理论. 第 2 版. 北京: 清华大学出版社, 2002.

[2]  张筑生. 廖山涛教授的微分动力系统研究工作. 数学进展, 1989, 18(2): 184-190.

[3]  Jost J. Dynamical Systems. Berlin: Springer-Verlag, 2005.

[4]  Hasselblatt B, Katok A. 动力系统入门教程及最新发展概述. 朱玉俊, 郑宏文, 张金莲 译. 北京: 科学出版社, 2009.

[5]  张筑生. 微分动力系统原理. 北京: 科学出版社, 2003.

[6] 廖晓昕. 动力系统的稳定性理论和应用. 北京: 国防工业出版社，2000.

[7] 叶彦谦. 曲面动力系统. 北京: 科学出版社，2010.

[8] 廖山涛. 微分动力系统的定性理论. 北京: 科学出版社，2010.

[9] Palis J. On the $C^1$ $\Omega$-stability conjecture. Publ. Math. IHES, 1988, 66: 211-215.

[10] Birkhoff D. Dynamical Systems. Amer. Math. Soc., 1991.

[11] Haykin S. 神经网络原理. 叶世伟, 史忠植译. 北京: 机械出版社，2004.

[12] 焦李成. 神经网络系统理论. 西安: 西安电子科技大学出版社，1996.

[13] 加卢什金. 神经网络理论. 阎平凡译. 北京: 清华大学出版社，2004.

[14] 姚新, 陈国良. 神经计算机. 计算机工程应用，1990，8: 44-59.

[15] 刘永红. 神经网络理论的发展与前沿问题. 信息与控制，1999，28(1): 31-46.

[16] 袁著祉, 陈增强, 李翔. 联接主义智能控制综述. 自动化学报，2002，28(1): 38-59.

[17] Cohen M A, Grossberg S. Absolute stability of global pattern formation and parallel memory storage by competitive neural networks. IEEE Trans. Syst. Man and Cyber., 1983, 13: 815-826.

[18] 曹进德, 梁金玲. 非自治 Cohen-Grossberg 神经网络模型的动力学 —— 解的有界性和稳定性. Science Focus, 2007, 2(5): 44.

[19] 高为炳. 运动稳定性基础. 北京: 高等教育出版社，1987.

[20] 黄琳. 稳定性理论. 北京: 北京大学出版社，1992.

[21] 王照林. 运动稳定性及其应用. 北京: 高等教育出版社，1992.

[22] 黄琳. 稳定性与鲁棒性的理论基础. 北京: 科学出版社，2003.

[23] Hirsch M W. Convergent activation dynamics in continuous tine networks. Neural Networks, 1989, 2: 331-349.

[24] Ashby W R. Design for a Brain. New York: Wiley, 1960.

[25] Grossberg S. Nonlinear difference-differential equations in prediction and learning theory. Proceedings of the National Academy of Science, 1967, 58: 1329-1334.

[26] Hopfield J J. Neurons with graded response have collective computational properties loke those of two-state neurons. Proceedings of the National Academy of Science, 1984, 81: 3088-3092.

[27] Amari S. Characteristics of random nets of analog neuron-like elements. IEEE Transactions on Systems, Man, and Cybernetics, 1972, 2: 643-657.

[28] Amari S, Maginu K. Staticatical neurodynamics of associative memory. Neural Networks, 1988, 1: 63-73.

[29] Amari S, Yoshida K, Kanatani K I. A mathemtical foundation for statistical neurodynamics. SIAM Journal of Applied Mathematics, 1977, 33: 95-126.

[30] 徐健学, 陈永红, 蒋耀林. 人工神经网络非线性动力学及应用. 力学进展，1998，28(2): 145-162.

[31] 廖晓昕. Hopfield 型神经网络的稳定性. 中国科学 A 辑: 数学，1993，23 (100): 1025-1035.

[32] Zak M. Terminal attractors for addressable memory in neural networks. Physics Let-

ters A, 1988, 133: 18-22.

[33] Zak M. The least constraint principle for learning in neurodynamics. Physics Letters A, 1989, 135: 25-28.

[34] Zak M. Creative dynamics approach to neural intelligence. Biol. Cybern., 1990, 64: 15-23.

[35] Zak M. Unpredictable-dynamics approach to neural intelligence. IEEE Expert, 1991, 6 (4): 4-10.

[36] Zhang H, Yang F, Liu X, et al. Stability analysis for neural networks with time-varying delay based on quadratic convex combination. IEEE Transactions on Neural Networks and Learning Systems, 2013, 24(4): 513-521.

[37] Wu Z G, Lam J, Su H, et al. Stability and dissipativity analysis of static neural networks with time delay. IEEE Transactions on Neural Networks and Learning Systems, 2012, 23(2): 199-210.

[38] Lakshmanan S, Park J H, Jung H Y, et al. Design of state estimator for neural networks with leakage, discrete and distributed delays. Applied Mathematics and Computation, 2012, 218: 11297-11310.

[39] Watts D J, Strogatz S H. Collective dynamics of "small world" networks. Nature, 1998, 393: 440-442.

[40] Barabasi A L, Albert R. Emergence of scaling in random networks. Science, 1999, 286: 509-512.

[41] 何大韧, 刘宗华, 汪秉宏. 复杂系统与复杂网络. 北京: 高等教育出版社, 2009.

[42] 王占山, 王军义, 梁洪晶. 复杂网络的相关研究及其进展. 中国自动化学会通讯, 2013, 1: 4-16.

[43] 虞文武, 温光辉, 余星火, 等. 复杂网络下多智能体系统合作控制. 中国自动化学会通讯, 2013, 1: 17-25.

[44] 李翔. 从复杂到有序 —— 神经网络智能控制理论新进展. 上海: 上海交通大学出版社, 2006.

[45] Strogatz S H. Exploring complex networks. Nature, 2001, 410: 268-276.

[46] 汪小帆, 李翔, 陈关荣. 复杂网络理论及其应用. 北京: 清华大学出版社, 2006.

[47] Neda Z, Ravasz E, Vicsek T, et al. The sound of many hands clapping. Nature, 2000, 403: 849-850.

[48] Winfree A T. Biological rhythms and the behavior of populations of coupled oscillators. Journal of Theoretical Biological, 1967, 16: 15-42.

[49] Kuramono Y. Chemical Oscillations, Waves and Turbulence. Berlin: Springer-Verlag, 1984.

[50] Kaneko K. Map Lattices. Singapore: World Scientific, 1992.

[51] Chua L O. CNN: A Paradigm for Complexity. Singapore: World Scientific, 1993.

[52] Wu C W, Chua L O. Synchronization in an array of linearly coupled dynamical sys-

tems. IEEE Trans. Circuits and Systems-I, 1995, 42: 430-447.

[53] Strogatz S H. Sync: The Emerging Science of Spontaneous Order. New York: Hyperion, 2003.

[54] Wu C W, Chua L O. Application of graph theory to the synchronization in an array of coupled nonlinear oscillators. IEEE Trans. Circuits and Systems-I, 1995, 42: 494-497.

[55] Belykh I V, Lange E, Hasler M. Synchronization of bursting neurons: What matters in the network topology. Physical Review Letters, 2005, 94: 188101.

[56] Wang X, Chen G. Synchronization in scale-free dynamical networks: Robustness and fragility. IEEE Trans. Circuits and Systems-I, 2002, 49: 54-62.

[57] Wang X. Complex networks: Topology, dynamics and synchronization. Int. J. Bifurcation and Chaos, 2002, 12: 885-916.

[58] Wang X, Chen G, Complex networks: Small-worls, scale-free and beyond. IEEE Circuits and Systems Magazine, 2003, 3: 1-14.

[59] Chen G, Wang X, Li X, et al. Some recent advances in complex networks synchronization. Recent Adv. in Nonlinear Dynamics and Synchr., 2009, 254: 3-16.

[60] Cao J, Chen G, Li P. Globalsynchronization in an array of delayed neural networks with hybrid coupling. IEEE Trans. Syst. Man, Cybern., Part B: Cybern., 2008, 38: 488-498.

[61] Lu W, Chen T P. Synchronization of coupled connected neural networks with delays. IEEE Trans. Circuits Syst. I, 2004, 51: 2491-2503.

[62] Liu B, Lu W, Chen T P. Global almost sure self-synchronization of Hopfield neural networks with randomly switching connections. Neural Networks, 2011, 24: 305-310.

[63] Mikhailov A S, Calenbuhr V. 从细胞到社会: 复杂协调运动的模型. 葛蔚, 韩靖译. 北京: 化学工业出版社, 2006.

[64] Cook P A. Nonlinear Dynamical Systems. London: Prentice Hall, 1986.

[65] 焦李成. 神经网络计算. 西安: 西安电子科技大学出版社, 1993.

[66] 段广仁. 线性系统理论. 哈尔滨: 哈尔滨工业大学出版社, 2004.

[67] Zhou K M, Doyle J C, Glover K. 鲁棒与最优控制. 毛建琴, 钟宜生, 林岩译. 北京: 国防工业出版社, 2006.

[68] Khalil H K. Nonlinear Systems. Upper Saddle River: Prentice Hall, 1996.

[69] 廖晓昕. 漫谈 Lyapunov 稳定性的理论、方法和应用. 南京信息工程大学学报, 2009, 1(1): 1-15.

[70] 廖晓昕. 稳定性的数学理论及应用. 武汉: 华中师范大学出版社, 1988.

[71] 廖晓昕. 稳定性的理论、方法和应用. 武汉: 华中科技大学出版社, 1999.

[72] 弗洛林·迪亚库, 菲利普·霍尔姆斯. 天遇 —— 混沌与稳定性的起源. 王兰宇译. 上海: 上海科技教育出版社, 2005.

[73] Plemmons R J. $M$-matrix characterizations.I—nonsingular matrices. Linear Algebra and Its Applications, 1977, 18: 175-188.

[74]  Ostrowski A O. Über die determinanten mit uberwiegender hauptdiagonal. Comment. Math. Helv., 1937, 10: 69-96.

[75]  Fiedler M, Ptak V. On matrices with non-positive off-diagonal elements and posotive principal minors. J. Czech Math., 1962, 12: 382-400.

[76]  姜泽宏. $M$ 矩阵的判定及其应用算法. 长春工程学院学报 (自然科学版), 2003，4(3): 1-4.

[77]  Horn R A, Johnson C R. Topics in Matrix Analysis. Cambridge: Cambridge University Press, 1991.

[78]  Markham T L. Nonnegative matrices whose inverses are $M$-matrix. Proceedings of the American Mathematical Society, 1972, 36(2): 326-330.

[79]  Araki M. Application of $M$-matrices to the stability problems of composite dynamical systems. Journal of Mathematical Analysis and Applications, 1975, 52: 309-321.

[80]  Fiedler M, Johnson C R. Notes on inverse $M$-matrix. Linear Algebra and Its Applications, 1987, 91: 75-81.

[81]  Johnson C R. Positive definite matrices. American Math. Monthly, 1970, 77: 259-264.

[82]  佟文廷. 广义正定矩阵. 数学学报，1984,27(6): 801-810.

[83]  郭晞娟, 赵玉鹏. 矩阵方程 $AX = B$ 的一类反问题. 齐齐哈尔轻工学院学报，1992, 8(8): 81-88.

[84]  Sastry S. Nonlinear System: Analysis, Stability and Control. New York: Springer-Verlag, 1999.

[85]  谢惠民. 绝对稳定性理论与应用. 北京: 科学出版社, 1986.

[86]  秦元勋, 王慕秋, 王联. 运动稳定性理论与应用. 北京: 科学出版社, 1980.

[87]  许淞庆. 常微分方程稳定性理论. 上海: 上海科学技术出版社, 1962.

[88]  廖山涛. 微分动力系统的定性理论. 北京: 科学出版社, 1992。

[89]  林家翘, 西格尔. 自然科学中确定性问题的应用数学. 赵国英, 朱保如, 周忠民译. 北京: 科学出版社, 2010.

[90]  王占山. 连续时间时滞递归神经网络的稳定性. 沈阳: 东北大学出版社, 2007.

[91]  黄立宏, 李雪梅. 细胞神经网络动力学. 北京; 科学出版社, 2007.

[92]  王林山. 时滞递归神经网络. 北京: 科学出版社, 2008.

# 第 2 章　Cohen-Grossberg 型递归神经网络的动态特性综述

## 2.1　引　　言

本书主要是针对状态空间方程形式描述的神经动力网络系统展开的研究，并主要采用矩阵不等式形式的方法进行稳定性等动态特性分析。本章的内容也主要是针对矩阵不等式及与其相关的一些稳定性结果进行介绍，对于不采用矩阵不等式的方法一般会在适当的地方给出声明。

利用神经网络进行优化问题求解、模式识别和信号处理等研究已经进展了很多年，并得到了许多有意义的成果，可参见文献 [1]~[8] 及其引用的文献。然而，有关神经网络的一些至关紧要的问题未得到解决严重限制了神经网络的广泛应用，例如，由于神经网络可能存在多个平衡点，导致神经网络在求解优化问题时会出现虚假的次优解或最优解[1,5,7,8]。

经典的 Hopfield 型神经优化求解器具有如下主要特征：

(1) 互联权矩阵是对称的，对称性特性是与神经网络的优化计算能力具有内在必然联系的[2, 4, 7]。

(2) 在求解优化问题时，神经网络应该具有唯一的平衡点，且该平衡点是全局渐近稳定的，即局部稳定的且吸引所有的运动轨迹。如文献 [1]、[3] 和 [5] 中所讨论的那样，全局渐近稳定性是避免存在虚假最优解的一个必要特性，并由此能够保证神经网络的状态都收敛到该全局最优解。

(3) 神经网络应该是绝对稳定的。根据文献 [9] 和 [10] 所述，神经网络的绝对稳定性是指：对于任一个属于 Sigmoid 函数 (有界的增函数) 类 $S$ 的激励函数和每一个神经网络的外部输入向量，神经网络都具有一个全局渐近稳定平衡点 (即在给定的激励函数类和输入向量类中，针对不同的激励函数或输入向量，神经网络总存在全局渐近稳定平衡点，尽管不同的参数下对应的稳定平衡点可能不同)。在实际应用中，由于神经元的激励函数可能知道属于哪一类函数 $S$，但该函数的具体形状却不能精确知道，进而研究绝对稳定性具有重要的意义。例如，激励函数在高增益极限的典型情况下，神经网络对每一个充分大的增益值都必须保证其平衡点是全局渐近稳定的[2,7,11]；同样，当神经网络在线实时运行时，神经网络的输入量是通过偏置输入电流馈入的, 而偏置电流在每一个采样区间内是常值的, 且其值随着时钟频率的变化而变化[7], 这样, 对于每一个常值输入向量, 神经网络都应具有一个全局渐近稳定平衡点。因此, 绝对稳定的神经网络最适合于用来求解优化问题, 因其对不同的激励函数和不同的输入向量总能避免假的最优平衡点的出现。

在神经网络理论中, 关于递归互联的神经网络的研究是一个重要的课题。在递归神经网络中, Cohen-Grossberg 神经网络模型最先在 1983 年由 Cohen 和 Grossberg 两位学者的开创性工作中提出 [12], 并将著名的 Hopfield 神经网络模型作为其数学表达上的一种特例 (详细对比见后面的论述)。因为 Cohen-Grossberg 神经网络、Hopfield 神经网络及其他的递归神经网络在诸如分类、联想记忆、并行计算及求解优化问题等方面具有强大的发展潜力和优势, 它们在科学界得到了许多学者的广泛关注和深入研究。这些递归神经网络的成功应用极大地依赖于对这些网络本身固有的动态行为和特性的理解, 这样, 全面和深入地对这些动态特性行为进行分析是保证递归神经网络成功设计的必要环节和理论依据。在这些动态特性中, 最深入研究的一类动态特性问题就是平衡点的存在性、唯一性和全局渐近稳定性及全局指数稳定性。递归神经网络的平衡点的数量与其本身的存储容量有关, 这样, 在进行联想记忆神经网络设计时, 希望神经网络拥有尽可能多的平衡点以保证联想记忆系统具有更大的信息存储能力; 每个稳定平衡点的吸引域要尽可能大以保证其在信息处理方面具有足够的鲁棒性和容错性; 网络状态的收敛速度要尽可能快以保证神经网络运行的快速收敛等。由于平衡点的局部渐近稳定特性, 联想记忆神经网络主要用来实现信息恢复、模式识别等。另一方面, 当神经网络用来解决并行计算、信号处理及其他涉及优化计算的问题时, 必须设计动态/动力神经网络使其具有唯一的、全局渐近稳定的平衡点 (即整个实空间作为其吸引域) 以避免存在虚假的平衡点或陷入局部平衡点。实际上, 递归神经网络在优化问题的早期应用中就遭受着存在多个复杂平衡点集合的困扰。这样, 使设计的神经网络系统具有唯一的、全局渐近/指数稳定的平衡点在理论上和实际应用上就具有极度的重要性和必要性。

关于递归神经网络的动态行为的研究可追溯到神经网络科学的早期时代。例如, 递归神经网络的多稳定性和振荡行为在文献 [13]~[15] 中得到研究; 混沌行为在文献 [16] 中得到研究; 文献 [2]、[7] 和 [17] 深入研究了对称互联递归神经网络 (即后来的 Hopfield 神经网络) 的动态稳定性并在优化问题方面展示了其优越性和应用; Cohen 和 Grossberg 两位学者在文献 [12] 中对一类递归神经网络 (即后来的 Cohen-Grossberg 神经网络) 的全局稳定性建立了更为严格的解析结果, 使其可适用于生态网络当中。

具有对称互联权矩阵的递归神经网络的稳定性研究主要集中在 20 世纪 80 年代, 在近期虽也有少量研究, 但也主要是为神经网络建立充分必要条件的稳定结果而需要的。早期的对称互联结构的递归神经网络的稳定结果多数是充分条件的，必要条件的结果也很少，充要条件的则更少。目前，关于对称互联的神经网络的全局稳定性已经建立了大量的充分判据[1,2,7,12,17,18]。

具有对称互联结构的递归神经网络是指：神经元彼此之间的相互连接强度是对等的或相等的，由此形成平面内全互联的规则网络拓扑结构。与此相对应，神经元彼此之间的相互连接强度是不对等的或不相等的，由此形成平面内的一类全互联不规则的网络拓扑结构。以 6 个神经元为例，连接权矩阵为

$$
W = \begin{bmatrix}
w_{11} & w_{12} & w_{13} & w_{14} & w_{15} & w_{16} \\
w_{21} & w_{22} & w_{23} & w_{24} & w_{25} & w_{26} \\
w_{31} & w_{32} & w_{33} & w_{34} & w_{35} & w_{36} \\
w_{41} & w_{42} & w_{43} & w_{44} & w_{45} & w_{46} \\
w_{51} & w_{52} & w_{53} & w_{54} & w_{55} & w_{56} \\
w_{61} & w_{62} & w_{63} & w_{64} & w_{65} & w_{66}
\end{bmatrix}
$$

如果所有的连接权恒满足 $w_{ij} = w_{ji}$ $(i, j = 1, 2, \cdots, 6)$，则由此形成的平面递归网络拓扑结构则是对称的；否则，只要有一组 $w_{ij} \neq w_{ji}(i, j = 1, 2, \cdots, 6)$，则由此形成的平面递归网络拓扑结构就是不对称的或不规则的。实际上，连接权矩阵的对称性要求是来自于数学证明上的需要，例如，Hopfield、Cohen 与 Grossberg 在证明各自的递归神经网络是全局稳定的时候，在数学证明上为了能够给出简明的结论而对连接权系数人为强行施加的这一约束，这也是人们最初认识新事物最基本的原始反应。实际上，对称性总是破缺的，无论从电子电路的神经网络实现上来看，还是从整个自然界的宇称不守恒原则来看，对称性要求往往只停留在理想的模型或意识王国中，在实际的系统中不存在纯粹的对称性，只有相对的对称性或近似的对称性，这是由测不准原理来决定的。理论上的研究是为了解决实际中遇到的问题，抑或理论问题是从实际问题中经过简化、抽取、提炼出来的，进而研究具有更一般性的理论问题，缩小与现实之间的差距，实现平行控制，获得认识的同步性及系统的稳定性。

这样，关于不对称互联递归神经网络的局部稳定性和全局稳定性也得到了人们的关注和研究。例如，文献 [5]、[19] 和 [20] 仅建立了局部指数稳定性、平衡点的存在性、唯一性的一些充分条件，但并没有考虑网络的全局稳定性。在实际中，全局稳定性课题要比局部稳定性的课题更具有重要性，因为局部的稳定性不能保证整个系统的稳定性，人们更关注实际整体系统的动态特性。由此，文献 [21] 提出了几种全局稳定的充分条件；文献 [22] 应用压缩映射原理建立了几个全局稳定的充分条件；文献 [23] 采用一种新型的 Lyapunov 函数建立了一种全局稳定判据，拓展了文献 [21] 和 [22] 中的部分结果；文献 [24] 证明了互联矩阵的对角稳定性意味

着平衡点的存在性和唯一性，以及平衡点的全局稳定性；文献 [1]、[25] 和 [26] 提出了神经网络所应具有的三个主要特征，其中一个就是神经网络应是绝对稳定的，并指出互联矩阵的半负定性可保证 Hopfield 网络的全局稳定性，并针对一类激励函数的情况下证明了该网络的全局绝对稳定性；文献 [27] 应用矩阵测度理论分别建立了全局稳定性和局部稳定性的一些充分条件；文献 [28] 和 [29] 利用 Lyapunov 函数方法及连接矩阵的 Lyapunov 对角稳定性概念讨论了一类时滞递归神经网络的稳定性问题；文献 [30] 和 [31] 引入一种新的收敛性证明方法考虑了 Hopfield 神经网络的全局稳定性问题；文献 [32] 在弱的约束条件下证明了网络的指数稳定性，并给出了指数收敛速率的精确估计式。

Cohen-Grossberg 递归神经网络的动态行为的分析最早是在 1983 年开始的，并在文献 [33] 中得到进一步的研究，这些研究中利用对称连接矩阵的特性给出了一些全局极限特性 (在 2000 年左右，关于具有不对称连接矩阵的 Cohen-Grossberg 递归神经网络的稳定性研究成为神经网络界的焦点和热点，目前也是如此)。文献 [34] 针对具有不对称连接矩阵的 Cohen-Grossberg 递归神经网络的指数稳定性及指数收敛速率建立了一些充分条件和解析表达式，但是，连接矩阵中元素符号的正负号差异 (正的连接权系数对应生物神经元的激励效应，负的连接权系数对应生物神经元的抑制效应，正是神经元具有的这两种效应，使得生物神经元呈现出多种多样的性态，像 DNA 一样，各具特色) 没有考虑进去，进而生物神经元的抑制作用被忽略了，仅仅考虑了生物神经元的激励作用 (神经元的抑制效应能起到镇定、镇静的作用，进而能使网络保持在一定的活动水平而不会无限制地膨胀、增长和兴奋；过度的神经抑制效应能使神经元进入低迷、抑郁状态，产生消极、颓废之感，没有激情和兴奋点)，这样导致的稳定结果存在相当大的保守性。此外，文献 [34] 中要求神经网络的激励函数是有界的，该约束限制了其稳定结果的适用范围。文献 [35] 对 Cohen-Grossberg 神经网络的发展历史给出了较为详尽的描述，并建立了一些全局渐近稳定的判据，其新颖性在于：不要求激励函数的有界性，以及不要求放大函数具有正的下界性，进而显著推进了 Cohen-Grossberg 神经网络稳定性理论的发展，扩大了稳定结果的适用范围。同时，针对有正的上下界约束的放大函数情况，文献 [35] 也建立了一些 Cohen-Grossberg 神经网络指数稳定的相关判据。需指出的是，文献 [35] 中的所有稳定结果是基于 Lyapunov 对角稳定和 $M$ 矩阵的表达形式的，具有表达形式简便、易于验证等特点；缺点是没有可调参数或自由度，导致稳定结果仍存在一定的保守性。

时滞现象在生物神经网络和人工神经网络中是不得不考虑的因素之一，因为这两类网络都涉及信息传输、信息处理、信号转换、信号计算等环节。例如，在生物神经系统中，信号沿着轴突只能进行有限速度传输；在神经电路实现中，运算放大器及开关器件的有限切换次数或频率等，这些现象的存在都不能保证信号及时或瞬时地传输和处理, 进而存在时滞现象; 其他领域, 如电路、光学、生态环境与医学、建筑结构和机械等, 和常微分方程所描述的动力系统不同, 时滞动力系统的解空间是无限维的, 系统的演化趋势不仅依赖于系统当前的状态, 也依赖于系统过去某一时刻或若干时刻的状态, 其理论分析往往很困难, 因而开展对时滞动力系统的研究既是一件非常有意义的事情, 也是富有挑战性的一个前沿研究方向。存在这样的时滞动力系统, 其约简的微分方程 (即令时滞为 0 时所得到的无时滞微分动力系统) 的零解不稳定, 但对任意时滞, 原方程的零解是稳定的, 反之亦然。对周期解的存在性也有类似的结论。一个时滞微分方程存在 Hopf 分岔时, 其约简的常微分方程却可以不产生 Hopf 分岔[36]。因此, 在许多情况下, 必须直接研究时滞微分方程。时滞对系统的动态性质有很大的影响, 例如, 时滞常常导致系统失稳; 又例如, 时滞系统一般有无穷多个特征值, 从而从一个侧面说明时滞系统是无穷维的。非线性时滞动力系统比用常微分方程所描述的动力系统有着更加丰富的动力学行为, 例如, 一阶非线性自治时滞系统会产生分岔与混沌, 而对常微分方程来说, 一阶系统和二阶自治系统都是不可能产生混沌的。这样, 近 20 年来, 关于信号传输时滞对神经网络稳定性的影响及其相应地对网络收敛性的影响等研究得到了关注和深度研究, 至今方兴未艾 (这里主要指的是离散时滞或者是点时滞, 即从源端到宿端发送的信号总存在一定的常值滞后或者时变时滞的滞后, 不能实现信号的及时性和同步性。离散时滞的称谓主要是为了与后面提到的分布时滞、泄漏时滞、中立型时滞、随机时滞以及混合时滞加以区分而为的。实质上, 离散时滞就是 (一类)分布时滞的集中描述方式或者随机时滞的均值或期望表述, 是确定性方式描述分布式变量和随机式变量的一种等价或等效形式)。文献 [18]、[37] 和 [38] 中研究发现: 在对称连接权矩阵的假设条件下, 当时滞的大小不超过一定的门限值时 (该门限值通常是很小的, 或称为小时滞幅值), 具有时滞的神经网络仍然是稳定的。对于时滞不对称神经网络情况, 文献 [39]~[42] 提出了几个独立于时滞大小的稳定判据充分条件和依赖于时滞大小的稳定判据充分条件, 这些结果主要是在线性化分析、能量或 Lyapunov 函数方法的基础之上得到的。近十年来, 几乎所有的稳定结果都是关于时滞递归神经网络的, 无论离散时滞形式、分布时滞形式, 还是随机时滞形式, 及其混合组合形式等, 同时, 许多不同的分析方法 (无论来自不同的数学分支, 还是控制理论、系统理论等) 不断被提出并用来解决神经网络的稳定性问题, 并促成形式各异、种类繁多的稳定结果出现, 发表在国内外各种期刊、会议上, 或形成专著发表在国内外。

　　在进行详细的综述之前, 需要对一些用到的概念进行解释, 这将有助于阅读。关于其他的一些概念, 由于它们都是通用的、标准的和规范的, 在各种教科书中都可找到, 这里不再赘述。

　　(1) 激励作用和抑制作用。这是神经生理学中的概念, 用来表示神经元之间的兴奋和抑制,也对应着神经元之间的竞争与合作的关系。正的连接权系数对应兴奋、激励与合作;负的连接权系数对应抑制、镇定、镇静及竞争。

竞争连接意味着一个神经元的激活抑制其他神经元的激活;合作连接意味着一个神经元的激活激励其他神经元的激活。这样,竞争–合作模式可通过神经元连接权系数的符号来加以简化识别:正号的连接表示合作,负号的连接表示竞争,零连接表示神经元之间没有交互作用。

合作与竞争的关系促使人们采用分解方法将竞争–合作神经网络拆解成合作动力系统,进而可以应用强有力的单调动力系统理论进行相应的稳定性研究。需指出的是,应用单调动力系统理论对纯竞争网络或纯合作网络的定性研究已经在相关文献 (如文献 [21] 和 [40]) 中得到应用。此外,在文献 [21] 中,满足符号对称 (sign-symmetry) 条件的一类竞争–合作神经网络转化成了具有相同规模的合作系统。

(2) 基于代数不等式形式的稳定结果。目前,有很多种表达神经网络稳定性的判据形式,例如,基于 $M$ 矩阵的形式、基于矩阵测度或矩阵范数的形式、基于 Lyapunov 对角稳定的形式、基于线性矩阵不等式 (LMI) 的形式、基于 (非线性) 矩阵不等式的形式、基于 $\mathcal{P}$ 或 $\mathcal{P}_t$ 类的形式等。针对采用标量不等式形式的一类稳定判据,其包含了一些适当可调的未知标量参数,称这类形式的稳定判据形式为基于代数不等式的形式。这类稳定判据结果具有这样特征:①以标量不等式形式描述,一般包含一些可调节的未知常数;②一般是通过应用代数不等式得到的稳定结果,如采用 Young 不等式、Holder 不等式等;③因其含有适当的未知可调节的标量参数,一般很难用一组向量或矩阵形式来统一表述。

(3) 类 $M$ 矩阵形式的稳定结果。这类形式的稳定结果介于 $M$ 矩阵形式和代数不等式形式之间。对于一些特殊的情况,类 $M$ 矩阵形式的稳定结果可以转化成 $M$ 矩阵形式的稳定结果。对于更一般的情况,其可表示为不同的代数不等式形式。需说明的是,基于代数不等式形式的稳定结果一般很难写为紧凑的向量或矩阵的形式,仅能表示为一组代数不等式组,进而给稳定结果的验证带来一定的困难,特别是当神经网络规模较大时,验证更加困难。

## 2.2  Cohen-Grossberg 型递归神经网络的研究内容

在 Cohen-Grossberg 型递归神经网络中,其主要由如下元素组成:自反馈连接权系数、激励函数、与激励函数相关的互联权系数、时滞、与具有状态时滞的激励函数相关的连接权系数 (又称为时滞连接权系数)、放大函数 (针对 Hopfield 型神经网络其可简化为某一常值) 等。在 Hopfield 型神经网络中,自反馈连接系数总是负的,在 Cohen-Grossberg 型递归神经网络中,含有自反馈系数项的函数也是单调的减函数, 这样, 递归神经网络在线性主导环节方面 (即泰勒级数展开的线性环节部分) 可以首先保证其具有一定的镇定作用, 这是 Cohen-Grossberg 型递归神经网络本身所具有的一大特点。互联权系数和时滞互联权系数等可以正, 可以负, 也可以为 0, 没有任何特殊要求, 仅表示相互连接的神经元之间是相互激励、相互抑制还是没有关联。整个神经网络中的激励函数可以相同, 也可以不同, 用来表示神经元的输入与输出之间的映射关系。对于时滞环节, 其可以是各种类型的时滞, 如离散时滞、分布时滞、随机时滞、定常的或者时变的等。整个神经网络的稳定性能与这些元素或直接的或间接的都有关系, 这样, 为了强调某一环节/元素对网络整体稳定性的影响, 可对任一环节展开详细深入地研究, 由此可得到更加具体的稳定结果, 以便于清楚说明研究问题的意义所在, 并通过综合各方面的研究, 得到所有的相关元素对整个网络稳定性的不同效用。沿着这一思路, 下面将对基于状态空间方程形式描述的 Cohen-Grossberg 型递归神经网络的发展状况进行综合介绍。

### 2.2.1　激励函数的演化过程

在整个 20 世纪, 关于递归神经网络平衡点的存在性、唯一性、全局渐近稳定性、全局指数稳定性等的结果, 几乎都是在激励函数是连续的、有界的、严格单调增的条件下获得的, 以及展开相关研究的。激励函数的这些约束假设使得递归神经网络在一些重要的工程问题中难以满足, 进而限制了其应用。例如, 当设计神经网络用来求解具有约束的优化问题 (如线性规划、二次规划以及更一般的规划问题) 时, 常常需要具有类二极管特性指数型函数的无界激励函数来表征这些约束条件。由于有界激励函数和无界激励函数之间的差异, 不同类型的激励函数常极度影响递归神经网络的动态特性, 具有有界激励函数的神经网络稳定结果一般很难直接拓展到具有无界激励函数的神经网络上面。具有有界激励函数的神经网络总能保证平衡点的存在性, 而对于无界激励函数的情况, 神经网络可能不存在平衡点[25, 26]。当考虑广泛使用的分段线性神经网络 (该网络是由分段线性激励函数构成的) 时[3, 43], 激励函数中存在具有零斜率的无穷区间, 这样使得在激励函数中取消其严格单调增、连续一阶可导的假设显得格外有意义。文献 [26] 研究了一类具有无界的、单调的激励函数的 Hopfield 神经网络的稳定性问题; 文献 [44] 和 [45] 证明, 如果用非单调的激励函数来取代常规的 $S$ 型函数 (如 Sigmoid 函数), 联想记忆神经网络的绝对存储容量将会显著提高。这样, 为了某些应用, 在设计和实现神经网络中, 非单调 (不必是光滑的) 的激励函数可能是更好的选择。在许多电子电路中, 运算放大器经常被使用, 其既不是单调增的输入输出函数, 也不是连续可微的输入输出函数。例如, 文献 [7] 设计了一类具有分段线性 (非光滑的) 激励函数的 Hopfield 神经网络来实现线性规划问题; 文献 [40] 研究了一类具有有界且非单调的激励函数的时滞 Hopfield 神经网络的全局吸引性问题。因此, 针对不同的应用领域，具有有界或无界激励函数神经网络的稳定性都得到了充分的研究，但理论上一种明显的基本趋势是向着具有无界激励函数神经网络的方向扩展。在实际的神经网络应用中，人们可以选取适当的激励函数来求解相应的问题，没有必要采取一种固定模式的激励函数。

下面介绍一些常用的激励函数形式。

(1) 在早期的文献 [2]、[7]、[11]、[17]、[18] 和 [46] 中，激励函数是经典的 Sigmoid 函数，即

$$g^{'}(u_j) = \mathrm{d}g_j(u_j)/\mathrm{d}u_j > 0, \qquad \lim_{\zeta_i \to +\infty} g_i(\zeta_i) = 1$$

$$\lim_{\zeta_i \to -\infty} g_i(\zeta_i) = -1, \qquad \lim_{|\zeta_i| \to \infty} g_i^{'}(\zeta_i) = 0 \tag{2.1}$$

显然，激励函数是连续、可微、光滑、单调和有界的。该类激励函数主要在 20 世纪八九十年代的文献中使用，但在实际应用中却被广泛应用。

(2) 如下的 Lipschitz 型激励函数也在现有的文献中被广泛使用[47-53]：

$$|g_i(\zeta) - g_i(\xi)| \leqslant \delta_i|\zeta - \xi| \tag{2.2}$$

此处，激励函数可以是有界的，也可以是无界的。如文献 [50] 中所述，这类激励函数式 (2.2) 不必是单调的，也不必是光滑的。这类激励函数通常是用来建立基于 $M$ 矩阵的稳定结果或基于代数不等式的稳定结果。

(3) 下面的激励函数在理论上也得到广泛的研究[54-57]：

$$0 < \frac{g_i(\zeta) - g_i(\xi)}{\zeta - \xi} \leqslant \delta_i \tag{2.3}$$

该类激励函数不包含分段线性激励函数，属于严格单调激励函数类，主要是用来建立基于矩阵不等式的稳定结果，也可用来建立基于 $M$ 矩阵的稳定结果或基于代数不等式的稳定结果。

(4) 如下的激励函数在理论上也被大量文献进行应用和展开研究[48,52,58-61]：

$$0 \leqslant \frac{g_i(\zeta) - g_i(\xi)}{\zeta - \xi} \leqslant \delta_i \tag{2.4}$$

该类激励函数可包含分段线性激励函数作为其特例，属于非严格单调激励函数类，主要是用来建立基于矩阵不等式的稳定结果，也可用来建立基于 $M$ 矩阵的稳定结果或基于代数不等式的稳定结果。与激励函数式 (2.2) 相比，激励函数式 (2.4) 是激励函数式 (2.2) 的一个特例。但激励函数式 (2.4) 更具直观性和简易性，特别适合建立基于矩阵不等式的稳定判据。

(5) 进入 21 世纪以后，下面的激励函数类型也得到了理论研究和实际应用[62-69]：

$$\delta_i^- \leqslant \frac{g_i(\zeta) - g_i(\xi)}{\zeta - \xi} \leqslant \delta_i^+ \tag{2.5}$$

如文献 [64]∼[67] 中所述，数值 $\delta_i^-$ 和 $\delta_i^+$ 可正，可负，也可为 0。这样，前面提到的 Lipschitz 条件 (式 (2.1)、式 (2.3) 和式 (2.4)) 都是式 (2.5) 的特例。这样，在某种意义上，激励函数式 (2.5) 与激励函数式 (2.2) 具有等价性。激励函数式 (2.5) 主要用来建立具有矩阵不等式的稳定判据，而激励函数式 (2.2) 主要用来建立基于标量不等式的稳定判据。

(6) 进入 21 世纪以后，不连续激励函数类型也得到了理论研究。令 $g_i(\cdot)$ 为一个连续的、非减 (增) 函数，且在 $\mathbf{R}$ 的每一个紧集中，每个 $g_i(\cdot)$ 仅具有有限个不连续点。这样，在 $\mathbf{R}$ 的每一个紧集中，除了有限点 $\rho_k$，存在有限的右极限 $g_i(\rho^+)$ 和左极限 $g_i(\rho_-)$，且 $g_i(\rho^+) > g_i(\rho_-)$。通常，常假定 $g_i(\cdot)$ 是有界的，即存在一个正数 $G > 0$，使得 $g_i(\cdot) \leqslant G$。

### 2.2.2　连接权矩阵中的不确定性演化过程

针对确定性的精确连接权系数的神经网络，自从 20 世纪 80 年代以来，理论上就已经就取得了相当丰富的成果。然而，在神经网络的应用和实现中，连接权矩阵不可避免地要受到外部环境和实现条件的影响，甚至对于生物神经网络而言，突触强度也不是确定不变的，这样，针对具有摄动或受扰动的连接权系数的情况下，研究神经网络的鲁棒稳定性就具有重要意义，即在多大程度的参数摄动范围内，神经网络的稳定性仍能够保持住，或者为保持神经网络的某种稳定性，能允许连接权系数有多大的变化范围。这种考虑，有利于在电子电路实现中如何选取电子元器件参数的精度问题，这样才能保证设计的神经网络能在可靠的范围内正常工作而不失偏。

在现有的文献中，如下形式的不确定性常用来描述系统中的参数摄动 (如果是矩阵表示形式的不确定性，在某种意义上也可表示相应的结构不确定性，尽管系统的维数或阶次没有变化)，现简要介绍如下。

(1) 满足匹配条件的不确定性可表示如下：

$$\Delta A = MF(t)N, \quad F^{\mathrm{T}}(t)F(t) \leqslant I \tag{2.6}$$

或者

$$\Delta A = MF_0(t)N, \quad F_0(t) = (I - F(t)J)^{-1}F(t), \quad F^{\mathrm{T}}(t)F(t) \leqslant I \tag{2.7}$$

式中，$M$、$N$、$J$ 为具有适当维数的常数矩阵；$J^{\mathrm{T}}J \leqslant I$。这类形式描述的不确定性特别适宜用矩阵不等式方法来分析和设计状态方程描述的系统，在神经网络的稳定性分析中，特别适宜用基于线性矩阵不等式的方法来研究鲁棒稳定性。例如，针对具有匹配不确定性 (式 (2.6)) 的递归神经网络的鲁棒稳定性在文献 [70] 中已经得到研究。

(2) 区间不确定性可描述如下:

$$A \in A_I = [\underline{A}, \overline{A}] = \{[a_{ij}] : \underline{a}_{ij} \leqslant a_{ij} \leqslant \overline{a}_{ij}\} \tag{2.8}$$

这类描述的不确定性通常适用于基于非矩阵不等式方法的分析与综合。但是,将分散式的区间不确定性用集中式的或正态分布式的形式表示 (即以某一标称点为核心存在的某一邻域内的参数摄动), 例如, 令 $A_0 = (\overline{A} + \underline{A})/2$, $\Delta A = (\overline{A} - \underline{A})/2$, 则区间不确定性 (式 (2.8)) 可转化成如下形式:

$$A_J = \{A = A_0 + \Delta A = A_0 + M_A F_A N_A | F_A^{\mathrm{T}} F_A \leqslant I\} \tag{2.9}$$

式中, $M_A$、$N_A$、$F_A$ 是根据 $\underline{A}$ 和 $\overline{A}$ 中的元素进行适当的重组而得到的具有适当维数的常数矩阵。显然, 此时的区间不确定性 (式 (2.8)) 已经转化成具有匹配条件的不确定 (式 (2.6))。在文献 [48]、[71]~[73] 中已经证明了区间不确定性 (式 (2.8)) 与匹配不确定性 (式 (2.9)) 之间的等价关系。基于这样的处理, 具有区间不确定性和匹配不确定性的网络系统都可统一地用线性矩阵不等式的方法进行研究。具有区间不确定性 (式 (2.8)) 的神经网络的鲁棒稳定性在文献 [48]、[71] 和 [74] 中得到了相应研究。

需说明的是, 如果区间参数不确定的分布不满足正态分布或者均匀分布, 一般很难等效地用匹配不确定性来表示, 尽管在数学形式上二者可以存在相互转化关系, 但在反映的不确定大小和摄动程度、摄动频率上还是有着很大区别的。例如, 无分布规律可言的区间参数不确定性的摄动范围可能很小, 但在用匹配不确定形式来描述时, 参数的摄动范围可能就会变得很大, 或者相反。也就是说, 区间不确定性描述与匹配不确定性描述之间存在一定的公共特性, 但也是有着各自的特点, 不能在物理意义上完全等价, 这也就是数学模型上的分析和实际物理系统之间的不同所在。

(3) 摄动不确定性或不匹配不确定性可表示为

$$\Delta A = (\delta a_{ij}) \in \{|\delta a_{ij}| \leqslant \overline{a}_{ij}\} \tag{2.10}$$

这类不确定性描述是最原始、最本能的, 也是最根本的。无论哪种不确定性表示形式, 归根结底都是这种不匹配不确定性形式, 它反映的是具体的每一个个体的摄动大小或摄动范围, 每一个网络系统都是由若干个这样的摄动个体所组成的。这种不确定性特别适合基于代数不等式、基于矩阵范数、矩阵测度的分析方法。基于代数不等式的方法所得到的结果一般也很难写成集中式的、规范的统一形式, 主要还是以分散式的不等式组形式表示。能写成规范的统一形式的结果一般都是针对一类具有特殊结构要求的系统而言的, 而针对一般的网络系统, 很难有整齐划一的结果展现, 总体上还是以分散描述各个个体的不同运动或约束来反映整个系统的相互关系和蕴藏的性能。针对基于矩阵范数或矩阵测度的方法，一般可以得到统一的表达形式，而这种统一表达形式是通过矩阵范数之间的等价性来实现的，是在适当的矩阵范数缩放的基础上 (往往是在放大的基础上实现的统一描述) 实现的，进而形式上的统一完美是以损失性能的有效性为代价的，这也是一种折中方法。所得到的结果特别有效，但不易验证或表达复杂；若表达结果简单明了、易于验证，则性能上将会有很大的折扣。

(4) 多胞型不确定性可表示如下：

$$A \in \Omega, \quad \Omega = \{A(\xi) = \sum_{k=1}^{p} \xi_k A_k, \sum_{k=1}^{p} \xi_k = 1, \xi_k \geqslant 0\} \tag{2.11}$$

式中，$A_k$ 是具有适当维数的常值矩阵；$\xi_k$ 是时不变的不确定性，但需说明的是，在专用的系统仿真软件中这些不确定参数 $\xi_k$ 未必是系统中的物理参数，因此这种不确定性模型的表示也称为参数不确定性的隐式表示。在有些文献中，多胞型模型也称为多胞型线性微分包含。具有多胞不确定性神经网络的鲁棒稳定性在文献 [75]~[77] 中得到研究。

如文献 [78] 中所述，多胞型模型可以用来描述许多实际的系统，例如：①表示一个系统的多模型，其中的每一个模型表示系统在一个特定运行条件下的状况；②表示一个非线性系统，如系统 $\dot{x} = (\sin x)x$，其状态矩阵 $A = \sin x$ 位于多胞型模型 $A \in \mathrm{Co}\{-1, 1\} = [-1, 1]$；③描述一类仿射依赖时变参数的状态空间模型。

(5) 仿射参数依赖模型：不确定参数 $A(\delta)$ 可写成如下的仿射依赖模型：

$$A(\delta) = A_0 + \delta_1(t)A_1 + \cdots + \delta_k A_k$$

式中，$A_0, \cdots, A_k$ 是已知的具有适当维数的常值矩阵，完全刻画了所要描述的仿射参数依赖模型，但在系统仿真软件中这些 $A_i$ 并不一定代表具有物理意义的实际系统；$A(\delta)$ 是参数向量 $\delta = (\delta_1, \cdots, \delta_k)$ 的已知矩阵值函数。这样一类模型称为参数依赖模型。这类模型常常出现在运动、空气动力学、电路等系统中。有时为了方便处理，可以通过适当的变换将不确定参数标准化，即将 $A(\delta)$ 写为 $A(\delta) = \bar{A}_0 + \bar{\delta}_1(t)\bar{A}_1 + \cdots + \bar{\delta}_k \bar{A}_k$，且 $|\bar{\delta}_i| \leqslant 1$。例如，系统 $\dot{x} = -ax$ ($a \in [0.1, 0.7]$) 可以表示为 $\dot{x} = (0.4 + 0.3\delta)x$ ($|\delta| \leqslant 1$)，此时的参数 $\delta$ 已经没有具体的物理意义了。

假定所有的不确定参数 $\delta$ 都是在一个给定的集合 $\Delta$ 中取值。同时，在仿射参数依赖模型中，假定 $\delta_i$ 是任意的时变函数，并假定其是有界的，且 $\delta_i \in [\delta_i^-, \delta_i^+]$。这样，定义顶点集为

$$\Delta_0 = \{\delta = [\delta_1, \delta_2, \cdots, \delta_k] : \delta_i = \delta_i^- \text{ 或 } \delta_i^+, i = 1, 1, \cdots, k\}$$

容易看到，不确定参数的允许取值范围 $\Delta$ 是集合 $\Delta_0$ 的一个凸胞，即由 $\Delta_0$ 中点的凸组合全体所构成的集合。这样，仿射依赖模型可以转化为多胞模型[78]。

不确定参数集合 $\Delta$ 是一个无穷集合，而凸胞集合 $\Delta_0$ 则是一个有限集合。通过基于有限集合 $\Delta_0$ 上不确定性建立的鲁棒稳定结果可以用来判断基于无限集合 $\Delta$ 上不确定性所建立的鲁棒稳定结果的可行性，这就是有限逼近原理的一次成功典范。或者说，通过有限的包络线来认识事物的整体演化趋势，进而能够给出整体的评判，这就是定性研究的优势；同时，这种现象也可解释为集肤效应，通过对外在的边界值进行校核，就可以确定整个事物的发展脉络，与包络线法具有异曲同工之妙。

无论多胞不确定模型还是仿射依赖不确定模型，都是对参数不确定性(式(2.10))的进一步拓展和发展。

### 2.2.3 时滞的演化过程

时滞的研究最早是从离散时滞 (也可称为点时滞、集中时滞，主要是与分布时滞进行区分而强行定义的称谓)$\tau > 0$ 开始的，通过假定信号传输通道中的滞后时间常数为常值进行的简单研究。之后，随着研究问题的深入和复杂化，传输通道数量的增加，这时强行要求每个信号通道的时滞都是相同的假定有些过于苛刻，这样就引入了多时滞 $\tau_i$，即每个通道的双向通信 (如双工方式通信要求信号的相互传送) 存在的时滞是相同的。再之后，考虑到双向通信源–宿端信号时延的不同 (或神经元之间的相互通信不具有完全对称性)，又引入了不同多时滞 $\tau_{ij}$，这种时滞表述更具有一般性，具有集中时滞和分布时滞的特点；同时，通过时滞的纽带联系或耦合作用，使得分析这类含有 $\tau_{ij}$ 时滞的系统或神经网络兼带有分析复杂网络的雏形或思路。由于定常时滞对于小规模的系统进行描述时具有可操作性。但实际中的信号传输滞后是变化的或时变的，用定常时滞模型来描述这种滞后总是存在较大的逼近误差，由此出现了将定常时滞向时变时滞情况转变的趋势。

随着大规模系统的出现，用离散时滞 (或点时滞、集中时滞) 来刻画不同信号传输之间的滞后作用已不能达到预期的实际效果，进而从集中式思维向分散式思维转化，首先提出了无穷分布时滞的概念，即 $\int_{-\infty}^{t} K_{ij}(s)u(t-s)\mathrm{d}s$ 和 $\int_{0}^{\infty} K_{ij}(t-s)u(s)\mathrm{d}s$，用来说明过去的所有历史信息对当前时刻状态信息的作用或影响 (类似于离线计算的原始最小二乘法概念，通过对以往所有历史数据的整理，能够得到较为精确的预期结果)。由于过去的信息过于庞杂，不仅在计算量方面增加负担，而且由于信息传输的衰减性，离当前时刻越远的信息对当前的贡献度就越小，这样，用无穷分布时滞来刻画这类系统的特性就存在很大的保守性。类似于具有遗忘因子的最小二乘算法，将离当前时刻最近的一些过去信息收集起来以描述过去信息对当前时刻的主要影响 (这有点类似对角占优或者线性主导的味道)，由此引入有限分布时滞 (或称为时间窗) $\int_{t-\tau(t)}^{t} u(s)\mathrm{d}s$ 或 $\int_{t-\tau(t)}^{t} K_{ij}(s)u(t-s)\mathrm{d}s$，其中，$K_{ij}(s)$

是满足一定条件的核函数, 以此来确定或衡量分布时滞的作用效果。

对于时变时滞情况, 时滞的变化率 (或时滞关于时间的导数) 已经从最初的慢时变时滞 $\dot{\tau}(t) < 1$(或 $\dot{\tau}_i(t) < 1$, 或 $\dot{\tau}_{ij}(t) < 1$) 延拓到快变时滞 $\dot{\tau}(t) \geqslant 1$(或 $\dot{\tau}_i(t) \geqslant 1$, 或 $\dot{\tau}_{ij}(t) \geqslant 1$) 情况。实际上, 对于时变时滞变化率的分水岭 $\dot{\tau}(t) = 1$ 是人为强行划分的, 主要是基于应用 Lyapunov-Krasovskii 函数来进行定性稳定性研究而追求数学严谨性证明的需要而人为施加的一个证明条件。实际上这是不必要的而且也是不切实际的。因为时滞的连续变化可能存在快变和慢变, 快变和慢变的大小不是依赖某一精确的界限的。进而, 早期的时变时滞系统的理论研究多是针对缓变过程展开的, 类似于泛定常时滞系统。慢变时滞的界限 $\dot{\tau}(t) = 1$ 的限制, 是由于受数学证明技巧或方法的局限, 而不是问题本身的缘故。早期的基于 $M$ 矩阵或是基于微分不等式的时滞系统的稳定条件都隐含着慢时变时滞这样的潜在条件, 只不过在用 LMI 方法时将这一问题更加暴露出来, 进而在基于 LMI 的方法上如何突破满变时滞的限制成为近十年来研究的热点课题。正是由于自由权矩阵方法 (即零值恒等变换思想) 的引入, 突破了理论研究上的这一分水岭限制, 可将快变时滞系统的研究纳入理论研究的统一框架, 至少在数学形式上能够表达得很完美, 至于稳定性能方面的改善有多少, 仍有待进一步的方法或思想的启发及运用。

在早期的点时滞或离散时滞的研究中, 都默认为时滞项是一个正的有界数值, 即 $0 \leqslant \tau(t) \leqslant \overline{\tau}$(这种认识大致可截止到 2006 年年底, 以查阅到的当时的文献发表时间为标准来考虑的)。从 2007 年以来, 对时变时滞的看法和认识有了很大的改变[79], 即 $0 \leqslant \underline{\tau} \leqslant \tau(t) \leqslant \overline{\tau}$。也就是说, 时滞的上界不仅存在, 而且下界也是存在的, 不是一个无限小的数值。时滞是属于一个有界区间的, $\tau(t) \in [\underline{\tau}, \overline{\tau}]$, 显然将 $\tau(t) \in [0, \overline{\tau}]$ 的这种认识进一步精细化, 能够利用的时滞信息也更加丰富了, 进而获得的稳定结果的保守性也就进一步降低了。例如, 在估计时滞上界时, 可充分利用时滞的下界信息来获得更精确的上界估计; 如果按照时滞下界为零来计算, 则将丧失很多信息, 由此导致估计时滞上界结果的保守性, 这也是其中的一个重要因素。

中立型时滞的出现主要是受控制系统中的中立型系统的启发而引入的, 特别是在采用时滞传输线进行电路实现时, 可人为产生一些必要的时滞现象, 进而中立型时滞也有着一定的应用背景。

在现有的时滞系统中, 考虑的时滞绝大多数都是确定性时滞 (如离散时滞、分布时滞、中立型时滞等), 并利用时滞的变化范围的信息来建立相应的稳定判据。实际上, 时变时滞通常是以随机的形式出现的, 随机时滞的概率特征如泊松分布或正态分布等信息可从统计学方法获得。这样, 在某种程度上, 确定性也仅是随机性的均值或均方表示, 进而随机时滞也得到了人们的相应认识和研究[68, 69]。在实际的系统中也会出现这种情况: 时滞的某些值可能很大, 但出现这些大值的概率确实很小的。这种情况, 如果仅利用时滞的变化上界来建立稳定性判据, 所获得的稳定结果势必要增加保守性。这样，如何利用时滞的概率信息来建立保守性小的稳定判据成为一个研究的热点问题[69]。

除了上面介绍到的几类主要的时滞类型，控制系统和生物系统中的各种类型的时滞都可以引入神经网络系统，以对神经网络的复杂系统的特性进行更加透彻的认识和掌握。

随着不同时滞的引入，在证明稳定性的过程中采用的方法也是千变万化的，进而也得到了大量的形式各异的稳定结果，由此促进了神经网络系统理论的发展。

### 2.2.4　平衡点与激励函数的关系

针对有界激励函数 $|g_i(x_i)| \leqslant M$ 或类有界激励函数 (应属于 Lipschitz 激励函数一族)$|g_i(x_i)| \leqslant \delta_i^0 |x_i| + \sigma_i^0$，其中，$M > 0, \delta_i^0 \geqslant 0$，$\sigma_i^0 \geqslant 0$ 为常数，神经网络平衡点的存在性主要是采用 Brouwer 的固定点原理、Schauder 固定点原理或压缩映射原理来证明[25, 26, 46, 80]。比较原理、单调流和单调算子理论也用来证明一类神经网络的周期解的存在性和唯一性[81]。

一般来说，对于满足 Lipschitz 条件的有界或无界的激励函数，神经网络平衡点的存在性可通过常微分方程解的存在性定理来保证[82]，这是与文献 [23]、[25]、[26]、[35]、[46]、[80]、[83] 和 [84] 的结果相一致的。

对于无界的激励函数 (一般情况下很难给出具体的形式)，神经网络平衡点的存在性证明主要是建立在同胚映射[26, 84, 85]、拓扑度理论[86, 87]、Leray-Schauder 原理[88] 等基础上的。

平衡点的存在性不能保证固定点的唯一性。一般有两种方式来处理唯一性问题，一种是唯一性直接是平衡点的全局渐近/指数稳定结果的必然结论；另一种是利用压缩映射原理、同胚映射、比较原理及反证法来建立平衡点唯一性的充分条件[80, 86, 87, 89]，该充分条件一般比平衡点的全局渐近稳定的充分条件弱。

上面的论述中已经隐含着这样的问题：平衡点的存在性、唯一性，以及全局渐近/指数稳定性在稳定性证明中必须同时进行阐述吗？或者每一个证明环节都必不可少吗？这也是长期困扰神经网络学者的一个问题。

显然，对于有界激励函数的情况，由常微分方程的固定点原理可知有界激励函数总能保证平衡点的存在性[82]，进而此时可直接进行全局渐近/指数稳定性的证明而无须再提前证明平衡点的存在性和唯一性。针对满足 Lipschitz 条件形式的类无界激励函数情况，平衡点的存在性也可按照有界激励函数的情况根据固定点原理直接得到保证，进而也无须进一步证明。这样，这两种情况已经直接隐含着平衡点的存在性，进而在这两种情况是可以直接进行全局稳定性的证明的，而平衡点的唯一性从全局稳定性的结果直接就可以得到[90]，或者说，唯一性是全局稳定性的直接结果，进而无须证明。

需指出的是，文献 [30] 和 [91] 提出了一种直接证明指数收敛性来保证神经网络全局指数稳定性的方法，而平衡点的存在性和唯一性则是指数收敛性的自然结果。此外，在文献 [30] 和 [91] 中不要求激励函数的有界性，同时能够实现状态变量的导数指数形式地收敛到 0。文献 [30] 和 [91] 中使用方法的主要思想是对神经网络微分系统相对于时间 $t$ 直接进行求导或者微分运算，进而得到一个含有关于状态变量导数的一个动力系统。

针对无界激励函数情况 (一般意义下的)，则与上面的有界激励函数或类有界激励函数情况不同，在证明神经网络的全局稳定性之前必须要证明平衡点的存在性和唯一性，之后才是平衡点的全局渐近/指数稳定性的证明，因为平衡点的存在性不能确定是无法进行接下来的所有的分析的，这是满足先有存在后有综合分析的认识过程。然而，对于满足有界或无界激励函数的情况，只要它们都满足 Lipschitz 条件，则按照常微分方程的存在性原理都可保证其平衡点的存在性[82]，进而此时可直接进行全局稳定性的证明。另一方面，现有的关于时滞神经网络 (甚至无时滞的神经网络情况) 的全局渐近/指数稳定的判据都是充分条件，进而这些条件也是保证平衡点的存在性和唯一性的充分条件。换句话说，保证平衡点的存在性和唯一性的充分条件要比全局稳定性条件更具有一般性，或者说，保证平衡点全局渐近/指数稳定性的充分条件也是保证平衡点的存在性和唯一性的充分条件，反过来却未必是这样。

这样，针对满足 Lipschitz 连续条件的激励函数 (无论其是有界的还是无界的)，都可以直接进行神经网络全局渐近/指数稳定性的证明而无须再进行存在性和唯一性的证明。针对不满足 Lipschitz 条件的无界激励函数情况，必须实现先证明神经网络平衡点的存在性和唯一性，之后才是平衡点的全局稳定性的证明，哪一个环节都不可少。

### 2.2.5　基于 LMI 的稳定结果证明方法和技巧

通常，涉及时滞系统稳定性的概念时，以是否包含时滞信息来作为划分标准，有两种类型的稳定性结果或判据。第一类是时滞独立 (即不依赖于时滞信息) 的稳定性判据[53, 84, 88, 92, 93]，该判据中不涉及时滞的任何信息 (如时滞的大小、时变时滞的导数或时变时滞变化率、与分布时滞或随机时滞等相关的核函数、概率分布等)。当系统中的时滞存在但不能精确知道时，采用时滞独立的稳定判据将具有重要作用。第二类是时滞依赖的稳定判据[79, 94]，在该类判据中涉及与时滞相关的一些信息，如时滞的大小、时变时滞变化率、与分布时滞或随机时滞等相关的核函数、概率分布等。因为稳定性判据中包含了与时滞相关的信息，基于全息理念，此时所得到的稳定判据的保守性在一定程度上应被降低。一般来说，只针对定常时滞情况才能区分时滞依赖还是时滞独立的稳定结果 (因为此时仅仅涉及时滞的幅值大小的信息); 而针对时变时滞、随机时滞及分布时滞等情况, 时滞独立的稳定判据一般很难建立, 所得到的往往是时滞依赖的稳定结果; 但当部分时滞信息 (主要指至少含有两种相关的时滞信息的时滞情况) 未知时, 建立时滞依赖的稳定结果也是很困难的。上述困难都是基于数学推证的逻辑环节遇到的, 如何使逻辑证明的环节得以顺畅, 只有新的不等式技术或者新的证明理念的引入才能够解决这一问题, 这也是数学与工程之间的内在关系所在, 是相辅相成、相互促进的。为比较时滞依赖的稳定结果与时滞独立的稳定结果的性能, 考虑定常时滞且神经网络的连接权矩阵都是不变的情况, 当时滞幅值很小时, 时滞依赖的结果具有很好的性能, 当时滞幅值再大一些时, 时滞依赖的结果并不总是成立的; 相比之下, 时滞独立的稳定结果则无论时滞如何, 该成立的就总成立, 其仅与神经网络的连接权矩阵有关。在某种程度上可以说, 时滞独立的稳定结果主要反映在外在结构上的稳定性, 而时滞依赖的稳定结果则具有内外兼修的内稳定和外稳定的特点。可见, 这两种形式的稳定结果各有特点。

自 20 世纪 90 年代开始, 线性矩阵不等式方法因其在系统工程中易于计算和实现而得到广泛的关注[95], 其主要原因是 LMI 方法是在所谓的内点算法[96] 的基础上可在数值计算上有效地求解矩阵不等式。经过近 20 年的发展, 能够用 LMI 形式表示的系统分析和设计问题数量巨大, 已经有效解决了很多其他方法难以实现的系统分析和设计问题。

基于内点算法的 LMI 求解器比基于传统的凸优化算法的求解器在快速性方面具有显著的改善 (但在计算的复杂性方面却也显著增加)。例如, 求解一个具有 1000 个变量的问题在现在的工作站通常需要 1h[97]。这样, 在应用数学、优化和运筹学领域研究如何优化 LMI 问题仍是一个很活跃的课题。这是 LMI 方法内在发展的基本动力, 而在控制系统的分析和综合方面, 是 LMI 方法外在绽放其优越性的应用领域。

在神经网络稳定性理论的早期, 所有的稳定性研究都是从建立神经网络内部的物理参数之间代数关系的思路展开的, 这样, 所建立的稳定性判据基本上是采用矩阵测度、矩阵范数或 $M$ 矩阵的分析方法, 稳定判据中基本上没有可调自由度或未知变量。因为神经网络的物理参数之间可能存在一定的非线性关系或某种约束关系, 而不是简单地直接描述或相互作用, 这种非线性关系或约束将对神经网络的稳定性产生重要的影响。这样, 在神经网络稳定性分析过程中通过引入自由变量或自由度来考虑神经网络参数之间的非线性关系, 以此来提高稳定性的性能。常用的引入未知变量的方法有 Young 不等式、Holder 不等式、Poicare 不等式、Hardy 不等式、积分不等式等缩放形式的代数不等式, 由此得到形式各异的稳定判据, 进而从不同方面来改进神经网络的稳定性。

尽管通过多种代数不等式方法能够建立含有未知参变量的稳定性判据, 且稳定判据的保守性也能得到相应的改善，但由于在稳定判据中往往含有大量未知的可调变量，而这些未知变量一般没有先验的知识来对它们进行整定或设定，进而在应用该类稳定判据时存在不易检验或验证的困难。某一组未知参数设置得不好可能导致稳定判据的不成立，但由此也不能说明该稳定判据的失效性，因为没有一种有效方法能够遍历所有的未知参数来校验该稳定判据的充分性；特别是随着神经网络阶次的增高、所包含的未知参数的增多，更加给这种基于代数不等式的稳定判据的校验带来了困难。正是基于这样的考虑，如何获得容易检验的、保守性不是很大的稳定判据受到人们的关注和研究。由于线性矩阵不等式的提出，给动力系统的稳定性分析和控制综合带来了新的动力，从 20 世纪 90 年代中期到 21 世纪的第一个 10 年的 20 年间，基于线性矩阵不等式的研究得到了充分的发展和普及，取得了大量的研究成果。线性矩阵不等式之所以得到关注，与以往的基于代数不等式的方法相比，主要优势在于：①以矩阵形式来描述各参变量之间的关系，进而所包含的自由度要多一些，容易引入多参变量，增加自由度；②矩阵或状态向量形式来描述系统更具有概括性和普适性，能反映事物的更一般的本质属性；③由于基于内点算法的 LMI 方法具有可解性、易校验性，进而在实际应用中易于校验相应的稳定判据；④基于矩阵不等式的各种方法可用在基于 LMI 的各种分析和综合应用中，使得表达形式多样化、紧凑化，保守性可大幅度降低；⑤矩阵不等式是标量不等式的一种升级和改造，是认识事物的一个必然阶段。下面，将基于 LMI 的稳定性来考虑在其证明过程中所应用到的一些方法和技巧。

### 1. 自由权矩阵方法

这种方法主要是为了解决快变时滞 (即 $\dot{\tau}(t) \geqslant 1$) 系统的稳定性问题而提出来的一类分析方法。在该方法被提出来之前，绝大多数基于 LMI 的稳定判据只能处理慢变时滞 (即 $\dot{\tau}(t) < 1$) 的系统 (慢变时滞或快变时滞的假设都是起源于对时滞变化能力的一个界定，是一种主观观察和分析的结果)。自由权矩阵的实质是将自由变量或未知矩阵引入到一个恒等式方程中，由此不影响整个稳定性证明的推证过程。例如，根据牛顿–莱布尼茨公式可知下面的等式成立：

$$x(t) - x(t - \tau(t)) - \int_{t-\tau(t)}^{t} \dot{x}(t)\mathrm{d}t = 0 \tag{2.12}$$

或非线性微分方程 (动力系统) 成立：

$$\dot{x}(t) - Ax(t) - Bx(t - \tau(t)) - Cf(x(t)) = 0 \tag{2.13}$$

如果在式 (2.12) 和式 (2.13) 的两侧分别同时乘以 $x^{\mathrm{T}}(t)Q$ 或 $x^{\mathrm{T}}(t)Q + g^{\mathrm{T}}(x(t)) \cdot P$，$-x^{\mathrm{T}}(t)Q$ 或 $x^{\mathrm{T}}(t)Q - g^{\mathrm{T}}(x(t))P$，上面的两个恒等式仍然成立。通过对上面两

个式子的操作说明, 在恒等式两侧同时乘以某一非零向量或多项式不改变恒等式的性质; 如果将上面的恒等式代入到证明的过程中, 不影响原来的推证过程, 但由于引入了新的变量, 进而增加了自由度或未知矩阵, 其核心是通过以其他恒等式形式人为地引入等价零向量 (如上两式中右侧的零符号) 到 Lyapunov 函数的求导过程中, 在不改变原不等式缩放的同时, 又能引入虚拟的变量 (如 $Q$ 和 $P$), 进而增加了可调度。此时, 称未知矩阵或虚拟变量 $Q$ 和 $P$ 为自由权矩阵。这样, 结合自由权矩阵 $Q$ 和 $P$ 及其与 $x(t)$ 和 $f(x(t))$ 的不同组合就可以增加一些辅助项来补偿快/慢变时滞项对系统的影响。自由权矩阵方法, 顾名思义, 仅适合于基于状态空间方程描述的系统中。

### 2. 非时滞矩阵项的分解方法

对于无时滞的 Hopfield 神经网络和 Cohen-Grossberg 神经网络, 某些矩阵分解方法在文献 [98]~[102] 中已经使用。在文献 [98] 中, 满足 $W^{\mathrm{T}}W = WW^{\mathrm{T}}$ 的非时滞矩阵 $W$ 被分解成对称矩阵和反对称矩阵之和, 即 $W = W_{\mathrm{s}} + W_{\mathrm{ss}}$, 其中, $W_{\mathrm{s}} = W_{\mathrm{s}}^{\mathrm{T}}$ 是对称部分, $W_{\mathrm{ss}} = -W_{\mathrm{ss}}^{\mathrm{T}}$ 是反对称部分。然后, 基于矩阵特征值方法, 对所考虑的 Hopfield 神经网络建立了绝对稳定性的充分必要条件。类似地, 文献 [99] 中取消 $W^{\mathrm{T}}W = WW^{\mathrm{T}}$ 的限制, 给出了一种更为一般的矩阵分解方法。也就是说, 对任意矩阵 $W$, 它总能写成对称矩阵和反对称矩阵之和的形式, 即 $W = W_{\mathrm{s}} + W_{\mathrm{ss}}$, 其中, $W_{\mathrm{s}} = (W + W^{\mathrm{T}})/2$ 和 $W_{\mathrm{ss}} = (W - W^{\mathrm{T}})/2$ 分别是 $W$ 的对称部分和反对称部分。然后基于矩阵特征值方法, 对所考虑的 Hopfield 神经网络建立了绝对稳定性的充分必要条件, 该条件改进了文献 [98] 中的结果。由此可见, 这种方法特别适合于基于矩阵特征值分析方法的无时滞 Hopfield 神经网络的稳定性分析和综合应用中。在文献 [100] 中, 非时滞矩阵 $W$ 被分解成 $n$ 个矩阵 $W_i$ 的和, 其中 $W_i$ 的第 $i$ 列由矩阵 $W$ 的第 $i$ 列构成, $W_i$ 的其余列都为 0。同样, 在文献 [101] 中, 非时滞矩阵 $W$ 被分解成 $n$ 个矩阵 $W_i$ 的和, 其中 $W_i$ 的第 $i$ 行由矩阵 $W$ 的第 $i$ 行构成, $W_i$ 的其余行都为 0。通常, 使用文献 [100]、[101] 中的方法所建立的稳定结果将囿于基于 Lyapunov 对角稳定 (LDS) 的稳定结果[100, 101], 而该结果将比基于 LMI 的稳定结果要保守一些。针对 Cohen-Grossberg 神经网络, 文献 [102] 将非时滞矩阵 $W$ 分解成一个对称矩阵与一个正定对角矩阵乘积的形式, 即 $W = DS$, 其中, $D$ 是一个正定对角矩阵, 而 $S$ 是一个对称矩阵。一般来说, $DS \neq SD$, 这样, 文献 [102] 中的稳定结果放宽了文献 [12] 中的稳定条件。

### 3. 时滞矩阵分解方法

因为对含有单时滞 $\tau$ 和多时滞 $\tau_i$ 神经网络的稳定性都已经建立了基于 LMI 的稳定判据, 而对于不同多时滞 $\tau_{ij}$ 的神经网络稳定性却没有相应的基于 LMI 的稳定结果，这就引出了一个问题：为什么建立不了这种不同多时滞 $\tau_{ij}$ 的稳定性判据呢？是过于简单还是缺乏相应的技术或方法？基于矩阵不等式的神经网络稳定性判据最早出现在 2002 年，由廖晓峰博士及其团队首先提出，而直到 2006 年才由张化光教授和王占山博士给出具有不同多时滞 $\tau_{ij}$ 的神经网络的稳定性判据 (以论文的投稿时间计算)，并随后建立了一系列其他不同形式的稳定判据[93,103-106]，他们采用的方法就是这种时滞矩阵分解方法来处理时滞状态项 $x(t-\tau_{ij}(t))$ 和非线性状态时滞项 $g[x(t-\tau_{ij}(t))]$。同时，针对包含连续分布时滞如 $\int_0^\infty K_{ij}(s)\mathrm{d}s$ 形式的系统的稳定性分析与综合，应用时滞矩阵分解方法也能建立有效的基于 LMI 的稳定结果。基于时滞矩阵分解的稳定结果是对含有单点时滞 $\tau$ 或多时滞 $\tau_i$ 系统的稳定结果的一种自然延拓和发展。时滞矩阵分解方法的实质是将时滞 $\tau_{ij}$ 拆分成 $n$ 组不同的向量形式，同时根据这种拆分将对应的时滞矩阵也拆解成 $n$ 个不同的矩阵，其中，第 $i$ 个矩阵的第 $i$ 行都是原时滞矩阵的第 $i$ 行，而其余的各行均为 0，而这 $i$ 个矩阵的和就是原来的时滞矩阵。这样，就将原是耦合在一起的时滞拆解成由 $n$ 组不同的向量时滞表示的串级形式，进而便于分散分析和集成处理。基于这种思想，时滞矩阵分解方法也可以拓展到具有多时滞耦合的互联系统或者相互耦合的复杂网络系统中。时滞矩阵分解方法是分析和综合含有 $\tau_{ij}$ 时滞系统的一种有效的方法。基于时滞矩阵分解方法建立的基于 LMI 的稳定结果能够将不同离散时滞甚至不同分布时滞情况下的稳定结果纳入到一个统一的表达式框架内，进而在具有相似的稳定结构框架或平台下可以进行不同稳定结果之间的保守性比较。需说明的是，在文献 [59] 中，针对一类纯时滞神经网络 (可以是 $\tau_{ij}$ 型时滞) 提出了一种矩阵分解方法。该方法是将时滞矩阵分解成激励作用和抑制作用两部分，即 $B = B^+ - B^-$，其中，$b_{ij}^+ = \max\{b_{ij}, 0\}$ 表示激励作用的加权，$b_{ij}^- = \max\{-b_{ij}, 0\}$ 表示抑制作用的加权。显然，$B^+$ 和 $B^-$ 中的元素都是非负的。然后，文献 [59] 采用对称变换将神经网络表示成合作动力系统，通过采用单调动力系统理论 (这种系统具有重要的顺序/阶次保持特性或单调特性，使得这种方法在分析原来的神经网络系统时特别有用)，建立了类 $M$ 矩阵形式的指数收敛判据。显然，文献 [93]、[103]~[106] 中的时滞矩阵分解方法与文献 [59] 中的时滞分解方法在时滞分解的目的、建立的稳定性结果及所采用的稳定性理论等方面都是不同的，各具特色。

### 4. 广义系统方法

这是一种通用的变换方法，能将一个标准的微分动力系统通过引入中间变量而转化成类似广义系统形式的虚构广义系统，进而可以应用广义系统的分析概念来研究标准动力系统的性态[62, 64, 107, 108]。广义系统方法类似于增广系统的方法，将原系统的维数从 $n$ 扩大到 $2n$，进而在构造 Lyapunov 函数中可调节矩阵的数量也得到增加。所以，广义系统方法的实质就是通过增加状态空间的维数来增加可调变量/待定矩阵的维数和数量来降低稳定结果的保守性。广义系统方法的主要数学工具就是牛顿–莱布尼茨公式，进而能够适用于牛顿–莱布尼茨公式成立的许多时滞系统。

### 5. 划分时滞方法

时滞是时滞神经网络中一个很重要的参数。在当下神经网络稳定性的研究中，连接权矩阵已经没有再深入挖掘的潜力了，即没有太大的增长空间来降低稳定结果的保守性 (在线性矩阵不等式的稳定结果被提出之前，几乎所有的稳定结果只与连接权系数有关，或者与整个时滞的上界有关；对时滞的处理就是取其上界而已，没有其他的信息可用)，进而将降低稳定性结果保守性的重点转移到时滞方面上来。由于时滞可以是连续的时间函数，这样可以利用连续分段积分的性质对时滞进行分段处理，分段的目的就是为了能够嵌入加权系数或者加权矩阵，进而达到增加可解空间自由变量数目的目的，以此来降低稳定结果的保守性 (这一思想与广义系统方法具有异曲同工之妙)。基于时滞划分方法得到的稳定性判据基本上都是时滞依赖的稳定结果，而且大部分结果也只是停留在定常单时滞 $\tau$ 或者时变单时滞 $\tau(t)$ 的神经网络系统，而对于多时滞或者分布时滞的系统，基于这种时滞划分方法的稳定结果还没有见到发表。针对时滞系统，评价稳定结果保守性的一个通用的标准就是能够估计出保持系统稳定性的最大时滞上界。哪个判据能够估计出更大的时滞上界，则说明这种判据更加有效，与同类稳定性结果相比具有较小的保守性。一般来说，点时滞属于某一区间，即 $0 \leqslant \tau_m \leqslant \tau(t) \leqslant \tau_M$。由于时滞的连续性，根据采样原理可将时滞所在的区间进行划分子区间，如常用的方法是将区间 $[0, \tau_M]$ 或者 $[\tau_m, \tau_M]$ 进行 $n$ 个等子区间划分，进而可以引入 $n+1$ 个自由变量，不仅在系统的维数上有所增加，而且在未知变量的数目上也得到增加，进而降低保守性。这就是时滞划分方法的核心所在。当然，针对时滞区间进行不等分划分也是可行的，只不过保守性的降低是建立在引入大量的未知权矩阵和相应的计算复杂性增加的基础上的。

### 6. 划分区间矩阵方法

该类方法主要是用来处理神经网络的连接权矩阵在某一摄动区间内变化时如何降低鲁棒稳定性结果的保守性问题，即不确定连接权矩阵满足 $A \in [\underline{A}, \overline{A}]$。与划分时滞方法相似，区间矩阵 $A \in [\underline{A}, \overline{A}]$ 被划分成 $\tilde{A} = \dfrac{\overline{A} - \underline{A}}{m}$ 或者 $\tilde{a}_{ij} = \dfrac{\overline{a}_{ij} - \underline{a}_{ij}}{m}$ 的 $m$ 份，其中，$m \geqslant 2$ 是一个正整数。然后基于 LMI 方法，建立了一族矩阵不等式。这类划分区间矩阵的方式是在文献 [109] 中提出来的，进一步降低了鲁棒结果的保守性，但在判定稳定判据时，需要大量的不等式组进行同时校验和判断，进而存在计算复杂性的困难。

　　总之, 基于上述不同的分析方法都是针对一类特定的情况而提出来的, 它们不是通用的方法, 都是些具体实用的方法和技术。此外, 基于这些方法建立的基于 LMI 的稳定判据都是充分条件, 很难建立充分必要条件。如何获得时滞神经网络稳定性判据的充分必要条件需要将上述的方法进行组合以及采用更加新颖的方法来进一步降低保守性, 由此可能逐渐逼近充要条件。可见, 对于获得更加优异性能的稳定判据, 仍有很长的路要走。

### 2.2.6　稳定结果的表达形式

　　到目前为止, 有许多不同的定性方法来研究递归神经网络的稳定性, 如 Lyapunov 稳定性理论[35, 110, 111]、非光滑分析[112-114]、常微分方程理论[86,115-117]、Lasalle 不变集理论[12, 102]、非线性测度方法[118]、类梯度系统方法[8,119-121]、时滞微分方程的比较原理[39, 122] 等。

　　稳定判据的表示形式因不同的证明方法和采用的不同稳定性理论而有所不同, 形式各异。总体来说, 包括有线性矩阵不等式表示形式[47-49,52,60-68,70,79,92,103,104,106,108]、$M$ 矩阵形式[35,51,57,85,88,115,116]、代数不等式形式[53-56,80,86,89,110,111,115,117,123-128]、$M$ 矩阵形式[18, 52, 74]、加性对角稳定形式[129-131]、Lyapunov 对角稳定形式[24,26,29,35,101,132-134]、矩阵测度形式[27, 113]、谱半径形式[135, 136] 以及类 $M$ 矩阵形式[59]。

　　因为基于 $M$ 矩阵、矩阵测度、谱半径和矩阵范数等方法所建立的稳定判据中一般不包含自由变量, 这些判据仅与神经网络的连接权系数直接相关, 具有易于校验和物理关系明晰的优点, 进而这些稳定判据在神经网络系统理论的早期 (到 20 世纪 90 年代为止) 得到广泛的发展和重视, 特别在神经网络稳定性理论中占有重要的地位, 但在进入 21 世纪以后, 这种表示形式的稳定判据显著在减少。同样, 基于 Lyapunov 对角稳定性的结果含有少量的未知矩阵, 所得到的稳定结果保守性要比基于 $M$ 矩阵、矩阵测度、谱半径和矩阵范数等的稳定判据具有小的保守性, 且具有易于验证和物理关系明晰的特点。但由于没有更加复杂的稳定判据表示形式可以变化, 进而在降低保守性能方面没有多大的提升空间, 在进入 21 世纪以后这种形式的稳定判据也在逐渐消失。基于代数不等式的稳定结果和基于 LMI 的稳定结果因其可以应用大量的标量代数不等式或矩阵向量不等式, 进而使得多种多样的稳定结果得以呈现。一般来说, 现在的稳定结果表达形式越来越复杂, 连接权系数或连接矩阵之间的物理关系越来越不明晰, 且验证性也越来越难, 只有依赖基于计算机的大型仿真算法或仿真软件才能够给出判定结果。这固然有神经网络规模在扩大的原因导致连接权矩阵的规模在扩大, 更主要的是大量的自由度的引入使得稳定判据本身构成了一类复杂的大规模的耦合系统或耦合关系, 人为地增加了计算困难，这就是算法的有效性和计算的复杂性之间的矛盾和折中问题，自始至终，这一折中关系都存在，只不过在复杂程度上有所差异而已。稳定性理论是随着数学工具、数学思想、数学理念和数学意识的发展而发展的，进而如何获取更加简单一些的稳定判据，同时具有较小程度的保守性、易验证性，是当下稳定性研究的一个共识问题。须知，大道为简，简约、和谐、形式美才是自然之道，人类所研究的自然系统所得到的结论或规律也应如此。

## 2.3   Cohen-Grossberg 型递归神经网络概述

Hopfield 神经网络在数学描述上也是一类 Cohen-Grossberg 型神经网络，关于 Hopfield 神经网络的发展及其演化过程可参考文献 [137] 和 [138]，此处主要集中篇幅在介绍 Cohen-Grossberg 神经网络的相关问题。

Cohen 和 Grossberg 两位学者在文献 [12] 中首次提出了一类神经网络模型，该模型可描述如下：

$$\dot{u}_i(t) = -d_i(u_i(t))\Big[a_i(u_i(t)) - \sum_{j=1}^{n} w_{ij} g_j(u_j(t))\Big] \tag{2.14}$$

式中，$u_i(t)$ 是第 $i$ 个神经元在 $t$ 时刻的状态变量；$d_i(u_i(t))$ 表示一类满足一定条件的放大函数；非线性项 $a_i(u_i(t))$ 表示一类适定的行为函数以保证式 (2.14) 的解存在；$g_j(u_j(t))$ 表示一类非线性函数或激励函数，用来刻画神经元的输入对神经元输出的激励程度；$w_{ij}$ 表示神经元之间的连接权系数 $(i, j = 1, \cdots, n)$。式 (2.14) 包含了很多来自神经生物、群体生物学及进化论的数学模型，以及包含如下著名的 Hopfield 神经网络模型[2, 11]：

$$\dot{u}_i(t) = -\gamma_i u_i(t) + \sum_{j=1}^{n} w_{ij} g_j(u_j(s)) + U_i \tag{2.15}$$

式中，$U_i$ 表示来自于神经元外部并作用到神经元上的外部输入源。众所周知，如果连接权矩阵是对称的且激励函数是有界的单调增函数，式 (2.14) 和式 (2.15) 的每一个解都收敛到平衡点，构成自然稳定的神经网络系统[2, 11, 12, 43]。

需注意的是，式 (2.15) 的解依赖于初始条件 $u(\theta) = \phi(\theta)$ 的特性。尽管对于适定的式 (2.15) 来说函数 $\phi(\theta)$ 是可测量的即可，但通常假定给定的 $n$ 维向量函数 $\phi(\theta)$ 是连续的。这里，也是假定 $\phi(\theta)$ 是有界的、且在有限个不连续点处是分段连续的函数。更具体的来说，可假设初始条件 $\phi(\theta)$ 是在 $\phi(\theta) = 0$ 的可能的不连续点处是分段的常值函数。这种分段常值型初始函数在确定线性时滞系统的基础解的时候也被使用了，进而对初始条件进行这种要求是具有一般性。

　　神经网络理论的目标之一就是研究式 (2.15) 的固定点动态的定性行为。根据定义，对于一个给定的常值输入向量 $U$，式 (2.15) 的一个固定点或者平衡点 $u_e \in \mathbf{R}^n$ 具有如下特性：

$$0 = -\Gamma u_e + W g(u_e) + U \tag{2.16}$$

因为激励函数 $g(u)$ 是有界和连续的，则根据 Brouwer 固定点原理易知，对于每一个常值输入向量 $U$，上述方程至少具有一个解或平衡点 $u_e$。该平衡点在空间 $\mathbf{R}^n$ 中的位置是由神经网络的连接矩阵 $W$、非线性函数 $g(u)$ 的特性、自反馈矩阵 $\Gamma$ 以及外部输入 $U$ 来确定。如果 $u_e$ 是全局渐近稳定的，则该平衡点是全局唯一的，并吸引所有其他状态的轨迹；此时，对于每一个给定的输入向量 $U$，不论初始条件如何，神经网络都收敛到唯一的平衡点。这样，平衡点的全局渐近稳定性就在输入空间和稳态空间之间建立了一个一一映射关系，由此为神经网络在求解诸如优化问题和模式分类问题中的应用[26] 提供了一种良好的期望特性。

　　众所周知，在生物神经网络和人工神经网络中，由于信息的处理和传输的原因，时滞现象的出现是不可避免的。例如，在模拟神经网络的电子电路实现中，由于运算放大器的有限切换速度及信息传输的过程中的信号转换和处理，都会产生时滞[38]。此外，在某些应用中人为地引入时滞可能会使相应的问题易于解决，如采用时滞细胞神经网络用来求解移动图像的处理问题[139, 140] 和与运动相关的其他问题等[113,141-144]。这样，在神经网络模型中考虑时滞的存在是重要的，也是实际需要的。由于在神经网络中引入了时滞，使得神经网络的动态特性变得更加复杂。这样，式 (2.14) 及其时滞形式在联想记忆、地址存储记忆、模式识别以及求解优化问题等方面具有潜在的优势，由此得到了世界各国学者的广泛关注和深入研究。在这些应用中，神经网络的定性稳定特性是最基础的问题，是这些应用的基础前提，稳定性问题得不到解决，就难以保证其成功应用，这就是神经网络稳定性得到研究的原因。

　　近十几年来，Cohen–Grossberg 神经网络的全局渐近/指数稳定充分条件被大量地提出，如文献 [18]、[35]、[80]、[85]、[90]、[92]、[93]、[104]、[110]、[114]、[115]、[145]~[151]。当时滞信息结合到式 (2.14) 中时，自然希望在小时滞的情况下神经网络的全局渐近稳定性仍能够保持不变，这在 1983~2002 年是一个具有挑战的课题，吸引了大量学者的研究。事实上，在对网络施加一定的对称性要求的情况下，这种保持性在文献 [18] 中得到证明。更精确地说，文献 [18] 在式 (2.14) 中引入了定常离散时滞，其模型可表示为

$$\dot{u}_i(t) = -d_i(u_i(t)) \left[ a_i(u_i(t)) - \sum_{k=0}^{N} \sum_{j=1}^{n} w_{ij}^k g_j(u_j(t - \tau_k)) \right] \tag{2.17}$$

式中，$\tau_k \geqslant 0$ 是有界的定常时滞；$w_{ij}^k$ 是连接权矩阵系数；$0 = \tau_0 < \tau_1 < \tau_2 < \cdots < \tau_N$；$d_i(u_i(t)) \in C(\mathbf{R}, [0, \infty))$ 满足 $0 < \underline{d}_i \leqslant d_i(u_i(t)) \leqslant \overline{d}_i$；其他符号的定义同式 (2.14)；$k = 0, \cdots, N$；$i, j = 1, \cdots, n$。在假定矩阵 $W^e = \left( \sum\limits_{k=1}^{N} w_{ij}^k \right)$ 是对称的、激励函数 $g_j(\cdot)$ 是 Sigmoid 型函数及其他条件，如果下面的条件成立：

$$\sum_{k=1}^{N} (\tau_k \beta \| W_k \|) < 1 \tag{2.18}$$

式 (2.17) 是全局稳定的，其中，$\beta = \max \| D(u(t)) g'(u(t)) \| \leqslant \overline{d} \, \overline{\delta},$；$\overline{d} = \max\{\overline{d}_i\}$；$\overline{\delta} = \max\{\delta_i\}$；$\| A \| = [\lambda_{\max}(A^{\mathrm{T}} A)]^{1/2}$。

需注意，式 (2.14) 和式 (2.15) 是针对信号的瞬时传输情况来描述的，而式 (2.17) 是针对信号的纯时滞传输情况来描述的。在生物神经网络和人工神经网络中，信号传输模式是多种多样的，这样，瞬时传输和滞后传输情况可能同时存在，这样，在以后研究的神经网络模型中 (大概从 20 世纪 80 年代末开始)，瞬时状态和滞后状态共存，由此并形成了多种多样的复杂神经网络模型 (由此模型的演化而称神经网络是一类复杂网络也未为不可)，具体可参考文献 [50]、[54]、[66]、[67]、[83]、[123]、[125]~[127]、[152]。

对于如下 Hopfield 神经网络情况：

$$\dot{u}(t) = -Cu(t) + W_0 g(u(t)) + W_1 g(u(t - \tau)) \tag{2.19}$$

从式 (2.18) 可知：$\tau \overline{\beta} \| W_1 \| < 1$ 可保证式 (2.19) 的全局稳定性。同时，文献 [18] 中证明：如果式 (2.18) 成立，则式 (2.17) 平衡点的渐近稳定性可从式 (2.14) 所对应的相同平衡点的渐近稳定性演绎出来。换句话说，如果式 (2.18) 成立，则式 (2.14) 和式 (2.17) 都是全局稳定的，这两个网络在同一个渐近稳定平衡点上具有相似的局部稳定性。这一关系可使式 (2.17) 平衡点的渐近稳定性通过确认式 (2.14) 对应平衡点的渐近稳定性。文献 [18] 的另一个贡献是式 (2.17) 的 (渐近) 稳定平衡点的位置不依赖于时滞 $\tau_k$，这样，如果式 (2.18) 成立，式 (2.17) 和式 (2.14) 具有相同的 (渐近) 稳定平衡点。根据平衡点方程可知，无论有无时滞，式 (2.17) 和式 (2.14) 都具有相同的平衡点方程，进而具有相同的平衡点及平衡点位置。二者唯一的差别就是在于平衡点吸引域的不同。一般来说，对于具有相同平衡点的式 (2.17) 和式 (2.14)，有时滞的网络的平衡点的吸引域要小，而无时滞网络的平衡点的吸引域要大，进而时滞的引入会破坏平衡点的吸引域，由此引起平衡点的变化。这也是研究时滞神经网络动态特性的复杂性之一。

需补充说明的是，式 (2.19) 中的第一项 $-Cu(t)$ 对应着起镇定作用的负反馈项，该项通常是瞬时动作的。该反馈项在不同的文献中也被称为泄漏项[153, 154]，进一步地，如果该项的动作不是瞬时的，如 $-Cu(t-\tau)$ 形式的滞后项，在文献 [155]~[158] 中则称此时的时滞反馈项为泄漏时滞，相应地，如下网络模型被称为具有泄漏时滞项的神经网络：

$$\dot{u}(t) = -Cu(t-\tau) + W_1 g(u(t-\tau)) \tag{2.20}$$

要求神经网络的连接权矩阵满足对称性的要求是基于数学方法进行稳定性证明时的需要，这对于实际的生物神经网络或者人工神经网络来说，对称性约束是有些苛刻，因为实际中的神经网络必须有抵抗不对称连接而引起变化的性能鲁棒性或者结构鲁棒性。为此，如何在理论上放松对称性的约束一时成为研究的热点[85, 151] (这里事先说明一个有趣的事情或发现：在网络结构追求对称性的同时，稳定性结果的表达形式往往是不对称的；而在要求网络本身是不对称的时候，在稳定结果的表达形式上潜意识里却在追求着对称性结构；这两种思维的逆反，从整个历史沿袭过程来看，也形成了一种对称结构。可见，对称性的客观条件是相对的，而对称性的思维理念却是绝对的；对称性就是一种平行，对称性就是一种认识态度。在处理神经网络连接权矩阵是否对称性这一问题上，正是体现人们认知的一种平行态度)。随着研究的深入，尽管连接权矩阵的对称性条件被取消了，但相应的附加约束条件又补充了上来，即激励函数被要求是有界的、满足全局 Lipschitz 条件的函数。但在诸如求解优化问题的应用中，激励函数可能是无界的或者是不可微的[26, 159]，而基于有界激励函数的稳定结果是不能直接应用到无界激励函数的神经网络中的。例如，在有界激励函数情况下，神经网络的平衡点总是存在的[25, 46]，而在无界激励函数的情况下，神经网络的平衡点可能是不存在的[26]。如何在不对称连接权矩阵和无界激励函数的条件下建立神经网络的稳定性判据成为 20 世纪末国际上神经网络稳定性理论界的主要研究问题之一。这一问题也直接扩展到时滞神经网络的稳定性研究中，掀起了一股神经网络研究热潮。

在神经网络模型中引入固定的常时滞在简单小型的电路中能够取得很好的逼近实际网络的效果，但随着电路规模的扩大，此时的神经网络结构也变得复杂，此时网络信号之间的传输就会产生时空效应，即由于大量的并行通道及不同数量和大小各异的神经轴突的存在引起的空间效应，信号的传输不再是瞬时的或简单的滞后延时，使得用定常时滞网络模型来模拟此时的实际网络系统是不适宜的，此时宜考虑时滞的分布传输效应或分布时滞。文献 [160] 提出了一种含有分布时滞的神经电路用来求解一般的识别模式信号的问题，进而含有分布时滞的神经网络的稳定性研究得到了重视[85,136,160-163]。目前，主要有两种类型的连续分布时滞在神经网络模型中使用：有限分布时滞和无限分布时滞。具有如下形式的有限分布时滞神经网络在相关文献中得到研究，即

$$\dot{u}_i(t) = -a_i(u_i(t)) + \sum_{j=1}^{n} w_{ij} \int_{t-\tau(t)}^{t} g_j(u_j(s)) \mathrm{d}s \tag{2.21}$$

式中, $\tau(t)$ 是一个时变时滞; $i = 1, \cdots, n$。基于 LMI 方法及其他方法, 式 (2.21) 及其适当的变形网络也得到了相应的研究[64,164-168]。类似地, 下面的无穷分布时滞神经网络:

$$\dot{u}_i(t) = -a_i(u_i(t)) + \sum_{j=1}^{n} w_{ij} \int_{-\infty}^{t} K_{ij}(t-s) g_j(u_j(s)) \mathrm{d}s \tag{2.22}$$

或

$$\dot{u}_i(t) = -a_i(u_i(t)) + \sum_{j=1}^{n} w_{ij} g_j \int_{-\infty}^{t} K_{ij}(t-s) u_j(s) \mathrm{d}s \tag{2.23}$$

也得到了相应研究, 其中, 分布时滞核函数 $K_{ij}(\cdot) : [0, \infty) \to [0, \infty)$ 是一个实值非负连续函数, 核函数常用的条件

$$\int_0^{\infty} K_{ij}(s) \mathrm{d}s = 1, \quad \int_0^{\infty} s K_{ij}(s) \mathrm{d}s < \infty \tag{2.24}$$

其他符号的含义同式 (2.14), $i, j = 1, \cdots, n$。如果时滞核函数 $K_{ij}(s)$ 采取 $K_{ij}(s) = \delta(t - \tau_{ij})$ 形式, $\delta(\cdot)$ 表示的是脉冲函数, 则式 (2.22) 和式 (2.23) 可约简成如下离散时滞神经网络模型:

$$\dot{u}_i(t) = -a_i(u_i(t)) + \sum_{j=1}^{n} w_{ij} g_j u_j(t - \tau_{ij}) \tag{2.25}$$

如果核函数 $K_{ij}(s)$ 采取如此形式: 如果 $t \in [0, \tau_{ij}]$, $K_{ij}(s) = L_{ij}(t)$, 否则 $K_{ij}(s) = 0$, 则时滞区间是有限的, 这样式 (2.22) 和式 (2.23) 可约简到如下有限分布时滞的神经网络形式:

$$\dot{u}_i(t) = -a_i(u_i(t)) + \sum_{j=1}^{n} w_{ij} \int_{t-\tau_{ij}}^{t} L_{ij}(l-s) g_j(u_j(s)) \mathrm{d}s \tag{2.26}$$

和

$$\dot{u}_i(t) = -a_i(u_i(t)) + \sum_{j=1}^{n} w_{ij} g_j \int_{t-\tau_{ij}}^{t} L_{ij}(t-s) u_j(s) \mathrm{d}s \tag{2.27}$$

式中, $L_{ij}(t) \geqslant 0$; $\int_0^{\tau_{ij}} L_{ij}(t) \mathrm{d}t = 1$。如果将时滞核函数进一步取为一种特殊的形式 $L_{ij}(t) = 1/\tau_{ij}$, 则式 (2.26) 和式 (2.27) 可约简成如下形式:

$$\dot{u}_i(t) = -a_i(u_i(t)) + \sum_{j=1}^{n} w_{ij}/\tau_{ij} \int_{t-\tau_{ij}}^{t} g_j(u_j(s)) \mathrm{d}s \tag{2.28}$$

和

$$\dot{u}_i(t) = -a_i(u_i(t)) + \sum_{j=1}^{n} w_{ij} g_j \int_{t-\tau_{ij}}^{t} u_j(s)/\tau_{ij} \mathrm{d}s \qquad (2.29)$$

由上述可见, 通过选取不同的核函数, 式 (2.22) 和式 (2.23) 可包含离散时滞和有限分布时滞的神经网络模型。文献 [54]、[125]~[127]、[136]、[161]、[162]、[169]~[180] 研究了式 (2.22) 及其相应的变化模型; 文献 [41]、[46]、[85]、[111]、[181]~[185] 研究了式 (2.23) 及其相应的变化模型, 但在上述的相关文献中 (除了作者所在的研究团队的成果) 却没有基于 LMI 的神经网络稳定结果。

不同于上述神经网络模型, 文献 [186]~[196] 提出了一种具有一般分布时滞的神经网络模型, 其具有如下形式:

$$\begin{aligned} \dot{x}_i(t) = {} & -a_i x_i(t) + \sum_{j=1}^{n} \int_0^\infty g_j x_j(t-s) \mathrm{d}J_{ij}(s) \\ & + \sum_{j=1}^{n} \int_0^\infty g_j x_j(t-\tau_{ij}(t)-s) \mathrm{d}K_{ij}(s) + U_i \end{aligned} \qquad (2.30)$$

式中, $x = (x_1, \cdots, x_n)^{\mathrm{T}}$; $A = \mathrm{diag}(a_1, \cdots, a_n)$ $(a_i > 0)$; $W = (w_{ij})_{n \times n}$ 是一个常数矩阵; $g(x(t)) = (g_1(x_1(t)), \cdots, g_n(x_n(t)))^{\mathrm{T}}$; $f_i(x_i(t))$ 为激励函数; $\tau_{ij}(t)$ 为时变时滞, $\tau_{ij}(t) \leqslant \tau_M$ 且 $\dot{\tau}_{ij}(t) \leqslant \mu_{ij}$ $(\mu_{ij} > 0)$ 为正常数, $\mathrm{d}K_{ij}(s)$ 为 Lebesgue-Stieltjes 测度 $(i, j = 1, \cdots, n)$。

称式 (2.30) 为一般的网络模型, 因其可包含一大类不同时滞类型的神经网络。在现有的文献中所有的不同时滞类型。例如, 单点定常时滞 $\tau$、多时滞 $\tau_j$、不同多时滞 $\tau_{ij}$、有限分布时滞及其对应的时变情况、有限分布时滞 $\int_{t-\tau}^{t} g_j(x_j(s)) \mathrm{d}s$, $\int_{t-\tau_j}^{t} g_j(x_j(s)) \mathrm{d}s$, $\int_{t-\tau_{ij}}^{t} g_j(x_j(s)) \mathrm{d}s$ 及其对应的时变情况、无限分布时滞 $\int_{-\infty}^{t} k_{ij}(t-s) g_j(x_j(s)) \mathrm{d}s$, 其中, $g_j(\cdot)$ 为神经元的激励函数, $k_{ij}(s)$ 为某类核函数。上述这些时滞网络模型均可统一写成式 (2.30) 的形式, 进而回答了文献 [189] 和 [192] 中提出的问题: 能否找到一种有效的方法来统一研究当前种类繁多的神经网络模型并建立统一的稳定判据? 答案是肯定的, 并在文献 [189] 和 [192] 中给出了一种类 $M$ 矩阵的稳定判据框架, 即

$$-\xi_i a_i + \sum_{j=1}^{n} \xi_j \delta_j \left[ \int_0^\infty \left( |\mathrm{d}J_{ij}(s)| + |\mathrm{d}K_{ij}(s)| \right) \right] < 0 \qquad (2.31)$$

式中, $\xi_i > 0$ 是待确定的未知参数。显然, 当 Lebesgue-Stietjes 测度 $\mathrm{d}J_{ij}(s)$ 和 $\mathrm{d}K_{ij}(s)$ 选取不同形式时, 式 (2.31) 可表示成 $M$ 矩阵形式。这也就是称式 (2.31) 为类 $M$ 矩阵的原因。

与式 (2.22) 和式 (2.23) 一样，对式 (2.31) 也没有相应的基于 LMI 的稳定结果见诸发表 (除了作者所在的研究团队的成果)。

在激励函数是有界的 Lipschitz 连续函数的情况下，文献 [46] 采用代数不等式方法给出了保证式 (2.23) 的平衡点的存在性、全局渐近/指数稳定性的几个充分条件。文献 [46] 基于代数不等式方法讨论了具有无限分布时滞的Cohen-Grossberg/Hopfield神经网络的动态特性，包括如何证明平衡点的存在性、如何构建不同类型的 Lyapunov 函数来处理无穷分布时滞项、如何采用特征方程方法来求取具有无穷分布时滞的 Hopfield 神经网络的稳定判据等，是一篇值得学习和参考的文章。

在不要求激励函数的有界性、可微性、单调性及连接权矩阵的对称性的条件下，文献 [85] 基于 $M$ 矩阵方法建立了几个保证式 (2.17) 和式 (2.23) 的平衡点的存在性、唯一性及全局渐近稳定性的充分判据。

尽管式 (2.22) 及其相应变形网络的全局稳定性判据以不同表示形式给出，如 $M$ 矩阵形式和代数不等式形式，但这些结果的共同特点是对连接权系数进行绝对值计算。这样，连接权系数中的抑制作用 (即负号作用) 就被忽略了，没能够充分利用神经元的抑制环节的镇定作用，增加了稳定判据的保守性。实质上，稳定性是几种相互作用的均衡和折中，是相对于某一主导作用的稳定性。对神经网络的稳定性而言，更确切地说，是激励作用和抑制作用的两种运动所建立的一种相对平衡的性态或形态。既然如此，则采用一种能够兼容激励作用和抑制作用的稳定性分析方法至关重要，由此能够克服早期的稳定性分析方法的顾此失彼的不足。矩阵不等式方法 (如加性对角稳定、Lyapunov 对角稳定、LMI 等)，特别是线性矩阵不等式方法，得到了学者的关注和大量研究，由此建立了大量的各种各样的基于 LMI 的稳定性判据[35, 93, 103, 104, 144, 164]。

在某些神经网络的电子电路实现中，当考虑电子在非均匀的电磁场中的运动时将会产生扩散或漫射现象，导致网络状态变量在时间和空间上都发生变化。此外，对生态种群的动态进行建模和分析是种群增长问题主要考虑的问题之一，著名的、得到广泛研究的一类种群动态模型就是 Lotka-Volterra 竞争系统模型，在该模型中包含了各种竞争物种之间的相互作用[197](此时的状态变量都是非负的，即灭亡 (0) 或者生存 (非 0))。在考虑一个有界的生活环境中的种群的分散行为或扩散现象的影响的情况下，种群密度的支配或主导方程可由具有反应扩散项的 Lotka-Volterra 竞争系统模型来描述，因此，在生物系统中通常都考虑由物种的迁移等因素引起的反应扩散作用的影响[198-203]。另一方面，具有反应扩散项的二阶细胞神经网络已经被确定能够通过适当的参数设置来产生大量的时空行为，这一行为能够鲁棒地产生与活跃的波传播及模式成形相关的丰富的现象。这些波传播成形现象已经被属于不同学科的系统展现出来。例如，在神经生理学中，通过神经系统实现的电脉冲传播或者通过心肌引起心脏运动的传播等[204]。由于 Cohen-Grossberg

神经网络 (式 (2.14)) 是一类竞争合作网络, 其既可描述生态系统也可描述一般的网络系统, 进而在 Cohen-Grossberg 神经网络模型中考虑反应扩散的影响就是顺理成章的事, 由此带来了研究具有反应扩散项的神经网络稳定性的新机遇。文献 [89]、[117]、[122]、[128]、[134]、[171]、[175]、[182]、[205]~[209] 研究了具有反应扩散项的神经网络的稳定性问题, 其中的神经网络模型通常是由偏微分方程来描述的, 进而在神经网络模型上也丰富了神经网络理论的内容。

　　针对具有反应扩散项的 Hopfield 型神经网络, 文献 [128] 建立了一个基于代数不等式的全局指数稳定判据和一个基于类 LMI 的全局指数稳定判据, 但是基于类 LMI 的稳定判据因含有一些未知的参数使得该判据不易验证。针对同时具有反应扩散项和中立型时滞的 Hopfield 型神经网络, 文献 [206] 提出了一种基于 LMI 的全局指数稳定判据。如果有界紧集的边界域是事先已知的, 则文献 [206] 中的结果易于验证, 否则就很难进行校验。针对同时具有反应扩散项和随机摄动项的 Hopfield 型神经网络, 基于 $M$ 矩阵方法, 文献 [207] 分别建立了几乎一致 (almost sure) 指数稳定性和动量 (moment) 指数稳定性的充分条件。

　　针对具有反应扩散项的 Cohen-Grossberg 神经网络, 在激励函数是有界的连续函数、放大函数分别具有正的上界和正的下界的情况下, 文献 [117] 建立了一个保证唯一平衡点是全局指数稳定性的代数不等式形式的稳定充分判据。需说明的是, 文献 [117] 中的证明方法与文献 [87]、[122] 的证明方法是相似的。

## 2.4　Cohen-Grossberg 型神经网络稳定结果之间的比较

　　针对 Cohen-Grossberg 神经网络 (式 (2.17)), 需要如下的假设条件。

　　**假设 2.1**　$d_i(\zeta) \in C(\mathbf{R}, [0, \infty))$, 且存在常数 $\underline{d}_i$、$\overline{d}_i$, 使得对于 $\zeta \in \mathbf{R}$, $0 < \underline{d}_i \leqslant d_i(\zeta) \leqslant \overline{d}_i$。

　　**假设 2.2**　行为函数 (behaved function)$a_i(u_i(t)) \in C(\mathbf{R}, \mathbf{R})$, 且存在 $\gamma_i > 0$ 使得 $\dfrac{a_i(\zeta) - a_i(\xi)}{\zeta - \xi} \geqslant \gamma_i$, 其中, $\zeta, \xi \in \mathbf{R}$, $\zeta \neq \xi$。

　　**假设 2.3**　激励函数 $g_i(u_i(t)) \in C(\mathbf{R}, \mathbf{R})$ 满足全局 Lipschitz 条件, 即 $|g_i(\zeta) - g_i(\xi)| \leqslant \delta_i |\zeta - \xi|$, 其中, $\zeta, \xi \in \mathbf{R}$, $\delta_i$ 为 Lipschitz 常数。

　　**假设 2.4**　激励函数 $g_i(u_i(t)) \in C(\mathbf{R}, \mathbf{R})$ 满足全局 Lipschitz 条件, 即 $0 \leqslant (g_i(\zeta) - g_i(\xi))/(\zeta - \xi) \leqslant \delta_i$, 其中, $\zeta \neq \xi, \zeta, \xi \in \mathbf{R}$, $\delta_i$ 为 Lipschitz 常数。

　　**假设 2.5**　放大函数 $d_i(\zeta)$ 是连续的, 并满足 $d_i(0) = 0$ 及在 $\zeta > 0$ 时 $d_i(\zeta) > 0$; 同时满足条件 $\displaystyle\int_0^{\epsilon} \dfrac{\mathrm{d}s}{d_i(s)} = +\infty$, 其中, $i = 1, \cdots, n, \epsilon > 0$ 为常数。

　　需说明的是, 在文献 [18] 中, 行为函数要求是连续的, $\displaystyle\lim_{\zeta_i \to +\infty} a_i(\zeta_i) = +\infty$,

$\lim\limits_{\zeta_i \to -\infty} a_i(\zeta_i) = -\infty$。激励函数是 Sigmoid 函数且满足 $g'(u_j) = \mathrm{d}g_j(u_j)/\mathrm{d}u_j > 0$，$\lim\limits_{\zeta_i \to +\infty} g_i(\zeta_i) = 1$，$\lim\limits_{\zeta_i \to -\infty} g_i(\zeta_i) = -1$，$\lim\limits_{|\zeta_i| \to \infty} g_i'(\zeta_i) = 0$。显然，文献 [18] 中的激励函数是连续、可微、单调和有界的。此外，文献 [18] 中考虑的行为函数能够保证有/无时滞的式 (2.17) 的有界性，这一点可通过压缩映射原理来证明。由此可见，上面的假设 2.2 和假设 2.3 都包括了文献 [18] 中的相应假设，并将可微的激励函数放宽至连续的函数 (即激励函数的左导数、右导数都存在)，取消了可微性的约束，进而假设 2.2 和假设 2.3 都包含了单调增的分段线性函数，扩大了文献 [18] 中的激励函数的适用范围。

令 $\underline{D} = \mathrm{diag}(\underline{d}_1, \cdots, \underline{d}_n)$，$\overline{D} = \mathrm{diag}(\overline{d}_1, \cdots, \overline{d}_n)$，$\Delta = \mathrm{diag}(\delta_1, \cdots, \delta_n)$ 和 $\Gamma = \mathrm{diag}(\gamma_1, \cdots, \gamma_n)$，$\overline{d} = \max\{\overline{d}_i\}$，$\underline{d} = \min\{\underline{d}_i\}$，$\delta_M = \max\{\delta_i\}$，$\gamma_m = \min\{\gamma_i\}$。

### 2.4.1  非负平衡点的情况

本小节将回顾一下具有非负平衡点的 Cohen-Grossberg 神经网络 (式 (2.14)) 的稳定性结果，并对相应结果进行说明。

在 Cohen 和 Grossberg 的开创性论文文献 [12] 中，所考虑的竞争型神经网络具有如下形式：

$$\dot{u}_i(t) = d_i(u_i(t))\Big[a_i(u_i(t)) - \sum_{j=1}^{n} w_{ij}g_j(u_j(t))\Big] \tag{2.32}$$

该模型是作为一类竞争合作系统为实现决策规则、模式成形及并行记忆存储而提出来的[210]。此处，系统中神经元的每个状态可以是第 $i$ 个物种的种群大小、种群活动或种群密度，而这些状态始终是正的。基于这样的背景，Cohen 和 Grossberg 是在假设式 (2.32) 满足如下的假设条件下[12] 展开的稳定性研究。

(1) 对称性：连接矩阵 $W = (w_{ij})$ 是具有非负元素的对称矩阵。

(2) 连续性：对于 $\xi \geqslant 0$，函数 $d_i(\xi)$ 是连续的；同时对于 $\xi > 0$，函数 $a_i(\xi)$ 也是连续的。

(3) 正性：对于 $\xi > 0$，函数 $d_i(\xi) > 0$；对于 $\xi \in (-\infty, \infty)$，函数 $g_i(\xi) \geqslant 0$。

(4) 光滑性和单调性：对于 $\xi \geqslant 0$，函数 $g_i(\xi)$ 是可微的、单调非减的。

(5) 状态轨迹的有界性由如下条件来保证：

$$\limsup_{\zeta \to +\infty} [a_i(\zeta) - w_{ii}g_i(\zeta)] < 0 \tag{2.33}$$

(6) 对任意的正的初始状态条件，状态轨迹的正性由如下的条件来保证：

$$\lim_{\zeta \to 0^+} a_i(\zeta) = +\infty \tag{2.34}$$

或

$$\lim_{\zeta \to 0^+} a_i(\zeta) < +\infty, \quad \int_0^\epsilon \frac{\mathrm{d}s}{d_i(s)} = +\infty, \quad \epsilon > 0 \tag{2.35}$$

在满足上述假设 (1)~(4)、式 (2.33)、式 (2.34) 或式 (2.35) 的情况下，Cohen-Grossberg 神经网络 (式 (2.32)) 的所有状态轨迹都是 (局部) 收敛的。

文献 [12] 中的式 (2.32)，激励函数 $g_i(u_i(t))$ 和行为函数 (behaved function) $a_i(u_i(t))$ 之间的关系被约束在式 (2.33) 中，这是关于神经网络系统间的相互作用的一种普遍的约束。显然，随着 $u_i(t) \to \infty$，式 (2.32) 中的激励函数 $g_i(u_i(t))$ 可以是有界的，也可以是无界的，这就直接影响着行为函数的特性。然而，对于行为函数 $a_i(u_i(t))$ 而言，从式 (2.33)、式 (2.34) 或式 (2.35) 来看，可以得出结论：式 (2.32) 中的行为函数 $a_i(u_i(t))$ 如果是单调的减函数，则有界性条件和正性条件将自然成立。

需注意的是，当前研究的 Cohen-Grossberg 神经网络模型 (式 (2.14)) 与最早提出的竞争网络模型 (式 (2.32)) 是相差一个负号的。这样，为了保证 Cohen-Grossberg 神经网络模型的稳定性，参照原始的竞争网络的假设条件，可平行地得出相应的约束条件。这样，上述的假设 (2)~(4) 保持不变，而有界性条件和正性条件则相应的要改变。

(1)′ 对称性：连接矩阵 $W = (w_{ij})$ 是由非负元素组成的一个对称矩阵。

(5)′ Cohen-Grossberg 神经网络 (式 (2.14)) 的状态轨迹的有界性是由如下条件保证的：

$$\lim_{\zeta \to +\infty} \sup \left[ -a_i(\zeta) + w_{ii}g_i(\zeta) \right] < 0 \tag{2.36}$$

(6)′ 对任意的正的初始状态条件，Cohen-Grossberg 神经网络 (式 (2.14)) 的状态轨迹的正性由如下的条件来保证：

$$\lim_{\zeta \to 0^+} -a_i(\zeta) = +\infty \tag{2.37}$$

或

$$\lim_{\zeta \to 0^+} -a_i(\zeta) < +\infty, \quad \int_0^\epsilon \frac{\mathrm{d}s}{d_i(s)} = +\infty, \quad \epsilon > 0 \tag{2.38}$$

在上述假设 (1)′、假设 (2)~(4)、式 (2.36)、式 (2.37) 或式 (2.38)，Cohen-Grossberg 神经网络的所有状态轨迹都是 (局部) 收敛的。相似于上面的讨论可知：在式 (2.14) 中，如果行为函数 $a_i(u_i(t))$ 是单调增的函数，则有界性条件和正性条件自然成立。这就是在现有的研究中都假设式 (2.14) 中的行为函数 $a_i(u_i(t))$ 是增函数的原因，参见假设 2.2。

此外，另一个有趣的问题可以讨论一下，即为什么 Cohen-Grossberg 型神经网络模型 (式 (2.14)) 在现有的文献中比原始的 Cohen-Grossberg 神经网络模型 (式 (2.32)) 获得了更为广泛和深入的研究？实际上，这两种模型是相互映照的。式 (2.32) 主要是针对生物系统中竞争与合作的关系而提出的，其中的神经元状态表示的是物种的种群大小或密度，进而这些状态都是非负的量。而随着 Hopfield 神经网络在解决优化问题、模式识别问题等工程领域中的成功应用[2, 7, 17, 160]，Hopfield 神经网络便在工程界得到了广泛关注和热点研究。标准的 Hopfield 神经网络具有如下结构：

$$\dot{u}_i(t) = -\gamma_i u_i(t) + \sum_{j=1}^{n} w_{ij} g_j(u_j(s)) + U_i \tag{2.39}$$

与原始的 Cohen-Grossberg 神经网络相比，即

$$\dot{u}_i(t) = d_i(u_i(t))\Big[a_i(u_i(t)) - \sum_{j=1}^{n} w_{ij} g_j(u_j(t))\Big] \tag{2.40}$$

则 Hopfield 神经网络 (式 (2.39)) 可转化成与原始的 Cohen-Grossberg 神经网络 (式 (2.32)) 具有相似的网络结构，即

$$\dot{u}_i(t) = -\Big(\gamma_i u_i(t) - \sum_{j=1}^{n} w_{ij} g_j(u_j(s)) - U_i\Big) \tag{2.41}$$

如果按照式 (2.32) 中在式 (2.41) 中考虑放大函数的影响，则能得到如下 Cohen-Grossberg 型神经网络模型 (式 (2.14))，即

$$\dot{u}_i(t) = -d_i(u_i(t))\Big[a_i(u_i(t)) - \sum_{j=1}^{n} w_{ij} g_j(u_j(t))\Big] \tag{2.42}$$

这里的 $d_i(u_i(t))$ 仅是一种表述符号，为与式 (2.40) 相对照而采用了相同的 $d_i(u_i(t))$，此处的 $d_i(u_i(t))$ 完全可以与式 (2.40) 中的不同。显然，就数学模型描述方面而言，式 (2.42) 和式 (2.40) 是相似的，具有相同的结构 (这也体现了对生物神经网络总体性描述的一般性)。然而，在物理本质上来看，式 (2.42) 和式 (2.40) 反映了不同的产生背景和工程意义。

式 (2.40) 起源于生物系统，模型中的相关元素如 $w_{ij}$，以及状态变量都是非负的，其中的放大函数 $d_i(u_i(t))$ 也是非负的，即对于 $u_i(t) > 0$，有 $d_i(u_i(t)) > 0$；对于 $u_i(t) = 0$，有 $d_i(u_i(t)) = 0$，这反映了激励和抑制的作用对物种种群的影响。

式 (2.42) 起源于 Hopfield 神经网络, 来源于解决实际问题的工业系统和工程领域, 该类网络具有存储能力、计算能力, 进而在工业应用中具有显著的优势。式 (2.42) 中的元素 $w_{ij}$ 及相应的状态变量既可以是全负的、全正的或 0, 也可以是有正有负有 0 的混合态; 且放大函数 $d_i(u_i(t))$ 必须是严格正的, 即对于任意的 $u_i(t) \in \mathbf{R}$ 都有 $d_i(u_i(t)) > 0$, 这表明该函数对有待解决的工程问题中的状态幅值的放大能力 (此时的放大函数可以看做一种缩放系数或伸缩尺度, 该值一定不能为 0)。

下面基于数学的观点, 可以比较一下式 (2.42) 和式 (2.40) 之间的关系。

(1) 式 (2.40) 和式 (2.42) 在描述一般的生态系统时是相互补充的, 网络中的状态可以是非负的或者非正的。例如, 在式 (2.40) 中的行为函数如果是减函数, 则在式 (2.42) 中的行为函数就是增函数; 在式 (2.40) 中的连接权系数如果是正的, 则在式 (2.42) 中的连接权系数就是负的。

(2) 式 (2.40) 和式 (2.42) 具有很多共同的特征, 例如, 激励函数是非减的函数; 放大函数是正的函数; 连接权矩阵满足对称性要求等。

(3) 式 (2.40) 广泛应用于诸如生态系统领域, 而式 (2.42) 则主要应用于工业和工程领域。

这就是称式 (2.42) 为 Cohen-Grossberg 型神经网络的原因, 以及式 (2.42) 广泛应用于工程领域的原因。

既然式 (2.42) 也满足一类 Cohen-Grossberg 神经网络结构, 则如果将式 (2.40) 中的一些假设条件 (直接或者经过适当的变化) 施加到式 (2.42) 上面, 则其也代表了一类生态系统模型。这样, 考虑具有正轨迹的式 (2.42) 的动态特性也是具有意义的, 这也就是在神经网络界为什么研究具有非负放大函数和正的初始条件时的时滞 Cohen-Grossberg 神经网络 (式 (2.42)) 的动态特性的原因, 且在求解此类网络的稳定性证明中, 连接权矩阵的对称性约束已经被取消了。

文献 [12] 的重要贡献之一就是发现了对称性对复杂神经网络系统的动态特性的影响的实质。对称性是自然成立的, 且自然的本质就是对称与和谐。对称性结构是如此的优美, 以至于吸引了大量的学者投身于关于人类本身及自然科学的研究中, 探索出内在的规律, 以便更好地指导生产实践。在此方面, Cohen 和 Grossberg 两位学者就给我们树立了很好的榜样。文献 [12] 中的主要贡献不仅对自然科学而且对人文科学甚至哲学都具有重要意义。

针对 Cohen-Grossberg 神经网络模型 (式 (2.32)), 文献 [102] 采用 LaSalle 不变原理方法提出了全局稳定的充分条件, 如果非时滞矩阵 $W$ 可分解成一个对称矩阵和一个正定对角矩阵的乘积, 即

$$W = DS \tag{2.43}$$

则当 $t \to \infty$ 时, 每一个有界轨迹都将趋近于可能存在有大量平衡点中的一个平衡

点。一般来说, $DS \neq SD$, 这样, 文献 [102] 中的稳定条件放松了文献 [12] 中的稳定条件。

下面竞争物种的经典的 Lotka-Volterra 模型:

$$\dot{u}_i(t) = G_i u_i \Big( 1 - \sum_{k=1}^{n} H_{ik} u_k(t) \Big) \tag{2.44}$$

在文献 [211] 中得到研究, 该类模型也是 Cohen-Grossberg 神经网络模型的一种特殊情况。其中, 状态 $u_i(t)$ 表示第 $i$ 个物种的种群规模, $H_{ik} \leqslant 0$(对于 $i \neq k$) 表示的是不同物种之间的负的相互作用参数, $G_i > 0$ 为常数。式 (2.44) 不仅在种群动态建模方面具有重要性, 而且在化学动力学、生态学、等离子物理学以及神经网络建模等方面也具有重要作用。

文献 [211] 中的定理 1 要求: 如果矩阵 $H = H_{ik}$ 是对称的且 $H_{ii} > 0$, 则起始于 $u(0) \in O^+ = \{u \in \mathbf{R}^n : u_i(t) \geqslant 0, i = 1, \cdots, n\}$ 中的每一条轨迹 $u(t)$ 都是有界的, 且 $\lim\limits_{t \to +\infty} u(t) = u_e \in O^+$, 其中, $u_e$ 是式 (2.44) 的一个平衡点。

文献 [211] 中的定理 1 意味着: 对任意选择的参数 $G_i > 0$、任意选择的神经元对称连接矩阵 $H$, 对起始于 $O^+$ 内的式 (2.44) 的任意轨迹都向某个单点 (singleton) 收敛; 对于式 (2.44) 拥有无限多非孤立平衡点的情况也适用 (如多个极限环、多个周期解等)。根据文献 [12] 中所使用的术语可解释为: 式 (2.44) 在对称连接权矩阵 $H$ 和正的参数 $G_i$ 的情况下, 其全局模式成形是绝对稳定的。针对式 (2.44) 来说, 文献 [211] 中的定理 1 在收敛性方面扩展了文献 [12] 中的结果, 因为在文献 [12] 中的结果还需要孤立平衡点的额外假设才能实现收敛, 而文献 [211] 中的结果允许有多个或 (可能) 无穷多个非孤立平衡点的存在。

文献 [211] 中建立的式 (2.44) 的收敛性结果是不能通过 Lyapunov 稳定理论和 LaSalle 不变原理来证明的 (这是这篇文献的主要贡献, 揭示了 Lyapunov 稳定理论和 LaSalle 不变原理的适用条件, 为研究复杂神经网络的动态特性提供了一种别具特色的分析思路和技术路线)。当式 (2.44) 拥有非孤立平衡点时, 基于 Lyapunov 稳定理论的方法仅能证明式 (2.44) 是拟收敛的 (quasi-convergent)。这意味着, 对式 (2.44) 的任意轨迹 $u(t)$, 式 $\lim\limits_{t \to +\infty} \dot{u}(t) = 0$ 成立, 或等价地, 当 $t \to +\infty$ 时, $u(t)$ 趋近于式 (2.44) 的平衡点集合 (参考文献 [12])。然而, 在一个拟收敛的网络或系统中, 不能排除这种情况: 轨迹 $u(t)$ 趋近于平衡点的一个流形而不收敛到某一单点 (参考文献 [211])。这样的一个例子在相关文献中已经进行了描述, 通过构建一个具有 $C^\infty$ 函数的梯度系统, 使得所有的有界轨迹沿着平衡点的流形不确定地滑动, 这时随着 $t \to +\infty$, 它们呈现大规模的不衰减振荡。振荡行为在神经网络求解器或神经网络联想记忆中是极度不期望出现的。至关重要的一点就是 $G_i u_i(t)$ 在 $u_i(t) = 0$

时将消失或等于 0(vanish)。由此可见，$G_i u_i(t)$ 在轨迹 $u(t)$ 的演化表达式中引入了奇异性，由此使证明轨迹长度的有限性成为不可能。

这样，尽管文献 [211] 和文献 [12] 针对式 (2.44) 都得到了相同表示形式的定性结果，但它们代表了不同的动态特性和不同的证明方法。对于孤立平衡点的情况，文献 [12] 基于 LaSalle 不变原理建立了保证网络绝对稳定性的充分条件，此时所有的状态轨迹都收敛到孤立平衡点[212]。相比较，文献 [211] 中的结果是利用解析梯度系统的 Lojasiewicz 不等式证明了孤立平衡点或非孤立平衡点的收敛性，此时适当的变量变换在应用 Lojasiewicz 不等式中起到了重要作用。

此外，对于具有非对称矩阵 $H$ 的式 (2.44)，文献 [211] 中也证明了这样的结果：如果存在两个正定对角矩阵 $D_a$ 和 $D_b$，使得 $H_a = D_a H D_b$ 是一个对称矩阵，则文献 [211] 的定理 1 中的轨迹收敛性结论仍然成立。

虽然文献 [12] 中建立的一般性结果很完美，但研究结果的具体应用又是另一个问题。任何稳定性结果在应用之前首先要考察其前提条件是否成立，不能只看稳定判据的具体条件是否成立，要从一个前因后果的逻辑来看待所建立的结果。基于这样的认识，再来看一下文献 [12] 中的结果。因为文献 [12] 中的假设条件太过于一般或通用性，这样导致文献 [12] 中的稳定结果在应用时受到很大限制。特别是对于连接权矩阵的对称性要求 (在稳定结果的表示形式上是完美的，在解释事物的内在机理方面也是完整的，但这些也仅停留在认识上或者理念上、理论上，在实际的世界中却将面临另一番考验)，使得这种假设前提在实际的系统实现中很难保证，进而导致稳定结果不可应用或很脆弱，不具有鲁棒性。

基于上述考虑，文献 [88]、[92]、[93]、[103]、[134]、[148] 在行为函数和对称性连接矩阵方面改进了文献 [12] 中的相应约束条件，对具有时滞的 Cohen-Grosberg 神经网络的非负平衡点/正平衡点建立了相应的稳定判据，拓宽了稳定结果的适用范围。

对于如下具有反应扩散项的 Cohen-Grossberg 神经网络[134, 213]：

$$\frac{\partial u_i(t)}{\partial t} = \sum_{k=1}^{m} \frac{\partial}{\partial x_k}\left(D_{ik}\frac{\partial u_i(t,x)}{\partial x_k}\right) - d_i(u_i(t,x))\left[a_i(u_i(t,x)) - \sum_{j=1}^{n} w_{ij} g_j(u_j(t,x))\right]$$

$$(2.45)$$

在激励函数和放大函数满足下面的适当条件下：

$$(g_i(\zeta) - g_i(\xi))(\zeta - \xi) > 0, \quad \zeta \neq \xi \tag{2.46}$$

$$(a_i(\zeta) - a_i(\xi))(\zeta - \xi) \geqslant 0, \quad \zeta \neq \xi \tag{2.47}$$

放大函数 $d_i(u_i(t,x))$ 在空间 $\mathbf{R}_+^n$ 中是非负的和连续的, 则

$$d_i(u_i(t,x)) > 0, \quad u_i(t,x) > 0 \tag{2.48}$$

$$\left( \frac{g_i(u_i(t,x)) - g_i(u_i^*)}{d_i(u_i(t,x))} \right)' \geqslant 0 \tag{2.49}$$

式中, $g_i(u_i(t,x))' = \mathrm{d}g_i(u_i(t,x))/\mathrm{d}u_i(t,x)$, 则文献 [134] 中的定理 1 或者定理 2 要求 $W = (w_{ij})$ 是 Lyapunov-Volterra 拟稳定 (或者稳定的), 即存在正定对角矩阵 $P = \mathrm{diag}(p_1, \cdots, p_n)$, 使得

$$-PW - (PW)^{\mathrm{T}} \geqslant 0 \tag{2.50}$$

则式 (2.45) 的非负平衡点是 (局部) 渐近稳定的。此外, 如果下面的条件也成立 (即保证文献 [134] 中所选择的的平均 Lyapunov 函数在 $u_i(t,x) \to +\infty$ 或 $u_i(t,x) \to 0^+$ 时是正无穷的):

$$\int_{u_i^*}^{+\infty} (g_i(u_i(t,x)) - g_i(u_i^*)) \frac{\mathrm{d}u_i(t,x)}{d_i(u_i(t,x))}$$
$$= \int_{u_i^*}^{0} (g_i(u_i(t,x)) - g_i(u_i^*)) \frac{\mathrm{d}u_i(t,x)}{d_i(u_i(t,x))} = +\infty \tag{2.51}$$

则式 (2.45) 的非负平衡点是全局渐近稳定的。文献 [134] 中也建立了一些其他形式的稳定判据。从文献 [134] 中的这些稳定结果可以发现如下的一些现象或有待发展的方面: ①在稳定结果的表达形式上, 式 (2.50) 是后面要提到的文献 [35] 中的式 (2.63) 的一种特殊情况, 这意味着不论平衡点是非负的还是正的, 负定矩阵 $W$ 将保证式 (2.14) 的平衡点的渐近稳定性。再附加其他的一些假设条件, 负定矩阵 $W$ 将保证式 (2.45) 的平衡点的全局渐近稳定性。②文献 [134] 对激励函数、行为函数与放大函数的假设与假设 2.1~ 假设 2.3 是不同的。在 [134] 的稳定判据中不包含激励函数、放大函数和行为函数的任何信息 (在相关的假设前提中已经包含了这部分信息), 这样对具有负定性矩阵 $W$ 的式 (2.45) 建立了一些通用的稳定判据。因为除了连接矩阵信息, 在稳定判据中不包含任何其他的网络信息, 进而导致所得到的稳定结果具有很大的保守性 (在验证性方面却具有简单性)。③文献 [134] 中的稳定结果证明中没有考虑式 (2.45) 的非负平衡点的存在性条件, 由此影响了该结果的完备性。④只是针对无时滞的网络模型建立了稳定判据, 针对含有时滞的情况, 很难用文献 [134] 中所阐述的方法来给出很完美的稳定结果。⑤对边界数据和初始条件的连续依赖性问题没有考虑。⑥上面提到了沿着文献 [134] 中的思想还可以进一步丰富和发展的方面, 而文献 [134] 和 [213] 的主要贡献就是在 Cohen-Grossberg 神经

网络模型中引入了反应扩散项,并对网络的激励函数、行为函数和放大函数施加一些适当的假设 (假设是因为证明过程中出现的奇异性而需要的,主要是为了避障,使某种逻辑能够自圆其说。一般来说,这是为了证明而证明的假说,是一个有待验证或有一定适用范围的存在),对式 (2.45) 的非负平衡点建立了一些局部或全局的渐近稳定判据,使得这些判据具有通用性和易于验证性。随后,廖晓昕教授在综合国力等经济模型等很多方面又展开了相应研究[214],进而文献 [134]、[213]、[214] 的影响和作用是巨大的。

需指明的是,尽管在文献 [134] 中将连接权矩阵 $W$ 的对称性条件取消了,但文献 [134] 中的定理 1 或者定理 2 的稳定判据并不是对任意的对称矩阵 $W$ 都成立 (该判据仅是一个充分条件,这样必存在一定的保守性。就是因为前期稳定结果的保守性的存在,才促进了后期的稳定结果的大发展。换句话说,若对于一个系统所建立的结果太过于完善和圆满、无懈可击,则对当时的研究界贡献可能很大,但对后期的该领域或该方向的发展和传承势必带来困难,因为没有提供可供接着研究的余地和空间。在此种情况下,发现问题比解决问题更重要)。只有当且仅当对称矩阵 $W$ 是稳定矩阵 (如 Hurwitz 稳定) 的,文献 [134] 中的定理 1 或者定理 2 才能成立。这样,文献 [134] 和文献 [12] 中的主要结果是保证式 (2.14)(局部) 渐近稳定的不同的充分条件 (文献 [134] 和文献 [12] 中的主要结果是建立在网络函数的不同假设和构造不同的 Lyapunov 函数的基础上的,进而这些结果是不同的)。

上面针对无时滞的式 (2.14) 的非负平衡点所建立的稳定判据进行了介绍,并对不同的稳定判据之间进行的比较。在此,下面可以对此种情况进行小结一下。针对同样的无时滞网络模型 (式 (2.14)),在对网络物理参数施加不同的假设条件下,很自然地就会得到不同形式的稳定性的充分判据;同样,采取不同的 Lyapunov 函数,所得到的稳定判据一般也是不同的。特别地,在不同的网络参数假设条件下采用相同或不同的 Lyapunov 函数所建立的稳定判据是相同的,这些稳定定理总体上所表达的判定信息一般也是不同的,进而不能够直接进行比较 (针对同一个系统或网络的两个不同类结果的比较,一般都要在相同的假设条件或相同的论域作为比较的前提,在此相同的前提下才能具体比较数学稳定判据表达上的包含或递进关系;如果前提条件不同,即使得到了相同的数学稳定判定条件,这样的结果或定理往往也是不同的,不能直接比较。只有在针对具体的适用样例才能比较,而每种定理的适用范围不同,进而都有各自的适用范围和不同程度的保守性)。这样,在稳定定理之间进行比较时,不能只关注稳定结果的具体数学表示形式 (如 $M$ 矩阵、LMI、代数不等式等),而且也要关注整个定理的适用条件或前提,亦即整个定理的建立过程;否则,在不同的论域内讨论或比较不同的定理,在本质上是没有意义的。

下面考虑具有时滞的 Cohen-Grossberg 神经网络的情况。此时,假定行为函数 $a_i(u_i(t))$ 总满足假设 2.2,放大函数 $d_i(u_i(t))$ 满足假设 2.5。

当激励函数满足拟 Lipschitz 条件 $|g_i(s)| \leqslant \delta_i|s| + q_i$ 而不是全局 Lipschizt 假设 2.3，行为函数满足 $a_i(s)\mathrm{sgn}(s) \geqslant \gamma_i|s| - \beta_i$ 时，在有界时滞 $\tau_{ij}(t)$ 和正的初始数据条件下，文献 [88] 研究了如下形式的 Cohen-Grossberg 神经网络：

$$\dot{u}_i(t) = -d_i(u_i(t))\Big[a_i(u_i(t)) - \sum_{j=1}^n w_{ij}g_j(u_j(t)) - \sum_{j=1}^n w_{ij}^1 g_j(u_j(t - \tau_{ij}(t)))\Big] \quad (2.52)$$

若

$$\Gamma - (|W| + |W_1|)\Delta \quad (2.53)$$

是一个 $M$ 矩阵，则式 (2.52) 具有唯一的平衡点，且该平衡点是全局渐近稳定的，其中，$|W| = (|w_{ij}|)$。

针对式 (2.52)，文献 [93] 要求下面的不等式成立：

$$2L_i\gamma_i - \sum_{j=1}^n (L_i w_{ij}\delta_j + L_j w_{ji}\delta_i) - \sum_{j=1}^n (L_i w_{ij}^1\delta_j + L_j w_{ji}^1\delta_i) > 0 \quad (2.54)$$

式中，$L_i > 0$。或者如下的矩阵：

$$2\Gamma - (|W| + |W_1|)\Delta - \Delta(|W| + |W_1|)^{\mathrm{T}} \quad (2.55)$$

是一个 $M$ 矩阵，则式 (2.52) 具有唯一的平衡点。显然，文献 [93] 中的平衡点存在性条件 (式 (2.54)) 改进了文献 [88] 中的存在性条件。但文献 [93] 所建立的相应的全局渐近稳定充分条件，却是与式 (2.53) 一样的。

在假设 2.5 的情况下，当 $\tau_{ij}(t) = \tau$ 时的式 (2.52) 在文献 [92] 中得到研究。如果 $P[\Gamma\Delta^{-1} - (W + W_1)]$ 是 Lyapunov 对角稳定的，或等价地，则下面的 LMI 成立：

$$P(\Gamma\Delta^{-1} - W - W_1) + (\Gamma\Delta^{-1} - W - W_1)^{\mathrm{T}}P > 0 \quad (2.56)$$

式中，$P$ 是一个正定对角矩阵，则在 $\tau_{ij}(t) = \tau$ 时的式 (2.52) 存在唯一的非负平衡点。如果存在正定对角矩阵 $P$ 和正定对称矩阵 $Q$，使得如下 LMI 成立：

$$\begin{bmatrix} 2P\Gamma\Delta^{-1} - PW - (PW)^{\mathrm{T}} - Q & -PW_1 \\ -(PW_1)^{\mathrm{T}} & Q \end{bmatrix} > 0 \quad (2.57)$$

则当 $\tau_{ij}(t) = \tau$ 时的式 (2.52) 的唯一非负平衡点是全局渐近稳定的。如果唯一平衡点是正的，则式 (2.57) 可保证该平衡点是全局指数稳定的。

利用舒尔补引理[95]，式 (2.57) 可等价地写为如下形式：

$$2P\Gamma\Delta^{-1} - PW - (PW)^{\mathrm{T}} - Q - PW_1 Q^{-1}(PW_1)^{\mathrm{T}} > 0 \quad (2.58)$$

比较式 (2.56) 和式 (2.58)，可建立如下关系：

$$
\begin{aligned}
&-2P\varGamma\varDelta^{-1} + PW + PW_1 + W^{\mathrm{T}}P + W^{\mathrm{T}}P \quad (\text{唯一性}) \\
&\leqslant -2P\varGamma\varDelta^{-1} + PW + W^{\mathrm{T}}P + Q + PW_1Q^{-1}(PW_1)^{\mathrm{T}} < 0 \; (\text{稳定性})
\end{aligned}
\tag{2.59}
$$

或

$$
\begin{aligned}
&\text{唯一性条件} \Leftarrow \text{稳定性条件} \\
&\text{唯一性条件} \nRightarrow \text{稳定性条件}
\end{aligned}
\tag{2.60}
$$

显然，唯一性条件和稳定性条件一般是不同的，而且也不是等价的。就平衡点的存在性条件而言，式 (2.56) 比式 (2.58) 更不保守，该条件也能保证平衡点的存在性。因为式 (2.58) 的成立能够保证式 (2.56) 的成立，进而在现有的稳定性证明中就没必要再证明平衡点的存在性和唯一性。众所周知，平衡点的存在性条件或唯一性条件不能够保证所考虑的平衡点的稳定性，因为感兴趣的唯一平衡点可能是不稳定的。这样，可以得到如下结论。几乎所有现存的全局渐近稳定判据都是充分的，并能够保证平衡点的存在性和唯一性。如果考虑的神经网络模型是良态的 (well-defined，即满足所要求的一切性质)，在非严格的数学分析的意义上，如果平衡点的全局稳定条件已经建立，则相应的平衡点的存在性和唯一性条件就必然成立。然而，从严谨的数学分析来看，平衡点的存在性条件必须要事先证明出来，否则将会使所进行的研究失去数学意义，这样，所考虑的问题的所有基础准备必须要事先声明，这样才能保证在数学上的可行性或良态性能 (well-posed，同 well-defined 含义一样)。这就是基于数学分析的方法进行相关问题展开研究的基本要求，不论假设条件如何，只要能在证明或推理的过程中自圆其说、符合一定的逻辑，所建立的理论结果至少具有艺术性和欣赏性；以至于能否物理实现，那则是另一回事 (数学是描述或认识世界的一种方式，但绝不是唯一的方式。数学的认识方式是在其严密的逻辑体系和相应的假设条件下建立起来的无懈可击的成果，这是在理想状态下的完美蓝图，具有验证心智和逻辑推证的功效；在一定的规模下也能够很好地认识世界和反映世界，也是一种充分条件，至于其保守性有多大，尚有待相关研究。此时不妨将整个世界看做一个神经网络，而将世界所拥有的最终模态作为平衡态，基于数学分析的方法仅是证明其平衡态存在与稳定性的一种方式和方法，所建立的存在条件和稳定条件也都是充分的。这样就完全可以效仿神经网络稳定性理论的思路，展开各种定性方法和定量方法的研究，如吸引域的大小、衰减率的大小、稳定的性态、稳定的收敛性、不同表现形式的稳定判据等)。

　　针对如下具有有限分布时滞的 Cohen-Grossberg 神经网络：

$$\dot{u}_i(t) = - d_i(u_i(t)) \Big[ a_i(u_i(t)) - \sum_{j=1}^{n} w_{ij} g_j(u_j(t)) - \sum_{k=1}^{N} \sum_{j=1}^{n} w_{ij}^k g_j(u_j(t - \tau_{kj}(t)))$$

$$- \sum_{l=1}^{r} \sum_{j=1}^{n} b_{ij}^l \int_{t-d_l}^{t} g_j(u_j(s)) \mathrm{d}s \Big] \tag{2.61}$$

文献 [103] 对其进行了全局渐近稳定性的研究, 并建立了如下的保证稳定性的充分条件:

$$- 2P\Gamma\Delta^{-1} + PW + (PW)^{\mathrm{T}} + \sum_{i=1}^{N} (PW_i Q_i^{-1} W_i^{\mathrm{T}} P + Q_i)$$

$$+ \sum_{l=1}^{r} (d_l Y_l + d_i P B_l Y_l^{-1} B_l^{\mathrm{T}} P) < 0 \tag{2.62}$$

式中, $P$、$Q_i$、$Y_l$ 为未知的正定对角矩阵; $W = (w_{ij})$、$W_k = (w_{ij}^k)$ 和 $B_l = (b_{ij}^l)$。显然, 文献 [103] 中的式 (2.62) 包含了文献 [92] 中的式 (2.57), 并基于 LMI 框架下综合了许多相关的稳定性结果。

### 2.4.2　基于 $M$ 矩阵和代数不等式的稳定结果

2.4.1 节讨论的是神经网络具有非负平衡点的情况, 本节及后面的几节都是关于混合平衡点的情况, 即网络的平衡点可以为负、可以为正, 多条状态轨迹可以有正轨迹也可以有负轨迹。

在放大函数和行为函数方面, 文献 [18]、[34]、[35]、[151] 改进和改造了文献 [12] 中的假设条件, 并引导了满足这类假设条件的 Cohen-Grossberg 神经网络动态特性研究的主流, 参见假设 2.2(此处要求 $a_i(u_i(t)) \propto u_i(t)$ 而不是 $a_i(u_i(t)) \propto 1/u_i(t)$ ) 和假设 2.3。这样, 关于 Cohen-Grossberg 神经网络 (式 (2.14)) 及其相应的变形网络的平衡点的不同稳定性结果被大量地建立, 且所得到的稳定判据的保守性越来越小和更加实用化, 这使得神经网络稳定性理论的研究成果更加丰富和前景更加光明。根据从一般到特殊的原则, 具体的专业和学科分工使得不同学科都得到了快速发展, 神经网络理论的发展也概莫能外。关于式 (2.14) 及其相应的变形网络的完备的全局稳定性证明可参考文献 [54], 所建立的稳定结果都是基于代数不等式方法的。

在假设 2.2 和假设 2.3 的前提下, 文献 [35] 在不要求激励函数的有界性及放大函数的正的下界的情况下, 研究了式 (2.14) 的全局稳定性问题。如果下面的矩阵:

$$\Gamma\Delta^{-1} - W \tag{2.63}$$

是 Lyapunov 对角稳定的, 即存在正定对角矩阵 $P = \mathrm{diag}(p_1, \cdots, p_n)$, 使得

$$P(\Gamma\Delta^{-1} - W) + (\Gamma\Delta^{-1} - W)^{\mathrm{T}}P > 0 \tag{2.64}$$

是正定的, 则式 (2.14) 的唯一平衡点是全局渐近稳定的, 且该稳定判据中不依赖于放大函数的信息[35]。更重要的是, 基于 $M$ 矩阵和 Lyapunov 对角稳定的稳定判据之间的关系在文献 [35] 中进行了讨论。从式 (2.64) 可得

$$\begin{aligned}
&p_i(\gamma_i\delta_i^{-1} - w_{ii}) - \frac{1}{2}\sum_{j=1;j\neq i}^{n}(p_iw_{ij} + p_jw_{ji}) \\
&\geqslant p_i(\gamma_i\delta_i^{-1} - w_{ii}) - \frac{1}{2}\sum_{j=1;j\neq i}^{n}(p_i|w_{ij}| + p_j|w_{ji}|)
\end{aligned} \tag{2.65}$$

或者

$$\begin{aligned}
&-p_i(\gamma_i\delta_i^{-1} - w_{ii}) + \frac{1}{2}\sum_{j=1;j\neq i}^{n}(p_iw_{ij} + p_jw_{ji}) \\
&\leqslant -p_i(\gamma_i\delta_i^{-1} - w_{ii}) + \frac{1}{2}\sum_{j=1;j\neq i}^{n}(p_i|w_{ij}| + p_j|w_{ji}|)
\end{aligned} \tag{2.66}$$

如果 $\Gamma\Delta^{-1} - W^*$ 是一个 $M$ 矩阵, 其中, $W^* = (w_{ij}^*)$, $w_{ij}^* = |w_{ij}|$ $(i \neq j)$, $w_{ij}^* = w_{ij}$ $(i = j)$, 则式 (2.65) 的右侧大于或等于 0, 或者式 (2.66) 的右侧小于或等于 0。这样, 从上面的式 (2.65)、式 (2.66) 以及 $M$ 矩阵的特性可知: 如果 $\Gamma\Delta^{-1} - W$ 是 Lyapunov 对角稳定的, 则 $M$ 矩阵 $\Gamma\Delta^{-1} - W^*$ 也能保证式 (2.14) 的全局渐近稳定性。具体关系如下:

$$\begin{aligned}
M\text{矩阵 } \Gamma\Delta^{-1} - W^* &\Rightarrow \Gamma\Delta^{-1} - W \text{ 是 Lyapunov 对角稳定} \\
&\Rightarrow \text{全局渐近稳定}
\end{aligned} \tag{2.67}$$

显然, 对于无时滞的 Cohen-Grossberg 神经网络 (式 (2.14)), 可以看到, 基于 Lyapunov 对角稳定的稳定条件与基于 $M$ 矩阵的稳定条件相比是不保守的。

对于具有正的互联权系数的 Cohen-Grossberg 神经网络, 基于 Lyapunov 对角稳定的稳定条件与基于 $M$ 矩阵的稳定条件是等价的。正是基于此, 基于 $M$ 矩阵的稳定判据能够跨接基于代数不等式的稳定判据和基于 LMI 的稳定判据 (基于 Lyapunov 对角稳定的稳定条件是一类特殊的 LMI 形式)。然而, 对于具有时滞的 Cohen-Grossberg 神经网络, 基于 $M$ 矩阵的稳定判据和基于 LMI 的稳定判据之间就不再等价了。一般来说, 基于 $M$ 矩阵的稳定结果都具有一个统一的表示形式

(可参见后面的具有不同时滞类型的 Cohen-Grossberg 神经网络的基于 $M$ 矩阵的各种稳定结果表示形式)。然而，针对具有不同时滞类型的 Cohen-Grossberg 神经网络，往往会建立形式各异的基于 LMI 的稳定结果。这样，针对不同时滞类型的 Cohen-Grossberg 神经网络得到了许多不同形式的基于 LMI 的稳定结果，也由此形成了研究基于 LMI 的稳定性的主流趋势 (多样性是当下研究的一大特点，正是在多样性中才能发现有价值的研究，才能探索出一条合理的研究出路和发展方向)。如果放大函数的下界已知给定，文献 [35] 证明：式 (2.63) 或式 (2.64) 也是全局指数稳定的充分条件。相对照，文献 [34] 中的指数稳定结果要求 Cohen-Grossberg 神经网络中的放大函数的上界和下界都要已知，这显然增加了约束条件。

当激励函数满足拟 Lipschitz 条件 $|g_i(s)| \leqslant \delta_i|s| + q_i$ 而不是全局 Lipschitz 假设 2.3，行为函数满足 $a_i(s)\mathrm{sgn}(s) \geqslant \gamma_i|s| - \beta_i$ 时，其中，$q_i \geqslant 0$ 和 $\beta_i \geqslant 0$ 为非负的常数，文献 [88] 在不要求激励函数的有界性和放大函数的正下界的条件下研究了式 (2.52) 的全局稳定性。如果下面的矩阵：

$$\Gamma - |W + W_1|\Delta \tag{2.68}$$

是一个 $M$ 矩阵，则式 (2.52) 至少存在一个平衡点。因为下式条件成立：

$$\Gamma - |W + W_1|\Delta \geqslant \Gamma - (|W| + |W_1|)\Delta \tag{2.69}$$

式中，$A = (a_{ij}) \geqslant B = (b_{ij})$ 意味着 $a_{ij} \geqslant b_{ij}$。则

$$\Gamma - (|W| + |W_1|)\Delta \tag{2.70}$$

是一个 $M$ 矩阵，则式 (2.52) 也至少具有一个平衡点。显然，式 (2.68) 比式 (2.70) 更不保守。进一步地，在假设 2.2 和假设 2.3 情况下，文献 [88] 中的定理 2 表明：$M$ 矩阵条件 (式 (2.70)) 也是式 (2.52) 全局渐近稳定的充分条件。

针对有界激励函数情况下的式 (2.52)，文献 [53] 建立了如下代数不等式形式的全局指数稳定判据：

$$\underline{d}_i\gamma_i - \sum_{j=1}^{n} \overline{d}_i(|w_{ij}| + |w_{ij}^1|)\delta_j > 0 \tag{2.71}$$

该稳定判据依赖于放大函数的上界和下界。式 (2.71) 改进了文献 [46] 中的稳定结果。

在假设 2.2～ 假设 2.3 及放大函数的正的下界已知的情况下，文献 [84] 研究了如下的具有不同多时滞的 Cohen-Grossberg 网络的全局稳定性：

$$\dot{u}_i(t) = -d_i(u_i(t))\Big[a_i(u_i(t)) - \sum_{j=1}^{n} w_{ij}^1 g_j(u_j(t - \tau_{ij}(t)))\Big] \tag{2.72}$$

研究结果表明,若

$$\det(\varGamma - W_1 K) \neq 0 \tag{2.73}$$

式中,对角矩阵 $K$ 满足 $-\varDelta \leqslant K \leqslant \varDelta$,则式 (2.72) 具有唯一平衡点。进一步地,如果下面的矩阵:

$$\varGamma \varDelta^{-1} - |W_1| \tag{2.74}$$

是一个非奇异的 $M$ 矩阵,则式 (2.72) 的平衡点是全局指数稳定的。显然,从式 (2.74) 可以推导出式 (2.73)。

在假设 2.1~ 假设 2.3 情况下,文献 [85] 要求如下矩阵:

$$M_0 = \underline{D}\varGamma - \sum_{k=0}^{N} |W^k| \varDelta \overline{D} \tag{2.75}$$

是一个 $M$ 矩阵,则 Cohen-Grossberg 神经网络 (式 (2.17)) 是全局渐近稳定的,其中,$|W^k| = (|w_{ij}^k|)_{n \times n}$。

需说明的是,文献 [85] 中的稳定结果也同样适用于下面几种网络模型:

$$\dot{u}_i(t) = -d_i(u_i(t)) \left[ a_i(u_i(t)) - \sum_{k=0}^{N} \sum_{j=1}^{n} w_{ij} g_j(u_j(t - \tau_{ij}^k)) \right] \tag{2.76}$$

$$\dot{u}_i(t) = -d_i(u_i(t)) \left[ a_i(u_i(t)) - \sum_{j=1}^{n} w_{ij} \int_{-\infty}^{t} K_{ij}(t - s) g_j(u_j(s)) \mathrm{d}s \right] \tag{2.77}$$

$$\dot{u}_i(t) = -d_i(u_i(t)) \left[ a_i(u_i(t)) - \sum_{j=1}^{n} w_{ij} g_j \int_{-\infty}^{t} K_{ij}(t - s) u_j(s) \mathrm{d}s \right] \tag{2.78}$$

上述模型包含了式 (2.22)、式 (2.23) 和式 (2.25)。对于式 (2.76)、式 (2.77) 和式 (2.78),统一的稳定判据是要求如下矩阵:

$$M_0' = \underline{D}\varGamma - |W| \varDelta \overline{D} \tag{2.79}$$

或

$$M_0'' = \varGamma - |W| \varDelta \tag{2.80}$$

是一个 $M$ 矩阵,其中,$|W| = (|w_{ij}|)_{n \times n}$。

显然, 文献 [85] 中的基于 $M$ 矩阵形式的稳定判据能够针对具有不同时滞类型的 Cohen-Grossberg 神经网络给出统一的稳定判据形式, 这种稳定判据表示简洁、易于验证。

在同样的假设条件下, 针对 $N = 0$ 时的式 (2.76), 文献 [80] 中的一些结果改进了文献 [85] 中的主要结果, 文献 [80] 中的结果可表示成一组代数不等式形式且不依赖于放大函数的界 (可参考文献 [80] 中的定理 10)。例如, 文献 [80] 中的定理 10 包含了如下形式的 $M$ 矩阵稳定结果:

$$M_0''' = \Gamma - W^* \Delta \tag{2.81}$$

式中, $W^* = (w_{ij}^*); w_{ij}^* = |w_{ij}| \ (i \neq j); w_{ij}^* = w_{ij} \ (i = j)$。显然, 从式 (2.79)~ 式 (2.81) 可以得到如下关系:

$$\underline{D}\Gamma - |W|\Delta\overline{D} \Rightarrow \Gamma - |W|\Delta \Rightarrow \Gamma - W^*\Delta \Rightarrow \text{全局渐近稳定性} \tag{2.82}$$

但反过来一般就不成立。显然, 文献 [80] 中的定理 10 比文献 [85] 中的主要结果更不保守。

通过比较文献 [85] 和文献 [80] 中的稳定结果可见, 文献 [80] 中的稳定结果保守性降低是因为含有了一些可调节的自由参数, 增加了求解空间, 但付出的代价则是增加了计算的复杂性和求解的难度, 不易验证。总之, 文献 [80] 在对 Cohen-Grossberg 神经网络中的放大函数、激励函数和行为函数满足不同的假设条件下, 建立了基于代数不等式的一族保守性较小的稳定充分判据。文献 [85] 和 [80] 在简要介绍递归神经网络的发展和应用方面都是很好的文章。再强调一下, 所有的稳定判据只有在相同的基础假设前提下才能进行比较, 不能只重视结果不考虑过程; 否则是不具有可比性的。

在有界激励函数和上述假设 2.1~ 假设 2.3 的情况下, 针对如下的 Cohen-Grossberg 神经网络:

$$\dot{u}_i(t) = -d_i(u_i(t))\left[a_i(u_i(t)) - \sum_{j=1}^{n} w_{ij}g_j(u_j(t)) - \sum_{j=1}^{n} w_{ij}^1 g_j(u_j(t - \tau_{ij}))\right] \tag{2.83}$$

文献 [90] 要求矩阵 $M_1 = (m_{ij}^1)_{n \times n}$ 是一个非奇异的 $M$ 矩阵, 则平衡点是唯一的, 且是全局指数稳定的, 其中, $m_{ii}^1 = \gamma_i - w_{ii}\delta_i - |w_{ij}^1|\delta_i$, $M_{ij}^1 = -(|w_{ij}| + |w_{ij}^1|)\delta_j$ $(i \neq j)$。同样, 文献 [90] 中的主要结果等价于如下的非奇异 $M$ 矩阵:

$$M_1 = \Gamma - W^*\Delta - |W_1|\Delta \tag{2.84}$$

或

$$M_1' = \zeta_i\gamma_i - \zeta_i w_{ii}\delta_i - \sum_{j=1;j\neq i}^{n} \zeta_j|w_{ji}|\delta_i - \sum_{j=1}^{n} \zeta_j|w_{ji}^1|\delta_i > 0 \tag{2.85}$$

$$M_1'' = \zeta_i\gamma_i - \zeta_i w_{ii}\delta_i - \sum_{j=1;j\neq i}^n \zeta_j|w_{ij}|\delta_j - \sum_{j=1}^n \zeta_j|w_{ij}^1|\delta_j > 0 \tag{2.86}$$

$$
\begin{aligned}
M_1''' = \zeta_i\gamma_i - \zeta_i w_{ii}\delta_i - \frac{1}{2}\sum_{j=1;j\neq i}^n (\zeta_j|w_{ji}|\delta_i + \zeta_i|w_{ij}|\delta_j) \\
- \frac{1}{2}\sum_{j=1}^n (\zeta_j|w_{ji}^1|\delta_i + \zeta_i|w_{ij}^1|\delta_j) > 0
\end{aligned}
\tag{2.87}
$$

式中, $\zeta_i > 0$ 是正常数; $W^*$ 的定义同式 (2.81) 中的定义; $|W_1| = (|w_{ij}^1|)_{n\times n}$。

应注意到, 式 (2.85)~ 式 (2.87) 分别等价于 $\mu_1(\zeta M_1) < 0$ (严格对角列占优势); $\mu_\infty(M_1\zeta) < 0$ (严格对角行占优势) 和 $\mu_2(\zeta M_1) < 0$, 其中, $\zeta = \mathrm{diag}(\zeta_1,\zeta_2,\cdots,\zeta_n)$ 是一个正定对角矩阵, 对于任意的矩阵 $M = (m_{ij})_{n\times n}$, 三种矩阵测度分别定义如下: $\mu_1(M) = \max_i(m_{ii} + \sum_{j\neq i} m_{ji})$, $\mu_\infty(M) = \max_i(m_{ii} + \sum_{j\neq i} m_{ij})$, $\mu_2(M) = \lambda_{\max}\{(M + M^{\mathrm{T}})/2\}$, $\lambda_{\max}(\cdot)$ 表示对称的方阵的最大特征值。这样, 文献 [90] 中的主要结果改进了文献 [34]、[46]、[215]~[218] 中的结果。

当激励函数 $g_i(u_i(t))$ 是绝对连续的, $0 \leqslant g_i'(u_i(t)) \leqslant 1$ 或者 $|f_i'(u_i(t))| \leqslant 1$, 且假设 2.1 和假设 2.2 成立, 则如下的 Cohen-Grossberg 神经网络:

$$\dot{u}_i(t) = -d_i(u_i(t))\Big[a_i(u_i(t)) - \sum_{j=1}^n w_{ij}g_j(u_j(t)) - \sum_{j=1}^n w_{ij}^1 f_j(u_j(t - \tau_{ij}(t)))\Big] \tag{2.88}$$

在文献 [115] 中得到了研究, 其中, $\dot{\tau}_{ij}(t) < 1$, $\tau_{ij}(t) \leqslant \tau_{ij}$。在 $|g_i'(u_i(t))| \leqslant 1$ 和 $|f_i'(u_i(t))| \leqslant 1$ 的情况, 文献 [115] 中的定理 2 要求如下的矩阵:

$$M_2 = \Gamma - |W| - |W_1| \tag{2.89}$$

是一个 $M$ 矩阵, 或者

$$M_2' = \zeta_j\gamma_j - \sum_{i=1}^n \zeta_i|w_{ij}| - \sum_{i=1}^n \zeta_i|w_{ij}^1| > 0 \tag{2.90}$$

式中, $\zeta_j > 0$, 则式 (2.88) 的平衡点是全局指数稳定的。在 $0 \leqslant g'(u(t)) \leqslant 1$ 和 $|f_i'(u_i(t))| \leqslant 1$ 的情况下, 文献 [115] 中的定理 1 要求如下的代数不等式成立:

$$M_2'' = \zeta_j(\gamma_j - \epsilon \underline{d}_j^{-1}) - \Big[\zeta_j w_{jj} + \sum_{i=1;i\neq j}^n \zeta_i|w_{ij}|\Big]^+ - \sum_{i=1}^n \zeta_i \mathrm{e}^{\epsilon\tau_{ij}}|w_{ij}^1| \geqslant 0 \tag{2.91}$$

文献 [115] 中的推论 1.1 要求如下的代数不等式成立:

$$M_2''' = \zeta_j \gamma_j - \left[ \zeta_j w_{jj} + \sum_{i=1;i\neq j}^{n} \zeta_i |w_{ij}| \right]^+ - \sum_{i=1}^{n} \zeta_i |w_{ij}^1| > 0 \tag{2.92}$$

这些条件都能保证式 (2.88) 是全局指数稳定的, 其中, $\zeta_j > 0$, $\epsilon > 0$, $x^+ = \max\{0, x\}$。根据文献 [90]、[115] 的论述, 式 (2.91) 和式 (2.92) 是等价的。当 $g_i(u_i(t)) = f_i(u_i(t))$ 是有界的且 $|g_i'(u_i(t))| \leqslant 1$, 对于具有常时滞的式 (2.88), 文献 [90] 中的式 (2.84) 和式 (2.85) 分别比文献 [115] 中的式 (2.89)、式 (2.90) 和式 (2.92) 更不保守, 这些结果都可表示成 $M$ 矩阵形式。就时变时滞而言, 文献 [115] 中的结果改进了现有的很多结果。

针对式 (2.88) 的非自治的情况, 即

$$\dot{u}_i(t) = -d_i(u_i(t)) \left[ a_i(t, u_i(t)) - \sum_{j=1}^{n} w_{ij}(t) g_j(u_j(t)) - \sum_{j=1}^{n} w_{ij}^1(t) f_j(u_j(t - \tau_{ij}(t))) \right]$$

$$\tag{2.93}$$

文献 [219] 中的定理 1 要求如下的不等式成立:

$$\max \sum_{j=1}^{n} \frac{\overline{d}_j \zeta_j \delta_j (w_{ij}^+(t) + |w_{ij}(t)|)}{\zeta_i \underline{d}_i \gamma_i(t)} < 1 \tag{2.94}$$

在假设 2.4, 时变函数 $\gamma_i(t) > 0, w_{ij}(t), w_{ij}^1(t)$ 和 $\tau_{ij}(t)$ 满足 $\omega$ 周期函数的情况下 (参考文献 [219] 中的 $H_3$), 则式 (2.93) 具有一个全局吸引的 $\omega$ 周期解, 其中, $\zeta_i > 0$。在假设 2.3 和文献 [219] 中的 $H_3$ 条件满足时, 若

$$\max \sum_{j=1}^{n} \frac{\overline{d}_j \zeta_j \delta_j (|w_{ij}(t)| + |w_{ij}(t)|)}{\zeta_i \underline{d}_i \gamma_i(t)} < 1 \tag{2.95}$$

则式 (2.93) 具有一个全局吸引的 $\omega$ 周期解, 其中, $\zeta_i > 0$。显然, 对于常系数情况, 文献 [219] 中的结果可以等价成为如后面要定义的式 (2.98) 和式 (2.99) 的某种 $M$ 矩阵形式。

针对具有反应扩散项的 Cohen-Grossberg 神经网络 (式 (2.88)):

$$\frac{\partial u_i(t)}{\partial t} = \sum_{k=1}^{m} \frac{\partial}{\partial x_k} \left( D_{ik} \frac{\partial u_i(t, x)}{\partial x_k} \right)$$

$$- d_i(u_i(t, x)) \left[ a_i(u_i(t, x)) - \sum_{j=1}^{n} w_{ij} g_j(u_j(t, x)) - \sum_{j=1}^{n} w_{ij}^1 f_j(u_j(t - \tau_{ij}(t), x)) \right]$$

$$\tag{2.96}$$

文献 [117] 研究了其平衡点的全局指数稳定性问题，其中，$x = (x_1, x_2, \cdots, x_m)^\mathrm{T} \in \Omega \subset \mathbf{R}^m$，$\Omega$ 是在空间 $\mathbf{R}^m$ 具有光滑边界 $\partial\Omega$ 和测度 $\mathrm{mes}\,\Omega > 0$ 的有界紧集，$u = (u_1(t, x), \cdots, u_n(t, x))^\mathrm{T}$，$u_i(t, x)$ 是在时刻 $t$ 和空间 $x$ 的第 $i$ 个单位的状态，$b_{ik} = b_{ik}(t, x, u) \geqslant 0$ 表示沿着第 $i$ 个神经元的传输扩散算子。式 (2.96) 的边界条件给定如下：

$$\frac{\partial u_i(t, x)}{\partial \bar{n}} = \left( \frac{\partial u_i(t, x)}{\partial x_1}, \frac{\partial u_i(t, x)}{\partial x_2}, \cdots, \frac{\partial u_i(t, x)}{\partial x_m} \right)^\mathrm{T}$$
$$= 0, \quad x \in \partial\Omega$$

$$u_i(s, x) = \bar{\phi}_i(s, x), \quad \frac{\partial}{\partial t} u_i(s, x) = \frac{\partial \bar{\phi}_i(s, x)}{\partial t}$$

式中，$\bar{\phi}_i(s, x)$ 是有界的连续可微函数；$s \in (-\infty, 0]$；$i = 1, 2, \cdots, n$；$\bar{n}$ 表示光滑边界 $\partial\Omega$ 的外法线向量。

在假设 2.1～ 假设 2.3 下，有界激励函数满足全局 Lipschitz 条件，即对于 $\zeta, \xi \in \mathbf{R}$，$|g_i(\zeta) - g_i(\xi)| \leqslant \delta_i|\zeta - \xi|$，$|f_i(\zeta) - f_i(\xi)| \leqslant \delta_i^0|\zeta - \xi|$，$\delta_i$、$\delta_i^0$ 为 Lipschitz 正常数，文献 [117] 中的推论 3.2 建立了平衡点全局指数稳定的充分条件，如果如下条件成立：

$$M_3 = \underline{d}_i \gamma_i - \sum_{j=1}^n \overline{d}_j |w_{ji}| \delta_i - \sum_{i=1}^n \overline{d}_j |w_{ji}^1| \delta_i^0 > 0 \tag{2.97}$$

显然，如果

$$M_3' = \underline{D}\Gamma - |W|\overline{D}\Delta - W_1\overline{D}\Delta^0 \tag{2.98}$$

是一个非奇异 $M$ 矩阵，式 (2.97) 自然成立。其中，$\underline{D} = \mathrm{diag}(\underline{d}_1, \cdots, \underline{d}_n)$，$\overline{D} = \mathrm{diag}(\overline{d}_1, \cdots, \overline{d}_n)$，$\Delta^0 = \mathrm{diag}(\delta_1^0, \cdots, \delta_n^0)$。对于具有反应扩散项的 Hopfield 神经网络 (式 (2.96))，文献 [122] 建立了如下基于 $M$ 矩阵形式的全局指数稳定判据：

$$M_0'''' = \Gamma - W^+ \Delta - |W_1|\Delta \tag{2.99}$$

式中，$W^+ = (w_{ij}^+)$；$w_{ii}^+ = \max\{0, w_{ii}\}$；$w_{ij}^+ = |w_{ij}|$ $(i \neq j)$。对于具有反应扩散项的 Hopfield 神经网络 (它是式 (2.96) 的一种特殊情况)，在 $w_{ij} = 0$ 的情况，文献 [87] 的主要结果要求如下的矩阵：

$$M_3'' = \Gamma - \Delta^0 |W_1| \tag{2.100}$$

是一个 $M$ 矩阵，该条件能够保证平衡点的全局指数稳定性。显然，针对有/无反应扩散项的 Cohen-Grossberg 神经网络而言，所得到的平衡点的稳定判据是一样的，即反应扩散项和时滞对于整个网络的稳定判据来说是无损的或者是独立的。

针对具有常时滞的随机 Hopfield 神经网络 (式 (2.96)), 即

$$
\begin{aligned}
\mathrm{d}y_i(t,x) = & \sum_{k=1}^{m} \frac{\partial}{\partial x_k}\left(D_{ik}\frac{\partial u_i(t,x)}{\partial x_k}\right) \\
& - \left[a_i(u_i(t,x)) - \sum_{j=1}^{n} w_{ij}g_j(u_j(t,x)) - \sum_{j=1}^{n} w_{ij}^1 f_j(u_j(t-\tau_{ij},x))\right]\mathrm{d}t \\
& + \sum_{j=1}^{n} \sigma_{ij}(y_j(t,x))\mathrm{d}\omega_j(t)
\end{aligned}
\tag{2.101}
$$

文献 [220] 研究了平衡点的全局指数稳定性问题, 其中, $\omega(t) = (\omega_1(t),\cdots,\omega_n(t))^{\mathrm{T}}$ 是一个定义在由 $\{\omega(s): 0 \leqslant s \leqslant t\}$ 产生的自然滤波 $\{\mathcal{F}_t\}_{t\geqslant 0}$ 的完备概率空间 $(\Omega,,\mathcal{F},P)$ 上的一个 $n$ 维布朗运动, 其中, $\Omega$ 与由所有的 $\{\omega_i(t)\}$ 生成的规范空间有关, 并用 $\mathcal{F}$ 表示由具有概率测度 $P$ 的 $\{\omega(t)\}$ 所生成的相关的 $\sigma$- 代数。

针对确定性情况的式 (2.101), 当 $\underline{d}_i = \overline{d}_i = 1$ 时的式 (2.98) 在文献 [220] 中被提出来, 该条件能保证唯一平衡点的全局指数稳定性。对于式 (2.101), 当 $\sigma_{ij}(y_j^*) = 0$ 和 $\sigma_{ij}(\cdot)$ 满足 Lipschitz 连续条件时 (Lipschitz 常数为 $L_{ij}$), 如下的 $M$ 矩阵形式的稳定判据在文献 [220] 中被提出来:

$$
M_4 = \Gamma - |W|\Delta - W_1\Delta^0 - \overline{C}
\tag{2.102}
$$

$$
M_4' = \Gamma - |W|\Delta - W_1\Delta^0 - \widetilde{C}
\tag{2.103}
$$

上述条件分别保证平衡点的几乎一致指数稳定性 (或均方指数稳定性) 和均值指数稳定性, 其中, $\overline{C} = \mathrm{diag}(\overline{c}_1,\cdots,\overline{c}_n)$, $\overline{c}_i = -\gamma_i + \sum_{j=1}^{n} w_{ij}\delta_j + \sum_{j=1}^{n} w_{ij}^1\delta_j^0 + \sum_{j=1}^{n} L_{ij}^2 \geqslant 0$, $\widetilde{C} = \mathrm{diag}(\widetilde{c}_1,\cdots,\widetilde{c}_n)$, $\widetilde{c}_i = 0.5\sum_{j=1}^{n} L_{ij}^2 + K_1(\sum_{j=1}^{n} L_{ij}^2)^{1/2} \geqslant 0$, $K_1 > 0$ 是一个常数。显然, $M$ 矩阵形式的式 (2.102) 或式 (2.103) 统一了现有的许多相关稳定性结果, 如文献 [87]、[90]、[115]、[117]、[118]。

对于具有连续分布时滞的反应扩散 Hopfield 神经网络:

$$
\begin{aligned}
\frac{\partial u_i(t)}{\partial t} = & \sum_{k=1}^{m} \frac{\partial}{\partial x_k}\left(D_{ik}\frac{\partial u_i(t,x)}{\partial x_k}\right) \\
& - \left[a_i(u_i(t,x)) - \sum_{j=1}^{n} w_{ij}g_j(u_j(t,x)) - \sum_{j=1}^{n} w_{ij}^1\int_{-\infty}^{t} K_{ij}(t-s)g_j(u_j(s,x))\mathrm{d}s\right]
\end{aligned}
\tag{2.104}
$$

文献 [179] 和 [221] 考虑了其平衡点的全局指数稳定性问题, 建立了如下的基于 $M$ 矩阵的稳定判据:

$$M_0'''' = \Gamma - |W|\Delta - |W_1|\Delta \tag{2.105}$$

$$M_0'''' = \Gamma - W^+\Delta - |W_1|\Delta \tag{2.106}$$

式中, $W^+ = (w_{ij}^+)$; $w_{ii}^+ = \max\{0, w_{ii}\}$; $w_{ij}^+ = |w_{ij}|$ $(i \neq j)$。

对于具有连续分布时滞的反应扩散 Hopfield 神经网络 (式 (2.96)), 则有

$$\frac{\partial u_i(t)}{\partial t} = \sum_{k=1}^{m} \frac{\partial}{\partial x_k}\left(D_{ik}\frac{\partial u_i(t,x)}{\partial x_k}\right)$$

$$- \left[a_i(u_i(t,x)) - \sum_{j=1}^{n} w_{ij}^1 f_j\left(\int_0^\infty K_{ij}(s)u_j(t-s,x)\mathrm{d}s\right)\right] \tag{2.107}$$

且核函数满足

$$\int_0^\infty K_{ij}(s)\mathrm{d}s = k_{ij} > 0 \tag{2.108}$$

文献 [222] 考虑了其全局指数稳定性问题, 并建立了如下的基于 $M$ 矩阵形式的稳定判据:

$$M_0'''' = \Gamma - \Delta^0|W_1^a| \tag{2.109}$$

式中, $W_1^a = (w_{ij}^1 k_{ij})$。如果在式 (2.108) 中 $k_{ij} = 1$, 文献 [223] 研究了式 (2.107) 的全局渐近稳定性问题, 该稳定判据与式 (2.109) 相同。

针对具有分布时滞的如下神经网络:

$$\dot{u}_i(t) = -\left[a_i(u_i(t)) - \sum_{j=1}^{n} w_{ij}g_j(u_j(t)) - \sum_{j=1}^{n} w_{ij}^1 f_j(u_j(t-\tau_{ij}(t)))\right.$$

$$\left. - \sum_{j=1}^{n} w_{ij}^2 \int_0^\infty K_{ij}(s)h_j(u_j(t-s)\mathrm{d}s)\right] \tag{2.110}$$

且核函数满足

$$\int_0^\infty \mathrm{e}^{\lambda s}K_{ij}(s)\mathrm{d}s = k_{ij}(\lambda) > 0 \tag{2.111}$$

式中, $0 \leqslant (h_i(\zeta) - h_i(\xi))/(\zeta - \xi) \leqslant \delta_i^1$; $k_{ij}(0) = 1$。文献 [116] 建立了如下的稳定条件:

$$\left[\lambda I - \Gamma + |W|\Delta + \mathrm{e}^{\lambda\tau}|W_1|\Delta^0 + (\rho(\lambda)\bigotimes|W_2|\Delta^1)\right]\zeta < 0 \tag{2.112}$$

或者

$$\Gamma - |W|\Delta - |W_1|\Delta^0 - |W_2|\Delta^1 \tag{2.113}$$

是一个非奇异 $M$ 矩阵, 则式 (2.110) 的唯一平衡点是全局指数稳定的, 其中, $\lambda > 0$ 是一个正数, $I$ 是一个具有适当维数的单位矩阵, $0 \leqslant \tau_{ij}(t) \leqslant \tau$, $A \bigotimes B = (a_{ij}b_{ij})$, $\zeta = (\zeta_1, \cdots, \zeta_n)^{\mathrm{T}} > 0, \zeta_i > 0$, $W_2 = (w_{ij}^2)$, $\Delta^1 = \mathrm{diag}(\delta_1^1, \cdots, \delta_n^1)$, $\rho(\lambda) = (k_{ij}(\rho))$。

需说明的是, 通过适当的坐标变换, 式 (2.107) 和式 (2.110) 可转换成式 (2.104) 的形式。更一般地, 针对具有如下一类分布时滞的神经网络:

$$
\begin{aligned}
\frac{\partial u_i(t)}{\partial t} =& \sum_{k=1}^{m} \frac{\partial}{\partial x_k}\left(D_{ik}\frac{\partial u_i(t,x)}{\partial x_k}\right) \\
& - \left[a_i(u_i(t,x)) - \sum_{j=1}^{n} w_{ij}^1 f_j\left(\int_0^T K_{ij}(s)u_j(t-s,x)\mathrm{d}s\right)\right]
\end{aligned}
\tag{2.114}
$$

式中, $T > 0$ 是一个正常数, 可采用研究式 (2.107) 的相同的方法来研究式 (2.114) 的全局稳定性, 且全局渐近稳定判据可写成如式 (2.109) 一样[224]。这样, 可以采用相同的方法来处理式 (2.104)、式 (2.107) 和式 (2.114) 中的连续分布时滞。

然而, 可以发现, 因为放大函数在神经网络中的位置不同, 式 (2.100) 和式 (2.109) 与式 (2.80)、式 (2.84)、式 (2.99) 和式 (2.102) 是不同的。但是通过仔细的校验和比较可以发现, 由于不适当地使用 $M$ 矩阵特性, 某些文献的结果存在很大的差异。这样, 如果将式 (2.100) 和式 (2.109) 中的 $\Delta^0$ 分别移至 $|W_1|$ 和 $|W_1^a|$ 的右侧, 这样得到的表达形式才能够整齐划一。

针对具有常时滞的中立型 Cohen-Grossberg 神经网络, 即

$$
\begin{aligned}
& \dot{u}_i(t) + \sum_{j=1}^{n} e_{ij}\dot{u}_j(t-\tau_j)) \\
& = -d_i(u_i(t))\left[a_i(u_i(t)) - \sum_{j=1}^{n} w_{ij}g_j(u_j(t)) - \sum_{j=1}^{n} w_{ij}^1 g_j(u_j(t-\tau_j))\right]
\end{aligned}
\tag{2.115}
$$

文献 [225] 研究了其平衡点的全局渐近稳定性, 其中, $E = (e_{ij})$ 表示神经元的导数信息如何被滞后地前向连接到网络中, 即时间滞后出现在状态的速度向量上。如果 $E = 0$, 则网络描述了一类滞后性时滞的神经网络。当 $a_i(u_i(t))$ 和 $a_i^{-1}(u_i(t))$ 是连续可微的, 且 $0 < \gamma_i \leqslant a_i'(u_i(t)) \leqslant \gamma_i^0 < \infty$ 时, 文献 [225] 建立了如下的式 (2.115) 的平衡点是全局渐近稳定的结果:

$$0 \leqslant \|E\| < 1 \tag{2.116}$$

$$LP(1+\|E\|) + LR(1+\|E\|) + Q < \min_{1\leqslant i \leqslant n}\{d_i\gamma_i\} \tag{2.117}$$

式中，$L = \max\{\delta_i\}$；$P = \max\{\overline{d}_i\}\|W\|$；$Q = \max\{\overline{d}_i\gamma_i^0\}\|E\|$ 和 $R = \max\{\overline{d}_i\}\|W_1\|$。当在式 (2.115) 中 $E = 0$ 时，式 (2.116) 可简化为如下形式：

$$L(\|W\| + \|W_1\|)\max_i\{\overline{d}_i\} \leqslant \min_i\{\underline{d}_i\gamma_i\} \tag{2.118}$$

此外，如果 $\overline{d}_i = \underline{d}_i = 1$，则式 (2.118) 可进一步简化为

$$L(\|W\| + \|W_1\|) \leqslant \min_i\{\gamma_i\} \tag{2.119}$$

式中，$\|B\|$ 表示欧几里得范数。

### 2.4.3　基于矩阵不等式方法或混合方法的稳定结果

在本小节，如果不额外声明，总假定激励函数满足假设 2.4。

针对如下的 Cohen-Grossberg 神经网络 (式 (2.88) 的一种特殊形式)：

$$\dot{u}_i(t) = -d_i(u_i(t))\Big[a_i(u_i(t)) - \sum_{j=1}^n w_{ij}g_j(u_j(t)) - \sum_{j=1}^n w_{ij}^1 f_j(u_j(t-\tau))\Big] \tag{2.120}$$

文献 [52] 考虑了其平衡点的全局指数稳定性问题，并分别建立了如下的基于矩阵不等式的稳定判据和基于矩阵范数的稳定判据：

$$2P\Gamma\Delta^{-1} - PW - (PW)^{\mathrm{T}} - Q - PW_1Q^{-1}W_1^{\mathrm{T}}P > 0 \tag{2.121}$$

或

$$\delta_M(\|W\| + \|W_1\|) < \gamma_m \tag{2.122}$$

式中，$P$ 和 $Q$ 为正定对角矩阵；$\|B\| = (\lambda_M(B^{\mathrm{T}}B))^{1/2}$ 表示由欧几里得向量范数诱导的矩阵 $B$ 的范数；$\lambda_M(B)$ 表示矩阵 $B$ 的最大特征值；$\gamma_m = \min\{\gamma_i\}$，$\delta_M = \max\{\delta_i\}$ $(i = 1, \cdots, n)$。实际上，式 (2.121) 就是文献 [92] 中的式 (2.58)。为了与现有的结果进行对比方便，便将此稳定判据重写了一遍。很容易看出，在稳定结果的表示形式上，式 (2.121) 包含了式 (2.50)、Lyapunov 对角稳定式 (2.63) 或式 (2.64) 作为其特殊形式。现在将证明式 (2.122) 也能够从式 (2.121) 中得到。如果 $\|W_1\| = 0$，这意味着 $W_1 = 0$，此时选取 $P = I, Q = (\gamma_m/\delta_M - \|W\|)I > 0$，则式 (2.121) 变为

$$2\Gamma\Delta^{-1} - W - W^{\mathrm{T}} - (\gamma_m/\delta_M - \|W\|)I > 0 \tag{2.123}$$

如果式 (2.123) 成立，则意味着存在任意的非零向量 $x(t) \neq 0$，使得

$$x^{\mathrm{T}}\Big[2\Gamma\Delta^{-1} - W - W^{\mathrm{T}} - (\gamma_m/\delta_M - \|W\|)I\Big]x(t) > 0 \tag{2.124}$$

或

$$x^{\mathrm{T}}\Big[2\gamma_m\delta_M^{-1} - 2\|W\| - (\gamma_m/\delta_M - \|W\|)\Big]x(t) > 0 \tag{2.125}$$

显然, $\|W_1\| = 0$ 时, 式 (2.125) 蕴含着式 (2.122)。这也意味着, 对于无时滞的网络 (式 (2.120)), 如果保证平衡点是全局指数稳定的如下条件成立:

$$2P\Gamma\Delta^{-1} - PW - (PW)^{\mathrm{T}} > 0 \tag{2.126}$$

则从式 (2.126) 也可得到如下的一个稳定判据, 若

$$\delta_M\|W\| < \gamma_m \tag{2.127}$$

则式 (2.120) 的平衡点是全局指数稳定的。针对 $\|W_1\| \neq 0$ 的情况, 选择 $P = I, Q = \|W_1\|I > 0$, 则式 (2.121) 变为

$$2\Gamma\Delta^{-1} - W - W^{\mathrm{T}} - \|W_1\|I - \frac{1}{\|W_1\|}W_1W_1^{\mathrm{T}} > 0 \tag{2.128}$$

如果式 (2.128) 成立, 则意味着存在任意的非零向量 $x(t) \neq 0$, 使得

$$x^{\mathrm{T}}\Big(2\Gamma\Delta^{-1} - W - W^{\mathrm{T}} - \|W_1\|I - \frac{1}{\|W_1\|}W_1W_1^{\mathrm{T}}\Big)x(t) > 0 \tag{2.129}$$

或

$$x^{\mathrm{T}}\Big(2\gamma_m\delta_M^{-1} - 2\|W\| - 2\|W_1\|\Big)x(t) > 0 \tag{2.130}$$

显然, 式 (2.130) 蕴含着式 (2.122)。在假设 2.3 的情况下, 文献 [146] 给出了如下的全局指数稳定判据:

$$\overline{d}\delta_M(\|W\| + \|W_1\|) < \gamma_m\underline{d} \tag{2.131}$$

文献 [226] 提出了如下形式的全局指数稳定条件:

$$\overline{d}\delta_M(\|W\|_1 + \|W_1\|_1) < \gamma_m\underline{d} \tag{2.132}$$

式中, $\|B\|_1 = \max\limits_{1\leqslant i\leqslant n}\sum\limits_{j=1}^{n}|b_{ij}|$ 表示矩阵的 1 范数; $B = (b_{ij})$。在测度空间中, 因为欧几里得范数 $\|B\|$ 和 1 范数 $\|B\|_1$ 是不同的, 所以, 这两种范数一般很难直接进行理论比较。同时, 不同的矩阵范数之间总存在着某种变换或等价关系, 进而基于不同矩阵范数形式的稳定结果具有相似的表示形式, 如式 (2.131) 和式 (2.132)。此外, 比较式 (2.131) 和式 (2.122), 可得如下的关系:

$$(\|W\| + \|W_1\|) < \frac{\gamma_m\underline{d}}{\delta_M\overline{d}} \leqslant \frac{\gamma_m}{\delta_M} < 1 \tag{2.133}$$

显然，文献 [52] 中的式 (2.122) 要比文献 [146] 中的式 (2.131) 保守一些。

对于式 (2.77)，与 $W = 0$ 时的式 (2.120) 相似，在有界激励函数的条件下，文献 [135] 要求如下的条件成立：

$$\rho(AM) < 1, \quad A = \mathrm{diag}\left(\frac{\overline{d}_1}{\underline{d}_1}, \cdots, \frac{\overline{d}_n}{\underline{d}_n}\right), \quad M = (m_{ij}), \quad m_{ij} = \frac{|w_{ij}^1|\delta_j}{\gamma_i} \tag{2.134}$$

式中，$\rho(B) = \max\limits_i |\lambda_i|$ 是方矩阵 $B$ 的谱半径，$\lambda_i$ 是矩阵 $B$ 的特征值。则式 (2.77) 或 $W = 0$ 时的式 (2.120) 的唯一平衡点是一致稳定的、一致有界的、全局吸引的和全局渐近稳定的。显然，从式 (2.134) 可得

$$AM = \left(\frac{\overline{d}_i |w_{ij}^1|\delta_j}{\underline{d}_i \gamma_i}\right) = A\Gamma^{-1}W_1\Delta \tag{2.135}$$

由此可得

$$\rho(AM) \leqslant \|AM\| = \|A\Gamma^{-1}M\Delta\| \leqslant \frac{\overline{d}}{\underline{d}}\frac{\delta_M}{\gamma_m}\|W_1\| \tag{2.136}$$

通过比较式 (2.136)、式 (2.133) 和式 (2.122) 可知，文献 [135] 中的稳定结果是更不保守的。

对于具有连续分布时滞的 Cohen-Grossberg 神经网络：

$$\begin{aligned}
\dot{u}_i(t) = &-d_i(u_i(t))\Big[a_i(u_i(t)) - \sum_{j=1}^n w_{ij}g_j(u_j(t)) \\
&- \sum_{j=1}^n w_{ij}^1 g_j(u_j(t - \tau(t))) - \sum_{j=1}^n w_{ij}^2 \int_{-\infty}^t K_j(t-s)g_j(u_j(s))\mathrm{d}s\Big]
\end{aligned} \tag{2.137}$$

文献 [65] 建立了基于 LMI 的全局指数稳定判据，其中

$$\int_0^\infty K_j(s)\mathrm{d}s = 1, \quad \int_0^\infty sK_j(s)\mathrm{e}^{2\lambda s}\mathrm{d}s = \pi_j(\lambda) < \infty, \quad \lambda > 0 \tag{2.138}$$

式 (2.137) 可写为如下紧凑型的矩阵–向量形式：

$$\begin{aligned}
\dot{u}(t) = &-D(u(t))\Big[A(u(t)) - Wg(u(t)) - W_1g(u(t - \tau(t))) \\
&- W_2 \int_{-\infty}^t K(t-s)g(u(s))\mathrm{d}s\Big]
\end{aligned} \tag{2.139}$$

显然，文献 [65] 中的分布时滞 (式 (2.138)) 与文献 [65] 中的分布时滞是不同的。这样，文献 [65] 中的分析方法不能应用到具有分布时滞的式 (2.24)。利用广义系统方法，文献 [62]、[64]、[107]、[108] 建立了基于 LMI 的全局指数稳定判据，在这些判

据中包含了很多自由变量，由此增加了稳定性的可解空间。此外，文献 [65] 中的稳定结果对时变时滞的变化率没有任何限制，这是其一特色。在式 (2.138) 中，当 $d_i(u_i(t))$ 为常数时，文献 [49] 研究了具有常时滞的这类网络模型，通过采用 Moon 不等式[227] 和牛顿–莱布尼茨公式，建立了基于 LMI 的全局渐近稳定稳定判据。

针对式 (2.88)，当 $f_i(u_i(t)) = g_i(u_i(t))$ 和 $\dot{\tau}_{ij}(t) \leqslant \eta < 1$ 时，文献 [169] 中的定理 4.1 要求如下的矩阵不等式成立：

$$2P\Gamma\Delta^{-1} - PW - W^{\mathrm{T}}P - (PQ^{-1}W_1)_\infty - \frac{1}{1-\eta}(PQW_1)_1 > 0 \qquad (2.140)$$

则式 (2.88) 的平衡点是全局指数稳定的。其中，$P$、$Q$ 为正定对角矩阵；$B = (b_{ij})$；$B_1 = \mathrm{diag}\Big(\sum_{i=1}^n |b_{i1}|, \sum_{i=1}^n |b_{i2}|, \cdots, \sum_{i=1}^n |b_{in}|\Big)$，$B_\infty = \mathrm{diag}\Big(\sum_{i=1}^n |b_{1i}|; \sum_{i=1}^n |b_{2i}|, \cdots, \sum_{i=1}^n |b_{ni}|\Big)$。

针对具有连续分布时滞的 Cohen-Grossberg 神经网络：

$$\dot{u}_i(t) = -d_i(u_i(t))\Big[a_i(u_i(t)) - \sum_{j=1}^n w_{ij}g_j(u_j(t)) - \sum_{j=1}^n w_{ij}^1 \int_{-\infty}^t K_{ij}(t-s)g_j(u_j(s))\mathrm{d}s\Big] \qquad (2.141)$$

文献 [169] 中的定理 5.2 要求如下的矩阵不等式成立：

$$2P\Gamma\Delta^{-1} - PW - W^{\mathrm{T}}P - (PQ^{-1}W_1)_\infty - (PQW_1)_1 > 0 \qquad (2.142)$$

则式 (2.141) 的平衡点时全局渐近稳定的。此外，若

$$\int_0^\infty K_{ij}(s)\mathrm{e}^{\delta_0 s}\mathrm{d}s < \infty \qquad (2.143)$$

式中，$\delta_0 > 0$ 是一个正常数。则式 (2.142) 也是保证式 (2.141) 的平衡点全局指数稳定的充分条件。显然，针对常时滞情况，式 (2.142) 分别是保证 $g(\cdot) = f(\cdot)$ 时的式 (2.88) 和具有连续分布时滞的式 (2.141) 的平衡点全局渐近稳定的充分条件。原因在于：通过选择适当的核函数 (更多信息可见式 (2.24) 和式 (2.25)) 可从式 (2.141) 得到 $g(\cdot) = f(\cdot)$ 时的式 (2.88)。因为包含了分布时滞，在核函数满足适当的条件下，如果式 (2.142) 成立，则式 (2.141) 的平衡点也是全局指数稳定的。显然，一方面，式 (2.140) 和式 (2.142) 仅考虑了连接权系数 $W$ 的神经元的抑制作用，却没有考虑时滞连接权系数 $W_1$ 的抑制作用。另一方面，式 (2.140) 和式 (2.142) 不容易校验，因为在计算 1 范数和无穷范数时有未知矩阵 $Q$ 存在，而 $Q$ 的选择一般没有什么原则或方法可遵循，进而增加了验证难度。

针对具有有限分布时滞的 Cohen-Grossberg 神经网络 (式 (2.61)), 文献 [103] 研究了其平衡点的全局渐近稳定性, 并建立了如式 (2.62) 所示的充分条件。显然, 文献 [103] 中的式 (2.62) 统一了许多现有的基于 LMI 的稳定结果, 即在稳定判据的数学表达形式上将很多种基于 LMI 的稳定判据统一到一个标准框架下, 进一步说明了基于 LMI 方法的有效性和通用性。

针对 Cohen-Grossberg 神经网络 (式 (2.52)), 文献 [93] 研究了其平衡点的全局指数稳定性问题, 并建立了如下的基于 LMI 的稳定判据:

$$
\begin{bmatrix}
\Phi_1 & \Phi_2 & PB_1 & PB_2 & \cdots & PB_n \\
* & \Phi_3 & QB_1 & QB_2 & \cdots & QB_n \\
* & * & -H_1 & 0 & \cdots & 0 \\
* & * & * & -H_2 & \cdots & 0 \\
\vdots & \vdots & \vdots & \vdots & & \vdots \\
* & * & * & * & \cdots & -H_n
\end{bmatrix} > 0 \tag{2.144}
$$

$$
P/\overline{d} > \sum_{i=1}^{n} \Delta H_i \Delta \tag{2.145}
$$

式中, $\Phi_1 = -2P\Gamma + (P+Q\Delta)/\underline{d} + \theta I$; $\Phi_2 = R\Delta - Q\Gamma + PW$; $\Phi_3 = QW + (QW)^{\mathrm{T}} - 2R$; $P$、$Q$、$R$ 和 $H_i$ 是正定对角矩阵; 正常数 $\theta > 0$; $B_k = (b_{ij}^k)$; $B_k$ 的第 $k$ 行由矩阵 $W_1 = (w_{ij}^1)$ 的第 $k$ 行组成, 而其余的行都是 0。

针对 $\tau_{ij}(t) = \tau(t)$ 时的 Cohen-Grossberg 神经网络 (式 (2.52)), 文献 [93] 研究了其平衡点的全局指数稳定性, 并建立了如下的基于 LMI 的稳定判据:

$$
\begin{bmatrix}
\Phi_1 & \Phi_2 & PW_1 \\
* & \Phi_3 & QW_1 \\
* & * & -H
\end{bmatrix} > 0 \tag{2.146}
$$

$$
P/\overline{d} > \Delta H \Delta \tag{2.147}
$$

式中, $H$ 是一个正定对角矩阵; 余下符号的定义同式 (2.144) 中定义。

### 2.4.4　递归神经网络的鲁棒稳定性问题

近十多年来, 递归神经网络的稳定性问题得到了广泛的研究, 具体可参考文献 [215]、[216]、[228]~[237] 及其中所引用的文献, 因为递归神经网络在模式识别、联想记忆和组合优化等不同领域有着潜在的应用, 而这些应用的前提就是神经网络的稳定性问题。在神经网络中由于存在时滞现象，使得时滞成为破坏网络稳定性的一个主要根源，进而为了更好地认识时滞对网络的影响，时滞神经网络的稳定性的研究不论在理论上还是在实际上都具有重要意义，进而成为过去以至现在神经网络界的研究热点课题。同样，在神经网络的电子电路实现和设计的过程中，由于电子元件参数的不精确或存在精度问题，导致所设计的网络参数在实际中很难完全匹配，进而导致神经元之间的连接权系数存在理论与设计之间的偏差。进一步，在测量神经网络电路中，许多重要数据如神经元的激活率、突触连接权系数及信号传输时滞等，通常借助于统计估计来进行数据采集和处理，这样必然会存在估计或测量误差。此外，由于电子电路在工作过程中的分子热运动现象及电子干扰、噪声等内在因素，以及外界电磁场或瞬时强信号波的影响，使得设计的电路参数不可避免地围绕标称值上下波动。实际应用中，通过工程经验或者已知的不完备信息能够大致确定上述提到的重要数据的波动范围以及电路参数的摄动界限，由此就引入了标称参数在某一区间摄动时的稳定性问题。这意味着，任何一个设计良好的神经网络都应该对标称参数在某一给定区间变化时具有一定的稳定性的保持性，即稳定鲁棒性；否则，理论上研究得再完美的成果在实际应用中也不具有实用意义。这就是神经网络鲁棒稳定研究的起因，也是完全借鉴控制系统理论中的相关概念不断发展和完善起来的。参数在有限的区间摄动是一个很现实的问题，在理论上就可以借鉴区间矩阵的相关研究成果来探讨神经网络的鲁棒稳定性问题。例如，全局鲁棒稳定性就可以保证所设计的神经网络在求解优化问题时不会担心因参数摄动而引入的虚假的次优平衡点的情况，从而能使得网络求解出最终的优化问题的全局最优解，进而鲁棒稳定性在实际中具有重要工程意义。除了全局渐近稳定性、全局指数稳定性得到研究，完全稳定性、(局部) 渐近稳定性和周期振荡等时滞神经网络的动态特性也得到了广泛研究，如文献 [53]、[57]、[58]、[164]、[216]、[229]~[232]、[234]~[236]、[238]~[240] 及其中的引用文献。如文献 [58] 在 2006 年指出的那样，对于神经网络的鲁棒稳定性的研究还不是很充分，不论是有时滞情况还是无时滞情况，虽然在 2006 年之前鲁棒稳定性也有一些研究，如文献 [241]~[245]，但仍有很多发展空间和理论问题有待解决。在文献 [241]、[242] 中，针对有界和严格单调增的激励函数，具有时滞的区间 Hopfield 神经网络的鲁棒稳定性得到了研究，并建立了一些基于 $M$ 矩阵的鲁棒稳定判据。在文献 [244] 中，针对无时滞的连续时间 Hopfield，通过将不确定参数看做参数摄动，并基于参数摄动方法给出了判断鲁棒稳定性的一些测试结果。在文献 [58] 中，针对连续时间神经网络，通过将区间不确定参数看做满足匹配条件的一类不确定性，并建立了基于 LMI 的鲁棒稳定性判据。可以说，从 2006 年以后，关于神经网络鲁棒稳定性的研究都是将不确定参数假设成满足匹配不确定性的形式，并由此展开基于 LMI 方法、代数不等式方法的鲁棒稳定性研究。将区间不确定性转化成满足匹配条件形式的不确定性 (称为一种映射过程)，虽然在本质上二者是等价的, 但是其逆过程往往是不易实践的, 尽管在理论上可行, 但可操作性不高, 易产生偏差, 这可能也是理论研究和实际操作之间的一大区别所在。理论分析的便利往往带来实际应用的困惑或难以实现; 而理论分析的繁杂有时却是实际问题的本源写照。所以, 理论研究不能太脱离具体的对象或者问题的描述, 为了方便而方便, 为了一种映射的存在而不断地变换空间或论域, 最终弄晕了他人, 迷失了自我, 不知谁是谁。当下的神经网络稳定性的研究基本上是沿着文献 [58] 的思路和证明路线, 在不断放松激励函数的假设、时变时滞的假设、连接权矩阵的假设等方面来改进网络的稳定性结果。从某种意义上来说, 目前的研究已经将鲁棒稳定性与全局渐近稳定性、全局指数稳定性的研究化为一个类别, 作为一种类型的稳定性来使用的。这种认识是片面的, 不确切的, 从而导致在鲁棒稳定性的研究方面缺乏实质性的进展, 难以比较哪种结果的优劣, 因为目前的稳定判据为降低保守性而包含了大量的未知参数, 使得稳定判据的表达形式复杂化、物理意义模糊化、物理参数之间的内在约束关系多值化, 已经不具有那种简单明了的直觉意义, 而是晦涩的多维抽象形而上的意义。在鲁棒稳定性的研究上, 名义上是追求定性结果, 而实际上是要求出定量结果: 在多大的参数摄动范围内, 网络的某种稳定性仍能够保持; 或者为了某种稳定性质的不变性, 能允许的最大参数摄动范围。这就是鲁棒稳定性与渐近稳定性和指数稳定性研究的区别所在。

为了阐述清晰, 这里将目前主要使用的几类不确定性模型再简要罗列一下, 并附带加些评注。

### 1. 满足匹配条件的不确定性

$$\Delta A = MF(t)N, \quad F^{\mathrm{T}}(t)F(t) \leqslant I \tag{2.148}$$

或者

$$\Delta A = MF_0(t)N, \quad F_0(t) = (I - F(t)J)^{-1}F(t), \quad F^{\mathrm{T}}(t)F(t) \leqslant I \tag{2.149}$$

这类不确定性的描述形式特别适合基于状态空间方程描述的动力系统, 进而也特别适用基于矩阵不等式的分析和综合方法。换句话说, 这种描述方式就是为与状态空间方程形式描述的动力系统相配套的一种不确定性, 是基于等价性原则的一种适当的变换, 是为了适应某种需要而人为构造的一类描述方式, 也是人们科学认识事物的一种方式和反映。

### 2. 区间不确定性[58, 245]

$$A_I = [\underline{A}, \overline{A}] = \{A = (a_{ij})_{n \times n} : \underline{A} \leqslant A \leqslant \overline{A}, \text{ i.e., } \underline{a}_{ij} \leqslant a_{ij} \leqslant \overline{a}_{ij}\} \tag{2.150}$$

这类不确定性的描述形式具有广泛的实用性, 不仅能适用状态空间方程形式描述的动力系统, 而且也适用非状态空间方程形式描述的动力系统。只要有标称量的存

在 (无论数值、函数还是集合、体积)，就会在该标称量的周围存在一定的容许的活动区域或变化区域，形成类似包络线或者集肤效应的一种卡边边界。例如，控制系统理论中的要求响应曲线的稳态变化进入到标称值的 $\pm 2\%$ 或者 $\pm 5\%$、电子元件参数的精度问题等都属于这类区间范围的认识反应。

这里主要说明的是，在处理存在区间不确定时的神经网络的鲁棒稳定性证明中，对于某些不等式的认识是逐渐完善的。例如，在文献 [245] 中，提出了如下的不等式关系：

$$\|A\|_2^2 \leqslant \max\{\|\underline{A}\|_2^2, \|\overline{A}\|_2^2\} \tag{2.151}$$

式中，$\|A\|_2 = \sqrt{\lambda_{\max}(A^{\mathrm{T}}A)}$ 是标准的欧几里得范数。这个不等式的提出到被进一步完善和验证经历了三年多的时间，如文献 [58] 中所指出的那样，式 (2.151) 不是总成立的，例如：

$$\underline{A} = \begin{bmatrix} 0 & -16 \\ -16 & 0 \end{bmatrix}, \quad \overline{A} = \begin{bmatrix} 16 & 0 \\ 0 & 16 \end{bmatrix}, \quad A = \begin{bmatrix} 16 & -16 \\ -16 & 16 \end{bmatrix} \tag{2.152}$$

显然，$\underline{A} \leqslant A \leqslant \overline{A}$ 和 $\|\underline{A}\|_2 = \|\overline{A}\|_2 = 16$, $\|A\|_2 = 32$。这样，针对这种特殊情况，式 (2.151) 就不成立。文献 [58] 进一步给出了改进的形式，即

$$\|A\|_2 \leqslant \|A_*\|_2 + \|A^*\|_2 \tag{2.153}$$

式中，$A^* = (\overline{A} + \underline{A})/2$; $A_* = (\overline{A} - \underline{A})/2$。

### 3. 不确定性的标量绝对值形式描述

$$\Delta A = (\delta a_{ij}) \in \{|\delta a_{ij}| \leqslant \overline{a}_{ij}\} \tag{2.154}$$

这是最普遍的、最基本的参数摄动，是用两点之间的距离来直接确定的变化量大小。上述两种不确定性形式主要还是基于矩阵的范数或者向量的范数来界定连接权矩阵的摄动，而标量绝对值形式不确定性却是对最基本的矩阵元素或向量元素进行的变化范围的界定，具有通用性，一般在基于代数不等式的稳定性分析和综合中广为采用。

神经网络中研究的鲁棒性，目前绝大多数还是针对连接权系数的变化而言的，进而，可以得到如下一种神经网络鲁棒稳定性的定义形式。

**定义 2.1** (鲁棒稳定性)　神经网络的参数变化范围是由式 (2.150) 所确定的，称不确定神经网络 (2.83) 为全局鲁棒稳定的，如果式 (2.83) 的平衡点 $u^* = (u_1^*, u_2^*, \cdots, u_n^*)$ 对于所有的 $W \in W_I, W_1 \in W_{1I}$ 都是全局渐近稳定的。

上述定义的含义是指，对于任一组满足 $W \in W_I, W_1 \in W_{1I}$ 的连接矩阵，式 (2.83) 都具有唯一的平衡点，且该平衡点是全局渐近稳定的。不同的连接矩阵所对应的唯一平衡点也可能不同，但每一个唯一平衡点都应是全局渐近稳定的。由这样的类似于凸包的概念所对应的不同平衡点组成的集合是全局稳定的 (全局稳定性此时主要是指孤立平衡点集合，每一个平衡点都是渐近稳定的；若对于非孤立的平衡点，如周期解或极限环，也存在由它们所组成的集合，只不过要求它们的集合也是有界的)，则这种能够保持平衡点的全局稳定性的能力称为鲁棒稳定性。鲁棒稳定性在证明过程上与全局渐近稳定性的证明是一样的，只不过在证明过程中考虑了不确定性参数的影响，即引入了对不确定性参数的不同处理方法，由此形成了按照鲁棒稳定性的不同定义而构建的自成逻辑体系的证明过程和相应结论。

## 2.4.5　稳定性结果的定性评价

通过上面 2.4.2 节 ~2.4.4 节对不同的稳定性之间的论述和比较，由此可以归纳出如下几点认识。

(1) 在式 (2.76) 中随着加性项的增多，基于 $M$ 矩阵的稳定结果中的负项也在增加，这意味着使该 $M$ 矩阵继续拥有正的特征值是越来越困难了。显然，此时的基于 $M$ 矩阵的稳定结果的保守性将会显著增加，这种情况类似于串联电路中的电阻分压过程，串联项越多，负载电阻越大，消耗的能量也就越大，在有限的供电能力范围内，势必会引起电压的急剧下降而出现继电保护相继跳闸的连锁反应，导致电压稳定性的丧失。这种认识对于其他形式的稳定判据也适用，例如，对于基于 LMI 的稳定判据，随着系统中加性项的增加，在基于 LMI 的稳定判据中的加性项也增加，进而使得矩阵不等式的负定性难以保证 ( 以小于 0 作为判别条件的这种不等式为例)。这也可以解释为，随着网络复杂性的增加 (这里以结构复杂性为例)，不论基于何种方式所建立的稳定判据的有效性将随之降低，这是由被研究对象的自身特性所决定的，不是外在力量所能够改变的。研究的目的是揭示事物的规律而不是破坏或改变事物的规律，通过对规律的认识来指导与事物的相互关系和交互作用，实现和谐稳定发展。此外，稳定性的存在或保持是两种不同的作用的结果，即激励作用和抑制作用的动态平衡，一般来说，抑制作用具有镇定的功效，而激励的作用是兴奋的表征。因此，较为有效和复杂的基于 LMI 的稳定性结果就具有这种特征，而简单的基于矩阵范数、矩阵测度和 $M$ 矩阵的稳定结果仅考虑了神经元之间的激励兴奋作用而具有较大的保守性；基于代数不等式的稳定结果虽然也是仅考虑了神经元的激励兴奋作用，但其保守性的不增加是通过在稳定判据中增加大量的自由变量而以增加计算复杂性为代价而获得的。

(2) 由于 $M$ 矩阵的特殊性质，使得基于 $M$ 矩阵的稳定判据将基于代数不等式的稳定判据、基于矩阵测度的稳定判据、基于谱范数的稳定判据和基于 Lyapunov

对角稳定的稳定判据在某类神经网络模型下建立起了内在联系，然后随着网络模型的不断复杂化使得基于各种方法的稳定判据呈现多样性发展和变化，再也无法内在比较各种形式的稳定判据之间的关系，有种形如陌路之感。进一步地，基于矩阵不等式的方法能够在 LMI 方法和 Lyapunov 对角稳定方法之间建立起必然的直接联系，由此形成了从平面的标量之间的距离作为判定稳定性的度量基准上升到以立体空间的矢量之间的空间距离 (或范数) 作为度量稳定性的评判标准，进一步提升了认识事物的广度、高度和深度，使得认识不断精炼、不断与事物达成一致。总之，尽管 $M$ 矩阵的稳定结果表示形式单一，但其在神经网络稳定性理论的发展过程中起到了至关重要的作用，具有典型的历史时代特征。

(3) 对神经网络模型中的假设条件的进一步放松、从局部稳定性研究到全局稳定性研究、从渐近稳定性到指数稳定性再到绝对稳定性、从对网络参数的整体认识到网络参数的微观认识和细节剖析、从微分方程形式的神经网络模型到微分包含形式的网络模型、从集中时滞的点时滞开始到分布时滞、随机时滞的演化等，构成了场面宏大、各种数学方法争相斗艳、研究内容丰富多彩的神经网络动力稳定性路程。

## 2.5  递归神经网络的充分必要稳定条件

目前的 Hopfield 型神经网络的稳定判据和 Cohen-Grossberg 型神经网络的稳定判据基本上都是充分条件，很少见到稳定性的充分必要条件，即使能见到，也只是针对一类特殊的网络模型，并借助于早期的线性系统理论的成果而得到的相应稳定判据，进而不具有普适性。特别是针对具有时滞的递归神经网络的全局渐近/指数稳定性的充分必要条件，当下尚没有一般的稳定结果。然而，从认识上可以猜测: 有/无时滞的神经网络的不同动态的判定一定存在某种充分必要条件。例如，针对一类具有时滞的递归神经网络的吸引性问题，文献 [246] 给出了几个充分必要的稳定判据。

现有的神经网络平衡点的全局渐近/指数稳定的充分条件都是建立在严格的不等式基础上的 ($> 0$ 或者 $< 0$)。很自然地要问: 如果将严格的不等式 ($> 0$ 或者 $< 0$) 替换为非严格不等式或者临界的不等式情况 ($\geqslant 0$ 或者 $\leqslant 0$)，将会发生什么样的情况? 在研究平衡点稳定性的充分必要条件之前，这个临界不等式情况是一个不可逾越的问题。从直觉上来说，等式形式的 Riccati 方程能够给出充分必要的相应判据，而线性矩阵不等式的形式只能给出充分的或者必要的相应条件，那么临界不等式情况是否能够更接近充分必要的相应条件、还是只能够保证诸如全局稳定这一类通用的动态特性而没有更明晰的特征? 因此，研究非严格不等式情况下的相应定性特性就显得更加重要和迫切。

在这方面，值得一提的就是复旦大学的陈天平教授及其团队所做的出色工作。考虑如下神经网络模型：

$$\dot{u}_i(t) = -\gamma_i u_i(t) + \sum_{j=1}^{n} w_{ij} g_j(u_j(t)) + \sum_{j=1}^{n} w_{ij}^1 f_j(u_j(t - \tau_{ij})) \tag{2.155}$$

式中，$g_i(u_i(t)) = \tanh(\alpha_i u_i(t))$ 和 $f_i(u_i(t)) = \tanh(\beta_i u_i(t))$，即 $|g_i(u_i(t))| \leqslant \alpha_i |u_i(t)|$ 和 $|f_i(u_i(t))| \leqslant \beta_i |u_i(t)|$。显然，式 (2.155) 是式 (2.88) 的一种特殊情形。文献 [247] 基于类 $M$ 矩阵方法 (或代数不等式方法) 建立了式 (2.155) 的平衡点全局收敛的非严格不等式情况的充分条件，即

$$M_{\mathrm{c}} = -\gamma_j + \alpha_j \Big( w_{jj} + \sum_{i=1; i \neq j}^{n} |w_{ij}| \Big)^+ + \beta_j \sum_{i=1}^{n} |w_{ij}^1| \leqslant 0 \tag{2.156}$$

此时存在一个唯一的平衡点使得式 (2.155) 的每个解都满足 $\lim\limits_{t \to \infty} u(t) = u^*$。显然，下列矩阵条件：

$$\Gamma - W^+ \alpha - |W_1| \beta \in \mathcal{P}_0 \tag{2.157}$$

等价于式 (2.156)，其中，$\mathcal{P}_0$ 将在式 (2.161) 中定义。比较文献 [247] 中的式 (2.157) 和文献 [115] 中的式 (2.89) 可见，文献 [247] 中的结果进一步放松了平衡点稳定性/收敛性的判定条件，所得到的相应条件也更加接近于稳定性/收敛性的必要条件。

考虑如下纯时滞的 Hopfield 神经网络：

$$\dot{u}(t) = -\Gamma u(t) + W_1 f(u(t - \tau)) \tag{2.158}$$

文献 [59] 中的定理 3 建立了如下的充分必要条件：

$$\left( \sigma I - \begin{bmatrix} \Gamma & 0 \\ 0 & \Gamma \end{bmatrix} + \mathrm{e}^{\sigma \tau} \begin{bmatrix} W_1^+ & W_1^- \\ W_1^- & W_1^+ \end{bmatrix} \begin{bmatrix} \Delta & 0 \\ 0 & \Delta \end{bmatrix} \right) \eta \leqslant 0 \tag{2.159}$$

该条件可保证式 (2.158) 的平衡点是依分量形式指数收敛的 (componentwise exponential convergence)。其中，$\eta = [\alpha^{\mathrm{T}}, \beta^{\mathrm{T}}]^{\mathrm{T}}$；$\alpha > 0$ 和 $\beta > 0$ 是两个具有适当维数的常值向量；$\sigma > 0$ 是一个标量；$I$ 是一个具有适当维数的单位矩阵；$(w_{ij}^1)^+ = \max\{w_{ij}^1, 0\}$ 表示神经元的激励连接权；$(w_{ij}^1)^- = \max\{-w_{ij}^1, 0\}$ 表示神经元的抑制连接权。显然，矩阵 $W_1^+$ 和 $W_1^-$ 中的元素都是非负的。

针对有/无时滞的 Hopfield 神经网络，在对激励函数和连接权矩阵施加不同的假设情况下，现有的文献中已经建立了一些保证平衡点是稳定的/吸引的充分必要

的判别条件。考虑如下的 Hopfield 神经网络：

$$\dot{u}_i(t) = -\gamma_i u_i(t) + \sum_{j=1}^{n} w_{ij} g_j(u_j(t)) + U_i \tag{2.160}$$

式中，$W$ 为连接权矩阵；激励函数 $g_i(u_i(t))$ 是一类 Sigmoid 函数，包含了一大类满足光滑、严格单调、递增的有界激励函数类，即当 $u_i(t) \to \pm\infty$ 时激励函数是有界的 (如双曲正切函数 $\tanh(u_i(t))$)。在文献 [248] 和 [249] 中，针对具有非对称连接矩阵 $W$ 的式 (2.160)，对任意有界的激励函数类 $g(\cdot)$，提出了如下形式的充分必要条件以保证平衡点的唯一性：

$$-W \in \mathcal{P}_0 \tag{2.161}$$

式中，$\mathcal{P}_0$ 表示满足一定条件的方矩阵类 $A$，该类矩阵可等价为如下的任一种特性[248]：①矩阵 $A$ 的所有主子式都是非负的；②矩阵 $A$ 的每一个实特征值都是非负的，以及矩阵 $A$ 的每一个主子矩阵的特征值也是非负的；③ 对于任意的对角矩阵 $K = \mathrm{diag}(K_1, \cdots, K_n)$，行列式 $\det(K + A) \neq 0$，其中，$K_i > 0$ $(i = 1, \cdots, n)$。根据 $\mathcal{P}_0$ 的上述定义可知，负半定连接矩阵 $W$ 是保证具有不对称连接权矩阵的式 (2.160) 的平衡点的唯一性的充分必要条件。然而，式 (2.161) 一般不是保证具有不对称连接权矩阵的式 (2.160) 的平衡点的绝对稳定性的充分条件。相反，对于具有对称连接权矩阵的式 (2.160)，式 (2.161) 或者负半定矩阵 $W$ 却是保证其唯一平衡点的绝对稳定性的充分必要条件[250]。此外，文献 [251] 和 [252] 又将绝对稳定性的充要条件拓展到绝对指数稳定性方面。在此，有必要对充分必要条件作些说明。众所周知，在最初的 Hopfield 神经网络模型中，对称的 Hopfield 网络总是呈现收敛动态，但这种收敛动态可能存在局部收敛情况 (如在求解优化问题中的虚假的平衡点[17])。而式 (2.161) 表明：能够保证对称连接的 Hopfield 神经网络存在全局最小点而不存在虚假响应 (或假的最优平衡点) 的对称连接 Hopfield 神经网络的最大子类就是那些具有负半定连接矩阵的对称 Hopfield 神经网络。或简明地说，具有负半定连接权矩阵的对称 Hopfield 神经网络是保证对称 Hopfield 神经网络具有全局最优平衡点而不存在虚假平衡点的最大的子类网络。

在文献 [253] 中给出了一种猜测：Hopfield 神经网络是绝对稳定的充分必要条件是连接权矩阵 $W$ 属于矩阵类 $W$，即对于任意的正定对角矩阵 $D_1$ 和 $D_2$，矩阵 $(W - D_1)D_2$ 的所有特征值都具有负实部。对于具有两个神经元的 Hopfield 网络，该猜测条件被证明是保证平衡点绝对稳定的充分必要条件，对于一般任意数量神经元的神经网络情况，没有得到这样的结论。文献 [253] 中只证明了该猜测条件是保证平衡点绝对稳定性的必要条件，并意味着对于现有的保证平衡点是绝对稳定性的所有充分条件都是该猜测条件的特殊情况，这也正是文献 [253] 的一大主要贡献。在神经网络中的神经元数量大于两个以上时，该猜测条件是否是保证一般的神经网络的平衡点是绝对稳定的充分条件还是不得而知的。在激励函数满足局部 Lipschitz 连续、单调非减的激励函数类情况下 (该类激励函数包含了 Sigmoid 类激励函数)，文献 [131] 提出了一种绝对指数稳定的充分必要条件，即连接权矩阵 $W$ 满足文献 [129] 中所引入的加性对角稳定矩阵类 (即对于任意的正定对角矩阵 $D_1$，存在一个正定对角矩阵 $D_2$ 使得 $D_2(W - D_1) + (W - D_1)^{\mathrm{T}} D_2 < 0$)。文献 [131] 中的绝对指数稳定的充要条件拓展了文献 [254] 中的条件 (文献 [254] 中要求连接权矩阵 $W$ 是一个具有非正对角元素的 $H$ 矩阵)。

作为比较，文献 [21] 分别提出了如下两个充分条件：

$$\delta_M < \frac{\gamma_i}{w_{ii} + 0.5 \sum_{j \neq i; j=1}^{n} (|w_{ij}| + |w_{ji}|)} \tag{2.162}$$

和

$$w_{ii} \leqslant -0.5 \sum_{j \neq i; j=1}^{n} (|w_{ij}| + |w_{ji}|) \tag{2.163}$$

该条件保证具有对称连接权矩阵的式 (2.160) 的唯一平衡点是全局渐近稳定的。

在式 (2.163) 中，不包含激励函数的任何信息，即不论激励函数的最大斜率 $\delta_M$ 为何，式 (2.163) 仅与连接权矩阵有关，而与激励函数无关。显然，对于给定的连接权矩阵 $W$，式 (2.163) 对于所有的满足类 $S$ 的激励函数 (即满足有界、单调、严格递增的一类激励函数族) 都成立，进而是保证式 (2.160) 的平衡点绝对稳定性的一类充分条件。相反，式 (2.162) 不能够保证式 (2.160) 的平衡点的绝对稳定性，因为在稳定条件 (2.162) 中对 Sigmoid 激励函数的最大斜率施加了限制。

对于 $W$ 是对称的连接权矩阵情况，式 (2.163) 可写为 $w_{ii} \leqslant - \sum_{j \neq i; j=1}^{n} |w_{ij}|$，这意味着连接矩阵 $W$ 是弱行和占优势的，进而是一个负半定矩阵。这样，此时的式 (2.163) 意味着式 (2.161)。然而，负半定矩阵类的范围要比满足行和占优势的矩阵类的范围宽得多，在此意义下，式 (2.163) 要比式 (2.161) 的适用范围窄，有一定的局限性。

在文献 [98] 中，考虑了式 (2.160) 中的连接权矩阵 $W$ 是规范矩阵的情况，即连接权矩阵满足满足 $W^{\mathrm{T}} W = W W^{\mathrm{T}}$，称此时的式 (2.160) 为规范 Hopfield 神经网络，显然，该类神经网络是原始的 Hopfield 神经网络 (式 (2.15)) 的一种特殊情况。文献 [98] 建立了如下的充分必要条件：

$$\max_i \operatorname{Re} \lambda_i(W) \leqslant 0 \tag{2.164}$$

或

$$\max_i \lambda_i \left( \frac{W + W^{\mathrm{T}}}{2} \right) \leqslant 0 \qquad\qquad (2.165)$$

该条件保证了式 (2.160) 的平衡点是绝对稳定的。其中，$\lambda_i(B)$ 表示矩阵 $B$ 的第 $i$ 个特征值；$\mathrm{Re}\,\lambda_i(B)$ 表示特征值 $\lambda_i(B)$ 的实部。因为根据规范矩阵定义，对称矩阵也是规范矩阵，则对于对称神经网络来说，文献 [248] 中的连接矩阵是负半定的绝对稳定性结果是文献 [98] 中的稳定结果的一种特殊情况。此外，文献 [98] 中也建立了一种保证平衡点全局渐近稳定的充分条件，即

$$\delta_M \max_i \mathrm{Re}\,\lambda_i(W) \leqslant \gamma_m \qquad\qquad (2.166)$$

式 (2.166) 显然要比式 (2.164) 弱。特别地，式 (2.166) 可以容许不稳定的连接权矩阵 $W$ 情况，即对于某个 $i$，$\mathrm{Re}\,\lambda_i(W) > 0$。

在文献 [99] 中，又进一步研究了 Hopfield 网络 (式 (2.160))。通过取消连接矩阵 $W$ 是规范性矩阵的假设，一种更一般性的矩阵分解方法被提了出来，也就是，矩阵 $W$ 被分解为 $W = W^s + W^{ss}$，其中，$W^s = (W + W^{\mathrm{T}})/2$ 和 $W^{ss} = (W - W^{\mathrm{T}})/2$ 分别是矩阵 $W$ 的对称和反对称部分。然后，基于矩阵特征值方法和一个可解的李代数 (Lie algebra) 条件得到了保证所考虑的 Hopfield 神经网络的平衡点是绝对稳定的充分必要条件。具体来说，假定 $\{W^s, W^{ss}\}$ 产生了一个可解的李代数，当且仅当下面条件成立：

$$\max_i \mathrm{Re}\,\lambda_i(W) \leqslant 0 \qquad\qquad (2.167)$$

或

$$\text{连接权矩阵 } W \text{ 的对称部分 } W^s \text{ 是负半定的} \qquad\qquad (2.168)$$

则式 (2.160) 的平衡点是绝对稳定的，该充要条件包含了文献 [98]、[248]、[250] 中的结果。在式 (2.160) 中的激励函数是光滑的情况下，式 (2.167) 也保证了平衡点是指数收敛的条件。显然，文献 [99] 中所得到的指数收敛结果对于文献 [98]、[248]、[250] 中所考虑的神经网络也是有效的，但这样的指数收敛结果却在文献 [98]、[248]、[250] 中没能够提出。这样，文献 [99] 中的结果显著改进了文献 [98]、[248]、[250] 中的结论。

下面对绝对稳定性的重要性可总结陈述如下。一般来说，神经网络的绝对稳定性意味着，对于每一个 Sigmoid 型的神经元激励函数和神经网络的每一个外部常值输入，所考虑的网络总存在一个唯一的平衡点，且该平衡点是全局吸引的。绝对稳定性的这种对系统具体参数细节的不敏感性在物理上具有重要的作用，因为在

大多数的情况下神经元的激励函数只知道属于某一函数类 (如 Sigmoid 类)，但该类函数的具体形状和参数是不清楚的。这种情况的一个典型例子就是用神经网络求解优化问题时所遇到的激励函数存在高增益极限的情况，此时难以界定其界限。此外，绝对稳定性中的内在全局吸引性确保了实时在线运行的神经网络在不断改变外部输入时不再需要反复设置激励函数。进一步地，对于每一种激励函数和外部输入的选择，绝对稳定性还能排除虚假的状态响应，保证状态的全局收敛性。绝对稳定性的这一特性使得神经网络特别适合于进行神经优化计算和模式分类问题。根据这些讨论可知，文献 [98] 中所讨论的绝对稳定性就是平衡点的吸引性。

式 (2.160) 中的激励函数满足全局 Lipschitz 条件的假设 2.4 时，如下形式的充分必要条件在文献 [100]、[255] 中被提了出来：

$$-\varGamma + W\varDelta \text{ 是非奇异的或者 } \det(-\varGamma + W\varDelta) \neq 0 \tag{2.169}$$

该条件可保证式 (2.160) 具有唯一的平衡点。

针对如下时滞 Hopfield 神经网络：

$$\dot{u}_i(t) = -\gamma_i u_i(t) + \sum_{j=1}^{n} w_{ij}^1 g_j(u_j(t - \tau_{ij})) \tag{2.170}$$

文献 [246] 基于 $M$ 矩阵特性研究了式 (2.170) 的全局吸引性，其中，$W_1 = (w_{ij}^1)$ 是与时滞状态相关的连接权矩阵，激励函数满足 $g_i(0) = 0$, $g_i(u_i(t))$ 对于任意的 $u_i(t) \in \mathbf{R}$ 在 $\pm 1$ 处饱和，即 $\lim\limits_{u_i(t) \to \pm \infty} = \pm 1$, $g'(u_i(t))$ 是连续的，使得对于任意的 $u_i(t) \in \mathbf{R}$ 有 $g'(u_i(t)) > 0$, $g'(0) = 1$；对于任意的 $m_b > 0$ 有 $0 < \bar{g}_i(u_i(t)) < m_b$，其中，$\bar{g}_i(u_i(t)) = \max\{g_i(u_i(t)), -g_i(-u_i(t))\}$ $(s \geqslant 0), i = 1, \cdots, n$, $\max\{\tau_{ij}\} = \tau_M \geqslant 0$，初始条件在区间 $[-\tau_M, 0]$ 上是连续有界的。这也就是说，激励函数是满足 Sigmoid 函数类的正的饱和函数。针对式 (2.170)，文献 [246] 得到了保证网络的原点平衡点是全局吸引的充分必要条件：

$$\det(-\varGamma + W_1) \neq 0 \text{ 和 } \varGamma - |W_1| \text{ 是属于 } \mathcal{P}_0 \text{ 矩阵} \tag{2.171}$$

式中，$\mathcal{P}_0$ 矩阵的定义同式 (2.161) 中的定义。比较文献 [246] 中的式 (2.171) 和文献 [84] 中的式 (2.73) 及式 (2.74) 可见，对于式 (2.170) 而言，文献 [246] 中的定理条件改进了文献 [84] 中的结果。但是文献 [84] 中所研究的式 (2.72) 包含了式 (2.170)，这样，一般来讲，文献 [84] 中的结果要比文献 [246] 中的结果具有更宽的适用范围。

同时，文献 [246] 也提出了如下结果，即

$$\varGamma - |W_1| \text{ 是一个非奇异的 } M \text{ 矩阵} \tag{2.172}$$

则式 (2.170) 的原点平衡点对于任意的时滞 $\tau_{ij} \geqslant 0$ 来说都是全局指数稳定的, 这一结果与文献 [84] 中所得到的式 (2.74) 是一样的。如果就式 (2.170) 而言, 文献 [246] 中的式 (2.172) 改进了文献 [84] 中的结果, 这就是一般性和特殊性的差别。

上面介绍的是递归神经网络的平衡点是渐近稳定的情况, 近些年来, 也有些文献讨论神经网络的有界稳定性的情况, 该出发点主要是基于对稳定性的不同理解和界定。既然 Cohen-Grossberg 神经网络也是一类非线性动力系统, 进而可以应用动力系统中的稳定性概念来研究其平衡点的有界性。这样, 下面将主要介绍拉格朗日稳定性和有界稳定性两种情况的进展。

## 2.6   Lagrange 稳定性研究概况

近年来, 诸多学者专家将时滞引入到传统的神经网络中, 得到了相应的时滞神经网络及其各种变形的网络模型。而随着时滞的引入, 对平衡点在 Lyapunov 意义上的稳定性研究包括渐近稳定、指数稳定等方面的研究已经出现了大量的研究结果。众所周知, 当讨论在 Lyapunov 意义上的稳定性时往往要去要求网络模型的平衡点的存在数目; 但我们知道, 在 Lyapunov 意义上的渐近稳定是一个局部的概念, 因为它所关注的只是在充分小的邻域内存在的某一平衡点的状态特性, 并不能确保这一特性对整个系统都起作用 (当然除非这个系统本身就是全局渐近稳定的)。同时, 由于系统内在的非线性特性、随机性、信号传输的误差性等可能会使得平衡点的状态不能达到稳定。这时, 就需要一种不同于 Lyapunov 稳定的能够界定并反映整个系统特性的新意义下的稳定性理论产生; 而这种稳定性在不用被限制到一个平衡点附件足够小的邻域内的条件下能够使得给定的系统中所有解的状态轨迹都保持有界, 这种稳定类型就称为 Lagrange 稳定。最早在 1963 年文献 [256] 中介绍了在 Lagrange 意义上的稳定和在 Lagrange 意义上的渐近稳定的概念, 并引入了确定系统状态空间集范围大小的方法。

同样地, 在实际系统中, 如生物神经网络以及一类重要的电子电路系统等非线性系统中也常常存在多个平衡点, 这时就不能再用 Lyapunov 意义上的稳定性来讨论这类系统的整体稳态性, 否则就失去了意义, 除非是在无法要求网络平衡态达到稳定的情况下来对各个平衡点处的吸引域的大小进行估计, 如文献 [257] 和 [258] 中所示。这时承接实际的需要, 在 Lagrange 意义上的稳定性研究便应运而生[259]。在 Lagrange 意义上的稳定性也隶属于非线性系统稳定性概念中的一种, 主要用来反映系统解的整体特性 —— 有界性。一方面, 在实际系统中对于解的分叉状况是不希望出现的; 另一方面, Lagrange 稳定也是系统的任意解都收敛到某个平衡点处的必要条件, 当系统是 Lagrange 稳定时它才能达到收敛, 即系统的每一有界解是收敛的。所以, 可以知道, 在 Lyapunov 意义上的稳定性主要是针对系统在一个充分小的邻域内某个平衡点状态的行为研究, 而在 Lagrange 意义上的稳定性则是在 Lyapunov 意义上的稳定性的补充和外延, 它更侧重于考察系统的整体特性, 是一个整体概念。因此, 对 Lagrange 稳定性的探讨和研究具有非常重要的理论价值和实际意义[260-264]。尽管 Lagrange 稳定性是一个非常值得研究的课题, 但由于它的发展史不久, 在近些年, 对它的研究仅仅局限在对于有多平衡点的非线性系统分析与合成方面, 尤其在 Chua 氏电路[265]、相同步系统[266] 等一系列工程、机械、电力系统中。事实上, 在神经网络这类非线性系统模型中对于 Lagrange 稳定性的讨论也是很有必要的而且更具有实际价值。但到目前为止, 已有学者研究了一类时滞神经网络的 Lagrange 稳定性[267, 268], 并在文中给出了一些新的结论, 例如, 将 Lagrange 稳定的概念拓展在 Lagrange 意义下的全局指数稳定, 并结合正向不变集的概念给出全局指数吸引集的概念以及估计全局指数吸引集的算法。但文献 [267] 和 [268] 都只是针对自治型的细胞神经网络模型作一探讨。在神经网络的实际应用中, 特别是当 Cohen-Grossberg 神经网络应用到生物系统中时, 在多个平衡点都存在的前提下, 讨论此系统的多稳态特性是非常重要的。此时, 对在 Cohen-Grossberg 型神经网络中 Lagrange 稳定性的研究和探究就显得尤为迫切和需要, 已有学者对一类非自治的变时滞的 Cohen-Grossberg 神经网络在 Lagrange 意义上的全局指数稳定性进行了分析和研究, 并给出了相应的全局指数吸引集的估计方法[269]。相关的其他有界性的动态特性的研究, 可参考相关的文献, 如文献 [270]~[274] 等。

## 2.7    有限时间有界稳定性研究概况

有限时间有界问题的提出在过去的几十年中, 线性系统的鲁棒控制已取得长足的发展[275, 276], 而系统在无穷时间区间内的 Lyapunov 稳定性则是人们长期以来都一直关心的问题。但是, Lyapunov 稳定性并不能反映系统的暂态性质, 一个在无穷时间内稳定的系统, 可能没有很好的暂态性能 (如超调量过大), 这样在工程中造成很坏的影响, 甚至根本无法应用。这样, 在实际工程中, 人们除了对系统的稳定性感兴趣, 更关心的常是系统应满足一定的暂态性能要求。为了研究系统在一段有限时间内的性能, Dorato 在 1961 年、Weiss 等在 1967 年分别在文献 [277] 和 [278] 中首次提出了有限时间稳定的概念。随着线性矩阵不等式理论的不断发展和成熟, 有限时间稳定的概念被重新定义, 当系统存在外部输入时, 有限时间稳定就变成了有限时间有界的概念。早期关于有限时间稳定的结论主要包括文献 [277]~[279], 此后, 随着研究的范围与内容不断扩大与深入, 有关有限时间问题的研究就经历了从有限时间稳定到有限时间镇定再到有限时间有界的过渡阶段, 相关的论文相继发表 (文献 [280]~[282])。到目前为止, 尽管对于有限时间问题的研究已经出现了大量优秀的研究成果, 如文献 [280]、[283]~[286] 对线性系统模型、文献 [287] 对非线性系统模型等系统都进行了研究，并给出相应的有限时间稳定及有界的概念；国内也有一部分学者在有限时间问题研究上取得了一些成果，如文献 [288]~[290]。但针对神经网络这一类非线性系统包括连续与离散两种情况的有限时间问题的研究却不多见。我们知道，在神经网络的实际应用中，由于外界因素的种种干扰、信号传输的时间延时和系统本身非线性特性、随机性等状况的出现使得整个网络系统在无穷时间区间上出现不稳定状态是完全可能的，这时对于系统只在某个具体时间间隔内的动态行为考察研究就更具有现实意义和实际应用价值。这样，用于神经网络中的有限时间问题也就逐渐提上日程；对于 Hopfield 神经网络、细胞神经网络的有限时间问题在文献 [291]~[293] 中得到研究。

显然，神经网络稳定性理论的发展是与控制理论、数学理论及工程实际的需要等紧密结合的产物，是一个多学科交叉的、具有很强实用性的研究方向和研究领域。

# 2.8 小　结

本章主要针对递归神经网络的研究现状，特别是 Cohen-Grossberg 型神经网络的稳定特性的研究进行了全面的综述。首先从 Cohen-Grossberg 型神经网络的与稳定性相关的各个环节展开介绍，详尽历数了各个环节的演化历程；其次对 Cohen-Grossberg 型神经网络的发展现状进行了全面介绍，并对所得到的不同类型的稳定结果之间的关系进行了比较；然后对充分必要的稳定条件进行了概述；最后对于有界稳定性和有限时间有界稳定性等相关课题进行了简要叙述，目的是要说明神经网络稳定性研究内容的丰富性，进而为深入研究这些课题或再继续探索新的课题提供新的动力之源。

## 参 考 文 献

[1] Forti M, Manetti S, Marini M. A condition for global convergence of a class of symmetric neural networks. IEEE Trans. on Circuits and Systems, 1992, 39: 480-483.

[2] Hopfield J J. Neurons with graded response have collective computational properties like those of two-state neurons. Proceeding of the National Academy of Sciences, 1984, 81: 3088-3092.

[3] Kennedy M P, Chua L O. Neural networks for nonlinear programming. IEEE Trans. Circuits Syst., 1988, 35(5): 554-562.

[4] Li J H, Michel A N, Porod W. Qualitative analysis and synthesis of a class of neural networks. IEEE Trans. Circuits Syst., 1988, 35: 976-986.

[5] Michel A N, Gray D L. Analysis and synthesis of neural networks with lower block triangular interconnecting structure. IEEE Transactions on Circuits and Systems, 1990, 37(2): 1267-1283.

[6] Rodriguez-Vazquez A, Dominguez-Castro R, Rueda A, et al. Nonlinear switched-capacitor "neural" networks for optimization problems. IEEE Trans. Circuits Syst., 1990, 37(3): 384-398.

[7] Tank D W, Hopfield J J. Simple neural optimization networks: An A/D converter, signal decision circuit, and a linear programming circuit. IEEE Trans. Circuits Syst., 1986, 33(5): 533-541.

[8] Vidyasagar M. Location and stability of high-gain equilibria of nonlinear neural networks. IEEE Trans. Neural Networks, 1993, 4: 660-672.

[9] Corduneanu C. Principles of Differential and Integral Equations. Boston: Allyn and Bacon, 1971.

[10] Hahn W. Theory and Application of Lgapunov's Direcr Method. NJ: Prentice Hall, 1963.

[11] Hopfield J J. Neural networks and physical systems with emergent collective computational abilities. Proceedings of the National Academy of Science of the USA, 1982, 79: 2554-2558.

[12] Cohen M A, Grossberg S. Absolute stability and global pattern formation and parallel memory storage by competitive neural networks. IEEE Trans. Systems, Man, and Cybernetics, 1983, 13(5): 815-826.

[13] Wilson H, Cowan A. Excitatory and inhibitory interconnections in localized populations of model neurons. J. Biophys., 1972, 12: 1-24.

[14] Amari S. Characteristics of randomly connected threshold element networks and neural systems. Proceedings of IEEE, 1971, 59: 35-47.

[15] Amari S. Characteristics of random nets of analog neuron-like elements. Proceedings of IEEE, 1972, 2: 643-657.

[16] Sompolinsky H, Crisanti A. Chaos in random neural networks. Physical Review Letters, 1986, 61: 259-262.

[17] Hopfield J J, Tank D W. Computing with neural circuits: A model. Science, 1986, 233: 625-633.

[18] Ye H, Michel A N, Wang K N. Qualitative analysis of Cohen-Grossberg neural networks with multiple delays. Physical Review E, 1995, 51(3): 2611-2618.

[19] Michel A N, Farrel J A, Porod W. Qualitative analysis of neural networks. IEEE Transactions on Circuits and Systems, 1989, 36(2): 229-243.

[20] Yang H, Dillon T. Exponential stability and oscillation of Hopfield graded response neural networks. IEEE Trans. Neural Networks, 1994, 5: 719-729.

[21] Hirsch M. Convergent activation dynamics in continuous time networks. Neural Net-

works, 1989, 2: 331-349.

[22] Kelly D G. Stability in contractive nonlinear neural networks. IEEE Trans. Biomed. Eng., 1990, 3: 231-242.

[23] Matsuoka K. Stability condition for nonlinear continuous neural networks with asymmetric connection weight. Neural Networks, 1992, 5: 495-500.

[24] Kaszkuurewicz E, Bhaya A. On a class of globally stable neural circuits. IEEE Trans. Circuits and Systems-I : Fundamental Theory and Applications, 1990, 41: 171-174.

[25] Forti M. On global asymptotic stability of a class of nonlinear systems arising in neural networks theory. Journal of Differential Equations, 1994, 113: 246-264.

[26] Forti M, Tesi A. New conditions for global stability of neural networks with applications to linear and quadratic programming problems. IEEE Transactions on Circuits and Systems-I , 1995, 42(7): 354-366.

[27] Fang Y G, Kincaid T. Stability analysis of dynamical neural networks. IEEE Trans. Neural Networks, 1996, 7(4): 996-1006.

[28] Joy M P. On the global convergence of a class of functional differential equations with applications in neural network theory. Journal of Mathematical Analysis and Applications, 1999, 232: 61-81.

[29] Joy M P. Results concerning the absolute stability of delayed neural networks. Neural Networks, 2000, 13: 613-616.

[30] Chen T P, Amari S. Stability of asymmetric Hopfield neural networks. IEEE Trans. Neural Networks, 2001, 12(1): 159-163.

[31] Chen T P, Amari S. New theorems on global convergence of some dynamical systems. Neural Networks, 2001, 14: 251-255.

[32] Chen T P, Lu W, Amari S. Global convergence rate of recurrently connected neural networks. Neural Computation, 2002, 14: 2947-2958.

[33] Grossberg S. Nonlinear neural networks: Principles, mechanisms, and architectures. Neural Networks, 1988, 1: 17-61.

[34] Wang L, Zou X F. Exponential stability of Cohen-Grossberg neural networks. Neural Networks, 2002, 15: 415-422.

[35] Lu W, Chen T P. New conditions on global stability of Cohen-Grossberg neural networks. Neural Computation, 2003, 15: 1173-1189.

[36] 胡海岩, 王在华. 非线性时滞动力系统的研究进展. 力学进展, 1999, 19(4): 501-512.

[37] Burton T A. Averaged neural networks. Neural Networks, 1993, 6: 677-680.

[38] Marcus C M, Westervelt R M. Stability of analog neural networks with delay. Physical Review A, 1989, 39(1): 347-359.

[39] Chu T. An exponential convergence estimate for analog neural networks with delay. Physics Letters A, 2001, 283: 113-118.

[40] van Den Driessche P, Zou X F. Global attractivity in delayed Hopfield neural networks

models. SIAM Journal of Applied Mathematics, 1998, 58(6): 1878-1890.

[41] Gopalsamy K, He X Z. Stability in asymmetric Hopfield nets with transmission delays. Physica D: Nonlinear Phenimena, 1994, 76(4): 344-358.

[42] Zhang Y. Global exponential stability and periodic solutions of delay Hopfield neural networks. International Journal of System Science, 1996, 27: 227-231.

[43] Chua L O, Yang L. Cellular neural networks: Theory. IEEE Trans. Circuits and Systems, 1988, 35(10): 1257-1272.

[44] Morita M, Yoshizawa S, Nakano K. Analysis and improvement of the dynamics of autocorellation associative memory. Trans. Inst. Electron. Inf. Commun. Eng., 1990, 73(2): 232-242.

[45] Morita M, Yoshizawa S, Nakano K. Memory of correlated patterns by associative memory neural networks with improved dynamics. Proc. INNC., New York, 1990: 868-871.

[46] Wang L. Stability of Cohen-Grossberg neural networks with distributed delays. Applied Mathematics and Computation, 2005, 160(1): 93-110.

[47] Huang H, Feng G, Cao J. An LMI approach to delay-dependent state estimation for delayed neural networks. Neurocomputing, 2008, 71: 2857-2867.

[48] Li C, Chen J, Huang T. A new criterion for global robust stability of interval neural networks with discrete time delays. Chaos, Solitons and Fractals, 2007, 31: 561-570.

[49] Park J H. On global stability criterion of neural networks with continuously distributed delays. Chaos, Solitons and Fractals, 2008, 37: 444-449.

[50] Wang Z, Liu Y, Liu X. On global asymptotic stability of neural networks with discrete and distributed delays. Physics Letters A, 2005, 345(6): 299-308.

[51] Zhang J Y. Globally exponential stability of neural networks with variable delays. IEEE Transactions on Circuits and Systems-I : Fundamental Theory and Applications, 2003, 50(2): 288-291.

[52] Zhao W. Global exponential stability analysis of Cohen-Grossberg neural networks with delays. Communications in Nonlinear Science and Numerical Simulation, 2008, 13: 847-856.

[53] Cao J, Liang J. Boundedness and stability for Cohen-Grossberg neural network with time-varying delays. Journal of Mathematical Analysis and Applications, 2004, 296: 665-685.

[54] Liao X F, Li C D, Wong K. Criteria for exponential stability of Cohen-Grossberg neural networks. Neural Networks, 2004, 17: 1401-1414.

[55] Liao X, Wong K W. Global exponential stability for a class of retarded functional differential equations with applications in neural networks. Journal of Mathematical Analysis and Applications, 2004, 293: 125-148.

[56] Tu F, Liao X. Harmless delays for global asymptotic stability of Cohen-Grossberg

neural networks. Chaos, Solitons and Fractals, 2005, 26: 927-933.

[57] Cao J, Chen T P. Global exponential robust stability and periodicity of delayed neural networks. Chaos, Solitons and Fractals, 2004, 22: 957-963.

[58] Cao J, Li H, Han L. Novel results concerning global robust stability of delayed neural networks. Nonlinear Analysis: Real World Applications, 2006, 7: 458-469.

[59] Chu T, Zhang Z, Wang Z. A decomposition approach to analysis of competitive-cooperative neural networks with delays. Physics Letters A, 2003, 312: 339-347.

[60] Sun J, Liu G P, Chen J, et al. Improved stability criteria for neural networks with time-varying delay. Physics Letters A, 2009, 373: 342-348.

[61] Xu S, Lam J, Ho D W C, et al. Global robust exponential stability analysis for interval recurrent neural networks. Physics Letters A, 2004, 325: 124-133.

[62] Chen W, Lu X, Guan Z, et al. Delay-dependent exponential stability of neural networks with variable delay: An LMI approach. IEEE Trans. Circuits and Systems-II: Express Briefs, 2006, 53(9): 837-842.

[63] Chen W, Zheng W. Global exponential stability of impulsive neural networks with variable delay: An LMI approach. IEEE Transactions on Circuits and Systems-I: Regular Papers, 2009, 56(6): 1248-1259.

[64] Li T, Fei M, Guo Y, et al. Exponential state estimation for recurrent neural networks with distributed delays. Neurocomputing, 2007, 71: 428-438.

[65] Li T, Fei M, Guo Y, et al. Stability analysis on Cohen-Grossberg neural networks with both time-varying and continuously distributed delays. Nonlinear Analysis: Real World Applications, 2009, 10: 2600-2612.

[66] Liu Y, Wang Z, Liu Y. Global exponential stability of generalized neural networks with discrete and distributed delays. Neural Networks, 2006, 19(5): 667-675.

[67] Wang Z, Shu H, Liu Y. Robust stability analysis of generalized neural networks with discrete and distributed delays. Chaos, Solitons and Fractals, 2006, 30(4): 886-896.

[68] Yue D, Zhang Y, Tian E, et al. Delay-distribution-dependent exponential stability criteria for discrete-time recurrent neural networks with stochastic delay. IEEE Transactions on Neural Networks, 2008, 19(7): 1299-1306.

[69] Zhang Y, Yue D, Tian E. Robust delay-distribution-dependent stability of discrete-time stochastic neural networks with time-varying delay. Neurocomputing, 2009, 72(6): 1265-1273.

[70] Singh V. Robust stability of cellular neural networks with delay: Linear matrix inequality approach. IEE Proc. Control Theory Appl., 2004, 151(1): 125-129.

[71] Li C, Liao X, Zhang R. Global robust asymptotical stability of multiple-delayed interval neural networks: An LMI approach. Physics Letters A, 2004, 328: 452-462.

[72] Lu J H, Chen G. Robust stability and stabilization of fractional-order interval systems: An LMI approach. IEEE Trans. Automatic Control, 2009, 54(6): 1294-1299.

[73]　王占山. 连续时间时滞递归神经网络的稳定性. 沈阳: 东北大学出版社, 2007.

[74]　Qi H. New sufficient conditions for global robust stability of delayed neural networks. IEEE Trans. Circuits and Systems-I: Regular Papers, 2007, 54(5): 1131-1141.

[75]　Geromel J, Colaneri P. Robust stability of time varying polytopic systems. Systems and Control Letters, 2006, 55: 81-85.

[76]　He Y, Wu M, She J, et al. Parameter-dependent lyapunov functional for stability of time-delay systems with polytopic-type uncertainties. IEEE Transactions on Automatic Control, 2004, 49(5): 828-832.

[77]　He Y, Wang Q, Zheng W. Global robust stability for delayed neural networks with polytopic type uncertainties. Chaos, Solitons and Fractals, 2005, 26: 1349-1354.

[78]　俞立. 鲁棒控制: 线性矩阵不等式处理方法. 北京: 清华大学出版社, 2002.

[79]　He Y, Liu G, Rees D, et al. Stability analysis for neural networks with time-varying interval delay. IEEE Transactions on Neural Networks, 2007, 18(6): 1850-1854.

[80]　Guo S, Huang L. Stability analysis of Cohen-Grossberg neural networks. IEEE Trans. Neural Networks, 2006, 17(1): 106-116.

[81]　Chen B, Wang J. Global exponential periodicity and global exponential stability of a class of recurrent neural networks. Physics Letters A, 2004, 329(2): 36-48.

[82]　Miller R K, Michel A N. Ordinary Differential Equations. New York: Academic Press, 1982.

[83]　Shen Y, Wang J. Noise-induced stabilization of the recurrent neural networks with mixed time-varying delays and markovian-switching parameters. IEEE Transactions on Neural Networks, 2007, 18(6): 1857-1862.

[84]　Zhang J Y, Suda Y, Komine H. Global exponential stability of Cohen-Grossberg neural networks with variable delays. Physics Letters A, 2005, 338: 44-50.

[85]　Chen Y. Global asymptotic stability of delayed Cohen-Grossberg neural networks. IEEE Trans. Circuits and Systems-I: Regular Papers, 2006, 53(2): 351-357.

[86]　Liu B W, Huang L H. Existence and exponential stability of periodic solutions for a class of Cohen-Grossberg neural networks with time-varying delays. Chaos, Solitions and Fractals, 2007, 32: 617-627.

[87]　Wang L, Xu D. Global exponential stability of Hopfield reaction-diffusion neural networks with time-varying delays. Science in China (Series F), 2003, 46(6): 466-474.

[88]　Lu K, Xu D, Yang Z. Global sttraction and stability for Cohen-Grossberg neural network system with delays. Neural Networks, 2006, 19: 1538-1549.

[89]　Lu J. Robust global exponential stability for interval reaction-diffusion hopfield neural networks with distributed delays. IEEE Trans. Circuits and Systems-II: Express Briefs, 2007, 54(12): 1115-1119.

[90]　Lu H. Global exponential stability analysis of Cohen-Grossberg neural networks. IEEE Trans. Circuits and Systems-II: Express Brief, 2005, 52(9): 476-479.

[91]   Chen T P. Global exponential stability of delayed Hopfield neural networks. Neural Networks, 2001, 14: 977-980.

[92]   Lu W, Chen T P. $\mathbf{R}_+^n$-global stability of a Cohen-Grossberg neural network system with nonnegative equilibria. Neural Networks, 2007, 20: 714-722.

[93]   Zhang H, Wang Z, Liu D. Robust stability analysis for interval Cohen-Grossberg neural networks with unknown time varying delays. IEEE Trans. Neural Networks, 2008, 19(11): 1942-1955.

[94]   He Y, Wu M, She J. Delay-dependent exponential stability of delayed neural networks with time-varying delay. IEEE Transactions On Circuits Andsystems-II: Express Briefs, 2006, 53(7): 553-557.

[95]   Boyd S, Ghaoui E I, Feron E, et al. Linear Matrix Inequality in System and Control Theory. Philadelphia: SIAM, 1994.

[96]   Nesterov Y, Nemirovsky A. Interior Point Polynomial Methods in Convex Programming: Theory and Applications. Philadelphia: SIAM, 1993.

[97]   Gahinet P, Nemirovsky A, Laub A, et al. LMI Control Toolbox: For Use with Matlab. Natick: The MATH Works, Inc., 1995.

[98]   Chu T, Zhang C, Zhang Z. Necessary and sufficient condition for absolute stability of normal neural networks. Neural Networks, 2003, 16: 1223-1227.

[99]   Chu T, Zhang C. New necessary and sufficient conditions for absolute stability of neural networks. Neural Networks, 2007, 20: 94-101.

[100]  Hu S, Wang J. Global asymptotic stability and global exponential stability of continuous-time recurrent neural networks. IEEE Transactions on Automatic Control, 2002, 47(5): 802-807.

[101]  Hu S, Wang J. Global stability of a class of contiuous-time recurrent neural networks. IEEE Transactions on Circuits Andsystems-I: Fundamental Theory and Applications, 2002, 49(9): 1334-1347.

[102]  Ruan J. A global stable analysis for CGNN and CNN with asymmetric weights. Proceedings of 1993 International Joint Conference on Neural Networks, 1993: 2327-2330.

[103]  Zhang H, Wang Z, Liu D. Global asymptotic stability and robust stability of a class of Cohen-Grossberg neural networks with mixed delays. IEEE Trans. Circuits and Systems-I: Regular Papers, 2009, 56(3): 616-629.

[104]  Zhang H, Wang Y. Stability analysis of Markovian jumping stochastic Cohen-Grossberg neural networks with mixed time delays. IEEE Trans. Neural Networks, 2008, 19(2): 366-370.

[105]  Zhang H, Wang Z. Global asymptotic stability of delayed cellular neural networks. IEEE Trans. Neural Networks, 2007, 18(3): 947-950.

[106]  Zhang H, Wang Z, Liu D. Robust exponential stability of recurrent neural networks with multiple time-varying delays. IEEE Trans. Circuits and Systems-II: Express

Briefs, 2007, 54(8): 730-735.

[107] Fridman E. New Lyapunov-Krasovskii functionals for stability of linear retard and neutral type systems. Syst. Contr. Lett., 2001, 43: 309-319.

[108] Liao X, Liu Y, Guo S, et al. Asymptotic stability of delayed neural networks: A descriptor system approach. Communications in Nonlinear Science and Numerical Simulation, 2009, 14: 3120-3133.

[109] Singh V. Improved global robust stability of interval delayed neural networks via split interval: Generalizations. Applied Mathematics and Computation, 2008, 206: 290-297.

[110] Lu H, Shen R, Chung F L. Global exponential convergence of Cohen-Grossberg neural networks with time delays. IEEE Trans. Neural Networks, 2005, 16(6): 1694-1696.

[111] Meng Y, Guo S, Huang L. Convergence dynamics of Cohen-Grossberg neural networks with continuously distributed delays. Applied Mathematics and Computation, 2008, 202: 188-199.

[112] Qi H, Qi L. Deriving sufficient conditions for global asymptotic stability of delayed neural networks via non-smooth analysis. IEEE Trans. Neural Networks, 2004, 15(1): 99-109.

[113] Qi H, Qi L, Yang X. Deriving sufficient conditions for global asymptotic stability of delayed neural networks via non-smooth analysis-II. IEEE Trans. Neural Networks, 2005, 16(6): 1701-1706.

[114] Yuan K, Cao J. An analysis of global asymptotic stability of delayed Cohen-Grossberg neural networks via nonsmooth analysis. IEEE Trans. Circuits and Systems-I, 2005, 52(9): 1854-1861.

[115] Chen T P, Rong L. Robust global exponential stability of Cohen-Grossberg neural networks with time delays. IEEE Trans. Neural Networks, 2004, 15(1): 203-206.

[116] Li K, Zhang X, Li Z. Global exponential stability of impulsive cellular neural networks with time-varying and distributed delay. Chaos, Solitons and Fractals, 2009, 41(3): 1427-1434.

[117] Zhou Q, Wan L, Sun J. Exponential stability of reaction-diffusion generalized Cohen–Grossberg neural networks with time-varying delays. Chaos, Solitons and Fractals, 2007, 32: 1713-1719.

[118] Wan A, Wang M, Peng J, et al. Exponential stability of Cohen-Grossberg neural networks with a general class of activation functions. Physics Letters A, 2006, 350: 96-102.

[119] Forti M, Tesi A. A new method to analyze complete stability of PWL cellular neural networks. International Journal of Bifurcation and Chaos, 2001, 11(3): 655-676.

[120] Forti M.Some extensions of a new method to analyze complete stability of neural networks. IEEE Trans. Neural Networks, 2002, 13(5): 1230-1238.

[121] Forti M, Tesi A. Absolute stability of analytic neural networks: an approach based on

finite trajectory length. IEEE Trans. Circuits and Systems-I, 2004, 51(12): 2460-2469.

[122] Liang J, Cao J. Global exponential stability of reaction-diffusion recurrent neural networks with time-varying delays. Physics Letters A, 2003, 314: 434-442.

[123] Li C, Liao X. New algebraic conditions for global exponential stability of delayed recurrent neural networks. Neurocomputing, 2005, 64: 319-333.

[124] Liang J, Cao J. Boundedness and stability for recurrent neural networks with variable coefficients and time-varying delays. Physics Letters A, 2003, 318: 53-64.

[125] Liao X, Wong K W, Yang S. Convergence dynamics of hybrid bidirectional associative memory neural networks with distributed delays. Physics Letters A, 2003, 316: 55-64.

[126] Liao X, Wong K W, Li C. Global exponential stability for a class of generalized neural networks with distributed delays. Nonlinear Analysis: Real World Applications, 2004, 5: 527-547.

[127] Liao X, Liu Q, Zhang W. Delay-dependent asymptotic stability for neural networks with distributed delays. Nonlinear Analysis: Real World Applications, 2006, 7: 1178-1192.

[128] Qiu J L. Exponential stability of impulse neural networks with time-varying delays and reaction-diffusion terms. Neurocomputing, 2007, 70: 1102-1108.

[129] Arik S, Tavsanoglu V. A comment on comments on necessary and sufficient condition for absolute stability of neural networks. IEEE Trans.Circuits Syst.-I, 1998, 45: 595-596.

[130] Hu S, Wang J. Absolute exponential stability of a class of continuous-time recurrent neural networks. IEEE Transactions on Neural Networks, 2003, 14(1): 35-46.

[131] Liang X B, Wang J.An additive diagonal-stability condition absolute exponential stability of a general class of neural network. IEEE Trans. Circuits Syst.-I, 2001, 48: 1308-1317.

[132] Liang X B, Wu L D. Global exponential stability of a class of neural circuits. IEEE Trans. Circuits Syst.-I, 1999, 46: 748-751.

[133] Liang X B. A comment on equilibria, stability, and instability of Hopfield neural networks. IEEE Trans. Neural Networks, 2000, 11: 1506-1507.

[134] Liao X X, Yang S Z, Cheng S J, et al. Stability of generalized networks with reaction-diffusion terms. Science in China (Series F), 2001, 44(5): 389-395.

[135] Wan L, Sun J H. Global asymptotic stability of Cohen-Grossberg neural network with continuously distributed delays. Physics Letters A, 2005, 342: 331-340.

[136] Zhang J Y, Jin X S. Global stability analysis in delayed Hopfield neural network models. Neural Networks, 2000, 13: 745-753.

[137] Michel A N, Liu D. 递归人工神经网络的定性分析和综合. 张化光, 季策, 王占山译. 北京: 科学出版社, 2004.

[138] 王占山, 连续时间时滞递归神经网络的稳定性. 沈阳: 东北大学出版社, 2007.

[139] Chua L O, Roska T. CNN: A new paradigm of nonlinear dynamics in space. 1992 World Congress of Nonlinear Analysis. Berlin: Walter de Gruyter, 1992: 2979-2990.

[140] Civalleri P, Gilli M, Pabdolfi L. On stability of cellular neural networks with delay. IEEE Trans. Circuits and Systems-I , 1993, 40(3): 157-165.

[141] Liao X X. Wang J. Algebraic criteria for global exponential stability of cellular neural networks with multiple time delays. IEEE Trans. Circuits and Systems-I : Fundamenal Theory and Applications, 2003, 50(2): 268-275.

[142] Roska T, Wu C W, Balsi M, et al. Stability and dynamics of delay-type general and cellular neural networks. IEEE Trans. Circuits and Systems-I : Fundamenal Theory and Applications, 1992, 39(6): 487-490.

[143] Roska T, Wu C W, Chua L O. Stability of cellular neural networks with dominant nonlinear and delay-type template. IEEE Trans. Circuits and Systems-I : Fundamenal Theory and Applications, 1993, 40(4): 270-272.

[144] Wang Z, Zhang H, Yu W. Robust exponential stability analysis of neural networks with multiple time varying delays. Neurocomputing, 2007, 70: 2534-2543.

[145] Huang C, Huang L. Dynamics of a class of Cohen-Grossberg neural networks with time-varying delays. Nonlinear Analysis: Real World Applications, 2007, 8: 40-52.

[146] Huang C C, Chang C J, Liao T L. Globally exponential stability of generalized Cohen-Grossberg neural networks with delays. Physics Letters A, 2003, 319(2): 157-166.

[147] Huang T, Li C, Chen G. Stability of Cohen-Grossberg neural networks with unbounded distributed delays. Chaos, Solitons and Fractals, 2007, 34(3): 992-996.

[148] Lu W, Chen T P. Dynamical behaviors of Cohen-Grossberg neural networks with discontinuous activation functions. Neural Networks, 2005, 18: 231-242.

[149] Wang Z, Zhang H, Yu W. Robust stability of Cohen-Grossberg neural networks via state transmission matrix. IEEE Trans. Neural Networks, 2009, 20(1): 169-174.

[150] Huang T, Chan A, Huang Y, et al. Stability of Cohen-Grossberg neural networks with time-varying delays. Neural Networks, 2007, 20(8): 868-873.

[151] Wang L, Zou X. Harmless delays in Cohen-Grossberg neural network. Physica D: Nonlinear Phenomena, 2002, 170(2): 162-173.

[152] Shen Y, Wang J. Almost sure exponential stability of recurrent neural networks with markovian switching. IEEE Transactions on Neural Networks, 2009, 20(5): 840-855.

[153] Kosko B. Neural Networks and Fuzzy Systems. New Delhi: Prentice Hall, 1992.

[154] Haykin S. Neural Networks. New Jersey: Prentice Hall, 1999.

[155] Gopalsamy K. Leakage delays in BAM. J. Math. Anal., 2007, 325: 1117-1132.

[156] Li C, Huang T. On the stability of nonlinear systems with leakage delay. Journal of the Franklin Institute, 2009, 346: 366-377.

[157] Li X, Rakkiyappan R, Balasubramaniam P. Existence and global stability analysis of equilibrium of fuzzy cellular neural networks with time delay in the leakage term

under impulsive perturbations. Journal of the Franklin Institute, 2011, 348: 135-155.

[158]   Lakshmanan S, Park J H, Jung H Y, et al. Design of state estimator for neural networks with leakage, discrete and distributed delays. Applied Mathematics and Computation, 2012, 218: 11297-11310.

[159]   Bouzerdoum A, Pattison T R. Neural network for quadratic optimization with bound constraints. IEEE Trans. Neural Networks, 1993, 4(3): 293-304.

[160]   Tank D W, Hopfield J J. Neural computation by concentrating information in time. Proc. Nat. Acad. Sci. USA, 1987, 84: 1896-1991.

[161]   Chen W, Zheng W. Global asymptotic stability of a class of neural networks with distributed delays. IEEE Trans. Circuits and Systems-I : Regular Papers, 2006, 53(3): 644-652.

[162]   Gopalsamy K, He X Z. Delay-independent stability in bidirectional associative memory networks. IEEE Trans. Neural Networks, 1994, 5(6): 998-1002.

[163]   Rao V S H, Phaneendra B R M, Prameela V. Global dynamics of bidirectional associative memory networks with transmission delays. Diff. Equat. Dyn. Syst., 1996, 4: 453-471.

[164]   Cao J, Yuan K, Li H X. Global asymptotic stability of recurrent neural networks with multiple discrete delays and distributed delays. IEEE Trans. Neural Networks, 2006, 17(6): 1646-1651.

[165]   Li H Y, Chen B, Zhou Q, et al. Robust exponential stability for uncertain stochastic neural networks with discrete and distributed time-varying delays. Physics Letters A, 2008, 372: 3385-3394.

[166]   Rakkiyappan R, Balasubramaniam P, Lakshmanan S. Robust stability results for uncertain stochastic neural networks with discrete interval and distributed time-varying delays. Physics Letters A, 2008, 372: 5290-5298.

[167]   Song Q, Wang Z. Neural networks with discrete and distributed time-varying delays: a general stability analysis. Chaos, Solitons and Fractals, 2008, 37: 1538-1547.

[168]   Yu J, Zhang K, Fei S, et al. Simplified exponential stability analysis for recurrent neural networks with discrete and distributed time-varying delays. Applied Mathematics and Computation, 2008, 205: 465-474.

[169]   Chen S, Zhao W, Xu Y. New criteria for globally exponential stability of delayed Cohen-Grossberg neural network. Mathematics and Computers in Simulation, 2009, 79(5): 1527-1543.

[170]   Huang Z, Wang X, Xia Y. Exponential stability of impulsive Cohen–Grossberg networks with distributed delays. International Journal of Circuit Theory and Applications, 2008, 36: 345-365.

[171]   Li Z, Li K. Stability analysis of impulsive Cohen-Grossberg neural networks with distributed delays and reaction-diffusion terms. Applied Mathematical Modelling, 2009,

33: 1337-1348.

[172]　Liang J, Cao J. Global asymptotic stability of bi-directional associative memory networks with distributed delays. Applied Mathematics and Computation, 2004, 152: 415-424.

[173]　Liang J, Cao J. Global output convergence of recurrent neural networks with distributed delays. Nonlinear Analysis: Real World Applications, 2007, 8: 187-197.

[174]　Liu Y, You Z, Cao L. On the almost periodic solution of cellular neural networks with distributed delays. IEEE Trans. Neural Networks, 2007, 18(1): 295-300.

[175]　Lou X, Cui B, Wu W. On global exponential stability and existence of periodic solutions for BAM neural networks with distributed delays and reaction-diffusion terms. Chaos, Solitons and Fractals, 2008, 36: 1044-1054.

[176]　Nie X, Cao J. Multistability of competitive neural networks with time-varying and distributed delays. Nonlinear Analysis: Real World Applications, 2009, 10: 928-942.

[177]　Shao J. Global exponential convergence for delayed cellular neural networks with a class of general activation functions. Nonlinear Analysis: Real World Applications, 2009, 10: 1816-1821.

[178]　Zhang J. Absolute stability analysis in cellular neural networks with variable delays and unbounded delay. Computers and Mathematics with Applications, 2004, 47: 183-194.

[179]　Zhao Z, Song Q, Zhang J. Exponential periodicity and stability of neural networks with reaction-diffusion terms and both variable and bounded delays. Computers and Mathematics with Applications, 2006, 51: 475-486.

[180]　Zhou L, Hu G. Global exponential periodicity and stability of cellular neural networks with variable and distributed delays. Applied Mathematics and Computation, 2008, 195: 402-411.

[181]　Cui B, Wu W. Global exponential stability of Cohen-Grossberg neural networks with distributed delays. Neurocomputing, 2008, 72: 386-391.

[182]　Liu P, Yi F, Guo Q, et al. Analysis on global exponential robust stability of reaction-diffusion neural networks with S-type distributed delays. Physica D, 2008, 237: 475-485.

[183]　Mohamad S, Gopalsamy K. Dynamics of a class of discrete-time neural networks and their continuous-time counter parts. Mathematics and Computer in Simulation, 2000, 53: 1-39.

[184]　Mohamad S. Exponential stability preservation in discrete-time analogues of artificial neural networks with distributed delays. Journal of Computational and Applied Mathematics, 2008, 215: 270-287.

[185]　Wu W, Cui B, Lou X. Global exponential stability of Cohen-Grossberg neural networks with distributed delays. Mathematical and Computer Modelling, 2008, 47: 868-

873.

[186] Liu P C, Yi F Q, Guo Q, et al. Analysison global exponential robust stability of reaction-diffusion neural networks with S-type distributed delays. Physica D, 2008, 237: 475-485.

[187] Wang L S, Zhang R J, Wang Y F. Global exponential stability of Reaction-Diffusion cellular neural networks with S-type distributed time delays. Nonlinear Analysis: Real World Applications, 2009, 10: 1101-1113.

[188] Chen T P, Lu W. Stability analysis of dynamical neural networks. IEEE Int. Conf. Neural Networks and Signal Processing, Nanjing, 2003: 14-17.

[189] Chen T P. Universal approach to study delay dynamical systems. Lecture Notes in Computer Science, 2005, 3610: 245-253.

[190] Chen T P, Lu W, Chen G R. Dynamical behaviors of a large class of general delayed neural networks. Neural Computation, 2005, 17(4): 949-968.

[191] Chen T P, Lu W. Global asymptotic stability of Cohen-Grossberg neural networks with time-varying and distributed delays. Lecture Notes in Computer Science, 2006, 3971: 192-197.

[192] Chen T P. Universal approach to study delayed dynamical systems. Studies in Computational Intelligence, 2007, 35:85-110.

[193] Lu W, Chen T P. On periodic dynamical systems. Chinese Annals of Mathematics Series B, 2004, 25(4): 455-462.

[194] Lu W, Chen T P. Global exponential stability of almost periodic solution for a large class of delayed dynamical systems. Science in China, Series A-Mathematics, 2005, 48(8): 1015-1026.

[195] Lu W, Chen T P. Almost periodic dynamics of a class of delayed neural networks with discontinuous activations. Neural Computation, 2008, 20: 1065-1090.

[196] Liao X F, Li C D. Global attractivity of cohen-grossberg model with finite and infinite delays. Journal of Mathematical Analysis and Applications, 2006, 315: 244-262.

[197] 林振山. 种群动力学. 北京: 科学出版社, 2006.

[198] Capasso V, Di Liddo A. Asymptotic behaviour of reaction-diffusion systems in population and epidemic models: the role of cross diffusion. Journal of Mathematical Biology, 1994, 32: 453-463.

[199] Liao X X, Li J. Stability in Gilpin-Ayala competition models with diffusion. Nonlinear Analysis, 1997, 28: 1751-1758.

[200] Pao C V. Global asymptotic stability of Lotka–Volterra competition systems with diusion and time delays. Nonlinear Analysis: Real World Applications, 2004, 5: 91-104.

[201] Raychaudhuri S, Sinha D K, Chattopadhyay J. Effect of time-varying cross-diffusivity in a two-species Lotka-Volterra competitive system. Ecological Modelling, 1996, 92:

55-64.

[202]　Rothe F. Convergence to the equilibrium state in the Volterra-Lotka diffusion equations. Journal of Mathematical Biology, 1976, 3: 319-324.

[203]　Zhao X. Permanence and positive periodic solutions of n-species competition reaction–diffusion systems with spatial inhomogeneity. Journal of Mathematical Analysis and Applications, 1996, 197: 363-378.

[204]　Serrano-Gotarredona T, Rodriguez-Vazquez A. On the design of second order dynamics reaction-diffusion CNNs. Journal of VLSI Signal Processing, 1999, 23: 351-371.

[205]　Lv Y, Lv W, Sun J. Convergence dynamics of stochastic reaction-diffusion recurrent neural networks with continuously distributed delays. Nonlinear Analysis: Real World Applications, 2008, 9: 1590-1606.

[206]　Qiu J L, Cao J D. Delay-dependent exponential stability for a class of neural networks with time delays and reaction-diffusion terms. Journal of Franklin Institute, 2009, 346: 301-304.

[207]　Sun J H, Wan L. onvergence dynamics of stochastic reaction-diffusion recurrent neural networks with delay. International Journal of Bifurcation and Chaos, 2005, 15(7): 2131-2144.

[208]　Wang L, Gao Y. Global exponential robust stability of reaction-diffusion interval neural networks with time-varying delays. Physics Letters A, 2006, 350: 342-348.

[209]　Zhao H, Wang K. Dynamical behaviors of Cohen-Grossberg neural networks with delays and reaction-diffusion terms. Neurocomputing, 2006, 70: 536-543.

[210]　Grossberg S. Biological competition: Decision rules,pattern formation, and oscillations. Proceedings of the National Academy of Science of the United States of America, 1980, 77(4): 2338-2342.

[211]　Forti M. Convergence of a subclass of Cohen-Grossberg neural networks via the Lojasiewicz inequality. IEEE Transactions on Systems, Man, and Cybernetics-Part B: Cybernetics, 2008, 38(1): 252-257.

[212]　廖晓昕. 漫谈 Lyapunov 稳定性的理论、方法和应用. 南京信息工程大学学报 (自然科学版)，2009, 1(1): 1-15.

[213]　廖晓昕. 广义非线性连续神经网络系统的稳定性. 华中师范大学学报 (自然科学版)，1991,25(4): 387-390.

[214]　廖晓昕. 综合国力非线性扩散模型稳定性分析. 南京信息工程大学学报 (自然科学版), 2009, 1(3): 247-251.

[215]　Arik S. An improved global stability result for delayed cellular neural networks. IEEE Trans. Circuits and Systems-I : Fundamental Theory, 2002, 49(8): 1211-1214.

[216]　Cao J. Global stability conditions for delayed CNNs. IEEE Trans. Circuits and Systems-I : Fundamental Theory, 2001, 48(11): 1330-1333.

[217]　Chen T P, Rong L. Delay-independent stability analysis of Cohen-Grossberg neural

networks. Physics Letters A, 2003, 317(6): 436-449.

[218]  Lu H. On stability of nonlinear continuous-time neural networks with delays. Neural Networks, 2000, 13: 1135-1143.

[219]  Yuan Z, Huang L, Hu D, et al. Convergence of nonautonomous cohen-grossberg-type neural networks with variable delays. IEEE Trans. Neural Networks, 2008, 19(1): 140-147.

[220]  Sun J, Wan L. Convergence dynamics of stochastic reaction-diffusion recurrent neural networks with delays. International Journal of Bifurcation and Chaos, 2005, 15(7): 2131-2144.

[221]  Song Q, Cao J, Zhao Z. Periodic solutions and its exponential stability of reaction-diffusion recurrent neural networks with continuously distributed delays. Nonlinear Analysis: Real World Applications, 2006, 7: 65-80.

[222]  Tang Z, Luo Y, Deng F. Global exponential stability of reaction-diffusion hopfield neural networks with distributed delays. Lecture Notes in Computer Science, 2005, 3496: 174-180.

[223]  罗毅平, 邓飞其, 赵碧蓉. 具反应扩散无穷连续分布时滞神经网络的全局渐近稳定性. 电子学报, 2005, 33(2): 218-221.

[224]  罗毅平, 邓飞其, 汤志宏, 等. 反应扩散有限连续分布时滞细胞神经网络的全局渐近稳定性. 控制理论与应用, 2007, 24(2): 210-214.

[225]  Cheng C, Liao T, Yan J, et al. Globally asymptotic stabilityof a class of neutral-type neural networks with delays. IEEE Trans. Systems, Man, and Cybernetics-Part B: Cybernetics, 2006, 36(5): 1191-1195.

[226]  Arik S. Orman Z. Global stability analysis of Cohen-Grossberg neural networks with time varying delays. Physics Letters A, 2005, 341: 410-421.

[227]  Moon Y, Park P, Kwon W, et al. Delay-dependent robust stabilization of uncertain state-delayed systems. International Journal of Control, 2001, 74(14): 1447-1455.

[228]  Arik S. Global asymptotic stability of a larger class of neural networks with constant time delay. Physics Letters A, 2003, 311: 504-511.

[229]  Cao J, Zhou D. Stability analysis of delayed cellular neural networks. Neural Networks, 1998, 11: 1601-1605.

[230]  Cao J. A set of stability for delayed cellular neural networks. IEEE Trans. Circuits and Systems-I : Fundamental Theory, 2001, 48(4): 494-498.

[231]  Cao J, Wang L. Exponential stability and periodic oscillatory solution in BAM networks with delays. IEEE Trans. Neural Networks, 2002, 13(2): 457-463.

[232]  Cao J, Wang J. Global asymptotic stability of a general class of recurrent neural networks with time-varying delays. IEEE Trans. Circuits and Systems-I : Fundamental Theory, 2003, 50(1): 34-44.

[233]  Cao J, Wang J, Liao X. Novel stability criteria of delayed cellular neural networks.

　　　　Int. J. Neural Syst., 2003, 13(5): 367-375.

[234]　Cao J, Wang J. Absolute exponential stability of recurrent neural networks with Lipschitz continuous activation functions and time delays. Neural Networks, 2004, 17: 379-390.

[235]　Cao J, Wang J. Global asymptotic and robust stability of recurrent neural networks with time delays. IEEE Transactions on Circuits and Systems-I , 2005, 52(3): 417-426.

[236]　Farrell J A, Michel A N. A synthesis procedure for Hopfield's continuous-time associative memory. IEEE Trans. Circuits Syst., 1990, 37(7): 877-884.

[237]　Hu S, Wang J. Global exponential stability of continuous-time interval neural networks. Phys. Rev. E, 2002, 65: 036133.

[238]　Cao J, Huang D, Qu Y. Global robust stability of delayed recurrent neural networks. Chaos, Solitons and Fractals, 2005, 23: 221-229.

[239]　Liao T, Wang F. Global stability for cellular neurl networks with time delay. IEEE Trans. Neural Networks, 2000, 11(6): 1481-1484.

[240]　Cao J. Periodic oscillation and exponential stability of delayed CNNs. Physics Letters A, 2000, 270: 157-163.

[241]　Liao X F, Yu J B. Robust stability for interval Hopfield neural networks with time delay. IEEE Transactions on Neural Networks, 1998, 9: 1042-1046.

[242]　Liao X F, Wong K, Wu Z F, et al. Novel robust stability criteria for interval delayed Hopfield neural networks. IEEE Transactions on Circuits and SystemsI , 2001, 48: 1355-1358.

[243]　Singh V. A novel global robust stability criterion for neural networks with delay. Physics Letters A, 2005, 337: 369-373.

[244]　Ye H, Michel A N, Wang K N. Robust stability of nonlinear time-delay system with applications to neural networks. IEEE Trans. Circuits and Systems-I : Fundam. Theory Appl., 1996, 43(7): 532-543.

[245]　Arik S. Global robust stability of delayed neural networks. IEEE Trans. Circuits and Systems-I : Fundamental Theory, 2003, 50(1): 156-160.

[246]　Ma W, Saito Y, Takeuchi Y. M-matrix structure and harmless delays in a Hopfield-type neural network. Applied Mathematics Letters, 2009, 22: 1066-1070.

[247]　Chen T P. Global convergence of delayed dynamical systems. IEEE Trans. Neural Networks, 2001, 12(6): 1532-1536.

[248]　Forti M, Manetsi S, Marini M. Necessary and sufficient condition for absolute stability of neural networks. IEEE Transactions on Circuits and Systems-I : Fundamental. Theory and Applications, 1994, 41(7): 491-494.

[249]　Liang X B, Si J. Global exponential stability of neural networks with globally Lipschitz continuous activations and its application to linear variational inequality problem. IEEE Trans. Neural Networks, 2001, 12(2): 349-359.

[250]  Liang X B, Wu L D. A simple proof of a necessary and sufficient condition for absolute stability of symmetric neural networks. IEEE Transactions on Circuits and Systems-Ⅰ: Fundamental Theory and Applications, 1998, 45(9): 1010-1011.

[251]  Liang X B, Yamaguchi T. Necessary and sufficient conditions for absolute exponential stability of Hopfield-type neural networks. IEICE Trans. Inf. and Syst, 1996, 79: 990-993.

[252]  Liang X B, Yamaguchi T. Necessary and sufficient conditions for absolute exponential stability of a class of nonsymmetric neural networks. IEICE Trans. Inform. Syst., 1997, 80: 802-807.

[253]  Kaszkurewicz E, Bhaya A. Comments on Necessary and sufficient condition for absolute stability of neural networks. IEEE Trans. Circuits Syst-.Ⅰ, 1995, 42: 497-499.

[254]  Liang X B, Wang J. Absolute exponential stability of neural networks with a general class of activation functions. IEEE Trans. Circuits Syst.-Ⅰ, 2000, 47: 1258-1263.

[255]  Juang J C. Stability analysisof Hopfield-type neuralnetwork. IEEE Trans. Neural Networks, 1999, 10: 1366-1374.

[256]  Rekasius Z V. Lagrange stability of nonlinear feedback systems. IEEE. Trans. Auto. Control, 1963, 4: 160-163.

[257]  Cao J D, Feng G, Wang Y Y. Multistability and multiperiodicity of delayed Cohen-Grossberg neural networks with a general class of activation functions. Physica D, 2008, 237: 1734-1749.

[258]  Yi Z, Tan K K. Convergence Analysis of Recurrent Neural Networks. Dordrecht: Kluwer Academic Publishers, 2004.

[259]  邢秀梅. 非线性方程的 Lagrange 稳定性. 南京: 南京大学, 2012.

[260]  Passino K M, Burgess K L. Lagrange stability and boundedness of discrete event systems. Discrete Event Dyn. Syst: Theory Appl., 1995, 5: 383-403.

[261]  Rekasius Z V. Lagrange stability of nonlinear feedback systems. Proc. of the 36th Allerton conference, Monticello, 1998: 1123-1128.

[262]  Thornton K W, Mulholland R J. Lagrange stability and ecological systems. J. Theor. Biol., 1974, 45: 473-485.

[263]  Wang J, Duan Z, Huang L. Control of a class of pendulum-like systems with Lagrange stability. Automatica, 2006, 42: 145-150.

[264]  Yang Y, Huang L. Lagrange stability of a class of nonlinear discrete-time systems. First IEEE Conference on Industrial Electronics and Applications, New York, 2006: 1-6.

[265]  Chua L O, Green D N. A qualitative analysis of the behavior of dynamic nonlinear networks: Stability of autonomous networks. IEEE. Trans. Circuits Syst.Ⅰ., 1976, 23(6): 355-379.

[266]  Suplin V, Shaked U. Mixed $H_2/H_\infty$ design of digital phase-locked loops with

polytopic-type uncertainties. Int. J. Robust Nonlinear Control, 2002, 12: 1239-1251.

[267] Liao X X, Luo Q, Zeng Z G, et al. Global exponential stability in Lagrange sense for recurrent neural networks with time delays. Nonlinear Anal: RWA, 2008, 9: 1535-1557.

[268] Liao X X, Luo Q, Zeng Z G. Positive invariant and global exponential attractive sets of neural networks with time-varying delays. Neuromputing, 2008, 71(6): 513-518.

[269] 曹进德，梁金玲. 非自治 Cohen–Grossberg 神经网络模型的动力学 —— 解的有界性和稳定性. Science Focus，2007, 2(5): 44.

[270] 吴晨. 几类神经网络模型的动力学分析及混沌理论的研究. 上海: 复旦大学，2006.

[271] 徐晓惠. 基于矢量 Lyapunov 函数法的复杂系统的稳定性分析. 成都: 西南交通大学，2012.

[272] 卢文联. 动力系统与复杂网络: 理论与应用. 上海: 复旦大学，2005.

[273] 楼旭阳. 复杂神经网络动力学机制及其应用研究. 无锡: 江南大学，2009.

[274] 黄振坤. 几类神经网络模型的动力学分析. 杭州: 浙江大学，2007.

[275] Bhattacharyya S P, Chapellat H, Keel L H. Robust Control: The Parametric Approach. Upper Saddle River: Prentice Hall, 1995.

[276] Zhou K, Doyle J C. Essentials of Robust Control. Upper Saddle River: Prentice Hall, Inc., 1998.

[277] Dorato P. Short time stability in linear time-varying system. Proc. IRE International Convention Record, 1961, 4: 83-87.

[278] Weiss L, Infante E F. Finite time stability under perturbing forces and on product spaces. IEEE Transactions on Automatic Control, 1967, 12: 54-59.

[279] Angelo H D. Linear Time-varying Systems: Analysis and Synthesis. New York: Allyn and Bacon, 1970.

[280] Amato F, Ariola M, Cosentino C, et al. Necessary and sufficient conditions for finite-time stability of linear systems. Proc. of the 2003 American Control Conference, New York, 2003: 4452-4456.

[281] Amato F, Ariola M, Dorato P. Finite-time control of linear systems subject to parametric uncertainties and disturbances. Automatica, 2001, 37(9): 1459-1463.

[282] Amato F, Ariola M, Dorato P. State feedback stabilization over a finite-time interval. IEEE Trans. Automat. Contr, 1963, 8(2): 160-163.

[283] Amato F, Ariola M, Abdallah C T, et al. Dynamic output feedback finite time control of LTI systems subject to parameteric uncertainties and disturbances. Proc. European control Conference, Karlsruhe, 1999: 1176-1180.

[284] Amato F, Ariola M, Cosentino C. Finite time control of linear time-varying systems via output feedback. 2005 American Control Conference, New York, 2005: 4722-4726.

[285] Amato F, Ariola M. Finite-time control of discrete-time linear system. IEEE Trans. Automat. Control, 2005, 50(5):724-729.

[286] Amato F, Ariola M, Carbone M, et al. Control of linear discrete-time systems over a

finite-time interval. 43rd IEEE Conference on Decision and Control, New York, 2004: 1284-1288.

[287]　Eduardo F, Costa B, Joao R. A finite-time stability concept and conditions for finite-time and exponential stability of controlled nonlinear systems. Proceedings of the 2006 American Control Conferernce, New York, 2006: 2309-2314.

[288]　Hong Y G, Wang J K, Cheng D Z. Adaptive finite time stabilization for a class of nonlinear systems. 43rd IEEE Conference on Decision and Control, New York, 2004: 207-212.

[289]　Hong Y G, Wang J K, Cheng D Z. Adaptive finite-time control of nonlinear systems with parametric uncertainty. IEEE Transactions on Automatic Control, 2006, 51(5): 858-862.

[290]　Feng J E, Wu Z, Sun J B, et al. Finite-time control of linear singular systems subject to parametric uncertain and disturbances. Proceeding of the 5th World Congress on Intelligent Control and Automation, New York, 2004: 1002-1006.

[291]　Forti M, Tesi A. Absolute stability of analytic neural networks: an approach based on finite trajectory length. IEEE Trans. Circuits and SystemsⅠ, 2004, 51(12): 2460-2469.

[292]　Forti M, Nistri P, Papini D. Global exponential stability and global convergence in finite time of delayed neural networks with infinite gain. IEEE Transactions on Neural Networks, 2005, 16(6): 1449-1463.

[293]　Shen Y J, Li C C. LMI-based finite-time boundedness analysis of neural networks with parametric uncertainties. Neurocomputing, 2008, 71: 502-507.

# 第3章 具有多重时滞的递归神经网络稳定性

## 3.1 引　言

递归神经网络由于在模式分类、近联想记忆、优化计算等应用领域具有独特优势，近三十几年特别是近十几年来受到人们的高度关注，其中以 Hopfield 教授引入的一类递归神经网络模型[1]得到了广泛研究，并在优化计算等领域得到成功应用。实际上，在神经网络的电路实现中以及生物神经网络突触之间触发的黏滞性，信号传输出现延迟或者时滞是普遍的现象，这类时滞的出现往往是使神经网络震荡以及不稳定的主要根源。因此，具有时滞的递归神经网络的稳定性问题成为理论界和工程应用界普遍关注的热点课题。

当设计一个递归神经网络来实现联想记忆功能的时候，要求设计的递归网络具有多个稳定的平衡点用来存储多种记忆模式。当设计递归神经网络用来求解优化计算问题的时候，很自然地要求设计的递归神经网络具有唯一的平衡点，并且该唯一的平衡点是全局渐近稳定或全局指数稳定的。这样，针对求解优化问题的这一类递归神经网络，为其建立唯一平衡点的存在条件及其全局渐近稳定条件具有重要的意义。

近些年，很多学者已经深入研究了具有时滞的递归神经网络的平衡点存在性问题及其稳定特性问题，并且建立了各种不同的充分条件来确保神经动力网络平衡点的唯一性，以及唯一平衡点的全局渐近稳定性，如文献 [2]~[31] 中的研究结果，其中，文献 [6]、[9]、[10]、[13]、[29]~[31]是针对时变时滞的情况，而其余文献是针对定常时滞情况。

在本章中，针对具有多重时变时滞或定常时滞的递归神经网络，将建立几个新颖的充分条件来保证平衡点的全局渐近稳定性。与以往发表的相关结果相比，本章建立的结果具有小的保守性、适用范围广等特点。具体表现如下：

(1) 针对文献 [10]、[13]、[20]、[21]中研究的多重时滞递归神经网络模型，不采用 $M$ 矩阵方法及其他的代数不等式方法，将建立基于线性矩阵不等式的全局渐近稳定充分判据。基于 LMI 的稳定判据不仅易于校验，同时由于考虑了神经元互联突触之间的生物激励和抑制对整个网络的影响，使得所建立的 LMI 结果在某种程度上具有小的保守性。与基于 LMI 的稳定结果相比照，基于 $M$ 矩阵或其他代数不等式的稳定结果仅考虑了神经元互联突触之间的生物激励的作用，没能考虑神经元互联突触之间的生物抑制作用，导致所得到的结果具有表现形式简洁而保守性相对较大的不足。

(2) 与基于 LMI 的稳定性结果相比较, 本章所建立的结果涵盖了许多现有的基于 LMI 的稳定结果。这样, 本章所建立的结果具有更小的保守性和更宽的应用领域。

## 3.2  问题描述与基础知识

令 $B^{\mathrm{T}}$、$B^{-1}$、$\lambda_M(B)$、$\lambda_m(B)$ 和 $\|B\| = \sqrt{\lambda_M(B^{\mathrm{T}}B)}$ 分别表示方矩阵 $B$ 的转置、矩阵的逆、矩阵的最大特征值、矩阵的最小特征值以及矩阵的欧几里得范数。令 $B \geqslant 0$ $(B > 0, B < 0)$ 分别表示半正定 (正定、负定) 对称矩阵。令 $I$ 和 $0$ 分别表示具有适当维数的单位矩阵和零矩阵, 令 $\mathbf{R}$ 表示实数空间。假定时变时滞 $\tau_{ij}(t)$ 是有界的, 即 $0 \leqslant \tau_{ij}(t) \leqslant \upsilon_{ij}$, 其中, $\upsilon_{ij}$ 是已知的常数。令 $\rho_i = \max\limits_{1 \leqslant j \leqslant n}(\upsilon_{ij})$, $\rho = \max\limits_{1 \leqslant i \leqslant N}(\rho_i)$。$\dot{\tau}_{ij}(t)$ 表示时变时滞 $\tau_{ij}(t)$ 的变化率, $\tau_{ij}(t) \leqslant \mu_{ij}$, $\mu_{ij}$ 为已知的正常数 $(i = 1, 2, \cdots, N; j = 1, 2, \cdots, n)$。

考虑如下具有多重时变时滞的、微分方程组形式表示的递归神经网络模型:

$$\frac{\mathrm{d}u_i(t)}{\mathrm{d}t} = -a_i u_i(t) + \sum_{j=1}^{n} w_{ij} \overline{g}_j(u_j(t)) + \sum_{k=1}^{N} \sum_{j=1}^{n} w_{ij}^k \overline{f}_j(u_j(t - \tau_{kj}(t))) + U_i \qquad (3.1)$$

或者以矩阵–向量形式表示的模型:

$$\frac{\mathrm{d}u(t)}{\mathrm{d}t} = -Au(t) + W\overline{g}(u(t)) + \sum_{k=1}^{N} W_k \overline{f}(u(t - \overline{\tau}_k(t))) + U \qquad (3.2)$$

式中, $u(t) = [u_1(t), u_2(t), \cdots, u_n(t)]^{\mathrm{T}}$ 是神经元状态向量; $n$ 是神经元的数量; $A = \mathrm{diag}(a_1, a_2, \cdots, a_n)$, 且 $a_i > 0$; $W = (w_{ij})_{n \times n} \in \mathbf{R}^{n \times n}$ 和 $W_k = (w_{ij}^k)_{n \times n} \in \mathbf{R}^{n \times n}$ 分别是无时滞的神经元状态之间的连接权矩阵和有时滞的神经元状态之间的连接权矩阵; $N$ 表示有时滞的神经元连接矩阵的数量; $\overline{\tau}_k(t) = [\tau_{k1}(t), \tau_{k2}(t), \cdots, \tau_{kn}(t)]^{\mathrm{T}}$; $\tau_{kj}(t) \geqslant 0$; $\overline{g}(u(t)) = [\overline{g}_1(u_1(t)), \overline{g}_2(u_2(t)), \cdots, \overline{g}_n(u_n(t))]^{\mathrm{T}}$; $\overline{f}(u(t - \overline{\tau}_k(t))) = [\overline{f}_1(u_1(t - \tau_{k1}(t))), \overline{f}_2(u_2(t - \tau_{k2}(t))), \cdots, \overline{f}_n(u_n(t - \tau_{kn}(t)))]^{\mathrm{T}}$; $k = 1, 2, \cdots, N, j = 1, \cdots, n$; $U = [U_1, U_2, \cdots, U_n]^{\mathrm{T}}$ 表示外部常值输入向量。

**假设 3.1**  神经元激励函数 $\overline{g}_j(u_j(t))$ 和 $\overline{f}_j(u_j(t))$, 分别满足如下条件:

$$0 \leqslant \frac{\overline{g}_j(\xi) - \overline{g}_j(\zeta)}{\xi - \zeta} \leqslant \delta_j, \quad 0 \leqslant \frac{\overline{f}_j(\xi) - \overline{f}_j(\zeta)}{\xi - \zeta} \leqslant l_j \qquad (3.3)$$

式中, $\xi \in \mathbf{R}$ 和 $\zeta \in \mathbf{R}$ 是任意的实数, 且 $\xi \neq \zeta$; $\delta_j > 0, l_j > 0$ 是已知正常数; $j = 1, 2, \cdots, n$。

令 $\Delta = \mathrm{diag}(\delta_1, \delta_2, \cdots, \delta_n)$, $L = \mathrm{diag}(l_1, l_2, \cdots, l_n)$。显然，$\Delta$ 和 $L$ 是非奇异的。

在给出本章主要结果之前，为便于证明过程简化，需要如下相关引理。

**引理 3.1** 令 $X$ 和 $Y$ 是两个具有适当维数的实向量，$Q$ 和 $\Pi$ 是两个具有适当维数的矩阵，且 $Q > 0$ 是正定对称矩阵。则对于任意两个正常数 $m > 0$ 和 $l > 0$，下列不等式成立：

$$-mX^{\mathrm{T}}QX + 2lX^{\mathrm{T}}\Pi Y \leqslant l^2 Y^{\mathrm{T}}\Pi^{\mathrm{T}}(mQ)^{-1}\Pi Y \tag{3.4}$$

该引理可简单证明如下：

$$\begin{aligned}
&-mX^{\mathrm{T}}QX + 2lX^{\mathrm{T}}\Pi Y \\
&= -\left[(mQ)^{1/2}X - (mQ)^{-1/2}(l\Pi)Y\right]^{\mathrm{T}}\left[(mQ)^{1/2}X - (mQ)^{-1/2}(l\Pi)Y\right] \\
&\quad + l^2 Y^{\mathrm{T}}\Pi^{\mathrm{T}}(mQ)^{-1}\Pi Y \\
&\leqslant l^2 Y^{\mathrm{T}}\Pi^{\mathrm{T}}(mQ)^{-1}\Pi Y
\end{aligned}$$

**引理 3.2**[7, 28] 如果映射 $H(u) \in C^0$，且同时满足如下条件：① $H(u)$ 在 $\mathbf{R}^n$ 上是单射的，② 当 $\|u\| \to \infty$ 时，$\|H(u)\| \to \infty$，则 $H(u)$ 是 $\mathbf{R}^n$ 的一个同胚映射。

## 3.3　全局渐近稳定结果

在分析递归神经网络 (式 (3.2)) 的平衡点是全局渐近稳定的之前，将建立保证递归神经网络的平衡点的存在性的充分条件。

**命题 3.1** 假定时变时滞变化率满足 $0 \leqslant \dot{\tau}_{ij}(t) \leqslant \mu_{ij} < 1$。如果存在正定对称矩阵 $P > 0$，正定对角矩阵 $H = \mathrm{diag}(h_1, \cdots, h_n)$, $M = \mathrm{diag}(m_1, \cdots, m_n)$, $H_g$, $M_f$, $Q_i = \mathrm{diag}(q_{i1}, \cdots, q_{in})(i = 1, 2, \cdots, N)$，使得下面的线性矩阵不等式成立：

$$\Xi_w = \begin{bmatrix}
-PA-AP & PW+H_g\Delta-AH^{\mathrm{T}} & M_fL-AM^{\mathrm{T}} & PW_1 & PW_2 & \cdots & PW_N \\
* & HW+W^{\mathrm{T}}H-2H_g & W^{\mathrm{T}}M & HW_1 & HW_2 & \cdots & HW_N \\
* & * & \displaystyle\sum_{i=1}^{N}Q_i-2M_f & MW_1 & MW_2 & \cdots & MW_N \\
* & * & * & -\gamma_1 Q_1 & 0 & \cdots & 0 \\
* & * & * & * & -\gamma_2 Q_2 & \cdots & 0 \\
\vdots & \vdots & \vdots & \vdots & \vdots & & \vdots \\
* & * & * & * & * & \cdots & -\gamma_N Q_N
\end{bmatrix}$$
$$< 0 \tag{3.5}$$

则对于给定的外部输入向量 $U$，式 (3.2) 具有唯一一个平衡点，其中，$*$ 表示矩阵中的相应元素的对称部分，$\gamma_i = \displaystyle\min_{1 \leqslant j \leqslant n}(1 - \mu_{ij})$ $(i = 1, 2, \cdots, N)$。

**证明**　命题 3.1 的主要目标就是找到确保式 (3.2) 存在唯一平衡点的充分条件。

任意一个平衡点 $u^*$ 就是式 (3.2) 的一个常数解，即满足如下代数方程：

$$-Au^* + W\overline{g}(u^*) + \sum_{i=1}^{N} W_i\overline{f}(u^*) + U = 0 \tag{3.6}$$

依照文献 [7] 和 [28] 中相似的证明过程，定义如下一个与式 (3.6) 相关的映射：

$$H(u) = -Au + W\overline{g}(u) + \sum_{i=1}^{N} W_i\overline{f}(u) + U \tag{3.7}$$

现在分两步骤来证明 $H(u)$ 是 $\mathbf{R}^n$ 的一个同胚映射。

首先，将证明 $H(u)$ 在 $\mathbf{R}^n$ 上是单射的。采用反证法证明。假定存在两个向量 $u \in \mathbf{R}^n, v \in \mathbf{R}^n$ 且 $u \neq v$，使得 $H(u) = H(v)$ 成立，则

$$0 = -A(u-v) + W(\overline{g}(u) - \overline{g}(v)) + \sum_{i=1}^{N} W_i(\overline{f}(u) - \overline{f}(v)) \tag{3.8}$$

因为 $u \neq v$，则 $\overline{g}(u) - \overline{g}(v) \neq 0$，$\overline{f}(u) - \overline{f}(v) \neq 0$。在式 (3.8) 的两边分别同时乘以非零向量 $2(u-v)^{\mathrm{T}}P$，$2(\overline{g}(u) - \overline{g}(v))^{\mathrm{T}}H$ 和 $2(\overline{f}(u) - \overline{f}(v))^{\mathrm{T}}M$，则有

$$\begin{aligned}
0 = & -2(u-v)^{\mathrm{T}}PA(u-v) + 2(u-v)^{\mathrm{T}}PW(\overline{g}(u) - \overline{g}(v)) \\
& + 2(u-v)^{\mathrm{T}}P\sum_{i=1}^{N} W_i(\overline{f}(u) - \overline{f}(v)) \\
& - 2(\overline{g}(u) - \overline{g}(v))^{\mathrm{T}}HA(u-v) \\
& + 2(\overline{g}(u) - \overline{g}(v))^{\mathrm{T}}HW(\overline{g}(u) - \overline{g}(v)) \\
& + 2(\overline{g}(u) - \overline{g}(v))^{\mathrm{T}}H\sum_{i=1}^{N} W_i(\overline{f}(u) - \overline{f}(v)) \\
& - 2(\overline{f}(u) - \overline{f}(v))^{\mathrm{T}}MA(u-v) \\
& + 2(\overline{f}(u) - \overline{f}(v))^{\mathrm{T}}MW(\overline{g}(u) - \overline{g}(v)) \\
& + 2(\overline{f}(u) - \overline{f}(v))^{\mathrm{T}}M\sum_{i=1}^{N} W_i(\overline{f}(u) - \overline{f}(v))
\end{aligned} \tag{3.9}$$

根据假设 3.1, 则有

$$
\begin{aligned}
& 2(\overline{g}(u) - \overline{g}(v))^{\mathrm{T}} H_g \Delta(u - v) \\
& \quad - 2(\overline{g}(u) - \overline{g}(v))^{\mathrm{T}} H_g(\overline{g}(u) - \overline{g}(v)) \geqslant 0
\end{aligned}
\tag{3.10}
$$

$$
\begin{aligned}
& 2(\overline{f}(u) - \overline{f}(v))^{\mathrm{T}} M_f \Delta(u - v) \\
& \quad - 2(\overline{f}(u) - \overline{f}(v))^{\mathrm{T}} M_f(\overline{f}(u) - \overline{f}(v)) \geqslant 0
\end{aligned}
\tag{3.11}
$$

注意到 $0 < \gamma_i \leqslant 1$, 则对于任意的正定对角矩阵 $Q_i(i = 1, \cdots, N)$, 有

$$
\begin{aligned}
& (\overline{f}(u) - \overline{f}(v))^{\mathrm{T}} Q_i(\overline{f}(u) - \overline{f}(v)) \\
& \quad - \gamma_i(\overline{f}(u) - \overline{f}(v))^{\mathrm{T}} Q_i(\overline{f}(u) - \overline{f}(v)) \geqslant 0
\end{aligned}
\tag{3.12}
$$

将式 (3.10)~ 式 (3.12) 代入式 (3.9), 则有

$$
\begin{aligned}
0 \leqslant & - 2(u - v)^{\mathrm{T}} PA(u - v) + 2(u - v)^{\mathrm{T}} PW(\overline{g}(u) - \overline{g}(v)) \\
& + 2(u - v)^{\mathrm{T}} P \sum_{i=1}^{N} W_i(\overline{f}(u) - \overline{f}(v)) \\
& - 2(\overline{g}(u) - \overline{g}(v))^{\mathrm{T}} HA(u - v) \\
& + 2(\overline{g}(u) - \overline{g}(v))^{\mathrm{T}} HW(\overline{g}(u) - \overline{g}(v)) \\
& + 2(\overline{g}(u) - \overline{g}(v))^{\mathrm{T}} H \sum_{i=1}^{N} W_i(\overline{f}(u) - \overline{f}(v)) \\
& - 2(\overline{f}(u) - \overline{f}(v))^{\mathrm{T}} MA(u - v) \\
& + 2(\overline{f}(u) - \overline{f}(v))^{\mathrm{T}} MW(\overline{g}(u) - \overline{g}(v)) \\
& + 2(\overline{f}(u) - \overline{f}(v))^{\mathrm{T}} M \sum_{i=1}^{N} W_i(\overline{f}(u) - \overline{f}(v)) \\
& + 2(\overline{g}(u) - \overline{g}(v))^{\mathrm{T}} H_g \Delta(u - v) \\
& - 2(\overline{g}(u) - \overline{g}(v))^{\mathrm{T}} H_g(\overline{g}(u) - \overline{g}(v)) \\
& + 2(\overline{f}(u) - \overline{f}(v))^{\mathrm{T}} M_f L(u - v) \\
& - 2(\overline{f}(u) - \overline{f}(v))^{\mathrm{T}} M_f(\overline{f}(u) - \overline{f}(v)) \\
& + \sum_{i=1}^{N} (\overline{f}(u) - \overline{f}(v))^{\mathrm{T}} Q_i(\overline{f}(u) - \overline{f}(v)) \\
& - \sum_{i=1}^{N} \gamma_i(\overline{f}(u) - \overline{f}(v))^{\mathrm{T}} Q_i(\overline{f}(u) - \overline{f}(v)) \\
\leqslant & \, \xi^{\mathrm{T}} \Xi_w \xi
\end{aligned}
\tag{3.13}
$$

式中，$\xi^{\mathrm{T}} = \left[ (u-v)^{\mathrm{T}}, (\overline{g}(u) - \overline{g}(v))^{\mathrm{T}}, (\overline{f}(u) - \overline{f}(v))^{\mathrm{T}}, \cdots, (\overline{f}(u) - \overline{f}(v))^{\mathrm{T}} \right]$；$\varXi_w$ 与式 (3.5) 中的定义相同。

然而，从式 (3.5) 可知，对于任意的 $\xi \neq 0$，$\xi^{\mathrm{T}} \varXi_w \xi < 0$。显然，这与式 (3.13) 相矛盾。因此，$u = v$，进而 $H(u)$ 是单射的。

其次，将证明随着 $\|u\|$ 趋于无穷大，$\|H(u)\|$ 也趋于无穷大。如果当 $\|u\|$ 趋于无穷大时，$\overline{g}(u)$ 和 $\overline{f}(u)$ 是有界的 (即激励函数是有界的情况)，从式 (3.7) 很容易证明，当 $\|u\| \to \infty$，$\|H(u)\| \to \infty$。对于激励函数 $\overline{g}(u)$ 和 $\overline{f}(u)$ 是无界的情况，将证明随着 $\|u\| \to \infty$，$\|H(u)\| \to \infty$。令

$$\tilde{H}(u) = -Au + W\tilde{g}(u) + \sum_{i=1}^{N} W_i \tilde{f}(u) \tag{3.14}$$

式中，$\tilde{g}(u) = \overline{g}(u) - \overline{g}(0)$；$\tilde{f}(u) = \overline{f}(u) - \overline{f}(0)$。显然，$\|\tilde{H}(u)\| \to \infty$ 等价于 $\|H(u)\| \to \infty$。

在式 (3.14) 两侧同时乘以非零向量 $2(u^{\mathrm{T}}P + \tilde{g}^{\mathrm{T}}(u)H + \tilde{f}^{\mathrm{T}}(u)M)$，并根据假设 3.1，可得

$$\begin{aligned}
2(u^{\mathrm{T}}&P + \tilde{g}^{\mathrm{T}}(u)H + \tilde{f}^{\mathrm{T}}(u)M)\tilde{H}(u) \\
=2u^{\mathrm{T}}P&\left[ -Au + W\tilde{g}(u) + \sum_{i=1}^{N} W_i\tilde{f}(u) \right] \\
+ 2\tilde{g}^{\mathrm{T}}&(u)H\left[ -Au + W\tilde{g}(u) + \sum_{i=1}^{N} W_i\tilde{f}(u) \right] \\
+ 2\tilde{f}^{\mathrm{T}}&(u)M\left[ -Au + W\tilde{g}(u) + \sum_{i=1}^{N} W_i\tilde{f}(u) \right] \\
\leqslant 2u^{\mathrm{T}}P&\left[ -Au + W\tilde{g}(u) + \sum_{i=1}^{N} W_i\tilde{f}(u) \right] \\
+ 2\tilde{g}^{\mathrm{T}}&(u)H\left[ -Au + W\tilde{g}(u) + \sum_{i=1}^{N} W_i\tilde{f}(u) \right] \\
+ 2\tilde{f}^{\mathrm{T}}&(u)M\left[ -Au + W\tilde{g}(u) + \sum_{i=1}^{N} W_i\tilde{f}(u) \right] \\
+ 2\tilde{g}^{\mathrm{T}}&(u)H_g \Delta u - 2\tilde{g}^{\mathrm{T}}(u)H_g\tilde{g}(u) \\
+ 2\tilde{f}^{\mathrm{T}}&(u)M_f Lu - 2\tilde{f}^{\mathrm{T}}(u)M_f\tilde{f}(u)
\end{aligned}$$

$$+ \sum_{i=1}^{N} \tilde{f}^{\mathrm{T}}(u) Q_i \tilde{f}(u) - \sum_{i=1}^{N} \tilde{f}^{\mathrm{T}}(u) \gamma_i Q_i \tilde{f}(u)$$

$$= \overline{\xi}^{\mathrm{T}} \Xi_w \overline{\xi} \tag{3.15}$$

式中, $\overline{\xi}^{\mathrm{T}} = \left[ u^{\mathrm{T}}, \tilde{g}^{\mathrm{T}}(u), \tilde{f}^{\mathrm{T}}(u), \cdots, \tilde{f}^{\mathrm{T}}(u) \right]$。

根据式 (3.5), 存在一个充分小的正常数 $\varepsilon_g > 0$, 例如, $\varepsilon_g = \lambda_m(-\Xi_w)$, 使得 $\overline{\xi}^{\mathrm{T}} \Xi_w \overline{\xi} \leqslant -\varepsilon_g \overline{\xi}^{\mathrm{T}} \overline{\xi}$。注意到 $\overline{\xi}^{\mathrm{T}} \overline{\xi} \geqslant [u^{\mathrm{T}}, \tilde{g}(u)^{\mathrm{T}}, \tilde{f}(u)^{\mathrm{T}}][u^{\mathrm{T}}, \tilde{g}(u)^{\mathrm{T}}, \tilde{f}(u)^{\mathrm{T}}]^{\mathrm{T}} = \underline{\xi}^{\mathrm{T}} \underline{\xi}$, 其中, $\underline{\xi}^{\mathrm{T}} = [u^{\mathrm{T}}, \tilde{g}(u)^{\mathrm{T}}, \tilde{f}(u)^{\mathrm{T}}]$, 则从式 (3.15) 可知

$$2(u^{\mathrm{T}} P + \tilde{g}^{\mathrm{T}}(u) H + \tilde{f}^{\mathrm{T}}(u) M) \tilde{H}(u)$$

$$\leqslant \overline{\xi}^{\mathrm{T}} \Xi_w \overline{\xi} \leqslant -\varepsilon_g \overline{\xi}^{\mathrm{T}} \overline{\xi} \leqslant -\varepsilon_g \underline{\xi}^{\mathrm{T}} \underline{\xi} < 0 \tag{3.16}$$

从式 (3.16) 可得

$$\| 2(u^{\mathrm{T}} P + \tilde{g}^{\mathrm{T}}(u) H + \tilde{f}^{\mathrm{T}}(u) M) \tilde{H}(u) \|$$

$$= \| \underline{\xi}^{\mathrm{T}} P_H \tilde{H}(u) \| \geqslant \varepsilon_g \underline{\xi}^{\mathrm{T}} \underline{\xi} \tag{3.17}$$

式中, $P_H = 2 \begin{bmatrix} P \\ H \\ M \end{bmatrix}$。因此, $\|P_H\| \|\tilde{H}(u)\| \geqslant \varepsilon_g \|\underline{\xi}\|$。显然, 当 $\|\underline{\xi}\| \to \infty$ 的时候, $\|\tilde{H}(u)\| \to \infty$。这就等价于随着 $\|u\| \to \infty$, $\|H(u)\| \to \infty$。

根据引理 3.2 可知, $H(u)$ 是 $\mathbf{R}^n$ 的一个同胚映射。因此, 对于每一个外部常值输入向量 $U$, 式 (3.2) 具有一个唯一的平衡点 $u^*$。证毕。

根据命题 3.1 可知, 对于给定的 $U$, 式 (3.2) 具有唯一平衡点, 不妨记 $u^* = [u_1^*, u_2^*, \cdots, u_n^*]^{\mathrm{T}}$。下面将证明该唯一平衡点是全局渐近稳定的。为简化证明, 将把平衡点平移到坐标原点。取线性变换 $x(t) = u(t) - u^*$, 式 (3.2) 被转换成如下形式:

$$\frac{\mathrm{d}x(t)}{\mathrm{d}t} = -Ax(t) + Wg(x(t)) + \sum_{k=1}^{N} W_k f(x(t - \overline{\tau}_k(t)))$$

$$x(t) = \phi(t), \quad t \in [-\rho, 0] \tag{3.18}$$

式中, $x(t) = [x_1(t), x_2(t), \cdots, x_n(t)]^{\mathrm{T}}$ 是变换后系统的状态向量;

$$g(x(t)) = [g_1(x_1(t)), g_2(x_2(t)), \cdots, g_n(x_n(t))]^{\mathrm{T}}$$

$$g_j(x_j(t)) = \overline{g}_j(x_j(t) + u_j^*) - \overline{g}_j(u_j^*), \quad g_j(0) = 0$$

$$f(x(t - \overline{\tau}_k(t))) = [f_1(x_1(t - \tau_{k1}(t))), f_2(x_2(t - \tau_{k2}(t))), \cdots, f_n(x_n(t - \tau_{kn}(t)))]^{\mathrm{T}}$$

$$f_j(x_j(t - \tau_{kj}(t))) = \overline{f}_j(x_j(t - \tau_{kj}(t)) + u_j^*) - \overline{f}_j(u_j^*)$$

且 $f_j(0) = 0$；$\phi(t)$ 是一个连续有界的初始向量值函数，具有上确界 $\|\phi\| = \sup\limits_{-\rho \leqslant \theta \leqslant 0} \|\phi(\theta)\|$。根据假设 3.1，对于任意的 $x_j(t) \neq 0$ 有

$$0 \leqslant \frac{g_j(x_j(t))}{x_j(t)} \leqslant \delta_j, \quad 0 \leqslant \frac{f_j(x_j(t))}{x_j(t)} \leqslant l_j$$

$$j = 1, 2, \cdots, n; k = 1, 2, \cdots, N$$

显然，如果变换后的式 (3.18) 的零解是全局渐近稳定的，式 (3.2) 的平衡点 $u^*$ 是全局渐近稳定的。

### 3.3.1 具有不同多重时滞的情况

**定理 3.1**　假定时变时滞的变化率满足 $0 \leqslant \dot{\tau}_{ij}(t) \leqslant \mu_{ij} < 1$。如果命题 3.1 中的式 (3.5) 成立，则式 (3.2) 的平衡点是全局渐近稳定的，且该充分条件独立于时变时滞的幅值大小，仅依赖于时变时滞变化率的大小。

**证明**　针对式 (3.18)，考虑如下 Lyapunov-Krasovskii 泛函：

$$
\begin{aligned}
V(x(t)) =& x^{\mathrm{T}}(t)Px(t) + 2\sum_{i=1}^{n} h_i \int_0^{x_i(t)} g_i(s)\mathrm{d}s \\
&+ 2\sum_{i=1}^{n} m_i \int_0^{x_i(t)} f_i(s)\mathrm{d}s \\
&+ \sum_{i=1}^{N} \sum_{j=1}^{n} \int_{t-\tau_{ij}(t)}^{t} q_{ij} f_j^2(x_j(s))\mathrm{d}s
\end{aligned}
\tag{3.19}
$$

式中，$h_j > 0; m_j > 0; q_{ij} > 0 (j = 1, \cdots, n; i = 1, \cdots, N)$。沿着式 (3.18) 的轨迹对式 (3.26) 求导数，可得

$$
\begin{aligned}
\dot{V}(x(t)) \leqslant& 2x^{\mathrm{T}}P\left[-Ax(t) + Wg(x(t)) + \sum_{i=1}^{N} W_i f(x(t - \overline{\tau}_i(t)))\right] \\
&+ 2g^{\mathrm{T}}(x(t))H\left[-Ax(t) + Wg(x(t)) + \sum_{i=1}^{N} W_i f(x(t - \overline{\tau}_i(t)))\right] \\
&+ 2f^{\mathrm{T}}(x(t))M\left[-Ax(t) + Wg(x(t)) + \sum_{i=1}^{N} W_i f(x(t - \overline{\tau}_i(t)))\right] \\
&+ \sum_{i=1}^{N}\left[f^{\mathrm{T}}(x(t))Q_i f(x(t)) - \gamma_i f^{\mathrm{T}}(x(t - \overline{\tau}_i(t)))Q_i f(x(t - \overline{\tau}_i(t)))\right]
\end{aligned}
\tag{3.20}
$$

根据假设 3.1, 有

$$2f^{\mathrm{T}}(x(t))M_f Lx(t) - 2f^{\mathrm{T}}(x(t))M_f f(x(t)) \geqslant 0 \tag{3.21}$$

$$2g^{\mathrm{T}}(x(t))H_g \Delta x(t) - 2g^{\mathrm{T}}(x(t))H_g g(x(t)) \geqslant 0 \tag{3.22}$$

式中, $M_f$ 和 $H_g$ 是正定对角矩阵。

将式 (3.21) 和式 (3.22) 代入式 (3.20), 得

$$\dot{V}(x(t)) \leqslant \zeta^{\mathrm{T}} \Xi_w \zeta < 0 \tag{3.23}$$

式中, $\forall \zeta \neq 0$, $\zeta^{\mathrm{T}} = [x^{\mathrm{T}}(t), g^{\mathrm{T}}(x(t)), f^{\mathrm{T}}(x(t)), f^{\mathrm{T}}(x(t - \overline{\tau}_1(t))), f^{\mathrm{T}}(x(t - \overline{\tau}_2(t))), \cdots,$ $f^{\mathrm{T}}(x(t - \overline{\tau}_N(t)))]$。

这样, 根据 Lyapunov 稳定理论, 式 (3.18) 的原点, 或者等价的式 (3.2) 的平衡点是全局渐近稳定的。

下面广为人们研究的递归神经网络:

$$\frac{\mathrm{d}u_i(t)}{\mathrm{d}t} = -a_i u_i(t) + \sum_{j=1}^{n} w_{ij} \overline{g}_j(u_j(t)) + \sum_{j=1}^{n} w_{ij}^1 \overline{f}_j(u_j(t - \tau_j(t))) + U_i \tag{3.24}$$

显然它是式 (3.1) 的特例 (如令 $N = 1$)。针对该类递归神经网络, 很容易得到如下稳定性结果。

**推论 3.1**　假定时变时滞的变化率满足 $0 \leqslant \dot{\tau}_j(t) \leqslant \mu_j < 1$。如果存在正定对称矩阵 $P > 0$, 正定对角矩阵 $H = \mathrm{diag}(h_1, \cdots, h_n)$, $M = \mathrm{diag}(m_1, \cdots, m_n)$, $H_g$, $M_f$, $Q = \mathrm{diag}(q_1, \cdots, q_n)$, 使得下面的线性矩阵不等式成立:

$$\begin{bmatrix} -PA - AP & \Theta_{12} & M_f L - MA & PW_1 \\ * & \Theta_{22} & W^{\mathrm{T}} M & HW_1 \\ * & * & Q - 2M_f & MW_1 \\ * & * & * & -\tilde{\gamma}Q \end{bmatrix} < 0 \tag{3.25}$$

则式 (3.24) 的平衡点是全局渐近稳定的, 且该稳定条件不依赖于时变时滞的幅值大小, 其中, $\Theta_{12} = PW + H_g\Delta - HA$, $\Theta_{22} = HW + W^{\mathrm{T}}H - 2H_g$, $\tilde{\gamma} = \min\limits_{1 \leqslant j \leqslant n}(1 - \mu_j)$。

**证明**　对式 (3.24) 考虑如下形式的 Lyapunov-Krasovskii 泛函:

$$\begin{aligned} V(x(t)) =& x^{\mathrm{T}}(t)Px(t) + 2\sum_{i=1}^{n} h_i \int_0^{x_i(t)} g_i(s)\mathrm{d}s \\ & + 2\sum_{i=1}^{n} m_i \int_0^{x_i(t)} f_i(s)\mathrm{d}s \\ & + \sum_{j=1}^{n} \int_{t-\tau_j(t)}^{t} q_j f_j^2(x_j(s))\mathrm{d}s \end{aligned} \tag{3.26}$$

式中, $p_i > 0 (i = 1, \cdots, n)$; $h_j > 0, m_j > 0$ 和 $q_j > 0 (j = 1, \cdots, n)$。与定理 3.1 的证明过程相类似, 可得到该推论。

**注释 3.1** 式 (3.24) 的平衡点全局渐近稳定性问题在文献 [6] 进行了研究。文献 [6] 中的定理 1 和定理 2 讨论的平衡点的存在性和唯一性问题是基于同伦映射和 $M$ 矩阵理论的。文献 [6] 中的定理 3~ 定理 5 所建立的平衡点全局渐近稳定性充分条件是基于 $M$ 矩阵形式和其他代数不等式形式。需要指出, 文献 [6] 中的所有结果都对神经元的连接权系数进行了取绝对值运算, 进而导致神经元之间的抑制作用没有得到利用。相比较, 这里利用同胚映射和 LMI 技术分别建立了平衡点的存在性和唯一性条件、平衡点的全局渐近稳定性条件, 所有条件都是以 LMI 形式表示的, 没有对神经元间的连接权系数进行任何代数运算, 进而充分利用了神经元之间的抑制作用和激励作用。由此可见, 这里建立的结果与文献 [6] 所建立的结果是不同的, 彼此之间不能相互替代, 各有不同的适用范围。

在式 (3.1) 中, 如果 $\overline{g}_j(\cdot) = \overline{f}_j(\cdot)$, 则其将变成如下微分方程组形式:

$$\frac{\mathrm{d}u_i(t)}{\mathrm{d}t} = -a_i u_i(t) + \sum_{j=1}^{n} w_{ij} \overline{g}_j(u_j(t)) + \sum_{k=1}^{N} \sum_{j=1}^{n} w_{ij}^k \overline{g}_j(u_j(t - \tau_{kj}(t))) + U_i \quad (3.27)$$

或如下的矩阵–向量形式:

$$\frac{\mathrm{d}u(t)}{\mathrm{d}t} = -Au(t) + W\overline{g}(u(t)) + \sum_{k=1}^{N} W_k \overline{g}(u(t - \overline{\tau}_k(t))) + U \quad (3.28)$$

尽管命题 3.1 的条件同样适用于式 (3.28), 但为进一步降低结果的保守性, 这里将建立不同于命题 3.1 的充分条件来保证式 (3.28) 的平衡点的存在性和唯一性。

**命题 3.2** 假定时变时滞的变化率满足 $0 \leqslant \dot{\tau}_{ij}(t) \leqslant \mu_{ij} < 1$。如果存在正定对角矩阵 $P = \mathrm{diag}(p_1, \cdots, p_n)$, $Q_i = \mathrm{diag}(q_{i1}, \cdots, q_{in})$ $(i = 1, 2, \cdots, N)$, 使得下列不等式成立:

$$-2PA\Delta^{-1} + PW + W^{\mathrm{T}}P + \sum_{i=1}^{N} \frac{1}{\gamma_i} PW_i Q_i^{-1} W_i^{\mathrm{T}} P + \sum_{i=1}^{N} Q_i < 0 \quad (3.29)$$

则对于给定的 $U$, 式 (3.28) 具有唯一一个平衡点, 其中 $\gamma_i = \min\limits_{1 \leqslant j \leqslant n} (1 - \mu_{ij}) (i = 1, 2, \cdots, N)$。

**证明** 命题 3.2 的主要目标就是要建立确保式 (3.28) 具有唯一平衡点的充分条件。平衡点 $u^*$ 就是式 (3.28) 的一个常值解, 即满足如下代数方程:

$$-Au^* + W\overline{g}(u^*) + \sum_{i=1}^{N} W_i \overline{g}(u^*) + U = 0 \quad (3.30)$$

依照文献 [7] 和 [28] 中的证明平衡点存在性和唯一性的相似过程, 定义如下一个与式 (3.30) 相关的映射:

$$H(u) = -Au + W\overline{g}(u) + \sum_{i=1}^{N} W_i \overline{g}(u) + U \tag{3.31}$$

下面分两步骤来证明 $H(u)$ 是 $\mathbf{R}^n$ 的一个同胚。

首先, 将证明 $H(u)$ 在 $\mathbf{R}^n$ 上是单射的, 采用反证法证明。假设存在两个向量 $u \in \mathbf{R}^n, v \in \mathbf{R}^n$ 且 $u \neq v$, 使得 $H(u) = H(v)$, 则

$$0 = -A(u-v) + W(\overline{g}(u) - \overline{g}(v)) + \sum_{i=1}^{N} W_i(\overline{g}(u) - \overline{g}(v)) \tag{3.32}$$

因为 $u \neq v$, 则 $\overline{g}(u) - \overline{g}(v) \neq 0$。在式 (3.32) 的两侧同时乘以 $2(\overline{g}(u) - \overline{g}(v))^{\mathrm{T}} P$, 并根据假设 3.1 和引理 3.1, 可得

$$
\begin{aligned}
0 = & -2(\overline{g}(u) - \overline{g}(v))^{\mathrm{T}} P A(u-v) \\
& + 2(\overline{g}(u) - \overline{g}(v))^{\mathrm{T}} P W(\overline{g}(u) - \overline{g}(v)) \\
& + 2(\overline{g}(u) - \overline{g}(v))^{\mathrm{T}} P \sum_{i=1}^{N} W_i(\overline{g}(u) - \overline{g}(v)) \\
\leqslant & -2(\overline{g}(u) - \overline{g}(v))^{\mathrm{T}} P A \Delta^{-1}(\overline{g}(u) - \overline{g}(v)) \\
& + 2(\overline{g}(u) - \overline{g}(v))^{\mathrm{T}} P W(\overline{g}(u) - \overline{g}(v)) \\
& + \sum_{i=1}^{N} (\overline{g}(u) - \overline{g}(v))^{\mathrm{T}} P W_i \gamma_i^{-1} Q_i^{-1} W_i^{\mathrm{T}} P(\overline{g}(u) - \overline{g}(v)) \\
& + \sum_{i=1}^{N} (\overline{g}(u) - \overline{g}(v))^{\mathrm{T}} Q_i \gamma_i(\overline{g}(u) - \overline{g}(v)) \\
\leqslant & (\overline{g}(u) - \overline{g}(v))^{\mathrm{T}} \Big( -2 P A \Delta^{-1} + P W + W^{\mathrm{T}} P \\
& + \sum_{i=1}^{N} P W_i \gamma_i^{-1} Q_i^{-1} W_i^{\mathrm{T}} P + Q_i \Big)(\overline{g}(u) - \overline{g}(v))
\end{aligned}
\tag{3.33}
$$

然而, 从式 (3.29) 可知, 对于 $\overline{g}(u) - \overline{g}(v) \neq 0$ 有

$$
\begin{aligned}
(\overline{g}(u) - \overline{g}(v))^{\mathrm{T}} \Big( &-2 P A \Delta^{-1} + P W + W^{\mathrm{T}} P \\
& + \sum_{i=1}^{N} P W_i \gamma_i^{-1} Q_i^{-1} W_i^{\mathrm{T}} P + Q_i \Big)(\overline{g}(u) - \overline{g}(v)) < 0
\end{aligned}
\tag{3.34}
$$

显然，式 (3.34) 与式 (3.33) 相矛盾。因此，$u = v$，进而 $H(u)$ 是单射的。

其次，将证明随着 $\|u\|$ 趋于无穷，$\|H(u)\|$ 也将趋于无穷。如果 $\overline{g}(u)$ 是有界的，则很容易证明当 $\|u\| \to \infty$ 时，$\|H(u)\| \to \infty$。对于 $\overline{g}(u)$ 是无界的情况，将证明当 $\|u\| \to \infty$ 时，$\|H(u)\| \to \infty$。令

$$\check{H}(u) = -Au + W\check{g}(u) + \sum_{i=1}^{N} W_i \check{g}(u) \tag{3.35}$$

式中，$\check{g}(u) = \overline{g}(u) - \overline{g}(0)$。显然，$\|\check{H}(u)\| \to \infty$ 等价于 $\|H(u)\| \to \infty$。

在式 (3.35) 两侧同时乘以非零向量 $2\check{g}^{\mathrm{T}}(u)P$，根据假设 3.1 和引理 3.1，则有

$$\begin{aligned}
2\check{g}^{\mathrm{T}}(u)P\check{H}(u) = {} & -2\check{g}^{\mathrm{T}}(u)PAu + 2\check{g}^{\mathrm{T}}(u)PW\check{g}(u) + 2\check{g}^{\mathrm{T}}(u)P\sum_{i=1}^{N} W_i \check{g}(u) \\
\leqslant {} & \check{g}^{\mathrm{T}}(u)\Big( -2PA\Delta^{-1} + PW + W^{\mathrm{T}}P \\
& + \sum_{i=1}^{N} PW_i Q_i^{-1}\gamma_i^{-1}W_i^{\mathrm{T}}P + Q_i\Big)\check{g}(u)
\end{aligned} \tag{3.36}$$

从式 (3.29) 可知，存在一个充分小的常数 $\varepsilon_u > 0$，使得对于 $\check{g}(u) \neq 0$，则

$$\begin{aligned}
& \check{g}^{\mathrm{T}}(u)\Big( -2PA\Delta^{-1} + PW + W^{\mathrm{T}}P + \sum_{i=1}^{N} PW_i Q_i^{-1}\gamma_i^{-1}W_i^{\mathrm{T}}P \\
& + Q_i\Big)\check{g}(u) \leqslant -\varepsilon_u \check{g}^{\mathrm{T}}(u)\check{g}(u) < 0
\end{aligned} \tag{3.37}$$

同时考虑式 (3.36) 和式 (3.37)，可得 $2\check{g}^{\mathrm{T}}(u)P\check{H}(u) \leqslant -\varepsilon_u \check{g}^{\mathrm{T}}(u)\check{g}(u)$，或者 $\|2\check{g}^{\mathrm{T}}(u)P\check{H}(u)\| \geqslant \varepsilon_u \check{g}^{\mathrm{T}}(u)\check{g}(u)$，或者 $\|2P\|\|\check{H}(u)\| \geqslant \varepsilon_u\|\check{g}(u)\|$。显然，当 $\|\check{g}(u)\| \to \infty$ 时，$\|\check{H}(u)\| \to \infty$。这等价于当 $\|u\| \to \infty$ 时，$\|H(u)\| \to \infty$。

根据引理 3.2，$H(u)$ 是 $\mathbf{R}^n$ 的一个同胚映射。因此，对于每一个外部常值输入 $U$，式 (3.28) 具有唯一的平衡点 $u^*$。证毕。

根据命题 3.2，对于每一个给定的 $U$，式 (3.28) 具有唯一的平衡点，即 $u^* = [u_1^*, u_2^*, \cdots, u_n^*]^{\mathrm{T}}$。利用线性坐标变换 $x(t) = u(t) - u^*$，将平衡点 $u^*$ 平移到原点，则式 (3.28) 被转换成如下形式：

$$\begin{aligned}
\frac{\mathrm{d}x(t)}{\mathrm{d}t} & = -Ax(t) + Wf(x(t)) + \sum_{k=1}^{N} W_k f(x(t - \overline{\tau}_k(t))) \\
x(t) & = \phi(t), \quad t \in [-\rho, 0]
\end{aligned} \tag{3.38}$$

式中，符号的含义同式 (3.18) 中的定义。

显然，如果式 (3.38) 的零解是全局渐近稳定的，式 (3.28) 的平衡点 $u^*$ 也是全局渐近稳定的。下面，将建立保证式 (3.38) 的平衡点是全局渐近稳定的充分条件，该条件不同于定理 3.1 中的稳定条件。

**定理 3.2**　假定时变时滞的变化率满足 $0 \leqslant \dot{\tau}_{ij}(t) \leqslant \mu_{ij} < 1$。如果命题 3.2 中的式 (3.29) 成立，则式 (3.28) 的平衡点是全局渐近稳定的，且稳定条件独立于时变时滞的幅值大小。

**证明**　针对式 (3.38)，考虑如下 Lyapunov-Krasovskii 泛函：

$$
V(x(t)) = (N+1)x^{\mathrm{T}}(t)x(t) + 2\alpha \sum_{i=1}^{n} p_i \int_{0}^{x_i(t)} f_i(s)\mathrm{d}s
$$

$$
+ \sum_{i=1}^{N}(\alpha+\beta_i)\sum_{j=1}^{n}\int_{t-\tau_{ij}(t)}^{t} q_{ij}f_j^2(x_j(s))\mathrm{d}s \tag{3.39}
$$

式中，$\alpha > 0$ 和 $\beta_i > 0$ 将在后面定义，$i = 1, \cdots, N$。沿着式 (3.38) 的轨迹对式 (3.39) 进行时间求导数，可得

$$
\dot{V}(x(t)) \leqslant -2(N+1)x^{\mathrm{T}}(t)Ax(t) + 2(N+1)x^{\mathrm{T}}(t)Wf(x(t))
$$

$$
+ 2(N+1)x^{\mathrm{T}}(t)\sum_{i=1}^{N} W_i f(x(t-\overline{\tau}_i(t)))
$$

$$
- 2\alpha f^{\mathrm{T}}(x(t))PAx(t) + 2\alpha f^{\mathrm{T}}(x(t))PWf(x(t))
$$

$$
+ 2\alpha f^{\mathrm{T}}(x(t))P\sum_{i=1}^{N} W_i f(x(t-\overline{\tau}_i(t)))
$$

$$
+ \sum_{i=1}^{N}(\alpha+\beta_i)\Big[f^{\mathrm{T}}(x(t))Q_i f(x(t)) - \gamma_i f^{\mathrm{T}}(x(t-\overline{\tau}_i(t)))Q_i f(x(t-\overline{\tau}_i(t)))\Big]
$$

$$
\tag{3.40}
$$

根据假设 3.1，则有

$$
-\alpha f^{\mathrm{T}}(x(t))PAx(t) \leqslant -\alpha f^{\mathrm{T}}(x(t))PA\Delta^{-1}f(x(t)) \tag{3.41}
$$

根据引理 3.1，则有

$$
- x^{\mathrm{T}}(t)(2A)x(t) + 2(N+1)x^{\mathrm{T}}(t)Wf(x(t))
$$

$$
\leqslant (N+1)^2 f^{\mathrm{T}}(x(t))W^{\mathrm{T}}(2A)^{-1}Wf(x(t)) \tag{3.42}
$$

同时有

$$
- x^{\mathrm{T}}(t)(2A)x(t) + 2(N+1)x^{\mathrm{T}}(t)W_i f(x(t-\overline{\tau}_i(t)))
$$

$$
\leqslant (N+1)^2 f^{\mathrm{T}}(x(t-\overline{\tau}_i(t)))W_i^{\mathrm{T}}(2A)^{-1}W_i f(x(t-\overline{\tau}_i(t))) \tag{3.43}
$$

$$- \alpha\gamma_i f^{\mathrm{T}}(x(t - \overline{\tau}_i(t)))Q_i f(x(t - \overline{\tau}_i(t))) + 2\alpha f^{\mathrm{T}}(x(t))PW_i f(x(t - \overline{\tau}_i(t)))$$

$$\leqslant \frac{\alpha}{\gamma_i} f^{\mathrm{T}}(x(t))PW_i Q_i^{-1} W_i^{\mathrm{T}} P f(x(t)), \quad i = 1, 2, \cdots, N \tag{3.44}$$

将式 (3.41)～式 (3.44) 代入式 (3.40)，可得

$$\dot{V}(x(t)) \leqslant f^{\mathrm{T}}(x(t))\bigg[(N+1)^2 W^{\mathrm{T}}(2A)^{-1}W + \sum_{i=1}^{N} \frac{\alpha}{\gamma_i} PW_i Q_i^{-1} W_i^{\mathrm{T}} P - 2\alpha PA\Delta^{-1}$$

$$+ \sum_{i=1}^{N} (\alpha + \beta_i)Q_i + 2\alpha PW\bigg] f(x(t))$$

$$+ \sum_{i=1}^{N} f^{\mathrm{T}}(x(t - \overline{\tau}_i(t)))\Big[(N+1)^2 W_i^{\mathrm{T}}(2A)^{-1}W_i - \beta_i \gamma_i Q_i\Big] f(x(t - \overline{\tau}_i(t)))$$

$$= f^{\mathrm{T}}(x(t))\bigg[(N+1)^2 W^{\mathrm{T}}(2A)^{-1}W + \sum_{i=1}^{N} \beta_i Q_i$$

$$+ \alpha\bigg(\sum_{i=1}^{N} \Big(\frac{1}{\gamma_i} PW_i Q_i^{-1} W_i^{\mathrm{T}} P + Q_i\Big) - 2PA\Delta^{-1} + PW + W^{\mathrm{T}}P\bigg)\bigg] f(x(t))$$

$$+ \sum_{i=1}^{N} f^{\mathrm{T}}(x(t - \overline{\tau}_i(t)))\Big[(N+1)^2 W_i^{\mathrm{T}}(2A)^{-1}W_i - \beta_i \gamma_i Q_i\Big] f(x(t - \overline{\tau}_i(t)))$$

$$\leqslant \bigg[\lambda_M\bigg((N+1)^2 W^{\mathrm{T}}(2A)^{-1}W + \sum_{i=1}^{N} \beta_i Q_i\bigg)$$

$$- \alpha\lambda_m\bigg(- \sum_{i=1}^{N} \Big(\frac{1}{\gamma_i} PW_i Q_i^{-1} W_i^{\mathrm{T}} P + Q_i\Big)$$

$$+ 2PA\Delta^{-1} - PW - W^{\mathrm{T}}P\bigg)\bigg] \|f(x(t))\|^2$$

$$+ \sum_{i=1}^{N} f^{\mathrm{T}}(x(t - \overline{\tau}_i(t)))\Big[(N+1)^2 W_i^{\mathrm{T}}(2A)^{-1}W_i - \beta_i \gamma_i Q_i\Big] f(x(t - \overline{\tau}_i(t)))$$

$$\tag{3.45}$$

如果按如下方式选取 $\beta_i > 0$ 和 $\alpha$，则

$$\beta_i \geqslant \frac{(N+1)^2 \|W_i\|^2 \|A^{-1}\|}{2\gamma_i \lambda_m Q_i} \tag{3.46}$$

$$\alpha > \frac{1}{\gamma} \lambda_M\bigg(\sum_{i=1}^{N} \beta_i Q_i + (N+1)^2 W^{\mathrm{T}}(2A)^{-1}W\bigg), \quad i = 1, 2, \cdots, N$$

式中

$$\Upsilon = \lambda_m \left[ 2PA\Delta^{-1} - PW - W^{\mathrm{T}}P - \sum_{i=1}^{N} \left( \frac{1}{\gamma_i} PW_i Q_i^{-1} W_i^{\mathrm{T}} P + Q_i \right) \right]$$

则根据式 (3.29) 和式 (3.45) 可知 $\alpha > 0$，进而对于任意的 $f(x(t)) \neq 0$, $\dot{V}(x(t)) < 0$。

注意到 $f(x(t)) \neq 0$ 意味着 $x(t) \neq 0$。现在令 $f(x(t)) = 0$，但是 $x(t) \neq 0$，此时，$\dot{V}(x(t))$ 具有如下形式 (根据引理 3.1 可得)：

$$
\begin{aligned}
\dot{V}(x(t)) \leqslant &- 2(N+1)x^{\mathrm{T}}(t)Ax(t) - \sum_{i=1}^{N}(\alpha+\beta_i)\gamma_i f^{\mathrm{T}}(x(t-\overline{\tau}_i(t)))Q_i f(x(t-\overline{\tau}_i(t))) \\
&+ 2(N+1)x^{\mathrm{T}}(t)\sum_{i=1}^{N} W_i f(x(t-\overline{\tau}_i(t))) \\
\leqslant &- 2(N+1)x^{\mathrm{T}}(t)Ax(t) + \sum_{i=1}^{N}(N+1)^2 x^{\mathrm{T}}(t)W_i \big[(\alpha+\beta_i)\gamma_i Q_i\big]^{-1}W_i^{\mathrm{T}}x(t) \\
= &- 2x^{\mathrm{T}}(t)Ax(t) + \sum_{i=1}^{N} x^{\mathrm{T}}(t)\Big[(N+1)^2 W_i\big((\alpha+\beta_i)\gamma_i Q_i\big)^{-1}W_i^{\mathrm{T}} - 2A\Big]x(t) \\
\leqslant &- 2x^{\mathrm{T}}(t)Ax(t) + \sum_{i=1}^{N} x^{\mathrm{T}}(t)\Big[(N+1)^2 W_i(\beta_i\gamma_i Q_i)^{-1}W_i^{\mathrm{T}} - 2A\Big]x(t)
\end{aligned}
$$

再一次考虑式 (3.46)，则对于 $\forall x(t) \neq 0$, $\dot{V}(x(t)) \leqslant -2x^{\mathrm{T}}(t)Ax(t) < 0$。

现在考虑 $f(x(t)) = x(t) = 0$ 的情况。此时，$\dot{V}(x(t))$ 具有如下形式：

$$\dot{V}(x(t)) \leqslant -\sum_{i=1}^{N}(\alpha+\beta_i)\gamma_i f^{\mathrm{T}}(x(t-\overline{\tau}_i(t)))Q_i f(x(t-\overline{\tau}_i(t)))$$

显然，对于 $\forall f(x(t-\overline{\tau}_i(t))) \neq 0$, $\dot{V}(x(t)) < 0$。因此，已经证明了当且仅当 $f(x(t)) = x(t) = f(x(t-\overline{\tau}_i(t))) = 0$ 时，$\dot{V}(x(t)) = 0$。否则，$\dot{V}(x(t)) < 0$。另一方面，$V(x(t))$ 是径向无界的 (即当 $\|x(t)\| \to \infty$ 时，$V(x(t)) \to \infty$)，这样，根据 Lyapunov 稳定性理论可知，式 (3.38) 的原点，或者式 (3.28) 的平衡点是全局渐近稳定的，且稳定条件不依赖于时变时滞的幅值大小。证毕。

下面，可将定理 3.2 延拓到定常时滞递归神经网络的情况。

**推论 3.2**　假定 $\tau_{ij}(t) = \tau_{ij}$，即 $\dot{\tau}_{ij}(t) = 0$。如果存在正定对角矩阵 $P = \mathrm{diag}(p_1, \cdots, p_n)$，正定对角矩阵 $Q_i = \mathrm{diag}(q_{i1}, \cdots, q_{in})(i = 1, 2, \cdots, N)$，使得如下不等式成立：

$$-2PA\Delta^{-1} + PW + W^{\mathrm{T}}P + \sum_{i=1}^{N} PW_i Q_i^{-1}W_i^{\mathrm{T}}P + \sum_{i=1}^{N} Q_i < 0 \tag{3.47}$$

则式 $(3.28)(\tau_{ij}(t) = \tau_{ij})$ 的平衡点是全局渐近稳定的，且稳定条件是不依赖于时滞信息的。

**注释 3.2**　根据舒尔补引理，定理 3.2 和推论 3.2 中的稳定条件可方便的写为线性矩阵不等式的形式。例如，定理 3.2 中的式 (3.29) 可等价转换成如下线性矩阵不等式形式：

$$\begin{bmatrix} \Theta & PW_1 & PW_2 & \cdots & PW_N \\ W_1^{\mathrm{T}}P & -\gamma_1 Q_1 & 0 & \cdots & 0 \\ W_2^{\mathrm{T}}P & 0 & -\gamma_2 Q_2 & \cdots & 0 \\ \vdots & \vdots & \vdots & & \vdots \\ W_N^{\mathrm{T}}P & 0 & 0 & \cdots & -\gamma_N Q_N \end{bmatrix} < 0$$

推论 3.2 中的式 (3.47) 可转换成如下线性矩阵不等式形式：

$$\begin{bmatrix} \Theta & PW_1 & PW_2 & \cdots & PW_N \\ W_1^{\mathrm{T}}P & -Q_1 & 0 & \cdots & 0 \\ W_2^{\mathrm{T}}P & 0 & -Q_2 & \cdots & 0 \\ \vdots & \vdots & \vdots & \vdots & \vdots \\ W_N^{\mathrm{T}}P & 0 & 0 & \cdots & -Q_N \end{bmatrix} < 0$$

式中，$\Theta = -2PA\Delta^{-1} + PW + W^{\mathrm{T}}P + \sum\limits_{i=1}^{N} Q_i$。因此，本章所得到的结果很容易利用现有的工具软件包 (如 MATLAB Toolbox) 来进行求解和校验。

目前，许多时滞递归神经网络模型得到许多学者的研究。例如，在文献 [2]、[23] 和 [28] 中，研究了如下具有单定常时滞 $\tau \geqslant 0$ 的递归神经网络模型：

$$\dot{u}_i(t) = -a_i u_i(t) + \sum_{j=1}^{n} w_{ij}^1 g_i(u_j(t-\tau)) + U_i \tag{3.48}$$

一类时滞细胞神经网络模型在文献 [5]、[16]、[17]、[19]、[24] 和 [25] 中得到研究，该模型由如下微分状态方程来描述：

$$\dot{u}(t) = -u(t) + Wg(u(t)) + W_1 g(u(t-\tau)) + U \tag{3.49}$$

当式 (3.49) 中的时滞是多重时滞的情况，该类模型在文献 [15]、[18]、[26] 和 [27] 中得到了研究，此时，该多时滞网络模型可表示如下：

$$\dot{u}(t) = -Au(t) + Wg(u(t)) + \sum_{k=1}^{N} W_k g(u(t-\tau_k)) + U \tag{3.50}$$

式中，$\tau_k \geqslant 0$ 是标量 $(k = 1, \cdots, N)$。

不同于多重时滞 $\tau_i > 0$，一类不同多重时滞 $\tau_{ij} \geqslant 0$(如此称谓主要是为了与多重时滞 $\tau_i > 0$ 相区别) 在文献 [8] 和 [10] 中被引入式 (3.48) 中，其具有如下形式：

$$\dot{u}_i(t) = -a_i u_i(t) + \sum_{j=1}^{n} w_{ij}^1 g_j(u_j(t - \tau_{ij})) + U_i \tag{3.51}$$

另一类由时滞泛函微分方程描述的神经动力系统在文献 [13]、[20] 和 [21] 中得到研究，该类模型拓展了原始的 Hopfield 神经网络模型和细胞神经网络模型，其具有如下形式：

$$\dot{u}_i(t) = -a_i u_i(t) + \sum_{j=1}^{n} w_{ij} g_j(u_j(t)) + \sum_{j=1}^{n} w_{ij}^1 g_j(u_j(t - \tau_{ij})) + U_i \tag{3.52}$$

上述多种递归神经网络模型 (式 (3.48)~ 式 (3.52)) 被众多的学者研究和关注，主要是递归神经网络在诸如模式分类、联想记忆、并行计算和求解优化问题等应用方面具有得天独厚的优势，并在实际中得到了广泛应用。这些工程应用取决于所设计的递归神经网络的动态行为和动态性能。这样，关于递归神经网络平衡点特性的分析，特别是平衡点的全局渐近稳定性和全局指数稳定性的分析具有重要理论意义和工程意义。一般来说，式 (3.48)~ 式 (3.52) 可划分为两组，即式 (3.50) 和式 (3.52)，也就是说，式 (3.48) 和式 (3.49) 是式 (3.50) 的特殊形式；式 (3.51) 是式 (3.52) 的一种特殊形式。就作者所知，在作者所在团队研究之前，关于式 (3.50) 和式 (3.52) 的基于矩阵不等式稳定性的研究都是相互独立进行的，没有出现一种统一的矩阵-向量方程描述形式来整合式 (3.50) 和式 (3.52)。

下面，将说明本章所研究的式 (3.27) 或式 (3.28) 能够将式 (3.50) 和式 (3.52) 统一起来。例如，在式 (3.27) 中，令 $\tau_{kj}(t) = \tau_k$，可得到式 (3.50)。同样，也可证明式 (3.52) 也能表示成式 (3.28) 的一种特殊形式。令 $B_k$ 是一个方矩阵，$B_k$ 的第 $k$ 行是由方矩阵 $W_1 = [w_{ij}^1]_{n \times n}$ 的第 $k$ 行组成，$B_k$ 的其余各行全为 0，同时令 $g(u(t - \overline{\tau}_k)) = [g_1(u_1(t - \tau_{k1})), \cdots, g_n(u_n(t - \tau_{kn}))]^{\mathrm{T}}$，则式 (3.52) 可写为如下矩阵-向量形式：

$$\frac{\mathrm{d}u(t)}{\mathrm{d}t} = -Au(t) + Wg(u(t)) + \sum_{k=1}^{n} B_k g(u(t - \overline{\tau}_k)) + U \tag{3.53}$$

式中，$\overline{\tau}_k = (\tau_{k1}, \cdots, \tau_{kn})^{\mathrm{T}} (k = 1, \cdots, n)$。显然，式 (3.53) 是式 (3.28) 的一种特殊情况。因此，本章针对式 (3.27) 和式 (3.28) 所建立的稳定性结果都可应用到式 (3.48)~ 式 (3.52) 中，只不过存在保守性程度大小的问题，而针对式 (3.48)~ 式 (3.52) 所建立的结果，绝大多数不能应用到本章所研究的模型上来，也就更谈不上保守性的问题了, 如针对式 (3.50) 所建立的结果就不适用 (而不是保守性的问题) 本章所研究的模型。

**注释 3.3**　针对具有不同多重时滞的递归神经网络模型 (式 (3.52)) 的基于线性矩阵不等式的稳定性问题的研究, 就作者所知, 是由作者及作者所在研究团队率先在国际学术界建立了该类模型的基于线性矩阵不等式的稳定结果, 特别是提出了对不同多重时滞项的连接关系矩阵进行矩阵分解 (类似于通信传输中的帧分解, 具有并行计算的结构) 的思想和方法, 为解决大规模互联系统、特别是大规模互联时滞系统的稳定性和控制设计问题提供了一种有效的分析方法和解决问题的途径, 展现的是一种数学技巧, 渗透的是一种思维智慧, 一种集总到分散的态度。本章针对式 (3.27) 和式 (3.28) 建立了基于线性矩阵不等式的稳定结果。因为式 (3.52) 是式 (3.27) 和式 (3.28) 的特殊形式, 进而本章的结果可以适用于式 (3.52), 进而反映了对递归神经网络稳定性理论的一种发展和贡献。

在定理 3.2 的框架下, 将针对式 (3.48)～ 式 (3.50) 建立一些稳定性结果 (这些模型都是式 (3.55) 的特殊形式), 并对我们建立的稳定性结果与现有文献中的稳定性结果进行比较和说明, 以此可见我们建立的稳定性结果包含了许多现有文献中的基于线性矩阵不等式的稳定性结果。

**注释 3.4**　针对式 (3.48)～ 式 (3.50), 推论 3.2 中的正定对角矩阵 $Q_i$ 可放松为正定对称矩阵 $Q_i(i = 1, \cdots, N)$, 进而降低了稳定结果的保守性。例如, 不失一般性, 考虑式 (3.50)。通过线性坐标变换 $x(t) = u(t) - u^*$, 式 (3.50) 被转换为

$$\dot{x}(t) = -Ax(t) + Wf(x(t)) + \sum_{k=1}^{N} W_k f(x(t - \tau_k))$$

式中, $f(x(t - \tau_k)) = [f_1(x_1(t - \tau_k)), \cdots, f_n(x_n(t - \tau_k))]^{\mathrm{T}}$; 其他符号含义同式 (3.38) 中的定义。再考虑如下 Lyapunov-Krasovskii 泛函:

$$V(x(t)) = (N+1)x^{\mathrm{T}}(t)x(t) + 2\alpha \sum_{i=1}^{n} p_i \int_0^{x_i(t)} f_i(s)\mathrm{d}s$$

$$+ \sum_{i=1}^{N} (\alpha + \beta_i) \int_{t-\tau_i}^{t} f^{\mathrm{T}}(x(s))Q_i f(x(s))\mathrm{d}s$$

式中, $Q_i > 0$ 是正定对称矩阵 $(i = 1, \cdots, N)$ 稳定条件, 其他符号含义同式 (3.39) 中的定义。按照与定理 3.2 相类似的证明, 可得到式 (3.29), 除了 $Q_i$ $(i = 1, \cdots, N)$ 是正定对称矩阵而已。

### 3.3.2　具有多重时滞的情况

下面考虑具有时变时滞情况的神经网络模型 (式 (3.50)):

$$\dot{u}(t) = -Au(t) + Wg(u(t)) + \sum_{k=1}^{N} W_k g(u(t - \tau_k(t))) + U \tag{3.54}$$

式中, $\tau_k(t) \geqslant 0$; 其他符号含义同式 (3.28) 中的定义。通过线性变换 $x(t) = u(t) - u^*$, 式 (3.54) 被转变为

$$\dot{x}(t) = -Ax(t) + Wf(x(t)) + \sum_{k=1}^{N} W_k f(x(t - \tau_k(t))) \tag{3.55}$$

现在的目的就是建立另一种充分条件来保证式 (3.55) 的原点是全局渐近稳定的。

**定理 3.3** 假定时变时滞的变化率满足 $0 \leqslant \dot{\tau}_i(t) \leqslant \eta_i < 1$。式 (3.55) 的原点是全局渐近稳定的, 如果存在正定对称矩阵 $P_i > 0 (i = 1, \cdots, N)$, 正定对角矩阵 $D = \mathrm{diag}(d_1, \cdots, d_n) > 0$, 使得下面条件成立:

$$\Omega = -2DA\Delta^{-1} + DW + W^{\mathrm{T}}D + \sum_{i=1}^{N} \left( \frac{1}{1-\eta_i} DW_i P_i^{-1} W_i^{\mathrm{T}} D + P_i \right) < 0 \tag{3.56}$$

**证明** 考虑如下 Lyapunov-Krasovskii 泛函:

$$\begin{aligned}
V(x(t)) = {}& x^{\mathrm{T}}(t)Ax(t) + 2\alpha \sum_{i=1}^{n} d_i \int_0^{x_i(t)} f_i(s)\mathrm{d}s \\
& + \sum_{i=1}^{N} \frac{1}{1-\eta_i} \int_{t-\tau_i(t)}^{t} f^{\mathrm{T}}(x(s))Q_i f(x(s))\mathrm{d}s \\
& + \alpha \sum_{i=1}^{N} \int_{t-\tau_i(t)}^{t} f^{\mathrm{T}}(x(s))P_i f(x(s))\mathrm{d}s
\end{aligned} \tag{3.57}$$

式中, 半正定矩阵 $Q_i \geqslant 0 (i = 1, \cdots, N)$ 和正常数 $\alpha > 0$ 将在后面给出。沿着式 (3.55) 的轨迹对式 (3.57) 进行时间求导数, 可得

$$\begin{aligned}
\dot{V}(x(t)) = {}& 2x^{\mathrm{T}}(t)A\left[ -Ax(t) + Wf(x(t)) + \sum_{i=1}^{N} W_i f(x(t - \tau_i(t))) \right] \\
& + 2\alpha f^{\mathrm{T}}(x(t))D\left[ -Ax(t) + Wf(x(t)) + \sum_{i=1}^{N} W_i f(x(t - \tau_i(t))) \right] \\
& + \sum_{i=1}^{N} \frac{1}{1-\eta_i} \Big[ f^{\mathrm{T}}(x(t))Q_i f(x(t)) \\
& - (1 - \dot{\tau}_i(t))f^{\mathrm{T}}(x(t - \tau_i(t)))Q_i f(x(t - \tau_i(t))) \Big] \\
& + \alpha \sum_{i=1}^{N} \Big[ f^{\mathrm{T}}(x(t))P_i f(x(t)) - (1 - \dot{\tau}_i(t))f^{\mathrm{T}}(x(t - \tau_i(t)))P_i f(x(t - \tau_i(t))) \Big]
\end{aligned} \tag{3.58}$$

因为 $\dot{\tau}_i(t) \leqslant \eta_i < 1$，则 $\dfrac{1 - \dot{\tau}_i(t)}{1 - \eta_i} \geqslant 1$。因此，从式 (3.59) 可得

$$
\begin{aligned}
\dot{V}(x(t)) \leqslant &- 2x^{\mathrm{T}}(t)AAx(t) + 2x^{\mathrm{T}}(t)AWf(x(t)) + 2x^{\mathrm{T}}(t)A\sum_{i=1}^{N}W_if(x(t - \tau_i(t))) \\
&- 2\alpha f^{\mathrm{T}}(x(t))DAx(t) + 2\alpha f^{\mathrm{T}}(x(t))DWf(x(t)) \\
&+ 2\alpha f^{\mathrm{T}}(x(t))D\sum_{i=1}^{N}W_if(x(t - \tau_i(t))) \\
&+ \sum_{i=1}^{N}\left[\frac{1}{1 - \eta_i}f^{\mathrm{T}}(x(t))Q_if(x(t)) - f^{\mathrm{T}}(x(t - \tau_i(t)))Q_if(x(t - \tau_i(t)))\right] \\
&+ \alpha\sum_{i=1}^{N}\left[f^{\mathrm{T}}(x(t))P_if(x(t)) - (1 - \eta_i)f^{\mathrm{T}}(x(t - \tau_i(t)))P_if(x(t - \tau_i(t)))\right]
\end{aligned}
$$

$$(3.59)$$

因为

$$
-2x^{\mathrm{T}}(t)AAx(t) = -x^{\mathrm{T}}(t)AAx(t) - N\frac{1}{N}x^{\mathrm{T}}(t)AAx(t)
$$

则根据引理 3.1 和假设 3.1，则有

$$
-2\alpha f^{\mathrm{T}}(x(t))DAx(t) \leqslant -2\alpha f^{\mathrm{T}}(x(t))DA\Delta^{-1}f(x(t)) \tag{3.60}
$$

$$
-x^{\mathrm{T}}(t)AAx(t) + 2x^{\mathrm{T}}(t)AWf(x(t)) \leqslant f^{\mathrm{T}}(x(t))W^{\mathrm{T}}Wf(x(t)) \tag{3.61}
$$

$$
\begin{aligned}
&-\frac{1}{N}x^{\mathrm{T}}(t)AAx(t) + 2x^{\mathrm{T}}(t)AW_if(x(t - \tau_i(t))) \\
&\leqslant Nf^{\mathrm{T}}(x(t - \tau_i(t)))W_i^{\mathrm{T}}W_if(x(t - \tau_i(t)))
\end{aligned} \tag{3.62}
$$

$$
\begin{aligned}
&-\alpha(1 - \eta_i)f^{\mathrm{T}}(x(t - \tau_i(t)))P_if(x(t - \tau_i(t))) + 2\alpha f^{\mathrm{T}}(x(t))DW_if(x(t - \tau_i(t))) \\
&\leqslant \frac{\alpha}{1 - \eta_i}f^{\mathrm{T}}(x(t))DW_iP_i^{-1}W_i^{\mathrm{T}}Df(x(t)), \quad i = 1, \cdots, N
\end{aligned} \tag{3.63}
$$

令

$$
Q_i = NW_i^{\mathrm{T}}W_i \tag{3.64}
$$

并将式 (3.60)~式 (3.63) 代入式 (3.59)，得

$$\dot{V}(x(t)) \leqslant f^{\mathrm{T}}(x(t)) \left( W^{\mathrm{T}}W + \sum_{i=1}^{N} \frac{N}{1-\eta_i} W_i^{\mathrm{T}}W_i \right) f(x(t))$$

$$+ \alpha f^{\mathrm{T}}(x(t)) \Bigg[ -2DA\Delta^{-1} + DW + W^{\mathrm{T}}D$$

$$+ \sum_{i=1}^{N} \left( \frac{1}{1-\eta_i} DW_i P_i^{-1} W_i^{\mathrm{T}} D + P_i \right) \Bigg] f(x(t))$$

$$= f^{\mathrm{T}}(x(t)) \left( W^{\mathrm{T}}W + \sum_{i=1}^{N} \frac{N}{1-\eta_i} W_i^{\mathrm{T}}W_i \right) f(x(t)) - \alpha f^{\mathrm{T}}(x(t))(-\varOmega)f(x(t))$$

$$\leqslant \left[ \lambda_M \left( W^{\mathrm{T}}W + \sum_{i=1}^{N} \frac{N}{1-\eta_i} W_i^{\mathrm{T}}W_i \right) - \alpha\lambda_m(-\varOmega) \right] \|f(x(t))\|^2 \qquad (3.65)$$

选取

$$\alpha > \frac{\lambda_M \left( W^{\mathrm{T}}W + \sum\limits_{i=1}^{N} \dfrac{N}{1-\eta_i} W_i^{\mathrm{T}}W_i \right)}{\lambda_m(-\varOmega)} > 0$$

则从式 (3.65) 可知, 对于 $\forall f(x(t)) \neq 0$, $\dot{V}(x(t)) < 0$。注意到 $f(x(t)) \neq 0$ 意味着 $x(t) \neq 0$。现令 $f(x(t)) = 0$, $x(t) \neq 0$。此时, $\dot{V}(x(t))$ 具有如下形式:

$$\dot{V}(x(t)) \leqslant -2x^{\mathrm{T}}(t)AAx(t) + 2x^{\mathrm{T}}(t)A\sum_{i=1}^{N} W_i f(x(t-\tau_i(t)))$$

$$- \sum_{i=1}^{N} f^{\mathrm{T}}(x(t-\tau_i(t)))Q_i f(x(t-\tau_i(t))) \qquad (3.66)$$

$$- \alpha \sum_{i=1}^{N} (1-\dot{\tau}_i(t))f^{\mathrm{T}}(x(t-\tau_i(t)))P_i f(x(t-\tau_i(t)))$$

利用式 (3.62) 和式 (3.64), 从式 (3.66) 可得

$$\dot{V}(x(t)) \leqslant -x^{\mathrm{T}}(t)AAx(t) - \alpha \sum_{i=1}^{N} (1-\dot{\tau}_i(t))f^{\mathrm{T}}(x(t-\tau_i(t)))P_i f(x(t-\tau_i(t)))$$

$$\leqslant -x^{\mathrm{T}}(t)AAx(t) < 0, \quad \forall x(t) \neq 0$$

现在考虑 $f(x(t)) = x(t) = 0$ 的情况, 此时, $\dot{V}(x(t))$ 具有如下形式:

$$\dot{V}(x(t)) \leqslant -\sum_{i=1}^{N} f^{\mathrm{T}}(x(t-\tau_i(t)))Q_i f(x(t-\tau_i(t)))$$

$$-\alpha \sum_{i=1}^{N}(1-\dot{\tau}_i(t))f^{\mathrm{T}}(x(t-\tau_i(t)))P_i f(x(t-\tau_i(t)))$$

显然, 对于 $\forall f(x(t-\tau_i(t))) \neq 0$, $\dot{V}(x(t)) < 0$。

因此, 已经证明当且仅当 $f(x(t)) = x(t) = f(x(t-\tau_i(t))) = 0$ 时, $\dot{V}(x(t)) = 0$, 否则 $\dot{V}(x(t)) < 0$。根据 Lyapunov 稳定性理论, 式 (3.55) 的原点是全局渐近稳定的。证毕。

**注释 3.5**　当 $A = I, N = 1, \tau_1(t) = \tau, g_i(u_i(t)) = 0.5(|u_i(t)+1|-|u_i(t)-1|)(i = 1, \cdots, n)$ 时, 即 $\Delta = I$, 文献 [3] 中讨论了式 (3.54) 的稳定性问题。文献 [3] 中的定理 3 要求如下条件同时满足:

(1) $-(W + W^{\mathrm{T}} + \beta I)$ 是正定的;

(2) 若 $\beta \geqslant 1$, $\|W_1\| \leqslant \sqrt{2\beta}$, 或者若 $0 < \beta \leqslant 1$, $\|W_1\| \leqslant \sqrt{1+\beta}$。

事实上, 从条件 (2) 可得如下等价条件:

(2)′ 若 $\beta \geqslant 1$, $-2I + W_1 W_1^{\mathrm{T}}/\beta \leqslant 0$, 或者若 $0 < \beta \leqslant 1$, $-I + W_1 W_1^{\mathrm{T}}/(1+\beta) \leqslant 0$。

将条件 (1) 和条件 (2)′ 相加, 可得

$$-2I + W + W^{\mathrm{T}} + \beta I + W_1 W_1^{\mathrm{T}}/\beta < 0, \quad \beta \geqslant 1 \tag{3.67}$$

或者

$$-I + W + W^{\mathrm{T}} + \beta I + W_1 W_1^{\mathrm{T}}/(1+\beta) < 0, \quad 0 < \beta \leqslant 1 \tag{3.68}$$

此时, 定理 3.3 中的稳定条件 (式 (3.56)) 具有如下形式:

$$-2D + DW + W^{\mathrm{T}}D + P_1 + DW_1 P_1^{-1} W_1^{\mathrm{T}}D < 0 \tag{3.69}$$

如果令 $D = I$, $P_1 = \beta I$ 或者 $P_1 = (1+\beta)I$, 式 (3.69) 将分别转换成式 (3.67) 和式 (3.68)。这表明, 文献 [3] 中的定理 3 是定理 3.3 的一种特殊情况。类似地, 文献 [3] 中的定理 1 以及文献 [19] 中的主要结果也是定理 3.3 的特殊情况。

**注释 3.6**　当 $N = 1$ 时, 文献 [17] 中的定理 1、定理 2 和定理 3 针对式 (3.54) 建立了时滞依赖的全局指数稳定判据。就平衡点的全局渐近稳定充分条件而言 (因为全局指数稳定性意味着全局渐近稳定性), 将对文献 [17] 中基于线性矩阵不等式的稳定判据和本章的定理 3.3 的稳定条件进行比较说明。为简洁起见, 考虑定常时滞的网络模型 (式 (3.54))。此时, 定理 3.3 条件可写为

$$\Omega_a = -2DA\Delta^{-1} + DW + W^{\mathrm{T}}D + DW_1 P_1^{-1} W_1^{\mathrm{T}}D + P_1 < 0 \tag{3.70}$$

根据引理 3.1, 对于适当维数的任意向量 $h(x) \neq 0$, 从式 (3.70) 可知

$$
\begin{aligned}
& h^{\mathrm{T}}(x)\Omega_a h(x) \\
={} & h^{\mathrm{T}}(x)\Big[ -2DA\Delta^{-1} + DW + W^{\mathrm{T}}D + DW_1 P_1^{-1} W_1^{\mathrm{T}}D + P_1 \Big]h(x) \\
\leqslant{} & h^{\mathrm{T}}(x)\Big[ -2DA\Delta^{-1} + DWQ^{-1}W^{\mathrm{T}}D + Q + DW_1 P_1^{-1} W_1^{\mathrm{T}}D + P_1 \Big]h(x) \\
={} & (\Delta^{-1}h(x))^{\mathrm{T}}\Big[ -2\Delta DA + \Delta DWQ^{-1}W^{\mathrm{T}}D\Delta \\
& + \Delta DW_1 P_1^{-1} W_1^{\mathrm{T}}D\Delta + \Delta(P_1+Q)\Delta \Big]\Delta^{-1}h(x) \\
\leqslant{} & (\Delta^{-1}h(x))^{\mathrm{T}}\Big[ -2\Delta DA + 2k\Delta D + \Delta DWQ^{-1}W^{\mathrm{T}}D\Delta \\
& + \mathrm{e}^{2k\rho}\Delta DW_1 P_1^{-1} W_1^{\mathrm{T}}D\Delta + \Delta(P_1+Q)\Delta \Big]\Delta^{-1}h(x) \qquad (3.71)
\end{aligned}
$$

式中, $Q > 0$ 为任意的对称正定矩阵; $k \geqslant 0, \rho > 0$。如果令 $D_a = \Delta D$, 从式 (3.71) 可知

$$
h^{\mathrm{T}}(x)\Omega_a h(x) \leqslant (\Delta^{-1}h(x))^{\mathrm{T}}\Omega_b \Delta^{-1}h(x) < 0 \qquad (3.72)
$$

式中

$$
\begin{aligned}
\Omega_b ={} & -D_a A - A D_a^{\mathrm{T}} + 2kD_a + D_a WQ^{-1}W^{\mathrm{T}}D_a^{-\mathrm{T}} \\
& + \mathrm{e}^{2k\rho}D_a W_1 P_1^{-1} W_1^{\mathrm{T}}D_a^{\mathrm{T}} + \Delta(P_1+Q)\Delta \qquad (3.73)
\end{aligned}
$$

$\Omega_b < 0$ 就是文献 [17] 中定理 1 中的稳定条件 (文献 [17] 的定理 1 中的 $D_a$ 是正定的, 为方便计, 取其正定对角矩阵的情况)。当取 $k = 0$ 时, 文献 [17] 的定理 1 就退化到全局渐近稳定的充分条件。显然, 当 $D_a$ 是正定对角矩阵的情况, $\Omega_b < 0$ 保证了 $\Omega_a < 0$, 即 $\Omega_b < 0$ 是 $\Omega_a < 0$ 的充分条件, 此处, 应用了这样的事实: $\Omega_b < 0$ 等价于 $\Delta\Omega_b\Delta < 0$, 其中, $\Delta$ 是正定对角矩阵。考虑到上述分析过程中不等式 $DW + W^{\mathrm{T}}D \leqslant DW_1 P_1^{-1} W_1^{\mathrm{T}}D + P_1$ 的运用, 这样, 定理 3.3 比文献 [17] 中的结果具有小的保守性。

**推论 3.3** 式 (3.55) 的原点是全局渐近稳定的, 如果存在正定对称矩阵 $\overline{P}_i > 0$ 和正定对角矩阵 $D = \mathrm{diag}(d_1, \cdots, d_n)$, 使得如下条件成立:

$$
\Omega_0 = -2DA\Delta^{-1} + DW + W^{\mathrm{T}}D + \sum_{i=1}^{N}\left( \frac{1}{1-\eta_i}D\overline{P}_i^{-1}D + W_i^{\mathrm{T}}\overline{P}_i W_i \right) < 0
$$

式中, $0 \leqslant \dot{\tau}_i(t) \leqslant \eta_i < 1 (i = 1, \cdots, N)$。

**证明**　在定理 3.3 中, 令 $P_i = W_i^{\mathrm{T}}\overline{P}_i W_i$, 并按照定理 3.3 的类似证明过程, 即可得到该条件。证略。

**注释 3.7**   当 $N = 1$ 时，文献 [16] 讨论了式 (3.54) 的全局渐近稳定性问题。文献 [16] 中的定理 2 和定理 4 都是推论 3.3 的特殊情况。为比较方便，考虑定常时滞情况的模型 (式 (3.54))。文献 [16] 中定理 2 的条件可描述如下：

$$\Omega_1 = -2DA\Delta^{-1} + DW + W^{\mathrm{T}}D + D\overline{P}_1^{-1}D + W_1^{\mathrm{T}}\overline{P}W_1 < 0 \qquad (3.74)$$

根据引理 3.1，对于适当维数的任意向量 $h(x) \neq 0$，从式 (3.74) 可知

$$
\begin{aligned}
& h^{\mathrm{T}}(x)\Omega_1 h(x) \\
={}& h^{\mathrm{T}}(x)\Big( -2DA\Delta^{-1} + DW + W^{\mathrm{T}}D + D\overline{P}_1^{-1}D + W_1^{\mathrm{T}}\overline{P}W_1 \Big)h(x) \\
\leqslant{}& h^{\mathrm{T}}(x)\Big( -2DA\Delta^{-1} + DQ_1^{-1}D + W^{\mathrm{T}}Q_1W + D\overline{P}_1^{-1}D + W_1^{\mathrm{T}}\overline{P}W_1 \Big)h(x) \\
={}& (\Delta^{-1}h(x))^{\mathrm{T}}\Big[ -2\Delta DA + \Delta DQ_1^{-1}D\Delta + \Delta D\overline{P}_1^{-1}D\Delta \\
& + \Delta(W^{\mathrm{T}}Q_1W + W_1^{\mathrm{T}}\overline{P}W_1)\Delta \Big]\Delta^{-1}h(x) \qquad (3.75)
\end{aligned}
$$

式中，$Q_1 > 0$ 是正定对称矩阵。如果令 $\overline{D} = \Delta D$ 和 $\overline{P}_1 = \beta\overline{D}$，$\beta > 0$ 是一个标量，则从式 (3.75) 可知

$$h^{\mathrm{T}}(x)\Omega_1 h(x) \leqslant (\Delta^{-1}h(x))^{\mathrm{T}}\Omega_2 \Delta^{-1}h(x)$$

式中

$$\Omega_2 = -\overline{D}A - A\overline{D}^{\mathrm{T}} + \overline{D}Q_1^{-1}\overline{D} + \beta^{-1}\overline{D} + \Delta(W^{\mathrm{T}}Q_1W + \beta W_1^{\mathrm{T}}\overline{D}W_1)\Delta \qquad (3.76)$$

$\Omega_2 < 0$ 就是文献 [16] 中定理 1 的稳定性条件 (在文献 [16] 的定理 1 中，$\overline{D}$ 是正定的)。显然，$\Omega_2 < 0$ 是保证 $\Omega_1 < 0$ 的充分条件。此处应用了这样的事实：对于非奇异矩阵 $\Delta$，$\Omega_2 < 0$ 等价于 $\Delta\Omega_2\Delta < 0$。在 $\overline{D}$ 是正定对角矩阵的情况，文献 [16] 中的定理 1 是文献 [16] 中定理 2 的特例；文献 [16] 中的定理 3 是文献 [16] 中定理 4 的特例。这样，在 $\overline{D}$ 是正定对角矩阵的情况下，文献 [16] 中的所有结果都是推论 3.3 的特殊情况。

**注释 3.8**   文献 [18] 研究了具有多重时滞的递归神经网络模型 (式 (3.54)) 的全局渐近稳定性问题。按照与注释 3.7 相似的分析过程可以证明，文献 [18] 中的所有结果在某种意义上都是定理 3.3 的特殊情况。

如果选取另一种形式的 Lyapunov-Krasovskii 泛函，可以建立如下的充分条件来保证式 (3.55) 的原点是全局渐近稳定的。

**定理 3.4**   假定时变时滞的变化率满足 $0 \leqslant \dot{\tau}_i(t) \leqslant \eta_i < 1$。式 (3.55) 的原点是全局渐近稳定的，如果存在正定对称矩阵 $Q_i > 0, M_i > 0$ 和 $P > 0$，正定对角矩阵 $D = \mathrm{diag}(d_1, \cdots, d_n)$，使得下列条件成立：

$$
\Psi = 
\begin{bmatrix}
-PA - AP + \sum\limits_{i=1}^{N} M_i & PW & PW_1 & \cdots & PW_N & 0 & \cdots & 0 \\
W^{\mathrm{T}}P & \Xi & DW_1 & \cdots & DW_N & 0 & \cdots & 0 \\
W_1^{\mathrm{T}}P & W_1^{\mathrm{T}}D & \Theta_1 & \cdots & 0 & 0 & \cdots & 0 \\
\vdots & \vdots & \vdots & & \vdots & \vdots & & \vdots \\
W_N^{\mathrm{T}}P & W_N^{\mathrm{T}}D & 0 & \cdots & \Theta_N & 0 & \cdots & 0 \\
0 & 0 & 0 & \cdots & 0 & \Omega_1 & \cdots & 0 \\
\vdots & \vdots & \vdots & & \vdots & \vdots & & \vdots \\
0 & 0 & 0 & \cdots & 0 & 0 & \cdots & \Omega_N
\end{bmatrix} < 0
\tag{3.77}
$$

式中

$$
\Theta_i = -(1-\eta_i)Q_i, \quad \Xi = -2DA\Delta^{-1} + DW + W^{\mathrm{T}}D + \sum_{i=1}^{N} Q_i
$$

$$
\Omega_i = -(1-\eta_i)M_i, \quad i = 1, \cdots, N
$$

**证明**　考虑如下 Lyapunov-Krasovskii 泛函：

$$
\begin{aligned}
V(x(t)) = {}& x^{\mathrm{T}}(t)Px(t) + 2\sum_{i=1}^{n} d_i \int_0^{x_i(t)} f_i(s)\mathrm{d}s \\
& + \sum_{i=1}^{N} \int_{t-\tau_i(t)}^{t} \left( f^{\mathrm{T}}(x(s))Q_i f(x(s)) + x^{\mathrm{T}}(s)M_i x(s) \right)\mathrm{d}s
\end{aligned}
\tag{3.78}
$$

沿着式 (3.55) 的轨迹求式 (3.78) 的时间导数，得

$$
\begin{aligned}
\dot{V}(x(t)) \leqslant {}& -2x^{\mathrm{T}}(t)PAx(t) + 2x^{\mathrm{T}}(t)PWf(x(t)) + 2x^{\mathrm{T}}(t)P\sum_{i=1}^{N} W_i f(x(t-\tau_i(t))) \\
& - 2f^{\mathrm{T}}(x(t))DA\Delta^{-1}f(x(t)) + 2f^{\mathrm{T}}(x(t))DWf(x(t)) \\
& + 2f^{\mathrm{T}}(x(t))D\sum_{i=1}^{N} W_i f(x(t-\tau_i(t))) \\
& + \sum_{i=1}^{N} \left[ f^{\mathrm{T}}(x(t))Q_i f(x(t)) - (1-\eta_i)f^{\mathrm{T}}(x(t-\tau_i(t)))Q_i f(x(t-\tau_i(t))) \right] \\
& + \sum_{i=1}^{N} \left[ x^{\mathrm{T}}(t)M_i x(t) - (1-\eta_i)x^{\mathrm{T}}(t-\tau_i(t))M_i x(t-\tau_i(t)) \right] \\
= {}& v^{\mathrm{T}}(t)\Psi v(t)
\end{aligned}
$$

式中, $v(t) = \left(x^{\mathrm{T}}(t), f^{\mathrm{T}}(x(t)), f^{\mathrm{T}}(x(t-\tau_1(t))), \cdots, f^{\mathrm{T}}(x(t-\tau_N(t))), x^{\mathrm{T}}(t-\tau_1(t)), \cdots,$ $x^{\mathrm{T}}(t-\tau_N(t))\right)^{\mathrm{T}}$; 同时, 在上面的推导中应用了不等式 $-f^{\mathrm{T}}(x(t))DAx(t) \leqslant -f^{\mathrm{T}}(x(t)) \cdot$ $DA\Delta^{-1}f(x(t))$。则对于任意的 $v(t) \neq 0$, $\dot{V}(x(t)) \leqslant v^{\mathrm{T}}\Psi v(t) < 0$, 其中, $\Psi$ 已在式 (3.77) 中定义。根据 Lyapunov 稳定性理论, 式 (3.55) 的原点是全局渐近稳定的。

**推论 3.4**    假定时变时滞的变化率满足 $0 \leqslant \dot{\tau}_i(t) \leqslant \eta_i < 1$。式 (3.55) 的原点是全局渐近稳定的, 如果存在正定对称矩阵 $Q_i > 0, M_i > 0$ 和 $P > 0$, 正定对角矩阵 $D = \mathrm{diag}(d_1, \cdots, d_n)$, 正半定对角矩阵 $M$ 和 $R_i$, 使得

$$\Psi_1 = \begin{bmatrix} -PA-AP+\sum\limits_{i=1}^{N}M_i & PW-DA+M\Delta & PW_1 & \cdots & PW_N & 0 & \cdots & 0 \\ W^{\mathrm{T}}P-AD+M\Delta & \Upsilon & DW_1 & \cdots & DW_N & 0 & \cdots & 0 \\ W_1^{\mathrm{T}}P & W_1^{\mathrm{T}}D & \Theta_1 & \cdots & 0 & R_1\Delta & \cdots & 0 \\ \vdots & \vdots & \vdots & & \vdots & \vdots & & \vdots \\ W_N^{\mathrm{T}}P & W_N^{\mathrm{T}}D & 0 & \cdots & \Theta_N & 0 & \cdots & R_N\Delta \\ 0 & 0 & R_1\Delta & \cdots & 0 & \Omega_1 & \cdots & 0 \\ \vdots & \vdots & \vdots & & \vdots & \vdots & & \vdots \\ 0 & 0 & 0 & \cdots & R_N\Delta & 0 & \cdots & \Omega_N \end{bmatrix} < 0$$

式中

$$\Theta_i = -(1-\eta_i)Q_i - 2R_i$$

$$\Upsilon = -2M + DW + W^{\mathrm{T}}D + \sum_{i=1}^{N}Q_i$$

$$\Omega_i = -(1-\eta_i)M_i$$

$$i = 1, \cdots, N$$

**证明**    考虑式 (3.78) 所定义的 Lyapunov-Krasovskii 泛函。沿着式 (3.55) 的轨迹对式 (3.78) 进行时间求导数, 得

$$\begin{aligned}
\dot{V}(x(t)) \leqslant & -2x^{\mathrm{T}}(t)PAx(t) + 2x^{\mathrm{T}}(t)PWf(x(t)) + 2x^{\mathrm{T}}(t)P\sum_{i=1}^{N}W_if(x(t-\tau_i(t))) \\
& -2f^{\mathrm{T}}(x(t))DAx(t) + 2f^{\mathrm{T}}(x(t))DWf(x(t)) \\
& +2f^{\mathrm{T}}(x(t))D\sum_{i=1}^{N}W_if(x(t-\tau_i(t))) \\
& +\sum_{i=1}^{N}\left[f^{\mathrm{T}}(x(t))Q_if(x(t)) - (1-\eta_i)f^{\mathrm{T}}(x(t-\tau_i(t)))Q_if(x(t-\tau_i(t)))\right] \\
& +\sum_{i=1}^{N}\left[x^{\mathrm{T}}(t)M_ix(t) - (1-\eta_i)x^{\mathrm{T}}(t-\tau_i(t))M_ix(t-\tau_i(t))\right]
\end{aligned}$$

$$+2\sum_{i=1}^{N}f^{\mathrm{T}}(x(t-\tau_i(t)))R_i\Delta x(t-\tau_i(t))$$

$$-2\sum_{i=1}^{N}f^{\mathrm{T}}(x(t-\tau_i(t)))R_if(x(t-\tau_i(t)))$$

$$+2f^{\mathrm{T}}(x(t))M\Delta x(t)-2f^{\mathrm{T}}(x(t))Mf(x(t))$$

$$=v^{\mathrm{T}}(t)\,\Psi_1v(t) \tag{3.79}$$

式 (3.79) 利用了如下不等式:

$$f^{\mathrm{T}}(x(t-\tau_i(t)))R_if(x(t-\tau_i(t)))\leqslant f^{\mathrm{T}}(x(t-\tau_i(t)))R_i\Delta x(t-\tau_i(t))$$

$$2f^{\mathrm{T}}(x(t))Mf(x(t))\leqslant 2f^{\mathrm{T}}(x(t))M\Delta x(t),\quad i=1,\cdots,N$$

$v(t)$ 同定理 3.4 中的定义。则对于任意的 $v(t)\neq 0$, $\dot{V}(x(t))\leqslant v^{\mathrm{T}}(t)\,\Psi_1v(t)<0$, 其中, $\Psi_1$ 已在式 (3.4) 中定义。根据 Lyapunov 稳定性理论, 式 (3.55) 的原点是全局渐近稳定的。

**注释 3.9**　从推论 3.4 的证明过程可以得到另一种形式的 $\dot{V}(x(t))$。从式 (3.79) 可得

$$\begin{aligned}\dot{V}(x(t))\leqslant{}&v^{\mathrm{T}}(t)\,\Psi_1v(t)+2f^{\mathrm{T}}(x(t))DA\Delta^{-1}f(x(t))\\&-2f^{\mathrm{T}}(x(t))DA\Delta^{-1}f(x(t))\\={}&v^{\mathrm{T}}(t)\,\Psi v(t)+2f^{\mathrm{T}}(x(t))DA\Delta^{-1}f(x(t))-2f^{\mathrm{T}}(x(t))DAx(t)\\&+2\sum_{i=1}^{N}f^{\mathrm{T}}(x(t-\tau_i(t)))R_i\Delta x(t-\tau_i(t))\\&-2\sum_{i=1}^{N}f^{\mathrm{T}}(x(t-\tau_i(t)))R_if(x(t-\tau_i(t)))\\&+2f^{\mathrm{T}}(x(t))M\Delta x(t)-2f^{\mathrm{T}}(x(t))Mf(x(t))\end{aligned} \tag{3.80}$$

式中, $\Psi$ 和 $\Psi_1$ 分别在式 (3.77) 和式 (3.4) 中定义。下面分两种情况来讨论式 (3.80)。

(1) $M\Delta=DA$。此时, 式 (3.80) 可写为

$$\begin{aligned}\dot{V}(x(t))\leqslant{}&v^{\mathrm{T}}(t)\,\Psi_1v(t)+2f^{\mathrm{T}}(x(t))DA\Delta^{-1}f(x(t))-2f^{\mathrm{T}}(x(t))DA\Delta^{-1}f(x(t))\\={}&v^{\mathrm{T}}(t)\,\Psi v(t)+2\sum_{i=1}^{N}f^{\mathrm{T}}(x(t-\tau_i(t)))R_i\Delta x(t-\tau_i(t))\\&-2\sum_{i=1}^{N}f^{\mathrm{T}}(x(t-\tau_i(t)))R_if(x(t-\tau_i(t)))\\={}&v^{\mathrm{T}}(t)\,\Psi v(t)+\varepsilon_0\end{aligned}$$

式中

$$0 \leqslant \varepsilon_0 = 2 \sum_{i=1}^{N} f^{\mathrm{T}}(x(t-\tau_i(t))) R_i \Delta x(t-\tau_i(t))$$

$$- 2 \sum_{i=1}^{N} f^{\mathrm{T}}(x(t-\tau_i(t))) R_i f(x(t-\tau_i(t)))$$

$$\leqslant \sum_{i=1}^{N} f^{\mathrm{T}}(x(t-\tau_i(t)))(R_i \Delta \Delta R_i - 2R_i) f(x(t-\tau_i(t)))$$

$$+ \sum_{i=1}^{N} x^{\mathrm{T}}(t-\tau_i(t)) x(t-\tau_i(t))$$

$$= v^{\mathrm{T}}(t) \Omega_0 v(t)$$

$$\leqslant \bar{\varepsilon}_0 v^{\mathrm{T}}(t) v(t)$$

这里应用了不等式 (该不等式是引理 3.1 的一种特殊形式):

$$2X^{\mathrm{T}}Y \leqslant X^{\mathrm{T}}X + Y^{\mathrm{T}}Y$$

来说明下式成立:

$$f^{\mathrm{T}}(x(t-\tau_i(t))) R_i \Delta x(t-\tau_i(t))$$

$$\leqslant f^{\mathrm{T}}(x(t-\tau_i(t))) R_i \Delta \Delta R_i f(x(t-\tau_i(t))) + x^{\mathrm{T}}(t-\tau_i(t)) x(t-\tau_i(t))$$

$\Omega_0 = \mathrm{diag}(0, 0, R_1 \Delta \Delta R_1 - 2R_1, \cdots, R_N \Delta \Delta R_N - 2R_N, I_1, \cdots, I_N)$, $I_i$ 是具有适当维数的单位矩阵 $(i = 1, \cdots, N)$, $\bar{\varepsilon}_0 = \lambda_M(\Omega_0)$。这样, 存在一个 $\epsilon_0 \in [0, \bar{\varepsilon}_0]$, 使得 $\dot{V}(x(t)) \leqslant v^{\mathrm{T}}(t) \Psi_1 v(t) = v^{\mathrm{T}}(t)(\Psi + \epsilon_0 I) v(t)$。显然, 如果 $\Psi < 0$, 右手侧的 $\Psi_1 = \Psi + \epsilon_0 I$ 可能不是负定的。因此, 在这种情况下, 定理 3.4 将比推论 3.4 更不保守。

(2) $M\Delta \neq DA$。此时式 (3.80) 可写为

$$\dot{V}(x(t)) \leqslant v^{\mathrm{T}}(t) \Psi_1 v(t) + 2f^{\mathrm{T}}(x(t)) DA\Delta^{-1} f(x(t)) - 2f^{\mathrm{T}}(x(t)) DA\Delta^{-1} f(x(t))$$

$$= v^{\mathrm{T}}(t) \Psi v(t) + 2f^{\mathrm{T}}(x(t)) DA\Delta^{-1} f(x(t)) - 2f^{\mathrm{T}}(x(t)) DA x(t)$$

$$+ 2 \sum_{i=1}^{N} f^{\mathrm{T}}(x(t-\tau_i(t))) R_i \Delta x(t-\tau_i(t))$$

$$- 2 \sum_{i=1}^{N} f^{\mathrm{T}}(x(t-\tau_i(t))) R_i f(x(t-\tau_i(t)))$$

$$+ 2f^{\mathrm{T}}(x(t)) M\Delta x(t) - 2f^{\mathrm{T}}(x(t)) M f(x(t))$$

$$\leqslant v^{\mathrm{T}}(t) \Psi v(t) + 2f^{\mathrm{T}}(x(t)) M\Delta x(t) - 2f^{\mathrm{T}}(x(t)) M f(x(t))$$

$$+ 2 \sum_{i=1}^{N} f^{\mathrm{T}}(x(t - \tau_i(t))) R_i \Delta x(t - \tau_i(t))$$

$$- 2 \sum_{i=1}^{N} f^{\mathrm{T}}(x(t - \tau_i(t))) R_i f(x(t - \tau_i(t)))$$

$$= v^{\mathrm{T}}(t) \Psi v(t) + \varepsilon_1$$

在上面的推导中用到了不等式:

$$2f^{\mathrm{T}}(x(t)) DAx(t) - 2f^{\mathrm{T}}(x(t)) DA\Delta^{-1} f(x(t)) \geqslant 0$$

$$0 \leqslant \varepsilon_1 = 2 \sum_{i=1}^{N} f^{\mathrm{T}}(x(t - \tau_i(t))) R_i \Delta x(t - \tau_i(t))$$

$$- 2 \sum_{i=1}^{N} f^{\mathrm{T}}(x(t - \tau_i(t))) R_i f(x(t - \tau_i(t)))$$

$$+ 2f^{\mathrm{T}}(x(t)) M \Delta x(t) - 2f^{\mathrm{T}}(x(t)) M f(x(t))$$

$$\leqslant \sum_{i=1}^{N} f^{\mathrm{T}}(x(t - \tau_i(t)))(R_i \Delta \Delta R_i - 2R_i) f(x(t - \tau_i(t)))$$

$$+ \sum_{i=1}^{N} x^{\mathrm{T}}(t - \tau_i(t)) x(t - \tau_i(t))$$

$$+ f^{\mathrm{T}}(x(t))(M \Delta \Delta M - 2M) f(x(t)) + x^{\mathrm{T}}(t) x(t)$$

$$= v^{\mathrm{T}}(t) \Omega_c v(t)$$

$$\leqslant \bar{\varepsilon}_1 v^{\mathrm{T}}(t) v(t)$$

式中, $\Omega_c = \mathrm{diag}(I, M \Delta \Delta M - 2M, R_1 \Delta \Delta R_1 - 2R_1, \cdots, R_N \Delta \Delta R_N - 2R_N, I_1, \cdots, I_N)$; $I_i$ 是具有适当维数的单位矩阵 $(i = 1, \cdots, N)$; $\bar{\varepsilon}_1 = \lambda_M(\Omega_c)$。则 $\dot{V}(x(t)) \leqslant v^{\mathrm{T}}(t) \Psi_1 \cdot v(t) \leqslant v^{\mathrm{T}}(t)(\Psi + \bar{\varepsilon}_1 I) v(t)$。显然, 如果 $\Psi < 0$, 则不等式 $\Psi_1 \leqslant \Psi + \bar{\varepsilon}_1 I$ 的右手侧可能不是负定的。因此, 在这种情况, 定理 3.4 将比推论 3.4 更不保守。

　　**注释 3.10**　当 $A = I$, $N = 1$, $\tau_1(t) = \tau(t)$ 时, 文献 [9] 研究了式 (3.54) 的稳定性问题, 通过构造一种新的 Lyapunov-Krasovskii 泛函建立了一个全局渐近稳定判据。所构造的 Lyapunov-Krasovskii 泛函的显著特征就是一个状态积分项, 即 $\int_{t-\tau_1(t)}^{t} x^{\mathrm{T}}(s) M_1 x(s) \mathrm{d}s$ 引入 Lyapunov-Krasovskii 泛函中 (见文献 [9] 中的公式 (9))。文献 [9] 指出, 将所构造的 Lyapunov-Krasovskii 泛函和 $S$-求解过程 (一种矩阵不等式的计算方法) 相结合显著提高了式 (3.54) 的平衡点是全局渐近稳定的充分判

别条件的性能。然而，文献 [9] 中的结果能通过推论 3.4 在 $N = 1$ 和 $A = I$ 的情况下得到，而推论 3.4 的证明仅使用了一些常用的矩阵不等式运算。因此，$S$-求解过程在某种情况下可由常用的一些不等式运算来实现，能够简化一些运算过程，但在提高稳定性判别条件上似乎没有太多的显著优势。

**推论 3.5**  假定时变时滞的变化率满足 $0 \leqslant \dot{\tau}_i(t) \leqslant \eta_i < 1$。式 (3.55) 的原点是全局渐近稳定的，如果存在正定对称矩阵 $Q_i > 0$ 和 $P > 0$，正定对角矩阵 $D = \mathrm{diag}(d_1, \cdots, d_n)$，使得

$$
\Psi_2 = \begin{bmatrix}
-PA - AP & PW & PW_1 & \cdots & PW_N \\
W^{\mathrm{T}}P & \Xi & DW_1 & \cdots & DW_N \\
W_1^{\mathrm{T}}P & W_1^{\mathrm{T}}D & \Theta_1 & \cdots & 0 \\
\vdots & \vdots & \vdots & & \vdots \\
W_N^{\mathrm{T}}P & W_N^{\mathrm{T}}D & 0 & \cdots & \Theta_N
\end{bmatrix} < 0 \tag{3.81}
$$

式中

$$
\Theta_i = -(1 - \eta_i)Q_i
$$

$$
\Xi = -2DA\Delta^{-1} + DW + W^{\mathrm{T}}D + \sum_{i=1}^{N} Q_i
$$

$$
i = 1, \cdots, N
$$

**证明**  考虑如下 Lyapunov-Krasovskii 泛函：

$$
\begin{aligned}
V(x(t)) = {}& x^{\mathrm{T}}(t)Px(t) + 2\sum_{i=1}^{n} d_i \int_0^{x_i(t)} f_i(s)\mathrm{d}s \\
& + \sum_{i=1}^{N} \int_{t-\tau_i(t)}^{t} f^{\mathrm{T}}(x(s))Q_i f(x(s))\mathrm{d}s
\end{aligned} \tag{3.82}
$$

沿着式 (3.55) 的轨迹求式 (3.82) 的时间导数，得

$$
\begin{aligned}
\dot{V}(x(t)) \leqslant {}& -2x^{\mathrm{T}}(t)PAx(t) + 2x^{\mathrm{T}}(t)PWf(x(t)) + 2x^{\mathrm{T}}(t)P\sum_{i=1}^{N} W_i f(x(t - \tau_i(t))) \\
& - 2f^{\mathrm{T}}(x(t))DA\Delta^{-1}f(x(t)) + 2f^{\mathrm{T}}(x(t))DWf(x(t)) \\
& + 2f^{\mathrm{T}}(x(t))D\sum_{i=1}^{N} W_i f(x(t - \tau_i(t))) \\
& + \sum_{i=1}^{N} \left[ f^{\mathrm{T}}(x(t))Q_i f(x(t)) - (1 - \eta_i)f^{\mathrm{T}}(x(t - \tau_i(t)))Q_i f(x(t - \tau_i(t))) \right]
\end{aligned}
$$

在上式中应用了不等式:

$$-2f^{\mathrm{T}}(x(t))Dx(t) \leqslant -2f^{\mathrm{T}}(x(t))D\Delta^{-1}f(x(t))$$

令 $v(t) = \left( x^{\mathrm{T}}(t),\ f^{\mathrm{T}}(x(t)),\ f^{\mathrm{T}}(x(t-\tau_1(t))),\cdots,f^{\mathrm{T}}(x(t-\tau_N(t))) \right)^{\mathrm{T}}$，则对于任意的 $v(t) \neq 0$，$\dot{V}(x(t)) \leqslant v^{\mathrm{T}}\Psi_2 v(t) < 0$。根据 Lyapunov 稳定性理论，式 (3.55) 的原点是全局渐近稳定的。

**注释 3.11**　当 $A = I, N = 1, \tau_1(t) = \tau$ 和 $g_i(u_i(t)) = 0.5(|u_i(t)+1| - |u_i(t)-1|)$ $(i = 1,\cdots,n)$ 时，文献 [25] 研究了式 (3.54) 的稳定性问题。文献 [25] 中的定理 1 的稳定充分条件可表示为

$$\Psi_2 = \begin{bmatrix} -2P & PW & PW_1 \\ W^{\mathrm{T}}P & -2D+DW+W^{\mathrm{T}}D+Q_1 & DW_1 \\ W_1^{\mathrm{T}}P & W_1^{\mathrm{T}}D & -Q_1 \end{bmatrix} < 0 \qquad (3.83)$$

式 (3.83) 就是在 $A = I, \Delta = I$ 和 $N = 1$ 的推论 3.5 的稳定条件。然而，如文献 [22] 中所指出的那样，式 (3.83) 实际上等价于

$$-2D + DW + W^{\mathrm{T}}D + Q_1 + DW_1Q_1^{-1}W_1^{\mathrm{T}}D < 0$$

因此，文献 [25] 中的结果是定理 3.3 的一种特殊情况。利用文献 [22] 中的分析方法，同样可以证明，文献 [4] 中的定理 1 和定理 2 也是推论 3.5 和定理 3.3 的特殊情况。此外，如果在定理 3.4 中，令 $N = 1, A = \Delta = I$ 和 $M_1 = \epsilon I$，或者在推论 3.4 中令 $N = 1, A = \Delta = I, M\Delta = DA, R_1 = 0$ 和 $M_1 = \epsilon I$，其中，$\epsilon > 0$ 是一个充分小的标量，则使用文献 [22] 中同样的分析方法可以证明，文献 [25] 中的定理 1 也能够从定理 3.4 和推论 3.4 中得到，即文献 [25] 中的定理 1 也是定理 3.4 和推论 3.4 的特殊情况。由此可以说明，本章建立的稳定条件具有相对小的保守性。

**注释 3.12**　按照文献 [22] 中相类似的分析过程，可以直接看到，推论 3.5 等价于定理 3.3。同样地，定理 3.4 等价于推论 3.5。因此，在本质上，本章的主要结果如定理 3.3、定理 3.4 和推论 3.5 是等价的，且比文献 [4]、[22] 和 [25] 中的结果具有小的保守性。

另一方面，从该注释也可以看到，尽管可构造多种多样的 Lyapunov 泛函形式进而导致不同的稳定条件，但是在这些相似的泛函背后却隐藏着一些固有不变的内核，只要泛函中包含了这些固有的内核之后，无论泛函在形式上再如何变化，所得到的稳定条件应该是等价的。进一步说，在构造 Lyapunov 泛函方面也存在一个平衡点、固定点或者不变集的问题。千般变化终归尘埃落定，内核约简方能千锤百炼。

**注释 3.13**  本章既然建立了诸多定理, 下面将对定理 3.1~ 定理 3.4 间进行一些比较说明。显然, 从不同多重时滞的角度来看, 式 (3.54) 是式 (3.27) 或式 (3.28) 的特殊情况。从不同激励函数的角度来看, 式 (3.54)、式 (3.27) 或式 (3.28) 都是式 (3.1) 的特殊情况。因此, 定理 3.1 比定理 3.2 更具有通用性和普适性。定理 3.1 和定理 3.2 比定理 3.3 和定理 3.4 更具有一般性, 进而比定理 3.3 和定理 3.4 具有更广的使用范围。需注意的是, 通用性越强, 适用的范围越广, 但相应的保守性可能要增加; 相反, 越不保守的结果仅是针对一类特殊的系统量身定制的, 存在适用范围有限、不易拓展的局限。保守性和通用性就如同特殊和一般的辩证关系, 两者过与不及都不好, 最好是在判断稳定性时有针对性的比较, 如针对同一个系统展开性能比较, 这样就能够比较公允。

虽然式 (3.52)(式 (3.27) 的一种特殊情况) 在诸如文献 [10]、[13] 和 [20] 中被深入研究, 但文献 [10]、[13] 和 [20] 中的稳定结果都是对神经网络的连接权系数采用了绝对值运算 (如采用 $M$ 矩阵方法, 这种方法导致连接权系数都是正数, 仅考虑了神经激励), 进而没有考虑神经元互联之间的抑制作用 (负的连接权系数)。这样, 神经元自身的稳定因素没有考虑进去 (神经元的抑制作用有利于网络的稳定), 进而增加了这些结果的保守性。相比较, 采用线性矩阵不等式可以同时考虑神经元连接系数之间的正负号问题, 进而可同时考虑神经元的外界和内在激励作用的同时, 内在的抑制作用也得到体现, 进而在一定程度上降低了稳定条件的保守性。

**注释 3.14**  当时变时滞的变化率满足 $\dot{\tau}_{ij}(t) \leqslant 0$ 时, 命题 3.1 中的式 (3.5) 和命题 3.2 中的式 (3.29) 都应相应修改。此时, 可令命题 3.1 和命题 3.2 中的 $\gamma_i = 1$, 就可分别得到与式 (3.5) 和式 (3.29) 相类似的条件。同样, 对于 $\dot{\tau}_i(t) \leqslant 0$ 的情况, 如果在定理 3.3、定理 3.4、推论 3.3、推论 3.4 和推论 3.5 中分别将 $1 - \eta_i$ 替换为 1, 也能得到相应的稳定结果。

**注释 3.15**  如果假设 3.1 中的激励函数 $g_j(\cdot)$ 是有界的, 则在文献 [5]、[17] 和 [28] 中已经证明了式 (3.27) 总有平衡点存在。此时, 命题 3.1、定理 3.1、命题 3.2 和定理 3.2 中的假定条件 $0 \leqslant \dot{\tau}_{ij}(t) \leqslant \mu_{ij} < 1$ 则可放松为 $\dot{\tau}_{ij}(t) \leqslant \mu_{ij} < 1$。同样, 定理 3.3、定理 3.4、推论 3.3、推论 3.4 和推论 3.5 中的条件 $0 \leqslant \dot{\tau}_i(t) \leqslant \eta_i < 1$ 也可放松为 $\dot{\tau}_i(t) \leqslant \eta_i < 1$。

上面的时变时滞变化率变动的原因主要在于证明平衡点存在性的条件中有此项因素的限制。一般来说, 平衡点存在性的不同证明方法决定了稳定性条件需要的不同假设条件。基于 $M$ 矩阵的平衡点存在性条件的证明前提就与基于线性矩阵不等式的平衡点存在性条件的证明前提不同, 由此不同的条件就导致了不同的证明结果或不同的存在性条件和稳定性充分条件。可见, 每种方法都是在一定的假设基础上进行的, 进而形成不同的稳定性结果。针对时滞系统, 基于不同的分析方法所建立的稳定性条件之间, 基本上不存在一种稳定性条件绝对优于另一种稳定条件,只是适用不同的假设前提和强调不同的着重点而已。正是这样，才呈现出有关时滞系统稳定性的大量不同的稳定性结果。在一般条件下企图建立时滞系统充要条件的目标看起来不易实现，只有在满足尽可能少的假设前提下提出相应的稳定性充要条件才有可能，但那也不是件容易的事，这也正是时滞递归神经网络稳定性理论能够不断发展的动力之一，让未来的研究者心中仍充满希望，有望能有所突破。

### 3.3.3　具有单重常时滞的情况

下面考虑具有定常时滞的递归神经网络 (式 (3.55))，通过构造一个与 3.3.1 节和 3.3.2 节中不同的 Lyapunov-Krasovskii 泛函，可得到如下结果。

**定理 3.5**　具有定常时滞的递归神经网络的原点是全局渐近稳定的，如果如下条件成立:

$$
\begin{aligned}
&- \Delta^{-2} - 2\Delta^{-1} + A^{-1}W + W^{\mathrm{T}}A^{-1} + (N+1)W^{\mathrm{T}}A^{-1}A^{-1}W \\
&+ \sum_{i=1}^{N}\left[(N+1)W_i^{\mathrm{T}}A^{-1}A^{-1}W_i + I + A^{-1}W_iW_i^{\mathrm{T}}A^{-1}\right] < 0
\end{aligned}
\tag{3.84}
$$

**证明**　考虑如下 Lyapunov-Krasovskii 泛函:

$$
\begin{aligned}
V(x(t)) =&\ x^{\mathrm{T}}(t)A^{-1}x(t) + \sum_{i=1}^{N}\int_{t-\tau_i}^{t}f^{\mathrm{T}}(x(s))P_if(x(s))\mathrm{d}s \\
&+ \sum_{i=1}^{n}\frac{2}{a_i}\int_{0}^{x_i(t)}f_i(s)\mathrm{d}s
\end{aligned}
\tag{3.85}
$$

式中，$P_i = (N+1)W_i^{\mathrm{T}}A^{-1}A^{-1}W_i + I(i = 1, \cdots, N)$。沿着式 (3.55) 的轨迹对式 (3.85) 求时间的导数，得

$$
\begin{aligned}
\dot{V}(x(t)) =&- 2x^{\mathrm{T}}(t)x(t) + 2x^{\mathrm{T}}(t)A^{-1}Wf(x(t)) + 2x^{\mathrm{T}}(t)A^{-1}\sum_{i=1}^{N}W_if(x(t-\tau_i)) \\
&+ \sum_{i=1}^{N}\left\{f^{\mathrm{T}}(x(t))\left[(N+1)W_i^{\mathrm{T}}A^{-1}A^{-1}W_i + I\right]f(x(t)) \right. \\
&\left. - f^{\mathrm{T}}(x(t-\tau_i))\left[(N+1)W_i^{\mathrm{T}}A^{-1}A^{-1}W_i + I\right]f(x(t-\tau_i))\right\} \\
&- 2f^{\mathrm{T}}(x(t))x(t) + 2f^{\mathrm{T}}(x(t))A^{-1}Wf(x(t)) \\
&+ 2f^{\mathrm{T}}(x(t))A^{-1}\sum_{i=1}^{N}W_if(x(t-\tau_i))
\end{aligned}
\tag{3.86}
$$

因为 $-2x^{\mathrm{T}}(t)x(t) = -(N+1)\dfrac{1}{N+1}x^{\mathrm{T}}(t)x(t) - x^{\mathrm{T}}(t)x(t)$，根据引理 3.1 可得

$$
\begin{aligned}
&-\frac{1}{N+1}x^{\mathrm{T}}(t)x(t) + 2x^{\mathrm{T}}(t)A^{-1}Wf(x(t))\\
&\leqslant (N+1)f^{\mathrm{T}}(x(t))W^{\mathrm{T}}A^{-1}A^{-1}Wf(x(t))
\end{aligned}
\tag{3.87}
$$

$$
\begin{aligned}
&-\frac{1}{N+1}x^{\mathrm{T}}(t)x(t) + 2x^{\mathrm{T}}(t)A^{-1}W_i f(x(t-\tau_i))\\
&\leqslant (N+1)f^{\mathrm{T}}(x(t-\tau_i))W_i^{\mathrm{T}}A^{-1}A^{-1}W_i f(x(t-\tau_i))
\end{aligned}
\tag{3.88}
$$

$$
\begin{aligned}
&-f^{\mathrm{T}}(x(t-\tau_i))f(x(t-\tau_i)) + 2f^{\mathrm{T}}(x(t))A^{-1}W_i f(x(t-\tau_i))\\
&\leqslant f^{\mathrm{T}}(x(t))A^{-1}W_i W_i^{\mathrm{T}}A^{-1}f(x(t)), \quad i=1,\cdots,N
\end{aligned}
\tag{3.89}
$$

根据假设 3.1，有

$$
-x^{\mathrm{T}}(t)x(t) \leqslant -f^{\mathrm{T}}(x(t))\Delta^{-2}f(x(t))
\tag{3.90}
$$

$$
-f^{\mathrm{T}}(x(t))x(t) \leqslant -f^{\mathrm{T}}(x(t))\Delta^{-1}f(x(t))
\tag{3.91}
$$

将式 (3.87)～ 式 (3.91) 代入式 (3.86)，得

$$
\begin{aligned}
\dot{V}(x(t)) \leqslant f^{\mathrm{T}}(x(t))\bigg\{& -\Delta^{-2} - 2\Delta^{-1} + A^{-1}W + W^{\mathrm{T}}A^{-1} + (N+1)W^{\mathrm{T}}A^{-1}A^{-1}W\\
&+ \sum_{i=1}^{N}\Big[(N+1)W_i^{\mathrm{T}}A^{-1}A^{-1}W_i + I + A^{-1}W_i W_i^{\mathrm{T}}A^{-1}\Big]\bigg\}f(x(t))
\end{aligned}
$$

因此，如果式 (3.84) 成立，则对于任意的 $f(x(t)) \neq 0$，$\dot{V}(x(t)) < 0$。因为 $f(x(t)) \neq 0$ 意味着 $x(t) \neq 0$，则当 $f(x(t)) = 0$ 和 $x(t) \neq 0$ 时，$\dot{V}(x(t))$ 可表示为

$$
\begin{aligned}
\dot{V}(x(t)) =& -2x^{\mathrm{T}}(t)x(t) - \sum_{i=1}^{N}f^{\mathrm{T}}(x(t-\tau_i))P_i f(x(t-\tau_i)))\\
&+ 2x^{\mathrm{T}}(t)A^{-1}\sum_{i=1}^{N}W_i f(x(t-\tau_i))\\
=& -x^{\mathrm{T}}(t)x(t) - N\frac{1}{N}x^{\mathrm{T}}(t)x(t) + 2x^{\mathrm{T}}(t)A^{-1}\sum_{i=1}^{N}W_i f(x(t-\tau_i))\\
&- \sum_{i=1}^{N}f^{\mathrm{T}}(x(t-\tau_i))P_i f(x(t-\tau_i)))
\end{aligned}
$$

$$\leqslant - x^{\mathrm{T}}(t)x(t) + N \sum_{i=1}^{N} f^{\mathrm{T}}(x(t-\tau_i)) W_i^{\mathrm{T}} A^{-1} A^{-1} W_i f(x(t-\tau_i))$$

$$- \sum_{i=1}^{N} f^{\mathrm{T}}(x(t-\tau_i)) \big[ (N+1) W_i^{\mathrm{T}} A^{-1} A^{-1} W_i + I \big] f(x(t-\tau_i)))$$

因此, 对于 $\forall x(t) \neq 0$, 有

$$\dot{V}(x(t)) \leqslant - x^{\mathrm{T}}(t)x(t) - \sum_{i=1}^{N} f^{\mathrm{T}}(x(t-\tau_i)) \big( W_i^{\mathrm{T}} A^{-1} A^{-1} W_i + I \big) f(x(t-\tau_i)))$$

$$\leqslant - x^{\mathrm{T}}(t)x(t) < 0$$

此外, $V(x(t))$ 是径向无界的, 则根据 Lyapunov 稳定性理论, 如果式 (3.84) 成立, 则式 (3.55) 的原点是全局渐近稳定的。证毕。

对于纯时滞的递归神经网络 (且是定常时滞), 即

$$\dot{x}(t) = -Ax(t) + \sum_{i=1}^{N} W_i f(x(t-\tau_i)) \tag{3.92}$$

有如下的稳定性结果。

**推论 3.6**　式 (3.92) 的原点是全局渐近稳定的, 如果如下条件成立:

$$-\Delta^{-2} - 2\Delta^{-1} + \sum_{i=1}^{N} (N W_i^{\mathrm{T}} A^{-1} A^{-1} W_i + I + A^{-1} W_i W_i^{\mathrm{T}} A^{-1}) < 0 \tag{3.93}$$

**证明**　选取定理 3.5 证明中使用的 Lyapunov-Krasovskii 泛函 (式(3.85)), 并选择 $P_i = N(W_i^{\mathrm{T}} A^{-1} A^{-1} W_i) + I (i=1,\cdots,N)$。利用恒等式 $-2x^{\mathrm{T}}(t)x(t) = -N \frac{1}{N} x^{\mathrm{T}}(t) \cdot x(t) - x^{\mathrm{T}}(t)x(t)$, 且将式 (3.88) 用下式进行替换:

$$- \frac{1}{N} x^{\mathrm{T}}(t)x(t) + 2x^{\mathrm{T}}(t) A^{-1} W_i f(x(t-\tau_i))$$

$$\leqslant N f^{\mathrm{T}}(x(t-\tau_i)) W_i^{\mathrm{T}} A^{-1} A^{-1} W_i f(x(t-\tau_i))$$

则与定理 3.5 有相似的证明过程, 可证得推论 3.6。证略。

**注释 3.16**　当 $N = 1$ 时, 文献 [2] 研究了式 (3.92) 的平衡点全局渐近稳定性问题。文献 [2] 中的定理 2 要求如下条件成立:

$$-\Delta^{-2} - 2\Delta^{-1} + 2A^{-1} W_1 W_1^{\mathrm{T}} A^{-1} + I < 0 \tag{3.94}$$

而此时, 利用推论 3.6, 却得到另一种稳定条件:

$$-\Delta^{-2} - 2\Delta^{-1} + A^{-1} W_1 W_1^{\mathrm{T}} A^{-1} + W_1^{\mathrm{T}} A^{-1} A^{-1} W_1 + I < 0 \tag{3.95}$$

显然, 式 (3.94) 和式 (3.95) 是不等价的。值得说明的是, 文献 [2] 中的定理 2 仅适用于 $A^{-1}W_1 = W_1^{\mathrm{T}}A^{-1}$ 或者 $W_1$ 是对角矩阵的特殊情况, 只有在这种情况下, 式 (3.94) 和式 (3.95) 才完全等价 (见文献 [2] 中式 (8) 前面的公式)。

式 (3.94) 和式 (3.95) 不等价的根本原因在于, 在文献 [2] 的定理 2 证明的过程中, 使用了如下不正确的不等式:

$$
\begin{aligned}
& -x^{\mathrm{T}}(t)x(t) + 2x^{\mathrm{T}}(t)A^{-1}W_1 f(x(t-\tau_1)) \\
& -f^{\mathrm{T}}(x(t-\tau_1))A^{-1}W_1 W_1^{\mathrm{T}}A^{-1}f(x(t-\tau_1)) \leqslant 0
\end{aligned}
\tag{3.96}
$$

例如, 令 $A^{-1} = \begin{bmatrix} 0.5 & 0 \\ 0 & 1 \end{bmatrix}$, $W_1 = \begin{bmatrix} 1.0 & -3.0 \\ -0.2 & 0.4 \end{bmatrix}$, $x(t) = (0.4437 \quad -0.9499)^{\mathrm{T}}$,

$\Delta = \begin{bmatrix} 0.5 & 0 \\ 0 & 1 \end{bmatrix}$, $f(x(t-\tau_1)) = (0.2218 \quad -0.9499)^{\mathrm{T}}$, 激励函数满足 $|f_i(x_i(t))| \leqslant$

$\delta_i|x_i(t)|$, $\delta_1 = 0.5, \delta_2 = 1$。将这些参数代入式 (3.96), 式 (3.96) 的左边等于 0.4714, 显然是大于 0 的。当且仅当 $A^{-1}W_1 = W_1^{\mathrm{T}}A^{-1}$ 或 $W_1$ 是一个对角矩阵, 式 (3.94) 和式 (3.95) 才完全等价。这里, 将修正文献 [2] 中的错误, 并给出正确的结果。

**定理 3.6**(修改的文献 [2] 中的定理 2)　在 $N = 1$ 情况下, 如果式 (3.95) 成立, 则式 (3.92) 的原点是全局渐近稳定的。

**定理 3.7**(修改的文献 [2] 中的定理 2)　在 $N = 1$ 情况下, 且假定 $A^{-1}W_1 = W_1^{\mathrm{T}}A^{-1}$, 如果式 (3.94) 成立, 则式 (3.92) 的原点是全局渐近稳定的。

# 3.4　小　　结

针对具有不同多重时滞的连续时间递归神经网络, 应用 Lyapunov 稳定性理论和线性矩阵不等式技术, 本章建立了保证其平衡点是全局渐近稳定的充分条件。同时, 针对具有多重时滞和单时滞的递归神经网络, 本章也建立了其平衡点是全局渐近稳定的充分条件。本章所建立的稳定结果是对现有结果的扩展和发展, 具体体现在: 填补了具有不同多重时滞递归神经网络的没有基于线性矩阵不等式的稳定结果的空白; 针对同类网络, 稳定结果保守性小, 涵盖了很多现有的稳定结果作为特例; 所建立的稳定结果适用范围宽, 具有很强的实用性; 对所建立的稳定结果与现有的稳定结果进行了性能比较, 从认识论的角度剖析了各种方法所建立的不同稳定结果的性能差异以及该差异存在的内因, 进而为时滞递归神经网络稳定性理论以及相应时滞系统的控制和辨识等问题的深入研究提供了研究方向, 展示了未来前景。

# 参 考 文 献

[1]  Hopfield J J. Neuron with graded response have collective computational properties like those of two state neurons. Proceedings of the National Academy of Science of the USA, 1984, 81(10): 3088-3092.

[2]  Arik S. Stability analysis of delayed neural networks. IEEE Transactions on Circuits and System-I : Fundamental Theory and Applications, 2000, 47(7): 1089-1092.

[3]  Arik S. An analysis of global asymptotic stability stability of delayed cellular neural networks. IEEE Transactions on Neural Networks, 2002, 13: 1239-1242.

[4]  Cao J, Ho D W C. A general framework for global asymptotic stability analysis of delayed neural networks based on LMI approach. Chaos, Solitons and Fractals, 2005, 24: 1317-1329.

[5]  Cao J, Huang D S, Qu Y Z. Global robust stability of delayed recurrent neural networks. Chaos, Solitons and Fractals, 2005, 23: 221-229.

[6]  Cao J, Wang J. Global asymptotic stability of a general class of recurrent neural networks with time-varying delays. IEEE Transactions on Circuits and Systems-I : Fundamental Theory and Applications, 2003, 50(1): 4-44.

[7]  Forti M, Tesi A. New conditions for global stability of neural networks with applications to linear and quadratic programming problems. IEEE Transactions on Circuits and Systems-I : Fundamental Theory and Applications, 1995, 42(7): 354-366.

[8]  Gopalsamy K, He X Z. Stability in asymmetric Hopfield nets with transmission delays. Physica D: Nonlinear Phenomena, 1994, 76(4): 344-358.

[9]  He Y, Wu M, She J H. An improved global asymptotic stability criterion for delayed cellular neural networks. IEEE Transactions on Neural Networks, 2006, 17(1): 250-252.

[10]  Hou C, Qian J X. Stability analysis for neural dynamics with time-varying delays. IEEE Transactions on Neural Networks, 1998, 9(1): 221-223.

[11]  Hu S, Wang J. Global stability of a class of continuous-time recurrent neural networks. IEEE Transactions on Circuits and Systems-I : Fundamental Theory and Applications, 2002, 49: 1334-1347.

[12]  Hu S, Wang J. Absolute exponential stability of a class of continuous-time recurrent neural networks. IEEE Transactions on Neural Networks, 2003, 14(5): 35-45.

[13]  Huang H, Ho D W C, Cao J. Analysis of global exponential stability and periodic solutions of neural networks with time-varying delays. Neural Networks, 2005, 18(2): 161-170.

[14]  Joy M. On the global convergence of a class of functional differential equations with applications in neural network theory. Journal of Mathematical Analysis and Applications, 1999, 232(1): 61-81.

[15]  Li C, Liao X, Zhang R. Global robust asymptotical stability of multi-delayed interval neural networks: An LMI approach. Physics Letters A, 2004, 328(6): 452-462.

[16]  Liao X, Chen G, Sanchez E N. LMI-based approach for asymptotically stability analysis of delayed neural networks. IEEE Transactions on Circuits and Systems-I : Fundamental Theory and Applications, 2002, 49: 1033-1039.

[17]  Liao X, Chen G, Sanchez E N. Delay-dependent exponenial stability analysis of delayed neural networks: An LMI approach. Neural Networks, 2002, 15: 855-866.

[18]  Liao X, Li C. An LMI approach to asymptotical stability of multi-delayed neural networks. Physica D: Nonlinear Phenomena, 2005, 200(2): 139-155.

[19]  Liao T L, Wang F C. Global stability for cellular neural networks with time delay. IEEE Transactions on Neural Networks, 2000, 11(6): 1481-1484.

[20]  Liao X X, Wang J. Algebraic criteria for global exponential stability of cellular neural networks with multiple time delays. IEEE Transactions on Circuits and Systems-I : Fundamental Theory and Applications, 2003, 50: 268-275.

[21]  Liao X X, Wang J, Zeng Z G. Global Asymptotic stability and global exponential stability of delayed cellular neural networks. IEEE Transactions on Circuits and Systems-II : Express Briefs, 2005, 52: 403-409.

[22]  Lu H. Comments on 'A generalized LMI-based approach to the global asymptotic stability of delayed cellular neural networks'. IEEE Transactions on Neural Networks, 2005, 16(6): 778-779.

[23]  Marcus C M, Westerveld R M. Stability of analog neural networks with delay. Physical Review A, 1989, 39(1): 347-359.

[24]  Roska T, Wu C W, Balsi M, et al. Stability and dynamics of delay-type general and cellular neural networks. IEEE Transactions on Circuits and Systems-I : Fundamental Theory and Applications, 1992, 39: 487-490.

[25]  Singh V. A generalized LMI-based approach to the global asymptotic stability of delayed cellular neural networks. IEEE Transactions on Neural Networks, 2004, 15(6): 223-225.

[26]  Zhang H, Ji C, Liu D. Robust stability analysis of a class of Hopfield neural networks with multiple delays. Lecture Notes in Computer Science, 2005, 3519: 209-214.

[27]  Zhang H, Wang Z, Liu D. Exponential stability analysis of neural networks with multiple time delays. Lecture Notes in Computer Science, 2005, 3519: 142-148.

[28]  Zhang J, Jin X. Global stability analysis in delayed Hopfield neural networks. Neural Networks, 2000, 13: 745-753.

[29]  Zhang Q, Wei X P, Xu J. On global exponential stability of delayed cellular networks with time-varying delays. Applied Mathematics and Computation, 2005, 162(2): 679-686.

[30]  Sun J, Chen J. Stability analysis of static recurrent neural networks with interval

time-varying delay. Applied Mathematics and Computation, 2013, 221: 111-120.

[31]　Luo M, Zhong S. New delay-distribution-dependent stability analysis for discrete-time stochastic neural networks with randomly time-varying delays. Neurocomputing, 2013, 116: 30-37.

# 第4章 具有未知时滞的 Cohen-Grossberg 型
# 神经网络的稳定性

## 4.1 引　言

自从 Cohen 和 Grossberg 两位教授在 1983 年的文献 [1] 中首次提出一类递归神经网络模型 (为陈述方便考虑, 后来学者将该类模型以作者名字命名, 称为 Cohen-Grossberg 神经网络) 以来, 由于该类网络数学模型在数学表达形式上包含了诸如 Hopfield 递归神经网络模型[2]、分路 (shunting) 神经网络和其他类型的递归神经网络模型[3-5]这类网络模型得到了人们广泛的关注和深入研究, 并在模式分类、并行计算、联想记忆以及优化计算等领域具有得天独厚的优势而具有广阔的发展前景。Cohen-Grossberg 神经网络在上述领域中的应用, 很大程度上取决于所设计的网络的性能, 特别是网络平衡点的动力学特性。因此, 在设计递归神经网络之前, 定性研究和分析网络平衡点的动态特性, 特别是稳定性问题具有重要的理论意义和工程意义[6, 7]。

同时, 在神经网络电子电路实现中, 由于运算放大器开关的切换速度限制以及信号传输中带宽、网络协议等因素, 不可避免地导致信号传输过程中出现滞后或时滞现象。时滞现象的存在将会引起网络出现振荡、不稳定等行为, 进而影响所设计的网络的性能。因此, 自 20 世纪 80 年代末以来, 关于时滞递归神经网络的动态特性的研究一直是国际研究的热点课题。特别是 1995 年 Ye 和 Michel 发表在国际著名物理杂志 *Physical Review E* 的文章中提出了另一类 Cohen-Grossberg 神经网络模型[8](即放大函数满足严格正的有界区间, 为论述方便考虑, 在本书中将这类 Cohen-Grossberg 神经网络命名为类 Cohen-Grossberg 神经网络, 后面将类 Cohen-Grossberg 神经网络和原始的 1983 年提出的 Cohen-Grossberg 神经网络统称为 Cohen-Grossberg 型神经网络, 具体差别由放大函数的性质来判断), Cohen-Grossberg 神经网络模型被进一步扩展和延伸。经过 30 多年的理论研究, 关于时滞 Cohen-Grossberg 神经网络, 特别是 Cohen-Grossberg 型神经网络的平衡点的动态特性的研究取得了显著的成果[5,9-26]。文献 [12] 使用 Hardy 不等式和 Halanay 不等式获得了递归神经网络的指数稳定的充分条件, 由于该类稳定条件中包含大量的未知标量参数需要求解, 且目前尚没有系统的或先验的方法来计算这些未知参数, 进而导致所建立的稳定条件一般不容易验证。文献 [21] 利用 $M$ 矩阵理论建立了稳定条件,但却对连接权系数进行了绝对值运算,进而没有考虑神经元突触之间的抑制作用的影响。

然而,在递归神经网络的电子实现中,由于外部干扰、参数摄动和漂移以及建模误差等,不可避免地存在不确定性,这将会导致更加复杂的动力学行为。这样,设计一个好的递归神经网络应对这些不确定性具有一定程度的鲁棒性,即抗扰动的能力。1998 年,文献 [27] 借鉴于区间动力系统的概念,廖晓峰博士和虞厥邦教授首次针对一类区间不确定 Hopfield 神经网络 (简称区间 Hopfield 神经网络,区间不确定性是指神经网络的连接权系数是在一个给定的有界区间内变化) 的鲁棒稳定性问题进行研究,并利用代数不等式方法建立了保证平衡点是全局稳定的充分条件,并自此引领和带动了一大批关于区间不确定递归神经网络的各种稳定性的研究,产生了大量的鲁棒稳定性结果。针对与文献 [27] 中相似的区间神经网络模型,文献 [29]~[34] 分别基于 $M$ 矩阵理论和代数不等式方法建立了一些鲁棒稳定性结果。针对具有时变时滞的区间 Cohen-Grossberg 神经网络,文献 [12]、[15]、[21] 和 [22] 分别基于微分不等式技术和 $M$ 矩阵理论建立了一些全局鲁棒指数稳定的充分条件。针对具有单定常时滞的不确定 Cohen-Grossberg 神经网络,文献 [10] 基于线性矩阵不等式技术建立了一些全局鲁棒稳定的充分条件。尽管基于微分不等式所建立的稳定判据在很大程度上具有一定的适用性,如结构紧凑、数学意义明显等,但由于在这些判据中因包含大量的可调参数或未知参数 (由此形成了非线性参数方程组或超越方程组,导致求解计算困难),且没有一定的先验知识来确定如何调整这些未知参数,进而导致这些判据一般不易验证。基于 $M$ 矩阵的方法虽然得到的稳定结果很紧凑、简洁,但由于在稳定条件中仅利用了连接权系数的绝对值信息或神经激励信息,且没有任何可调参数或自由度被引入稳定条件中,进而导致稳定判据存在很大的保守性,这样就为其他有效方法的产生和运用提供了很大的发展空间来降低稳定判据的保守性。

目前,线性矩阵不等式技术已经成功应用到求解递归神经网络稳定性的问题上来,并利用内点算法或 MATLAB Toolbox 可方便地求解所建立的基于线性矩阵不等式的稳定判据 [35],且比现有的一些文献,如文献 [14]、[32]、[34]、[36]~[40]中的稳定结果具有更小的保守性。然而,对于时变时滞的情况,基于线性矩阵不等式的方法 (大致可截止到 2006 年年底) 通常假定时变时滞的变化率小于 1(或称为慢时变时滞) 的前提条件[11,15,18,30,37-39,41-47],这显然极大地限制了所取得的稳定结果的应用范围,特别是对于快时变时滞 (一般指时变时滞的变化率大于等于 1) 的情况和未知时变时滞的情况,上述稳定性结果将不再适用。因此,如何建立完全独立于时滞信息的稳定性判据将更具有意义。完全独立于或完全不依赖于时滞信息是指在稳定定理中,没有涉及任何与时滞有关的条件,既不限定时变时滞的变化率,在稳定判据中也不包含时变时滞的变化率信息和时滞的大小信息。当然,在仅考虑离散时滞或集中时滞 (相对于分布时滞而言) 的情况下，集中时滞是有界的这一大前提是要保留的，否则所研究的时滞系统将失去意义 (因为无穷大时滞将会使系统的时滞项部分开环或者时滞项信息丢失，在系统中再考虑此时滞部分的作用也就没有意义)。

基于上述讨论，在未知时变时滞的情况下，本章将针对连接权系数在区间变化的一类区间不确定 Cohen-Grossberg 神经网络的鲁棒稳定性问题进行研究，建立了一些保证平衡点是全局鲁棒指数稳定性的充分条件，所建立的稳定条件是不依赖于时变时滞的变化率和时滞幅值大小的。三个数值例子用来说明所获得的稳定结果的有效性。

## 4.2　问题描述与基础知识

考虑如下具有多时变时滞的区间 Cohen-Grossberg 型神经网络：

$$
\begin{aligned}
\frac{\mathrm{d}u_i(t)}{\mathrm{d}t} = & -d_i(u_i(t))\Big[a_i(u_i(t)) - \sum_{j=1}^{n} w_{0ij}\overline{g}_j(u_j(t)) \\
& - \sum_{j=1}^{n} w_{1ij}\overline{f}_j(u_j(t-\tau_{ij}(t))) + U_i\Big]
\end{aligned}
\tag{4.1}
$$

式中，$u_i(t)$ 表示在 $t$ 时刻的第 $i$ 个神经元的状态；$d_i(u_i(t))$ 表示正的、连续有界的放大函数，即 $0 < \underline{d}_i \leqslant d_i(u_i(t)) \leqslant \overline{d}_i < \infty$；$\underline{d} = \min\limits_{1\leqslant i\leqslant n}(\underline{d}_i)$，$\overline{d} = \max\limits_{1\leqslant i\leqslant n}(\overline{d}_i)$；$a_i(u_i(t))$ 表示一类适定函数 (well-behaved function) 来保证式 (4.1) 的解是有界的；$\overline{g}_j(u_j(t))$ 和 $\overline{f}_j(u_j(t))$ 分别表示神经元的激励函数，离散时滞或集中时滞 $\tau_{ij}(t) \geqslant 0$ 假定是未知的、但是有界的；$\rho = \max(\tau_{ij}(t))$；$W_0 = (w_{0ij})_{n\times n}$ 和 $W_1 = (w_{1ij})_{n\times n}$ 分别表示神经元与时滞无关的连接权矩阵和与时滞相关的连接权矩阵、连接权系数在已知的有界区间内变化；$\underline{w}_{0ij} \leqslant w_{0ij} \leqslant \overline{w}_{0ij}$；$\underline{w}_{1ij} \leqslant w_{1ij} \leqslant \overline{w}_{1ij}$；$U_i$ 表示神经元的外部常值输入偏置值 $(i, j = 1, \cdots, n)$。初始条件为 $u_i(\varsigma) = \phi_i(\varsigma)$，其中，$\varsigma \in [-\rho, 0]$，$\phi_i \in C([-\rho, 0], \mathbf{R})$ 表示从区间 $[-\rho, 0]$ 到实空间 $\mathbf{R}$ 的一个连续集合，且 $\overline{\phi} = \sup\limits_{-\rho\leqslant\varsigma\leqslant 0} \|\phi(\varsigma)\|$ $(i = 1, \cdots, n)$。

在本章中，令 $B_k = (b_{ij}^k)_{n\times n}$，矩阵 $B_k$ 的第 $k$ 行是由矩阵 $W_1 = (w_{1ij})_{n\times n}$ 的第 $k$ 行所组成，矩阵 $B_k$ 的其余行都是 $0$，$\underline{w}_{1kj} \leqslant b_{kj}^k = w_{1kj} \leqslant \overline{w}_{1kj}$。对于一个实方矩阵 $D$，$D < 0 (> 0)$ 表示一个对称负定 (正定) 矩阵，$D^{\mathrm{T}}$、$D^{-1}$、$\lambda_m(D)$ 和 $\lambda_M(D)$ 分别表示矩阵 $D$ 的转置、矩阵的逆、矩阵的最小和最大特征值。令 $\|D\|$ 表示欧几里得范数，即 $\|D\| = \sqrt{\lambda_M(D^{\mathrm{T}}D)}$。令 $\underline{W}_0 = (\underline{w}_{0ij})_{n\times n}$，$\overline{W}_0 = (\overline{w}_{0ij})_{n\times n}$，$\underline{W}_1 = (\underline{w}_{1ij})_{n\times n}$，$\overline{W}_1 = (\overline{w}_{1ij})_{n\times n}$，$W^+ = (\overline{W}_0 + \underline{W}_0)/2$，$W_+ = (\overline{W}_0 - \underline{W}_0)/2$，$W^* = (\overline{W}_1 +$

$\underline{W}_1)/2$, $W_* = (\overline{W}_1 - \underline{W}_1)/2$, $B_k^+ = (\overline{B}_k + \underline{B}_k)/2$, $B_{k+} = (\overline{B}_k - \underline{B}_k)/2(k = 1, \cdots, n)$。
令 $I$ 和 $0$ 分别表示具有适当维数的单位矩阵和零矩阵。

**定义 4.1**　考虑式 (4.1)，如果存在正常数 $k > 0$ 和 $\gamma \geqslant 1$，使得

$$\|u(t)\| \leqslant \gamma \mathrm{e}^{-kt} \sup_{-\rho \leqslant \varsigma \leqslant 0} \|u(\varsigma)\| \tag{4.2}$$

$\forall t > 0$，则式 (4.1) 的平衡点是指数稳定的，其中，$u(t) = (u_1(t), \cdots, u_n(t))^{\mathrm{T}}$，常数 $k > 0$ 称为指数收敛速率。

**定义 4.2**　如果式 (4.1) 的平衡点对于所有的 $w_{0ij} \in [\underline{w}_{0ij}, \overline{w}_{0ij}]$ 和 $w_{1ij} \in [\underline{w}_{1ij}, \overline{w}_{1ij}]$ 都是指数稳定的，则式 (4.1) 的平衡点称为鲁棒指数稳定的。

**假设 4.1**　对于任意的 $\xi, \zeta \in \mathbf{R}$ 且 $\xi \neq \zeta$，激励函数 $\overline{g}_i(\cdot)$ 和 $\overline{f}_i(\cdot)$ 满足如下条件：

$$0 \leqslant \frac{\overline{g}_i(\xi) - \overline{g}_i(\zeta)}{\xi - \zeta} \leqslant \delta_i^g, \quad 0 \leqslant \frac{\overline{f}_i(\xi) - \overline{f}_i(\zeta)}{\xi - \zeta} \leqslant \delta_i^f \tag{4.3}$$

式中，$\delta_i^g > 0$; $\delta_i^f > 0(i = 1, \cdots, n)$。

**假设 4.2**　适定函数 $a_i(u_i(t))$ 满足如下条件：

$$\frac{a_i(\xi) - a_i(\zeta)}{\xi - \zeta} \geqslant \gamma_i > 0$$

$\forall \xi, \zeta \in \mathbf{R}$，且 $\xi \neq \zeta(i = 1, \cdots, n)$。

令 $\Delta_g = \mathrm{diag}(\delta_1^g, \cdots, \delta_n^g)$, $\Delta_f = \mathrm{diag}(\delta_1^f, \cdots, \delta_n^f)$, $\Gamma = \mathrm{diag}(\gamma_1, \cdots, \gamma_n)$ 和 $\Gamma_m = \min_{1 \leqslant i \leqslant n}(\gamma_i)$。显然，正定对角矩阵 $\Delta_g$、$\Delta_f$ 和 $\Gamma$ 都是非奇异的。

**引理 4.1**[48,49]　令 $a$ 和 $b$ 为常数，且 $0 < b < a$, $\rho \geqslant 0$, $y(t)$ 是定义在区间 $[t_0 - \rho, t_0]$ 上的一个非负连续函数，且对于 $t \geqslant t_0$ 满足如下条件：

$$\frac{\mathrm{d}y(t)}{\mathrm{d}t} \leqslant -ay(t) + b\overline{y}(t)$$

式中，$\overline{y}(t) = \sup_{t-\rho \leqslant s \leqslant t} y(s)$。则对于 $t \geqslant t_0$, $y(t) \leqslant \overline{y}(t_0)\mathrm{e}^{-k(t-t_0)}$，其中，$k$ 是方程 $k = a - b\mathrm{e}^{k\rho}$ 的唯一一个正解。

**引理 4.2**[38]　对于两个具有适当维数的实向量 $x$、$y$，一个正常数 $\beta > 0$ 和一个具有适当维数的正定矩阵 $P > 0$，则

$$2x^{\mathrm{T}}y \leqslant \beta x^{\mathrm{T}}Px + \beta^{-1}y^{\mathrm{T}}P^{-1}y \tag{4.4}$$

**引理 4.3**[29,30]　对于任意的具有适当维数的矩阵 $A \in [\underline{A}, \overline{A}]$, $\underline{a}_{ij} \leqslant a_{ij} \leqslant \overline{a}_{ij}$，则

$$\|A\| \leqslant \|A^+\| + \|A_+\|$$

式中，$A^+ = (\overline{A} + \underline{A})/2$; $A_+ = (\overline{A} - \underline{A})/2$。

**引理 4.4**　对于两个具有适当维数的实向量 $x$、$y$，一个常数 $\alpha > 0$，一个正定矩阵 $P > 0$ 和一个适维矩阵 $W_a \in [\underline{W_a}, \overline{W_a}]$，则

$$2x^{\mathrm{T}}PW_a y \leqslant \alpha^{-1} x^{\mathrm{T}}PPx + \alpha y^{\mathrm{T}}(\|W_a^+\| + \|W_{a+}\|)^2 y \tag{4.5}$$

$$2x^{\mathrm{T}}PW_a y \leqslant \alpha^{-1} x^{\mathrm{T}}P(\|W_a^+\| + \|W_{a+}\|)^2 Px + \alpha y^{\mathrm{T}}y \tag{4.6}$$

式中，$W_a^+ = (\overline{W_a} + \underline{W_a})/2$；$W_{a+} = (\overline{W_a} - \underline{W_a})/2$。

**证明**　根据引理 4.2 和引理 4.3，可得

$$
\begin{aligned}
2x^{\mathrm{T}}PW_a y &\leqslant \alpha^{-1} x^{\mathrm{T}}PPx + \alpha y^{\mathrm{T}}W_a^{\mathrm{T}}W_a y \\
&= \alpha^{-1} x^{\mathrm{T}}PPx + \alpha y^{\mathrm{T}}\Big[(W_a^{\mathrm{T}}W_a - \|W_a\|^2) \\
&\quad + \|W_a\|^2 - (\|W_a^+\| + \|W_{a+}\|)^2) \\
&\quad + (\|W_a^+\| + \|W_{a+}\|)^2\Big]y \\
&\leqslant \alpha^{-1} x^{\mathrm{T}}PPx + \alpha y^{\mathrm{T}}(\|W_a^+\| + \|W_{a+}\|)^2 y
\end{aligned}
$$

这就意味着式 (4.5) 成立。

类似地，有

$$
\begin{aligned}
2x^{\mathrm{T}}PW_a y &\leqslant \alpha^{-1} x^{\mathrm{T}}PW_a W_a^{\mathrm{T}}Px + \alpha y^{\mathrm{T}}y \\
&= \alpha^{-1} x^{\mathrm{T}}P\Big[(W_a W_a^{\mathrm{T}} - \|W_a\|^2) \\
&\quad + \|W_a\|^2 - (\|W_a^+\| + \|W_{a+}\|)^2 \\
&\quad + (\|W_a^+\| + \|W_{a+}\|)^2\Big]Px + \alpha y^{\mathrm{T}}y \\
&\leqslant \alpha^{-1} x^{\mathrm{T}}P(\|W_a^+\| + \|W_{a+}\|)^2 Px + \alpha y^{\mathrm{T}}y
\end{aligned}
$$

## 4.3　全局鲁棒指数稳定性结果

### 4.3.1　具有不同多时变时滞的情况

假设 $u^* = (u_1^*, \cdots, u_n^*)^{\mathrm{T}}$ 是式 (4.1) 的一个平衡点。利用线性坐标变换 $x_i = u_i - u_i^*$，并按照与文献 [50] 中相同的处理方法，可将式 (4.1) 转化为

$$\dot{x} = -D(x)\Big[A(x) - W_0 g(x) - \sum_{i=1}^{n} B_i f(x(t - \overline{\tau}_i(t)))\Big] \tag{4.7}$$

式中，$x(t) = (x_1(t), \cdots, x_n(t))^{\mathrm{T}}$；$D(x) = \mathrm{diag}(D_1(x_1), \cdots, D_n(x_n))$；$D_i(x_i) = d_i(x_i + u_i^*)$；$A(x) = (A_1(x_1), \cdots, A_n(x_n))^{\mathrm{T}}$；$A_i(x_i) = a_i(x_i + u_i^*) - a_i(u_i^*)$；$g(x) =$

$(g_1(x_1), \cdots, g_n(x_n))^{\mathrm{T}}$；$g_i(x_i) = \overline{g}_i(x_i + u_i^*) - \overline{g}_i(u_i^*)$；$f(x(t - \overline{\tau}_i(t))) = [f_1(x_1(t - \tau_{i1}(t))), \cdots, f_n(x_n(t - \tau_{in}(t)))]^{\mathrm{T}}$；$f_j(x_j(t - \tau_{ij}(t))) = \overline{f}_j(x_j(t - \tau_{ij}(t)) + u_j^*) - \overline{f}_j(u_j^*)$；$\overline{\tau}_i(t) = (\tau_{i1}(t), \cdots, \tau_{in}(t))^{\mathrm{T}}(i, j = 1, \cdots, n)$。

根据假设 4.1 可知，对于 $\forall x_i \neq 0$，$0 \leqslant g_i(x_i)/x_i \leqslant \delta_i^g$，$0 \leqslant f_i(x_i)/x_i \leqslant \delta_i^f$，$g_i(0) = 0, f_i(0) = 0$。根据假设 4.2 可知，$x_i A_i(x_i) \geqslant \gamma_i x_i^2 (i = 1, \cdots, n)$。

显然，式 (4.1) 的平衡点的全局指数稳定性问题等价于式 (4.7) 的原点的全局指数稳定性问题。

**定理 4.1**　在假设 4.1 和假设 4.2 的条件下，如果存在正定对角矩阵 $P = \mathrm{diag}(p_1, \cdots, p_n)$，$Q = \mathrm{diag}(q_1, \cdots, q_n)$，$M = \mathrm{diag}(m_1, \cdots, m_n)$，正定对角矩阵 $R_i$ 和 $S_i$，正常数 $\theta > 0$，$\alpha > 0$，$\beta_i > 0$，$\beta > 0$，$\gamma_i > 0$，$\varepsilon_i > 0$，$\varepsilon > 0 (i = 1, \cdots, n)$，使得

$$
\Omega_w = \begin{bmatrix} \Phi_{\mathrm{a}} & \displaystyle\sum_{i=1}^{n} R_i \Delta_g - Q\Gamma_m & \Phi_{\mathrm{b}} \\ * & \Phi_{\mathrm{c}} & 0 \\ * & * & \Phi_{\mathrm{d}} \end{bmatrix} < 0 \tag{4.8}
$$

$$
(P + Q\Delta_g + M\Delta_f)/\underline{d} > \sum_{i=1}^{n} (\gamma_i + \beta_i + \varepsilon_i)\Delta_f \Delta_f \tag{4.9}
$$

则式 (4.7) 的平衡点是唯一的，该平衡点是全局鲁棒指数稳定的，且不依赖于时滞的信息，其中

$$
\begin{aligned}
\Phi_{\mathrm{a}} =& -2P\Gamma_m + (P + Q\Delta_g + M\Delta_f)/\underline{d} + \theta I + \alpha^{-1} PP \\
& + \sum_{i=1}^{n} \beta_i^{-1} P(\|B_{i+}\| + \|B_i^+\|)^2 P \\
\Phi_{\mathrm{b}} =& \sum_{i=1}^{n} S_i \Delta_f - M\Gamma_m \\
\Phi_{\mathrm{c}} =& \beta^{-1} Q(\|W_+\| + \|W^+\|)^2 Q + \beta I + \alpha(\|W_+\| + \|W^+\|)^2 I \\
& + \sum_{i=1}^{n} \gamma_i^{-1} Q(\|B_{i+}\| + \|B_i^+\|)^2 Q + \varepsilon(\|W_+\| + \|W^+\|)^2 I - \sum_{i=1}^{n} 2R_i \\
\Phi_{\mathrm{d}} =& \sum_{i=1}^{n} \varepsilon_i^{-1} M(\|B_{i+}\| + \|B_i^+\|)^2 M + \varepsilon^{-1} MM - \sum_{i=1}^{n} 2S_i
\end{aligned}
$$

$*$ 表示矩阵当中的相应对称部分的元素。

**证明** 将分两步骤来证明定理。首先将证明式 (4.8) 和式 (4.9) 是保证式 (4.7) 的平衡点存在且唯一性的充分条件。在平衡点 $x^*$ 处考虑式 (4.7)，得到如下平衡点方程:

$$0 = -A(x^*) + W_0 g(x^*) + \sum_{i=1}^n B_i f(x^*) \tag{4.10}$$

如果 $g(x^*) = 0, f(x^*) = 0$，则从式 (4.10) 易知 $x^* = 0$。现假设 $x^* \neq 0$，则 $g(x^*) \neq 0$ 和 $f(x^*) \neq 0$。在式 (4.10) 的两侧分别同时乘以向量 $2g^{\mathrm{T}}(x^*)Q$、$2f^{\mathrm{T}}(x^*)M$ 和 $2x^{*\mathrm{T}}P$，可得

$$
\begin{aligned}
0 = {} & 2x^{*\mathrm{T}}P\Big(-A(x^*) + W_0 g(x^*) + \sum_{i=1}^n B_i f(x^*)\Big) \\
& + 2g^{\mathrm{T}}(x^*)Q\Big(-A(x^*) + W_0 g(x^*) + \sum_{i=1}^n B_i f(x^*)\Big) \\
& + 2f^{\mathrm{T}}(x^*)M\Big(-A(x^*) + W_0 g(x^*) + \sum_{i=1}^n B_i f(x^*)\Big) \\
\leqslant {} & -2x^{*\mathrm{T}}P\Gamma_m x^* + 2x^{*\mathrm{T}}P\Big(W_0 g(x^*) + \sum_{i=1}^n B_i f(x^*)\Big) \\
& -2g^{\mathrm{T}}(x^*)Q\Gamma_m x^* + 2g^{\mathrm{T}}(x^*)Q\Big(W_0 g(x^*) + \sum_{i=1}^n B_i f(x^*)\Big) - 2f^{\mathrm{T}}(x^*)M\Gamma_m x^* \\
& + 2f^{\mathrm{T}}(x^*)M\Big(W_0 g(x^*) + \sum_{i=1}^n B_i f(x^*)\Big)
\end{aligned} \tag{4.11}
$$

注意到对于正定对角矩阵 $R_i > 0$ 和 $S_i > 0 (i = 1, \cdots, n)$，下列不等式成立:

$$0 \leqslant 2g^{\mathrm{T}}(x^*)R_i \Delta_g x^* - 2g^{\mathrm{T}}(x^*)R_i g(x^*)$$
$$0 \leqslant 2f^{\mathrm{T}}(x^*)S_i \Delta_f x^* - 2f^{\mathrm{T}}(x^*)S_i f(x^*)$$

根据引理 4.2～ 引理 4.4 及上面两个不等式，则从式 (4.11) 可得

$$
\begin{aligned}
0 \leqslant {} & -2x^{*\mathrm{T}}P\Gamma_m x^* + \alpha^{-1}x^{*\mathrm{T}}PPx^* \\
& + \alpha g^{\mathrm{T}}(x^*)(\|W_+\| + \|W^+\|)^2 g(x^*) \\
& + \sum_{i=1}^n \beta_i^{-1} x^{*\mathrm{T}}P(\|B_{i+}\| + \|B_i^+\|)^2 Px^* \\
& + \sum_{i=1}^n \beta_i f^{\mathrm{T}}(x^*)f(x^*) - 2g^{\mathrm{T}}(x^*)Q\Gamma_m x^* \\
& + g^{\mathrm{T}}(x^*)\Big[\beta^{-1}Q(\|W_+\| + \|W^+\|)^2 Q + \beta I\Big]g(x^*)
\end{aligned}
$$

$$+ \sum_{i=1}^{n} \gamma_i^{-1} g^{\mathrm{T}}(x^*) Q(\|B_{i+}\| + \|B_i^+\|)^2 Q g(x^*)$$

$$+ \sum_{i=1}^{n} \gamma_i f^{\mathrm{T}}(x^*) f(x^*) - 2 f^{\mathrm{T}}(x^*) M \Gamma_m x^*$$

$$+ \varepsilon^{-1} f^{\mathrm{T}}(x^*) M M f(x^*) + \varepsilon g^{\mathrm{T}}(x^*) (\|W_+\| + \|W^+\|)^2 g(x^*)$$

$$+ \sum_{i=1}^{n} \varepsilon_i^{-1} f^{\mathrm{T}}(x^*) M (\|B_{i+}\| + \|B_i^+\|)^2 M f(x^*) + \sum_{i=1}^{n} \varepsilon_i f^{\mathrm{T}}(x^*) f(x^*)$$

$$+ \sum_{i=1}^{n} \Big[ 2 g^{\mathrm{T}}(x^*) R_i \Delta_g x^* - 2 g^{\mathrm{T}}(x^*) R_i g(x^*) \Big]$$

$$+ \sum_{i=1}^{n} \Big[ 2 f^{\mathrm{T}}(x^*) S_i \Delta_f x^* - 2 f^{\mathrm{T}}(x^*) S_i f(x^*) \Big]$$

$$+ x^{*\mathrm{T}} \Big[ (P + Q \Delta_g + M \Delta_f) / \underline{d} + \theta I \Big] x^*$$

$$- x^{*\mathrm{T}} \Big[ (P + Q \Delta_g + M \Delta_f) / \underline{d} + \theta I \Big] x^* \tag{4.12}$$

根据式 (4.9), 可知

$$\sum_{i=1}^{n} (\beta_i + \gamma_i + \varepsilon_i) f^{\mathrm{T}}(x^*) f(x^*) - x^{*\mathrm{T}} \Big[ (P + Q \Delta_g + M \Delta_f) / \underline{d} + \theta I \Big] x^*$$

$$\leqslant \sum_{i=1}^{n} (\beta_i + \gamma_i + \varepsilon_i) x^{*\mathrm{T}} \Delta_f \Delta_f x^* - x^{*\mathrm{T}} \Big[ (P + Q \Delta_g + M \Delta_f) / \underline{d} + \theta I \Big] x^*$$

$$< 0 \tag{4.13}$$

将式 (4.13) 代入式 (4.12), 并重新整理可得

$$0 \leqslant \Big[ x^{*\mathrm{T}} \ g^{\mathrm{T}}(x^*) \ f^{\mathrm{T}}(x^*) \Big] \Omega_w \Big[ x^{*\mathrm{T}} \ g^{\mathrm{T}}(x^*) \ f^{\mathrm{T}}(x^*) \Big]^{\mathrm{T}} \tag{4.14}$$

然而, 对于 $g(x^*) \neq 0$, $f(x^*) \neq 0$ 和 $x^* \neq 0$, 从式 (4.8) 可知

$$\Big[ x^{*\mathrm{T}} \ g^{\mathrm{T}}(x^*) \ f^{\mathrm{T}}(x^*) \Big] \Omega_w \Big[ x^{*\mathrm{T}} \ g^{\mathrm{T}}(x^*) \ f^{\mathrm{T}}(x^*) \Big]^{\mathrm{T}} < 0 \tag{4.15}$$

显然, 式 (4.15) 与式 (4.14) 相矛盾, 这反过来意味着在平衡点 $x^*$ 处, $f(x^*) = 0$。这意味着对于给定的 $U$, 式 (4.7) 的原点是唯一的平衡点。

　　其次, 将证明式 (4.8) 和式 (4.9) 也是保证式 (4.7) 的平衡点是全局鲁棒指数稳

定的充分条件。考虑如下的 Lyapunov 泛函:

$$V_0(x) = 2\sum_{i=1}^{n} p_i \int_0^{x_i(t)} \frac{s}{D_i(s)} \mathrm{d}s + 2\sum_{i=1}^{n} q_i \int_0^{x_i(t)} \frac{g_i(s)}{D_i(s)} \mathrm{d}s$$

$$+ 2\sum_{i=1}^{n} m_i \int_0^{x_i(t)} \frac{f_i(s)}{D_i(s)} \mathrm{d}s \tag{4.16}$$

式中, $p_i$、$q_i$ 和 $m_i$ 都是正数。沿着式 (4.7) 的轨迹求泛函 $V_0(x)$ 关于时间的导数, 可得

$$\dot{V}_0(x) = 2x^{\mathrm{T}}P\Big[-A(x) + W_0 g(x) + \sum_{i=1}^{n} B_i f(x(t - \overline{\tau}_i(t)))\Big]$$

$$+ 2g^{\mathrm{T}}(x)Q\Big[-A(x) + W_0 g(x) + \sum_{i=1}^{n} B_i f(x(t - \overline{\tau}_i(t)))\Big] - 2f^{\mathrm{T}}(x)MA(x)$$

$$+ 2f^{\mathrm{T}}(x)M\Big[W_0 g(x) + \sum_{i=1}^{n} B_i f(x(t - \overline{\tau}_i(t)))\Big] \tag{4.17}$$

式中, $P = \mathrm{diag}(p_1, \cdots, p_n)$, $Q = \mathrm{diag}(q_1, \cdots, q_n)$ 和 $M = \mathrm{diag}(m_1, \cdots, m_n)$ 都是正定对角矩阵。

再一次利用假设 4.1、引理 4.2~ 引理 4.4, 式 (4.17) 变为如下形式:

$$\dot{V}_0(x) \leqslant -2x^T P\Gamma_m x + \alpha g^{\mathrm{T}}(x)(\|W_+\| + \|W^+\|)^2 g(x)$$

$$+ \sum_{i=1}^{n} \beta_i^{-1} x^{\mathrm{T}} P(\|B_{i+}\| + \|B_i^+\|)^2 Px$$

$$+ \sum_{i=1}^{n} \beta_i f^{\mathrm{T}}(x(t - \overline{\tau}_i(t))) f(x(t - \overline{\tau}_i(t)))$$

$$+ \alpha^{-1} x^{\mathrm{T}} PPx - 2g^{\mathrm{T}}(x)Q\Gamma_m x$$

$$+ g^{\mathrm{T}}(x)\Big[\beta^{-1}Q(\|W_+\| + \|W^+\|)^2 Q + \beta I\Big] g(x)$$

$$+ \sum_{i=1}^{n} \gamma_i^{-1} g^{\mathrm{T}}(x)Q(\|B_{i+}\| + \|B_i^+\|)^2 Qg(x)$$

$$+ \sum_{i=1}^{n} \gamma_i f^{\mathrm{T}}(x(t - \overline{\tau}_i(t))) f(x(t - \overline{\tau}_i(t)))$$

$$- 2f^{\mathrm{T}}(x)M\Gamma_m x + \varepsilon^{-1} f^{\mathrm{T}}(x)MMf(x)$$

$$+ \varepsilon g^{\mathrm{T}}(x)(\|W_+\| + \|W^+\|)^2 g(x)$$

$$+ \sum_{i=1}^{n} \varepsilon_i^{-1} f^{\mathrm{T}}(x)M(\|B_{i+}\| + \|B_i^+\|)^2 Mf(x)$$

$$
\begin{aligned}
&+ \sum_{i=1}^{n} \varepsilon_i f^{\mathrm{T}}(x(t - \overline{\tau}_i(t))) f(x(t - \overline{\tau}_i(t))) \\
&+ \sum_{i=1}^{n} 2 f^{\mathrm{T}}(x) S_i \Delta_f x - \sum_{i=1}^{n} 2 f^{\mathrm{T}}(x) S_i f(x) \\
&+ \sum_{i=1}^{n} 2 g^{\mathrm{T}}(x) R_i \Delta_g x - \sum_{i=1}^{n} 2 g^{\mathrm{T}}(x) R_i g(x) \\
&+ x^{\mathrm{T}} \Big[ (P + Q \Delta_g + M \Delta_f) / \underline{d} + \theta I \Big] x \\
&- x^{\mathrm{T}} \Big[ (P + Q \Delta_g + M \Delta_f) / \underline{d} + \theta I \Big] x \\
&\leqslant \Big[ x^{\mathrm{T}} \; g^{\mathrm{T}}(x) \; f^{\mathrm{T}}(x) \Big] \Omega_w \Big[ x^{\mathrm{T}} \; g^{\mathrm{T}}(x) \; f^{\mathrm{T}}(x) \Big]^{\mathrm{T}} \\
&- x^{\mathrm{T}} \Big[ (P + Q \Delta_g + M \Delta_f) / \underline{d} + \theta I \Big] x \\
&+ \sum_{i=1}^{n} (\beta_i + \gamma_i + \varepsilon_i) x(t - \overline{\tau}_i(t))^{\mathrm{T}} \Delta_f \Delta_f x(t - \overline{\tau}_i(t))
\end{aligned}
\tag{4.18}
$$

根据 Lyapunov 泛函 (式 (4.16)) 可知

$$
V_0(x) \leqslant \frac{1}{\underline{d}} x^{\mathrm{T}} (P + Q \Delta_g + M \Delta_f) x \tag{4.19}
$$

结合式 (4.9) 和式 (4.19)，式 (4.18) 变为

$$
\dot{V}_0(x) \leqslant -\eta_0 V_0(x) + \overline{V}_0(x) \tag{4.20}
$$

式中，$1 < \eta_0 \leqslant \lambda_m [I + \theta \underline{d}(P + Q \Delta_g + M \Delta_f)^{-1}]$；$\overline{V}_0(x) = \sup\limits_{t - \rho \leqslant s \leqslant t} V_0(x(s))$。

因此，根据引理 4.1 可知

$$
V_0(x) \leqslant \overline{V}_0(x(0)) \mathrm{e}^{-kt} \leqslant \frac{1}{\underline{d}} \lambda_M (P + Q \Delta_g + M \Delta_f) \mathrm{e}^{-kt} \sup\limits_{-\rho \leqslant s \leqslant 0} \|x(s)\|^2
$$

式中，$k = \eta_0 - \mathrm{e}^{k\rho}$。此外，从式 (4.16) 可知

$$
\frac{1}{\underline{d}} \lambda_m(P) x^{\mathrm{T}} x \leqslant V_0(x) \leqslant \frac{1}{\underline{d}} \lambda_M(P + Q \Delta_g + M \Delta_f) x^{\mathrm{T}} x
$$

这就直接可得

$$
\|x(t)\| \leqslant \sqrt{\frac{\overline{d} \lambda_M (P + Q \Delta_g + M \Delta_f)}{\underline{d} \lambda_m(P)}} \mathrm{e}^{-\frac{kt}{2}} \sup\limits_{-\rho \leqslant s \leqslant 0} \|x(s)\|
$$

根据定义 4.1 和定义 4.2，如果式 (4.8) 和式 (4.9) 成立，则式 (4.7) 的平衡点 $x = 0$ 是全局鲁棒指数稳定的。

在式 (4.1) 中, 当 $\overline{g}_j(\cdot) = \overline{f}_j(\cdot)(j = 1, \cdots, n)$ 时, 式 (4.7) 可写为

$$\dot{x} = -D(x)\Big[A(x) - W_0 f(x) - \sum_{i=1}^{n} B_i f(x(t - \overline{\tau}_i(t)))\Big] \tag{4.21}$$

按照与定理 4.1 相似的证明过程可得如下结果。

**推论 4.1**　在假设 4.1 和假设 4.2 情况下, 如果存在正定对角矩阵 $P = \mathrm{diag}(p_1, \cdots, p_n)$, $Q = \mathrm{diag}(q_1, \cdots, q_n)$ 和 $R$, 正常数 $\theta > 0$, $\alpha > 0$, $\beta_i > 0$, $\beta > 0$, $\gamma_i > 0$, 使得

$$\Omega_w^0 = \begin{bmatrix} \Phi_e & R\Delta - Q\Gamma_m \\ R\Delta - Q\Gamma_m & \Phi_f \end{bmatrix} < 0 \tag{4.22}$$

$$(P + Q\Delta)/\underline{d} > \sum_{i=1}^{n} (\gamma_i + \beta_i)\Delta\Delta \tag{4.23}$$

则式 (4.21) 的平衡点是唯一的, 且该平衡点是全局鲁棒指数稳定的, 不依赖于时滞信息, 其中

$$\begin{aligned} \Phi_e =& -2P\Gamma_m + (P + Q\Delta)/\underline{d} + \theta I + \alpha^{-1} P(\|W_+\| + \|W^+\|)^2 P \\ &+ \sum_{i=1}^{n} \beta_i^{-1} P(\|B_{i+}\| + \|B_i^+\|)^2 P \end{aligned}$$

$$\begin{aligned} \Phi_f =& \beta^{-1} Q(\|W_+\| + \|W^+\|)^2 Q + \beta I + \alpha I \\ &+ \sum_{i=1}^{n} \gamma_i^{-1} Q(\|B_{i+}\| + \|B_i^+\|)^2 Q - 2R \end{aligned}$$

$$\Delta = \Delta_g = \Delta_f$$

**证明**　关于式 (4.21) 的平衡点的唯一性证明可仿照定理 4.1 中的相关证明, 这里证明从略。

下面, 将证明式 (4.22) 和式 (4.23) 也是保证式 (4.21) 的平衡点是全局鲁棒指数稳定的充分条件。考虑如下 Lyapunov 泛函:

$$V_1(x) = 2\sum_{i=1}^{n} p_i \int_0^{x_i(t)} \frac{s}{D_i(s)} \mathrm{d}s + 2\sum_{i=1}^{n} q_i \int_0^{x_i(t)} \frac{f_i(s)}{D_i(s)} \mathrm{d}s \tag{4.24}$$

式中, $p_i$、$q_i$ 都是正数。沿着式 (4.21) 的轨迹求泛函 $V_1(x)$ 的时间导数, 可得

$$\dot{V}_1(x) = 2x^{\mathrm{T}} P\Big[ -A(x) + W_0 f(x) + \sum_{i=1}^{n} B_i f(x(t - \overline{\tau}_i(t))) \Big]$$

$$+ 2f^{\mathrm{T}}(x) Q\Big[ -A(x) + W_0 f(x) + \sum_{i=1}^{n} B_i f(x(t - \overline{\tau}_i(t))) \Big] \tag{4.25}$$

式中，$P = \text{diag}(p_1, \cdots, p_n)$ 和 $Q = \text{diag}(q_1, \cdots, q_n)$ 是正定对角矩阵。

在此利用假设 4.1、引理 4.2~ 引理 4.4，式 (4.25) 可写为

$$
\begin{aligned}
\dot{V}_1(x) \leqslant & - 2x^{\mathrm{T}} P \Gamma_m x + \alpha^{-1} x^{\mathrm{T}} P(\|W_+\| + \|W^+\|)^2 P x \\
& + \alpha f^{\mathrm{T}}(x) f(x) - 2f^{\mathrm{T}}(x) Q \Gamma_m x \\
& + \sum_{i=1}^{n} \beta_i^{-1} x^{\mathrm{T}} P(\|B_{i+}\| + \|B_i^+\|)^2 P x \\
& + \sum_{i=1}^{n} \beta_i f^{\mathrm{T}}(x(t - \overline{\tau}_i(t))) f(x(t - \overline{\tau}_i(t))) \\
& + f^{\mathrm{T}}(x) \Big[ \beta^{-1} Q(\|W_+\| + \|W^+\|)^2 Q + \beta I \Big] f(x) \\
& + \sum_{i=1}^{n} \gamma_i^{-1} f^{\mathrm{T}}(x) Q(\|B_{i+}\| + \|B_i^+\|)^2 Q f(x) \\
& + \sum_{i=1}^{n} \gamma_i f^{\mathrm{T}}(x(t - \overline{\tau}_i(t))) f(x(t - \overline{\tau}_i(t))) \\
& + 2f^{\mathrm{T}}(x) R \Delta x - 2f^{\mathrm{T}}(x) R f(x) \\
& + x^{\mathrm{T}} \Big[ (P + Q\Delta)/\underline{d} + \theta I \Big] x \\
& - x^{\mathrm{T}} \Big[ (P + Q\Delta)/\underline{d} + \theta I \Big] x \\
\leqslant & \Big[ x^{\mathrm{T}} \ f^{\mathrm{T}}(x) \Big] \Omega_w^0 \Big[ x^{\mathrm{T}} \ f^{\mathrm{T}}(x) \Big]^{\mathrm{T}} - x^{\mathrm{T}} \Big[ (P + Q\Delta)/\underline{d} + \theta I \Big] x \\
& + \sum_{i=1}^{n} (\beta_i + \gamma_i) x(t - \overline{\tau}_i(t))^{\mathrm{T}} \Delta \Delta x(t - \overline{\tau}_i(t))
\end{aligned}
\tag{4.26}
$$

从式 (4.24) 可得

$$
V_1(x) \leqslant \frac{1}{\underline{d}} x^{\mathrm{T}} (P + Q\Delta) x
\tag{4.27}
$$

结合式 (4.23) 和式 (4.27)，式 (4.26) 可写为

$$
\dot{V}_1(x) \leqslant -\eta_1 V_1(x) + \overline{V}_1(x)
\tag{4.28}
$$

式中，$1 < \eta_1 \leqslant \lambda_m [I + \theta \underline{d} (P + Q\Delta)^{-1}]$；$\overline{V}_1(x) = \sup\limits_{t-\rho \leqslant s \leqslant t} V_1(x(s))$。

因此，根据引理 4.1 可知

$$
V_1(x) \leqslant \overline{V}_1(x(0)) \mathrm{e}^{-kt} \leqslant \frac{1}{\underline{d}} \lambda_M (P + Q\Delta) \mathrm{e}^{-kt} \sup\limits_{-\rho \leqslant s \leqslant 0} \|x(s)\|^2
$$

式中，$k = \eta_1 - \mathrm{e}^{k\rho}$。此外，从式 (4.24) 可知

$$\frac{1}{\bar{d}}\lambda_m(P)x^\mathrm{T}x \leqslant V_1(x) \leqslant \frac{1}{\underline{d}}\lambda_M(P + Q\Delta)x^\mathrm{T}x$$

这意味着

$$\|x(t)\| \leqslant \sqrt{\frac{\bar{d}\lambda_M(P + Q\Delta)}{\underline{d}\lambda_m(P)}}\,\mathrm{e}^{-\frac{kt}{2}}\sup_{-\rho \leqslant s \leqslant 0}\|x(s)\|$$

根据定义 4.1 和定义 4.2，如果式 (4.22) 和式 (4.23) 成立，则式 (4.21) 的平衡点 $x = 0$ 是全局鲁棒指数稳定的。

对于确定性情况，即不存在不确定的情况，有如下结果。

**推论 4.2**    在假设 4.1 和假设 4.2 的条件下，如果存在正定对角矩阵 $P = \mathrm{diag}(p_1,\cdots,p_n)$，$Q = \mathrm{diag}(q_1,\cdots,q_n)$，$M = \mathrm{diag}(m_1,\cdots,m_n)$，正定对角矩阵 $R_i$、$S_i$，正常数 $\theta > 0$，$\alpha > 0$，$\beta_i > 0$，$\gamma_i > 0$，$\varepsilon_i > 0$，$\varepsilon > 0(i = 1,\cdots,n)$，使得下列矩阵不等式成立：

$$\Omega_w^1 = \begin{bmatrix} \Phi_\mathrm{a}^1 & \displaystyle\sum_{i=1}^n R_i\Delta_g - Q\Gamma + PW_0 & \Phi_\mathrm{b}^1 \\ * & \Phi_\mathrm{c}^1 & W_0^\mathrm{T}M \\ * & * & \Phi_\mathrm{d}^1 \end{bmatrix} < 0 \tag{4.29}$$

$$(P + Q\Delta_g + M\Delta_f)/\underline{d} > \sum_{i=1}^n \Delta_f(H_i + K_i + L_i)\Delta_f \tag{4.30}$$

则式 (4.7) 的平衡点是唯一的，该平衡点是全局指数稳定的，且不依赖于时滞的信息，其中

$$\Phi_\mathrm{a}^1 = -2P\Gamma + (P + Q\Delta_g + M\Delta_f)/\underline{d} + \theta I + \sum_{i=1}^n PB_iH_i^{-1}B_i^\mathrm{T}P$$

$$\Phi_\mathrm{b}^1 = \sum_{i=1}^n S_i\Delta_f - M\Gamma$$

$$\Phi_\mathrm{c}^1 = QW_0 + W_0^\mathrm{T}Q + \sum_{i=1}^n QB_iK_i^{-1}B_i^\mathrm{T}Q - \sum_{i=1}^n 2R_i$$

$$\Phi_\mathrm{d}^1 = \sum_{i=1}^n MB_iL_i^{-1}B_i^\mathrm{T}M - \sum_{i=1}^n 2S_i$$

\* 表示矩阵中对称部分的相应元素。

**证明**    式 (4.7) 的平衡点的存在性和唯一性证明可按照与定理 4.1 中的相似证明过程进行。这里证明从略。

下面, 将证明式 (4.29) 和式 (4.30) 也是式 (4.7) 的平衡点是全局指数稳定性的充分条件。考虑与式 (4.16) 中相同的 Lyapunov 泛函 $V_0(x)$, 沿着式 (4.7) 的轨迹求泛函 $V_0(x)$ 的时间导数可得到与式 (4.17) 相同的表达式。

再一次应用假设 4.1 和引理 4.2, 从式 (4.17) 可得

$$
\begin{aligned}
\dot{V}_0(x) \leqslant &- 2x^{\mathrm{T}}P\Gamma x + 2x^{\mathrm{T}}PW_0 g(x) \\
&+ \sum_{i=1}^{n}\left[ x^{\mathrm{T}}PB_i H_i^{-1}B_i^{\mathrm{T}}Px + f^{\mathrm{T}}(x(t-\overline{\tau}_i(t)))H_i f(x(t-\overline{\tau}_i(t))) \right] \\
&- 2g^{\mathrm{T}}(x)Q\Gamma x + 2g^{\mathrm{T}}(x)QW_0 g(x) + \sum_{i=1}^{n}g^{\mathrm{T}}(x)QB_i K_i^{-1}B_i^{\mathrm{T}}Qg(x) \\
&+ \sum_{i=1}^{n}f^{\mathrm{T}}(x(t-\overline{\tau}_i(t)))K_i f(x(t-\overline{\tau}_i(t))) - 2f^{\mathrm{T}}(x)M\Gamma x + 2f^{\mathrm{T}}(x)MW_0 g(x) \\
&+ \sum_{i=1}^{n}f^{\mathrm{T}}(x)MB_i L_i^{-1}B_i^{\mathrm{T}}Mf(x) + \sum_{i=1}^{n}f^{\mathrm{T}}(x(t-\overline{\tau}_i(t)))L_i f(x(t-\overline{\tau}_i(t))) \\
&+ \sum_{i=1}^{n}2f^{\mathrm{T}}(x)S_i \Delta_f x - \sum_{i=1}^{n}2f^{\mathrm{T}}(x)S_i f(x) \\
&+ \sum_{i=1}^{n}2g^{\mathrm{T}}(x)R_i \Delta_g x - \sum_{i=1}^{n}2g^{\mathrm{T}}(x)R_i g(x) \\
&+ x^{\mathrm{T}}\left[(P + Q\Delta_g + M\Delta_f)/\underline{d} + \theta I\right]x \\
&- x^{\mathrm{T}}\left[(P + Q\Delta_g + M\Delta_f)/\underline{d} + \theta I\right]x \\
\leqslant &\left[ x^{\mathrm{T}}\ g^{\mathrm{T}}(x)\ f^{\mathrm{T}}(x) \right]\Omega_w^1\left[ x^{\mathrm{T}}\ g^{\mathrm{T}}(x)\ f^{\mathrm{T}}(x) \right]^{\mathrm{T}} \\
&- x^{\mathrm{T}}\left[(P + Q\Delta_g + M\Delta_f)/\underline{d} + \theta I\right]x \\
&+ \sum_{i=1}^{n}x(t-\overline{\tau}_i(t))^{\mathrm{T}}\Delta_f(H_i + K_i + L_i)\Delta_f x(t-\overline{\tau}_i(t)) \\
\leqslant &- \eta_0 V_0(x) + \overline{V}_0(x)
\end{aligned}
\tag{4.31}
$$

式中, $\eta_0$ 和 $\overline{V}_0(x)$ 与式 (4.20) 中所定义的含义相同。余下的证明过程类似于定理 4.1 的证明。证略。

**推论 4.3**　在假设 4.1 和假设 4.2 的条件下, 如果存在正定对角矩阵 $P = \mathrm{diag}(p_1, \cdots, p_n)$, $Q = \mathrm{diag}(q_1, \cdots, q_n)$, 正定对角矩阵 $R$ 和 $H_i(i = 1, \cdots, n)$, 使得如下线性矩阵不等式组成立:

$$\Omega_w^2 = \begin{bmatrix} \Phi_a^2 & \Phi_b^2 & PB_1 & PB_2 & \cdots & PB_n \\ * & \Phi_c^2 & QB_1 & QB_2 & \cdots & QB_n \\ * & * & -H_1 & 0 & \cdots & 0 \\ * & * & * & -H_2 & \cdots & 0 \\ \vdots & \vdots & \vdots & \vdots & & \vdots \\ * & * & * & * & \cdots & -H_n \end{bmatrix} < 0 \tag{4.32}$$

$$(P + Q\Delta)/\underline{d} > \sum_{i=1}^{n} \Delta H_i \Delta \tag{4.33}$$

则确定性系统 (4.21) 的平衡点是唯一的, 该平衡点是全局指数稳定的, 且不依赖于时滞的信息, 其中

$$\Delta = \Delta_g = \Delta_f$$
$$\Phi_a^2 = -2P\Gamma + (P + Q\Delta)/\underline{d} + \theta I$$
$$\Phi_b^2 = R\Delta - Q\Gamma + PW_0$$
$$\Phi_c^2 = QW_0 + W_0^{\mathrm{T}}Q - 2R$$

* 表示矩阵中对称部分的相应元素。

**证明**　式 (4.21) 的平衡点的唯一性证明可按照与定理 4.1 中相似的证明过程得到。这里证明从略。

下面, 将证明式 (4.32) 和式 (4.33) 也是保证式 (4.21) 的平衡点是全局指数稳定的充分条件。考虑式 (4.24) 中所定义的 Lyapunov 泛函 $V_1(x)$, 沿着式 (4.21) 的轨迹对泛函 $V_1(x)$ 求时间导数, 可得

$$\dot{V}_1(x) = 2x^{\mathrm{T}}P\Big[-A(x) + W_0 f(x) + \sum_{i=1}^{n} B_i f(x(t - \overline{\tau}_i(t)))\Big]$$

$$+ 2f^{\mathrm{T}}(x)Q\Big[-A(x) + W_0 f(x) + \sum_{i=1}^{n} B_i f(x(t - \overline{\tau}_i(t)))\Big]$$

$$\leqslant -2x^{\mathrm{T}}P\Gamma x + 2x^{\mathrm{T}}PW_0 f(x) + 2x^{\mathrm{T}}P\sum_{i=1}^{n} B_i f(x(t - \overline{\tau}_i(t)))$$

$$- 2f^{\mathrm{T}}(x)Q\Gamma x + 2f^{\mathrm{T}}(x)QW_0 f(x) + 2f^{\mathrm{T}}(x)Q\sum_{i=1}^{n} B_i f(x(t - \overline{\tau}_i(t)))$$

$$+ 2f^{\mathrm{T}}(x)R\Delta x - 2f^{\mathrm{T}}(x)Rf(x)$$

$$+ \sum_{i=1}^{n} f^{\mathrm{T}}(x(t - \overline{\tau}_i(t)))H_i f(x(t - \overline{\tau}_i(t)))$$

$$- \sum_{i=1}^{n} f^{\mathrm{T}}(x(t - \overline{\tau}_i(t)))H_i f(x(t - \overline{\tau}_i(t)))$$

$$
\begin{aligned}
&+ x^{\mathrm{T}}\Big[(P + Q\varDelta)/\underline{d} + \theta I\Big]x \\
&- x^{\mathrm{T}}\Big[(P + Q\varDelta)/\underline{d} + \theta I\Big]x \\
\leqslant\ & \Big[x^{\mathrm{T}}, f^{\mathrm{T}}(x), f^{\mathrm{T}}(x(t - \overline{\tau}_1(t))), \cdots, f^{\mathrm{T}}(x(t - \overline{\tau}_n(t)))\Big]\varOmega_w^2 \\
&\times \Big[x^{\mathrm{T}}, f^{\mathrm{T}}(x), f^{\mathrm{T}}(x(t - \overline{\tau}_1(t))), \cdots, f^{\mathrm{T}}(x(t - \overline{\tau}_n(t)))\Big]^{\mathrm{T}} \\
&- x^{\mathrm{T}}\Big[(P + Q\varDelta)/\underline{d} + \theta I\Big]x + \sum_{i=1}^{n} x(t - \overline{\tau}_i(t))^{\mathrm{T}}\varDelta H_i \varDelta x(t - \overline{\tau}_i(t)) \\
\leqslant\ & - \eta_1 V_1(x) + \overline{V}_1(x)
\end{aligned}
$$

式中，$\eta_1$ 和 $\overline{V}_1(x)$ 的定义同式 (4.28) 中的定义。余下部分的证明与推论 4.1 中的证明过程相似。证略。

**注释 4.1**　根据舒尔补引理[35]，定理 4.1、推论 4.1 和推论 4.2 中的矩阵不等式可转换成线性矩阵不等式形式。例如，定理 4.1 中的式 (4.8) 可等价为如下线性矩阵不等式形式：

$$
\begin{bmatrix}
Y_0 & Y_1 & 0 & 0 & \cdots & 0 & \varPhi_b & 0 & 0 & \cdots & 0 & P & X_1^p & \cdots & X_n^p \\
* & Y_2 & Y_3 & X_1^q & \cdots & X_n^q & 0 & 0 & 0 & \cdots & 0 & 0 & 0 & \cdots & 0 \\
* & * & -\beta I & 0 & \cdots & 0 & 0 & 0 & 0 & \cdots & 0 & 0 & 0 & \cdots & 0 \\
* & * & * & -\gamma_1 I & \cdots & 0 & 0 & 0 & 0 & \cdots & 0 & 0 & 0 & \cdots & 0 \\
\vdots & \vdots & \vdots & \vdots & & \vdots & \vdots & \vdots & \vdots & & \vdots & \vdots & \vdots & & \vdots \\
* & * & * & * & \cdots & -\gamma_n I & 0 & 0 & 0 & \cdots & 0 & 0 & 0 & \cdots & 0 \\
* & * & * & * & * & * & -\sum\limits_{i=1}^{n} 2S_i & M & X_1^m & \cdots & X_n^m & 0 & 0 & \cdots & 0 \\
* & * & * & * & * & * & * & -\varepsilon I & 0 & \cdots & 0 & 0 & 0 & \cdots & 0 \\
* & * & * & * & * & * & * & * & -\varepsilon_1 I & \cdots & 0 & 0 & 0 & \cdots & 0 \\
* & * & * & * & * & * & * & * & * & \ddots & \vdots & \vdots & \vdots & & \vdots \\
* & * & * & * & * & * & * & * & * & \cdots & -\varepsilon_n I & 0 & 0 & \cdots & 0 \\
* & * & * & * & * & * & * & * & * & * & * & -\alpha I & 0 & \cdots & 0 \\
* & * & * & * & * & * & * & * & * & * & * & * & -\beta_1 I & \cdots & 0 \\
* & * & * & * & * & * & * & * & * & * & * & * & * & & \vdots \\
* & * & * & * & * & * & * & * & * & * & * & * & * & * & -\beta_n I
\end{bmatrix} < 0
$$

式中

$$
Y_0 = -2P\varGamma_m + (P + Q\varDelta_g + M\varDelta_f)/\underline{d} + \theta I
$$

$$
Y_1 = \sum_{i=1}^{n} R_i \varDelta_g - Q\varGamma_m
$$

$$
Y_2 = \beta I + (\alpha + \varepsilon)(\|W_+\| + \|W^+\|)^2 I - \sum_{i=1}^{n} 2R_i
$$

$$
Y_3 = Q(\|W_+\| + \|W^+\|)
$$

$$X_i^p = P(\|B_{i+}\| + \|B_i^+\|)$$
$$X_i^q = Q(\|B_{i+}\| + \|B_i^+\|)$$
$$X_i^m = M(\|B_{i+}\| + \|B_i^+\|)$$

因此，本章所建立的所有结果都可方便地利用文献 [35] 中的内点算法来求解。

**注释 4.2**　对于连接权矩阵参数在有界区间摄动的不确定系统的鲁棒稳定性问题，$M$ 矩阵方法作为一种最主要的方法被广泛使用[9, 15, 21, 22]。作为一种替代方法，就作者所知，针对具有未知时变时滞的区间式 (4.1) 和式 (4.21) 的鲁棒稳定性问题，尚没有基于线性矩阵不等式的不依赖于时滞信息的鲁棒稳定判据见诸报道。在本章中，所有的稳定结果都可转化成线性矩阵不等式的形式，且稳定条件不依赖于时滞的任何信息。此外，针对区间 Cohen-Grossberg 型神经网络 (式 (4.1))，文献 [15] 中的基于 $M$ 矩阵形式的鲁棒稳定结果要求 $\dot{\tau}_{ij}(t) \leqslant 1$，$\delta_i^f \leqslant 1$ 和 $\delta_i^g \leqslant 1$，而本章的稳定结果对 $\delta_i^f$ 和 $\delta_i^f$ 却没有限制 $(i = 1, \cdots, n)$，且可允许时变时滞的变化率大于 1，即适应于快变时滞的情况。

### 4.3.2　具有单时变时滞的情况

在本小节，考虑如下具有单时变时滞的区间 Cohen-Grossberg 型神经网络：

$$\frac{\mathrm{d}u_i(t)}{\mathrm{d}t} = -d_i(u_i(t))\Big[a_i(u_i(t)) - \sum_{j=1}^{n} w_{0ij}\overline{g}_j(u_j(t))$$
$$- \sum_{j=1}^{n} w_{1ij}\overline{g}_j(u_j(t - \tau(t))) + U_i\Big] \tag{4.34}$$

式中，$0 \leqslant \tau(t) \leqslant \rho$；其他符号含义同式 (4.1) 中的定义。

令 $u^* = (u_1^*, \cdots, u_n^*)^{\mathrm{T}}$ 是式 (4.34) 的一个平衡点。通过线性坐标变换 $x_i = u_i - u_i^*$，式 (4.34) 可变换为

$$\dot{x} = -D(x)\Big[A(x) - W_0 f(x) - W_1 f(x(t - \tau(t)))\Big] \tag{4.35}$$

式中，$D(x) = \mathrm{diag}(D_1(x_1), \cdots, D_n(x_n))$；$D_i(x_i) = d_i(x_i + u_i^*)$；$f(x) = (f_1(x_1), \cdots, f_n(x_n))^{\mathrm{T}}$，$f_i(x_i) = \overline{g}_i(x_i + u_i^*) - \overline{g}_i(u_i^*)$；其他的符号含义同式 (4.7) 中的定义。

根据假设 4.1 可知，对于 $\forall x_i \neq 0$，$0 \leqslant f_i(x_i)/x_i \leqslant \delta_i^f = \delta_i$，$f_i(0) = 0$。根据假设 4.2 可知，$x_i A_i(x_i) \geqslant \gamma_i x_i^2$。令 $\Delta = \mathrm{diag}(\delta_1, \cdots, \delta_n)$ 和 $\delta_M = \max_{1 \leqslant i \leqslant n} \delta_i$。

显然，式 (4.34) 的平衡点 $u^*$ 的全局指数稳定性问题等价于式 (4.35) 原点的全局指数稳定性问题。

需说明的是，定理 4.1 也可延拓到具有单时变时滞的式 (4.34)，但稳定结果的保守性将增加。事实上，就作者所知，即使对于式 (4.34)，基于线性矩阵不等式的

完全独立于时滞信息的全局鲁棒指数稳定判据也不多见。这促使我们进一步研究式 (4.34)，以期建立保守性更小的稳定判据。

关于式 (4.35) 的平衡点的唯一性问题，证明过程可按照定理 4.1 的证明过程得到。在本节关于平衡点存在唯一性的证明从略。

**定理 4.2** 在假设 4.1 和假设 4.2 的条件下，如果存在正定对角矩阵 $P$、$Q$、$R$，正常数 $\theta > 0$, $\alpha > 0$, $\beta > 0$, $\gamma > 0$ 和 $\varepsilon > 0$，使得

$$\begin{bmatrix} \Phi_{11} & \Phi_{12} & 0 & 0 & P & P \\ \Phi_{12}^{\mathrm{T}} & \Phi_{22} & Q & Q & 0 & 0 \\ 0 & Q & \Phi_{33} & 0 & 0 & 0 \\ 0 & Q & 0 & \Phi_{44} & 0 & 0 \\ P & 0 & 0 & 0 & -\alpha I & 0 \\ P & 0 & 0 & 0 & 0 & -\beta I \end{bmatrix} < 0 \tag{4.36}$$

$$(P + \Delta Q)/\underline{d} > \gamma \Delta^2 + \beta(\|W_*\| + \|W^*\|)^2 \Delta^2 \tag{4.37}$$

式中

$$\Phi_{11} = -2P\Gamma_m + (P + Q\Delta)/\underline{d} + \theta I$$
$$\Phi_{12} = R\Delta - Q\Gamma_m$$
$$\Phi_{22} = \varepsilon I + \alpha(\|W_+\| + \|W^+\|)^2 I - 2R$$
$$\Phi_{33} = -\gamma(\|W_*\| + \|W^*\|)^{-2} I$$
$$\Phi_{44} = -\varepsilon(\|W_+\| + \|W^+\|)^{-2} I$$

则式 (4.35) 的平衡点是唯一的，且该平衡点是全局鲁棒指数稳定的，不依赖于时滞的任何信息。

**证明** 根据舒尔补引理[35]，从式 (4.36) 可得

$$\Omega = \begin{bmatrix} \Phi_1 & R\Delta - Q\Gamma_m \\ (R\Delta - Q\Gamma_m)^{\mathrm{T}} & \Phi_2 \end{bmatrix} < 0 \tag{4.38}$$

式中

$$\Phi_1 = -2P\Gamma_m + (P + Q\Delta)/\underline{d} + \theta I + \alpha^{-1} PP + \beta^{-1} PP$$
$$\Phi_2 = \varepsilon^{-1} Q(\|W_+\| + \|W^+\|)^2 Q + \varepsilon I + \alpha(\|W_+\| + \|W^+\|)^2 I$$
$$\quad + \gamma^{-1} Q(\|W_*\| + \|W^*\|)^2 Q - 2R$$

选取式 (4.24) 中所定义的 Lyapunov 泛函 $V_1(x)$，沿着式 (4.35) 的轨迹对泛函

$V_1(x)$ 求时间导数, 可得

$$
\begin{aligned}
\dot{V}_1(x) = & -2\sum_{i=1}^{n} p_i x_i \Big( A_i(x_i) - \sum_{j=1}^{n} w_{0ij} f_j(x_j(t)) - \sum_{j=1}^{n} w_{1ij} f_j(t - \tau(t)) \Big) \\
& -2\sum_{i=1}^{n} q_i f_i(x_i) \Big( A_i(x_i) - \sum_{j=1}^{n} w_{0ij} f_j(x_j(t)) - \sum_{j=1}^{n} w_{1ij} f_j(t - \tau(t)) \Big) \\
\leqslant & -2x^{\mathrm{T}} P \varGamma_m x + 2x^{\mathrm{T}} P W_0 f(x) - 2f^{\mathrm{T}}(x) Q \varGamma_m x + 2f^{\mathrm{T}}(x) Q W_0 f(x) \\
& + 2\Big( f^{\mathrm{T}}(x) Q W_1 + x^{\mathrm{T}} P W_1 \Big) f(x(t - \tau(t)))
\end{aligned} \tag{4.39}
$$

式中, $P = \mathrm{diag}(p_1, \cdots, p_n)$ 和 $Q = \mathrm{diag}(q_1, \cdots, q_n)$ 为正定对角矩阵。

利用引理 4.2~ 引理 4.4 和假设 4.1, 由式 (4.39) 可得

$$
\begin{aligned}
\dot{V}_1(x) \leqslant & -2x^{\mathrm{T}} P \varGamma_m x + \alpha f^{\mathrm{T}}(x)(\|W_+\| + \|W^+\|)^2 f(x) \\
& + \alpha^{-1} x^{\mathrm{T}} P P x - 2f^{\mathrm{T}}(x) Q \varGamma_m x \\
& + \varepsilon^{-1} f^{\mathrm{T}}(x) Q(\|W_+\| + \|W^+\|)^2 Q f(x) \\
& + \varepsilon f^{\mathrm{T}}(x) f(x) + \beta^{-1} x^{\mathrm{T}} P P x \\
& + \beta f^{\mathrm{T}}(x - \tau(t))(\|W_*\| + \|W^*\|)^2 f(x - \tau(t)) \\
& + \gamma^{-1} f^{\mathrm{T}}(x) Q(\|W_*\| + \|W^*\|)^2 Q f(x) \\
& + \gamma f^{\mathrm{T}}(x - \tau(t)) f(x - \tau(t)) \\
& + 2f^{\mathrm{T}}(x) R \varDelta x - 2f^{\mathrm{T}}(x) R f(x) \\
& + x^{\mathrm{T}} \Big[ (P + \varDelta Q)/\underline{d} + \theta I \Big] x \\
& - x^{\mathrm{T}} \Big[ (P + \varDelta Q)/\underline{d} + \theta I \Big] x \\
\leqslant & \Big[ x^{\mathrm{T}} \; f^{\mathrm{T}}(x) \Big] \varOmega \Big[ x^{\mathrm{T}} \; f^{\mathrm{T}}(x) \Big]^{\mathrm{T}} - x^{\mathrm{T}} \Big[ (P + \varDelta Q)/\underline{d} + \theta I \Big] x \\
& + x(t - \tau(t))^{\mathrm{T}} \Big[ \beta(\|W_*\| + \|W^*\|)^2 + \gamma \Big] \varDelta^2 x(t - \tau(t)) \\
\leqslant & -\eta_1 V_1(x) + \overline{V}_1(x)
\end{aligned}
$$

式中, $\eta_1$ 和 $\overline{V}_1(x)$ 同式 (4.28) 中的定义; 余下的证明与推论 4.2 的证明相似, 证明从略。

构造不同形式的 Lyapunov 泛函, 可得到如下不同的稳定结果。

**定理 4.3**  在假设 4.1 和假设 4.2 的条件下, 如果存在正定对角矩阵 $P$ 和 $R$,

正常数 $h > 0$, $\alpha > 0$, $\beta > 0$，使得

$$
\begin{bmatrix}
-2P\Gamma_m + 2hP/\underline{d} & R\Delta & P & P \\
(R\Delta)^{\mathrm{T}} & \varXi_2 & 0 & 0 \\
P & 0 & -\alpha I & 0 \\
P & 0 & 0 & -\beta I
\end{bmatrix} < 0
\tag{4.40}
$$

$$
2h/\underline{d} > \alpha\delta_M^2(\|W_*\| + \|W^*\|)^2/\lambda_m(P)
\tag{4.41}
$$

则式 (4.35) 的平衡点是唯一的，该平衡点是全局鲁棒指数稳定的，且不依赖于时滞的信息，其中，$\varXi_2 = \beta(\|W_+\| + \|W^+\|)^2 I - 2R$。

**证明**　根据舒尔补引理 [35]，从式 (4.40) 可得

$$
\varOmega_1 = \begin{bmatrix}
\varXi_1 & R\Delta \\
(R\Delta)^{\mathrm{T}} & \varXi_2
\end{bmatrix} < 0
\tag{4.42}
$$

式中，$\varXi_1 = -2P\Gamma_m + 2hP/\underline{d} + \alpha^{-1}PP + \beta^{-1}PP$。

选取如下 Lyapunov 泛函：

$$
V_2(x) = 2\sum_{i=1}^{n} p_i \int_0^{x_i(t)} \frac{s}{D_i(s)} \mathrm{d}s
\tag{4.43}
$$

式中，$p_i$ 是正数。沿着式 (4.35) 的轨迹对泛函 $V_2(x)$ 求时间导数，可得

$$
\begin{aligned}
\dot{V}_2(x) = & -2\sum_{i=1}^{n} p_i x_i \Big( A_i(x_i) - \sum_{j=1}^{n} w_{0ij} f_j(x_j(t)) - \sum_{j=1}^{n} w_{1ij} f_j(t - \tau(t)) \Big) \\
\leqslant & -2x^{\mathrm{T}}P\Gamma_m x + 2x^{\mathrm{T}}PW_0 f(x) + 2x^{\mathrm{T}}PW_1 f(x(t - \tau(t))) \\
\leqslant & -2x^{\mathrm{T}}P\Gamma_m x + \beta f^{\mathrm{T}}(x)(\|W_+\| + \|W^+\|)^2 f(x) \\
& + \beta^{-1}x^{\mathrm{T}}PPx + \alpha^{-1}x^{\mathrm{T}}PPx \\
& + \alpha(\|W_*\| + \|W^*\|)^2 f^{\mathrm{T}}(x(t - \tau(t)))f(x(t - \tau(t))) \\
\leqslant & -2x^{\mathrm{T}}P\Gamma_m x + \beta f^{\mathrm{T}}(x)(\|W_+\| + \|W^+\|)^2 f(x) \\
& + \beta^{-1}x^{\mathrm{T}}PPx + \alpha^{-1}x^{\mathrm{T}}PPx \\
& + \alpha\delta_M^2(\|W_*\| + \|W^*\|)^2 x^{\mathrm{T}}(t - \tau(t))Px(t - \tau(t))/\lambda_m(P) + 2hx^{\mathrm{T}}Px/\underline{d} \\
& - 2hx^{\mathrm{T}}Px/\underline{d} + 2x^{\mathrm{T}}\Delta R f(x(t)) - 2f(x)^{\mathrm{T}}R f(x) \\
= & \begin{bmatrix} x^{\mathrm{T}} & f^{\mathrm{T}}(x) \end{bmatrix} \varOmega_1 \begin{bmatrix} x^{\mathrm{T}} & f^{\mathrm{T}}(x) \end{bmatrix}^{\mathrm{T}} - 2hx^{\mathrm{T}}Px/\underline{d} \\
& + \alpha\delta_M^2(\|W_*\| + \|W^*\|)^2 x^{\mathrm{T}}(t - \tau(t))Px(t - \tau(t))/\lambda_m(P)
\end{aligned}
$$

$$\leqslant -2hx^{\mathrm{T}}Px/\underline{d} + \alpha\delta_M^2(\|W_*\| + \|W^*\|)^2 x^{\mathrm{T}}(t-\tau(t))Px(t-\tau(t))/\lambda_m(P) \qquad (4.44)$$

式中, $P = \mathrm{diag}(p_1, \cdots, p_n)$ 和 $Q = \mathrm{diag}(q_1, \cdots, q_n)$ 是正定对角矩阵。

从式 (4.43) 可知

$$V_2(x) \leqslant x^{\mathrm{T}}Px/\underline{d} \qquad (4.45)$$

利用式 (4.45), 从式 (4.44) 可得

$$\dot{V}_2(x) \leqslant \underline{d}\alpha\delta_M^2(\|W_*\| + \|W^*\|)^2/\lambda_m(P)\overline{V}_2(x) - 2hV_2(x) \qquad (4.46)$$

式中, $\overline{V}_2(x) = \sup_{t-\rho\leqslant s\leqslant t} V_2(x(s))$。

因此, 根据引理 4.1 和式 (4.41), 得

$$V_2(x) \leqslant \overline{V}_2(x(0))\mathrm{e}^{-kt} \leqslant \frac{1}{\underline{d}}\lambda_M(P)\mathrm{e}^{-kt} \sup_{-\rho\leqslant s\leqslant 0}\|x(s)\|^2$$

式中, $k = 2h - \mathrm{e}^{k\rho}$。此外, 从式 (4.43) 可得

$$\frac{1}{\overline{d}}\lambda_m(P)x^{\mathrm{T}}x \leqslant V_2(x) \leqslant \frac{1}{\underline{d}}\lambda_M(P)x^{\mathrm{T}}x$$

这意味着

$$\|x(t)\| \leqslant \sqrt{\frac{\overline{d}\lambda_M(P)}{\underline{d}\lambda_m(P)}}\mathrm{e}^{-\frac{kt}{2}} \sup_{-\rho\leqslant s\leqslant 0}\|x(s)\|$$

根据定义 4.1 和定义 4.2, 在式 (4.40) 和式 (4.41) 同时满足的条件下, 式 (4.35) 的平衡点 $x = 0$ 是全局鲁棒指数稳定的。

**定理 4.4** 在假设 4.1 和假设 4.2 的条件下, 如果存在正定对角矩阵 $P$、$R$, 正常数 $h > 1/2$, $\alpha > 0$, $\beta > 0$, 使得

$$\begin{bmatrix} \varXi_3 & R\Delta & P & P \\ (R\Delta)^{\mathrm{T}} & \varXi_4 & 0 & 0 \\ P & 0 & -\beta I & 0 \\ P & 0 & 0 & \varXi_5 \end{bmatrix} < 0 \qquad (4.47)$$

$$P > \alpha\Delta\Delta \qquad (4.48)$$

则式 (4.35) 的平衡点是唯一的, 该平衡点是全局鲁棒指数稳定的, 且不依赖于时滞的信息, 其中

$$\varXi_3 = -2P\varGamma_m + 2hP/\underline{d}$$
$$\varXi_4 = \beta(\|W^+\| + \|W_+\|)^2 I - 2R$$
$$\varXi_5 = -\alpha(\|W^*\| + \|W_*\|)^{-2}I/\underline{d}$$

**证明**　根据舒尔补引理[35]，从式 (4.47) 可得

$$\Omega_2 = \begin{bmatrix} \Xi_6 & R\Delta \\ (R\Delta)^{\mathrm{T}} & \beta(\|W^+\| + \|W_+\|)^2 I - 2R \end{bmatrix} < 0$$

式中，$\Xi_6 = -2P\Gamma_m + 2hP/\underline{d} + \beta^{-1}PP + \underline{d}\alpha^{-1}(\|W^*\| + \|W_*\|)^2 PP$。

考虑式 (4.43) 及引理 4.4 中的不等式 (4.6)，按照与定理 4.2 相似的证明过程，可得

$$\begin{aligned}
\dot{V}_2(x) \leqslant &- 2x^{\mathrm{T}}P\Gamma_m x + 2x^{\mathrm{T}}PW_0 f(x) + 2x^{\mathrm{T}}PW_1 f(x(t-\tau(t))) \\
\leqslant &- 2x^{\mathrm{T}}P\Gamma_m x + \beta f^{\mathrm{T}}(x)(\|W^+\| + \|W_+\|)^2 f(x) \\
&+ \beta^{-1}x^{\mathrm{T}}PPx + \underline{d}\alpha^{-1}x^{\mathrm{T}}P(\|W^*\| + \|W_*\|)^2 Px \\
&+ \alpha x^{\mathrm{T}}(t-\tau(t))\Delta\Delta x(t-\tau(t))/\underline{d} \\
&+ 2hx^{\mathrm{T}}Px/\underline{d} - 2hx^{\mathrm{T}}Px/\underline{d} \\
&+ 2x^{\mathrm{T}}\Delta Rf(x) - 2f(x(t))^{\mathrm{T}}Rf(x) \\
= &\begin{bmatrix} x^{\mathrm{T}} & f^{\mathrm{T}}(x) \end{bmatrix} \Omega_2 \begin{bmatrix} x^{\mathrm{T}} & f^{\mathrm{T}}(x) \end{bmatrix}^{\mathrm{T}} - 2hx^{\mathrm{T}}Px/\underline{d} \\
&+ \alpha x^{\mathrm{T}}(t-\tau(t))\Delta\Delta x(t-\tau(t))/\underline{d} \\
\leqslant &- 2hx^{\mathrm{T}}Px/\underline{d} + \alpha x^{\mathrm{T}}(t-\tau(t))\Delta\Delta x(t-\tau(t))/\underline{d} \quad (4.49)
\end{aligned}$$

根据式 (4.45) 和式 (4.48)，由式 (4.49) 可得

$$\dot{V}_2(x) \leqslant -2hV_2(x) + \overline{V}_2(x) \quad (4.50)$$

式中，$\overline{V}_2(x)$ 的定义同式 (4.46) 中的定义。因此，如果 $h > 1/2$，则根据引理 4.1、定义 4.1 和定义 4.2，式 (4.35) 的平衡点 $x = 0$ 是全局鲁棒指数稳定的。

对于确定性情况，可有如下结果。

**推论 4.4**　在假设 4.1 和假设 4.2 的条件下，如果存在正定对角矩阵 $P$、$Q$、$R$、$H$，正常函数 $\theta > 0$，使得

$$\begin{bmatrix} \Phi_3 & \Phi_4 & PW_1 \\ \Phi_4^{\mathrm{T}} & QW_0 + W_0^{\mathrm{T}}Q - 2R & QW_1 \\ W_1^{\mathrm{T}}P & W_1^{\mathrm{T}}Q & -H \end{bmatrix} < 0 \quad (4.51)$$

$$(P + \Delta Q)/\underline{d} > \Delta H\Delta$$

则式 (4.35) 的平衡点是唯一的，该平衡点是全局指数稳定的，且不依赖于时滞的信息，其中

$$\Phi_3 = -2P\Gamma + (P + Q\Delta)/\underline{d} + \theta I$$

$$\Phi_4 = PW_0 - Q\Gamma + R\Delta$$

**证明** 根据舒尔补引理[35]，由式 (4.51) 可得

$$\Omega_3 = \begin{bmatrix} \Phi_3 & \Phi_4 \\ \Phi_4^{\mathrm{T}} & QW_0 + W_0^{\mathrm{T}}Q - 2R \end{bmatrix}$$

$$+ \begin{bmatrix} PW_1 \\ QW_1 \end{bmatrix} H^{-1} \begin{bmatrix} PW_1 \\ QW_1 \end{bmatrix}^{\mathrm{T}} < 0 \tag{4.52}$$

考虑在式 (4.24) 中所定义的 Lyapunov 泛函 $V_1(x)$，沿着式 (4.35) 的轨迹求泛函 $V_1(x)$ 的时间导数，得

$$\begin{aligned} \dot{V}_1(x) = & -2\sum_{i=1}^{n} p_i x_i \Big( A_i(x_i) - \sum_{j=1}^{n} w_{0ij} f_j(x_j(t)) - \sum_{j=1}^{n} w_{1ij} f_j(t - \tau(t)) \Big) \\ & -2\sum_{i=1}^{n} q_i f_i(x_i) \Big( A_i(x_i) - \sum_{j=1}^{n} w_{0ij} f_j(x_j(t)) - \sum_{j=1}^{n} w_{1ij} f_j(t - \tau(t)) \Big) \\ \leqslant & -2x^{\mathrm{T}} P\Gamma x + 2x^{\mathrm{T}} PW_0 f(x) + 2x^{\mathrm{T}} PW_1 f(x(t - \tau(t))) \\ & -2f^{\mathrm{T}}(x) Q\Gamma x + 2f^{\mathrm{T}}(x) QW_0 f(x) + 2f^{\mathrm{T}}(x) QW_1 f(x(t - \tau(t))) \\ = & -2x^{\mathrm{T}} P\Gamma x + 2x^{\mathrm{T}}(PW_0 - Q\Gamma) f(x) + f^{\mathrm{T}}(x)(QW_0 + W_0^{\mathrm{T}}Q) f(x) \\ & + 2\Big[ f^{\mathrm{T}}(x) QW_1 + x^{\mathrm{T}} PW_1 \Big] f(x(t - \tau(t))) \end{aligned} \tag{4.53}$$

根据引理 4.2 和假设 4.1，则有

$$\begin{aligned} & 2\Big[ x^{\mathrm{T}} PW_1 + f^{\mathrm{T}}(x) QW_1 \Big] f(x(t - \tau(t))) \\ & \leqslant \Big[ x^{\mathrm{T}} PW_1 + f^{\mathrm{T}}(x) QW_1 \Big] H^{-1} \Big[ x^{\mathrm{T}} PW_1 + f^{\mathrm{T}}(x) QW_1 \Big]^{\mathrm{T}} \\ & + x^{\mathrm{T}}(t - \tau(t)) \Delta H \Delta x(t - \tau(t)) \end{aligned} \tag{4.54}$$

$$2f^{\mathrm{T}}(x) R\Delta x - 2f^{\mathrm{T}}(x) Rf(x) \geqslant 0 \tag{4.55}$$

将式 (4.54) 和式 (4.55) 代入式 (4.53)，得

$$\begin{aligned} \dot{V}_1(x) \leqslant & -2x^{\mathrm{T}} P\Gamma x + 2x^{\mathrm{T}}(PW_0 - Q\Gamma + R\Delta) f(x) \\ & + f^{\mathrm{T}}(x)(QW_0 + W_0^{\mathrm{T}}Q - 2R) f(x) \\ & + \Big[ x^{\mathrm{T}} PW_1 + f^{\mathrm{T}}(x) QW_1 \Big] H^{-1} \Big[ x^{\mathrm{T}} PW_1 + f^{\mathrm{T}}(x) QW_1 \Big]^{\mathrm{T}} \\ & + x(t - \tau(t))^{\mathrm{T}} \Delta H \Delta x(t - \tau(t)) \\ & + x^{\mathrm{T}} \Big[ (P + \Delta Q)/\underline{d} + \theta I \Big] x \end{aligned}$$

$$- x^{\mathrm{T}} \Big[ (P + \Delta Q)/\underline{d} + \theta I \Big] x$$

$$= \Big[ x^{\mathrm{T}} \ f^{\mathrm{T}}(x) \Big] \Omega_3 \Big[ x^{\mathrm{T}} \ f^{\mathrm{T}}(x) \Big]^{\mathrm{T}}$$

$$- x^{\mathrm{T}} \Big[ (P + \Delta Q)/\underline{d} + \theta I \Big] x + x(t - \tau(t))^{\mathrm{T}} \Delta H \Delta x(t - \tau(t))$$

$$\leqslant - x^{\mathrm{T}} \Big[ (P + \Delta Q)/\underline{d} + \theta I \Big] x + x(t - \tau(t))^{\mathrm{T}} \Delta H \Delta x(t - \tau(t))$$

$$\leqslant - \eta_1 V_1(x) + \overline{V}_1(x)$$

式中，$\eta_1 > 1$；$\overline{V}_1(x)$ 的定义同式 (4.28) 中的定义。余下的证明过程与定理 4.2 中的证明过程相似。证明从略。

**推论 4.5**　在假设 4.1 和假设 4.2 的条件下，如果存在正定对角矩阵 $P$、$Q$、$H$，正常数 $\theta > 0$，使得

$$\begin{bmatrix} \Phi_5 & PW_0 & PW_1 \\ W_0^{\mathrm{T}}P & \Phi_6 & QW_1 \\ W_1^{\mathrm{T}}P & W_1^{\mathrm{T}}Q & -H \end{bmatrix} < 0 \tag{4.56}$$

$$P/\underline{d} > \Delta H \Delta$$

则式 (4.35) 的平衡点是唯一的，该平衡点是全局指数稳定的，且不依赖于时滞的信息，其中

$$\Phi_5 = -2P\Gamma + (P + Q\Delta)/\underline{d} + \theta I$$

$$\Phi_6 = QW_0 + W_0^{\mathrm{T}}Q - 2Q\Gamma\Delta^{-1}$$

**证明**　根据舒尔补引理[35]，由式 (4.56) 可知

$$\Omega_4 = \begin{bmatrix} \Phi_5 & PW_0 \\ W_0^{\mathrm{T}}P & \Phi_6 \end{bmatrix} + \begin{bmatrix} PW_1 \\ QW_1 \end{bmatrix} H^{-1} \begin{bmatrix} PW_1 \\ QW_1 \end{bmatrix}^{\mathrm{T}} < 0$$

显然，$\Omega_4$ 是一个对称负定矩阵。

选取式 (4.24) 中所定义的 Lyapunov 泛函 $V_1(x)$，沿着式 (4.35) 的轨迹对泛函 $V_1(x)$ 求时间导数，可得

$$\dot{V}_1(x) = -2 \sum_{i=1}^{n} p_i x_i \Big( A_i(x_i) - \sum_{j=1}^{n} w_{0ij} f_j(x_j(t)) - \sum_{j=1}^{n} w_{1ij} f_j(t - \tau(t)) \Big)$$

$$- 2 \sum_{i=1}^{n} q_i f_i(x_i) \Big( A_i(x_i) - \sum_{j=1}^{n} w_{0ij} f_j(x_j(t)) - \sum_{j=1}^{n} w_{1ij} f_j(t - \tau(t)) \Big)$$

$$\leqslant -2 x^{\mathrm{T}} P\Gamma x + 2 x^{\mathrm{T}} PW_0 f(x) + 2 x^{\mathrm{T}} PW_1 f(x(t - \tau(t)))$$

$$- 2 f^{\mathrm{T}}(x) Q\Gamma x + 2 f^{\mathrm{T}}(x) QW_0 f(x) + 2 f^{\mathrm{T}}(x) QW_1 f(x(t - \tau(t)))$$

$$
\begin{aligned}
&\leqslant -2x^{\mathrm{T}}P\varGamma x - 2f^{\mathrm{T}}(x)Q\varGamma\Delta^{-1}f(x) \\
&\quad + f^{\mathrm{T}}(x)(QW_0 + W_0^{\mathrm{T}}Q)f(x) + 2x^{\mathrm{T}}PW_0f(x) \\
&\quad + 2\Big[f^{\mathrm{T}}(x)QW_1 + x^{\mathrm{T}}PW_1\Big]f(x(t-\tau(t))) \\
&= \Big[x^{\mathrm{T}}\ f^{\mathrm{T}}(x)\Big]\varOmega_4\Big[x^{\mathrm{T}}\ f^{\mathrm{T}}(x)\Big]^{\mathrm{T}} \\
&\quad - x^{\mathrm{T}}\Big[(P+\Delta Q)/\underline{d} + \theta I\Big]x + x(t-\tau(t))^{\mathrm{T}}\Delta H\Delta x(t-\tau(t)) \\
&\leqslant -x^{\mathrm{T}}\Big[(P+\Delta Q)/\underline{d} + \theta I\Big]x + x(t-\tau(t))^{\mathrm{T}}\Delta H\Delta x(t-\tau(t))
\end{aligned}
$$

余下证明从略。

**推论 4.6**　在假设 4.1 和假设 4.2 的条件下，如果存在正定对角矩阵 $P$、$Q$、$R$，正常数 $h > 0$，使得

$$
\begin{bmatrix}
-2P\varGamma + 2hP/\underline{d} & PW_0 + R\Delta & P \\
(PW_0 + R\Delta)^{\mathrm{T}} & -2R & 0 \\
P & 0 & -Q
\end{bmatrix} < 0 \tag{4.57}
$$

$$
2h/\underline{d} > \lambda_M(Q)\lambda_M(\Delta^2)\|W_1\|^2/\lambda_m(P) \tag{4.58}
$$

则式 (4.35) 的平衡点是唯一的，该平衡点是全局指数稳定的，且不依赖于时滞的信息。

**证明**　根据舒尔补引理[35]，由式 (4.57) 可得

$$
\varOmega_5 = \begin{bmatrix}
-2P\varGamma + 2hP/\underline{d} & PW_0 + R\Delta \\
(PW_0 + R\Delta)^{\mathrm{T}} & -2R
\end{bmatrix} + \begin{bmatrix} P \\ 0 \end{bmatrix}Q^{-1}\begin{bmatrix} P \\ 0 \end{bmatrix}^{\mathrm{T}} < 0 \tag{4.59}
$$

余下的证明过程与定理 4.3 的证明过程相似，除了式 (4.44) 用下列式子来代替：

$$
\begin{aligned}
\dot{V}_2(x) &= -2\sum_{i=1}^{n}p_ix_i\Big(A_i(x_i) - \sum_{j=1}^{n}w_{0ij}f_j(x_j(t)) - \sum_{j=1}^{n}w_{1ij}f_j(t-\tau(t))\Big) \\
&\leqslant -2x^{\mathrm{T}}P\varGamma x + 2x^{\mathrm{T}}PW_0f(x) + 2x^{\mathrm{T}}PW_1f(x(t-\tau(t))) \\
&\leqslant -2x^{\mathrm{T}}P\varGamma x + 2x^{\mathrm{T}}PW_0f(x) + x^{\mathrm{T}}PQ^{-1}Px \\
&\quad + \lambda_M(Q)\lambda_M(\Delta^2)\|W_1\|^2x^{\mathrm{T}}(t-\tau(t))Px(t-\tau(t))/\lambda_m(P) \\
&\quad + 2hx^{\mathrm{T}}Px/\underline{d} - 2hx^{\mathrm{T}}Px/\underline{d} + 2x^{\mathrm{T}}\Delta Rf(x) - 2f(x)^{\mathrm{T}}Rf(x) \\
&= \Big[x^{\mathrm{T}}\ f^{\mathrm{T}}(x)\Big]\varOmega_5\Big[x^{\mathrm{T}}\ f^{\mathrm{T}}(x)\Big]^{\mathrm{T}} - 2hx^{\mathrm{T}}Px/\underline{d} \\
&\quad + \lambda_M(Q)\lambda_M(\Delta^2)\|W_1\|^2x^{\mathrm{T}}(t-\tau(t))Px(t-\tau(t))/\lambda_m(P) \\
&\leqslant \lambda_M(Q)\lambda_M(\Delta^2)\|W_1\|^2x^{\mathrm{T}}(t-\tau(t))Px(t-\tau(t))/\lambda_m(P) - 2hx^{\mathrm{T}}Px/\underline{d}
\end{aligned}
$$

证明从略。

**推论 4.7**　在假设 4.1 和假设 4.2 的条件下，如果存在正定对角矩阵 $P$、$Q$、$R$，正常数 $h > 1/2$，使得

$$\begin{bmatrix} -2P\Gamma + 2hP/\underline{d} & PW_0 + R\Delta & PW_1 \\ (PW_0 + R\Delta)^{\mathrm{T}} & -2R & 0 \\ W_1^{\mathrm{T}}P & 0 & -Q/\underline{d}^{-1} \end{bmatrix} < 0 \tag{4.60}$$

$$P > \Delta Q \Delta$$

则式 (4.35) 的平衡点是唯一的，该平衡点是全局指数稳定的，且不依赖于时滞的信息。

**证明**　根据舒尔补引理[35]，由式 (4.60) 可得

$$\Omega_6 = \begin{bmatrix} -2P\Gamma + 2hP/\underline{d} & PW_0 + R\Delta \\ (PW_0 + R\Delta)^{\mathrm{T}} & -2R \end{bmatrix} + \underline{d} \begin{bmatrix} PW_1 \\ 0 \end{bmatrix} Q^{-1} \begin{bmatrix} PW_1 \\ 0 \end{bmatrix}^{\mathrm{T}} < 0 \tag{4.61}$$

余下的证明过程与定理 4.4 的证明相似，除了式 (4.49) 用下列式子来代替：

$$\begin{aligned} \dot{V}_2(x) \leqslant & -2x^{\mathrm{T}}P\Gamma x + 2x^{\mathrm{T}}PW_0 f(x) + 2x^{\mathrm{T}}PW_1 f(x(t-\tau(t))) \\ \leqslant & -2x^{\mathrm{T}}P\Gamma x + 2x^{\mathrm{T}}PW_0 f(x) + \underline{d}x^{\mathrm{T}}PW_1 Q^{-1}W_1^{\mathrm{T}}Px \\ & + x^{\mathrm{T}}(t-\tau(t))\Delta Q\Delta x(t-\tau(t))/\underline{d} + 2hx^{\mathrm{T}}Px/\underline{d} - 2hx^{\mathrm{T}}Px/\underline{d} \\ & + 2x^{\mathrm{T}}\Delta R f(x) - 2f(x)^{\mathrm{T}}R f(x) \\ = & \begin{bmatrix} x^{\mathrm{T}} & f^{\mathrm{T}}(x) \end{bmatrix} \Omega_6 \begin{bmatrix} x^{\mathrm{T}} & f^{\mathrm{T}}(x) \end{bmatrix}^{\mathrm{T}} - 2hx^{\mathrm{T}}Px/\underline{d} \\ & + x^{\mathrm{T}}(t-\tau(t))\Delta Q\Delta x(t-\tau(t))/\underline{d} \\ \leqslant & -2hx^{\mathrm{T}}Px/\underline{d} + x^{\mathrm{T}}(t-\tau(t))\Delta Q\Delta x(t-\tau(t))/\underline{d} \end{aligned}$$

证明从略。

**推论 4.8**　在假设 4.1 和假设 4.2 的条件下，若

$$\frac{\overline{d}\delta_M}{\underline{d}\Gamma_m}(\|W_0\| + \|W_1\|) < 1 \tag{4.62}$$

则式 (4.35) 的平衡点是唯一的，该平衡点是全局指数稳定的，且不依赖于时滞的信息。

**注释 4.3**　需指出的是，在推论 4.8 中所建立的稳定条件与文献 [17] 中的定理 1 的条件是一样的。但是，文献 [17] 中的定理 1 是在有界激励函数的情况下得到

的, 而推论 4.8 不限定激励函数的有界性。这样, 就激励函数的约束条件而言, 推论 4.8 比文献 [17] 中的定理 1 具有更广的适用范围和小的保守性。

此外, 文献 [11] 中的定理 3 与推论 4.8 具有相似的表达形式, 即文献 [11] 中的定理 3 是基于 1 范数得到的, 而推论 4.8 是基于欧几里得范数得到的。因为这两种范数一般不等价, 进而推论 4.8 可看做文献 [11] 中的定理 3 的另一种替代结果。

**注释 4.4**   针对具有不同多重时变时滞的区间式 (4.1) 和式 (4.21) 的鲁棒稳定性问题, $M$ 矩阵方法作为一种主要方法得到广泛使用 [9, 15, 21, 22]。作为另一种稳定性判据的表示形式, 就作者所知, 针对具有不同多重时变时滞的区间式 (4.1) 和式 (4.21), 尚没有基于线性矩阵不等式的完全独立于时滞信息的鲁棒稳定判据被提出来。在本章, 定理 4.1 和定理 4.2 都可转化成线性矩阵不等式的形式, 且完全不依赖于时滞的任何信息, 且易于用成熟的内点算法 [35] 来计算稳定性条件。此外, 针对具有时变时滞的区间 Cohen-Grossberg 型神经网络, 文献 [15] 中的鲁棒稳定性条件要求 $\dot{\tau}(t) \leqslant 1$ 和 $f_i^2(x_i) \leqslant f_i(x_i)x_i$, 或者 $\delta_i < 1$, 而本章的稳定性结果对激励函数的斜率 $\delta_i$ 的大小没有任何限制, 对时变时滞的变化率的大小也没有限制, 进而显著放宽了稳定结果的适用范围。

**注释 4.5**   针对确定性连接权矩阵 $W_0$ 和 $W_1$, $a_i(u_i(t)) = a_i u_i(t)$, $a_i > 0$, $d_i(u_i(t)) = 1$, $f_i^2(x_i) \leqslant f_i(x_i)x_i$, 文献 [40] 研究了式 (4.34) 的指数稳定性问题。文献 [40] 仅考虑了 $\delta_i \leqslant 1$ 的情况, 此时, 下列不等式成立:

$$2 \sum_{i=1}^{n} q_i \int_0^{x_i(t)} f_i(s)\mathrm{d}s \leqslant x^{\mathrm{T}} Q x$$

由此便得出文献 [40] 中的定理 1 的主要结果, 即

$$\begin{bmatrix} -PA - AP + P + Q & PW_0 - QA + R\Delta & PW_1 \\ (PW_0 - QA + R\Delta)^{\mathrm{T}} & QW_0 + W_0^{\mathrm{T}}Q - 2R & QW_1 \\ W_1^{\mathrm{T}}P & W_1^{\mathrm{T}}Q & H \end{bmatrix} < 0$$

式中, $A = \mathrm{diag}(a_1, \cdots, a_n)$。

如果将 $f_i^2(x_i) \leqslant f_i(x_i)x_i$ 的约束放宽, 并且不限定 $\delta_i \leqslant 1$ 的情况, 即考虑 $f_i^2(x_i) \leqslant \delta_i f_i(x_i)x_i$ 的情况, 则

$$2 \sum_{i=1}^{n} q_i \int_0^{x_i(t)} f_i(s)\mathrm{d}s \leqslant x^{\mathrm{T}} Q \Delta x$$

这样可将文献 [40] 中的定理 1 内容修改如下。

**推论 4.9**[40]   对于确定性互联权矩阵 $W_0$ 和 $W_1$, $a_i(u_i(t)) = a_i u_i(t)$, $a_i > 0$, $d_i(u_i(t)) = 1$, $f_i^2(x_i) \leqslant \delta_i f_i(x_i)x_i$, 如果存在正定对称矩阵 $P$, 正定对角矩阵

$Q$、$R$、$H$，使得

$$\begin{bmatrix} -PA - AP + P + Q\Delta & PW_0 - QA + R\Delta & PW_1 \\ (PW_0 - QA + R\Delta)^{\mathrm{T}} & QW_0 + W_0^{\mathrm{T}}Q - 2R & QW_1 \\ W_1^{\mathrm{T}}P & W_1^{\mathrm{T}}Q & -H \end{bmatrix} < 0$$

$$P > \Delta H \Delta$$

则式 (4.34) 的平衡点是唯一的，该平衡点是全局指数稳定的，且不依赖于时滞的信息。

**注释 4.6** 当 $d_i(u_i) \equiv 1$, $a_i(u_i) = u_i$, $w_{0ij} = 0$ 和 $\tau(t) = \tau$ 时，文献 [51] 针对这类纯时滞递归神经网络建立了一个全局渐近稳定条件，该条件可表示为 $\delta_M \|W_1\| < 1$。显然，这一结果可通过式 (4.62) 得到。此外，本章考虑的网络模型比文献 [51] 考虑的网络模型更具有一般意义，且本章所建立的是全局指数稳定结果。这样，从所考虑的网络模型和指数稳定性方面，本章的结果改进了文献 [51] 中的主要结果。

**注释 4.7** 当 $d_i(u_i) \equiv 1$, $a_i(u_i) = \gamma_i u_i$ 和 $w_{1ij} = 0$，文献 [52] 研究了式 (4.34) 的指数稳定性问题。文献 [52] 中的定理 3.8 要求 $\delta_M \|W_0\| < \Gamma_m$。显然这一稳定条件可从式 (4.62) 得到。这样，在一定程度上，本章的结果改进了文献 [52] 中的部分结果。

## 4.4 仿 真 示 例

在本章，将用三个数值例子来验证本章所建立的稳定结果的有效性。

**例 4.1** 考虑区间 Cohen-Grossberg 型神经网络 (式 (4.1))，其中，网络参数如下：

$$\underline{W}_0 = \begin{bmatrix} -0.06 & 0.3 & 0.03 \\ 0 & -0.03 & -0.06 \\ 0.03 & -0.03 & 0 \end{bmatrix}, \quad \overline{W}_0 = \begin{bmatrix} -0.015 & 0.333 & 0.15 \\ 0.003 & 0.006 & -0.03 \\ 0.09 & -0.006 & 0.03 \end{bmatrix}$$

$$\underline{W}_1 = \begin{bmatrix} -0.045 & -0.03 & 0.036 \\ 0 & -0.3 & -0.03 \\ 0.12 & 0.3 & 0.051 \end{bmatrix}, \quad \overline{W}_1 = \begin{bmatrix} -0.03 & 0.0048 & 0.09 \\ 0.015 & 0.048 & 0 \\ 0.3 & 0.45 & 0.057 \end{bmatrix}$$

$\delta_i = 1.2$, $\overline{d} = 3$, $\underline{d} = 0.5$, $\Gamma_m = 2$, $\tau_{ij}(t) > 0$ 是任意有界的、未知的时变时滞 $(i, j = 1, 2, 3)$。

因为 $\delta_i > 1$，且 $\tau_{ij}(t) > 0$ 是未知的时变时滞，时滞变化率的大小难以界定是否小于 1(判定时滞变化率是否小于 1 是应用一大类稳定判据的先决条件)，这样，

文献 [15] 中的结果不适用本例。应用本章的定理 4.1，可得

$$P = 34.6005I, \quad Q = 6.7969I, \quad M = 2.5057I$$
$$R_1 = R_2 = R_3 = 4.3339I, \quad S_1 = S_2 = S_3 = 2.2392I$$
$$\theta = 0.5119, \quad \alpha = 70.6631, \quad \beta = 3.8636, \quad \varepsilon = 7.4518$$
$$\beta_1 = 5.6444, \quad \beta_2 = 13.4261, \quad \beta_3 = 23.4583$$
$$\gamma_1 = 2.6896, \quad \gamma_2 = 3.5629, \quad \gamma_3 = 5.0935$$
$$\varepsilon_1 = 2.5379, \quad \varepsilon_2 = 2.5839, \quad \varepsilon_3 = 2.6999$$

因此，本例中所考虑的神经网络是全局鲁棒指数稳定的。

**例 4.2**    考虑如下具有时变时滞的区间 Cohen-Grossberg 型神经网络：

$$\begin{bmatrix} \dot{u}_1 \\ \dot{u}_2 \end{bmatrix} = - \begin{bmatrix} 2 + \sin u_1 & 0 \\ 0 & 2 + \sin u_2 \end{bmatrix} \left( \begin{bmatrix} 3 & 0 \\ 0 & 3 \end{bmatrix} \begin{bmatrix} u_1 \\ u_2 \end{bmatrix} - W_0 \begin{bmatrix} g_1(u_1) \\ g_2(u_2) \end{bmatrix} \right.$$
$$\left. - W_1 \begin{bmatrix} g_1(u_1(t - \tau(t))) \\ g_2(u_2(t - \tau(t))) \end{bmatrix} + \begin{bmatrix} 1 \\ 2 \end{bmatrix} \right)$$

式中

$$\underline{W}_0 = \begin{bmatrix} -1 & 0.1 \\ 0 & 0.01 \end{bmatrix}, \quad \overline{W}_0 = \begin{bmatrix} 0.01 & 0.2 \\ 0.01 & 1.169 \end{bmatrix}$$
$$\underline{W}_1 = \begin{bmatrix} 1 & -0.5 \\ -0.1 & 0.0963 \end{bmatrix}, \quad \overline{W}_1 = \begin{bmatrix} 1.2 & 0.1 \\ 0.5 & 0.1826 \end{bmatrix}$$

$\delta_1 = \delta_2 = 1.1$；$\overline{d} = 3$；$\underline{d} = 1$；$\Gamma_m = 3$；$\tau(t)$ 是有界的未知时变时滞。

因为 $\delta_i > 1(i = 1, 2)$，文献 [15] 中的结果不适用本例。应用本章的定理 4.4 并选取 $h = 0.6$，可得

$$P = \begin{bmatrix} 1.2511 & 0 \\ 0 & 1.2511 \end{bmatrix}, \quad R = \begin{bmatrix} 1.4304 & 0 \\ 0 & 1.4304 \end{bmatrix}$$
$$\alpha = 0.9299, \quad \beta = 0.9164$$

因此，本例所考虑的系统是全局鲁棒指数稳定的。

**例 4.3**    考虑 Cohen-Grossberg 型神经网络 (式 (4.34))，其中，$d_i(u_i(t)) \equiv 1$，$\tau(t) > 0$ 是有界的未知时变时滞，则

$$W_0 = \begin{bmatrix} -2 & 0.5 \\ 0.5 & -2 \end{bmatrix}, \quad W_1 = \begin{bmatrix} -0.5 & 0.2 \\ -0.8 & 0.2 \end{bmatrix}$$
$$\delta_1 = \delta_2 = 3, \quad a_1(u_1(t)) = 3u_1(t), \quad a_2(u_2(t)) = 4u_2(t)$$

在本例当中，文献 [39]、[21]、[22] 和 [33] 中的结果都不成立；即使在 $\dot{\tau}(t) \leqslant 1$ 的情况下，文献 [15] 中的结果也不成立。应用本章的推论 4.4，可得

$$P = \begin{bmatrix} 3.5369 & 0 \\ 0 & 1.8987 \end{bmatrix}, \quad Q = \begin{bmatrix} 2.6412 & 0 \\ 0 & 1.8456 \end{bmatrix}$$

$$R = \begin{bmatrix} 2.7355 & 0 \\ 0 & 2.1409 \end{bmatrix}, \quad H = \begin{bmatrix} 1.1364 & 0 \\ 0 & 0.6649 \end{bmatrix}$$

$\theta = 1.38$。因此，本例所考虑的系统是全局鲁棒指数稳定的。

**例 4.4**   考虑如下具有定常时滞的区间 Cohen-Grossberg 型神经网络 (式 (4.34))，则

$$\begin{bmatrix} \dot{u}_1 \\ \dot{u}_2 \end{bmatrix} = - \begin{bmatrix} 1 & 0 \\ 0 & 1 \end{bmatrix} \left( \begin{bmatrix} 3u_1 \\ 4u_2 \end{bmatrix} - W_0 \begin{bmatrix} g_1(u_1) \\ g_2(u_2) \end{bmatrix} - W_1 \begin{bmatrix} g_1(u_1(t-1)) \\ g_2(u_2(t-1)) \end{bmatrix} + \begin{bmatrix} 1 \\ 2 \end{bmatrix} \right)$$

式中，$\underline{W}_0 = \begin{bmatrix} -0.1 & 0.1 \\ 0 & 0.1 \end{bmatrix}$; $\overline{W}_0 = \begin{bmatrix} 0.1 & 0.2 \\ 0.01 & 0.2 \end{bmatrix}$; $\underline{W}_1 = \begin{bmatrix} 0.6 & -0.1 \\ 0 & -0.1 \end{bmatrix}$; $\overline{W}_1 = \begin{bmatrix} 1 & 1 \\ 0.5 & 0.1 \end{bmatrix}$; $g_i(u_i) = \tanh(u_i)$; $\gamma_1 = 3, \gamma_2 = 4, i = 1, 2$。显然，$\overline{d} = \underline{d} = 1$, $\Gamma_m = 3$ 和 $\delta_M = 1$。

针对本例而言，文献 [29] 和 [30] 中的结果不适用本例。文献 [31] 的结果可等价为 $\max(3.233 + 0.433\lambda_2/\lambda_1, 1.825 + 0.625\lambda_1/\lambda_2) < 2$。因为 $\lambda_i > 0(i = 1, 2)$，则文献 [31] 中的结果不成立。定理 4.2 和定理 4.3 都成立。应用定理 4.2，可得

$$P = \begin{bmatrix} 24.3144 & 0 \\ 0 & 24.3144 \end{bmatrix}, \quad Q = \begin{bmatrix} 17.4962 & 0 \\ 0 & 17.4962 \end{bmatrix}, \quad R = \begin{bmatrix} 50.1706 & 0 \\ 0 & 50.1706 \end{bmatrix}$$

$\theta = 12.4752, \quad \alpha = 52.2053, \quad \beta = 9.0155, \quad \gamma = 13.5416$

因此，本例所考虑的系统是全局鲁棒指数稳定的。

## 4.5  小    结

针对连接权系数在有界的闭区间摄动的一类 Cohen-Grossberg 型递归神经网络，在时变时滞是有界的但时滞变化率和时滞大小均未知的情况下，应用微分不等式技术，建立了几个基于线性矩阵不等式的保证平衡点是全局鲁棒指数稳定的充分条件，这些稳定条件都不依赖于时滞的信息，进而具有很宽的适用范围，且在某些特殊的情况下改进了现有一些文献中的相关结果。

需注意的是，本章所建立的稳定条件是完全独立于时滞信息的，即对时变时滞的幅值大小及时变时滞的变化率均没有任何限制。这样，针对未知时变时滞的情况，就可以应用本章所建立的结果。然而，事物都具有两面性，如果时滞的相关信息部分或全部都能获得，并能将这些有用信息容纳到稳定条件中，稳定结果的保守性必将会进一步减小。这也就是说，时滞独立的稳定判据与时滞依赖的稳定判据相比较，在大多数情况下，时滞独立的稳定判据保守性要大些，因为时滞依赖的稳定判据利用了系统的时滞信息，属于全系处理的一种。

因此，所提出的某一稳定条件都是在强调某一性能的前提下得到的，若想兼顾更多的性能，则需求的信息必然增加，相应的稳定判据的保守性会得到降低。这就是评估性能与判决条件之间的一种折中。时滞依赖条件和时滞独立条件各有自己的使用范围，在实际应用中，针对不同的情况合理选择上述两种类型的稳定判据，形成组合稳定判据，可进一步降低稳定结果的保守性，进而为系统的综合设计提供更加合理和高效的理论指导。

# 参 考 文 献

[1] Cohen M A, Grossberg S. Stability and global pattern formulation and memory storage by competitive neural networks. IEEE Transactions on Systems, Man, and Cybernetics, 1983, 13(5): 815-826.

[2] Hopfield J J. Neurons with graded response have collective computational properties like those of two-state neurons. Proceeding of the National Academy of Sciences, 1984, 81(10): 3088-3092.

[3] Forti M, Nistri P, Quincampoix M. Generalized neural network for nonsmooth nonlinear programming problems. IEEE Transactions on Circuits and Systems-I : Regular Paper, 2004, 51(9): 1741-1754.

[4] Forti M, Nistri P, Papini D. Global exponential stability and global convergence in finite time of delayed neural networks with infinite gain. IEEE Transactions on Neural Networks, 2005, 16(6): 1449-1463.

[5] Liao X, Li C, Wong K. Criteria for exponential stability of Cohen-Grossberg neural networks. Neural Networks, 2004, 17: 1401-1414.

[6] Ke Y, Miao C. Stability analysis of inertial Cohen-Grossberg-type neural networks with time delays. Neurocomputing, 2013, 117: 196-205.

[7] Tojtovska B, Jankovi S. On a general decay stability of stochastic Cohen-Grossberg neural networks with time-varying delays. Applied Mathematics and Computation, 2012, 219(4): 2289-2302.

[8]　Ye H, Michel A N, Wang K. Qualitative analysis of Cohen-Grossberg neural networks with multiple delays. Physical Review E, 1995, 51(3): 2611-2618.

[9]　Zhang J, Suda Y, Komine H. Global exponential stability of Cohen-Grossberg neural networks with variable delays. Physics Letters A, 2005, 338: 44-50.

[10]　Rong L. LMI-based criteria for robust stability of Cohen-Grossberg neural networks with delay. Physics Letters A, 2005, 339: 63-73.

[11]　Arik S, Orman Z. Global stability analysis of Cohen-Grossberg neural networks with time varying delays. Physics Letters A, 2005, 341: 410-421.

[12]　Cao J, Liang J. Boundedness and stability for Cohen-Grossberg neural network with time-varying delays. Journal of Mathematical Analysis Applications, 2004, 296: 665-685.

[13]　Chen Y. Global asymptotic stability of delayed Cohen-Grossberg neural networks. IEEE Transactions on Circuits and Systems-I : Regular Papers, 2006, 53(2): 351-357.

[14]　Chen T P, Rong L. Delay-independent stability analysis of Cohen-Grossberg neural networks. Physics Letters A, 2003, 317: 436-449.

[15]　Chen T P, Rong L. Robust global exponential stability of Cohen-Grossberg neural networks with time delays. IEEE Transactions on Neural Networks, 2004, 15(1): 203-206.

[16]　Guo S, Huang L. Stability analysis of Cohen-Grossberg neural networks. IEEE Transactions on Neural Networks, 2006, 17(1): 106-117.

[17]　Hwang C C, Chang C J, Liao T L. Globally exponential stability of generalized Cohen-Grossberg neural networks with delays. Physics Letters A, 2003, 319: 157-166.

[18]　Liu J. Global exponential stability of Cohen-Grossberg neural networks with time varying delays. Chaos, Solitions and Fractals, 2005, 26: 935-945.

[19]　Lu H. Global exponential stability analysis of Cohen-Grossberg neural networks. IEEE Transactions on Circuits and Systems-II : Express Briefs, 2005, 52(8): 476-479.

[20]　Lu H, Shen R, Chung F. Global exponential convergence of Cohen-Grossberg neural networks with time delays. IEEE Transactions on Neural Networks, 2005, 16(6): 1694-1696.

[21]　Lu K, Xu D, Yang Z. Global attraction and stability for Cohen-Grossberg neural networks with delays. Neural Networks, 2006, 19: 1538-1549.

[22]　Song Q, Cao J. Global exponential robust stability of Cohen-Grossberg neural network with time-varying delays and reaction-diffusion terms. Journal of the Franklin Institute, 2006, 343: 705-719.

[23]　Wan L, Sun J. Global asymptotic stability of Cohen-Grossberg neural network with continuously distributed delays. Physics Letters A, 2005, 342: 331-340.

[24]　Wang L, Zou X. Exponential stability of Cohen-Grossberg neural networks. Neural Networks, 2002, 15: 415-422.

[25]    Wang L, Zou X. Harmless delays in Cohen-Grossberg neural networks. Physica D, 2002, 170: 162-173.

[26]    Yuan K, Cao J. An analysis of global asymptotic stability of delayed Cohen-Grossberg neural networks via nonsmooth analysis. IEEE Transactions on Circuits and Systems-I : Regualr Papers, 2005, 52(9): 1854-1861.

[27]    Liao X, Yu J. Robust stability for interval Hopfield neural networks with time delay. IEEE Transactions on Neural Networks, 1998, 9(5): 1042-1046.

[28]    Arik S. Global robust stability analysis of neural networks with discrete time delays. Chaos, Solitons and Fractals, 2005, 26: 1407-1414.

[29]    Cao J, Huang D S, Qu Y Z. Global robust stability of delayed recurrent neural networks. Chaos, Solitons and Fractals, 2005, 23: 221-229.

[30]    Cao J, Wang J. Global asymptotic and robust stability of recurrent neural networks with time delays. IEEE Transactions on Circuits and Systems-I , 2005, 52(2): 417-426.

[31]    Liao X, Wong K, Wu Z, et al. Novel robust stability criteria for interval delayed Hopfield neural networks. IEEE Transactions on Circuits and Systems-I , 2001, 48(11): 1355-1358.

[32]    Singh V. Global robust stability of delayed neural networks: An LMI approach. IEEE Transactions on Circuits and System-II , 2005, 52(1): 33-36.

[33]    Sun C Y, Feng C H. Global robust exponential stability of interval neural networks with delays. Neural Processing Letters, 2003, 17: 107-115.

[34]    Li C, Liao X, Chen Y. On robust stability of BAM neural networks with constant delays. Lectures Notes in Computer Science, 2004, 3173: 102-107.

[35]    Boyd S Ghaoui L E, Feron E, et al. Linear Matrix Inequality in System and Control Theory. Philadelphia: SIAM, 1994.

[36]    Zhang H, Wang Z, Liu D. Exponential stability analysis of neural networks with multiple time delays. Lectures Notes in Computer Science, 2005, 3496: 142-148.

[37]    He Y, Wu M, She J H. An improved global asymptotic stability criterion for delayed cellular neural networks. IEEE Transactions on Neural Networks, 2006, 17(1): 1250-1252.

[38]    Liao X, Chen G, Sanchez E N. LMI-based approach for asymptotically stability analysis of delayed neural networks. IEEE Transactions on Circuits and Systems-I , 2002, 49(7): 1033-1039.

[39]    Liao X, Chen G, Sanchez E N. Delay-dependent exponential stability analysis of delayed neural networks: An LMI approach. Neural Networks, 2002, 15: 855-866.

[40]    Xu S, Chu Y, Lu J. New results on global exponential stability of recurrent neural networks with time varying delays. Physics Letters A, 2006, 352: 371-379.

[41]    Yuan K, Cao J, Li H X. Robust stability of switched Cohen-Grossberg neural networks with mixed time-varying delays. IEEE Transactions on Systems, Man, and Cybernetics-

Part B: Cybernetics, 2006, 36(6): 1356-1363.

[42]　Yucel E, Arik S. New exponential stability results for delayed neural networks with time varying delays. Physica D, 2004, 191: 314-322.

[43]　Chen W H, Lu X, Guan Z H, et al. Delay-dependent exponential stability of neural networks with variable delay: An LMI approach. IEEE Transactions on Circuits and Systems-II: Express Briefs, 2006, 53(9): 837-842.

[44]　Ensari T, Arik S. Global stability of a class of neural networks with time varying delay. IEEE Transactions on Circuits and Systems-II: Express Briefs, 2005, 52(3): 126-130.

[45]　Cao J, Wang J. Global asymptotic stability of a general class of recurrent neural networks with time-varying delays. IEEE Transactions on Circuits and Systems-I: Fundamental Theory and Applications, 2003, 50(1): 34-44.

[46]　Cao J, Yuan K, Li H X. Global asymptotical stability of recurrent neural networks with multiple discrete delays and distributed delays. IEEE Transactions on Neural Networks, 2006, 17(6): 1646-1651.

[47]　Arik S. An analysis of exponential stability of delayed neural networks with time varying delays. Neural Networks, 2004, 17: 1027-1031.

[48]　Zhou D, Cao J.Globally exponential stability conditions for cellular neural networks with time-varying delays. Applied Mathematics and Computation, 2002, 131: 487-496.

[49]　Cao J, Wang J. Absolute exponential stability of recurrent neural networks with Lipschitz continuous activation functions and time delays. Neural Networks, 2004, 17: 379-390.

[50]　Zhang H, Wang Z. Global asymptotic stability of delayed cellular neural networks. IEEE Transactions on Neural Networks, 2007, 18(3): 947-950.

[51]　Cao Y, Wu Q. A note on stability of neural networks with time delays. IEEE Transactions on Neural Networks, 1996, 7(6): 1533-1535.

[52]　Fang Y, Kincaid T G. Stability analysis of dynamical neural networks. IEEE Transactions on Neural Networks, 1996, 7(4): 996-1006.

# 第 5 章　有限分布时滞的 Cohen-Grossberg 神经网络的稳定性

## 5.1　引　言

Cohen 和 Grossberg 在 1983 年提出了一类神经网络模型 (神经网络界称这类网络模型为 Cohen-Grossberg 神经网络)[1]，该网络可由如下系统描述：

$$\dot{u}_i(t) = -a_i(u_i(t))\Big[c_i(u_i(t)) - \sum_{j=1}^{n} w_{ij}\tilde{g}_j(u_j(t))\Big] \tag{5.1}$$

式中，$u_i(t)$ 是第 $i$ 个神经元的状态；$a_i(u_i(t))$ 是满足一定条件的放大函数；$c_i(u_i(t))$ 是一类适定函数以保证式 (5.1) 的解的存在性；$\tilde{g}_j(u_j(t))$ 代表一类激励函数用以表示神经元的输入对神经元输出的影响；$w_{ij}$ 是神经元之间的连接权系数 $(i, j = 1, \cdots, n)$。式 (5.1) 在内容实质上或表达形式上包括了如生物神经网络、人口生态、演化理论以及著名的 Hopfield 神经网络[2] 等模型。

在模拟神经网络的电子实现中，由于信号传输的时空特性以及模拟运算放大器的有限切换速度，时滞信号的出现是不可避免的[3]，这是不以人的意志为转移的、必然出现的一种客观现象。另一方面，在利用神经网络处理与运动相关的跟踪和模式识别等问题时，往往在网络模型中人为的引入时滞用以提高处理相关问题的效率或性能[4-6]，这是以人的意志为导向、体现人的能动性的一种进化结果。总之，无论客观存在的时滞、还是人为因素引入的时滞，都将使所研究的模型统一于含有时滞的系统模型。这样，反过来说，对于同一个微分方程描述的系统模型，对具有不同知识背景、研究背景或者认识背景的人来说，所体现出来的认知或理解也是不同的。因此，关于式 (5.1) 及其相应的时滞模型的研究，特别是具有时滞的式 (5.1) 的研究得到了广大学者的关注[7-22]。在众多研究中，文献 [21] 率先将多定常时滞引入式 (5.1) 中，这样，得到如下的时滞网络模型：

$$\dot{u}_i(t) = -a_i(u_i(t))\Big[c_i(u_i(t)) - \sum_{k=0}^{N}\sum_{j=1}^{n} w_{ij}^k \tilde{g}_j(u_j(t - \tau_k))\Big] \tag{5.2}$$

式中，$\tau_k > 0$ 是有界的定常时滞；$w_{ij}^k$ 表示与时滞状态相关的连接权系数；其余的符号的定义同式 (5.1) 中的定义；$k = 0, \cdots, N$；$i, j = 1, \cdots, n$。

　　需说明的是，由于信号传输和分布的时空特性等，除了集中时滞 (如定常时滞 $\tau$、$\tau_j$、$\tau_{ij}$，时变时滞 $\tau(t)$、$\tau_j(t)$、$\tau_{ij}(t)$，它们可用一个集中的、孤立或离散的标量点参数来描述)，还有诸如分布时滞、中立型时滞等[23-29]。文献 [25] 和 [30] 首次研究了具有无穷分布时滞的不对称 Hopfield 神经网络的稳定性问题。该类无穷分布时滞是时间连续的、时滞范围覆盖当前时刻距离过去历史的无穷长区间。关于具有无穷分布时滞系统的动态特性分析在现有文献中得到大量的研究[31-34]，建立了基于 $M$ 矩阵、Young 不等式等相对易于验证的稳定判据，但文献 [31]～[34] 中的稳定条件都对连接权系数进行了绝对值操作，进而没有考虑神经元的抑制作用对网络的镇定作用。实际上，连续分布时滞的时滞区间覆盖范围大多是在当前时刻距离过去历史的有限时滞区间，形成有限区间分布时滞系统或有限分布时滞系统，如在具有压力馈入的液体单元推进剂火箭发动机的馈入系统和燃烧室的系统建模[35, 36]。文献 [37]～[40]研究了有限分布时滞系统的稳定性、滤波和模型约简等问题，但是这些结果仅适用于具有定常时滞的线性系统。众所周知，神经网络是一类大规模复杂非线性系统，可同时具备多种不同类型的时滞，这样，研究具有不同时滞类型或混杂时滞的递归神经网络的动态特性将具有重要的理论和工程意义。

　　基于上述讨论，本章将研究具有不同多时变时滞和有限分布时滞的 Cohen-Grossberg 神经网络的稳定性问题，并建立一些保证平衡点是全局渐近稳定的充分条件。本章所考虑的 Cohen-Grossberg 神经网络在模型结构上和放大函数的完备性方面拓展了文献 [25]、[31]、[32]、[34]、[41]中所研究的模型，进而所得到的稳定判据也更具有普遍意义。本章所研究的 Cohen-Grossberg 神经网络具有如下形式：

$$
\begin{aligned}
\dot{u}_i(t) = & -a_i(u_i(t))\Big[c_i(u_i(t)) - \sum_{j=1}^{n} w_{ij}\tilde{g}_j(u_j(t)) - \sum_{k=1}^{N}\sum_{j=1}^{n} w_{ij}^k \tilde{f}_j(u_j(t-\tau_{kj}(t))) \\
& - \sum_{l=1}^{r}\sum_{j=1}^{n} b_{ij}^l \int_{t-d_l(t)}^{t} \tilde{h}_j(u_j(s))\mathrm{d}s + U_i\Big]
\end{aligned}
\tag{5.3}
$$

式中，$w_{ij}^k$ 和 $b_{ij}^l$ 分别是时滞神经元和分布时滞神经元的连接权系数；时滞 $\tau_{kj}(t) > 0$ 和 $d_l(t) > 0$ 都是有界的；$U_i$ 是神经元外部常值输入偏置；$\tilde{f}_j(u_j(t))$ 和 $\tilde{h}_j(u_j(t))$ 分别是神经元的激励函数；余下的符号的定义同式 (5.1) 中的定义；$i, j = 1, \cdots, n; k = 1, \cdots, N; l = 1, \cdots, r$。

　　本章所研究的网络模型包含了一大类现有的神经网络模型，主要包括如下两种情况。

　　(1) 对于所有的 $\varrho \in \mathbf{R}$, $a_i(\varrho) > 0(i = 1, 2, \cdots, n)$, 作者称满足此情况的 Cohen-Grossberg 神经网络为 Cohen-Grossberg 型神经网络。

　　(2) 对于所有的 $\varrho > 0$, $a_i(\varrho) > 0$, 且 $a_i(0) = 0(i = 1, 2, \cdots, n)$, 作者称满足此情况的 Cohen-Grossberg 神经网络为原始 Cohen-Grossberg 型神经网络。

　　例如, 针对情况 (1), 式 (5.3) 包含了文献 [2]、[8]、[11]～[13]、[15]、[16]、[21]、[22]、[41]～[48]中所研究的 Cohen-Grossberg 型神经网络模型。针对情况 (2), 式 (5.3) 包含了文献 [1]、[49]、[50] 中所研究的原始 Cohen-Grossberg 神经网络模型, 以及文献 [51], [52] 中所研究的著名的 Lotka-Volterra 神经网络模型。针对网络模型中的有限分布时滞项, 现有的文献大多数采用 Jensen 不等式方法 [44, 47], 与此相对照, 本章通过构造一种适当的 Lyapunov-Krasovskii 泛函来处理连续分布时滞项, 并分别针对情况 (1) 和情况 (2) 两种情况, 建立了保证平衡点是全局渐近稳定的一些充分稳定条件, 这些稳定条件都可表示成线性矩阵不等式形式。针对式 (5.3) 的一些特殊情况, 本章也建立了一些推论, 用以建立高效的稳定判据。此外, 针对存在参数不确定的情况, 本章也建立了相应的鲁棒渐近稳定判据。本章所获得稳定判据易于用 MATLAB LMIToolbox 来验证, 部分稳定判据也可应用到时变时滞的大小和放大函数的具体表达形式未知的情况。

　　在本章中, 令 $B^{\mathrm{T}}$、$B^{-1}$、$\lambda_m(B)$、$\lambda_M(B)$ 和 $\|B\| = \sqrt{\lambda_M(B^{\mathrm{T}}B)}$ 分别表示方矩阵 $B$ 的转置、逆、最小特征值、最大特征值和欧几里得矩阵范数。令 $B > 0(B < 0)$ 表示正 (负) 定对称矩阵。令 $I$ 和 0 分别表示具有适当维数的单位矩阵和零矩阵。时滞 $\tau_{ij}(t)$ 和 $d_l(t)$ 都是有界的, 即 $0 \leqslant \tau_{ij}(t) \leqslant \rho$, $0 \leqslant d_l(t) \leqslant d_i^M (i = 1, \cdots, N; j = 1, \cdots, n; l = 1, \cdots, r)$。

## 5.2　具有严格正的放大函数情况的全局渐近稳定性

在本节, 需要如下假设和引理。

**假设 5.1**　存在常数 $\gamma_i > 0$ 使得适定函数 $c_i(\cdot)$ 满足

$$\frac{c_i(\zeta) - c_i(\xi)}{\zeta - \xi} \geqslant \gamma_i \tag{5.4}$$

$\forall \zeta, \xi \in \mathbf{R}$, $\zeta \neq \xi$, $i = 1, \cdots, n$。

**假设 5.2**　有界激励函数 $\tilde{g}_i(\cdot), \tilde{f}_i(\cdot)$ 和 $\tilde{h}_i(\cdot)$ 满足如下条件:

$$0 \leqslant \frac{\tilde{g}_i(\zeta) - \tilde{g}_i(\xi)}{\zeta - \xi} \leqslant \delta_i^g \tag{5.5}$$

$$0 \leqslant \frac{\tilde{f}_i(\zeta) - \tilde{f}_i(\xi)}{\zeta - \xi} \leqslant \delta_i^f \tag{5.6}$$

$$0 \leqslant \frac{\tilde{h}_i(\zeta) - \tilde{h}_i(\xi)}{\zeta - \xi} \leqslant \delta_i^h \tag{5.7}$$

$\forall \zeta, \xi \in \mathbf{R}$, $\zeta \neq \xi$, 其中, $\delta_i^g > 0, \delta_i^f > 0, \delta_i^h > 0 (i = 1, \cdots, n)$。

令 $\Gamma = \mathrm{diag}(\gamma_1, \cdots, \gamma_n)$，$\Delta_g = \mathrm{diag}(\delta_1^g, \cdots, \delta_n^g)$，$\Delta_f = \mathrm{diag}(\delta_1^f, \cdots, \delta_n^f)$ 和 $\Delta_h = \mathrm{diag}(\delta_1^h, \cdots, \delta_n^h)$。显然，正定对角矩阵 $\Gamma$、$\Delta_g$、$\Delta_f$ 和 $\Delta_h$ 都是非奇异的。

**假设 5.3**　放大函数 $a_i(\varrho)$ 是严格正的、连续的，即对于所有的 $\varrho \in \mathbf{R}$，$a_i(\varrho) > 0(i = 1, \cdots, n)$。

**引理 5.1** [43]　令 $X$ 和 $Y$ 是两个具有适当维数的实向量，令 $\Pi$ 和 $Q$ 是两个具有适当维数的矩阵，其中，$Q > 0$ 是正定对称矩阵，则对于任意两个正常数 $m > 0$ 和 $l > 0$，有

$$-mX^{\mathrm{T}}QX + 2lX^{\mathrm{T}}\Pi Y \leqslant l^2 Y^{\mathrm{T}}\Pi^{\mathrm{T}}(mQ)^{-1}\Pi Y \tag{5.8}$$

根据文献 [18] 中的证明方法可知，对于每一个外部常值输入 $U_i$，如果 $a_i(\cdot)$、$c_i(\cdot)$、$\tilde{g}_i(\cdot)$、$\tilde{f}_i(\cdot)$ 和 $\tilde{h}_i(\cdot)$ 满足上述假设条件，则式 (5.3) 总存在一个平衡点，如，$u^* = [u_1^*, \cdots, u_n^*]^{\mathrm{T}}(i = 1, \cdots, n)$。令 $x_i(t) = u_i(t) - u_i^*$，则式 (5.3) 在线性坐标变换下可得到如下形式：

$$\dot{x}_i(t) = -A_i(x_i(t))\Big[C_i(x_i(t)) - \sum_{j=1}^{n} w_{ij}g_j(x_j(t)) - \sum_{k=1}^{N}\sum_{j=1}^{n} w_{ij}^k f_j(x_j(t - \tau_{kj}(t)))$$
$$- \sum_{l=1}^{r}\sum_{j=1}^{n} b_{ij}^l \int_{t-d_l(t)}^{t} h_j(x_j(s))\mathrm{d}s\Big] \tag{5.9}$$

或按照文献 [53] 中的方法可写为如下的矩阵–向量形式：

$$\dot{x}(t) = -A(x(t))\Big[C(x(t)) - Wg(x(t))$$
$$- \sum_{k=1}^{N} W_k f(x(t - \overline{\tau}_k(t))) - \sum_{l=1}^{r} B_l \int_{t-d_l(t)}^{t} h(x(s))\mathrm{d}s\Big] \tag{5.10}$$

式中

$$x(t) = (x_1(t), \cdots, x_n(t))^{\mathrm{T}}, \quad A(x(t)) = \mathrm{diag}(A_1(x_1(t)), \cdots, A_n(x_n(t)))$$
$$A_i(x_i(t)) = a_i(x_i(t) + u_i^*), \quad g(x(t)) = (g_1(x_1(t)), \cdots, g_n(x_n(t)))^{\mathrm{T}}$$
$$g_i(x_i(t)) = \tilde{g}_i(x_i(t) + u_i^*) - \tilde{g}_i(u_i^*), \quad f(x(t)) = (f_1(x_1(t)), \cdots, f_n(x_n(t)))^{\mathrm{T}}$$
$$f_i(x_i(t)) = \tilde{f}_i(x_i(t) + u_i^*) - \tilde{f}_i(u_i^*), \quad h(x(t)) = (h_1(x_1(t)), \cdots, h_n(x_n(t)))^{\mathrm{T}}$$
$$h_i(x_i(t)) = \tilde{h}_i(x_i(t) + u_i^*) - \tilde{h}_i(u_i^*), \quad C(x(t)) = (C_1(x_1(t)), \cdots, C_n(x_n(t)))^{\mathrm{T}}$$
$$C_i(x_i(t)) = c_i(x_i(t) + u_i^*) - c_i(u_i^*), \quad W = (w_{ij})_{n \times n}, \quad \overline{\tau}_k(t) = (\tau_{k1}(t), \cdots, \tau_{kn}(t))^{\mathrm{T}}$$
$$f(x(t - \overline{\tau}_k(t))) = [f_1(x_1(t - \tau_{k1}(t))), \cdots, f_n(x_n(t - \tau_{kn}(t)))]^{\mathrm{T}}$$
$$B_l = (b_{ij}^l)_{n \times n}, \quad W_k = (w_{ij}^k)_{n \times n}, \quad i, j = 1, \cdots, n; \ k = 1, \cdots, N; l = 1, \cdots, r$$

式 (5.10) 的初始条件为 $x(\theta) = \varphi(\theta)$, $-\rho \leqslant \theta \leqslant 0$, 且上确界为 $\|\varphi\| = \sup\limits_{-\rho \leqslant \theta \leqslant 0} \|\varphi(\theta)\|$。

根据假设 5.1 和假设 5.2, 可容易看到, 对于任意的 $x_i(t) \neq 0$, $C_i(x_i(t))/x_i(t) \geqslant \gamma_i$, $g_i(x_i(t))/x_i(t) \leqslant \delta_i^g$, $f_i(x_i(t))/x_i(t) \leqslant \delta_i^f$ 和 $h_i(x_i(t))/x_i(t) \leqslant \delta_i^h$, $C_i(0) = 0, g_i(0) = 0, f_i(0) = 0, h_i(0) = 0 (i = 1, \cdots, n)$。

下面将陈述和证明本节的主要结果。

**定理 5.1**　假设 5.1~ 假设 5.3 成立, $\dot{\tau}_{ij}(t) \leqslant \mu_{ij} < 1$ 和 $\dot{d}_l(t) \leqslant \upsilon_l < 1$。如果存在正定对角矩阵 $P$、$D$、$Q_k$、$F$、$M$, 正定对称矩阵 $Y_l$、$H_l$、$\overline{Y}_l$、$\overline{S}_l$、$Y_P$、$S$、$F_k$、$S_k$, 使得下列条件成立:

$$-\eta_k Q_k + F_k + S_k < 0 \tag{5.11}$$

$$\Omega_1 = -2D\Gamma\Delta_f^{-1} + \sum_{k=1}^{N} Q_k + \sum_{l=1}^{r} DB_l Y_l^{-1} B_l^{\mathrm{T}} D/\overline{v}_l + DWY_P^{-1}W^{\mathrm{T}}D$$
$$+ \sum_{k=1}^{N} DW_k(\eta_k Q_k - F_k - S_k)^{-1}W_k^{\mathrm{T}}D < 0 \tag{5.12}$$

$$\Omega_2 = \sum_{k=1}^{N} FW_k F_k^{-1} W_k^{\mathrm{T}} F - 2F\Gamma\Delta_g^{-1} + FW + W^{\mathrm{T}}F$$
$$+ \sum_{l=1}^{r} FB_l \overline{Y}_l^{-1} B_l^{\mathrm{T}} F/\overline{v}_l + Y_P + S < 0 \tag{5.13}$$

$$-2M\Gamma\Delta_h^{-1} + MWS^{-1}W^{\mathrm{T}}M + \sum_{k=1}^{N} MW_k S_k^{-1} W_k^{\mathrm{T}} M$$
$$+ \sum_{l=1}^{r} MB_l \overline{S}_l^{-1} B_l^{\mathrm{T}} M/\overline{v}_l + \sum_{l=1}^{r} \frac{(d_l^M)^2(1 + \overline{v}_l)}{2\overline{v}_l} H_l < 0 \tag{5.14}$$

$$-H_l + Y_l + \overline{Y}_l + \overline{S}_l < 0 \tag{5.15}$$

$$-2P\Gamma + \sum_{l=1}^{r} PB_l H_l^{-1} B_l^{\mathrm{T}} P/\overline{v}_l < 0 \tag{5.16}$$

则式 (5.10) 的平衡点是全局渐近稳定的, 其中, $\eta_i = \min(1 - \mu_{ij})$, $\overline{v}_l = 1 - v_l (j = 1, \cdots, n; l = 1, \cdots, r; i, k = 1, \cdots, N)$。

**证明**　考虑如下 Lyapunov-Krasovskii 泛函:

$$V(x(t)) = V_1(x(t)) + V_2(x(t)) + V_3(x(t)) \tag{5.17}$$

式中

$$V_1(x(t)) = \alpha \sum_{l=1}^{r} \int_{t-d_l(t)}^{t} \left( \int_s^t h^{\mathrm{T}}(x(\theta))\mathrm{d}\theta \right) H_l \left( \int_s^t h(x(\theta))\mathrm{d}\theta \right) \mathrm{d}s$$

$$V_2(x(t)) = \alpha \sum_{l=1}^{r} \int_0^{d_l(t)} \int_{t-s}^{t} (\theta - t + s) h^{\mathrm{T}}(x(\theta)) H_l h(x(\theta)) \mathrm{d}\theta \mathrm{d}s$$

$$V_3(x(t)) = \sum_{i=1}^{N} (\alpha + \beta_i) \sum_{j=1}^{n} \int_{t-\tau_{ij}(t)}^{t} q_{ij} f_j^2(x_j(s)) \mathrm{d}s$$

$$+ 2\alpha \sum_{i=1}^{n} \overline{d}_i \int_0^{x_i(t)} \frac{f_i(s)}{A_i(s)} \mathrm{d}s + 2(N+1) \sum_{i=1}^{n} p_i \int_0^{x_i(t)} \frac{s}{A_i(s)} \mathrm{d}s$$

$$+ 2\alpha \sum_{i=1}^{n} \overline{f}_i \int_0^{x_i(t)} \frac{g_i(s)}{A_i(s)} \mathrm{d}s + 2\alpha \sum_{i=1}^{n} \overline{m}_i \int_0^{x_i(t)} \frac{h_i(s)}{A_i(s)} \mathrm{d}s$$

式中, $H_l > 0; q_{ij} > 0; p_j > 0; \overline{d}_j > 0; \overline{f}_i > 0; \overline{m}_j > 0; \alpha > 0$ 和 $\beta_i > 0 (i = 1, \cdots, N; j = 1, \cdots, n)$。

下面首先给出证明中将要用到的一个有用公式, 对于一个适定的函数:

$$F(y) = \int_{x_1(y)}^{x_2(y)} f(x, y)\mathrm{d}x$$

$F(y)$ 关于 $y$ 的导数为

$$F'(y) = \frac{\mathrm{d}}{\mathrm{d}y} \int_{x_1(y)}^{x_2(y)} f(x, y)\mathrm{d}x$$

$$= \int_{x_1(y)}^{x_2(y)} \frac{\partial f(x, y)}{\partial y}\mathrm{d}x + f(x_2(y), y)\frac{\mathrm{d}x_2(y)}{\mathrm{d}y} - f(x_1(y), y)\frac{\mathrm{d}x_1(y)}{\mathrm{d}y} \tag{5.18}$$

证明过程如下。令 $G(y, x_2, x_1) \equiv \int_{x_1}^{x_2} f(x, y)\mathrm{d}x$, $x_1 = x_1(y)$ 和 $x_2 = x_2(y)$, 则 $F(y)$ 可表示为复合函数 $F(y) = G(y, x_2(y), x_1(y))$ 的形式。根据复合函数的链式规则和变上限积分求导公式, 可得

$$F'(y) = \frac{\partial G}{\partial y} + \frac{\partial G}{\partial x_2}\frac{\mathrm{d}x_2}{\mathrm{d}y} + \frac{\partial G}{\partial x_1}\frac{\mathrm{d}x_1}{\mathrm{d}y}$$

$$= \int_{x_1(y)}^{x_2(y)} \frac{\partial f(x, y)}{\partial y}\mathrm{d}x + f(x_2(y), y)\frac{\mathrm{d}x_2}{\mathrm{d}y} - f(x_1(y), y)\frac{\mathrm{d}x_1}{\mathrm{d}y}$$

根据式 (5.18)，沿着式 (5.10) 的轨迹求 $V_1(x(t))$ 的时间导数，得

$$
\begin{aligned}
\dot{V}_1(x(t)) &= \alpha \sum_{l=1}^{r} \bigg[ -(1-\dot{d}_l(t)) \Big( \int_{t-d_l(t)}^{t} h^{\mathrm{T}}(x(\theta))\mathrm{d}\theta \Big) H_l \Big( \int_{t-d_l(t)}^{t} h(x(\theta))\mathrm{d}\theta \Big) \\
&\quad + 2\int_{t-d_l(t)}^{t} \Big( \int_{s}^{t} h^{\mathrm{T}}(x(\theta))\mathrm{d}\theta \Big) H_l h(x(t)) \mathrm{d}s \bigg] \\
&\leqslant \alpha \sum_{l=1}^{r} \bigg[ -\overline{v}_l \Big( \int_{t-d_l(t)}^{t} h^{\mathrm{T}}(x(\theta))\mathrm{d}\theta \Big) H_l \Big( \int_{t-d_l(t)}^{t} h(x(\theta))\mathrm{d}\theta \Big) \\
&\quad + 2\int_{t-d_l(t)}^{t} \mathrm{d}\theta \int_{t-d_l(t)}^{\theta} h^{\mathrm{T}}(x(\theta))H_l h(x(t)) \mathrm{d}s \bigg] \\
&= \alpha \sum_{l=1}^{r} \bigg[ -\overline{v}_l \Big( \int_{t-d_l(t)}^{t} h^{\mathrm{T}}(x(\theta))\mathrm{d}\theta \Big) H_l \Big( \int_{t-d_l(t)}^{t} h(x(\theta))\mathrm{d}\theta \Big) \\
&\quad + 2\int_{t-d_l(t)}^{t} (\theta-t+d_l(t))h^{\mathrm{T}}(x(\theta))H_l h(x(t)) \mathrm{d}\theta \bigg]
\end{aligned}
\tag{5.19}
$$

根据引理 5.1，对于正定对称矩阵 $H_l > 0$ 和正常数 $\overline{v}_l(l=1,\cdots,r)$，有

$$
2h^{\mathrm{T}}(x(\theta))H_l h(x(t)) \leqslant \overline{v}_l h^{\mathrm{T}}(x(\theta))H_l h(x(\theta)) + h^{\mathrm{T}}(x(t))H_l h(x(t))/\overline{v}_l
$$

则式 (5.19) 中的最后一项可表示为

$$
\begin{aligned}
&2\int_{t-d_l(t)}^{t} (\theta-t+d_l(t))h^{\mathrm{T}}(x(\theta))H_l h(x(t)) \mathrm{d}\theta \\
&\leqslant \int_{t-d_l(t)}^{t} (\theta-t+d_l(t)) \big[ \overline{v}_l h^{\mathrm{T}}(x(\theta))H_l h(x(\theta)) + h^{\mathrm{T}}(x(t))H_l h(x(t))/\overline{v}_l \big] \mathrm{d}\theta \\
&\leqslant \int_{t-d_l(t)}^{t} (\theta-t+d_l(t))h^{\mathrm{T}}(x(\theta))H_l h(x(\theta))\overline{v}_l \mathrm{d}\theta + \frac{(d_l^M)^2}{2\overline{v}_l} h^{\mathrm{T}}(x(t))H_l h(x(t))
\end{aligned}
\tag{5.20}
$$

将式 (5.20) 代入式 (5.19)，可得

$$
\begin{aligned}
\dot{V}_1(x(t)) \leqslant \alpha \sum_{l=1}^{r} \bigg[ &-\overline{v}_l \Big( \int_{t-d_l(t)}^{t} h^{\mathrm{T}}(x(\theta))\mathrm{d}\theta \Big) H_l \Big( \int_{t-d_l(t)}^{t} h(x(\theta))\mathrm{d}\theta \Big) \\
&+ \int_{t-d_l(t)}^{t} (\theta-t+d_l(t))h^{\mathrm{T}}(x(\theta))H_l h(x(\theta))\overline{v}_l \mathrm{d}\theta \\
&+ \frac{(d_l^M)^2}{2\overline{v}_l} h^{\mathrm{T}}(x(t))H_l h(x(t)) \bigg]
\end{aligned}
\tag{5.21}
$$

同样地，沿着式 (5.10) 的轨迹对泛函 $V_2(x(t))$ 求时间的导数，可得

$$
\begin{aligned}
\dot{V}_2(x(t)) &= \alpha \sum_{l=1}^{r} \Big[ \frac{d_l^2(t)}{2} h^{\mathrm{T}}(x(t)) H_l h(x(t)) \\
&\quad - \int_{t-d_l(t)}^{t} (d_l(t) - t + \theta) h^{\mathrm{T}}(x(\theta)) H_l h(x(\theta))(1 - \dot{d}_l(t)) \mathrm{d}\theta \Big] \\
&\leqslant \alpha \sum_{l=1}^{r} \Big[ \frac{(d_l^M)^2}{2} h^{\mathrm{T}}(x(t)) H_l h(x(t)) \\
&\quad - \int_{t-d_l(t)}^{t} (d_l(t) - t + \theta) h^{\mathrm{T}}(x(\theta)) H_l h(x(\theta)) \overline{v}_l \mathrm{d}\theta \Big]
\end{aligned}
\tag{5.22}
$$

这样

$$
\begin{aligned}
&\dot{V}_1(x(t)) + \dot{V}_2(x(t)) \\
&\leqslant \alpha \sum_{l=1}^{r} \frac{(d_l^M)^2}{2} h^{\mathrm{T}}(x(t)) H_l h(x(t))(1 + 1/\overline{v}_l) \\
&\quad - \alpha \sum_{l=1}^{r} \overline{v}_l \Big( \int_{t-d_l(t)}^{t} h^{\mathrm{T}}(x(\theta)) \mathrm{d}\theta \Big) H_l \Big( \int_{t-d_l(t)}^{t} h(x(\theta)) \mathrm{d}\theta \Big)
\end{aligned}
\tag{5.23}
$$

沿着式 (5.10) 的轨迹对泛函 $V_3(x(t))$ 求时间导数，得

$$
\begin{aligned}
\dot{V}_3(x(t)) &\leqslant 2(N+1) x^{\mathrm{T}}(t) P \Big[ -C(x(t)) + W g(x(t)) + \sum_{k=1}^{N} W_k f(x(t - \overline{\tau}_k(t))) \\
&\quad + \sum_{l=1}^{r} B_l \int_{t-d_l(t)}^{t} h(x(s)) \mathrm{d}s \Big] + \sum_{i=1}^{N} (\alpha + \beta_i) \Big[ f^{\mathrm{T}}(x(t)) Q_i f(x(t)) \\
&\quad - \eta_i f^{\mathrm{T}}(x(t - \overline{\tau}_i(t))) Q_i f(x(t - \overline{\tau}_i(t))) \Big] \\
&\quad + 2\alpha f^{\mathrm{T}}(x(t)) D \Big[ -C(x(t)) + W g(x(t)) \\
&\quad + \sum_{k=1}^{N} W_k f(x(t - \overline{\tau}_k(t))) + \sum_{l=1}^{r} B_l \int_{t-d_l(t)}^{t} h(x(s)) \mathrm{d}s \Big] \\
&\quad + 2\alpha g^{\mathrm{T}}(x(t)) F \Big[ -C(x(t)) + W g(x(t)) \\
&\quad + \sum_{k=1}^{N} W_k f(x(t - \overline{\tau}_k(t))) + \sum_{l=1}^{r} B_l \int_{t-d_l(t)}^{t} h(x(s)) \mathrm{d}s \Big] \\
&\quad + 2\alpha h^{\mathrm{T}}(x(t)) M \Big[ -C(x(t)) + W g(x(t)) \\
&\quad + \sum_{k=1}^{N} W_k f(x(t - \overline{\tau}_k(t))) + \sum_{l=1}^{r} B_l \int_{t-d_l(t)}^{t} h(x(s)) \mathrm{d}s \Big]
\end{aligned}
\tag{5.24}
$$

式中，$P = \mathrm{diag}(p_1, \cdots, p_n); F = \mathrm{diag}(\overline{f}_1, \cdots, \overline{f}_n); M = \mathrm{diag}(\overline{m}_1, \cdots, \overline{m}_n); Q_k = \mathrm{diag}(q_{k1}, \cdots, q_{kn})$ 和 $D = \mathrm{diag}(\overline{d}_1, \cdots, \overline{d}_n); k = 1, \cdots, N$。

根据假设 5.1、假设 5.2 和引理 5.2，则有

$$-2(N+1)x^{\mathrm{T}}(t)PC(x(t)) \leqslant -2(N+1)x^{\mathrm{T}}(t)P\Gamma x(t) \tag{5.25}$$

$$-2\alpha f^{\mathrm{T}}(x(t))DC(x(t)) \leqslant -2\alpha f^{\mathrm{T}}(x(t))D\Gamma\Delta_f^{-1}f(x(t)) \tag{5.26}$$

$$-2\alpha g^{\mathrm{T}}(x(t))FC(x(t)) \leqslant -2\alpha g^{\mathrm{T}}(x(t))F\Gamma\Delta_g^{-1}g(x(t)) \tag{5.27}$$

$$-2\alpha h^{\mathrm{T}}(x(t))MC(x(t)) \leqslant -2\alpha h^{\mathrm{T}}(x(t))M\Gamma\Delta_h^{-1}h(x(t)) \tag{5.28}$$

$$
\begin{aligned}
&2\alpha f^{\mathrm{T}}(x(t))DB_l \int_{t-d_l(t)}^{t} h(x(s))\mathrm{d}s \\
&\leqslant \alpha f^{\mathrm{T}}(x(t))DB_l Y_l^{-1} B_l^{\mathrm{T}} Df(x(t))/\overline{v}_l \\
&\quad + \alpha\Big(\int_{t-d_l(t)}^{t} h^{\mathrm{T}}(x(s))\mathrm{d}s\Big) Y_l \Big(\int_{t-d_l(t)}^{t} h(x(s))\mathrm{d}s\Big)\overline{v}_l
\end{aligned}
\tag{5.29}
$$

$$
\begin{aligned}
&2(N+1)x^{\mathrm{T}}(t)PB_l \int_{t-d_l(t)}^{t} h(x(s))\mathrm{d}s \\
&\leqslant (N+1)\Big[x^{\mathrm{T}}(t)PB_l H_l^{-1} B_l^{\mathrm{T}} Px(t)/\overline{v}_l \\
&\quad + \Big(\int_{t-d_l(t)}^{t} h^{\mathrm{T}}(x(s))\mathrm{d}s\Big) H_l \Big(\int_{t-d_l(t)}^{t} h(x(s))\mathrm{d}s\Big)\overline{v}_l\Big]
\end{aligned}
\tag{5.30}
$$

$$
\begin{aligned}
&2\alpha g^{\mathrm{T}}(x(t))FB_l \int_{t-d_l(t)}^{t} h(x(s))\mathrm{d}s \\
&\leqslant \alpha g^{\mathrm{T}}(x(t))FB_l \overline{Y}_l^{-1} B_l^{\mathrm{T}} Fg(x(t))/\overline{v}_l \\
&\quad + \alpha\Big(\int_{t-d_l(t)}^{t} h^{\mathrm{T}}(x(s))\mathrm{d}s\Big) \overline{Y}_l \Big(\int_{t-d_l(t)}^{t} h(x(s))\mathrm{d}s\Big)\overline{v}_l
\end{aligned}
\tag{5.31}
$$

$$
\begin{aligned}
&2\alpha h^{\mathrm{T}}(x(t))MB_l \int_{t-d_l(t)}^{t} h(x(s))\mathrm{d}s \\
&\leqslant \alpha h^{\mathrm{T}}(x(t))MB_l \overline{S}_l^{-1} B_l^{\mathrm{T}} Mh(x(t))/\overline{v}_l \\
&\quad + \alpha\Big(\int_{t-d_l(t)}^{t} h^{\mathrm{T}}(x(s))\mathrm{d}s\Big) \overline{S}_l \Big(\int_{t-d_l(t)}^{t} h(x(s))\mathrm{d}s\Big)\overline{v}_l
\end{aligned}
\tag{5.32}
$$

$$2\alpha f^{\mathrm{T}}(x(t))DWg(x(t)) \leqslant \alpha f^{\mathrm{T}}(x(t))DWY_P^{-1} W^{\mathrm{T}} Df(x(t)) + \alpha g^{\mathrm{T}}(x(t))Y_P g(x(t)) \tag{5.33}$$

$$2\alpha h^{\mathrm{T}}(x(t))MWg(x(t)) \leqslant \alpha h^{\mathrm{T}}(x(t))MWS^{-1}W^{\mathrm{T}}Mh(x(t)) + \alpha g^{\mathrm{T}}(x(t))Sg(x(t)) \tag{5.34}$$

$$\begin{aligned}
2\alpha g^{\mathrm{T}}(x(t))FW_k f(x(t-\overline{\tau}_k(t))) \leqslant & \alpha g^{\mathrm{T}}(x(t))FW_k F_k^{-1}W_k^{\mathrm{T}}Fg(x(t)) \\
& + \alpha f^{\mathrm{T}}(x(t-\overline{\tau}_k(t)))F_k f(x(t-\overline{\tau}_k(t)))
\end{aligned} \tag{5.35}$$

$$\begin{aligned}
2\alpha h^{\mathrm{T}}(x(t))MW_k f(x(t-\overline{\tau}_k(t))) \leqslant & \alpha h^{\mathrm{T}}(x(t))MW_k S_k^{-1}W_k^{\mathrm{T}}Mh(x(t)) \\
& + \alpha f^{\mathrm{T}}(x(t-\overline{\tau}_k(t)))S_k f(x(t-\overline{\tau}_k(t)))
\end{aligned} \tag{5.36}$$

式中，$Y_l$、$H_l$、$\overline{Y}_l$、$\overline{S}_l$、$Y_P$、$S$、$F_k$ 和 $S_k$ 分别是正定对称矩阵 $(l = 1, \cdots, r; k = 1, \cdots, N)$。

将式 (5.25)~ 式 (5.36) 代入式 (5.24)，得

$$\begin{aligned}
\dot{V}_3(x(t)) \leqslant & - (N+1)x^{\mathrm{T}}(t)\Big(2P\Gamma - \sum_{l=1}^{r} PB_l H_l^{-1}B_l^{\mathrm{T}}P/\overline{v}_l\Big)x(t) \\
& + 2(N+1)x^{\mathrm{T}}(t)PWg(x(t)) + 2(N+1)x^{\mathrm{T}}(t)P\sum_{k=1}^{N} W_k f(x(t-\overline{\tau}_k(t))) \\
& + (N+1)\sum_{l=1}^{r}\overline{v}_l\Big(\int_{t-d_l(t)}^{t} h^{\mathrm{T}}(x(s))\mathrm{d}s\Big)H_l\Big(\int_{t-d_l(t)}^{t} h(x(s))\mathrm{d}s\Big) \\
& + \sum_{i=1}^{N}(\alpha+\beta_i)\Big[f^{\mathrm{T}}(x(t))Q_i f(x(t)) - \eta_i f^{\mathrm{T}}(x(t-\overline{\tau}_i(t)))Q_i f(x(t-\overline{\tau}_i(t)))\Big] \\
& - 2\alpha f^{\mathrm{T}}(x(t))D\Gamma\Delta^{-1}f(x(t)) + 2\alpha f^{\mathrm{T}}(x(t))D\sum_{k=1}^{N} W_k f(x(t-\overline{\tau}_k(t))) \\
& + \alpha f^{\mathrm{T}}(x(t))DWY_P^{-1}W^{\mathrm{T}}Df(x(t)) + \alpha g^{\mathrm{T}}(x(t))Y_P g(x(t)) \\
& + \alpha \sum_{l=1}^{r} f^{\mathrm{T}}(x(t))DB_l Y_l^{-1}B_l^{\mathrm{T}}Df(x(t))/\overline{v}_l \\
& + \alpha \sum_{l=1}^{r}\overline{v}_l\Big(\int_{t-d_l(t)}^{t} h^{\mathrm{T}}(x(s))\mathrm{d}s\Big)Y_l\Big(\int_{t-d_l(t)}^{t} h(x(s))\mathrm{d}s\Big) \\
& - 2\alpha g^{\mathrm{T}}(x(t))F\Gamma\Delta^{-1}g(x(t)) + 2\alpha g^{\mathrm{T}}(x(t))FWg(x(t)) \\
& + \alpha g^{\mathrm{T}}(x(t))\sum_{k=1}^{N} FW_k F_k^{-1}W_k^{\mathrm{T}}Fg(x(t)) \\
& + \alpha \sum_{k=1}^{N} f^{\mathrm{T}}(x(t-\overline{\tau}_k(t)))F_k f(x(t-\overline{\tau}_k(t)))
\end{aligned}$$

$$+ \alpha \sum_{l=1}^{r} g^{\mathrm{T}}(x(t)) F B_l \overline{Y}_l^{-1} B_l^{\mathrm{T}} F g(x(t)) / \overline{v}_l$$

$$+ \alpha \sum_{l=1}^{r} \overline{v}_l \Big( \int_{t-d_l(t)}^{t} h^{\mathrm{T}}(x(s)) \mathrm{d}s \Big) \overline{Y}_l \Big( \int_{t-d_l(t)}^{t} h(x(s)) \mathrm{d}s \Big)$$

$$- 2\alpha h^{\mathrm{T}}(x(t)) M \Gamma \Delta_h^{-1} h(x(t))$$

$$+ \alpha h^{\mathrm{T}}(x(t)) M W S^{-1} W^{\mathrm{T}} M h(x(t)) + \alpha g^{\mathrm{T}}(x(t)) S g(x(t))$$

$$+ \alpha h^{\mathrm{T}}(x(t)) \sum_{k=1}^{N} M W_k S_k^{-1} W_k^{\mathrm{T}} M h(x(t))$$

$$+ \alpha \sum_{k=1}^{N} f^{\mathrm{T}}(x(t - \overline{\tau}_k(t))) S_k f(x(t - \overline{\tau}_k(t)))$$

$$+ \alpha \sum_{l=1}^{r} h^{\mathrm{T}}(x(t)) M B_l \overline{S}_l^{-1} B_l^{\mathrm{T}} M h(x(t)) / \overline{v}_l$$

$$+ \alpha \sum_{l=1}^{r} \overline{v}_l \Big( \int_{t-d_l(t)}^{t} h^{\mathrm{T}}(x(s)) \mathrm{d}s \Big) \overline{S}_l \Big( \int_{t-d_l(t)}^{t} h(x(s)) \mathrm{d}s \Big) \tag{5.37}$$

利用式 (5.16) 和引理 5.1，则有

$$- x^{\mathrm{T}}(t) \Big( 2 P \Gamma - \sum_{l=1}^{r} P B_l H_l^{-1} B_l^{\mathrm{T}} P / \overline{v}_l \Big) x(t) + 2(N+1) x^{\mathrm{T}}(t) P W g(x(t)) \tag{5.38}$$

$$\leqslant (N+1)^2 g^{\mathrm{T}}(x(t)) W^{\mathrm{T}} P \Big( 2 P \Gamma - \sum_{l=1}^{r} P B_l H_l^{-1} B_l^{\mathrm{T}} P / \overline{v}_l \Big)^{-1} P W g(x(t))$$

$$- x^{\mathrm{T}}(t) \Big( 2 P \Gamma - \sum_{l=1}^{r} P B_l H_l^{-1} B_l^{\mathrm{T}} P / \overline{v}_l \Big) x(t)$$

$$+ 2(N+1) x^{\mathrm{T}}(t) P W_k f(x(t - \overline{\tau}_k(t)))$$

$$\leqslant (N+1)^2 f^{\mathrm{T}}(x(t - \overline{\tau}_k(t))) W_k^{\mathrm{T}} P \Big( 2 P \Gamma \tag{5.39}$$

$$- \sum_{l=1}^{r} P B_l H_l^{-1} B_l^{\mathrm{T}} P / \overline{v}_l \Big)^{-1} P W_k f(x(t - \overline{\tau}_k(t)))$$

$$- \alpha f^{\mathrm{T}}(x(t - \overline{\tau}_k(t)))(\eta_k Q_k - F_k - S_k) f(x(t - \overline{\tau}_k(t)))$$

$$+ 2\alpha f^{\mathrm{T}}(x(t)) D W_k f(x(t - \overline{\tau}_k(t))) \tag{5.40}$$

$$\leqslant \alpha f^{\mathrm{T}}(x(t)) D W_k (\eta_k Q_k - F_k - S_k)^{-1} W_k^{\mathrm{T}} D f(x(t)), \quad k = 1, \cdots, N$$

将式 (5.38)~ 式 (5.40) 代入式 (5.37), 并结合式 (5.23), 可得

$$\dot{V}(x(t)) \leqslant \sum_{l=1}^{r} \overline{v}_l \left( \int_{t-d_l(t)}^{t} h^{\mathrm{T}}(x(\theta))\mathrm{d}\theta \right) \left[ \alpha(Y_l + \overline{Y}_l \right.$$

$$+ \overline{S}_l - H_l) + (N+1)H_l \right] \left( \int_{t-d_l(t)}^{t} h(x(\theta))\mathrm{d}\theta \right)$$

$$+ f^{\mathrm{T}}(x(t)) \left[ \sum_{k=1}^{N} \beta_k Q_k + \alpha \left( \sum_{k=1}^{N} Q_k - 2D\Gamma\Delta_f^{-1} \right. \right.$$

$$+ \sum_{l=1}^{r} DB_l Y_l^{-1} B_l^{\mathrm{T}} D/\overline{v}_l + DW Y_P^{-1} W^{\mathrm{T}} D$$

$$+ \sum_{k=1}^{N} DW_k [\eta_k Q_k - F_k - S_k]^{-1} W_k^{\mathrm{T}} D \right) \right] f(x(t))$$

$$+ g^{\mathrm{T}}(x(t)) \left[ (N+1)^2 W^{\mathrm{T}} P \left( 2P\Gamma - \sum_{l=1}^{r} PB_l H_l^{-1} B_l^{\mathrm{T}} P/\overline{v}_l \right)^{-1} PW \right.$$

$$+ \alpha \left( \sum_{k=1}^{N} FW_k F_k^{-1} W_k^{\mathrm{T}} F - 2F\Gamma\Delta_g^{-1} + FW + W^{\mathrm{T}} F \right.$$

$$+ \sum_{l=1}^{r} FB_l \overline{Y}_l^{-1} B_l^{\mathrm{T}} F/\overline{v}_l + Y_P + S \right) \right] g(x(t))$$

$$+ \sum_{k=1}^{N} f^{\mathrm{T}}(x(t - \overline{\tau}_k(t))) \left[ (N+1)^2 W_k^{\mathrm{T}} P \left( 2P\Gamma \right. \right.$$

$$- \sum_{l=1}^{r} PB_l H_l^{-1} B_l^{\mathrm{T}} P/\overline{v}_l \right)^{-1} PW_k - \beta_k \eta_k Q_k \right] f(x(t - \overline{\tau}_k(t)))$$

$$+ \alpha h^{\mathrm{T}}(x(t)) \left[ -2M\Gamma\Delta_h^{-1} + MWS^{-1} W^{\mathrm{T}} M + \sum_{k=1}^{N} MW_k S_k^{-1} W_k^{\mathrm{T}} M \right.$$

$$+ \sum_{l=1}^{r} MB_l \overline{S}_l^{-1} B_l^{\mathrm{T}} M/\overline{v}_l + \sum_{l=1}^{r} \frac{(d_l^M)^2(1+\overline{v}_l)}{2\overline{v}_l} H_l \right] h(x(t)) \tag{5.41}$$

按如下方式选取 $\beta_k > 0$, 使得

$$\beta_k \geqslant \frac{(N+1)^2 \|PW_k\|^2 \left\| \left( 2P\Gamma - \sum_{l=1}^{r} PB_l H_l^{-1} B_l^{\mathrm{T}} P/\overline{v}_l \right)^{-1} \right\|}{\eta_k \lambda_m(Q_k)} \tag{5.42}$$

对于 $k = 1, \cdots, N$, 则

$$(N+1)^2 W_k^{\mathrm{T}} P \left( 2P\Gamma - \sum_{l=1}^{r} PB_l H_l^{-1} B_l^{\mathrm{T}} P/\overline{v}_l \right)^{-1} PW_k - \beta_k \eta_k Q_k \leqslant 0 \tag{5.43}$$

同时

$$\Psi = g^{\mathrm{T}}(x(t))\Big[(N+1)^2 W^{\mathrm{T}} P\Big(2P\Gamma - \sum_{l=1}^{r} PB_l H_l^{-1} B_l^{\mathrm{T}} P/\overline{v}_l\Big)^{-1} PW$$

$$+ \alpha\Big(\sum_{k=1}^{N} FW_k F_k^{-1} W_k^{\mathrm{T}} F - 2F\Gamma\Delta_g^{-1} + FW + W^{\mathrm{T}} F$$

$$+ \sum_{l=1}^{r} FB_l \overline{Y}_l^{-1} B_l^{\mathrm{T}} F/\overline{v}_l + Y_P + S\Big)\Big] g(x(t))$$

$$\leqslant \Big[\lambda_M (N+1)^2 W^{\mathrm{T}} P\Big(2P\Gamma - \sum_{l=1}^{r} PB_l H_l^{-1} B_l^{\mathrm{T}} P/\overline{v}_l\Big)^{-1} PW$$

$$- \alpha\lambda_m(-\Omega_2)\Big]\|g(x(t))\|^2$$

式中, $\Omega_2$ 如式 (5.13) 中的定义。如果选择 $\alpha$ 满足

$$\alpha > \frac{\lambda_M (N+1)^2 W^{\mathrm{T}} P\Big(2P\Gamma - \sum\limits_{l=1}^{r} PB_l H_l^{-1} B_l^{\mathrm{T}} P/\overline{v}_l\Big)^{-1} PW}{\lambda_m(-\Omega_2)} \tag{5.44}$$

则对于 $g(x(t)) \neq 0$ 时, $\Psi < 0$。

同样, 对于充分大的数 $\alpha > 0$ 及 $f(x(t)) \neq 0$, 则有

$$f^{\mathrm{T}}(x(t))\Big[\sum_{k=1}^{N} \beta_k Q_k + \alpha\Big(\sum_{k=1}^{N} Q_k - 2D\Gamma\Delta_f^{-1} + \sum_{l=1}^{r} DB_l Y_l^{-1} B_l^{\mathrm{T}} D/\overline{v}_l$$

$$+ DWY_P^{-1} W^{\mathrm{T}} D + \sum_{k=1}^{N} DW_k(\eta_k Q_k - F_k - S_k)^{-1} W_k^{\mathrm{T}} D\Big)\Big] f(x(t))$$

$$\leqslant \Big(\lambda_M \sum_{k=1}^{N} \beta_k Q_k - \alpha\lambda_m(-\Omega_1)\Big)\|f(x(t))\|^2 < 0 \tag{5.45}$$

式中, $\Omega_1$ 如式 (5.12) 中的定义。

此外, 根据式 (5.15) 可知

$$H_l - Y_l - \overline{Y}_l - \overline{S}_l > 0$$

这样, 存在充分大的常数 $\alpha > 0$ 使得

$$\alpha(H_l - Y_l - \overline{Y}_l - \overline{S}_l) - (N+1)H_l > 0, \quad k = 1, \cdots, r \tag{5.46}$$

因此, 根据式 (5.14)、式 (5.42)、式 (5.44)、式 (5.45) 和式 (5.46), 对于 $g(x(t)) \neq 0$, $f(x(t)) \neq 0$, $h(x(t)) \neq 0$ 和 $f(x(t - \overline{\tau}_k(t))) \neq 0$, 从式 (5.41) 可得 $\dot{V}(x(t)) < 0$; 当

且仅当 $f(x(t)) = 0$, $g(x(t)) = 0$, $h(x(t)) = 0$ 和 $f(x(t - \overline{\tau}_k(t))) = 0$ 时, $\dot{V}(x(t)) = 0$。根据 Lyapunov 稳定性理论, 式 (5.10) 的原点是全局渐近稳定的, 这也意味着式 (5.3) 的平衡点 $u^*$ 是全局渐近稳定的。证毕。

如果选取另外一种形式的 Lyapunov 泛函, 可得到如下的稳定结果。

**定理 5.2**　假设 5.1~ 假设 5.3 成立, $\dot{\tau}_{ij}(t) \leqslant \mu_{ij} < 1$ 和 $\dot{d}_l(t) \leqslant v_l < 1$。如果存在正定对角矩阵 $P$、$D$、$M$、$S$、$S_i^f$、$S^g$、$S_l^h$ 和 $Q_i$, 正定对称矩阵 $H_l > 0$, 使得

$$\widetilde{\Xi} = \begin{bmatrix} \Omega_{11} & \Omega_{12} & \Omega_{13} & \Omega_{14} & \Omega_{15} & \Omega_{16} \\ * & \Omega_{22} & W^{\mathrm{T}}M & W^{\mathrm{T}}S & \Omega_{25} & \Omega_{26} \\ * & * & \Omega_{33} & 0 & \Omega_{35} & \Omega_{36} \\ * & * & * & \Omega_{44} & \Omega_{45} & \Omega_{46} \\ * & * & * & * & \Omega_{55} & 0 \\ * & * & * & * & * & \Omega_{66} \end{bmatrix} < 0 \tag{5.47}$$

则式 (5.10) 的平衡点是全局渐近稳定的, 其中

$$\Omega_{11} = -2P\Gamma$$
$$\Omega_{12} = PW + S^g\Delta_g - D\Gamma$$
$$\Omega_{13} = \sum_{i=1}^{N} S_i^f\Delta_f - M\Gamma$$
$$\Omega_{14} = \sum_{i=1}^{r} S_i^h\Delta_h - S\Gamma$$
$$\Omega_{15} = [PW_1, \cdots, PW_N]$$
$$\Omega_{16} = [PB_1, \cdots, PB_r]$$
$$\Omega_{22} = -2S^g + DW + W^{\mathrm{T}}D$$
$$\Omega_{25} = [DW_1, \cdots, DW_N]$$
$$\Omega_{26} = [DB_1, \cdots, DB_r]$$
$$\Omega_{33} = \sum_{i=1}^{N}(Q_i - 2S_i^f)$$
$$\Omega_{35} = [MW_1, \cdots, MW_N]$$
$$\Omega_{36} = [MB_1, \cdots, MB_r]$$
$$\Omega_{44} = \sum_{l=1}^{r}[0.5(d_l^M)^2 H_l(1 + 1/\overline{v}_l) - 2S_l^h]$$
$$\Omega_{45} = [SW_1, \cdots, SW_N]$$
$$\Omega_{46} = [SB_1, \cdots, SB_r]$$
$$\Omega_{55} = \mathrm{diag}(-\eta_1 Q_1, \cdots, -\eta_N Q_N)$$
$$\Omega_{66} = \mathrm{diag}(-\overline{v}_1 H_1, \cdots, -\overline{v}_r H_r)$$

$*$ 表示矩阵中对称部分的相应元素；$\eta_i = \min(1 - \mu_{ij})$，$\overline{v}_l = 1 - v_l$ $(j = 1, \cdots, n;$
$l = 1, \cdots, r; i = 1, \cdots, N)$。

**证明**　考虑如下形式的 Lyapunov-Krasovskii 泛函:

$$V(x(t)) = V_1(x(t)) + V_2(x(t)) + V_4(x(t)) \tag{5.48}$$

式中，$V_1(x(t))$ 和 $V_2(x(t))$ 如式 (5.17) 中的定义 (其中令 $\alpha = 1$)

$$
\begin{aligned}
V_4(x(t)) = & \sum_{i=1}^{N} \sum_{j=1}^{n} \int_{t-\tau_{ij}(t)}^{t} q_{ij} f_j^2(x_j(s)) \mathrm{d}s \\
& + 2 \sum_{i=1}^{n} \overline{m}_i \int_{0}^{x_i(t)} \frac{f_i(s)}{A_i(s)} \mathrm{d}s + 2 \sum_{i=1}^{n} p_i \int_{0}^{x_i(t)} \frac{s}{A_i(s)} \mathrm{d}s \\
& + 2 \sum_{i=1}^{n} \overline{d}_i \int_{0}^{x_i(t)} \frac{g_i(s)}{A_i(s)} \mathrm{d}s + 2 \sum_{i=1}^{n} \overline{s}_i \int_{0}^{x_i(t)} \frac{h_i(s)}{A_i(s)} \mathrm{d}s
\end{aligned}
$$

$q_{ij} > 0, p_j > 0, \overline{d}_j > 0, \overline{m}_j > 0$ 和 $\overline{s}_j > 0$ $(i = 1, \cdots, N; j = 1, \cdots, n)$。

沿着式 (5.10) 的轨迹求泛函 $V_4(x(t))$ 的时间导数, 得

$$
\begin{aligned}
\dot{V}_4(x(t)) \leqslant & -2x^{\mathrm{T}}(t)P\Gamma x(t) + 2x^{\mathrm{T}}(t)P\Big[Wg(x(t)) \\
& + \sum_{k=1}^{N} W_k f(x(t - \overline{\tau}_k(t))) + \sum_{l=1}^{r} B_l \int_{t-d_l(t)}^{t} h(x(s)) \mathrm{d}s\Big] \\
& + \sum_{i=1}^{N} \Big[f^{\mathrm{T}}(x(t))Q_i f(x(t)) - \eta_i f^{\mathrm{T}}(x(t - \overline{\tau}_i(t)))Q_i f(x(t - \overline{\tau}_i(t)))\Big] \\
& - 2g^{\mathrm{T}}(x(t))D\Gamma x(t) + 2g^{\mathrm{T}}(x(t))D\Big[Wg(x(t)) \\
& + \sum_{k=1}^{N} W_k f(x(t - \overline{\tau}_k(t))) + \sum_{l=1}^{r} B_l \int_{t-d_l(t)}^{t} h(x(s)) \mathrm{d}s\Big] \\
& - 2f^{\mathrm{T}}(x(t))M\Gamma x(t) + 2f^{\mathrm{T}}(x(t))M\Big[Wg(x(t)) \\
& + \sum_{k=1}^{N} W_k f(x(t - \overline{\tau}_k(t))) + \sum_{l=1}^{r} B_l \int_{t-d_l(t)}^{t} h(x(s)) \mathrm{d}s\Big] \\
& - 2h^{\mathrm{T}}(x(t))S\Gamma x(t) + 2h^{\mathrm{T}}(x(t))S\Big[Wg(x(t)) \\
& + \sum_{k=1}^{N} W_k f(x(t - \overline{\tau}_k(t))) + \sum_{l=1}^{r} B_l \int_{t-d_l(t)}^{t} h(x(s)) \mathrm{d}s\Big]
\end{aligned} \tag{5.49}
$$

式中，$P = \mathrm{diag}(p_1, \cdots, p_n)$；$Q_i = \mathrm{diag}(q_{i1}, \cdots, q_{in})$；$D = \mathrm{diag}(\overline{d}_1, \cdots, \overline{d}_n)$；$M = \mathrm{diag}(\overline{m}_1, \cdots, \overline{m}_n)$；$S = \mathrm{diag}(\overline{s}_1, \cdots, \overline{s}_n); i = 1, \cdots, N$。

根据假设 5.2, 对于任意的正定对角矩阵 $S^g$、$S_i^f$、$S_l^h (i=1,\cdots,N; l=1,\cdots,r)$, 则有

$$2g^{\mathrm{T}}(x(t))S^g\Delta_g x(t) - 2g^{\mathrm{T}}(x(t))S^g g(x(t)) \geqslant 0$$
$$2f^{\mathrm{T}}(x(t))S_i^f\Delta_f x(t) - 2f^{\mathrm{T}}(x(t))S_i^f f(x(t)) \geqslant 0 \qquad (5.50)$$
$$2h^{\mathrm{T}}(x(t))S_l^h\Delta_h x(t) - 2h^{\mathrm{T}}(x(t))S_l^h h(x(t)) \geqslant 0$$

结合式 (5.23)、式 (5.49) 和式 (5.50), 可得

$$\dot{V}(x(t)) = \dot{V}_1(x(t)) + \dot{V}_2(x(t)) + \dot{V}_3(x(t)) \leqslant \tilde{\phi}^{\mathrm{T}}(t)\tilde{\Xi}\tilde{\phi}(t) \qquad (5.51)$$

式中, $\tilde{\phi}^{\mathrm{T}}(t) = \left[x^{\mathrm{T}}(t), g^{\mathrm{T}}(x(t)), f^{\mathrm{T}}(x(t)), h^{\mathrm{T}}(x(t)), f^{\mathrm{T}}(x(t-\overline{\tau}_1(t))), \cdots, f^{\mathrm{T}}(x(t-\overline{\tau}_N(t))), \int_{t-d_1(t)}^t h^{\mathrm{T}}(x(s))\mathrm{d}s, \cdots, \int_{t-d_r(t)}^t h^{\mathrm{T}}(x(s))\mathrm{d}s\right]$.

显然, 如果 $\tilde{\Xi} < 0$, 则对于 $\forall\tilde{\phi}(t) \neq 0$, 有 $\dot{V}(x(t)) < 0$。根据 Lyapunov 稳定性理论, 式 (5.10) 的原点是全局渐近稳定的。证毕。

按照与定理 5.2 相似的证明过程, 可得到如下的结果。

**定理 5.3**　假设 5.1~ 假设 5.3 成立, $\dot{\tau}_{ij}(t) \leqslant \mu_{ij} < 1$ 和 $\dot{d}_l(t) \leqslant v_l < 1$。若果存在正定对角矩阵 $P$、$D$、$S^g$、$H_l$ 和 $Q_i$, 使得

$$\tilde{\Xi}_1 = \begin{bmatrix} \tilde{\Omega}_{11} & \tilde{\Omega}_{12} & \tilde{\Omega}_{13} & \tilde{\Omega}_{14} \\ * & \tilde{\Omega}_{22} & \tilde{\Omega}_{23} & \tilde{\Omega}_{24} \\ * & * & \tilde{\Omega}_{33} & 0 \\ * & * & * & \tilde{\Omega}_{44} \end{bmatrix} < 0 \qquad (5.52)$$

则式 (5.10) 的平衡点是全局渐近稳定的, 其中

$$\tilde{\Omega}_{11} = -2P\Gamma + \sum_{i=1}^N \Delta_f Q_i \Delta_f + \sum_{l=1}^r [0.5(d_l^M)^2\Delta_h H_l \Delta_h(1+1/\overline{v}_l)]$$
$$\tilde{\Omega}_{12} = PW + S^g\Delta_g - D\Gamma$$
$$\tilde{\Omega}_{13} = [PW_1, \cdots, PW_N]$$
$$\tilde{\Omega}_{14} = [PB_1, \cdots, PB_r]$$
$$\tilde{\Omega}_{22} = -2S^g + DW + W^{\mathrm{T}}D$$
$$\tilde{\Omega}_{23} = [DW_1, \cdots, DW_N]$$
$$\tilde{\Omega}_{24} = [DB_1, \cdots, DB_r]$$
$$\tilde{\Omega}_{33} = \mathrm{diag}(-\eta_1 Q_1, \cdots, -\eta_N Q_N)$$
$$\tilde{\Omega}_{44} = \mathrm{diag}(-\overline{v}_1 H_1, \cdots, -\overline{v}_r H_r)$$

\* 表示矩阵中对称部分的相应元素，$\eta_i = \min(1 - \mu_{ij})$，$\overline{v}_l = 1 - v_l$，$(j = 1, \cdots, n,$ $l = 1, \cdots, r, i = 1, \cdots, N)$。

**证明**　考虑如下 Lyapunov-Krasovskii 泛函：

$$V(x(t)) = V_1(x(t)) + V_2(x(t)) + V_5(x(t)) \tag{5.53}$$

式中，$V_1(x(t))$ 和 $V_2(x(t))$ 如式 (5.17) 中的定义 (其中令 $\alpha = 1$)；

$$V_5(x(t)) = \sum_{i=1}^{N} \sum_{j=1}^{n} \int_{t-\tau_{ij}(t)}^{t} q_{ij} f_j^2(x_j(s)) \mathrm{d}s$$
$$+ 2 \sum_{i=1}^{n} \overline{d}_i \int_0^{x_i(t)} \frac{g_i(s)}{A_i(s)} \mathrm{d}s + 2 \sum_{i=1}^{n} p_i \int_0^{x_i(t)} \frac{s}{A_i(s)} \mathrm{d}s$$

仿照定理 5.2 的证明过程可得该结果。证明从略。

**定理 5.4**　假设 5.1~ 假设 5.3 成立，$\dot{\tau}_{ij}(t) \leqslant \mu_{ij} < 1$ 和 $\dot{d}_l(t) \leqslant v_l < 1$。如果存在正定对角矩阵 $P$、$Q$、$H_l$ 和 $Q_i$，使得

$$\widehat{\Xi}_1 = \begin{bmatrix} \widehat{\Omega}_{11} & \widehat{\Omega}_{12} & \widehat{\Omega}_{13} & \widehat{\Omega}_{14} \\ * & \widehat{\Omega}_{22} & 0 & 0 \\ * & * & \widehat{\Omega}_{33} & 0 \\ * & * & * & \widehat{\Omega}_{44} \end{bmatrix} < 0 \tag{5.54}$$

则式 (5.10) 的平衡点是全局渐近稳定的，其中

$$\widehat{\Omega}_{11} = -2P\Gamma + \sum_{i=1}^{N} \Delta_f Q_i \Delta_f + \Delta_g Q \Delta_g + \sum_{l=1}^{r} [0.5(d_l^M)^2 \Delta_h H_l \Delta_h (1 + 1/\overline{v}_l)]$$

$$\widehat{\Omega}_{12} = PW$$

$$\widehat{\Omega}_{13} = [PW_1, \cdots, PW_N]$$

$$\widehat{\Omega}_{14} = [PB_1, \cdots, PB_r]$$

$$\widehat{\Omega}_{22} = -Q$$

$$\widehat{\Omega}_{33} = \mathrm{diag}(-\eta_1 Q_1, \cdots, -\eta_N Q_N)$$

$$\widehat{\Omega}_{44} = \mathrm{diag}(-\overline{v}_1 H_1, \cdots, -\overline{v}_r H_r)$$

\* 表示矩阵中对称部分的相应元素；$\eta_i = \min(1 - \mu_{ij})$，$\overline{v}_l = 1 - v_l (j = 1, \cdots, n; l = 1, \cdots, r; i = 1, \cdots, N)$。

**证明**　考虑式 (5.53) 所定义的 Lyapunov-Krasovskii 泛函 $V(x(t))$，只不过将式 (5.53) 中的 $V_5(x(t))$ 用下面的 $\overline{V}_5(x(t))$ 来代替：

$$\overline{V}_5(x(t)) = \sum_{i=1}^{N} \sum_{j=1}^{n} \int_{t-\tau_{ij}(t)}^{t} q_{ij} f_j^2(x_j(s)) \mathrm{d}s + 2 \sum_{i=1}^{n} p_i \int_0^{x_i(t)} \frac{s}{A_i(s)} \mathrm{d}s$$

按照与定理 5.2 相似的证明过程, 可得该结果。证明从略。

当 $f(\cdot) = g(\cdot) = h(\cdot)$, $d_l(t) = d_l$ 时, 即 $\upsilon_l = 0(l = 1, \cdots, r)$, 式 (5.10) 具有如下形式:

$$
\begin{aligned}
\dot{x}(t) = - A(x(t)) \Big[ & C(x(t)) - W f(x(t)) \\
& - \sum_{k=1}^{N} W_k f(x(t - \overline{\tau}_k(t))) - \sum_{l=1}^{r} B_l \int_{t-d_l}^{t} f(x(s)) \mathrm{d}s \Big]
\end{aligned} \tag{5.55}
$$

此时, 按照与定理 5.2 相似的推导过程, 可得到下面的稳定性结果。

**定理 5.5**　假设 5.1~ 假设 5.3 成立, $\dot{\tau}_{ij}(t) \leqslant \mu_{ij} < 1$。如果存在正定对角矩阵 $D$、$Q_i$ 和正定对称矩阵 $H_l$, 使得

$$
\begin{aligned}
\Omega_3 = \sum_{i=1}^{N} \Big( & \frac{1}{\eta_i} D W_i Q_i^{-1} W_i^{\mathrm{T}} D + Q_i \Big) - 2 D \Gamma \Delta_f^{-1} \\
& + DW + W^{\mathrm{T}} D + \sum_{l=1}^{r} d_l^2 H_l + \sum_{l=1}^{r} D B_l H_l^{-1} B_l^{\mathrm{T}} D < 0
\end{aligned} \tag{5.56}
$$

则式 (5.55) 的平衡点是全局渐近稳定的, 其中, $\eta_i = \min(1 - \mu_{ij})$, $\Delta_f = \Delta_g = \Delta_h (j = 1, \cdots, n; l = 1, \cdots, r; i = 1, \cdots, N)$。

**证明**　考虑式 (5.53) 中所定义的 Lyapunov-Krasovskii 泛函 $V(x(t))$, 并将 $V_5(x(t))$ 用下式替代:

$$
\overline{\overline{V}}_5(x(t)) = \sum_{i=1}^{N} \sum_{j=1}^{n} \int_{t-\tau_{ij}(t)}^{t} q_{ij} f_j^2(x_j(s)) \mathrm{d}s + 2 \sum_{i=1}^{n} \overline{d}_i \int_{0}^{x_i(t)} \frac{f_i(s)}{A_i(s)} \mathrm{d}s
$$

按照与定理 5.2 相似的证明过程, 可证该结果。证明从略。

**推论 5.1**　假设 5.1~ 假设 5.3 成立, $\dot{\tau}_{ij}(t) \leqslant \mu_{ij} < 1$。如果存在正定对角矩阵 $D$、$Q_i$ 和正定对称矩阵 $Y_l > 0$, 使得

$$
\begin{aligned}
\Omega_4 = \sum_{i=1}^{N} \Big( & \frac{1}{\eta_i} D W_i Q_i^{-1} W_i^{\mathrm{T}} D + Q_i \Big) - 2 D \Gamma \Delta_f^{-1} \\
& + DW + W^{\mathrm{T}} D + \sum_{l=1}^{r} d_l Y_l + \sum_{l=1}^{r} d_l D B_l Y_l^{-1} B_l^{\mathrm{T}} D < 0
\end{aligned} \tag{5.57}
$$

则式 (5.55) 的平衡点是全局渐近稳定的, 其中, $\eta_i = \min(1 - \mu_{ij})$, $\Delta_f = \Delta_g = \Delta_h (l = 1, \cdots, r; i = 1, \cdots, N; j = 1, \cdots, n)$。

**证明**　令 $H_l = d_l^{-1} Y_l$, 并将其代入式 (5.56), 按照与定理 5.5 相似的证明过程, 可证该结果。证明从略。

**注释 5.1**　当 $0 \leqslant \mu_{ij} < 1$ 时，定理 5.5 和推论 5.1 可取消对激励函数在假设 5.2 中的有界性限制。例如，对于定理 5.5，平衡点的存在性和唯一性可证明如下。

式 (5.55) 的平衡点 $x^*$ 满足如下平衡点方程：

$$-C(x^*) + Wf(x^*) + \sum_{k=1}^{N} W_k f(x^*) + \sum_{l=1}^{r} B_l \int_{t-d_l}^{t} f(x^*)\mathrm{d}s = 0 \tag{5.58}$$

根据假设 5.2，$x^* \neq 0$ 意味着 $f(x^*) \neq 0$。先假设 $f(x^*) \neq 0$，并在式 (5.58) 的两侧同时乘以非零向量 $2f^{\mathrm{T}}(x^*)D$，可得

$$
\begin{aligned}
0 =& 2f^{\mathrm{T}}(x^*)D\Big[-C(x^*) + Wf(x^*) + \sum_{k=1}^{N} W_k f(x^*) + \sum_{l=1}^{r} B_l \int_{t-d_l}^{t} f(x^*)\mathrm{d}s\Big] \\
\leqslant& f^{\mathrm{T}}(x^*)\Big[-2D\Gamma\Delta_f^{-1} + DW + W^{\mathrm{T}}D + \sum_{k=1}^{N}(DW_k Q_k^{-1}W_k^{\mathrm{T}}D/\eta_k + Q_k) \\
& + \sum_{l=1}^{r}(DB_l H_l^{-1}B_l^{\mathrm{T}}D + (d_l^M)^2 H_l)\Big]f(x^*) \\
=& f^{\mathrm{T}}(x^*)\Omega_3 f(x^*)
\end{aligned}
\tag{5.59}
$$

但是由式 (5.56) 可知，对于任意的 $f(x^*) \neq 0$，$f^{\mathrm{T}}(x^*)\Omega_3 f(x^*) < 0$，这与上式产生矛盾。这意味着 $f(x^*) = 0$，即 $x^* = 0$ 是唯一的平衡点。式 (5.55) 的平衡点的全局渐近稳定性可按照定理 5.5 的证明过程进行。

**注释 5.2**　根据舒尔补引理[54]，定理 5.1 中的稳定条件可表示成线性矩阵不等式的形式。例如，式 (5.12) 可等价成如下的线性矩阵不等式形式：

$$
\begin{bmatrix}
\Psi & DB_1 & \cdots & DB_r & DW_1 & DW_2 & \cdots & DW_N \\
B_1^{\mathrm{T}}D & -(1-v_l)Y_1 & \cdots & 0 & 0 & 0 & \cdots & 0 \\
\vdots & \vdots & & \vdots & \vdots & \vdots & & \vdots \\
B_r^{\mathrm{T}}D & 0 & \cdots & -(1-v_l)Y_r & 0 & 0 & \cdots & 0 \\
W_1^{\mathrm{T}}D & 0 & \cdots & 0 & -\eta_1 Q_1 & 0 & \cdots & 0 \\
W_2^{\mathrm{T}}D & 0 & \cdots & 0 & 0 & -\eta_2 Q_2 & \cdots & 0 \\
\vdots & \vdots & & \vdots & \vdots & \vdots & & \vdots \\
W_N^{\mathrm{T}}D & 0 & \cdots & 0 & 0 & 0 & \cdots & -\eta_N Q_N
\end{bmatrix} < 0
$$

式中，$\Psi = -2D\Gamma\Delta^{-1} + DW + W^{\mathrm{T}}D + \sum_{l=1}^{r} 0.5(d_l^M)^2 H_l\Big[1 + 1/(1-v_l)\Big] + \sum_{i=1}^{N} Q_i$。

式 (5.16) 可等价为如下线性矩阵不等式形式:

$$
\begin{bmatrix}
-2P\Gamma & PB_1 & \cdots & PB_r \\
B_1^{\mathrm{T}}P & -(1-v_l)H_1 & \cdots & 0 \\
\vdots & \vdots & & \vdots \\
B_r^{\mathrm{T}}P & 0 & \cdots & -(1-v_l)H_r
\end{bmatrix} < 0
$$

因此, 本章定理 5.1 的条件具有易于用 MATLAB LMIToolbox 验证的特点.

**注释 5.3**　当 $a_i(u_i(t)) \equiv 1$, $l = 1$, $c_i(u_i(t)) = c_i u_i(t), \tau_{ij}(t) = \tau_i(t)$, $\tilde{f}_i(u_i(t)) = \tilde{g}_i(u_i(t))$ 或 $\tilde{f}_i(u_i(t)) = \tilde{g}_i(u_i(t)) = \tilde{h}_i(u_i(t))$ 时, 文献 [44] 和 [47]分别针对系统 (5.3) 建立了稳定条件. 正如文献 [44] 和 [47] 中所指出的那样, 具有集中时滞和分布时滞的递归神经网络的稳定性问题很少得到人们研究的原因是在数学上很难同时处理混杂时滞. 为了处理有限分布时滞, 文献 [44] 和 [47] 利用了 Jensen 不等式技术成功解决了分布时滞的影响. 与文献 [44] 和 [47]中的方法相比较, 本章没有利用 Jensen 不等式技术, 而是在泛函的构造上进行了研究, 巧妙地解决了分布时滞的影响问题. 这正是本章的方法与文献 [44] 和 [47] 中的方法本质不同的地方, 进而也说明了 Jensen 不等式技术的功效与构造有效的能量泛函具有等同的效果, 但后者在推导过程中仅利用基本的处理技术即可. 进而, 本章的方法为处理分布时滞系统的稳定性和镇定问题也提供了一种有效的途径. 同时, 文献 [44] 和 [47] 中的结果可按照定理 5.4 和定理 5.2 的相似证明过程分别得到, 进一步说明两种方法具有异曲同工之效.

**注释 5.4**　针对具有集中时滞和连续分布时滞的系统, 诸如稳定性、$H_\infty$ 控制及 $H_\infty$ 滤波器设计等课题已得到学者研究[37-40]. 然而, 文献 [37]~[40]中所研究的系统与本章所研究的系统显著区别在于如下几方面:

(1) 文献 [37]~[40]中研究的是线性系统, 而本章研究的是非线性系统.

(2) 从时滞类型的角度来看, 文献 [37]~[40]中研究的是单个的、定常的时滞系统, 而本章研究的是多重的、时变的时滞系统.

(3) 研究的内容不同. 文献 [38]~[40]主要针对 $H_\infty$ 控制、$H_\infty$ 滤波器设计和 $H_\infty$ 模型约简展开研究, 本章主要针对稳定性问题进行研究. 需说明的是, 文献 [37] 是针对具有多重分布时滞的线性系统建立了一些稳定判据, 但稳定结果是基于 Riccati 方程形式的. 这样, 文献 [37] 中的稳定结果与本章的稳定结果是不同的, 且文献 [37] 中的稳定结果不能应用到本章所研究的时滞系统中来. 与之相反, 对于文献 [37] 中所研究的具有多重分布时滞的线性系统, 如果在式 (5.9) 中令 $A_i(x_i(t)) = 1$, $C_i(x_i(t)) = c_i x_i(t)$, $w_{ij} = 0$, $f_j(x_j(t - \tau_{kj}(t))) = x_j(t - \tau_k)$, 以及 $h_j(x_j(t)) = x_j(t)(i, j = 1, \cdots, n; k = 1, \cdots, N)$, 从推论 5.1 即可直接得到文献 [37] 中的定理 4.1.

对于 $b_{kj}^l = 0$ 时的式 (5.55)$(k, j = 1, \cdots, n; l = 1, \cdots, r)$, 从定理 5.5 可得到如下稳定性结果。

**推论 5.2**　假设 5.1~ 假设 5.3 成立, $\dot{\tau}_{ij}(t) \leqslant \mu_{ij} < 1$。如果存在正定对角矩阵 $D$ 和 $Q_i$, 使得

$$\sum_{i=1}^{N} \left( \frac{1}{\eta_i} D W_i Q_i^{-1} W_i^{\mathrm{T}} D + Q_i \right) - 2D\Gamma\Delta^{-1} + DW + W^{\mathrm{T}}D < 0 \qquad (5.60)$$

则 $b_{kj}^l = 0$ 时的式 (5.55) 的平衡点是全局渐近稳定的, 其中, $\eta_i = \min(1 - \mu_{ij})(k, j = 1, \cdots, n; l = 1, \cdots, r; i = 1, \cdots, N)$。

**注释 5.5**　针对定常时滞的情况, 即, $\tau_{kj}(t) = \tau_k, (k = 1, \cdots N)$, 文献 [12] 中的定理 2 基于 $M$ 矩阵理论研究了 $b_{ij}^l = 0$ 时的式 (5.55), 并建立了保证平衡点是全局渐近稳定的一个充分条件。然而, 文献 [12] 中的定理 2 需要放大函数的上下界条件。如果放大函数的上下界条件是未知的, 则文献 [12] 中的定理 2 将不能适用这种情况。与之相对照, 推论 5.2 是不依赖于放大函数的上下界的, 进而克服了文献 [12] 中的不足。

针对下面的 Cohen-Grossberg 型神经网络:

$$\dot{u}_i(t) = - a_i(u_i(t)) \left[ c_i(u_i(t)) - \sum_{j=1}^{n} w_{ij} g_j(u_j(t)) - \sum_{j=1}^{n} w_{ij}^1 g_j(u_j(t - \tau_{ij}(t))) + U_i \right]$$

$$\qquad (5.61)$$

式中, $a_i(u_i(t))$, $c_i(u_i(t))$, $w_{ij}$, $w_{ij}^1$ 和 $g_j(u_j(t))$ 如式 (5.3) 中的定义 $(i, j = 1, \cdots, n)$。有如下稳定结果。

**推论 5.3**　假设 5.1~ 假设 5.3 成立, $\dot{\tau}_{ij}(t) \leqslant \mu_{ij} < 1$。如果存在正定对角矩阵 $D$ 和 $Q_i$, 使得

$$\sum_{i=1}^{n} \left( \frac{1}{\eta_i} D E_i Q_i^{-1} E_i^{\mathrm{T}} D + Q_i \right) - 2D\Gamma\Delta^{-1} + DW + W^{\mathrm{T}}D < 0 \qquad (5.62)$$

则对于给定的 $U_i$, 式 (5.61) 的平衡点是全局渐近稳定的, 其中, $\eta_i = \min(1 - \mu_{ij})$, $E_k$ 是一个方矩阵, $E_k$ 的第 $k$ 行由方矩阵 $W_1 = (w_{ij}^1)_{n \times n}$ 的第 $k$ 行组成, $E_k$ 的其余行全为 $0(i, j, k = 1, \cdots, n)$。

**证明**　令 $g(u(t - \bar{\tau}_i(t))) = \left[ g(u(t - \tau_{i1}(t))), \cdots, g(u(t - \tau_{in}(t))) \right]^{\mathrm{T}}$, 并根据 $E_i$ 的定义 $(i = 1, \cdots, n)$, 式 (5.61) 可写成如下矩阵–向量形式:

$$\dot{u}(t) = - \overline{A}(u(t)) \left[ \overline{C}(u(t)) - W g(u(t)) - \sum_{j=1}^{n} E_i g(u(t - \bar{\tau}_i(t))) + U \right] \qquad (5.63)$$

式中，$\overline{A}(u(t)) = \text{diag}(a_1(u_1(t)), \cdots, a_n(u_n(t)))$；$\overline{C}(u(t)) = (c_1(u_1(t)), \cdots, c_n(u_n(t)))^{\mathrm{T}}$。按照与定理 5.5 相似的证明过程即可得到。证明从略。

**注释 5.6**　针对具有定常时滞的式 (5.61)，文献 [16] 基于 Young 不等式技术建立了保证平衡点是全局指数稳定的充分条件。尽管文献 [16] 中稳定条件因为含有大量的未知或自由参数而使保守性得到降低，但是目前尚没有一种系统的方法来调节这些未知参数进而使得稳定判据的优势难以发挥，进一步导致稳定判据难以校验和应用。文献 [15] 基于 $M$ 矩阵理论针对式 (5.61) 也建立了保证平衡点是全局渐近稳定的充分条件。尽管文献 [15] 中的基于 $M$ 矩阵表示的稳定结果易于验证，但缺乏可调参数或自由度导致相应的稳定结果在很大程度上具有很大的保守性。相对照，推论 5.3 可表示成线性矩阵不等式的形式，具有易于验证的优点。一般来说，推论 5.3 与文献 [15] 和 [16] 中的稳定判据是互不相同的，它们分别代表了神经网络动态特性分析的几种不同方法，建立的都是充分条件，都有各自的适用范围和合理性，不存在一种稳定结果完全优越于另一种稳定结果的情况。

**注释 5.7**　针对 $w_{ij} = 0$ 时的式 (5.61)，文献 [13] 中的定理 9 提出了一种保证平衡点是全局渐近稳定的充分判据。虽然稳定判据的保守性因为稳定条件中包含了一些未知参数而得到相应降低，但由于这些未知参数没有一个系统的调节方法导致稳定判据存在难以校验的困难，特别是随着网络规模 (即网络维数) 的增大，神经元的数量增多，未知参数的数量也急剧增多，此时更难以校验稳定判据。此外，文献 [13] 中的定理 9 对放大函数还有一个严格的限制，这进一步的限制了稳定结果的应用范围。相对照，推论 5.3 克服了文献 [13] 中定理 9 存在的不足。

**注释 5.8**　针对具有单定常时滞 $\tau_{ij} = \tau$ 的式 (5.61)，文献 [22] 中的定理 4 建立了保证平衡点是全局渐近稳定的充分条件。如果在推论 5.3 中令 $Q_i = I, E_i = W_1, \eta_i = 1$ 和 $n = 1$，则可得到文献 [22] 中的定理 4。这样，从多时变时滞的角度和稳定结果的通用性来讲，文献 [22] 中的定理 4 是推论 5.3 的一种特殊情况。

针对下列具有多时滞的 Hopfield 型神经网络：

$$\dot{u}_i(t) = -c_i u_i(t) + \sum_{j=1}^{n} w_{ij} g_j(u_j(t)) + \sum_{k=1}^{N} \sum_{j=1}^{n} w_{ij}^k g_j(u_j(t - \tau_{kj}(t))) + U_i \qquad (5.64)$$

式中，$c_i > 0 (i = 1, \cdots, n)$，其余的符号定义同式 (5.3) 中的定义，按照与定理 5.1 相似的证明过程可得到如下结果。

**推论 5.4**　假设 $\dot{\tau}_{kj}(t) \leqslant \mu_{kj} < 1$。如果存在正定对角矩阵 $D = \text{diag}(\bar{d}_1, \cdots, \bar{d}_n)$ 和 $Q_k = \text{diag}(q_{k1}, \cdots, q_{kn})$，使得

$$\sum_{k=1}^{N} \left( \frac{1}{\eta_k} DW_k Q_k^{-1} W_k^{\mathrm{T}} D + Q_k \right) - 2DC\Delta^{-1} + DW + W^{\mathrm{T}} D < 0 \qquad (5.65)$$

则式 (5.64) 的平衡点是全局渐近稳定的，且不依赖于时变时滞的大小，其中，$C = \mathrm{diag}(c_1, \cdots, c_n)$，$\eta_k = \min(1 - \mu_{kj})(j = 1, \cdots, n; k = 1, \cdots, N)$。

在式 (5.64) 中，如果 $\tau_{kj}(t) = \tau_k(t)$，则可得如下结果。

**推论 5.5**　假定 $\dot{\tau}_k(t) \leqslant \mu_k < 1$。如果存在正定对角矩阵 $D = \mathrm{diag}(\bar{d}_1, \cdots, \bar{d}_n)$ 和正定对称矩阵 $Q_k > 0$，使得

$$\sum_{k=1}^{N} \left( \frac{1}{1 - \mu_k} DW_k Q_k^{-1} W_k^{\mathrm{T}} D + Q_k \right) - 2DC\Delta^{-1} + DW + W^{\mathrm{T}} D < 0 \qquad (5.66)$$

则 $\tau_{kj}(t) = \tau_k(t)$ 时的式 (5.64) 的平衡点是全局渐近稳定的，且不依赖于时变时滞的大小 $(k = 1, \cdots, N)$。

**注释 5.9**　推论 5.4 和推论 5.5 是分别针对 $\tau_{kj}(t)$ 和 $\tau_k(t)$ 形式的时滞网络建立的稳定判据。显然，从时滞系统的角度来看，研究的时滞形式不同，进而研究的系统模型也不同。另一方面，尽管信号传输通道中的内在的时滞类型不同，但约束整个网络的外在的互联作用关系却是相同的，这样，在刻画系统稳定性的判别条件中，势必要通过外在的连接约束关系来体现，进而，二者的稳定判据具有极大的相似性。但由于处理的时滞类型不同，推论 5.4 中的矩阵 $Q_k$ 必须是正定对角矩阵，而在推论 5.5 中，矩阵 $Q_k$ 则是正定对称矩阵。因此，随着网络模型的复杂（这里主要指时滞的复杂性，若对网络拓扑结构的复杂性也同样适用)，对稳定判据的约束也增加，进而要建立一般、通用的稳定判据的约束条件也就更加严格。推论 5.4 和推论 5.5 的稳定判据正是体现了不同内在时滞的外在形式的完美统一，即形似而神不似。

## 5.3　具有严格正的放大函数情况的全局鲁棒渐近稳定性

实际中，由于建模误差、外部干扰以及参数摄动等，系统参数不可避免地要存在不确定性，这将导致动力系统具有复杂的动态行为。因此，要设计一个好的神经网络，该网络必须具有抵制参数不确定性能力的鲁棒性[43,46]。本节将对存在参数摄动的递归神经网络 (式 (5.9)) 的鲁棒稳定性进行研究，建立保证平衡点是全局鲁棒稳定的充分条件。

考虑如下存在参数摄动的 Cohen-Grossberg 型神经网络：

$$
\begin{aligned}
\dot{x}_i(t) = {} & -A_i(x_i(t)) \Big[ C_i(x_i(t)) - \sum_{j=1}^{n} (w_{ij} + \delta w_{ij}(t)) g_j(x_j(t)) \\
& - \sum_{k=1}^{N} \sum_{j=1}^{n} (w_{ij}^k + \delta w_{ij}^k(t)) f_j(x_j(t - \tau_{kj}(t)))
\end{aligned}
$$

$$- \sum_{l=1}^{r} \sum_{j=1}^{n} (b_{ij}^l + \delta b_{ij}^l(t)) \int_{t-d_l(t)}^{t} h_j(x_j(s)) \mathrm{d}s \bigg] \tag{5.67}$$

或以向量–矩阵形式表示为

$$\begin{aligned} \dot{x}(t) = &- A(x(t)) \Big[ C(x(t)) - \overline{W} g(x(t)) \\ &- \sum_{k=1}^{N} \overline{W}_k f(x(t - \overline{\tau}_k(t))) - \sum_{l=1}^{r} \overline{B_l} \int_{t-d_l(t)}^{t} h(x(s)) \mathrm{d}s \Big] \end{aligned} \tag{5.68}$$

式中，$\delta w_{ij}(t)$、$\delta w_{ij}^k(t)$ 和 $\delta b_{ij}^l(t)$ 分别表示时变参数不确定性，其余符号定义同式 (5.9) 中的定义。为描述方便，令 $\delta W(t) = (\delta w_{ij}(t))_{n \times n}$，$\delta W_k(t) = (\delta w_{ij}^k(t))_{n \times n}$，$\delta B_l(t) = (\delta b_{ij}^l(t))_{n \times n}$，$\overline{W} = W + \delta W(t)$，$\overline{W}_k = W_k + \delta W_k(t)$，$\overline{B_l} = B_l + \delta B_l(t)(i, j = 1, \cdots, n; l = 1, \cdots, r; k = 1, \cdots, N)$。

**假设 5.4**　不确定参数分别满足 $\delta W(t) = M_0 F(t) G_0$，$\delta W_k(t) = M_k F(t) G_k$ 和 $\delta B_l(t) = \overline{M}_l F(t) \overline{G}_l$，其中，$M_0$、$G_0$、$M_k$、$G_k$、$\overline{M}_l$、$\overline{G}_l$ 是已知的结构矩阵，$F(t)$ 是未知的时变矩阵，且 $F^{\mathrm{T}}(t) F(t) \leqslant I (k = 1, \cdots, N; l = 1, \cdots, r)$。

**定义 5.1**　对于参数摄动 $\delta w_{ij}(t)$，$\delta w_{ij}^k(t)$，$\delta b_{ij}^l(t)$，称式 (5.67) 的平衡点是全局鲁棒稳定的，如果式 (5.67) 的平衡点是全局渐近稳定的 $(i, j = 1, \cdots, n; l = 1, \cdots, r; k = 1, \cdots, N)$。

**引理 5.2**[56]　如果 $Y, F(t), Z$ 是具有适当维数的实矩阵，且实矩阵 $\Lambda$ 满足 $\Lambda = \Lambda^{\mathrm{T}}$，则对于所有的 $F^{\mathrm{T}}(t) F(t) \leqslant I$，$\Lambda + Y F(t) Z + (Y F(t) Z)^{\mathrm{T}} < 0$ 成立，当且仅当存在一个正常数 $\varepsilon > 0$ 使得 $\Lambda + \varepsilon^{-1} Y Y^{\mathrm{T}} + \varepsilon Z^{\mathrm{T}} Z < 0$。

**定理 5.6**　假设 5.1~ 假设 5.4 成立，$\dot{\tau}_{ij}(t) \leqslant \mu_{ij} < 1$。$\dot{d}_l(t) \leqslant v_l < 1$。如果存在正定对角矩阵 $D$、$Q_i$、$S$、$P$、$M$、$S_i^f$、$S^g$、$S_l^h$、$H_l > 0$，正常数 $\varepsilon_0 > 0$，$\varepsilon_i > 0$，$\gamma > 0$ 和 $\overline{\varepsilon}_l > 0 (i = 1, \cdots, N; l = 1, \cdots, r; j = 1, \cdots, n)$，使得

$$\Xi = \begin{bmatrix} \Omega_{11} & \Omega_{12} & \Omega_{13} & \Omega_{14} & \Omega_{15} & \Omega_{16} & \Omega_{17} & \Omega_{18} \\ * & \Xi_{22} & W^{\mathrm{T}} M & W^{\mathrm{T}} S & \Omega_{25} & \Omega_{26} & \Omega_{27} & \Omega_{28} \\ * & * & \Omega_{33} & 0 & \Omega_{35} & \Omega_{36} & \Omega_{37} & \Omega_{38} \\ * & * & * & \Omega_{44} & \Omega_{45} & \Omega_{46} & \Omega_{47} & \Omega_{48} \\ * & * & * & * & \Xi_{55} & 0 & 0 & 0 \\ * & * & * & * & * & \Xi_{66} & 0 & 0 \\ * & * & * & * & * & * & \Omega_{77} & 0 \\ * & * & * & * & * & * & * & \Omega_{88} \end{bmatrix} < 0 \tag{5.69}$$

则式 (5.67) 是全局鲁棒稳定的，其中

$$\Omega_{17} = [P M_0, P M_1, \cdots, P M_N, 0], \quad \Omega_{18} = [P \overline{M}_1, \cdots, P \overline{M}_r]$$

$$\Xi_{22} = \Omega_{22} + (\varepsilon_0 + \gamma)G_0^{\mathrm{T}}G_0, \quad \Omega_{27} = [DM_0, DM_1, \cdots, DM_N, 0]$$

$$\Omega_{28} = [D\overline{M}_1, \cdots, D\overline{M}_r], \quad \Omega_{37} = [0, MM_1, \cdots, MM_N, MM_0]$$

$$\Omega_{38} = [M\overline{M}_1, \cdots, M\overline{M}_r], \quad \Omega_{47} = [0, SM_1, \cdots, SM_N, SM_0]$$

$$\Omega_{48} = [S\overline{M}_1, \cdots, S\overline{M}_r]$$

$$\Xi_{55} = \mathrm{diag}(-\eta_1 Q_1 + \varepsilon_1 G_1^{\mathrm{T}}G_1, \cdots, -\eta_N Q_N + \varepsilon_N G_N^{\mathrm{T}}G_N)$$

$$\Xi_{66} = \mathrm{diag}(-\overline{v}_1 H_1 + \overline{\varepsilon}_1 \overline{G}_1^{\mathrm{T}}\overline{G}_1, \cdots, -\overline{v}_r H_r + \overline{\varepsilon}_r \overline{G}_r^{\mathrm{T}}\overline{G}_r)$$

$$\Xi_{77} = \mathrm{diag}(-\varepsilon_0 I, -\varepsilon_1 I, \cdots, -\varepsilon_N I, -\gamma I)$$

$$\Xi_{88} = \mathrm{diag}(-\overline{\varepsilon}_1 I, \cdots, -\overline{\varepsilon}_r I)$$

* 表示矩阵中的相应对称部分, 其他符号含义同定理 5.2 中的定义。

**证明**　考虑式 (5.17) 所定义的 Lyapunov-Krasovskii 泛函, 按照与定理 5.2 相似的证明过程, 式 (5.17) 沿着式 (5.68) 的轨迹求得到的导数为

$$
\begin{aligned}
&\dot{V}(x(t)) + \sum_{i=1}^{N}(W_i + \delta W_i(t))f(x(t - \overline{\tau}_i(t))) + \sum_{l=1}^{r}(B_l + \delta B_l(t))\int_{t-d_l}^{t} f(x(s))\mathrm{d}s \\
&\quad + \sum_{i=1}^{N}\Big[f^{\mathrm{T}}(x(t))Q_i f(x(t)) - \eta_i f^{\mathrm{T}}(x(t - \overline{\tau}_i(t)))Q_i f(x(t - \overline{\tau}_i(t)))\Big] \\
&\quad + \sum_{l=1}^{r} d_l^2 f^{\mathrm{T}}(x(t))H_l f(x(t)) - \sum_{l=1}^{r}\Big(\int_{t-d_l}^{t} f^{\mathrm{T}}(x(s))\mathrm{d}s\Big)H_l\Big(\int_{t-d_l}^{t} f(x(s))\mathrm{d}s\Big) \\
&\leqslant -2f^{\mathrm{T}}(x(t))D\Gamma\Delta^{-1}f(x(t)) + 2f^{\mathrm{T}}(x(t))D(W + \delta W(t))f(x(t)) \\
&\quad + 2f^{\mathrm{T}}(x(t))D\sum_{i=1}^{N}(W_i + \delta W_i(t))f(x(t - \overline{\tau}_i(t))) \\
&\quad + 2f^{\mathrm{T}}(x(t))D\sum_{l=1}^{r}(B_l + \delta B_l(t))\int_{t-d_l}^{t} f(x(s))\mathrm{d}s \\
&\quad + \sum_{i=1}^{N}\Big[f^{\mathrm{T}}(x(t))Q_i f(x(t)) - \eta_i f^{\mathrm{T}}(x(t - \overline{\tau}_i(t)))Q_i f(x(t - \overline{\tau}_i(t)))\Big] \\
&\quad + \sum_{l=1}^{r} d_l^2 f^{\mathrm{T}}(x(t))H_l f(x(t)) - \sum_{l=1}^{r}\Big(\int_{t-d_l}^{t} f^{\mathrm{T}}(x(s))\mathrm{d}s\Big)H_l\Big(\int_{t-d_l}^{t} f(x(s))\mathrm{d}s\Big) \\
&\leqslant \tilde{\phi}^{\mathrm{T}}(t)\overline{\Xi}\tilde{\phi}(t)
\end{aligned}
\tag{5.70}
$$

式中, $\tilde{\phi}(t)$ 的定义同式 (5.51) 中的定义;

$$\overline{\Xi} = \begin{bmatrix} \Omega_{11} & \overline{\Omega}_{12} & \Omega_{13} & \Omega_{14} & \overline{\Omega}_{15} & \overline{\Omega}_{16} \\ * & \overline{\Omega}_{22} & \overline{\Omega}_{23} & \overline{\Omega}_{24} & \overline{\Omega}_{25} & \overline{\Omega}_{26} \\ * & * & \Omega_{33} & 0 & \overline{\Omega}_{35} & \overline{\Omega}_{36} \\ * & * & * & \Omega_{44} & \overline{\Omega}_{45} & \overline{\Omega}_{46} \\ * & * & * & * & \Omega_{55} & 0 \\ * & * & * & * & * & \Omega_{66} \end{bmatrix} < 0 \tag{5.71}$$

$$\overline{\Omega}_{12} = P\overline{W} + S^g \Delta_g - D\Gamma, \quad \overline{\Omega}_{15} = [P\overline{W}_1, \cdots, P\overline{W}_N]$$

$$\overline{\Omega}_{16} = [P\overline{B}_1, \cdots, P\overline{B}_r], \quad \overline{\Omega}_{22} = -2S^g + D\overline{W} + \overline{W}^{\mathrm{T}} D$$

$$\overline{\Omega}_{23} = \overline{W}^{\mathrm{T}} M, \quad \overline{\Omega}_{24} = \overline{W}^{\mathrm{T}} S$$

$$\overline{\Omega}_{25} = [D\overline{W}_1, \cdots, D\overline{W}_N], \quad \overline{\Omega}_{26} = [D\overline{B}_1, \cdots, D\overline{B}_r]$$

$$\overline{\Omega}_{35} = [M\overline{W}_1, \cdots, M\overline{W}_N], \quad \overline{\Omega}_{36} = [M\overline{B}_1, \cdots, M\overline{B}_r]$$

$$\overline{\Omega}_{45} = [S\overline{W}_1, \cdots, S\overline{W}_N], \quad \overline{\Omega}_{46} = [S\overline{B}_1, \cdots, S\overline{B}_r]$$

其他符号的含义同定理 5.2 中的定义。

　　根据假设 5.4、引理 5.2 和舒尔补引理，按照文献 [44] 中相似的证明方法，将证明式 (5.71) 等价于式 (5.69)。按照与定理 5.1 相似的证明过程，可得到如下条件来保证式 (5.67) 的全局渐近稳定性：

$$\sum_{i=1}^{N} \left( \frac{1}{\eta_i} D\widetilde{W}_i Q_i^{-1} \widetilde{W}_i^{\mathrm{T}} D + Q_i \right) - 2D\Gamma\Delta^{-1} + D\tilde{W}$$
$$+ \widetilde{W}^{\mathrm{T}} D + d^2 H + D\tilde{B}Y^{-1}\tilde{B}^{\mathrm{T}} D < 0 \tag{5.72}$$

$$-2P\Gamma + P\tilde{B}H^{-1}\tilde{B}^{\mathrm{T}} P < 0 \tag{5.73}$$

$$-H + Y < 0 \tag{5.74}$$

　　下面将证明式 (5.69) 和式 (5.72) 的等价性。事实上，根据舒尔补引理[54]，式 (5.72) 等价于

$$\Xi = \begin{bmatrix} \Omega_1 & DB_1 & \cdots & DB_r & DW_1 & \cdots & DW_N \\ B_1^{\mathrm{T}} D & -H_1 & \cdots & 0 & 0 & \cdots & 0 \\ \vdots & \vdots & & \vdots & \vdots & & \vdots \\ B_r^{\mathrm{T}} D & 0 & \cdots & -H_r & 0 & \cdots & 0 \\ W_1^{\mathrm{T}} D & 0 & \cdots & 0 & -\eta_1 Q_1 & \cdots & 0 \\ \vdots & \vdots & & \vdots & \vdots & & \vdots \\ W_N^{\mathrm{T}} D & 0 & \cdots & 0 & 0 & \cdots & -\eta_N Q_N \end{bmatrix}$$

$$
+ \begin{bmatrix}
\overline{\Psi} & D\overline{M}_1 F(t)\overline{G}_1 & \cdots & D\overline{M}_r F(t)\overline{G}_r & DM_1 F(t)G_1 & \cdots & DM_N F(t)G_N \\
(\overline{M}_1 F(t)\overline{G}_1)^{\mathrm{T}} D & 0 & \cdots & 0 & 0 & \cdots & 0 \\
\vdots & \vdots & & \vdots & \vdots & & \vdots \\
(\overline{M}_r F(t)\overline{G}_r)^{\mathrm{T}} D & 0 & \cdots & 0 & 0 & \cdots & 0 \\
(M_1 F(t)G_1)^{\mathrm{T}} D & 0 & \cdots & 0 & 0 & \cdots & 0 \\
\vdots & \vdots & & \vdots & \vdots & & \vdots \\
(M_N F(t)G_N)^{\mathrm{T}} D & 0 & \cdots & 0 & 0 & \cdots & 0
\end{bmatrix}
\tag{5.75}
$$

$$
\begin{aligned}
\overline{\Xi} =& \widetilde{\Xi} + [(PM_0)^{\mathrm{T}}\ (DM_0)^{\mathrm{T}}\ 0\ 0\ 0\ \cdots\ 0]^{\mathrm{T}} F(t) [0\ G_0\ 0\ 0\ 0\ \cdots\ 0] \\
&+ [0\ G_0\ 0\ 0\ 0\ \cdots\ 0]^{\mathrm{T}} F^{\mathrm{T}}(t) [M_0^{\mathrm{T}}P\ M_0^{\mathrm{T}}D\ 0\ 0\ 0\ \cdots\ 0] \\
&\times [0\ G_0\ 0\ 0\ 0\ \cdots\ 0]^{\mathrm{T}} F^{\mathrm{T}}(t) [0\ 0\ M_0^{\mathrm{T}}M\ M_0^{\mathrm{T}}S\ 0\ \cdots\ 0] \\
&+ [0\ 0\ (MM_0)^{\mathrm{T}}\ (SM_0)^{\mathrm{T}}\ 0\ \cdots\ 0]^{\mathrm{T}} F(t) [0\ G_0\ 0\ 0\ 0\ \cdots\ 0] \\
&+ [(PM_1)^{\mathrm{T}}\ (DM_1)^{\mathrm{T}}\ (MM_1)^{\mathrm{T}}\ (SM_1)^{\mathrm{T}}\ 0\ \cdots\ 0]^{\mathrm{T}} \\
&\times F(t) [0\ 0\ 0\ 0\ G_1\ \cdots\ 0] \\
&+ [0\ 0\ 0\ 0\ G_1\ \cdots\ 0]^{\mathrm{T}} F^{\mathrm{T}}(t) [M_1^{\mathrm{T}}P\ M_1^{\mathrm{T}}D\ M_1^{\mathrm{T}}M\ M_1^{\mathrm{T}}S\ 0\ \cdots\ 0] \\
&+ \cdots + [(PM_N)^{\mathrm{T}}\ (DM_N)^{\mathrm{T}}\ (MM_N)^{\mathrm{T}}\ (SM_N)^{\mathrm{T}}\ \cdots\ 0\ \cdots\ 0]^{\mathrm{T}} \\
&\times F(t) [0\ 0\ 0\ 0\ \cdots\ G_N\ \cdots\ 0] + [0\ 0\ 0\ 0\ \cdots\ G_N\ \cdots\ 0]^{\mathrm{T}} F^{\mathrm{T}}(t) \\
&\times [M_N^{\mathrm{T}}P\ M_N^{\mathrm{T}}D\ M_N^{\mathrm{T}}M\ M_N^{\mathrm{T}}S\ 0\ 0\ \cdots\ 0] \\
&+ [(P\overline{M}_1)^{\mathrm{T}}\ (D\overline{M}_1)^{\mathrm{T}}\ (M\overline{M}_1)^{\mathrm{T}}\ (S\overline{M}_1)^{\mathrm{T}}\ 0\ \cdots\ 0]^{\mathrm{T}} F(t) \\
&\times [0\ 0\ \cdots\ 0\ \overline{G}_1\ \cdots\ 0] + [0\ 0\ \cdots\ 0\ \overline{G}_1\ \cdots\ 0]^{\mathrm{T}} F^{\mathrm{T}}(t) \\
&\times [\overline{M}_1^{\mathrm{T}}P\ \overline{M}_1^{\mathrm{T}}D\ \overline{M}_1^{\mathrm{T}}M\ \overline{M}_1^{\mathrm{T}}S\ 0\ \cdots\ 0] \\
&+ \cdots + [(P\overline{M}_r)^{\mathrm{T}}\ (D\overline{M}_r)^{\mathrm{T}}\ (M\overline{M}_r)^{\mathrm{T}}\ (S\overline{M}_r)^{\mathrm{T}}\ 0\ \cdots\ 0]^{\mathrm{T}} F(t) \\
&\times [0\ 0\ \cdots\ 0\ \cdots\ 0\ \overline{G}_r] + [0\ 0\ \cdots\ 0\ \cdots\ 0\ \overline{G}_r]^{\mathrm{T}} F^{\mathrm{T}}(t) \\
&\times [\overline{M}_r^{\mathrm{T}}P\ \overline{M}_r^{\mathrm{T}}D\ \overline{M}_r^{\mathrm{T}}M\ \overline{M}_r^{\mathrm{T}}S\ 0\ \cdots\ 0]
\end{aligned}
\tag{5.76}
$$

从引理 5.2 可知, 对于所有的 $F^{\mathrm{T}}(t)F(t) \leqslant I$, $\overline{\Xi} < 0$ 成立, 当且仅当存在常数 $\gamma > 0, \overline{\varepsilon}_l > 0, \varepsilon_i > 0 (i = 0, 1, \cdots, N; l = 1, \cdots, r)$ 使得

$$
\begin{aligned}
&\widetilde{\Xi} + \varepsilon_0^{-1} [PM_0\ DM_0\ 0\ 0\ 0\ \cdots\ 0]^{\mathrm{T}} [M_0^{\mathrm{T}}P\ M_0^{\mathrm{T}}D\ 0\ 0\ 0\ \cdots\ 0] \\
&+ \varepsilon_0 [0\ G_0^{\mathrm{T}}\ 0\ 0\ 0\ \cdots\ 0]^{\mathrm{T}} [0\ G_0\ 0\ 0\ 0\ \cdots\ 0]
\end{aligned}
$$

$$+ \gamma^{-1} \begin{bmatrix} 0 & 0 & MM_0 & SM_0 & 0 & \cdots & 0 \end{bmatrix}^{\mathrm{T}} \begin{bmatrix} 0 & 0 & M_0^{\mathrm{T}}M & M_0^{\mathrm{T}}S & 0 & \cdots & 0 \end{bmatrix}$$

$$+ \gamma \begin{bmatrix} 0 & G_0^{\mathrm{T}} & 0 & 0 & 0 & \cdots & 0 \end{bmatrix}^{\mathrm{T}} \begin{bmatrix} 0 & G_0 & 0 & 0 & 0 & \cdots & 0 \end{bmatrix}$$

$$+ \varepsilon_1^{-1} \begin{bmatrix} PM_1 & DM_1 & MM_1 & SM_1 & 0 & \cdots & 0 \end{bmatrix}^{\mathrm{T}} \begin{bmatrix} M_1^{\mathrm{T}}P & M_1^{\mathrm{T}}D & M_1^{\mathrm{T}}M & M_1^{\mathrm{T}}S & 0 & \cdots & 0 \end{bmatrix}$$

$$+ \varepsilon_1 \begin{bmatrix} 0 & 0 & 0 & 0 & G_1^{\mathrm{T}} & \cdots & 0 \end{bmatrix}^{\mathrm{T}} \begin{bmatrix} 0 & 0 & 0 & 0 & G_1 & \cdots & 0 \end{bmatrix} \tag{5.77}$$

$$+ \cdots + \varepsilon_N^{-1} \begin{bmatrix} PM_N & DM_N & MM_N & SM_N & \cdots & 0 & \cdots & 0 \end{bmatrix}^{\mathrm{T}}$$

$$\times \begin{bmatrix} M_N^{\mathrm{T}}P & M_N^{\mathrm{T}}D & M_N^{\mathrm{T}}M & M_N^{\mathrm{T}}S & \cdots & 0 & \cdots & 0 \end{bmatrix}$$

$$+ \varepsilon_N \begin{bmatrix} 0 & 0 & 0 & 0 & \cdots & G_N^{\mathrm{T}} & \cdots & 0 \end{bmatrix}^{\mathrm{T}} \begin{bmatrix} 0 & 0 & 0 & 0 & \cdots & G_N & \cdots & 0 \end{bmatrix}$$

$$+ \overline{\varepsilon}_1^{-1} \begin{bmatrix} P\overline{M}_1 & D\overline{M}_1 & M\overline{M}_1 & S\overline{M}_1 & 0 & \cdots & 0 \end{bmatrix}^{\mathrm{T}} \begin{bmatrix} \overline{M}_1^{\mathrm{T}}P & \overline{M}_1^{\mathrm{T}}D & \overline{M}_1^{\mathrm{T}}M & \overline{M}_1^{\mathrm{T}}S & 0 & \cdots & 0 \end{bmatrix}$$

$$+ \overline{\varepsilon}_1 \begin{bmatrix} 0 & 0 & \cdots & 0 & \overline{G}_1^{\mathrm{T}} & \cdots & 0 \end{bmatrix}^{\mathrm{T}} \begin{bmatrix} 0 & 0 & \cdots & 0 & \overline{G}_1 & \cdots & 0 \end{bmatrix} + \cdots$$

$$+ \overline{\varepsilon}_r \begin{bmatrix} 0 & 0 & \cdots & 0 & \cdots & 0 & \overline{G}_r^{\mathrm{T}} \end{bmatrix}^{\mathrm{T}} \begin{bmatrix} 0 & 0 & \cdots & 0 & \cdots & 0 & \overline{G}_r \end{bmatrix}$$

$$\overline{\varepsilon}_r^{-1} \begin{bmatrix} P\overline{M}_r & D\overline{M}_r & M\overline{M}_r & S\overline{M}_r & 0 & \cdots & 0 \end{bmatrix}^{\mathrm{T}} \begin{bmatrix} \overline{M}_r^{\mathrm{T}}P & \overline{M}_r^{\mathrm{T}}D & \overline{M}_r^{\mathrm{T}}M & \overline{M}_r^{\mathrm{T}}S & 0 & \cdots & 0 \end{bmatrix} < 0 \tag{5.78}$$

重新整理式 (5.78)，可得

$$\Xi = \begin{bmatrix} \Omega_1 & DB_1 & \cdots & DB_r & DW_1 & \cdots & DW_N \\ B_1^{\mathrm{T}}D & -H_1 & \cdots & 0 & 0 & \cdots & 0 \\ \vdots & \vdots & & \vdots & \vdots & & \vdots \\ B_r^{\mathrm{T}}D & 0 & \cdots & -H_r & 0 & \cdots & 0 \\ W_1^{\mathrm{T}}D & 0 & \cdots & 0 & -\eta_1 Q_1 & \cdots & 0 \\ \vdots & \vdots & & \vdots & \vdots & & \vdots \\ W_N^{\mathrm{T}}D & 0 & \cdots & 0 & 0 & \cdots & -\eta_N Q_N \end{bmatrix}$$

$$+ \varepsilon_0^{-1} \begin{bmatrix} DM_0 & 0 & 0 & \cdots & 0 \end{bmatrix}^{\mathrm{T}} \begin{bmatrix} M_0^{\mathrm{T}}D & 0 & 0 & \cdots & 0 \end{bmatrix}$$

$$+ \varepsilon_0 \begin{bmatrix} G_0^{\mathrm{T}} & 0 & 0 & \cdots & 0 \end{bmatrix}^{\mathrm{T}} \begin{bmatrix} G_0 & 0 & 0 & \cdots & 0 \end{bmatrix}$$

$$+ \overline{\varepsilon}_1^{-1} \begin{bmatrix} D\overline{M}_1 & 0 & 0 & \cdots & 0 \end{bmatrix}^{\mathrm{T}} \begin{bmatrix} \overline{M}_1^{\mathrm{T}}D & 0 & 0 & \cdots & 0 \end{bmatrix}$$

$$+ \overline{\varepsilon}_1 \begin{bmatrix} 0 & \overline{G}_1^{\mathrm{T}} & 0 & \cdots & 0 \end{bmatrix}^{\mathrm{T}} \begin{bmatrix} 0 & \overline{G}_1 & 0 & \cdots & 0 \end{bmatrix} + \cdots$$

$$+ \overline{\varepsilon}_r^{-1} \begin{bmatrix} D\overline{M}_r & 0 & 0 & \cdots & 0 \end{bmatrix}^{\mathrm{T}} \begin{bmatrix} \overline{M}_r^{\mathrm{T}}D & 0 & 0 & \cdots & 0 \end{bmatrix}$$

$$+ \overline{\varepsilon}_r \left[ 0\,0\,0 \; \cdots \; \overline{G}_r^{\mathrm{T}} \; \cdots \; 0 \right]^{\mathrm{T}} \left[ 0\,0\,0 \; \cdots \; \overline{G}_r \; \cdots \; 0 \right]$$

$$+ \varepsilon_1^{-1} \left[ DM_1\,0\,0 \; \cdots \; 0 \right]^{\mathrm{T}} \left[ M_1^{\mathrm{T}}D\,0\,0 \; \cdots \; 0 \right]$$

$$+ \varepsilon_1 \left[ 0\,0\,G_1^{\mathrm{T}} \; \cdots \; 0 \right]^{\mathrm{T}} \left[ 0\,0\,G_1 \; \cdots \; 0 \right] + \cdots$$

$$+ \varepsilon_N^{-1} \left[ DM_N\,0\,0 \; \cdots \; 0 \right]^{\mathrm{T}} \left[ M_N^{\mathrm{T}}D\,0\,0 \; \cdots \; 0 \right]$$

$$+ \varepsilon_N \left[ 0\,0\,0 \; \cdots \; G_N^{\mathrm{T}} \right]^{\mathrm{T}} \left[ 0\,0\,0 \; \cdots \; G_N \right] < 0 \tag{5.79}$$

重新整理式 (5.79)，得

$$\Xi = \begin{bmatrix} \Omega_2 & DB_1 & \cdots & DB_r & DW_1 & \cdots & DW_N \\ B_1^{\mathrm{T}}D & -H_1 + \overline{\varepsilon}_1 \overline{G}_1^{\mathrm{T}} \overline{G}_1 & \cdots & 0 & 0 & \cdots & 0 \\ \vdots & \vdots & & \vdots & \vdots & & \vdots \\ B_r^{\mathrm{T}}D & 0 & \cdots & -H_r + \overline{\varepsilon}_r \overline{G}_r^{\mathrm{T}} \overline{G}_r & 0 & \cdots & 0 \\ W_1^{\mathrm{T}}D & 0 & \cdots & 0 & -\eta_1 Q_1 + \varepsilon_1 G_1^{\mathrm{T}} G_1 & \cdots & 0 \\ \vdots & \vdots & & \vdots & \vdots & & \vdots \\ W_N^{\mathrm{T}}D & 0 & \cdots & 0 & 0 & \cdots & -\eta_N Q_N + \varepsilon_N G_N^{\mathrm{T}} G_N \end{bmatrix}$$
$$\tag{5.80}$$

式中，$\Omega_2 = \sum\limits_{l=1}^{r} \overline{\varepsilon}_l^{-1} D\overline{M}_l \overline{M}_l^{\mathrm{T}} D + \sum\limits_{i=1}^{N} \varepsilon_i^{-1} DM_i M_i^{-1} D + \varepsilon_0^{-1} DM_0 M_0^{\mathrm{T}} D + \varepsilon_0 G_0^{\mathrm{T}} G_0 + \Omega_1$。

根据舒尔补引理[54]，式 (5.80) 等价于式 (5.69)。证毕。

## 5.4 具有非负放大函数情况的全局渐近稳定性

在 Cohen 和 Grossberg 提出的原始论义 (文献 [1]) 中，Cohen-Grossberg 神经网络是作为用来实现决策规则、模式恢复和并行记忆存储等目的的一类竞争–合作动力系统而提出来的。因此，神经元的每一种状态可能代表的是人口的大小、物种的活性或浓度，这些状态往往是非负的。Cohen-Grossberg 神经网络的一种特殊情况是著名的 Lotka-Volterra 递归神经网络模型 [1, 51, 52]。即

$$\dot{u}_i(t) = -\tilde{a}_i u_i(t) \left( U_i - \sum_{j=1}^{n} w_{ij} u_j(t) \right) \tag{5.81}$$

或者

$$\dot{u}_i(t) = -\tilde{a}_i u_i(t) \left[ U_i + u_i(t) - \sum_{j=1}^{n} \left( w_{ij} u_j(t) + w_{ij} u_j(t - \tau_{ij}(t)) \right) \right] \tag{5.82}$$

式中, $\tilde{a}_i$ 是一个常数 $(i = 1, \cdots, n)$。

当式 (5.1) 和式 (5.3) 用来描述生态系统时, 式 (5.1) 或式 (5.3) 的初始条件满足如下条件:

$$u_i(t) = \phi_i(t) \geqslant 0, \quad -\rho \leqslant t \leqslant 0$$
$$u_i(0) = \phi_i(0) > 0, \quad i \in \mathbf{R} \tag{5.83}$$

式中, $\phi_i(\cdot)$ 是一个在区间 $[-\rho, 0]$ 上连续的函数。

在实际应用中, 式 (5.3) 的激励函数可能是无界的, 如 Lotka-Volterra 网络[51, 52] 的激励函数是线性函数。这样, 本节将需要如下假设和引理。

**假设 5.5**　$c_i(\cdot)$ 满足式 (5.4), 且 $c_i(0) = 0$ $(i = 1, \cdots, n)$。

**假设 5.6**　激励函数 $\tilde{g}_i(\cdot)$、$\tilde{f}_i(\cdot)$ 和 $\tilde{h}_i(\cdot)$ 分别满足式 (5.5)~ 式 (5.7), 且 $\tilde{g}_i(0) = 0$, $\tilde{f}_i(0) = 0$ 和 $\tilde{h}_i(0) = 0 (i = 1, \cdots, n)$。

**假设 5.7**　对于所有的 $\varrho > 0$, 放大函数 $a_i(\varrho) > 0$, $a_i(0) = 0$, 且对任意的 $\epsilon > 0$, $\int_0^\epsilon \dfrac{\mathrm{d}\varrho}{a_i(\varrho)} = +\infty$ 成立 $(i = 1, \cdots, n)$。

**引理 5.3**　假定 $a_i(\varrho)$ 满足假设 5.7, 则在式 (5.83) 下, 式 (5.3) 的解是正的。

**证明**　按照文献 [50] 中的引理 1 相似的证明方法, 即可得到引理 5.3。证明细节从略。

如果假设 5.7 成立, 则式 (5.3) 的非负平衡点是如下方程的解:

$$u_i[F_i(u_i) + U_i] = 0, \quad i = 1, \cdots, n \tag{5.84}$$

式中, $F_i(u_i) = c_i(u_i) - \sum_{k=1}^{N} \sum_{j=1}^{n} w_{ij}^k \tilde{f}_j(u_j) - \sum_{l=1}^{r} \sum_{j=1}^{n} b_{ij}^l \int_{t-d_l(t)}^{t} \tilde{h}_j(u_j(s)) \mathrm{d}s) - \sum_{j=1}^{n} w_{ij} \tilde{g}_j(u_j)$。

虽然式 (5.84) 可具有多个解, 按照文献 [50] 中命题 1 的证明方法可以证明, 如果 $u_i^*$ 是式 (5.3) 的一个渐近稳定的非负平衡点, 则该非负平衡点必是下面问题的一个解 $(i = 1, \cdots, n)$。

$$u_i^* \geqslant 0, \quad F_i(u_i^*) + U_i \geqslant 0, \quad u_i^*(F_i(u_i^*) + U_i) = 0 \tag{5.85}$$

简要证明如下。假设 $u^*$ 是式 (5.3) 在假设 5.7 下的一个渐近稳定平衡点。根据引理 5.3 可知, $u^* > 0$ 或者 $u^* = 0$。在 $u^* > 0$ 的情况, 可得 $F_i(u_i) + U_i = 0$。如果 $u^* = 0$, 声明 $F_i(u_i) + U_i \geqslant 0$。否则, 如果对于某个指数 $i_0$, 如果 $F_{i_0}(u_{i_0}^*) + U_{i_0} < 0$, 则存在一个常数 $0 < \alpha_0 < 0.5$, 在 $u_{i_0}(t)$ 充分接近 $u_i^*$ 时, 使得 $\dot{u}_{i_0}(t) = -a_i(u_{i_0}(t))(F_{i_0}(u_{i_0}(t)) + U_{i_0}) > -\alpha_0 a_i(x_{i_0}(t))(F_{i_0}(u_i^*) + U_{i_0}) > 0$, 这意味着 $u_{i_0}(t)$ 将永远不收敛到 0, 即 $u^*$ 是不稳定的。这与之前的假定矛盾。

　　与文献 [50] 中的定理 1 证明过程相似，可得到如下结果。该结果提供了保证式 (5.85) 的非负平衡点的存在性和唯一性的证明方法。

　　**引理 5.4**[50]　对于任一个 $U_i$，式 (5.85) 具有唯一解。当且仅当 $\overline{F}(u)$ 是范数矫顽的 (norm-coercive)。即 $\lim\limits_{\|u\|\to\infty} \|\overline{F}(u)\| = \infty$，且是局部单一的 (locally univalent)，其中，$\overline{F}(u) = F(u^+) + u^-$，$F(u) = (F_1(u_1), \cdots, F_n(u_n))^{\mathrm{T}}$，$u^+ = (u_1^+, u_2^+, \cdots, u_n^+)^{\mathrm{T}}$，$u^- = (u_1^-, u_2^-, \cdots, u_n^-)^{\mathrm{T}}$，如果 $u_i \geqslant 0$，$u_i^+ = u_i$；如果 $u_i < 0$，$u_i^+ = 0$；如果 $u_i \leqslant 0$，$u_i^- = u_i$；如果 $u_i > 0$，$u_i^- = 0 (i = 1, \cdots, n)$。

　　下面将给出式 (5.3) 的非负平衡点的定义。

　　**定义 5.2**　称 $u^*$ 是式 (5.3) 的一个非负平衡点，如果 $u^*$ 是式 (5.85) 的一个解。此外，如果对于所有的 $i = 1, \cdots, n$，都有 $u_i^* > 0$，则称 $u_i^* > 0$ 是式 (5.3) 的一个正平衡点。此时，$u^*$ 必满足如下条件：

$$c(u^*) - W\tilde{g}(u^*) - \sum_{k=1}^{N} W_k \tilde{f}(u^*) - \sum_{l=1}^{r} B_l d_l(t) h(u^*) \mathrm{d}s + U = 0$$

式中，$c(u^*) = (c_1(u_1^*, \cdots, c_n(u_n^*)))^{\mathrm{T}}$；$U = (U_1, \cdots, U_n)^{\mathrm{T}}$。

　　**引理 5.5**[50,55]　令 $T$ 是一个 $n \times n$ 矩阵，$D = \mathrm{diag}(D_1, \cdots, D_n)$，$G = \mathrm{diag}(G_1, \cdots, G_n)$。如果存在一个正定对角矩阵 $P = \mathrm{diag}(P_1, \cdots, P_n)$ 使得

$$P(D - TG) + (D - TG)^{\mathrm{T}} P > 0$$

则对于任意的正定对角矩阵 $\overline{D} \geqslant D$ 和非负定对角矩阵 $K\ (0 \leqslant K \leqslant G)$，有 $\det(\overline{D} - TK) \neq 0$。即 $\overline{D} - TK$ 是非奇异的。

　　现在，本节的余下部分仅考虑式 (5.3) 的非负平衡点在式 (5.83) 下的全局渐近稳定性。

　　**定理 5.7**　假设 5.5～假设 5.7 成立，$\dot{\tau}_{ij}(t) \leqslant \mu_{ij}$，$\dot{d}_l(t) \leqslant \upsilon_l$，$0 \leqslant \mu_{ij} < 1$，$0 \leqslant \upsilon_l < 1$。则在式 (5.83) 下，式 (5.3) 具有唯一的全局渐近稳定的非负平衡点，如果存在正定对角矩阵 $P$、$Q$、$Q_k$、$H_l$，使得

$$\Xi = \begin{bmatrix} \Theta_1 & -(PW\Delta_g)^{\mathrm{T}} & -(PW\Delta_g)^{\mathrm{T}} \\ * & \Theta_2 & \Theta_3 \\ * & * & \Theta_4 \end{bmatrix} > 0 \tag{5.86}$$

式中

$$\Theta_1 = 2P\Gamma - PWQ^{-1}W^{\mathrm{T}}P - \Delta_g Q\Delta_g - \sum_{k=1}^{N}(PW_k Q_k^{-1}W_k^{\mathrm{T}}P/\eta_k + \Delta_f Q_k \Delta_f)$$

$$- \sum_{l=1}^{r}[PB_l H_l^{-1}B_l^{\mathrm{T}}P/\overline{v}_l + 0.5(d_l^M)^2(1+1/\overline{v})\Delta_h H_l \Delta_h]$$

$$\Theta_2 = 2P\Gamma - \sum_{k=1}^{N}[\Delta_f Q_k \Delta_f + PW_k \Delta_f + (PW_k \Delta_f)^{\mathrm{T}}]$$

$$\Theta_3 = -\sum_{l=1}^{r}PB_l \Delta_h - \sum_{k=1}^{N}(PW_k \Delta_f)^{\mathrm{T}}$$

$$\Theta_4 = 2P\Gamma - \sum_{l=1}^{r}(\Delta_h H_l \Delta_h + PB_l \Delta_h + (PB_l \Delta_h)^{\mathrm{T}})$$

$$\eta_i = \min(1 - \mu_{ij}), \quad \overline{v}_l = (1 - v_l)$$

**证明**　分两步骤来证明定理 5.7。第一步，将证明式 (5.86) 确保式 (5.3) 的非负平衡点的存在和唯一性。

从式 (5.86) 可知 $\Theta_1 > 0$，这也意味着下式是正定的：

$$A^S = P\Big(\Gamma - W\Delta_g - \sum_{k=1}^{N}W_k \Delta_f - \sum_{l=1}^{r}B_l \Delta_h d_l^M\Big)$$

$$+ \Big(\Gamma - W\Delta_g - \sum_{k=1}^{N}W_k \Delta_f - \sum_{l=1}^{r}B_l \Delta_h d_l^M\Big)^{\mathrm{T}}P$$

式中，利用了引理 5.2，$0 < \overline{v}_l \leqslant 1$ 及如下的事实：

$$PB_l \Delta_h d_l^M + (PB_l \Delta_h d_l^M)^{\mathrm{T}}$$

$$\leqslant PB_l H_l^{-1}B_l^{\mathrm{T}}P/\overline{v}_l + (d_l^M)^2 \Delta_h H_l \Delta_l \overline{v}_l$$

$$\leqslant PB_l H_l^{-1}B_l^{\mathrm{T}}P/\overline{v}_l + (d_l^M)^2 \Delta_h H_l \Delta_l$$

$$\leqslant PB_l H_l^{-1}B_l^{\mathrm{T}}P/\overline{v}_l + 0.5(d_l^M)^2 \Delta_h H_l \Delta_l(1 + 1/\overline{v}_l)$$

令 $F_i(u_i) = c_i(u_i) - \sum_{j=1}^{n}\Big(w_{ij}\tilde{g}_j(u_j) + \sum_{k=1}^{N}w_{ij}^k \tilde{f}_j(u_j) + \sum_{l=1}^{r}b_{ij}^l d_l(t)\tilde{h}_j(u_j)\Big)$, $F(u) = (F_1(u_1), \cdots, F_n(u_n))^{\mathrm{T}}$, $\overline{F}(u) = F(u^+) + u^-(i = 1, \cdots, n)$。

根据引理 5.4，仅需要证明 $\overline{F}(u)$ 范数矫顽的和局部单一的即可。首先，证明 $\overline{F}(u)$ 是局部单一的。对于任意的 $u = (u_1, \cdots, u_n) \in \mathbf{R}^n$，不失一般性，通过重新排列 $u_i$，如果 $i = 1, \cdots, p$，可确定 $u_i > 0$；如果 $i = p+1, \cdots, m$，$u_i < 0$；如果 $i = m+1, \cdots, n(p \leqslant m \leqslant n)$，$u_i = 0$。此外，如果 $y \in \mathbf{R}^n$ 是充分接近于 $u \in \mathbf{R}^n$，

不失一般性, 如果 $i = 1, \cdots, p$, 也能确保 $y_i > 0$; 如果 $i = p + 1, \cdots, m$, $y_i < 0$; 如果 $i = m + 1, \cdots, m_1$, $y_i > 0$; 如果 $i = m_1 + 1, \cdots, m_2$, $y_i < 0$; 如果 $i = m_2 + 1, \cdots, n(m \leqslant m_1 \leqslant m_2 \leqslant n)$, $y_i = 0$。因此

$$(u_i^+ - y_i^+)(u_i^- - y_i^-) = 0, \quad i = 1, \cdots, n \tag{5.87}$$

和

$$
\begin{aligned}
\overline{F}(u) - \overline{F}(y) =& C(u^+) - C(y^+) - W(\tilde{g}(u^+) - \tilde{g}(y^+)) \\
& - \sum_{k=1}^{N} W_k(\tilde{f}(u^+) - \tilde{f}(y^+)) \\
& - \sum_{l=1}^{r} B_l d_l(t)(\tilde{h}(u^+) - \tilde{h}(y^+)) + (u^- - y^-) \\
=& \left( \overline{\Gamma} - W K_g - \sum_{k=1}^{N} W_k K_f - \sum_{l=1}^{r} B_l \tilde{d}_l K_h \right) \\
& \times (u^+ - y^+) + (u^- - y^-)
\end{aligned}
\tag{5.88}
$$

式中, $\overline{\Gamma} = \mathrm{diag}(\overline{\gamma}_1, \cdots, \overline{\gamma}_n)$; $K_g = \mathrm{diag}(K_g^1, \cdots, K_g^n)$; $K_f = \mathrm{diag}(K_f^1, \cdots, K_f^n)$; $K_h = \mathrm{diag}(K_h^1, \cdots, K_h^n)$; $0 < \tilde{d}_l \leqslant d_l^M$

$$
\overline{\gamma}_i = \begin{cases} \dfrac{c_i(u_i^+) - c_i(y_i^+)}{x_i^+ - y_i^+}, & x_i^+ \neq y_i^+ \\ \gamma_i, & \text{其他} \end{cases}
$$

$$
K_g^i = \begin{cases} \dfrac{g_i(u_i^+) - g_i(y_i^+)}{x_i^+ - y_i^+}, & x_i^+ \neq y_i^+ \\ \delta_i^g, & \text{其他} \end{cases}
$$

$$
K_f^i = \begin{cases} \dfrac{f_i(u_i^+) - f_i(y_i^+)}{x_i^+ - y_i^+}, & x_i^+ \neq y_i^+ \\ \delta_i^f, & \text{其他} \end{cases}
$$

$$
K_h^i = \begin{cases} \dfrac{h_i(u_i^+) - h_i(y_i^+)}{x_i^+ - y_i^+}, & x_i^+ \neq y_i^+ \\ \delta_i^h, & \text{其他} \end{cases}
$$

则有 $\overline{\Gamma}_i \geqslant \Gamma_i$, $K_g^i \leqslant \delta_i^g$, $K_f^i \leqslant \delta_i^f$, $K_h^i \leqslant \delta_i^h$ $(i = 1, \cdots, n)$。

如果 $\overline{F}(u) - \overline{F}(y) = 0$，则有

$$u^- - y^- = -\left( \overline{\Gamma} - WK_g - \sum_{k=1}^N W_k K_f - \sum_{l=1}^r B_l \tilde{d}_l K_h \right)(u^+ - y^+) \tag{5.89}$$

利用式 (5.87)，不失一般性，可假设

$$u^+ - y^+ = \begin{bmatrix} z_1 \\ 0 \end{bmatrix}, \quad u^- - y^- = \begin{bmatrix} 0 \\ z_2 \end{bmatrix}$$

式中，对于某个整数 $k$，$z_1 \in \mathbf{R}^k$，$z_2 \in \mathbf{R}^{n-k}$。这样，式 (5.89) 可写为

$$\begin{bmatrix} 0 \\ z_2 \end{bmatrix} = -\left( \overline{\Gamma} - WK_g - \sum_{k=1}^N W_k K_f - \sum_{l=1}^r B_l \tilde{d}_l K_h \right) \begin{bmatrix} z_1 \\ 0 \end{bmatrix}$$

根据引理 5.5 及 $A^S > 0$，$\overline{\Gamma} - WK_g - \sum_{k=1}^N W_k K_f - \sum_{l=1}^r B_l \tilde{d}_l K_h$ 是非奇异的。利用矩阵分解技术，可得 $z_1 = 0$ 和 $z_2 = 0$。因此，$u^+ = y^+, u^- = y^-$，即 $u = y$，这意味着 $\overline{F}(u)$ 是局部单一的。

其次，将要证明 $\overline{F}(u)$ 是范数矫顽的。假设存在一个序列 $\{u_m = (u_{m,1}, \cdots, u_{m,n})^T\}_{m=1}^\infty$ 使得 $\lim\limits_{m \to \infty} \|u_m\| = \infty$。则存在某个指数 $i$，使得 $\lim\limits_{m \to \infty} |c_i(u_{m,i}^+) + u_{m,i}^-| = \infty$。这意味着当激励函数 $\tilde{g}(\cdot)$，$\tilde{f}(\cdot)$ 和 $\tilde{h}(\cdot)$ 是有界的情况下，$\|\overline{F}(u_m)\| \to \infty$。在无界激励函数的情况下，即 $\lim\limits_{m \to \infty} \|\tilde{g}(u_m^+)\| = \infty$，或者 $\lim\limits_{m \to \infty} \|\tilde{f}(u_m^+)\| = \infty$，或者 $\lim\limits_{m \to \infty} \|\tilde{h}(u_m^+)\| = \infty$，将证明 $\|\overline{F}(u_m)\| \to \infty$。

通过代数运算可得

$$\begin{aligned}
& 2[\tilde{g}(u_m^+)^T \ \tilde{f}(u_m^+)^T \ \tilde{h}(u_m^+)^T] \overline{P} \ \overline{F}(u_m) \\
={} & 2\tilde{g}(u_m^+)^T \Delta_g^{-1} P \overline{F}(u_m) + 2\tilde{f}(u_m^+)^T \Delta_f^{-1} P \overline{F}(u_m) \\
& + 2\tilde{h}(u_m^+)^T \Delta_h^{-1} P \overline{F}(u_m) \\
\geqslant{} & 2\tilde{g}(u_m^+)^T \Delta_g^{-1} P \Gamma \Delta_g^{-1} \tilde{g}(u_m^+) \\
& - 2\tilde{g}(u_m^+)^T \Delta_g^{-1} P W \Delta_g \Delta_g^{-1} \tilde{g}(u_m^+) \\
& - 2\tilde{g}(u_m^+)^T \Delta_g^{-1} P \sum_{k=1}^N W_k \Delta_f \Delta_f^{-1} \tilde{f}(u_m^+) \\
& - 2\tilde{g}(u_m^+)^T \Delta_g^{-1} P \sum_{l=1}^r B_l \Delta_h \Delta_h^{-1} \tilde{h}(u_m^+) \\
& + 2\tilde{g}(u_m^+)^T \Delta_g^{-1} P u_m^-
\end{aligned}$$

$$+ 2\tilde{f}(u_m^+)^{\mathrm{T}} \Delta_f^{-1} P \Gamma \Delta_f^{-1} \tilde{f}(u_m^+)$$

$$- 2\tilde{f}(u_m^+)^{\mathrm{T}} \Delta_f^{-1} P W \Delta_g \Delta_g^{-1} \tilde{g}(u_m^+)$$

$$- 2\tilde{f}(u_m^+)^{\mathrm{T}} \Delta_f^{-1} P \sum_{k=1}^{N} W_k \Delta_f \Delta_f^{-1} \tilde{f}(u_m^+)$$

$$- 2\tilde{f}(u_m^+)^{\mathrm{T}} \Delta_f^{-1} P \sum_{l=1}^{r} B_l \Delta_h \Delta_h^{-1} \tilde{h}(u_m^+)$$

$$+ 2\tilde{f}(u_m^+)^{\mathrm{T}} \Delta_f^{-1} P u_m^-$$

$$+ 2\tilde{h}(u_m^+)^{\mathrm{T}} \Delta_h^{-1} P \Gamma \Delta_h^{-1} \tilde{h}(u_m^+)$$

$$- 2\tilde{h}(u_m^+)^{\mathrm{T}} \Delta_h^{-1} P W \Delta_g \Delta_g^{-1} \tilde{g}(u_m^+)$$

$$- 2\tilde{h}(u_m^+)^{\mathrm{T}} \Delta_h^{-1} P \sum_{k=1}^{N} W_k \Delta_f \Delta_f^{-1} \tilde{f}(u_m^+)$$

$$- 2\tilde{h}(u_m^+)^{\mathrm{T}} \Delta_h^{-1} P \sum_{l=1}^{r} B_l \Delta_h \Delta_h^{-1} \tilde{h}(u_m^+)$$

$$+ 2\tilde{h}(u_m^+)^{\mathrm{T}} \Delta_h^{-1} P u_m^- \tag{5.90}$$

令 $\overline{P} = [(\Delta_g^{-1}P)^{\mathrm{T}} \ (\Delta_f^{-1}P)^{\mathrm{T}} \ (\Delta_h^{-1}P)^{\mathrm{T}}]^{\mathrm{T}}$, $\Delta_g^{-1}\tilde{g}(u_m^+) = \overline{g}(u_m^+)$, $\Delta_f^{-1}\tilde{f}(u_m^+) = \overline{f}(u_m^+)$, $\Delta_h^{-1}\tilde{h}(u_m^+) = \overline{h}(u_m^+)$, 并根据引理 5.2, 由式 (5.90) 可得

$$2[\tilde{g}(u_m^+)^{\mathrm{T}} \ \tilde{f}(u_m^+)^{\mathrm{T}} \ \tilde{h}(u_m^+)^{\mathrm{T}}]\overline{P} \ \overline{F}(u_m)$$

$$\geqslant \overline{g}(u_m^+)^{\mathrm{T}} \Big[ 2P\Gamma - PWQ^{-1}W^{\mathrm{T}}P - \Delta_g Q \Delta_g$$

$$- \sum_{k=1}^{N} (PW_k Q_k^{-1} W_k^{\mathrm{T}} P / \eta_k + \Delta_f Q_k \Delta_f)$$

$$- \sum_{l=1}^{r} (PB_l H_l^{-1} B_l^{\mathrm{T}} P / \overline{v}_l + (d_l^M)^2 \Delta_h H_l \Delta_h) \Big] \overline{g}(u_m^+)$$

$$+ \sum_{k=1}^{N} \Big( \overline{g}(u_m^+)^{\mathrm{T}} \Delta_f Q_k \Delta_f \overline{g}(u_m^+)$$

$$- \overline{f}(u_m^+)^{\mathrm{T}} \Delta_f Q_k \Delta_f \overline{f}(u_m^+) \Big)$$

$$+ \sum_{l=1}^{r} \Big( \overline{g}(u_m^+)^{\mathrm{T}} (d_l^M)^2 \Delta_h H_l \Delta_h \overline{g}(u_m^+)$$

$$- \overline{h}(u_m^+)^{\mathrm{T}} \Delta_h H_l \Delta_h \overline{h}(u_m^+) \Big)$$

$$+ 2\overline{f}(u_m^+)^{\mathrm{T}} P \varGamma \overline{f}(u_m^+) - 2\overline{f}(u_m^+)^{\mathrm{T}} P W \Delta_g \overline{g}(u_m^+)$$

$$- 2\overline{f}(u_m^+)^{\mathrm{T}} P \sum_{k=1}^{N} W_k \Delta_f \overline{f}(u_m^+)$$

$$- 2\overline{f}(u_m^+)^{\mathrm{T}} P \sum_{l=1}^{r} B_l \Delta_h \overline{h}(u_m^+)$$

$$+ 2\overline{h}(u_m^+)^{\mathrm{T}} P \varGamma \overline{h}(u_m^+) - 2\overline{h}(u_m^+)^{\mathrm{T}} P W \Delta_g \overline{g}(u_m^+)$$

$$- 2\overline{h}(u_m^+)^{\mathrm{T}} P \sum_{k=1}^{N} W_k \Delta_f \overline{f}(u_m^+)$$

$$- 2\overline{h}(u_m^+)^{\mathrm{T}} P \sum_{l=1}^{r} B_l \Delta_h \overline{h}(u_m^+)$$

$$\geqslant \lambda_m(\varXi) g_{fh}^{\mathrm{T}}(u_m^+) g_{fh}(u_m^+) \tag{5.91}$$

式中, $g_{fh}^{\mathrm{T}}(u_m^+) = [\overline{g}^{\mathrm{T}}(u^+) \ \overline{f}^{\mathrm{T}}(u^+) \ \overline{h}^{\mathrm{T}}(u^+)]$。因此, $\|\overline{F}(u_m)\| \geqslant \lambda_m(\varXi)\|\overline{P}\|\|g_{fh}(u_m^+)\|$ $\to \infty$, 这意味着 $\overline{F}(u)$ 是范数矫顽的。进一步综合引理 5.4, 式 (5.86) 确保了式 (5.3) 的非负平衡点的存在性和唯一性。

第二步, 将证明式 (5.86) 也是保证式 (5.3) 的非负平衡点是全局渐近稳定的。 式 (5.86) 成立, 也意味着 $\Theta_1 > 0$。这样, 只要证明 $\Theta_1 > 0$ 保证平衡点是全局渐近稳定的充分条件即可。

令 $u^* = [u_1^*, \cdots, u_n^*]^{\mathrm{T}}$ 为式 (5.3) 的唯一非负平衡点, 通过坐标变换 $x(t) = u(t) - u^*$, 则式 (5.3) 转换为

$$\dot{x}(t) = - A(x(t)) \Big[ C(x(t)) - W g(x(t)) - \sum_{k=1}^{N} W_k f(x(t - \overline{\tau}_k(t)))$$

$$- \sum_{l=1}^{r} B_l \int_{t-d_l(t)}^{t} h(x(s)) \mathrm{d}s + J \Big] \tag{5.92}$$

式中, $J = (J_1, \cdots, J_n)^{\mathrm{T}}$

$$J_i = \begin{cases} J_i^s, & u_i^* = 0 \\ 0, & u_i^* > 0 \end{cases}$$

$J_i^s = c_i(u_i^*) - \sum_{j=1}^{n} w_{ij} \tilde{g}_j(u_j^*) - \sum_{k=1}^{N} \sum_{j=1}^{n} w_{ij}^k \tilde{f}_j(u_j^*) - \sum_{l=1}^{r} \sum_{j=1}^{n} b_{ij}^l d_l(t) \tilde{h}_j(u_j^*) + U_i$, 初始条

件满足式 (5.83)，其他符号的含义同式 (5.10) 中的定义。

因为 $u^*$ 是式 (5.3) 的非负平衡点，则从式 (5.85) 可知，对于所有的 $i = 1, \cdots, n$，$J_i \geqslant 0$ 成立。这意味着 $g_i(x_i(t))J_i \geqslant 0$，$f_i(x_i(t))J_i \geqslant 0$ 和 $h_i(x_i(t))J_i \geqslant 0 (i = 1, \cdots, n;\ t \geqslant 0)$。

考虑定理 5.4 证明过程中采用的 Lyapunov 泛函，并按照定理 5.4 中相似的证明过程，以及 $g_i(x_i(t))J_i \leqslant 0$，$f_i(x_i(t))J_i \leqslant 0$ 和 $h_i(x_i(t))J_i \leqslant 0 (i = 1, \cdots, n)$，$\varXi > 0$，能够证明，$\varTheta_1 > 0$ 是保证式 (5.3) 的非负平衡点全局渐近稳定的一个充分条件。证明细节从略。

**注释 5.10**  在式 (5.92) 中，如果 $g(\cdot) = f(\cdot) = h(\cdot)$，$d_l(t) = d_l$ 是一个常时滞 $(l = 1, \cdots, r)$，则在定理 5.7 中相同的假设条件下，可以证明，定理 5.5 中的式 (5.56) 及推论 5.1 中的式 (5.57) 分别是保证式 (5.92) 的非负平衡点是全局渐近稳定的充分条件。

**注释 5.11**  按照与定理 5.6 相似的证明过程，从定理 5.7 也可以得到存在满足假设 5.4 的互联矩阵摄动情况下的鲁棒稳定判据。

**注释 5.12**  从注释 5.10 可见，保证式 (5.92) 的非负平衡点的全局渐近稳定性的充分条件与定理 5.5 的稳定条件相同。然而，尽管表达形式相同，这两个稳定结果却具有不同的含义和意义：①定理 5.5 中的条件是在假设 5.3 的基础上得到的，且式 (5.3) 的稳定平衡点可以是负的，也可以是非负的。然而，对于非负平衡点的全局渐近稳定的充分条件是在假设 5.7 的基础上得到的，且式 (5.3) 的稳定平衡点必须是非负的。②在假设 5.3 条件下，式 (5.3) 可以有多个平衡点。在这些平衡点中，只有非负的平衡点才是所考虑的神经网络的平衡点。然而，如果定理 5.5 中的条件满足，且式 (5.3) 的唯一平衡点的每个分量都是非负的，则该平衡点必是式 (5.3) 在假设 5.7 下的唯一平衡点。如果式 (5.3) 在假设 5.3 条件下的平衡点具有一些负的分量，则式 (5.3) 在假设 5.7 下的非负平衡点必包含零分量。

如果 $g(\cdot) = f(\cdot) = h(\cdot)$，$d_l(t) = d_l$ 是一个定常时滞 $(l = 1, \cdots, r)$，则式 (5.92) 变为

$$
\begin{aligned}
\dot{x}(t) = {} & -A(x(t))\Big[ C(x(t)) - Wf(x(t)) - \sum_{k=1}^{N} W_k f(x(t - \overline{\tau}_k(t))) \\
& - \sum_{l=1}^{r} B_l \int_{t-d_l}^{t} f(x(s))\mathrm{d}s + J \Big]
\end{aligned}
\tag{5.93}
$$

则有如下结果。

**定理 5.8**  假设 5.5~ 假设 5.7 成立，$\dot{\tau}_{ij}(t) \leqslant \mu_{ij}$，$0 \leqslant \mu_{ij} < 1$。则在式 (5.83) 下，式 (5.93) 具有唯一的非负平衡点，且该平衡点是全局渐近稳定的，如果存在正

定对角矩阵 $D$、$Q_i$、$H_l$，使得

$$\Omega_v = \sum_{i=1}^{N} \left( \frac{1}{\eta_i} DW_i Q_i^{-1} W_i^{\mathrm{T}} D + Q_i \right) - 2D\Gamma\Delta_f^{-1}$$

$$+ DW + W^{\mathrm{T}}D + \sum_{l=1}^{r} d_l^2 H_l + \sum_{l=1}^{r} DB_l H_l^{-1} B_l^{\mathrm{T}} D < 0 \tag{5.94}$$

式中，$\eta_i = \min(1 - \mu_{ij})(j = 1, \cdots, n; l = 1, \cdots, r; i = 1, \cdots, N)$。

**证明**　关于式 (5.93) 的非负平衡点的存在性和唯一性的证明可参见定理 5.7 中的类似证明可以得到。关于非负平衡点的全局渐近稳定性的证明可参见定理 5.5 的证明过程。证略。

在式 (5.93) 中，当 $B_l = 0$ 时，可以得到下面的推论，该推论是定理 5.8 的直接结果。

**推论 5.6**　假设 5.5~ 假设 5.7 成立，$\dot{\tau}_{kj}(t) \leqslant \mu_{kj} < 1$，$0 \leqslant \mu_{kj} < 1$。如果存在正定对角矩阵 $D$ 和 $Q_k$ 使得

$$\begin{bmatrix} \Theta_0 & PW_1 & PW_2 & \cdots & PW_N \\ * & -\eta_1 Q_1 & 0 & \cdots & 0 \\ * & * & -\eta_2 Q_2 & \cdots & 0 \\ \vdots & \vdots & \vdots & & \vdots \\ * & * & * & \cdots & -\eta_N Q_N \end{bmatrix} < 0 \tag{5.95}$$

则在式 (5.83) 和 $B_l = 0$ 情况下，式 (5.93) 具有唯一的非负平衡点，且该平衡点是全局渐近稳定的，其中，$\Theta_0 = -2D\Gamma\Delta_f^{-1} + DW + W^{\mathrm{T}}D + \sum_{k=1}^{N} Q_k$，$\eta_k = \min(1 - \mu_{kj})(k = 1, \cdots, N, j = 1, \cdots, n)$。

当存在参数不确定或摄动时，式 (5.92) 变为

$$\dot{x}(t) = -A(x(t))\Big[ C(x(t)) - \overline{W}g(x(t)) - \sum_{k=1}^{N} \overline{W}_k f(x(t - \overline{\tau}_k(t)))$$

$$- \sum_{l=1}^{r} \overline{B}_l \int_{t-d_l(t)}^{t} h(x(s))\mathrm{d}s + J \Big] \tag{5.96}$$

式中，$\overline{W}$、$\overline{W}_k$ 和 $\overline{B}_l$ 同式 (5.68) 中的定义 $(k = 1, \cdots, N; l = 1, \cdots, r)$。

针对式 (5.96)，按照定理 5.6 的相似的证明过程，从定理 5.7 和定理 5.8 分别得到如下结果。

**定理 5.9** 假设 5.4~ 假设 5.7 成立，$\dot{\tau}_{kj}(t) \leqslant \mu_{kj}$, $\dot{d}_l(t) \leqslant \upsilon_l$, $0 \leqslant \mu_{kj} < 1$, $0 \leqslant \upsilon_l < 1$。则在式 (5.83) 下，式 (5.96) 具有唯一的非负平衡点，且该平衡点是全局渐近稳定的，如果存在正定对角矩阵 $D$、$Q_k$、$H_l$、正常数 $\varepsilon_0 > 0$, $\varepsilon_k > 0$, $\beta_k > 0$, $\epsilon_k > 0$, $\overline{\varepsilon}_l > 0$, $\overline{\beta}_l > 0$ 和 $\overline{\epsilon}_l > 0$, 使得

$$
\overline{\Omega}_f = \begin{bmatrix}
\overline{X}_{11} & \overline{X}_{12} & \overline{X}_{13} & \overline{X}_{14} & \overline{X}_{15} \\
* & \overline{X}_{22} & \overline{X}_{23} & 0 & 0 \\
* & * & \overline{X}_{33} & 0 & 0 \\
* & * & * & \overline{X}_{44} & 0 \\
* & * & * & * & \overline{X}_{55}
\end{bmatrix} > 0
\tag{5.97}
$$

式中

$$
\begin{aligned}
\overline{X}_{11} =& 2P\Gamma - \Delta_g Q \Delta_g - \sum_{i=1}^{N} (\Delta_f Q_i \Delta_f + \frac{1}{\varepsilon_i} P M_i M_i^{\mathrm{T}} P) \\
& - 2\varepsilon_0 \Delta_g G_0^{\mathrm{T}} G_0 \Delta_g - \frac{1}{\varepsilon_0} P M_0 M_0^{\mathrm{T}} P \\
& - \sum_{l=1}^{r} [0.5(d_l^M)^2 (1 + 1/\overline{\upsilon}_l) \Delta_h H_l \Delta_h + \frac{1}{\overline{\varepsilon}_l} P \overline{M}_l \overline{M}_i^{\mathrm{T}} P]
\end{aligned}
$$

$$
\overline{X}_{12} = -(PW\Delta_g)^{\mathrm{T}}
$$

$$
\overline{X}_{13} = -(PW\Delta_g)^{\mathrm{T}}
$$

$$
\overline{X}_{14} = [PW \ PW_1 \ PW_2 \ \cdots \ PW_N]
$$

$$
\overline{X}_{15} = [PB_1 \ \cdots \ PB_r]
$$

$$
\begin{aligned}
\overline{X}_{22} =& 2P\Gamma - \sum_{i=1}^{N} \big( \Delta_f Q_i \Delta_f + PW_i \Delta_f + (PW_i \Delta_f)^{\mathrm{T}} \\
& + \frac{1}{\epsilon_i} P M_i M_i^{\mathrm{T}} P + \epsilon_i \Delta_f G_i^{\mathrm{T}} G_i \Delta_f + \beta_i \Delta_f G_i^{\mathrm{T}} G_i \Delta_f \big) \\
& - \frac{1}{\varepsilon_0} P M_0 M_0^{\mathrm{T}} P - \sum_{i=1}^{r} \frac{1}{\overline{\epsilon}_i} P \overline{M}_i \overline{M}_i^{\mathrm{T}} P
\end{aligned}
$$

$$
\overline{X}_{23} = -\sum_{i=1}^{r} PB_i \Delta_h - \sum_{i=1}^{N} (PW_i \Delta_f)^{\mathrm{T}}
$$

$$
\begin{aligned}
\overline{X}_{33} =& 2P\Gamma - \frac{1}{\varepsilon_0} P M_0 M_0^{\mathrm{T}} P - \sum_{i=1}^{N} \frac{1}{\beta_i} P M_i M_i^{\mathrm{T}} P \\
& - \sum_{i=1}^{r} (\Delta_h H_i \Delta_h + PB_i \Delta_h + (PB_i \Delta_h)^{\mathrm{T}})
\end{aligned}
$$

$$+ \overline{\varepsilon}_i \Delta_h \overline{G}_i^{\mathrm{T}} \overline{G}_i \Delta_h + \overline{\beta}_i \Delta_h \overline{G}_i^{\mathrm{T}} \overline{G}_i \Delta_h + \frac{1}{\overline{\beta}_i} P \overline{M}_i \overline{M}_i^{\mathrm{T}} P \Big)$$

$$\overline{X}_{44} = \mathrm{diag}(Q - \varepsilon_0 G_0^{\mathrm{T}} G_0, \eta_1 Q_1 - \varepsilon_1 G_1^{\mathrm{T}} G_1,$$

$$\eta_2 Q_2 - \varepsilon_2 G_2^{\mathrm{T}} G_2, \cdots, \eta_N Q_N - \varepsilon_N G_N^{\mathrm{T}} G_N)$$

$$\overline{X}_{55} = \mathrm{diag}(\overline{v}_1 H_1 - \overline{\varepsilon}_1 \overline{G}_1^{\mathrm{T}} \overline{G}_1, \cdots, \overline{v}_r H_r - \overline{\varepsilon}_r \overline{G}_r^{\mathrm{T}} \overline{G}_r)$$

$$\eta_k = \min(1 - \mu_{kj}), \quad \overline{v}_l = 1 - v_l, \quad j = 1, \cdots, n; l = 1, \cdots, r; k = 1, \cdots, N$$

**定理 5.10**　假设 5.4～ 假设 5.7 成立, $\dot{\tau}_{kj}(t) \leqslant \mu_{kj} < 1$, $0 \leqslant \mu_{kj} < 1$。则当 $g(\cdot) = f(\cdot) = h(\cdot)$ 和 $d_l(t) = d_l$ 时, 在式 (5.83) 下, 式 (5.96) 具有唯一的非负平衡点, 且该平衡点是全局渐近稳定的, 如果存在正定对角矩阵 $D$、$Q_k$、$H_l$, 正常数 $\varepsilon_0 > 0$, $\varepsilon_k > 0$ 和 $\overline{\varepsilon}_l > 0$, 使得

$$\Omega_f = \begin{bmatrix} X_{11} & X_{12} & X_{13} & X_{14} & X_{15} \\ * & X_{22} & 0 & 0 & 0 \\ * & * & X_{33} & 0 & 0 \\ * & * & * & X_{44} & 0 \\ * & * & * & * & X_{55} \end{bmatrix} > 0 \tag{5.98}$$

式中

$$X_{11} = \sum_{i=1}^{N} Q_i - 2D\Gamma\Delta_f^{-1} + DW + W^{\mathrm{T}}D + \sum_{l=1}^{r} d_l^2 H_l + \varepsilon_0 G_0^{\mathrm{T}} G_0$$

$$X_{12} = [DW_1\ DW_2\ \cdots\ DW_N]$$

$$X_{13} = [DB_1\ DB_2\ \cdots\ DB_r]$$

$$X_{14} = [DM_0\ DM_1\ \cdots\ DM_N]$$

$$X_{15} = [D\overline{M}_1\ D\overline{M}_2\ \cdots\ D\overline{M}_r]$$

$$X_{22} = \mathrm{diag}(-\eta_1 Q_1 + \varepsilon_1 G_1^{\mathrm{T}} G_1, -\eta_2 Q_2 + \varepsilon_2 G_2^{\mathrm{T}} G_2, \cdots, -\eta_N Q_N + \varepsilon_N G_N^{\mathrm{T}} G_N)$$

$$X_{33} = \mathrm{diag}(-H_1 + \overline{\varepsilon}_1 \overline{G}_1^{\mathrm{T}} \overline{G}_1, \cdots, -H_r + \overline{\varepsilon}_r \overline{G}_r^{\mathrm{T}} \overline{G}_r)$$

$$X_{44} = \mathrm{diag}(-\varepsilon_0 I, -\varepsilon_1 I, \cdots, -\varepsilon_N I)$$

$$X_{55} = \mathrm{diag}(-\overline{\varepsilon}_1 I, -\overline{\varepsilon}_2 I, \cdots, -\overline{\varepsilon}_r I)$$

$$\eta_k = \min(1 - \mu_{kj}), \quad j = 1, \cdots, n; l = 1, \cdots, r; k = 1, \cdots, N$$

**注释 5.13**　注意到, 根据舒尔补引理, 定理 5.7 和定理 5.9 可表示成线性矩阵不等式的形式。例如, 定理 5.9 中的式 (5.97) 可等价为

$$\Omega_f' = \begin{bmatrix} Z_{11} & Z_{12} & Z_{13} & Z_{14} & Z_{15} & Z_{16} & Z_{17} & 0 & 0 & 0 & 0 \\ * & Z_{22} & Z_{23} & 0 & 0 & 0 & 0 & Z_{28} & Z_{29} & 0 & 0 \\ * & * & Z_{33} & 0 & 0 & 0 & 0 & 0 & 0 & Z_{3,10} & Z_{3,11} \\ * & * & * & X_{44} & 0 & 0 & 0 & 0 & 0 & 0 & 0 \\ * & * & * & * & X_{55} & 0 & 0 & 0 & 0 & 0 & 0 \\ * & * & * & * & * & X_{66} & 0 & 0 & 0 & 0 & 0 \\ * & * & * & * & * & * & Z_{77} & 0 & 0 & 0 & 0 \\ * & * & * & * & * & * & * & Z_{88} & 0 & 0 & 0 \\ * & * & * & * & * & * & * & * & Z_{99} & 0 & 0 \\ * & * & * & * & * & * & * & * & * & Z_{10,10} & 0 \\ * & * & * & * & * & * & * & * & * & * & Z_{11,11} \end{bmatrix} > 0$$

$$(5.99)$$

式中

$$Z_{11} = 2P\Gamma - \Delta_g Q \Delta_g - \sum_{i=1}^{N}(\Delta_f Q_i \Delta_f - 2\varepsilon_0 \Delta_g G_0^{\mathrm{T}} G_0 \Delta_g)$$
$$\qquad - \sum_{l=1}^{r} 0.5(d_l^M)^2(1+1/\overline{v}_l)\Delta_h H_l \Delta_h$$

$$Z_{12} = -(PW\Delta_g)^{\mathrm{T}}$$
$$Z_{13} = -(PW\Delta_g)^{\mathrm{T}}$$
$$Z_{14} = [PW \ PW_1 \ PW_2 \ \cdots \ PW_N]$$
$$Z_{15} = [PB_1 \ \cdots \ PB_r]$$
$$Z_{16} = [PM_0 \ PM_1 \ PM_2 \ \cdots \ PM_N]$$
$$Z_{17} = [P\overline{M}_1 \ \cdots \ P\overline{M}_r]$$
$$Z_{22} = 2P\Gamma - \sum_{i=1}^{N}(\Delta_f Q_i \Delta_f + PW_i \Delta_f + (PW_i \Delta_f)^{\mathrm{T}}$$
$$\qquad + \epsilon_i \Delta_f G_i^{\mathrm{T}} G_i \Delta_f + \beta_i \Delta_f G_i^{\mathrm{T}} G_i \Delta_f)$$
$$Z_{23} = -\sum_{i=1}^{r} PB_i \Delta_h - \sum_{i=1}^{N}(PW_i \Delta_f)^{\mathrm{T}}$$
$$Z_{28} = [PM_0 \ PM_1 \ PM_2 \ \cdots \ PM_N]$$
$$Z_{29} = [P\overline{M}_1 \ \cdots \ P\overline{M}_r]$$
$$Z_{33} = 2P\Gamma - \sum_{i=1}^{r}(\Delta_h H_i \Delta_h + PB_i \Delta_h + (PB_i \Delta_h)^{\mathrm{T}}$$
$$\qquad + \overline{\epsilon}_i \Delta_h \overline{G}_i^{\mathrm{T}} \overline{G}_i \Delta_h + \overline{\beta}_i \Delta_h \overline{G}_i^{\mathrm{T}} \overline{G}_i \Delta_h)$$

$$Z_{3,10} = [PM_0 \ PM_1 \ PM_2 \ \cdots \ PM_N]$$

$$Z_{3,11} = [P\overline{M}_1 \ \cdots \ P\overline{M}_r]$$

$$Z_{44} = \mathrm{diag}(Q - \varepsilon_0 G_0^{\mathrm{T}} G_0, \eta_1 Q_1 - \varepsilon_1 G_1^{\mathrm{T}} G_1$$
$$\eta_2 Q_2 - \varepsilon_2 G_2^{\mathrm{T}} G_2, \cdots, \eta_N Q_N - \varepsilon_N G_N^{\mathrm{T}} G_N)$$

$$Z_{55} = \mathrm{diag}(\overline{v}_1 H_1 - \overline{\varepsilon}_1 \overline{G}_1^{\mathrm{T}} \overline{G}_1, \cdots, \overline{v}_r H_r - \overline{\varepsilon}_r \overline{G}_r^{\mathrm{T}} \overline{G}_r)$$

$$Z_{66} = \mathrm{diag}(\varepsilon_0 I, \varepsilon_1 I, \cdots, \varepsilon_N I)$$

$$Z_{77} = \mathrm{diag}(\overline{\varepsilon}_1 I, \cdots, \overline{\varepsilon}_r I)$$

$$Z_{88} = \mathrm{diag}(\epsilon_0 I, \epsilon_1 I, \cdots, \epsilon_r I)$$

$$Z_{99} = \mathrm{diag}(\overline{\epsilon}_1 I, \cdots, \overline{\epsilon}_r I)$$

$$Z_{10,10} = \mathrm{diag}(\varepsilon_0 I, \beta_1 I, \cdots, \beta_N I)$$

$$Z_{11,11} = \mathrm{diag}(\overline{\beta}_1 I, \cdots, \overline{\beta}_r I)$$

## 5.5　仿 真 示 例

本节用三个例子来说明所得结果的有效性。

**例 5.1**　考虑一个三阶的 Cohen-Grossberg 神经网络 (式 (5.10)), 其中, $N = 1$, $r = 1$, 网络参数如下:

$$W = \begin{bmatrix} 1.3 & -1.8 & 1.5 \\ -2.1 & 1.5 & 1.2 \\ 0.1 & 0.5 & -0.7 \end{bmatrix}, \quad W_1 = \begin{bmatrix} 0.8 & 1.2 & -0.1 \\ 0.2 & 0.4 & 0.6 \\ -0.8 & 0.1 & -1.2 \end{bmatrix}$$

$$B_1 = \begin{bmatrix} 1.5 & -0.2 & 0.1 \\ -0.3 & 0.7 & 0.3 \\ 1.6 & -1.4 & 0.5 \end{bmatrix}$$

$\Gamma = \mathrm{diag}(3,3,2)$, $d_1^M = 1$, $\Delta_g = \Delta_h = 0.25I$, $\Delta_f = 0.35I$, $\mu_{1j} \leqslant 0.8, v_1 \leqslant 0.7, d_1(t)$、$\tau_{1j}(t)$ 是有界的、连续时变时滞, $A_i(x_i(t))$ 是满足假设 5.3 的放大函数, 其上、下界的精确值未知 $(i,j = 1,2,3)$。

应用定理 5.1 可得

$$P = \mathrm{diag}(3.7424, 4.0167, 3.6544), \quad D = \mathrm{diag}(4.4971, 5.3908, 5.4150)$$

$$Q_1 = \mathrm{diag}(42.8957, 55.1968, 31.6543), \quad F = \mathrm{diag}(3.3021, 3.8728, 1.9850)$$

$$M = \mathrm{diag}(7.5403, 6.7893, 2.3394)$$

$$Y_1 = \begin{bmatrix} 12.1501 & -3.5688 & 0.5644 \\ -3.5688 & 15.0082 & 0.0348 \\ 0.5644 & 0.0348 & 2.5876 \end{bmatrix}, \quad H_1 = \begin{bmatrix} 45.4665 & -4.9909 & -0.7247 \\ -4.9909 & 51.9164 & 4.4288 \\ -0.7247 & 4.4288 & 9.6017 \end{bmatrix}$$

$$\overline{Y}_1 = \begin{bmatrix} 11.2173 & -0.7262 & -0.3348 \\ -0.7262 & 13.6085 & 1.3762 \\ -0.3348 & 1.3762 & 2.6981 \end{bmatrix}, \quad \overline{S}_1 = \begin{bmatrix} 19.6298 & -2.4755 & -0.5850 \\ -2.4755 & 17.2595 & 1.9440 \\ -0.5850 & 1.9440 & 3.0626 \end{bmatrix}$$

$$Y_P = \begin{bmatrix} 19.0218 & 1.4380 & -5.7560 \\ 1.4380 & 20.9031 & 0.5127 \\ -5.7560 & 0.5127 & 11.2228 \end{bmatrix}, \quad S = \begin{bmatrix} 20.9745 & -3.2197 & -1.8384 \\ -3.2197 & 25.6914 & -0.2993 \\ -1.8384 & -0.2993 & 7.3498 \end{bmatrix}$$

$$F_1 = \begin{bmatrix} 2.4724 & -0.7298 & -0.4652 \\ -0.7298 & 3.0524 & 0.1575 \\ -0.4652 & 0.1575 & 1.3172 \end{bmatrix}, \quad S_1 = \begin{bmatrix} 3.1795 & 0.3149 & -0.6611 \\ 0.3149 & 4.8538 & -0.1749 \\ -0.6611 & -0.1749 & 1.7537 \end{bmatrix}$$

这样, 所考虑的 Cohen-Grossberg 神经网络 (式 (5.10)) 是全局渐近稳定的。

现在考虑具有不确定参数摄动情况下的 Cohen-Grossberg 神经网络, 其中

$$F(t) = \sin(t)$$

$$\delta W(t) = M_0 F(t) G_0 = \begin{bmatrix} 0.2 \\ 0.1 \\ -0.05 \end{bmatrix} F(t)[-0.1 \quad 0.1 \quad 0.2]$$

$$\delta W_1(t) = M_1 F(t) G_1 = \begin{bmatrix} 0.3 \\ 0.1 \\ -0.2 \end{bmatrix} F(t)[0.1 \quad 0.5 \quad -0.3]$$

$$\delta B_1(t) = \overline{M}_1 F(t) \overline{G}_1 = \begin{bmatrix} 0.1 \\ -0.02 \\ 0.01 \end{bmatrix} F(t)[0.03 \quad 0.3 \quad -0.1]$$

应用定理 5.6 可得

$$D = \mathrm{diag}(4.9134, 9.8341, 5.4466), \quad Q_1 = \mathrm{diag}(242.6805, 327.0261, 316.4056)$$
$$S = \mathrm{diag}(28.3463, 34.2277, 26.2191), \quad P = \mathrm{diag}(18.2606, 26.4119, 15.8859)$$
$$M = \mathrm{diag}(25.7467, 32.4965, 25.0969, \quad S_1^f = \mathrm{diag}(235.5538, 277.2225, 293.7711)$$
$$S^g = \mathrm{diag}(243.5524, 227.3613, 119.7463), \quad \varepsilon_0 = 178.5842, \quad \varepsilon_1 = 181.3615$$
$$S_1^h = \mathrm{diag}(416.8638, 372.6623, 197.4373), \quad \overline{\varepsilon}_1 = 179.0780, \quad \gamma = 178.7928$$

$$H_1 = \begin{bmatrix} 249.7431 & -14.8611 & -6.4995 \\ -14.8611 & 235.9436 & 15.8748 \\ -6.4995 & 15.8748 & 87.9224 \end{bmatrix}$$

这样，在参数摄动的情况下，所考虑的 Cohen-Grossberg 神经网络是全局鲁棒稳定的。

**例 5.2**　考虑如下具有两个神经元的 Cohen-Grossberg 神经网络：

$$
\begin{aligned}
\dot{u}_1(t) = a_1(u_1(t))\Big[ &- u_1(t) - 0.5g_1(u_1(t)) + g_2(u_2(t)) \\
&- 0.78g_1(u_1(t-\tau_{11})) + 0.2g_2(u_2(t-\tau_{12})) + 1\Big] \\
\dot{u}_2(t) = a_2(u_2(t))\Big[ &- u_2(t) + 0.1g_1(u_1(t)) - g_2(u_2(t)) \\
&+ 0.9g_1(u_1(t-\tau_{21})) - 0.2g_2(u_2(t-\tau_{22})) + 2\Big]
\end{aligned}
\tag{5.100}
$$

式中，$g_i(u_i(t)) = 0.5(|u_i(t)+1| - |u_i(t)-1|)$；$\tau_{ij}$ 是任意的有界定常时滞；$a_i(u_i(t))$ 是满足假设 5.3 的某类放大函数，其上下界的精确值可能是未知的 $(i, j = 1, 2)$。显然，针对本例这种情况，文献 [12] 和 [13] 中的结果不能适用。针对本例而言，文献 [16] 中的结果和文献 [11] 中的定理 2 都不成立，不能判定网络的稳定性。注意到，在本例中，有

$$
\Delta_g = \Gamma = I, \quad W = \begin{bmatrix} -0.5 & 1 \\ 0.1 & -1 \end{bmatrix}
$$

$$
E_1 = \begin{bmatrix} -0.78 & 0.2 \\ 0 & 0 \end{bmatrix}, \quad E_2 = \begin{bmatrix} 0 & 0 \\ 0.9 & -0.2 \end{bmatrix}
$$

应用推论 5.3 可得

$$
D = \mathrm{diag}(6.1842, 8.0659), \quad Q_1 = \mathrm{diag}(4.7152, 3.6839), \quad Q_2 = \mathrm{diag}(4.2247, 3.4643)
$$

因此，式 (5.100) 是全局渐近稳定的。此外，如果在式 (5.100) 中令 $a_i(u_i(t)) \equiv 1(i = 1, 2)$，针对这种情况，文献 [42] 中的定理 1 和定理 2、文献 [45] 中的定理 1 以及文献 [48] 中的定理 3 也都不成立。

**例 5.3**　考虑如下两类具有两个神经元的 Cohen-Grossberg 递归神经网络：

$$
\begin{aligned}
\dot{y}_1(t) = y_1(t)\Big[ &- y_1(t) + w_{11}g_1(y_1(t)) + w_{12}g_2(y_2(t)) \\
&+ w_{11}^1 g_1(y_1(t-2)) + w_{12}^1 g_2(y_2(t-3)) + U_1\Big] \\
\dot{y}_2(t) = y_2(t)\Big[ &- y_2(t) + w_{21}g_1(y_1(t)) + w_{22}g_2(y_2(t)) \\
&+ w_{21}^1 g_1(y_1(t-2)) + w_{22}^1 g_2(y_2(t-3)) + U_2\Big]
\end{aligned}
\tag{5.101}
$$

$$\dot{u}_1(t) = a_1(u_1(t)\Big[-u_1(t) + w_{11}g_1(u_1(t)) + w_{12}g_2(u_2(t))$$
$$+ w_{11}^1 g_1(u_1(t-2)) + w_{12}^1 g_2(u_2(t-3)) + U_1\Big]$$

$$\dot{u}_2(t) = a_2(u_2(t))\Big[-u_2(t) + w_{21}g_1(u_1(t)) + w_{22}g_2(u_2(t))$$
$$+ w_{21}^1 g_1(u_1(t-2)) + w_{22}^1 g_2(u_2(t-3)) + U_2\Big]$$

$$(5.102)$$

式中

$$a_i(u_i) = 1/(1+|u_i|), \quad g_i(u_i) = 0.5(u_i + \tanh(u_i)), \quad W = \begin{bmatrix} -2 & 1 \\ -1 & -1 \end{bmatrix}$$

$$W_1 = \begin{bmatrix} -1 & 1 \\ 1 & 1 \end{bmatrix}, \quad \Delta_g = \mathrm{diag}(1,1), \quad \Gamma = \mathrm{diag}(1,1), \quad U = (U_1, \ U_2)^{\mathrm{T}}$$

显然，从放大函数的不同表示形式上就可以看出，式 (5.101) 代表的是生态网络，式 (5.102) 代表的是广义 Hopfield 型的工程型网络。

应用文献 [49] 中的定理 4，可以得到 $H = \begin{bmatrix} -2 & -2 \\ -2 & -1 \end{bmatrix}$，其特征值分别是 $-3.5616$ 和 $0.5616$。显然，$H$ 不是一个 $M$ 矩阵，进而文献 [49] 中的定理 4 不能判定式 (5.101) 的稳定性。

应用推论 5.6，可得 $D = \mathrm{diag}(9.6351, 12.0299), Q_1 = \mathrm{diag}(29.4417, 26.2112)$。因此，所考虑的生态型 Cohen-Grossberg (式 (5.101)) 具有唯一的全局渐近稳定的平衡点。应用定理 5.5，式 (5.102) 也具有唯一的全局渐近稳定的平衡点。

在下面的仿真中，针对 $s \in [-3, 0]$，始终假定 $y(s) = (2, \ 1)^{\mathrm{T}}$ 和 $u(s) = (-1.7, \ 0.9)^{\mathrm{T}}$。

当 $U = (1, \ 1)^{\mathrm{T}}$ 时，式 (5.101) 的平衡点分别是 $(0, \ 0)^{\mathrm{T}}$、$(0, \ 1)^{\mathrm{T}}$、$(0.2520, 0)^{\mathrm{T}}$ 和 $(0.7306, \ 1)^{\mathrm{T}}$。在这些平衡点中，$(0.7306, \ 1)^{\mathrm{T}}$ 是式 (5.101) 的非负平衡点。同时，$(0.7306, \ 1)^{\mathrm{T}}$ 也是式 (5.102) 的唯一平衡点。式 (5.101) 和式 (5.102) 的状态响应曲线如图 5.1 所示。

当 $U = (1, \ -0.2)^{\mathrm{T}}$ 时，式 (5.101) 的平衡点分别是 $(0, \ 0)^{\mathrm{T}}$、$(0, \ -0.2)^{\mathrm{T}}$、$(0.2520, 0)^{\mathrm{T}}$ 和 $(0.1511, -0.2)^{\mathrm{T}}$。在这些平衡点中，$(0.2520, \ 0)^{\mathrm{T}}$ 是式 (5.101) 的非负平衡点。然而，$(0.1511, -0.2)^{\mathrm{T}}$ 是式 (5.102) 的唯一平衡点。式 (5.101) 和式 (5.102) 的状态响应曲线如图 5.2 所示。从图 5.2 可见，这两个系统的平衡点是不同的，式 (5.101) 的平衡点是非负的，而式 (5.102) 的平衡点可以是负的。

当 $U = (-1, \ -1)^{\mathrm{T}}$ 时，式 (5.101) 的平衡点分别是 $(0, \ 0)^{\mathrm{T}}$、$(-0.2520, \ 0)^{\mathrm{T}}$、$(0, -1)^{\mathrm{T}}$ 和 $(-0.7306, -1)^{\mathrm{T}}$。在这些平衡点中，$(0, \ 0)^{\mathrm{T}}$ 是式 (5.101) 的非负平衡点。然

而，$(-0.7306, -1)^{\mathrm{T}}$ 是式 (5.102) 的唯一平衡点。式 (5.101) 和式 (5.102) 的状态响应曲线如图 5.3. 所示。从图 5.3 可见，式 (5.101) 的解收敛到零平衡点，而式 (5.102) 的解收敛到负的平衡点。

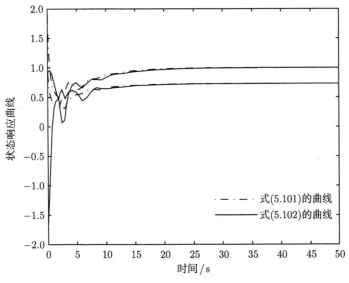

图 5.1　状态响应曲线 $(U = (1,1)^{\mathrm{T}})$

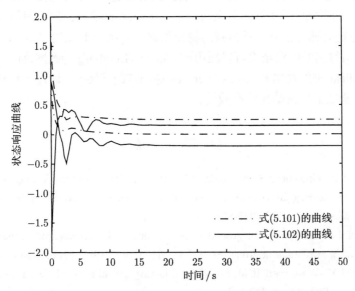

图 5.2　状态响应曲线 $(U = (1, -0.2)^{\mathrm{T}})$

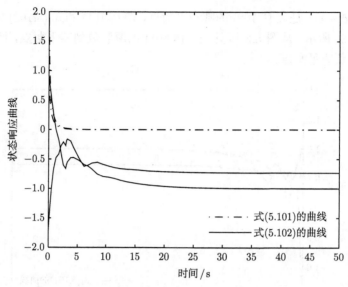

图 5.3   状态响应曲线 $(U = (-1, -1)^{\mathrm{T}})$

## 5.6   小　　结

在 Cohen-Grossberg 神经网络中的放大函数满足不同的假设条件的情况下，针对一类具有多时变时滞和连续分布时滞的 Cohen-Grossberg 神经网络建立了一些全局渐近稳定的充分条件，所得到的稳定结果不依赖于时变时滞的大小和放大函数的信息。所得到的稳定结果可以应用到 Cohen-Grossberg 神经网络的一些特殊情况，如 Hopfield 神经网络和 Lotka-Volterra 递归神经网络等。通过一些注释和三个仿真例子，验证了所得结果的有效性。

### 参 考 文 献

[1] Cohen M A, Grossberg S. Absolute stability and global pattern formation and parallel memory storage by competitive neural networks. IEEE Trans. Systems, Man, and Cybernetics, 1983, 13(5): 815-826.

[2] Hopfield J J. Neurons with graded response have collective computational properties like those of two-stage neurons. Proc. Nat. Acad. Sci., 1984, 81(10): 3088-3092.

[3] Marcus C M, Westervelt R M. Stability of analog neural networks with delay. Physical Review A, 1989, 39(1): 347-359.

[4] Liao X, Wu Z, Yu J. Stability analysis for cellular neural networks with continuous delay. Journal of Computational and Applied Mathematics, 2002, 143(1): 29-47.

[5] Roska T, Wu C W, Balsi M, et al. Stability and dynamics of delay-type general and cellular neural networks. IEEE Trans. Circuits and Systems-I : Fundamental Theory and Applications, 1992, 39(6): 487-490.

[6] Roska T, Wu C W, Chua L O. Stability of cellular neural networks with dominant nonlinear and delay-type template. IEEE Trans. Circuits and Systems-I : Fundamental Theory and Applications, 1993, 40(4): 270-272.

[7] Arik S, Orman Z. Global stability analysis of Cohen-Grossberg neural networks with time varying delays. Physics Letters A, 2005, 341: 410-421.

[8] Arik S. An analysis of exponential stability of delayed neural networks with time varying delays. Neural Networks, 2004, 17: 1027-1031.

[9] Cao J, Liang J. Boundedness and stability for Cohen-Grossberg neural network with time-varying delays. Journal of Mathematical Analysis and Applications, 2004, 296: 665-685.

[10] Chen T P, Rong L. Delay-independent stability analysis of Cohen-Grossberg neural networks. Physics Letters A, 2003, 317(6): 436-449.

[11] Chen T P, Rong L. Robust global exponential stability of Cohen-Grossberg neural networks with time delays. IEEE Trans. Neural Networks, 2004, 15(1): 203-206.

[12] Chen Y. Global asymptotic stability of delayed Cohen-Grossberg neural networks. IEEE Trans. Circuits and Systems-I : Regular Papers, 2006, 53(2): 351-357.

[13] Guo S, Huang L. Stability analysis of Cohen-Grossberg neural networks. IEEE Trans. Neural Networks, 2006, 17(1): 106-116.

[14] Liao X, Li C, Wong K W. Criteria for exponential stability of modified Cohen-Grossberg neural networks. Neural Networks, 2004, 17(10): 1401-1414.

[15] Lu H. Global exponential stability analysis of Cohen-Grossberg neural networks. IEEE Trans. Circuits and Systems- II: Express Briefs, 2005, 52(9): 476-479.

[16] Lu H, Shen R, Chung F L. Global exponential convergence of Cohen-Grossberg neural networks with time delays. IEEE Trans. Neural Networks, 2005, 16(6): 1694-1696.

[17] Lu W, Chen T P. New conditions on global stability of Cohen-Grossberg neural networks. Neural Computation, 2003, 15(5): 1173-1189.

[18] Wang L, Zou X. Harmless delays in Cohen-Grossberg neural network. Physica D: Nonlinear Phenomena, 2002, 170(2): 162-173.

[19] Wang L, Zou X. Exponential stability of Cohen-Grossberg neural networks. Neural Networks, 2002, 15(3): 415-422.

[20] Xiong W, Cao J. Global exponential stability of discrete-time Cohen-Grossberg neural networks. Neurocomputing, 2005, 64: 433-446.

[21] Ye H, Michel A N, Wang K. Qualitative analysis of Cohen-Grossberg neural networks with multiple delays. Physical Review E, 1995, 51(3): 2611-2618.

[22] Yuan K, Cao J. An analysis of global asymptotic stability of delayed Cohen-Grossberg

neural networks via nonsmooth analysis. IEEE Transactions on Circuits and Systems-
Ⅰ: Regualr Papers, 2005, 52(9): 1854-1861.

[23] Forti M, Nistri P, Quincampoix M. Generalized neural network for nonsmooth non-
linear programming problems. IEEE Trans. Circuits and Systems-Ⅰ: Regular Papers,
2004, 51(9): 1741-1754.

[24] Forti M, Nistri P, Papini D. Global exponential stability and global convergence in
finite time of delayed neural networks with infinite gain. IEEE Trans. Neural Networks,
2005, 16(6): 1449-1463.

[25] Gopalsamy K, He X. Stability in asymmetric Hopfield nets with transmission delays.
Physica D: Nonlinear Phenimena, 1994, 76(4): 344-358.

[26] Niculosu S I. Delay Effects on Stability–A Robust Control Approach. London: Springer-
Verlag, 2001.

[27] Richard J P. Time-delay system: An overview of some recent advances and open prob-
lems. Automatica, 2003, 39(10): 1667-1694.

[28] Li W, Pang L, Su H, et al. Global stability for discrete Cohen-Grossberg neural net-
works with finite and infinite delays. Applied Mathematics Letters, 2012, 25(12): 2246-
2251.

[29] Zhou J, Xu S, Zhang B, et al. Robust exponential stability of uncertain stochastic
neural networks with distributed delays and reaction-diffusions. IEEE Transactions on
Neural Networks and Learning Systems, 2012, 23(9): 1407-1416.

[30] Gopalsamy K, He X. Delay-independent stability in bidirectional asociative neural
networks. IEEE Trans. Neural Networks, 1994, 5(6): 998-1002.

[31] Chen W, Zheng W. Global asymptotic stability of a class of neural networks with
distributed delays. IEEE Trans. Circuits and Systems-Ⅰ: Regular Papers, 2006, 53(3):
644-652.

[32] Chen Y. Global stability of neural networks with distributed delays. Neural Networks,
2002, 15(7): 867-871.

[33] Liu P, Han Q L. On stability of recurrent neural networks–An approach from Volterra
integro-differential equations. IEEE Trans. Neural networks, 2006, 17(1): 264-267.

[34] Wang L. Stability of Cohen-Grossberg neural networks with distributed delays. Applied
Mathematics and Computation, 2005, 160(1): 93-110.

[35] Crocco L. Aspect of combustion stability in liquid propellant rocket motors, Part I:
Fundamentals–low frequency instability with monopropellants. J. Amer. Rocket Society,
1951, 21(2): 163-178.

[36] Fiagbedzi Y A, Pearson A E. A multistage reduction technique for feedback stabilizing
distributed time-lag systems. Automatica, 1987, 23(3): 311-326.

[37] Kolmanovskii V B, Richard J P. Stability of some linear systems with delays. IEEE
Trans. Automatic Control, 1999, 44(5): 984-989.

[38]　Lam J, Gao H J, Wang C. $H_\infty$ model reduction of linear systems with distributed delay. IEE Pro. Control Theory Appl., 2005, 152(6): 662-674.

[39]　Xie L, Fridman E, Shaked U. Robust $H_\infty$ control of distributed delay systems with application to combustion control. IEEE Trans. Automatic Control, 2001, 46(12): 1930-1935.

[40]　Xu S, Lam J, Chen T, et al. A delay-dependent approach to robust $H_\infty$ filtering for uncertain distributed delay systems. IEEE Trans. Signal Processing, 2005, 53(10): 3764-3772.

[41]　Huang H, Ho D W C, Cao J D. Analysis of global exponential stability and periodic solutions of neural networks with time-varying delays. Neural Networks, 2005, 18(2): 161-170.

[42]　Liao X X, Wang J. Algebraic criteria for global exponential stability of cellular neural networks with multiple time delays. IEEE Trans. Circuits and Systems- I : Fundamental Theory and Applications, 2003, 50(2): 268-275.

[43]　Wang Z, Zhang H, Yu W. Robust exponential stability analysis of neural networks with multiple time delays. Neurocomputing, 2007, 70: 2534-2543.

[44]　Yuan K, Cao J, Li H X. Robust stability of switched Cohen-Grossberg neural networks with mixed time-varying delays. IEEE Transactions on Systems, Man, and Cybernetics-Part B: Cybernetics, 2006, 36(6): 1356-1363.

[45]　Zeng Z, Wang J, Liao X X. Global exponential stability of a general class of recurrent neural networks with time-varying delays. IEEE Trans. Circuits and Systems-I : Fundamental Theory and Applications, 2003, 50(10): 1353-1358.

[46]　Zhang H, Wang Z, Liu D. Robust exponential stability of recurrent neural networks with multiple time-varying delays. IEEE Trans. Circuits and Systems II: Express Briefs, 2007, 54(8): 730-734.

[47]　Cao J, Yuan K, Li H X. Global asymptotical stability of recurrent neural networks with multiple discrete delays and distributed delays. IEEE Transactions on Neural Networks, 2006, 17(6): 1646-1651.

[48]　Chen T P. Global exponential stability of delayed Hopfield neural networks. Neural Networks, 2001, 14(8): 977-980.

[49]　Lu K, Xu D, Yang Z. Global attraction and stability for Cohen-Grossberg neural networks with delays. Neural Networks, 2006, 19: 1538-1549.

[50]　Lu W, Chen T P. $\mathbf{R}_+^n$ global stability of Cohen-Grossberg neural network system with nonnegative equilibria. Neural Networks, 2007, 20: 714-722.

[51]　Yi Z, Tan K K. Dynamic stability conditions for Lotka-Volterra recurrent neural networks with delays. Physical Review E, 2002, 66(1): 011910.

[52]　Yi Z, Tan K K. Global convergence of Lotka-Volterra recurrent neural networks with delays. IEEE Transactions on Circuits and Systems-I : Regualr Papers, 2005, 52(11):

2482-2489.

[53]   Zhang H, Wang Z. Global asymptotic stability of delayed cellular neural networks. IEEE Trans. Neural Networks, 2007, 18(3): 947-950.

[54]   Boyd S, Ghaoui L E, Feron E, et al. Linear Matrix Inequalities in System and Control Theory, Studies in Applied Mathematics. Philadelphia: SIAM, 1994.

[55]   Forti M, Tesi A. New conditions for global stability of neural networks with application to linear and quadratic programming problems. IEEE Trans. Circuits and Systems-I : Fundamental Theory and Applications, 1995, 42(7): 354-366.

[56]   Xie L, Fu M, De Souza C E. $H_\infty$ control and quadratic stabilization of system with parameter uncertainty via output feedback. IEEE Trans. Automatic Control, 1992, 37(8): 1253-1256.

# 第6章 无穷分布时滞的反应-扩散 Cohen-Grossberg 神经网络的稳定性

在本章主要考虑具有反应扩散项的 Cohen-Grossberg 神经网络的稳定性问题。反应扩散项的存在，使得常微分方程描述的神经网络模型不再适用，代之以一类偏微分方程来进行描述。本章主要讨论具有 Neumann 边界条件和 Dirichlet 边界条件两种情况下的全局渐近稳定性问题，然后再考虑相应的指数稳定性问题。

## 6.1 具有 Neumann 边界条件的 Cohen-Grossberg 神经网络的稳定性

### 6.1.1 引言

1983 年，Cohen 和 Grossberg 在文献 [1] 中首次提出了一类神经网络模型，即

$$\dot{u}_i(t) = -\overline{d}_i(u_i(t))\left[\overline{a}_i(u_i(t)) - \sum_{j=1}^{n} w_{ij}g_j(u_j(t))\right] \tag{6.1}$$

式中，$u_i(t)$ 是第 $i$ 个神经元在时间 $t$ 的状态变量；$\overline{d}_i(u_i(t))$ 是具有某些特性的放大函数；$\overline{a}_i(u_i(t))$ 是一个良态函数来保证式 (6.1) 的解的存在性；$g_j(u_j(t))$ 是描述神经元的输入如何影响神经元的输出的一类激励函数；$w_{ij}$ 是神经元之间的连接权系数 $(i, j = 1, \cdots, n)$。式 (6.1) 的模型在形式上描述了来自神经生物学、人口生态及进化理论等一大类模型，以及著名的 Hopfield 神经网络，具有相当广泛的通用性。在模拟神经网络的电子电路实现中，由于信号传输通道的影响以及运算放大器的有限频次切换等因素的作用，时滞的存在是不可避免的。这样，在神经网络模型中考虑进入时滞的作用既是重要的，也是很实际的。另一方面，利用递归神经网络模型解决与运动相关的图像处理、模式识别、联想记忆及优化计算等问题时，在网络模型当中人为地引入时滞往往有利于问题的解决。因此，式 (6.1) 及其相应的时滞模型得到了研究者的关注。注意到上述这些应用都依赖于神经网络的稳定特性，进而关于神经网络的动态特性的研究是神经网络在实际应用和工程设计中的前提基础。近年来，关于 Cohen-Grossberg 神经网络的全局渐近/指数稳定的充分条件已经得到界内学者的广泛研究，如文献 [2]~[13] 等。

　　由于神经元的轴突大小和尺寸的不同, 大量的神经元通过并行通道结成的神经网络往往具有时空特性, 这样, 神经元之间的信号传输将产生分布效应。这种情况下, 信号的传输将不是瞬时完成的, 也不是在某一固定点时滞之后完成的, 进而不适于用离散时滞 (或者集中时滞或者点时滞, 是能够统计意义下的均值或者近似确定值就能描述信息滞后量的一种称谓, 是相对于分布时滞而言的) 来描述。由于网络的时空特性带来的新的信号传输特性, 在网络模型中用连续分布时滞来替代常用的点时滞或离散时滞, 将更适于准确描述网络状态的变化[2,14-16]。

　　目前, 在神经网络模型中有两类常用的连续分布时滞描述, 即有限分布时滞和无穷分布时滞两种。下述系统模型是具有有限分布时滞的网络模型:

$$\dot{u}_i(t) = -\overline{a}_i(u_i(t)) + \sum_{j=1}^{n} w_{ij} \int_{t-\tau(t)}^{t} g_j(u_j(s))\mathrm{d}s \qquad (6.2)$$

式中, $\tau(t)$ 是时变时滞 $(i = 1, \cdots, n)$。关于式 (6.2) 及其变化模型的动态特性已得到相应的研究[17-21], 包括采用线性矩阵不等式方法、$M$ 矩阵等方法。类似地, 具有无穷分布时滞的网络系统如下:

$$\dot{u}_i(t) = -\overline{a}_i(u_i(t)) + \sum_{j=1}^{n} w_{ij} \int_{-\infty}^{t} K_{ij}(t-s)g_j(u_j(s))\mathrm{d}s \qquad (6.3)$$

$$\dot{u}_i(t) = -\overline{a}_i(u_i(t)) + \sum_{j=1}^{n} w_{ij}g_j \int_{-\infty}^{t} K_{ij}(t-s)u_j(s)\mathrm{d}s \qquad (6.4)$$

式中, 时滞核函数 $K_{ij}(\cdot) : [0, \infty) \to [0, \infty)$ 是一类实值非负的连续函数; 其他符号的定义同式 (6.1) 中的定义; $i, j = 1, \cdots, n$。关于式 (6.3) 及其变形模型的动态特性已得到大量研究[14-16,22-33]。关于式 (6.4) 及其变化模型的动态特性研究也得到了相应的研究。

　　虽然关于式 (6.3)、式 (6.4) 及它们的变化模型的全局稳定结果已有多种不同的表示形式, 如 $M$ 矩阵形式和代数不等式形式, 但所有这些表述形式的结果都是基于对网络的连接权系数采取绝对值运算的操作而得来的。这样的处理导致了网络连接权系数之间的符号差别被忽略了 (正号表示神经激励作用或竞争作用, 负号表示神经抑制作用或合作作用, 神经抑制具有镇定整个网络的作用, 有利于网络的稳定性, 特别是主对角通道中的神经元的抑制作用将对整个网络的稳定性起重要作用), 这样, 神经元的激励和抑制作用对网络的影响都被忽略了, 进而增加了稳定判据的保守性。与基于 $M$ 矩阵的结果相比, 虽然基于代数不等式的结果通过引入适量的自由参数使得稳定判据的保守性得以降低, 但仍存在稳定结果不易验证等主要问题。与代数不等式方法相对照, 基于矩阵不等式的方法将会克服上述两种方法没有考虑神经元之间的抑制作用的不足，更主要的是提供了一种折中保守性和可验证性的桥梁，进而在神经网络的稳定性分析中成为一种主要方法和工具，并针对不同类型的网络建立了相应的稳定结果[8,10,11,17,34−41]。就作者发表此类研究论文之初 (2006 年之前)，针对含有无穷分布时滞的式 (6.3) 及其变形尚没有基于矩阵不等式的稳定结果见诸报道。这样，与其他类型的神经网络一样，有必要针对式 (6.3)、式 (6.4) 及其变形网络建立基于矩阵不等式的稳定判据，进而丰富神经网络的稳定性理论。

在实际的电子线路实现中，当电子在非均匀电场中运动时，扩散效应是不可避免的。因此，考虑状态变量同时在时间和空间上的变化将具有重要意义。此外，在人口增长问题中，考虑扩散效应对生态人口的建模和动态特性分析的影响也是研究的主要问题之一。在人口动态建模中广为研究的一类著名的模型就是 Lotka-Volterra 竞争模型，该模型描述了不同竞争物种之间相互作用。在一个人口数量有限制的聚居处考察人口流动对整个聚居区的影响的情况时，人口密度的主导方程就是用含有反应扩散项的 Lotka-Volterra 竞争系统模型来描述[42−44]。因此，由于物种的迁徙和移民等作用，在生态系统中考虑反应扩散对整个生态系统的影响也是很普遍的[42−47]。另一方面，已经证明，通过适当的参数设置，用一个具有反应扩散项的二阶细胞神经网络能够产生大量丰富的时空行为，这些行为能够鲁棒地再现与有源波传输和模式形成等相关的丰富现象。这些复杂的波形成现象是通过属于不同学科领域的系统展示出来的，如神经生理学、神经系统的电脉冲传播或通过心脏肌肉运动的传播等，都将生成这些复杂的波现象[48]。因此，既然 Cohen-Grossberg 神经网络 (6.1) 也是一类描述生态系统和一般类神经网络的竞争–合作系统，类似生态系统中的分析那样，很自然的就要考虑反应扩散项对神经网络稳定特性的影响，特别是生态系统的和谐性、对称性以及可持续发展等当前热点环保问题，这些都与反应扩散项对网络系统的平衡点的稳定性的影响密不可分的。这样，关于具有反应扩散项的神经网络的稳定性问题得到了人们的广泛关注和研究[24,27,35,49−57]。然而，关于具有反应扩散项的时滞 Cohen-Grossberg 神经网络的基于线性矩阵不等式的稳定性判据尚不多见，关键是仍存在很多难点问题没有解决或难以逾越。

根据上面的讨论，本节将对如下的同时具有反应扩散项和连续分布时滞的 Cohen-Grossberg 神经网络建立一些基于线性矩阵不等式的全局渐近稳定的充分条件，即

$$\frac{\partial u_i(t,x)}{\partial t} = \sum_{k=1}^{m} \frac{\partial}{\partial x_k}\left(b_{ik}\frac{\partial u_i(t,x)}{\partial x_k}\right)$$

$$- \overline{d}_i(u_i(t,x))\left[\overline{a}_i(u_i(t,x)) - \sum_{j=1}^{n} w_{ij}g_j(u_j(t,x))\right]$$

$$- \sum_{j=1}^{n} \overline{w}_{ij}^{1} g_{j}(u_{j}(t - \tau(t), x))$$

$$- \sum_{j=1}^{n} c_{ij} \int_{-\infty}^{t} K_{ij}(t-s) g_{j}(u_{j}(s, x)) \mathrm{d}s + U_{i} \bigg] \tag{6.5}$$

式中，$x = (x_1, x_2, \cdots, x_m)^{\mathrm{T}} \in \Omega \subset \mathbf{R}^m$ 表示神经元所处的空间特性；$\Omega$ 是一个具有光滑边界为 $\partial\Omega$，在实空间 $\mathbf{R}^m$ 中测度为 $\mathrm{mes}\,\Omega > 0$ 的一个有界的紧集；$u = (u_1(t, x), \cdots, u_n(t, x))^{\mathrm{T}}$；$u_i(t, x)$ 是第 $i$ 个神经元在时间 $t$ 和空间 $x$ 处的状态；$\overline{w}_{ij}^{1}$ 和 $c_{ij}$ 分别是网络的时滞连接权系数和分布时滞连接权系数；$b_{ik} = b_{ik}(t, x, u) \geqslant 0$ 表示沿着第 $i$ 个神经元的转移扩散算子；$U_i$ 是外部常值输入；$0 < \tau(t) \leqslant \tau_M$；$\dot{\tau}(t) \leqslant \mu < 1$；$\tau_M$ 和 $\mu$ 是已知的正常数；余下的符号定义同式 (6.3) 中的定义；$i, j = 1, \cdots, n$；$k = 1, \cdots, m$。式 (6.5) 的初始条件满足 Neumann 边界条件：

$$\frac{\partial u_i(t, x)}{\partial \overline{n}} = \left( \frac{\partial u_i(t, x)}{\partial x_1}, \frac{\partial u_i(t, x)}{\partial x_2}, \cdots, \frac{\partial u_i(t, x)}{\partial x_m} \right)^{\mathrm{T}} = 0$$

式中，$x \in \partial\Omega$；$\overline{n}$ 是 $\partial\Omega$ 的外法向量；初始条件 $u_i(s, x) = \overline{\phi}_i(s, x)$ 是连续有界的函数；$s \in (-\infty, 0]$；$i = 1, 2, \cdots, n$。

采用线性矩阵不等式的方法来研究式 (6.5) 的稳定性问题的困难主要有两方面。如何解决放大函数 $\overline{d}_i(u_i(t, x))$ 对式 (6.5) 的影响是困难的。在 $M$ 矩阵方法和代数不等式的方法中，由于对连接权系数和激励函数都直接采用绝对值运算，进而放大函数 $\overline{d}_i(u_i(t, x))$ 在运算过程中直接由放大函数的上下界来代替，不存在额外作用关系。如何利用线性矩阵不等式方法解决式 (6.5) 中的连续分布时滞项就不是一件容易的工作。换句话说，如何将式 (6.5) 写成矩阵–向量表示的紧凑形式本身就很难，至少在本书的工作之前，尚没有相关结果见诸报道。在 $M$ 矩阵方法和代数不等式方法中，可以通过构造适当的 Lyapunov 泛函来抵消连续分布时滞对式 (6.5) 的影响，如文献 [15]、[16]、[22]、[23]、[25]、[29]、[32]、[33]、[50] 中的方法，或者利用微分不等式的方法来抵消连续分布时滞对式 (6.5) 的影响，如文献 [2]、[14]、[24]、[28]、[34]、[38] 中的方法。这样，本节的主要工作如下：①通过对放大函数 $\overline{d}_i(u_i(t, x))$ 施加一个新的附加假设条件，则针对含有反应扩散项的 Cohen-Grossberg 神经网络首次建立了基于线性矩阵不等式的稳定判据。②利用作者之前提出的时滞互联矩阵分解方法，再结合一个变形的柯西不等式，针对具有无穷分布时滞的 Cohen-Grossberg 神经网络首次建立了基于线性矩阵不等式的稳定判据。③本节所考虑的式 (6.5) 代表了一大类来自生物系统和物理系统的模型结构。因此，本节所建立的分析方法对很大一类应用领域中的相关稳定性问题的解决提供了一种有效的研究途径。

### 6.1.2　基础知识

在本小节, 需要如下符号、假设和引理。令 $W = (w_{ij})_{n \times n}$, $W_1 = (w_{ij}^1)_{n \times n}$, $C = (c_{ij})_{n \times n}$。令 $B^{\mathrm{T}}$ 表示一个方阵 $B$ 的转置。令 $B > 0\,(B < 0)$ 表示正定 (负定) 对称矩阵, $\lambda_{\min}(B)$ 表示矩阵 $B$ 的最小特征值。令 $I$ 和 $0$ 分别表示具有适当维数的单位矩阵和零矩阵。令 $|a|$ 表示对标量 $a$ 的绝对值运算, $\|u\|_2 = \left[ \iint_{\Omega} u^{\mathrm{T}}(t,x)u(t,x)\mathrm{d}x \right]^{1/2}$。

**假设 6.1**　存在一个正常数 $\gamma_i > 0$ 使得可微函数 $\overline{a}_i(\cdot)$ 满足

$$\frac{\overline{a}_i(\zeta) - \overline{a}_i(\xi)}{\zeta - \xi} \geqslant \gamma_i \tag{6.6}$$

$\forall\, \zeta, \xi \in \mathbf{R}$, $\zeta \neq \xi$, $i = 1, \cdots, n$。

**假设 6.2**　核函数 $K_{ij}(s)$ 是定义在 $[0, \infty)$ 区间上的一个实值非负连续函数, 且存在一个正常数 $\delta_0 > 0$, 对于所有的 $i, j = 1, \cdots, n$, 核函数满足如下条件:

$$\int_0^\infty K_{ij}(s)\mathrm{d}s = 1 \quad \text{和} \quad \int_0^\infty \mathrm{e}^{\delta_0 s} K_{ij}(s)\mathrm{d}s < \infty \tag{6.7}$$

**假设 6.3**　激励函数 $g_j(\cdot)$ 是有界的、连续可微的, 且满足

$$0 \leqslant \frac{g_j(\zeta) - g_j(\xi)}{\zeta - \xi} \leqslant \delta_j \tag{6.8}$$

$\forall\, \zeta \neq \xi$, $\zeta, \xi \in \mathbf{R}$, 其中, $\delta_j > 0\,(j = 1, \cdots, n)$。

**假设 6.4**　激励函数 $\overline{d}_i(u_i(t,x))$ 是有界的、正的和可微的, 并满足下面条件:

$$\int_0^\infty \frac{\rho}{\overline{d}_i(\rho)}\mathrm{d}\rho = \infty \tag{6.9}$$

$$\left( \frac{u_i - u_i^*}{\overline{d}_i(u_i)} \right)' = \frac{\mathrm{d}}{\mathrm{d}u_i}\left( \frac{u_i - u_i^*}{\overline{d}_i(u_i)} \right) \geqslant 0 \tag{6.10}$$

$$\left( \frac{g_i(u_i) - g_i(u_i^*)}{\overline{d}_i(u_i)} \right)' = \frac{\mathrm{d}}{\mathrm{d}u_i}\left( \frac{g_i(u_i) - g_i(u_i^*)}{\overline{d}_i(u_i)} \right) \geqslant 0 \tag{6.11}$$

式中, $u_i^*$ 是式 (6.5) 的一个平衡点; $(\cdot)'$ 表示相对于变量 $u_i$ 的导数; $i = 1, 2, \cdots, n$。

对于不存在反应扩散项的 Cohen-Grossberg 神经网络, 将在下面两个假设下建立几个稳定判据。

**假设 6.5**　激励函数 $g_j(\cdot)$ 是连续的, 且满足式 (6.8)$(j = 1, \cdots, n)$。

**假设 6.6**　放大函数 $\overline{d}_i(u_i)$ 是正的、连续的和有界的, 即 $0 < \underline{d}_m \leqslant d_i(u_i) \leqslant \overline{d}_M (i = 1, \cdots, n)$。

在后面, 令 $\Gamma = \mathrm{diag}(\gamma_1, \cdots, \gamma_n)$ 和 $\Delta = \mathrm{diag}(\delta_1, \cdots, \delta_n)$。

**引理 6.1** [58](柯西不等式)　　对于任意的两个连续函数 $f(s)$ 和 $h(s)$, 它们在积分区间内是良态的, 则

$$\left( \int_{-\infty}^{\theta} f(s)h(s)\mathrm{d}s \right)^2 \leqslant \int_{-\infty}^{\theta} f^2(s)\mathrm{d}s \int_{-\infty}^{\theta} h^2(s)\mathrm{d}s$$

式中, $\theta \geqslant 0$。

### 6.1.3　全局渐近稳定性结果

在本小节的开始, 将讨论式 (6.5) 的平衡点的存在性和唯一性问题, 并建立相应的充分性条件。随后, 将讨论平衡点的全局渐近稳定性问题, 并建立相应的充分判据。

**命题 6.1**　　假设 6.1～ 假设 6.4 成立。如果存在一个对称正定矩阵 $Q > 0$, 正对角矩阵 $G$、$P$、$R$ 和 $H^i (i = 1, 2, \cdots, n)$, 使得

$$\Xi = \begin{bmatrix} \Upsilon_{11} & \Upsilon_{12} & PW_1 & \Upsilon_{14} \\ * & \Upsilon_{22} & RW_1 & \Upsilon_{24} \\ * & * & -(1-\mu)Q & 0 \\ * & * & * & \Upsilon_{44} \end{bmatrix} < 0 \tag{6.12}$$

则式 (6.5) 的平衡点是唯一的, 其中, $*$ 表示矩阵中相应的对称部分元素

$$\Upsilon_{11} = -P\Gamma - (P\Gamma)^{\mathrm{T}}$$

$$\Upsilon_{12} = PW + \Delta G - R\Gamma$$

$$\Upsilon_{14} = [PE_1 \ PE_2 \ \cdots \ PE_n]$$

$$\Upsilon_{22} = \sum_{i=1}^{n} H^i + Q - 2G + RW + (RW)^{\mathrm{T}}$$

$$\Upsilon_{24} = [RE_1 \ RE_2 \ \cdots \ RE_n]$$

$$\Upsilon_{44} = \mathrm{diag}(-H^1, -H^2, \cdots, -H^n)$$

**证明**　令

$$F(u(t,x)) = (F_1(u(t,x)), \cdots, F_n(u(t,x)))^{\mathrm{T}} = 0 \tag{6.13}$$

式中, $F_i(u(t,x)) = -\sum_{j=1}^{n} \left( w_{ij} + w_{ij}^1 + c_{ij} \right) g_j(u_j(t,x)) + \overline{a}_i(u_i(t,x)) + U_i (i = 1, \cdots, n)$。

则式 (6.13) 的解是式 (6.5) 的平衡点。为了证明平衡点的存在性和唯一性, 仿效文献 [8]、[54] 和 [59] 中的证明方法, 我们仅需证明 $F(u(t,x))$ 是 $\mathbf{R}^n$ 一个同胚。

(1) 首先证明 $F(u(t,x))$ 是单射的, 否则, 存在 $u(t,x) \neq \overline{u}(t,x)$, 使得

$$F(\overline{u}(t,x)) - F(u(t,x)) = 0 \tag{6.14}$$

现在考虑 $u(t,x) \neq \overline{u}(t,x)$ 和 $g(u(t,x)) \neq g(\overline{u}(t,x))$ 的情况。在式 (6.14) 的两侧分别乘以 $2(u(t,x) - \overline{u}(t,x))^{\mathrm{T}} P$ 和 $2(g(u(t,x)) - g(\overline{u}(t,x)))^{\mathrm{T}} R$, 并考虑到假设 6.1 的约束, 则有

$$\begin{aligned}
0 \leqslant & - 2(y^c)^{\mathrm{T}} P \Gamma y^c - 2 f^{\mathrm{T}}(y^c) R \Gamma y^c \\
& + \left[ 2(y^c)^{\mathrm{T}} P + 2 f^{\mathrm{T}}(y^c) R \right] (W + W_1 + C) f(y^c)
\end{aligned} \tag{6.15}$$

式中, $y^c = u(t,x) - \overline{u}(t,x)$; $f(y^c) = g(u(t,x)) - g(\overline{u}(t,x))$。

注意到下列条件成立:

$$0 \leqslant f^{\mathrm{T}}(y^c) Q f(y^c) - (1-\mu) f^{\mathrm{T}}(y^c) Q f(y^c) \tag{6.16}$$

$$0 \leqslant 2 f^{\mathrm{T}}(y^c) \Delta G y^c - 2 f^{\mathrm{T}}(y^c) G f(y^c) \tag{6.17}$$

$$0 = f^{\mathrm{T}}(y^c) H^i f(y^c) - f^{\mathrm{T}}(y^c) H^i f(y^c) \tag{6.18}$$

则考虑式 (6.15)$\sim$ 式 (6.18), 有

$$0 \leqslant \overline{\xi}^{\mathrm{T}} \Xi \overline{\xi} \tag{6.19}$$

式中, $\overline{\xi} = \mathrm{col}(y^c, f(y^c), \cdots, f(y^c))$ 是一个 $n(n+3)$ 维的列向量。

考虑到式 (6.12) 可知, 对于 $\overline{\xi} \neq 0$, $\overline{\xi}^{\mathrm{T}} \Xi \overline{\xi} < 0$, 这与式 (6.19) 相矛盾。产生的矛盾说明 $u(t,x) = \overline{u}(t,x)$。对于 $u(t,x) \neq \overline{u}(t,x)$ 和 $g(u(t,x)) = g(\overline{u}(t,x))$ 的情况, 可得 $F(u(t,x)) - F(\overline{u}(t,x)) = \overline{a}_i(u_i(t,x)) - \overline{a}_i(\overline{u}_i(t,x)) \neq 0$。因此, $F(u(t,x))$ 是单射的。

(2) 证明 $\lim\limits_{\|u(t,x)\| \to \infty} \|F(u(t,x))\| = \infty$ 成立, 其中, $\|\cdot\|$ 表示欧几里得范数。否则, 存在一个序列 $\{u^l(t,x)\}_{l=1}^{\infty}$, 使得 $\lim\limits_{l \to \infty} \|u^l(t,x)\| = \infty$ 成立, 且对于所有的 $l$, 有

$$\|F(u(t,x))\| \leqslant M \tag{6.20}$$

式中, $0 < M < \infty$ 是一个常数。这样, 存在一个固定的 $i_0$, 当 $l \to \infty$ 和 $\|F_{i_0}(u^l(t,x))\| \leqslant M$ 时, 使得 $|u_{i_0}^l(t,x)| \to \infty$。

因为 $F_{i_0}(u(t,x)) = -\sum\limits_{j=1}^{n}(w_{i_0 j} + w_{i_0 j}^1 + c_{i_0 j}) g_j(u_j^l(t,x)) + \overline{a}_{i_0}(u_{i_0}^l(t,x)) + U_{i_0}$,

$\overline{a}_{i_0}(u_{i_0}^l(t,x)) \to \infty$, 由此可知 $|\sum\limits_{j=1}^{n}(w_{i_0 j} + w_{i_0 j}^1 + c_{i_0 j}) g_j(u_j^l(t,x))|$ 是无界的。因此,

存在一个序列 $\{u^{l_k}(t,x)\}_{k=1}^{\infty}$, 使得

$$\|g(u^{l_k}(t,x))\| \to \infty, \quad k \to \infty \tag{6.21}$$

因为

$$\left[2u^{\mathrm{T}}(t,x)P + 2(g(u(t,x)) - g(0))^{\mathrm{T}}R\right]\left[F(u(t,x)) - F(0)\right]$$
$$\geqslant -\overline{\xi^0}^{\mathrm{T}}\Xi\overline{\xi}^0 \geqslant \lambda\overline{\xi^0}^{\mathrm{T}}\overline{\xi}^0 \geqslant 0 \tag{6.22}$$

由此可得

$$\lambda(\|u(t,x)\|^2 + (n+2)\|f(y^{c_0})\|^2)$$
$$\leqslant \varepsilon\left[\|u(t,x)\| + \|\Delta\|\,\|u(t,x)\|\right]\left[\|F(u(t,x))\| + \|F(0)\|\right] \tag{6.23}$$

式中, $\lambda = \lambda_{\min}(-\Xi) > 0$; $\varepsilon = 2\max\{\|P\|, \|R\|\}$; $f(y^{c_0}) = g(u(t,x)) - g(0)$; $\overline{\xi}^0 = \mathrm{col}(y^{c_0}, f(y^{c_0}), \cdots, f(y^{c_0}))$; $y^{c_0} = u(t,x)$。

这意味着当 $\|u^{l_k}(t,x)\| \to \infty$ 时, 则

$$\|u^{l_k}(t,x)\| + (n+2)\frac{\|g(u^{l_k}(t,x)) - g(0)\|^2}{\|u^{l_k}(t,x)\|} \tag{6.24}$$

$$\leqslant \frac{\varepsilon(1 + \|\Delta\|)\left[\|F(u^{l_k}(t,x))\| + \|F(0)\|\right]}{\lambda}$$

这与式 (6.20) 相矛盾。因此, $\lim\limits_{\|u(t,x)\| \to \infty} \|F(u(t,x))\| = \infty$。

既然 $\|F(u(t,x))\|$ 是 $\mathbf{R}^n$ 的一个同胚, 则式 (6.5) 的平衡点存在且唯一。证毕。

下面作为一个补充论证, 讨论一下偏微分方程式 (6.5) 的正平衡点的适定性问题, 即讨论式 (6.5) 的正解对于初始边界数据的依赖性问题 (适定性这一问题在具有反应扩散项的递归神经网络的稳定性研究中很少有学者考虑这一问题, 我们也就是在这方面做一粗浅的工作, 仅限于讨论系统存在正解的情况, 以作为抛砖引玉之功效)。对于常微分方程描述的神经网络系统, 由于非线性函数满足 Lipschitz 条件的前提, 微分方程的初始值问题满足连续依赖的条件。

现假设 $z_i(t,x)$ 是下列系统的一个解:

$$\frac{\partial z_i(t,x)}{\partial t} = \sum_{k=1}^{m} \frac{\partial}{\partial x_k}\left(b_{ik}\frac{\partial z_i(t,x)}{\partial x_k}\right)$$
$$- \overline{d}_i(z_i(t,x))\left[\overline{a}_i(z_i(t,x)) - \sum_{j=1}^{n} w_{ij}g_j(z_j(t,x))\right.$$

$$- \sum_{j=1}^{n} w_{ij}^1 g_j(z_j(t - \tau(t), x)) + U_i$$

$$- \sum_{j=1}^{n} c_{ij} \int_{-\infty}^{t} K_{ij}(t - s) g_j(z_j(s, x)) \mathrm{d}s \Bigg] \tag{6.25}$$

$$\frac{\partial z_i(t, x)}{\partial \overline{n}} = \Big( \frac{\partial z_i(t, x)}{\partial x_1}, \cdots, \frac{\partial z_i(t, x)}{\partial x_m} \Big)^{\mathrm{T}}$$

$$= -(\epsilon_1^i, \cdots, \epsilon_m^i)^{\mathrm{T}}, \quad x \in \partial\Omega \tag{6.26}$$

式中，$\epsilon_j^i$ 表示初始边界数据的微小变化 $(i = 1, \cdots, n; j = 1, \cdots, m)$。根据初始边界数据的连续依赖性定义[60, 61]，连续依赖性的目的就是证明：如果微小变化初始边界数据，$|u_i(t, x) - z_i(t, x)|$ 仍旧是很小的，或者也是微小变化的 $(i = 1, \cdots, n)$。

令 $v_i(t, x) = u_i(t, x) - z_i(t, x)$，则

$$\frac{\partial v_i(t, x)}{\partial t} = \sum_{k=1}^{m} \frac{\partial}{\partial x_k} \Big( b_{ik} \frac{\partial v_i(t, x)}{\partial x_k} \Big)$$

$$- \overline{d}_i(u_i(t, x)) \overline{a}_i(u_i(t, x)) - \overline{a}_i(z_i(t, x))$$

$$- \sum_{j=1}^{n} (w_{ij}(g_j(u_j(t, x)) - g_j(z_j(t, x))))$$

$$- \sum_{j=1}^{n} w_{ij}^1 (g_j(u_j(t - \tau(t), x)) - g_j(z_j(t - \tau(t), x))) \tag{6.27}$$

$$- \sum_{j=1}^{n} c_{ij} \int_{-\infty}^{t} K_{ij}(t - s)(g_j(u_j(s, x)) - g_j(z_j(s, x))) \mathrm{d}s$$

$$- (\overline{d}_i(u_i(t, x)) - \overline{d}_i(z_i(t, x))) J_i(t, x)$$

$$\frac{\partial v_i(t, x)}{\partial \overline{n}} = \Big( \frac{\partial v_i(t, x)}{\partial x_1}, \cdots, \frac{\partial v_i(t, x)}{\partial x_m} \Big)^{\mathrm{T}}$$

$$= (\epsilon_1^i, \cdots, \epsilon_m^i)^{\mathrm{T}}, \quad x \in \partial\Omega \tag{6.28}$$

式中

$$J_i(t, x) = \overline{a}_i(z_i(t, x)) - \sum_{j=1}^{n} w_{ij}^1 g_j(z_j(t - \tau(t), x)) + U_i - \sum_{j=1}^{n} w_{ij} g_j(z_j(t, x))$$

$$- \sum_{j=1}^{n} c_{ij} \int_{-\infty}^{t} K_{ij}(t - s) g_j(z_j(s, x)) \mathrm{d}s$$

根据中值定理，有

$$\overline{a}_i(u_i(t, x)) - \overline{a}_i(z_i(t, x)) = \overline{a}_i'(\xi_i(t, x)) v_i(t, x) \tag{6.29}$$

$$g_i(u_i(t,x)) - g_i(z_i(t,x)) = g_i^{'}(\zeta_i(t,x))v_i(t,x) \tag{6.30}$$

$$\overline{d}_i(u_i(t,x)) - \overline{d}_i(z_i(t,x)) = \overline{d}_i^{'}(\eta_i(t,x))v_i(t,x) \tag{6.31}$$

式中, $\xi_i(t,x)$、$\zeta_i(t,x)$ 和 $\eta_i(t,x)$ 是介于 $u_i(t,x)$ 和 $z_i(t,x)$ 的中间值 $(i=1,\cdots,n)$。

将式 (6.29)~ 式 (6.31) 代入式 (6.27), 则有

$$
\begin{aligned}
\frac{\partial v_i(t,x)}{\partial t} = & \sum_{k=1}^{m} \frac{\partial}{\partial x_k}\left(b_{ik}\frac{\partial v_i(t,x)}{\partial x_k}\right) \\
& - \overline{d}_i(y_i(t,x))\left[\overline{a}_i^{'}(\xi_i(t,x))v_i(t,x) - \sum_{j=1}^{n}w_{ij}g_j^{'}(\zeta_j(t,x))v_j(t,x)\right. \\
& - \sum_{j=1}^{n}w_{ij}^1 g_j^{'}(\zeta_j(t-\tau(t),x))v_j(t-\tau(t),x) \\
& \left. - \sum_{j=1}^{n}c_{ij}\int_{-\infty}^{t}K_{ij}(t-s)g_j^{'}(\zeta_j(s,x))v_j(s,x)\mathrm{d}s\right] \\
& - \overline{d}_i^{'}(\eta_i(t,x))J_i(t,x)v_i(t,x)
\end{aligned}
\tag{6.32}
$$

令 $v_i(t,x) = Y_i(t,x)\mathrm{e}^{\beta t}$, $\beta > 0$ 是一个正常数, 则 $Y_i(t,x)$ 满足

$$
\begin{aligned}
\frac{\partial Y_i(t,x)}{\partial t} = & \sum_{k=1}^{m} \frac{\partial}{\partial x_k}\left(b_{ik}\frac{\partial Y_i(t,x)}{\partial x_k}\right) \\
& - \overline{d}_i(u_i(t,x))\left[\overline{a}_i^{'}(\xi_i(t,x))Y_i(t,x) - \sum_{j=1}^{n}w_{ij}g_j^{'}(\zeta_j(t,x))Y_j(t,x)\right. \\
& - \sum_{j=1}^{n}w_{ij}^1 g_j^{'}(\zeta_j(\iota-\tau(t),x))Y_j(t-\tau(t),x)\mathrm{e}^{-\beta\tau(t)} \\
& \left. - \sum_{j=1}^{n}c_{ij}\int_{-\infty}^{t}K_{ij}(t-s)g_j^{'}(\zeta_j(s,x))Y_j(s,x)\mathrm{e}^{-\beta(t-s)}\mathrm{d}s\right] \\
& - \overline{d}_i^{'}(\eta_i(t,x))J_i(t,x)Y_i(t,x) - \beta Y_i(t,x)
\end{aligned}
\tag{6.33}
$$

$$
\begin{aligned}
\frac{\partial Y_i(t,x)}{\partial \overline{n}} &= \left(\frac{\partial Y_i(t,x)}{\partial x_1},\cdots,\frac{\partial Y_i(t,x)}{\partial x_m}\right)^{\mathrm{T}} \\
&= (\epsilon_1^i,\cdots,\epsilon_m^i)^{\mathrm{T}}\mathrm{e}^{-\beta t}, \quad x \in \partial\Omega
\end{aligned}
\tag{6.34}
$$

令 $N = \max\{|\epsilon_j^i|\}\Omega_b$, $X_i(t,x) = N \pm Y_i(t,x)$, 其中, $\Omega_b$ 表示紧集 $\Omega$ 的最大界, $i=1,\cdots,n, j=1,\cdots,m$, 则

$$
\begin{aligned}
\frac{\partial X_i(t,x)}{\partial t} = {} & \sum_{k=1}^{m} \frac{\partial}{\partial x_k}\left(b_{ik}\frac{\partial X_i(t,x)}{\partial x_k}\right) \\
& - \overline{d}_i(u_i(t,x))\Big[\overline{a}'_i(\xi_i(t,x))(X_i(t,x)-N) \\
& \quad - \sum_{j=1}^{n} w_{ij}g'_j(\zeta_j(t,x))(X_j(t,x)-N) \\
& \quad - \sum_{j=1}^{n} w^1_{ij}g'_j(\zeta_j(t-\tau(t),x))(X_j(t-\tau(t),x)-N)\mathrm{e}^{-\beta\tau(t)} \\
& \quad - \sum_{j=1}^{n} c_{ij}\int_{-\infty}^{t} K_{ij}(t-s)g'_j(\zeta_j(s,x))(X_j(s,x)-N)\mathrm{e}^{-\beta(t-s)}\mathrm{d}s\Big] \\
& - (\beta + \overline{d}'_i(\eta_i(t,x))J_i(t,x))(X_i(t,x)-N)
\end{aligned}
\tag{6.35}
$$

$$
\begin{aligned}
\frac{\partial X_i(t,x)}{\partial \overline{n}} &= \left(\frac{\partial X_i(t,x)}{\partial x_1},\cdots,\frac{\partial X_i(t,x)}{\partial x_m}\right)^{\mathrm{T}} \\
&= \pm(\epsilon^i_1,\cdots,\epsilon^i_m)^{\mathrm{T}}\mathrm{e}^{-\beta t}, \quad x\in\partial\Omega
\end{aligned}
\tag{6.36}
$$

因为 $X_i$ 在有界的紧集 $\Omega$ 上是连续的，$\epsilon^i_j$ 在边界上几乎处处都是 0，则根据最大值原理，按照文献 [61] 中相似的分析方法，可得式 (6.40)，或者通过如下分析来得到。

因为 $\dfrac{\partial X_i(t,x)}{\partial x_j} = \pm\epsilon^i_j(t,x)$，$u_i(t,x)$ 和 $z_i(t,x)$ 的全微分分别为

$$
\mathrm{d}u_i(t,x) = \frac{\partial u_i(t,x)}{\partial t}\mathrm{d}t + \frac{\partial u_1(t,x)}{\partial x_1}\mathrm{d}x_1 + \cdots + \frac{\partial u_i(t,x)}{\partial x_m}\mathrm{d}x_m
\tag{6.37}
$$

和

$$
\mathrm{d}z_i(t,x) = \frac{\partial z_i(t,x)}{\partial t}\mathrm{d}t + \frac{\partial z_1(t,x)}{\partial x_1}\mathrm{d}x_1 + \cdots + \frac{\partial u_i(t,x)}{\partial x_m}\mathrm{d}x_m
\tag{6.38}
$$

则有

$$
\mathrm{d}v_i(t,x) = \frac{\partial v_i(t,x)}{\partial t}\mathrm{d}t + \frac{\partial v_1(t,x)}{\partial x_1}\mathrm{d}x_1 + \cdots + \frac{\partial v_i(t,x)}{\partial x_m}\mathrm{d}x_m
\tag{6.39}
$$

因此，$v_i(t,x) \leqslant \epsilon_2|\Omega| + mN|\Omega| \leqslant (m+1)N|\Omega|$。此外，$-(m+2)N|\Omega| \leqslant Y_i \leqslant (m+2)N|\Omega|$，$-\theta N|\Omega| \leqslant X_i \leqslant \theta N|\Omega|$，这意味着 $|Y_i| \leqslant (\theta+1)N|\Omega|$，其中，$\theta \geqslant 1$ 是一个正常数，$|\Omega|$ 是一个有界的紧集，$\min X_i = X^*_i \geqslant 0$。因此，$X_i \geqslant 0$ 和 $|Y_i| \leqslant N$。因为有界紧集 $\Omega$ 的边界为 $|\Omega|$，反应扩散项的个数 $m$ 是已知的，这样，状态变量的界是 $m$ 和 $|\Omega|$ 的函数。令一个新的常数 $\theta$ 代表常数 $m$ 和 $|\Omega|$ 的组合，则得到如下的关系式：

$$
-\theta N \leqslant X_i \leqslant \theta N
\tag{6.40}
$$

这意味着在一个小的时间区间，$|Y_i| \leqslant (\theta + 1)N$。也就是说，$N \to 0$ 时，$|u_i(t,x) - z_i(t,x)| \to 0$。这样，初始边界数据的微小变化只会导致所考虑的神经网络的解的微小变化。

因此，式 (6.5) 的平衡点是存在且唯一的，该平衡点连续依赖于初始边界数据。

下面，将证明式 (6.5) 的唯一平衡点的全局渐近稳定性。

令 $u^* = [u_1^*, \cdots, u_n^*]^{\mathrm{T}}$ 是式 (6.5) 的唯一平衡点，$y_i(t,x) = u_i(t,x) - u_i^*$，则式 (6.5) 被变换为如下积分–微分方程组形式：

$$
\begin{aligned}
\frac{\partial y_i(t,x)}{\partial t} =& \sum_{k=1}^{m} \frac{\partial}{\partial x_k} \left( b_{ik} \frac{\partial y_i(t,x)}{\partial x_k} \right) \\
& - D_i(y_i(t,x)) \Big[ a_i(y_i(t,x)) - \sum_{j=1}^{n} w_{ij} f_j(y_j(t,x)) \\
& - \sum_{j=1}^{n} w_{ij}^1 f_j(y_j(t - \tau(t), x)) \\
& - \sum_{j=1}^{n} c_{ij} \int_{-\infty}^{t} K_{ij}(t-s) f_j(y_j(s,x)) \mathrm{d}s \Big]
\end{aligned}
\tag{6.41}
$$

或如下矩阵–向量形式：

$$
\begin{aligned}
\frac{\partial y(t,x)}{\partial t} =& \sum_{k=1}^{m} \frac{\partial}{\partial x_k} \left( B_k \frac{\partial y(t,x)}{\partial x_k} \right) \\
& - D(y(t,x)) \Big[ A(y(t,x)) - W f(y(t,x)) - W_1 f(y(t - \tau(t), x)) \\
& - \sum_{i=1}^{n} E_i \int_{-\infty}^{t} \overline{K}_i(t-s) f(y(s,x)) \mathrm{d}s \Big]
\end{aligned}
\tag{6.42}
$$

式中

$$
\begin{aligned}
& y(t,x) = (y_1(t,x), \cdots, y_n(t,x))^{\mathrm{T}} \\
& D(y(t,x)) = \mathrm{diag}(D_1(y_1(t,x)), \cdots, D_n(y_n(t,x))) \\
& D_i(y_i(t,x)) = \overline{d}_i(y_i(t,x) + u_i^*) \\
& f(y(t,x)) = (f_1(y_1(t,x)), \cdots, f_n(y_n(t,x)))^{\mathrm{T}} \\
& f_i(y_i(t,x)) = g_i(y_i(t,x) + u_i^*) - g_i(u_i^*) \\
& B_k = \mathrm{diag}(b_{1k}, b_{2k}, \cdots, b_{nk}) \\
& \overline{K}_i(s) = \mathrm{diag}(K_{i1}(s), K_{i2}(s), \cdots, K_{in}(s))
\end{aligned}
$$

$$A(y(t,x)) = (a_1(y_1(t,x)), \cdots, a_n(y_n(t,x)))^{\mathrm{T}}$$

$$a_i(y_i(t,x)) = \overline{a}_i(y_i(t,x) + u_i^*) - \overline{a}_i(u_i^*)$$

$E_i$ 是一个 $n \times n$ 矩阵, $E_i$ 的第 $i$ 行由矩阵 $C$ 的第 $i$ 行构成, 余下的各行全为 0。注意到, 矩阵 $C$ 被分解成 $n$ 个不同的矩阵 $E_i$, 这一分解在把式 (6.41) 转换成式 (6.42) 的过程中起了至关重要的作用。初始条件是 $y_i(s,x) = \phi_i(s,x) = \overline{\phi}_i(s,x) - u_i^*, -\infty < s \leqslant 0 (i = 1, \cdots, n)$。

显然, 从定性的角度来看, 式 (6.5) 的稳定性问题等价于式 (6.41) 或式 (6.42) 的稳定性问题。

**定理 6.1**　假设命题 6.1 中的所有假设都成立。如果存在正定对称矩阵 $Q > 0$, 正定对角矩阵 $G$、$P$、$R$ 和 $H^i (i = 1, \cdots, n)$, 使得式 (6.12) 成立, 则式 (6.42) 的唯一平衡点是全局渐近稳定的。

**证明**　考虑如下 Lyapunov 泛函:

$$V(t) = V_1(t) + V_2(t) + V_3(t) \tag{6.43}$$

式中

$$V_1(t) = \int_\Omega \sum_{i=1}^n 2p_i \int_0^{y_i(t,x)} \frac{s}{D_i(s)} \mathrm{d}s\mathrm{d}x + \int_\Omega \sum_{i=1}^n 2r_i \int_0^{y_i(t,x)} \frac{f_i(s)}{D_i(s)} \mathrm{d}s\mathrm{d}x \tag{6.44}$$

$$V_2(t) = \int_\Omega \int_{t-\tau(t)}^t f^{\mathrm{T}}(y(s,x))Qf(y(s,x))\mathrm{d}s\mathrm{d}x \tag{6.45}$$

$$V_3(t) = \int_\Omega \sum_{i=1}^n \sum_{j=1}^n h_j^i \int_0^\infty K_{ij}(s) \int_{t-s}^t f_j^2(y_j(\theta,x))\mathrm{d}\theta\mathrm{d}s\mathrm{d}x \tag{6.46}$$

注意到 $V_1(t) \geqslant \int_\Omega \sum_{i=1}^n 2p_i \int_0^{y_i(t,x)} \frac{s}{D_i(s)} \mathrm{d}s\mathrm{d}x$, 同时根据假设 6.4 可知, $V(t)$ 是径向无界的。

沿着式 (6.42) 的轨迹对 $V_1(t)$ 求导, 可得

$$\dot{V}_1(t) = \int_\Omega \sum_{i=1}^n \frac{2p_i y_i(t,x)}{D_i(y_i(t,x))} \frac{\partial y_i(t,x)}{\partial t} \mathrm{d}x + \int_\Omega \sum_{i=1}^n \frac{2r_i f_i(y_i(t,x))}{D_i(y_i(t,x))} \frac{\partial y_i(t,x)}{\partial t} \mathrm{d}x$$

$$\leqslant \int_\Omega \left[ \sum_{i=1}^n \frac{2p_i y_i(t,x)}{D_i(y_i(t,x))} \sum_{k=1}^m \frac{\partial}{\partial x_k} \left( b_{ik} \frac{\partial y_i(t,x)}{\partial x_k} \right) \right.$$

$$
\begin{aligned}
&- 2y^{\mathrm{T}}(t,x)P\Gamma y(t,x) + 2y^{\mathrm{T}}(t,x)PWf(y(t,x)) \\
&+ 2y^{\mathrm{T}}PW_1 f(y(t-\tau(t),x)) \\
&+ 2\sum_{i=1}^{n} y^{\mathrm{T}}(t,x)PE_i \int_{-\infty}^{t} \overline{K}_i(t-s)f(y(s,x))\mathrm{d}s \bigg] \mathrm{d}x \\
&+ \int_{\Omega} \bigg[ \sum_{i=1}^{n} \frac{2r_i f_i(y_i(t,x))}{D_i(y_i(t,x))} \sum_{k=1}^{m} \frac{\partial}{\partial x_k}\Big( b_{ik}\frac{\partial y_i(t,x)}{\partial x_k}\Big) \\
&- 2f^{\mathrm{T}}(y(t,x))R\Gamma y(t,x) + 2f^{\mathrm{T}}(y(t,x))RWf(y(t,x)) \\
&+ 2f^{\mathrm{T}}(y(t,x))RW_1 f(y(t-\tau(t),x)) \\
&+ 2\sum_{i=1}^{n} f^{\mathrm{T}}(y(t,x))RE_i \int_{-\infty}^{t} \overline{K}_i(t-s)f(y(s,x))\mathrm{d}s \bigg] \mathrm{d}x
\end{aligned}
\tag{6.47}
$$

式中，$P = \mathrm{diag}(p_1,\cdots,p_n)$ 和 $R = \mathrm{diag}(r_1,\cdots,r_n)$ 是正定对角矩阵。

依据边界条件、假设 6.4 以及按照与文献 [33]、[49]、[50] 中相似的分析方法，可得

$$
\begin{aligned}
&\int_{\Omega} \sum_{i=1}^{n} \frac{2p_i y_i(t,x)}{D_i(y_i(t,x))} \sum_{k=1}^{m} \frac{\partial}{\partial x_k}\Big( b_{ik}\frac{\partial y_i(t,x)}{\partial x_k}\Big)\mathrm{d}x \\
&= \sum_{i=1}^{n} 2p_i \int_{\partial\Omega} \Big( \frac{y_i(t,x)}{D_i(y_i(t,x))} b_{ik}\frac{\partial y_i(t,x)}{\partial x_k}\Big)_{k=1}^{m} \mathrm{d}S \\
&\quad - \sum_{i=1}^{n} 2p_i \sum_{k=1}^{m} \int_{\Omega} b_{ik}\Big(\frac{\partial y_i(t,x)}{\partial x_k}\Big)^2 \Big(\frac{y_i(t,x)}{D_i(y_i(t,x))}\Big)' \mathrm{d}x \\
&= - \sum_{i=1}^{n} 2p_i \sum_{k=1}^{m} \int_{\Omega} b_{ik}\Big(\frac{\partial y_i(t,x)}{\partial x_k}\Big)^2 \mathrm{d}x \Big(\frac{y_i(t,x)}{D_i(y_i(t,x))}\Big)' \\
&\leqslant 0
\end{aligned}
\tag{6.48}
$$

式中

$$
\Big( b_{ik}\frac{\partial y_i(t,x)}{\partial x_k}\Big)_{k=1}^{m} = \Big( b_{i1}\frac{\partial y_i(t,x)}{\partial x_1},\cdots,b_{im}\frac{\partial y_i(t,x)}{\partial x_m}\Big)^{\mathrm{T}}
$$

$\mathrm{d}S$ 是 $\partial\Omega$ 的面积元。

同样

$$
\begin{aligned}
&\int_{\Omega} \sum_{i=1}^{n} \frac{2r_i f_i(y_i(t,x))}{D_i(y_i(t,x))} \sum_{k=1}^{m} \frac{\partial}{\partial x_k}\Big( b_{ik}\frac{\partial y_i(t,x)}{\partial x_k}\Big)\mathrm{d}x \\
&= \sum_{i=1}^{n} 2r_i \int_{\Omega} \frac{f_i(y_i(t,x))}{D_i(y_i(t,x))} \nabla \circ \Big( b_{ik}\frac{\partial y_i(t,x)}{\partial x_k}\Big)_{k=1}^{m} \mathrm{d}x
\end{aligned}
$$

$$
\begin{aligned}
&= \sum_{i=1}^{n} 2r_i \int_{\Omega} \nabla \circ \Big( \frac{f_i(y_i(t,x))}{D_i(y_i(t,x))} b_{ik} \frac{\partial y_i(t,x)}{\partial x_k} \Big)_{k=1}^{m} \mathrm{d}x \\
&\quad - \sum_{i=1}^{n} 2r_i \int_{\Omega} \Big( b_{ik} \frac{\partial y_i(t,x)}{\partial x_k} \Big)_{k=1}^{m} \circ \nabla \Big( \frac{f_i(y_i(t,x))}{D_i(y_i(t,x))} \Big) \mathrm{d}x \\
&= \sum_{i=1}^{n} 2r_i \int_{\partial\Omega} \Big( \frac{f_i(y_i(t,x))}{D_i(y_i(t,x))} b_{ik} \frac{\partial y_i(t,x)}{\partial x_k} \Big)_{k=1}^{m} \mathrm{d}S \\
&\quad - \sum_{i=1}^{n} 2r_i \sum_{k=1}^{m} \int_{\Omega} b_{ik} \Big( \frac{\partial y_i(t,x)}{\partial x_k} \Big)^2 \Big( \frac{f_i(y_i(t,x))}{D_i(y_i(t,x))} \Big)' \mathrm{d}x \\
&\leqslant - \sum_{i=1}^{n} 2r_i \sum_{k=1}^{m} \int_{\Omega} b_{ik} \Big( \frac{\partial y_i(t,x)}{\partial x_k} \Big)^2 \mathrm{d}x \Big( \frac{f_i(y_i(t,x))}{D_i(y_i(t,x))} \Big)' \\
&\leqslant - \sum_{i=1}^{n} 2r_i \underline{\delta}_i \lambda_i \sum_{k=1}^{m} \int_{\Omega} \frac{b_{ik}}{L_k^2} y_i^2(t,x) \mathrm{d}x
\end{aligned} \tag{6.49}
$$

式 (6.49) 利用了假设 6.3、假设 6.4 和

$$
\begin{aligned}
\Big( \frac{f_i(y_i(t,x))}{D_i(y_i(t,x))} \Big)' &= \Big( \frac{f_i(y_i(t,x))}{y_i(t,x)} \frac{y_i(t,x)}{D_i(y_i(t,x))} \Big)' \\
&= \Big( \frac{f_i(y_i(t,x))}{y_i(t,x)} \Big)' \Big( \frac{y_i(t,x)}{D_i(y_i(t,x))} \Big) \\
&\quad + \Big( \frac{f_i(y_i(t,x))}{y_i(t,x)} \Big) \Big( \frac{y_i(t,x)}{D_i(y_i(t,x))} \Big)' \\
&= \Big( \frac{f_i'(y_i(t,x))(y_i(t,x)) - f_i(y_i(t,x))}{y_i^2(t,x)} \Big) \Big( \frac{y_i(t,x)}{D_i(y_i(t,x))} \Big) \\
&\quad + \Big( \frac{f_i(y_i(t,x))}{y_i(t,x)} \Big) \Big( \frac{y_i(t,x)}{D_i(y_i(t,x))} \Big)' \\
&= \Big( f_i'(y_i(t,x)) - \frac{f_i(y_i(t,x))}{y_i(t,x)} \Big) \frac{1}{D_i(y_i(t,x))} \\
&\quad + \Big( \frac{f_i(y_i(t,x))}{y_i(t,x)} \Big) \Big( \frac{y_i(t,x)}{D_i(y_i(t,x))} \Big)' \\
&\geqslant \underline{\delta}_i \lambda_i
\end{aligned} \tag{6.50}
$$

因此

$$
\begin{aligned}
\dot{V}_1(t) \leqslant \int_{\Omega} \Big[ &- 2y^{\mathrm{T}}(t,x) P\Gamma y(t,x) + 2y^{\mathrm{T}}(t,x) PW f(y(t,x)) \\
&+ 2y^{\mathrm{T}}(t,x) PW_1 f(y(t-\tau(t),x)) \\
&+ 2\sum_{i=1}^{n} y^{\mathrm{T}}(t,x) PE_i \int_{-\infty}^{t} \overline{K}_i(t-s) f(y(s,x)) \mathrm{d}s \Big] \mathrm{d}x
\end{aligned}
$$

$$+ \int_{\Omega} \Big[ -2f^{\mathrm{T}}(y(t,x))R\Gamma y(t,x) + 2f^{\mathrm{T}}(y(t,x))RWf(y(t,x))$$

$$+ 2f^{\mathrm{T}}(y(t,x))RW_1 f(y(t-\tau(t),x))$$

$$+ 2\sum_{i=1}^{n} f^{\mathrm{T}}(y(t,x))RE_i \int_{-\infty}^{t} \overline{K}_i(t-s)f(y(s,x))\mathrm{d}s \Big]\mathrm{d}x \tag{6.51}$$

$V_2(t)$ 和 $V_3(t)$ 的导数分别如下:

$$\dot{V}_2(t) \leqslant \int_{\Omega} \Big[ f^{\mathrm{T}}(y(t,x))Qf(y(t,x)) - (1-\mu)$$
$$\cdot f^{\mathrm{T}}(y(t-\tau(t),x))Qf(y(t-\tau(t),x)) \Big]\mathrm{d}x \tag{6.52}$$

$$\dot{V}_3(t) = \int_{\Omega} \sum_{i=1}^{n} f^{\mathrm{T}}(y(t,x))H^i f(y(t,x))\mathrm{d}x$$

$$- \int_{\Omega} \sum_{i=1}^{n} \sum_{j=1}^{n} h_j^i \int_{0}^{\infty} K_{ij}(s)\mathrm{d}s \int_{0}^{\infty} K_{ij}(s)f_j^2(y_j(t-s,x))\mathrm{d}s\mathrm{d}x \ (\text{利用了假设 6.2})$$

$$\leqslant \int_{\Omega} \sum_{i=1}^{n} f^{\mathrm{T}}(y(t,x))H^i f(y(t,x))\mathrm{d}x$$

$$- \int_{\Omega} \sum_{i=1}^{n} \sum_{j=1}^{n} h_j^i \Big( \int_{0}^{\infty} K_{ij}(s)f_j(y_j(t-s,x))\mathrm{d}s \Big)^2 \mathrm{d}x \ (\text{利用了引理 6.1})$$

$$= \int_{\Omega} \sum_{i=1}^{n} f^{\mathrm{T}}(y(t,x))H^i f(y(t,x))\mathrm{d}x$$

$$- \int_{\Omega} \sum_{i=1}^{n} \Big( \int_{-\infty}^{t} \overline{K}_i(t-s)f(y(s,x))\mathrm{d}s \Big)^{\mathrm{T}} H^i \tag{6.53}$$

$$\times \Big( \int_{-\infty}^{t} \overline{K}_i(t-s)f(y(s,x))\mathrm{d}s \Big)\mathrm{d}x$$

式中, $H^i = \mathrm{diag}(h_1^i, h_2^i, \cdots, h_n^i)(i=1,\cdots,n)$。

根据假设 6.3, 对于任意正定的对角矩阵 $G$, 则有

$$2\Big( f^{\mathrm{T}}(y(t,x))G\Delta y(t,x) - f^{\mathrm{T}}(y(t,x))Gf(y(t,x)) \Big) \geqslant 0 \tag{6.54}$$

综合考虑式 (6.51)~ 式 (6.54), 有

$$\dot{V}(t) \leqslant \int_{\Omega} \Big[ -2y^{\mathrm{T}}(t,x)P\Gamma y(t,x) + 2y^{\mathrm{T}}(t,x)PWf(y(t,x))$$

$$+ 2y^{\mathrm{T}}(t,x)PW_1 f(y(t-\tau(t),x))$$

$$+ \sum_{i=1}^{n} y^{\mathrm{T}}(t,x)PE_i \int_{-\infty}^{t} \overline{K}_i(t-s)f(y(s,x))\mathrm{d}s$$

$$
\begin{aligned}
& - 2f^{\mathrm{T}}(y(t,x))R\varGamma y(t,x) + 2f^{\mathrm{T}}(y(t,x))RWf(y(t,x)) \\
& + 2f^{\mathrm{T}}(y(t,x))RW_1 f(y(t-\tau(t),x)) \\
& + \sum_{i=1}^{n} f^{\mathrm{T}}(y(t,x))RE_i \int_{-\infty}^{t} \overline{K}_i(t-s)f(y(s,x))\mathrm{d}s \\
& + f^{\mathrm{T}}(y(t,x))Qf(y(t,x)) - (1-\dot{\tau}(t))f^{\mathrm{T}}(y(t-\tau(t),x))Qf(y(t-\tau(t),x)) \\
& + \sum_{i=1}^{n} f^{\mathrm{T}}(y(t,x))H^i f(y(t,x)) \\
& - \int_{\varOmega} \sum_{i=1}^{n} \Big( \int_{-\infty}^{t} \overline{K}_i(t-s)f(y(s,x))\mathrm{d}s \Big)^{\mathrm{T}} H^i \Big( \int_{-\infty}^{t} \overline{K}_i(t-s)f(y(s,x))\mathrm{d}s \Big) \\
& + 2\Big( f^{\mathrm{T}}(y(t,x))\varDelta Gy(t,x) - f^{\mathrm{T}}(y(t,x))Gf(y(t,x)) \Big) \bigg] \mathrm{d}x \\
& = \int_{\varOmega} \xi^{\mathrm{T}} \varXi \xi \mathrm{d}x \leqslant -\lambda\|\xi\|_2^2 < 0
\end{aligned}
\tag{6.55}
$$

式中, $\xi \neq 0$; $\varXi$ 同式 (6.12) 中的定义, $\lambda$ 同式 (6.23) 中的定义; $\xi = \mathrm{col}\Big( y(t,x), f(y(t,$ $x)), f(y(t-\tau(t),x)), \int_{-\infty}^{t} \overline{K}_1(t-s)f(y(t,s))\mathrm{d}s, \cdots, \int_{-\infty}^{t} \overline{K}_n(t-s)f(y(t,s))\mathrm{d}s \Big)$ 是一个列向量。

这样, 依据 Lyapunov 稳定性理论可知, 式 (6.42) 的平衡点是全局渐近稳定的。证毕。

**注释 6.1**　因为 Lotka-Volterra 竞争网络是 Cohen-Grossberg 神经网络的一种特殊情况[1, 9, 46], 很自然地将具有反应扩散项的 Lotka-Volterra 竞争网络拓展到具有反应扩散项的 Cohen-Grossberg 神经网络[24, 49, 52, 53, 62]。这样, 就具有迁徙的生态人口的建模及其动态特性分析而言, 反应扩散项的作用是在放大函数的作用之外, 即反应扩散项的作用是叠加在原有的 Cohen-Grossberg 神经网络之上的。因此, 所考虑的式 (6.5) 在物理和工程意义上具有重要的作用。需说明的是, 文献 [24]、[49]、[52]、[53] 和 [62] 中研究的模型都是式 (6.5) 的特殊情况。尽管很多稳定判据在文献 [24]、[49]、[52]、[53] 和 [62] 中利用 $M$ 矩阵方法或代数不等式方法建立起来, 但所有这些稳定结果都没有考虑神经元的抑制作用对于整个网络的影响, 进而直接导致所得稳定结果的保守性增大。相比较, 本节的基于线性矩阵不等式的稳定结果充分考虑了神经元的抑制作用对于整个网络的影响, 进而在某些情况下比现有的许多同类结果具有小的保守性 (稳定结果保守性是指, 针对已知结构和参数的神经网络系统, 假定原系统是稳定的, 如果采用的稳定判据中施加的网络参数越接近原系统的参数并能保持稳定判据的成立, 则说明相应的稳定判据不保守。换句话说, 以稳定的定常时滞神经网络为例, 除了时滞上界信息未知, 神经网络的其余参数, 如连接权矩阵和激励函数等信息都已知, 采用不同的稳定判据, 如果能使稳定判据成立的时滞数值越大, 则相应的稳定判据就越不保守, 即估计的时滞值越接近真实的时滞值。如果是充要条件的话, 估计的时滞值就应该是真实的物理实际值。稳定性保守性大小的判定, 相当于对一个系统的辨识精度问题。保守性越小, 辨识精度越高; 保守性大, 相当于辨识精度差)。

**注释 6.2** 为了对式 (6.5) 建立基于线性矩阵不等式的稳定判据, 通过对激励函数和放大函数施加一些约束 (相对于常规的神经网络中要求的条件而言, 见假设 6.3 和假设 6.4), 已经解决了放大函数对具有反应扩散项的 Cohen-Grossberg 神经网络的影响。因此, 本节提供了一种新型的神经网络稳定判据, 从具有反应扩散项的 Hopfield 神经网络到具有反应扩散项的 Cohen-Grossberg 神经网络, 都建立了相应的基于线性矩阵不等式的稳定判据, 扩大了神经网络的稳定性理论的适用范围。

**注释 6.3** 如何将具有无穷分布时滞的神经网络式 (式 6.5) 转换成矩阵–向量形式表示的紧凑网络结构, 是能否应用线性矩阵不等式的首要前提。如果待研究的微分方程组写不成矩阵–向量形式。就无法应用矩阵理论来进行处理。在本小节, 利用作者之前提出的不同多时滞系统的时滞矩阵分解方法, 巧妙地将无穷分布时滞 $K_{ij}(s)$ 及相应的连接权矩阵 $c_{ij}$ 按照不同多时滞 $\tau_{ij}$ 的形式进行拆解划分, 转换成了由一族矩阵–向量束表示的级联形式 $(i, j = 1, \cdots, n)$。然后, 针对新构造的矩阵–向量空间模型, 通过构造适当的 Lyapunov 泛函并应用柯西不等式 (见引理 6.1), 我们成功地解决了用线性矩阵不等式方法研究具有无穷分布时滞和反应扩散项的 Cohen-Grossberg 神经网络的稳定性问题。

注意到, 在生物系统的建模和综合分析中, 反应扩散项也可以受放大函数的作用, 亦即在具有反应扩散项的 Hopfield 型神经网络的基础上, 同时考虑到与放大函数的乘性关系。这样, 式 (6.41) 将具有如下形式:

$$
\begin{aligned}
\frac{\partial y_i(t, x)}{\partial t} = {} & -D_i(y_i(t, x))\Big[ -\sum_{k=1}^{m} \frac{\partial}{\partial x_k}\Big(b_{ik}\frac{\partial y_i(t, x)}{\partial x_k}\Big) \\
& + a_i(y_i(t, x)) - \sum_{j=1}^{n} w_{ij}f_j(y_j(t, x)) - \sum_{j=1}^{n} w_{ij}^1 f_j(y_j(t - \tau(t), x)) \\
& - \sum_{j=1}^{n} c_{ij}\int_{-\infty}^{t} K_{ij}(t - s)f_j(y_j(s, x))\mathrm{d}s\Big]
\end{aligned}
\tag{6.56}
$$

显然, 放大函数和反应扩散项在神经网络模型中的不同位置或不同作用关系描述, 将导致网络模型表示的实际背景意义不同, 进一步导致在研究动态特性上的差异。

针对式 (6.56) 的稳定性分析, 仍考虑定理 6.1 中使用的 Lyapunov 泛函 (式 6.43)。因为 $V_2(t)$ 和 $V_3(t)$ 的求导过程与式 (6.52) 和式 (6.53) 一样, 现在主要考虑

$V_1(t)$ 的求导过程。沿着式 (6.56) 的轨迹对 $V_1(t)$ 求导的过程同式 (6.47) 相同，除了将式 (6.47) 中如下两个式子：

$$\sum_{i=1}^{n} \frac{2p_i y_i(t,x)}{D_i(y_i(t,x))} \sum_{k=1}^{m} \frac{\partial}{\partial x_k}\left(b_{ik}\frac{\partial y_i(t,x)}{\partial x_k}\right) \tag{6.57}$$

和

$$\sum_{i=1}^{n} \frac{2r_i f_i(y_i(t,x))}{D_i(y_i(t,x))} \sum_{k=1}^{m} \frac{\partial}{\partial x_k}\left(b_{ik}\frac{\partial y_i(t,x)}{\partial x_k}\right) \tag{6.58}$$

替换成

$$\sum_{i=1}^{n} 2p_i y_i(t,x) \sum_{k=1}^{m} \frac{\partial}{\partial x_k}\left(b_{ik}\frac{\partial y_i(t,x)}{\partial x_k}\right) \tag{6.59}$$

和

$$\sum_{i=1}^{n} 2r_i f_i(y_i(t,x)) \sum_{k=1}^{m} \frac{\partial}{\partial x_k}\left(b_{ik}\frac{\partial y_i(t,x)}{\partial x_k}\right) \tag{6.60}$$

根据边界条件及采用与文献 [27]、[30] 和 [55] 相似的分析方法，可得

$$\int_{\Omega} \sum_{i=1}^{n} 2p_i y_i(t,x) \sum_{k=1}^{m} \frac{\partial}{\partial x_k}\left(b_{ik}\frac{\partial y_i(t,x)}{\partial x_k}\right)\mathrm{d}x$$
$$= -\sum_{i=1}^{n} 2p_i \sum_{k=1}^{m} \int_{\Omega} b_{ik}\left(\frac{\partial y_i(t,x)}{\partial x_k}\right)^2 \mathrm{d}x \leqslant 0 \tag{6.61}$$

同样

$$\int_{\Omega} \sum_{i=1}^{n} 2r_i f_i(y_i(t,x)) \sum_{k=1}^{m} \frac{\partial}{\partial x_k}\left(b_{ik}\frac{\partial y_i(t,x)}{\partial x_k}\right)\mathrm{d}x$$
$$= -\sum_{i=1}^{n} 2r_i \sum_{k=1}^{m} \int_{\Omega} b_{ik}\left(\frac{\partial y_i(t,x)}{\partial x_k}\right)^2 \mathrm{d}x \left(f_i(y_i(t,x))\right)' \leqslant 0 \tag{6.62}$$

其中，利用了假设 6.3。这样，按照与定理 6.1 相似的证明过程，在假设 6.6 的条件下，针对式 (6.56)，能够得到与式 (6.12) 相同的稳定条件。

比较式 (6.41) 和式 (6.56) 发现，对式 (6.41) 建立基于线性矩阵不等式的稳定条件相对困难，因为此时需要对放大函数施加额外的假设条件 (见假设 6.4)。这样，本小节的主要结果与现有的同类结果是不同的。

在 Cohen-Grossberg 神经网络 (式 6.42) 中，如果 $B_k = 0$，则在假设 6.5～ 假设 6.6 情况下，有如下结果。

**推论 6.1**　假设 6.1~ 假设 6.2 以及假设 6.5~ 假设 6.6 成立。如果存在一个对称正定矩阵 $Q > 0$、正定对角矩阵 $G$、$P,R$ 和 $H^i$，使得式 (6.12) 成立，则 $B_k = 0$ 情况下的式 (6.42) 具有全局稳定的唯一平衡点 $(i = 1, 2, \cdots, n; k = 1, \cdots, m)$。

**注释 6.4**　当 $b_{ik} = 0$ 和 $w_{ij}^1 = 0$ 时，式 (6.5) 的稳定性问题在文献 [22] 中得到研究。文献 [22] 中的定理 3.3 建立了保证式 (6.5) 具有唯一平衡点的条件，该条件表示如下：

$$\Omega_1 = 2P\Gamma\Delta^{-1} - PW - (PW)^{\mathrm{T}} - (PQ^{-1}C)_{\infty} - (PQC)_1 > 0 \tag{6.63}$$

式中，$P$ 和 $Q$ 是待求解的正定对角矩阵；$B_{\infty} = \mathrm{diag}\left(\sum_{i=1}^n |b_{1i}|, \sum_{i=1}^n |b_{2i}|, \cdots, \sum_{i=1}^n |b_{ni}|\right)$；$B_1 = \mathrm{diag}\left(\sum_{i=1}^n |b_{i1}|, \sum_{i=1}^n |b_{i2}|, \cdots, \sum_{i=1}^n |b_{in}|\right)$；$B = (b_{ij})_{n \times n}$ $(i, j = 1, \cdots, n; k = 1, \cdots, m)$。显然，连接权矩阵 $C = (c_{ij})_{n \times n}$ 的负号特性在 (6.63) 中没有得到利用，进而没有考虑连接权矩阵的抑制作用对于整个网络的稳定作用。同时，未知矩阵参数 $P$ 和 $Q$ 也不易求解，特别是在大规模神经网络的情况下更难求解。相对照，推论 6.1 克服了文献 [22] 中存在的不足。

近年来，具有如下形式的无穷分布时滞的神经网络：

$$\dot{u}_i(t) = -\bar{a}_i(u_i(t)) + \sum_{j=1}^n w_{ij} g_j \int_{-\infty}^t K_{ij}(t - s) u_j(s)\mathrm{d}s \tag{6.64}$$

及其适当变形的神经网络得到了部分学者的关注和研究[2,34-39]。与式 (6.3) 相似，目前尚没有相应的基于线性矩阵不等式的稳定判据。下面，将利用与定理 6.1 相似的证明方法，针对如下的 Cohen-Grossberg 神经网络建立一个基于线性矩阵不等式的稳定判据：

$$\begin{aligned}
\frac{\partial u_i(t, x)}{\partial t} = &\sum_{k=1}^m \frac{\partial}{\partial x_k}\left(b_{ik}\frac{\partial u_i(t, x)}{\partial x_k}\right) \\
&- \bar{d}_i(u_i(t, x))\Bigg[\bar{a}_i(u_i(t, x)) - \sum_{j=1}^n w_{ij} g_j(u_j(t, x)) \\
&- \sum_{j=1}^n w_{ij}^1 g_j(u_j(t - \tau(t), x)) \\
&- \sum_{j=1}^n c_{ij} g_j \int_{-\infty}^t K_{ij}(t - s) u_j(s, x)\mathrm{d}s + U_i\Bigg]
\end{aligned} \tag{6.65}$$

特别地，可以用我们提出的矩阵分解方法处理分布时滞项：

$$\sum_{j=1}^{n} c_{ij} g_j \int_{-\infty}^{t} K_{ij}(t-s) u_j(s,x) \mathrm{d}s$$

进而可将式 (6.65) 表示成矩阵–向量形式。与式 (6.5) 的推导过程类似，令 $y_i(t,x) = u_i(t,x) - u_i^*$，则式 (6.65) 可变换为

$$
\begin{aligned}
\frac{\partial y_i(t,x)}{\partial t} =& \sum_{k=1}^{m} \frac{\partial}{\partial x_k}\left(b_{ik}\frac{\partial y_i(t,x)}{\partial x_k}\right) \\
& - D_i(y_i(t,x))\Big[a_i(y_i(t,x)) - \sum_{j=1}^{n} w_{ij} f_j(y_j(t,x)) \\
& - \sum_{j=1}^{n} w_{ij}^1 f_j(y_j(t-\tau(t)),x) \\
& - \sum_{j=1}^{n} c_{ij} f_j \int_{-\infty}^{t} K_{ij}(t-s) y_j(s,x)\mathrm{d}s\Big]
\end{aligned}
\tag{6.66}
$$

或者矩阵–向量形式：

$$
\begin{aligned}
\frac{\partial y(t,x)}{\partial t} =& \sum_{k=1}^{m} \frac{\partial}{\partial x_k}\left(B_k \frac{\partial y(t,x)}{\partial x_k}\right) - D(y(t,x))\Big[A(y(t,x)) - W f(y(t,x)) \\
& - W_1 f(y(t-\tau(t)),x) - \sum_{i=1}^{r} E_i F^i(s,x)\Big]
\end{aligned}
\tag{6.67}
$$

式中

$$y(t,x) = (y_1(t,x),\cdots,y_n(t,x))^{\mathrm{T}}$$

$$D(y(t,x)) = \mathrm{diag}(D_1(y_1(t,x)),\cdots,D_n(y_n(t,x)))$$

$$D_i(y_i(t,x)) = d_i(y_i(t,x) + u_i^*)$$

$$f(y(t,x)) = (f_1(y_1(t,x)),\cdots,f_n(y_n(t,x)))^{\mathrm{T}}$$

$$f_i(y_i(t,x)) = g_i(y_i(t,x) + u_i^*) - g_i(u_i^*)$$

$$B_k = (b_{1k}, b_{2k}, \cdots, b_{nk})$$

$$
\begin{aligned}
F^i(s,x) =& \Big( f_1 \int_{-\infty}^{t} K_{i1}(t-s) y_1(s,x)\mathrm{d}s,\ f_2 \int_{-\infty}^{t} K_{i2}(t-s) y_2(s,x)\mathrm{d}s, \\
& \cdots, f_n \int_{-\infty}^{t} K_{in}(t-s) y_n(s,x)\mathrm{d}s \Big)^{\mathrm{T}}
\end{aligned}
$$

$$f_j \int_{-\infty}^{t} K_{ij}(t-s)y_j(s,x)\mathrm{d}s = g_j\left(\int_{-\infty}^{t} K_{ij}(t-s)y_j(s,x)\mathrm{d}s + u_j^*\right) - g_j(u_j^*)$$

其余的符号同式 (6.42) 中的定义 $(i,j = 1,\cdots,n)$。显然，式 (6.65) 的稳定性问题等价于式 (6.67) 的稳定性问题。

**定理 6.2**　假设 6.1~ 假设 6.4 成立。如果存在正定对称矩阵 $Q > 0$、正对角矩阵 $G$、$P$、$R$、$N^i$ 和 $H^i(i = 1,2,\cdots,n)$，使得

$$\Xi_1 = \begin{bmatrix} \overline{\varUpsilon}_{11} & \varUpsilon_{12} & PW_1 & \varUpsilon_{14} & 0 \\ * & \overline{\varUpsilon}_{22} & RW_1 & \varUpsilon_{24} & 0 \\ * & * & -(1-\mu)Q & 0 & 0 \\ * & * & * & \overline{\varUpsilon}_{44} & \varUpsilon_{45} \\ * & * & * & * & \varUpsilon_{55} \end{bmatrix} < 0 \tag{6.68}$$

则式 (6.67) 的唯一平衡点是全局渐近稳定的，其中

$$\overline{\varUpsilon}_{11} = -P\varGamma - (P\varGamma)^{\mathrm{T}} + \sum_{i=1}^{n} H^i$$

$$\varUpsilon_{12} = PW + \Delta G - R\varGamma$$

$$\overline{\varUpsilon}_{22} = Q - 2G + RW + (RW)^{\mathrm{T}}$$

$$\varUpsilon_{14} = [PE_1 \ PE_2 \ \cdots \ PE_n]$$

$$\varUpsilon_{24} = [RE_1 \ RE_2 \ \cdots \ RE_n]$$

$$\overline{\varUpsilon}_{44} = \mathrm{diag}(-2N^1, -2N^2, \cdots, -2N^n)$$

$$\varUpsilon_{45} = \mathrm{diag}(N^1\Delta, N^2\Delta, \cdots, N^n\Delta)$$

$$\varUpsilon_{55} = \varUpsilon_{44}$$

其余的符号同定理 6.1 中的定义。

**证明**　考虑 Lyapunov 泛函 $V_0(t) = V_1(t) + V_2(t) + V_4(t)$，其中，$V_1(t)$ 和 $V_2(t)$ 同式 (6.43) 中的定义，则

$$V_4(t) = \int_{\Omega} \sum_{i=1}^{n} \sum_{j=1}^{n} h_j^i \int_0^{\infty} K_{ij}(s) \int_{t-s}^{t} y_j^2(\theta,x)\mathrm{d}\theta\mathrm{d}s\mathrm{d}x \tag{6.69}$$

同 $\dot{V}_3(t)$ 的推导过程相似，沿着式 (6.67) 的轨迹对 $V_4(t)$ 求导数，得

$$
\begin{aligned}
\dot{V}_4(t) \leqslant & \int_\Omega \sum_{i=1}^n y^{\mathrm{T}}(t,x) H^i y(t,x) \mathrm{d}x \\
& - \int_\Omega \sum_{i=1}^n \sum_{j=1}^n h_j^i \Big( \int_{-\infty}^t K_{ij}(t-s) y_j(s,x) \mathrm{d}s \Big)^2 \mathrm{d}x \\
= & \int_\Omega \sum_{i=1}^n y^{\mathrm{T}}(t,x) H^i y(t,x) \mathrm{d}x \\
& - \int_\Omega \sum_{i=1}^n \Big( \int_{-\infty}^t \overline{K}_i(t-s) y(s,x) \mathrm{d}s \Big)^{\mathrm{T}} H^i \\
& \times \int_{-\infty}^t \overline{K}_i(t-s) y(s,x) \mathrm{d}s \mathrm{d}x
\end{aligned}
\tag{6.70}
$$

式中，$H^i = \mathrm{diag}(h_1^i, h_2^i, \cdots, h_n^i)$；$\overline{K}_i(s)$ 同式 (6.42) 中的定义 $(i=1,\cdots,n)$。

利用假设 6.3，对于任意的正数 $N_j^i > 0 (i,j=1,\cdots,n)$，则

$$
\begin{aligned}
& f_j \int_{-\infty}^t K_{ij}(t-s) y_j(s,x) \mathrm{d}s N_j^i \delta_j \int_{-\infty}^t K_{ij}(t-s) y_j(s,x) \mathrm{d}s \\
& - f_j^2 \int_{-\infty}^t K_{ij}(t-s) y_j(s,x) \mathrm{d}s N_j^i \geqslant 0
\end{aligned}
\tag{6.71}
$$

从式 (6.71) 可知

$$
2 F^i(s,x) N^i \Delta \int_{-\infty}^t \overline{K}_i(t-s) y(s,x) \mathrm{d}s - 2 (F^i(s,x))^{\mathrm{T}} N^i F^i(s,x) \geqslant 0
\tag{6.72}
$$

式中，$N^i = \mathrm{diag}(N_1^i, N_2^i, \cdots, N_n^i) (i=1,\cdots,n)$。

综合式 (6.51)、式 (6.52)、式 (6.54)，式 (6.70)～ 式 (6.72)，对于 $\zeta \neq 0$，可得

$$
V_0(t) \leqslant \int_\Omega \zeta^{\mathrm{T}} \varXi_1 \zeta \mathrm{d}x \leqslant -\lambda_1 \|\zeta\|_2^2 < 0
\tag{6.73}
$$

式中，$\lambda_1 = \lambda_{\min}(-\varXi_1)$；$\zeta = \mathrm{col}\Big( y(t,x), f(y(t,x)), f(y(t-\tau(t),x)), F^1(s,x), F^2(s,x), \cdots, F^n(s,x), \int_{-\infty}^t \overline{K}_1(t-s) y(s,x) \mathrm{d}s, \cdots, \int_{-\infty}^t \overline{K}_n(t-s) y(s,x) \mathrm{d}s \Big)$ 是一个列向量；$\varXi_1$ 同式 (6.68) 中的定义。

根据 Lyapunov 稳定理论，如果定理条件成立，则式 (6.67) 是全局渐近稳定的。证毕。

**注释 6.5**　针对式 (6.65)，如果不考虑反应扩散项且 $W = 0$ 以及 $W_1 = 0$，文献 [2]、[34] 和 [38] 基于 $M$ 矩阵方法建立了一些稳定充分判据。显然，文献 [2]、[34]

和 [38] 中的稳定结果都没有考虑连接权系数的负号作用，进而未能考虑神经元的抑制镇定作用。相比较而言，定理 6.2 克服了文献 [2]、[34] 和 [38] 的不足，并提供了新型的基于线性矩阵不等式的稳定判据。

**注释 6.6**　式 (6.5) 和式 (6.65) 代表了一大类竞争–合作神经网络。例如，在式 (6.5) 中不考虑反应扩散项的情况，此时的网络模型就变成最原始的 Cohen-Grossberg 网络模型。当考虑反应扩散项的时候，如式 (6.5) 和式 (6.65)，放大函数仍将对邻域信息 (如与 $\overline{d}_i(u_i(t,x))$ 相乘的求和项) 和自身的信息 (如 $\overline{a}_i(u_i(t,x))$ 项本身) 起到放大和衰减的作用。此外，所考虑的模型在生态/工业系统的建模和综合分析等方面也具有重要的作用[42-47,63,64]。

### 6.1.4　仿真示例

在本小节，将用一个例子来说明所得结果的有效性。

**例 6.1**　考虑具有两个神经元的网络 (式 (6.5))，其中，$b_{ik} = 1$，$\overline{d}_i(u_i(t,x)) = 1$，$\overline{a}_i(u_i(t,x)) = \gamma_i u_i(t,x)$，$\gamma_1 = 5$，$\gamma_2 = 5$，$g_j(u_j(t,x)) = \tanh(u_j(t,x))$，$\tau(t) = e^t/(1+e^t)$，$U_i = 0 (i,j = 1,2; k = 1)$，初始条件分别是 $u_1(0,x) = 1$ 和 $u_2(0,x) = 0$，则

$$W = \begin{bmatrix} 0.2787 & 0.5743 \\ -0.7458 & -3.3207 \end{bmatrix}, \quad W_1 = \begin{bmatrix} 0.6465 & 0.4423 \\ -0.1892 & 0.2912 \end{bmatrix}$$

$$C = \begin{bmatrix} -1.5 & 0.5 \\ 3.7 & -2.0 \end{bmatrix}, \quad (K_{ij}(s)) = \begin{bmatrix} e^{-s} & 1.1e^{-1.1s} \\ 0.9e^{-0.9s} & 1.9e^{-1.9s} \end{bmatrix}$$

显然，$0 < \tau(t) \leqslant 1, \dot{\tau}(t) \leqslant \mu = 0.5$，$\Gamma = \mathrm{diag}(5,5)$，$\Delta = \mathrm{diag}(1,1)$，$K_{ij}(s)$ 满足假设 $6.2(i,j = 1, 2)$。

针对本例，文献 [30] 中的定理 1 要求

$$\begin{aligned} M_0 &= \Gamma - (|W| + |W_1| + |C|)\Delta \\ &= \begin{bmatrix} 2.5748 & -1.5166 \\ -4.6350 & -0.6119 \end{bmatrix} \end{aligned}$$

是一个非奇异的 $M$ 矩阵，其中，$|W| = (|w_{ij}|)_{2 \times 2}$。因为矩阵 $M_0$ 的特征值分别是 4.0747 和 $-2.1118$，进而 $M_0$ 不是 $M$ 矩阵。这样，文献 [30] 的结果不能判定本例中的网络的稳定性。应用定理 6.1，可得

$$Q = \begin{bmatrix} 27.3943 & -0.7263 \\ -0.7263 & 28.9135 \end{bmatrix}$$

$$P = \mathrm{diag}(3.6195, 3.6842)$$

$$R = \mathrm{diag}(11.7904, 5.7374)$$

$$G = \mathrm{diag}(61.6101,\ 38.9980)$$
$$H^1 = \mathrm{diag}(27.2746,\ 23.6781)$$
$$H^2 = \mathrm{diag}(29.9758,\ 25.4296)$$

这样，本例所考虑的神经网络 (式 (6.5)) 是全局渐近稳定的。

为了进一步与以前的相关结果进行比较，在本例中再考虑如下两种情况：

(1) 令 $W_1 = 0$。此时，文献 [24] 中的推论 2 和文献 [51] 中的推论 4.4 要求如下矩阵：

$$M_1 = \Gamma - |W|\Delta - |C|\Delta$$
$$= \begin{bmatrix} 3.2213 & -1.0743 \\ -4.4458 & -0.3207 \end{bmatrix}$$

是一个非奇异的 $M$ 矩阵。因为矩阵 $M_1$ 的特征值分别是 4.2632 和 $-1.3626$，进而 $M_1$ 不是 $M$ 矩阵。这样，文献 [24] 和 [51] 中的结果不能用来判定本例网络的稳定性。然而，定理 6.1 成立，进而所考虑网络是全局渐近稳定的。

在满足边界条件的情况：

$$\frac{\partial u_1(t,0)}{\partial x} = \frac{\partial u_2(t,0)}{\partial x} = \frac{\partial u_1(t,1)}{\partial x} = \frac{\partial u_2(t,1)}{\partial x} = 0$$

$u_1(t,x)$ 和 $u_2(t,x)$ 的状态曲线、$t-x-u_1(t,x)$ 和 $t-x-u_2(t,x)$ 的空间曲面分别如图 6.1～ 图 6.3 所示。

(2) 令 $b_{ik} = 0$。此时，文献 [32] 中的定理 3.3 要求 $Z_i = \gamma_i - \delta_i \sum\limits_{j=1}^{2}(|w_{ji}| + |w_{ji}^1| + |c_{ji}|) > 0 (i = 1,\ 2)$。因为 $Z_1 = -2.0602 < 0$ 和 $Z_2 = -2.1285 < 0$，文献 [32] 中的定理 3.3 不能判定本例中网络的稳定性。然而，推论 6.1 成立，这意味着所考虑的神经网络是全局渐近稳定的，状态曲线如图 6.4 所示。

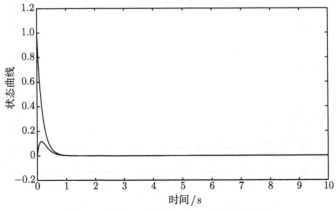

图 6.1　例 6.1 中情况 (1) 下的状态曲线

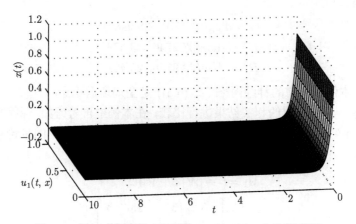

图 6.2　例 6.1 中情况 (1) 下的 $t$-$x(t)$-$u_1(t, x)$ 空间曲面

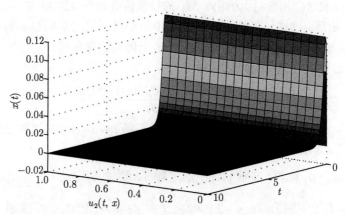

图 6.3　例 6.1 中情况 (1) 下的 $t$-$x(t)$-$u_2(t, x)$ 空间曲面

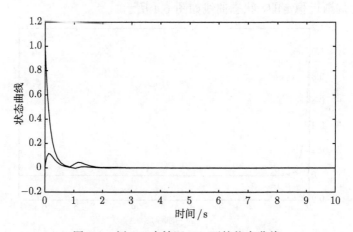

图 6.4　例 6.1 中情况 (2) 下的状态曲线

## 6.2　具有 Dirichlet 边界条件的 Cohen-Grossberg 神经网络的稳定性

### 6.2.1　引言

自从 Cohen 和 Grossberg 在 1983 年提出了一类竞争–合作 Cohen-Grossberg 神经网络模型以来[1], 由于其在控制领域、模式分类、联想记忆、信号处理以及二次优化计算等方面具有广泛的潜在应用, Cohen-Grossberg 神经网络已经得到许多学者的广泛关注, 并取得了大量的研究成果[13, 65, 66]。在神经网络的电子线路实现当中, 由于传输通道的容量限制以及电子开关、运算放大器等有限的切换速度, 信号传输具有时滞效应是不可避免的。一般来说, 神经系统中时滞的存在往往是导致网络系统不稳定甚至震荡的主要因素。这样, 关于时滞的 Cohen-Grossberg 神经网络以及其各种变形网络的稳定性的研究就具有重要的理论和实际意义, 并得到了人们的广泛研究[2, 5, 8, 12, 13, 17, 22, 67]。通常来讲, 在具有少量神经元的较简单的电路实现中, 利用离散时滞 (或者是集中时滞) 来描述时滞反馈系统的特征, 还能取得较为良好的模拟效果。但是, 对于具有由不同的突出长度和大小构成的神经元通过并行通道形成的具有空间特征的复杂神经网络来说, 难以再用离散时滞对网络中的时滞信号进行刻画。这样, 针对具有空间结构的网络系统, 引入分布时滞来描述系统中的时滞效应是恰当的[15](文献 [15] 是首次将分布时滞引入到递归神经网络模型当中的)。

近年来, 关于具有分布时滞的各类神经网络的稳定性问题的研究, 如 Hopfield 神经网络、细胞神经网络、Cohen-Grossberg 神经网络以及双向联想记忆神经网络等, 取得了大量的研究成果[14,22-27,29-33,68-71]。同时, 在神经网络的电子线路实现中, 由于广泛适用各种场效应器件以实现神经网络的功能。这样, 当电子在不对称的电磁场中运动时, 反应扩散效应将不可避免, 进而在描述神经元的活性或运动状态时, 必须同时考虑时间和空间的效应, 即时空特性[24,27,35,50-55,62,72-74], 此时的神经网络模型已不再是常微分方程描述了, 而变成了偏微分方程描述。

关于具有分布时滞的神经网络模型, 或者具有反应扩散项的 Cohen-Grossberg 神经网络模型, 大量的基于 $M$ 矩阵或者代数不等式的稳定判据被提出来。但由于 $M$ 矩阵或者代数不等式方法都是对神经网络的连接权矩阵进行绝对值运算, 进而导致神经元连接权之间的神经抑制作用被抹杀了, 进而导致整个稳定结果的保守性增加。由于线性矩阵不等式方法在处理以矩阵–向量描述的状态空间模型系统的稳定性和综合控制等方面具有得天独厚的优势, 进而在研究以矩阵–向量空间模型描述的神经网络系统的稳定性问题上, 线性矩阵不等式方法也将具有独树一帜的特点。目前，针对不同类型的神经网络系统，大量的基于线性矩阵不等式的稳定结果已经建立起来[8,10,17,40,41,75-81]，所有这些结果都充分考虑了神经元连接权之间的神经抑制作用，在一定程度上都降低了稳定结果的保守性。然而，由于种种技术原因，在诸多的神经网络模型中，具有反应扩散项的满足 Dirichlet 边界条件的 Cohen-Grossberg 神经网络模型就没有基于线性矩阵不等式的稳定结果。这样，仍有一批神经网络模型没能建立起基于线性矩阵不等式的稳定性结果。作为与 $M$ 矩阵和代数不等式等标量运算或点运算方法相平行的矩阵运算方法，有必要而且也是必须地对不同类型的神经网络建立起基于矩阵不等式或者线性矩阵不等式的稳定结果，由此才能丰富神经网络稳定性理论，促进非线性稳定性理论的发展，并带动相关研究 (如镇定问题、观测器设计问题等) 的发展。

　　基于上述讨论，本小节的目的是针对如下的同时具有反应扩散项和分布时滞项的 Cohen-Grossberg 神经网络，在初始条件满足 Dirichlet 边界条件下研究其基于线性矩阵不等式的全局渐近稳定判据，即

$$
\begin{aligned}
\frac{\partial u_i(t,x)}{\partial t} = &\sum_{k=1}^{m} \frac{\partial}{\partial x_k}\left(b_{ik}\frac{\partial u_i(t,x)}{\partial x_k}\right) - d_i(u_i(t,x))\Big[a_i(u_i(t,x)) \\
&- \sum_{j=1}^{n} w_{ij}\overline{g}_j(u_j(t,x)) - \sum_{j=1}^{n} w_{ij}^1\overline{g}_j(u_j(t-\tau(t),x)) \\
&- \sum_{j=1}^{n} c_{ij}\int_{-\infty}^{t} K_{ij}(t-s)\overline{g}_j(u_j(s,x))\mathrm{d}s + U_i\Big]
\end{aligned}
\tag{6.74}
$$

式中，$x = (x_1,\cdots,x_m)^{\mathrm{T}} \in \Omega \subset \mathbf{R}^m, \Omega = \{x|\ |x_k| < L_k\}$ 是在 $\mathbf{R}^m$ 中的一个开的有界集合，且具有光滑边界 $\partial\Omega$ 和测度 $\mathrm{mes}\Omega > 0$；$L_k > 0$ 是一个常数，$(k = 1,\cdots,m)$；$u(t,x) = (u_1(t,x),\cdots,u_n(t,x))^{\mathrm{T}}$，$u_i(t,x)$ 是在时间 $t$ 和空间 $x$ 的第 $i$ 个单元的状态；$n$ 为神经元的数目；$d_i(u_i(t,x))$ 是满足一定条件的放大函数；$a_i(u_i(t,x))$ 是一个良态函数以保证所研究的系统的解的存在性 $(i = 1,\cdots,n)$。$\overline{g}_j(u_j(t,x))$ 是用来描述神经元的输入对神经元的输出的非线性作用关系的激励函数；常值 $w_{ij}$、$w_{ij}^1$ 和 $c_{ij}$ 分别是神经元的连接权系数、时滞连接权系数和分布时滞连接权系数，可具有任意的三态符号 (正、零和负号)；时滞核函数 $K_{ij}(\cdot): [0,\infty) \to [0,\infty)$ 是一个实值非负连续函数；$b_{ik} \geqslant 0$ 表示反应扩散传输系数算子；$U_i$ 是外部常值输入；$0 < \tau(t) \leqslant \tau_M, \dot{\tau}(t) \leqslant \mu < 1, \tau_M$ 和 $\mu$ 分别是正常数 $(i,j = 1,\cdots,n; k = 1,\cdots,m)$。式 (6.74) 的 Dirichlet 边界条件为：对于 $x \in \partial\Omega, u_i(t,x) = 0, u_i(s,x) = \phi_i(s,x), -\infty < s \leqslant 0$，其中，$\phi_i(s,x)$ 是一个在区间 $(-\infty,0]$ 上有界的、连续可微的函数 $(i = 1,\cdots,n)$。

　　在推导式 (6.74) 的基于线性矩阵不等式的稳定判据过程中，有几个问题必须事先解决：①如何将式 (6.74) 用状态方程形式描述出来；②如何解决放大函数与反应

扩散项之间的作用关系；③如何建立快/慢变时滞情况下的稳定判据。现有的非矩阵不等式方法，如 $M$ 矩阵方法和代数不等式方法，可通过构造适当的 Lyapunov 泛函来处理连续分布时滞的影响，如文献 [15]、[22]、[23]、[25]、[29]、[32]、[33] 和 [50] 中的方法，或者利用微分不等式方法来抵消连续分布时滞对网络的影响[2, 14, 24, 34, 38]。上述这两种方法的共同特点为：对连接权矩阵系数进行绝对值运算，进而所得到的稳定结果只考虑了神经元的激励作用，特别是将神经元的抑制作用也转换成神经元的激励作用来处理 (通过取绝对值操作引起的后果)。这样，在神经网络的镇定设计过程中，必须设计强大的外部能量或控制作用来镇定系统，从而将造成镇定设计中能量损耗过大，不利于绿色环保。在网络稳定性的分析中，原本有抑制作用的网络是稳定的，而忽略抑制作用的稳定判据此时将不能判定网络的稳定性，进而造成稳定判据的极大保守性。

综上，本小节的主要工作包括：在适当的假设条件下解决放大函数 $d_i(u_i(t,x))$ 对式 (6.74) 的影响；利用时滞矩阵分解方法将式 (6.74) 转换成矩阵–向量形式，并针对满足 Dirichlet 初始边界条件的式 (6.74) 中分别具有相同的激励函数和不同的激励函数两种情况建立基于线性矩阵不等式的全局渐近稳定判据；同时对无反应扩散项的式 (6.74) 建立一个稳定判据，使得该判据能够适用快变时滞情况。

### 6.2.2　基础知识

在本小节，令 $W = (w_{ij})_{n\times n}$，$W_1 = (w_{ij}^1)_{n\times n}$，$C = (c_{ij})_{n\times n}$。令 $B^{\mathrm{T}}$ 表示方矩阵 $B$ 的转置。令 $B > 0$ ($B < 0$) 表示正 (负) 定对称矩阵。令 $\lambda_{\min}(B)$ 表示矩阵 $B$ 的最小特征值。令 $I$ 和 $0$ 分别表示具有适当维数的单位矩阵和零矩阵。$\|u(t,x)\|_2 = \sqrt{\sum_{i=1}^{n} \|u_i(t,x)\|_2^2}$，$u(t,x) = (u_1(t,x), \cdots, u_n(t,x))^{\mathrm{T}}$，$\|u_i(t,x)\|_2 = \left(\int_{\Omega} |u_i(t,x)|^2 \mathrm{d}x\right)^{1/2}$，$|\cdot|$ 表示绝对值运算。

**假设 6.7**　存在一个正常数 $\gamma_i > 0$，使得函数 $a_i(\cdot)$ 满足

$$\frac{a_i(\zeta) - a_i(\xi)}{\zeta - \xi} \geqslant \gamma_i \tag{6.75}$$

式中，$\forall \zeta, \xi \in \mathbf{R}$，$\zeta \neq \xi$，$i = 1, \cdots, n$。

**假设 6.8**　时滞核函数 $K_{ij}(s)$ 是定义在区间 $[0, \infty)$ 上的一个实值非负的连续函数，且对于任意的 $\delta_1 > 0(i, j = 1, \cdots, n)$，核函数满足

$$\int_0^\infty K_{ij}(s)\mathrm{d}s = 1, \quad \int_0^\infty \mathrm{e}^{\delta_1 s} K_{ij}(s)\mathrm{d}s < \infty \tag{6.76}$$

**假设 6.9**　激励函数 $\overline{g}_j(\cdot)$ 是连续可微的，且对于 $\forall \zeta \neq \xi$，$\zeta, \xi \in \mathbf{R}$，$\overline{g}_j(\cdot)$ 满足

$$0 \leqslant \frac{\overline{g}_j(\zeta) - \overline{g}_j(\xi)}{\zeta - \xi} \leqslant \delta_j$$

式中，$\delta_j > 0 (j = 1, \cdots, n)$。

**假设 6.10**　放大函数 $d_i(\xi)$ 是正的、可微的，且满足

$$\left(\frac{\xi - u_i^*}{d_i(\xi)}\right)' \geqslant \lambda_i \geqslant 0, \quad \int_0^\infty \frac{\xi \mathrm{d}\xi}{d_i(\xi)} = \infty$$

式中，$u_i^*$ 是式 (6.74) 的一个平衡点；$\lambda_i$ 是一个非负的常数；$(\cdot)'$ 表示相对于 $\xi$ 进行求导数 $(i = 1, 2, \cdots, n)$。

在下面，令 $\varGamma = \mathrm{diag}(\gamma_1, \cdots, \gamma_n)$，$\varDelta = \mathrm{diag}(\delta_1, \cdots, \delta_n)$ 和 $\varLambda = \mathrm{diag}(\lambda_1, \cdots, \lambda_n)$。

**引理 6.2** [58] (柯西不等式)　对于在积分区间上具有良态特性的任意两个连续函数 $\hat{f}(s)$ 和 $\hat{h}(s)$，则有

$$\left(\int_a^b \hat{f}(s)\hat{h}(s)\mathrm{d}s\right)^2 \leqslant \int_a^b \hat{f}^2(s)\mathrm{d}s \int_a^b \hat{h}^2(s)\mathrm{d}s$$

式中，$a$ 和 $b$ 可以是有限或无限的数。

**引理 6.3** [50,74]　令 $\Omega$ 为一个立方体 $|x_k| < L_k$，其中，$L_k > 0$ 是正常数 $(k = 1, \cdots, m)$。同时令 $\tilde{h}(x)$ 是一个属于 $C^1(\Omega)$ 的实值函数，且该函数在 $\Omega$ 的边界 $\partial\Omega$ 上衰减到 $0$，即 $\tilde{h}(x)|_{\partial\Omega} = 0$。则有

$$\int_\Omega \tilde{h}^2(x)\mathrm{d}x \leqslant L_k^2 \int_\Omega \left|\frac{\partial\tilde{h}(x)}{\partial x_k}\right|^2 \mathrm{d}x \tag{6.77}$$

**证明**　该引理可简要证明如下。因为 $x \in \Omega$ 和 $h(x)|_{\partial\Omega} = 0$，则

$$h(x) = \int_{-L_k}^{x_k} \frac{\partial}{\partial x_k} h(x_1, \cdots, x_k)\mathrm{d}x_k \tag{6.78}$$

$$h(x) = -\int_{x_k}^{L_k} \frac{\partial}{\partial x_k} h(x_1, \cdots, x_k)\mathrm{d}x_k \tag{6.79}$$

由式 (6.78) 和式 (6.79) 可得

$$2|h(x)| \leqslant \int_{-L_k}^{L_k} \left|\frac{\partial}{\partial x_k} h(x_1, \cdots, x_k)\right|\mathrm{d}x_k \tag{6.80}$$

利用式 (6.80) 和引理 6.2, 有

$$
\begin{aligned}
4|h(x)|^2 &\leqslant \Big( \int_{-L_k}^{L_k} \Big| \frac{\partial}{\partial x_k} h(x_1, \cdots, x_k) \Big| \mathrm{d}x_k \Big)^2 \\
&\leqslant \int_{-L_k}^{L_k} \Big| \frac{\partial}{\partial x_k} h(x_1, \cdots, x_k) \Big|^2 \mathrm{d}x_k \int_{-L_k}^{L_k} 1^2 \mathrm{d}x_k \\
&= 2L_k \int_{-L_k}^{L_k} \Big| \frac{\partial}{\partial x_k} h(x_1, \cdots, x_k) \Big|^2 \mathrm{d}x_k
\end{aligned} \tag{6.81}
$$

在 $\Omega$ 域上, 同时对式 (6.81) 的两侧进行关于 $x$ 的积分, 则有

$$
\int_\Omega h^2(x)\mathrm{d}x \leqslant L_k^2 \int_\Omega \Big| \frac{\partial}{\partial x_k} h(x_1, \cdots, x_k) \Big| \mathrm{d}x \tag{6.82}
$$

**引理 6.4**[82]　对于任意正定对称矩阵 $M$, 正标量 $r_M > 0$, 向量函数 $w: [0, r_M] \to \mathbf{R}^n$ 在给定的积分区间内是良态的, 则有

$$
\Big( \int_0^{r(t)} w(s)\mathrm{d}s \Big)^{\mathrm{T}} M \Big( \int_0^{r(t)} w(s)\mathrm{d}s \Big) \leqslant r_M \int_0^{r_M} w^{\mathrm{T}}(s) M w(s) \mathrm{d}s
$$

式中, $0 \leqslant r(t) \leqslant r_M$。

### 6.2.3　全局渐近稳定结果

在本小节, 将针对式 (6.74) 在相同激励函数和不同激励函数两种情况下, 建立相应的基于线性矩阵不等式的全局渐近稳定判据。

令 $u^* = [u_1^*, \cdots, u_n^*]^{\mathrm{T}}$ 是式 (6.74) 的一个平衡点。根据式 (6.74) 的平衡点方程及利用线性坐标变换 $y_i(t, x) = u_i(t, x) - u_i^*$, 式 (6.74) 被变换为如下偏微分方程组形式:

$$
\begin{aligned}
\frac{\partial y_i(t, x)}{\partial t} = &\sum_{k=1}^m \frac{\partial}{\partial x_k} \Big( b_{ik} \frac{\partial y_i(t, x)}{\partial x_k} \Big) \\
&- D_i(y_i(t, x)) \Big[ A_i(y_i(t, x)) - \sum_{j=1}^n w_{ij} f_j(y_j(t, x)) \\
&- \sum_{j=1}^n w_{ij}^1 f_j(y_j(t - \tau(t), x)) \\
&- \sum_{j=1}^n c_{ij} \int_{-\infty}^t K_{ij}(t - s) f_j(y_j(s, x)) \mathrm{d}s \Big]
\end{aligned} \tag{6.83}
$$

或矩阵-向量形式:

$$
\begin{aligned}
\frac{\partial y(t,x)}{\partial t} = {} & \sum_{k=1}^{m} \frac{\partial}{\partial x_k}\left(B_k \frac{\partial y(t,x)}{\partial x_k}\right) - D(y(t,x))\Big[A(y(t,x)) \\
& - Wf(y(t,x)) - W_1 f(y(t-\tau(t),x)) \\
& - \sum_{i=1}^{n} E_i \int_{-\infty}^{t} \overline{K}_i(t-s)f(y(s,x))\mathrm{d}s\Big]
\end{aligned}
\tag{6.84}
$$

式中

$$y(t,x) = (y_1(t,x),\cdots,y_n(t,x))^{\mathrm{T}}$$
$$D(y(t,x)) = \mathrm{diag}(D_1(y_1(t,x)),\cdots,D_n(y_n(t,x)))$$
$$D_i(y_i(t,x)) = d_i(y_i(t,x) + u_i^*)$$
$$f(y(t,x)) = (f_1(y_1(t,x)),\cdots,f_n(y_n(t,x)))^{\mathrm{T}}$$
$$f_i(y_i(t,x)) = \overline{g}_i(y_i(t,x) + u_i^*) - \overline{g}_i(u_i^*)$$
$$B_k = \mathrm{diag}(b_{1k},b_{2k},\cdots,b_{nk})$$
$$\overline{K}_i(s) = \mathrm{diag}(K_{i1}(s),K_{i2}(s),\cdots,K_{in}(s))$$
$$A(y(t,x)) = (A_1(y_1(t,x)),\cdots,A_n(y_n(t,x)))^{\mathrm{T}}$$
$$A_i(y_i(t,x)) = a_i(y_i(t,x) + u_i^*) - a_i(u_i^*)$$

$W = (w_{ij})_{n\times n}$; $C = (c_{ij})_{n\times n}$; $W_1 = (w_{ij}^1)_{n\times n}$; $E_i$ 是一个 $n \times n$ 矩阵, $E_i$ 的第 $i$ 行由矩阵 $C$ 的第 $i$ 行构成, $E_i$ 的其余行都为 0。

式 (6.84) 的初始条件是 $x(\vartheta) = \varphi(\vartheta)$, $-\tau_M \leqslant \vartheta \leqslant 0$, $\tau(t \leqslant) = \tau_M$, 且 $\varphi(\theta)$ 的最大上确界是 $\|\psi\| - \sup\limits_{-\tau_M \leqslant \vartheta \leqslant 0} \|\varphi(\vartheta)\|$。根据假设 6.7 和假设 6.9, 可以看到 $A_i(x_i(t))/x_i(t) \geqslant \gamma_i$ 和 $\|f_i(x_i(t))\| \leqslant \delta_i \|x_i(t)\|$ 成立。

显然, 式 (6.74) 的稳定性问题定性地等价于式 (6.83) 或式 (6.84) 的稳定性问题。

**定理 6.3** 假设 6.7～假设 6.10 成立。如果存在正定对称矩阵 $Q > 0$、正对角矩阵 $G$、$P$ 和 $H^i(i = 1,2,\cdots,n)$, 使得

$$
\Xi = \begin{bmatrix} \Upsilon_{11} & \Upsilon_{12} & PW_1 & \Upsilon_{14} \\ * & \Upsilon_{22} & 0 & 0 \\ * & * & \Upsilon_{33} & 0 \\ * & * & * & \Upsilon_{44} \end{bmatrix} < 0
\tag{6.85}
$$

则式 (6.84) 的平衡点是全局渐近稳定的, 其中

$$\Upsilon_{11} = -2P\Gamma - 2P\Lambda B_L$$

$$B_L = \text{diag}\Big(\sum_{k=1}^{m}\frac{b_{1k}}{L_k^2}, \sum_{k=1}^{m}\frac{b_{2k}}{L_k^2}, \cdots, \sum_{k=1}^{m}\frac{b_{nk}}{L_k^2}\Big)$$

$$\Upsilon_{12} = PW + G\Delta$$

$$\Upsilon_{14} = [PE_1 \ PE_2 \ \cdots \ PE_n]$$

$$\Upsilon_{22} = \sum_{i=1}^{n}H^i + Q - 2G$$

$$\Upsilon_{33} = -(1-\mu)Q$$

$$\Upsilon_{44} = \text{diag}(-H^1, -H^2, \cdots, -H^n)$$

**证明**　首先, 证明平衡点的存在性和唯一性。注意到 $y^*$ 是如下平衡点方程的一个解

$$\sum_{k=1}^{m}D^{-1}(y^*)\frac{\partial}{\partial x_k}\Big(B_k\frac{\partial y^*}{\partial x_k}\Big) - A(y^*) + Wf(y^*)$$

$$+ W_1 f(y^*) + \sum_{i=1}^{n}E_i f(y^*) = 0 \tag{6.86}$$

显然, 如果 $f(y^*) = 0$, 则 $y^* = 0$。现假设 $y^* \neq 0$, 则在式 (6.86) 的两侧同时乘以 $2(y^*)^{\mathrm{T}}P$, 并在域 $\Omega$ 上对上式关于 $x$ 进行积分, 则有

$$0 = \int_{\Omega} 2(y^*)^{\mathrm{T}}P\Big(\sum_{k=1}^{m}D^{-1}(y^*)\frac{\partial}{\partial x_k}\Big(B_k\frac{\partial y^*}{\partial x_k}\Big) - A(y^*)$$

$$+ Wf(y^*) + W_1 f(y^*) + \sum_{i=1}^{n}E_i f(y^*)\Big)\mathrm{d}x$$

$$\leqslant \int_{\Omega}\Big[2(y^*)^{\mathrm{T}}P\sum_{k=1}^{m}D^{-1}(y^*)\frac{\partial}{\partial x_k}\Big(B_k\frac{\partial y^*}{\partial x_k}\Big)$$

$$- 2(y^*)^{\mathrm{T}}P\Big(\Gamma y^* - Wf(y^*) - W_1 f(y^*)\Big)$$

$$+ 2(y^*)^{\mathrm{T}}P\sum_{i=1}^{n}E_i f(y^*)\Big]\mathrm{d}x$$

$$
\begin{aligned}
&\leqslant \int_{\Omega}\Big[-2(y^*)^{\mathrm{T}}P\Lambda B_L y^* - 2(y^*)^{\mathrm{T}}P\Big(\Gamma y^* - Wf(y^*) \\
&\quad - W_1 f(y^*) - \sum_{i=1}^{n}E_i f(y^*)\Big) \\
&\quad + 2f^{\mathrm{T}}(y^*)\Delta G y^* - 2f^{\mathrm{T}}(y^*)Gf(y^*) \\
&\quad + f^{\mathrm{T}}(y^*)Qf(y^*) - (1-\mu)f^{\mathrm{T}}(y^*)Qf(y^*) \\
&\quad + \sum_{i=1}^{n}\Big(f^{\mathrm{T}}(y^*)H^i f(y^*) - f^{\mathrm{T}}(y^*)H^i f(y^*)\Big)\Big]\mathrm{d}x \\
&\leqslant \int_{\Omega}\bar{\xi}^{\mathrm{T}}\Xi\bar{\xi}\mathrm{d}x
\end{aligned}
\tag{6.87}
$$

式中，在式 (6.87) 的推导过程中利用了 Dirichlet 边界条件、假设 6.7、假设 6.9 和假设 6.10，$P$、$R$、$Q$、$H^i$、$B_L$ 和 $\Xi$ 同定理 6.3 中的定义。$\bar{\xi} = \mathrm{col}\Big(y^*, f(y^*), f(y^*),$ $\int_0^\infty \overline{K}_1(s)f(y^*)\mathrm{d}s, \int_0^\infty \overline{K}_2(s)f(y^*)\mathrm{d}s, \cdots, \int_0^\infty \overline{K}_n(s)f(y^*)\mathrm{d}s\Big)$ 是一个列向量。

然而，从定理 6.3 中的式 (6.85) 可知，对于 $\bar{\xi}\neq 0$，$\bar{\xi}^{\mathrm{T}}\Xi\bar{\xi} < 0$ 成立，这显然与式 (6.87) 和假设相矛盾。这样，所考虑的神经网络具有唯一的平衡点。

接下来，证明平衡点的全局渐近稳定性。考虑如下 Lyapunov 泛函：

$$
V(t) = V_1(t) + V_2(t) + V_3(t)
$$

式中

$$
V_1(t) = \int_{\Omega}\sum_{i=1}^{n}2p_i\int_0^{y_i(t,x)}\frac{s}{D_i(s)}\mathrm{d}s\mathrm{d}x
\tag{6.88}
$$

$$
V_2(t) = \int_{\Omega}\int_{t-\tau(t)}^{t}f^{\mathrm{T}}(y(s,x))Qf(y(s,x))\mathrm{d}s\mathrm{d}x
\tag{6.89}
$$

$$
V_3(t) = \int_{\Omega}\sum_{i=1}^{n}\sum_{j=1}^{n}h_j^i\int_0^\infty K_{ij}(s)\int_{t-s}^{t}f_j^2(y_j(\theta,x))\mathrm{d}\theta\mathrm{d}s\mathrm{d}x
\tag{6.90}
$$

$P = \mathrm{diag}(p_1,\cdots,p_n)$ 和 $H^i = \mathrm{diag}(h_1^i, h_2^i, \cdots, h_n^i)$ 是正定对角矩阵 $(i=1,\cdots,n)$。

沿着式 (6.84) 的轨迹求 $V_1(t)$ 的导数，有

$$
\begin{aligned}
\dot{V}_1(t) &= \int_{\Omega}\sum_{i=1}^{n}\frac{2p_i y_i(t,x)}{D_i(y_i(t,x))}\frac{\partial y_i(t,x)}{\partial t}\mathrm{d}x \\
&= \int_{\Omega}\Bigg[\sum_{i=1}^{n}\Bigg(\frac{2p_i y_i(t,x)}{D_i(y_i(t,x))}\sum_{k=1}^{m}\frac{\partial}{\partial x_k}\Big(b_{ik}\frac{\partial y_i(t,x)}{\partial x_k}\Big)
\end{aligned}
$$

$$- 2p_i y_i(t, x) \Big( a_i(y_i(t, x))$$

$$- \sum_{j=1}^n w_{ij} f_j(y_j(t, x)) - \sum_{j=1}^n w_{ij}^1 f_j(y_j(t - \tau(t)), x)$$

$$- \sum_{j=1}^n c_{ij} \int_{-\infty}^t K_{ij}(t - s) f_j(y_j(s, x)) \mathrm{d}s \Big) \Big) \Big] \mathrm{d}x$$

$$\leqslant \int_\Omega \Big[ \sum_{i=1}^n \frac{2p_i y_i(t, x)}{D_i(y_i(t, x))} \sum_{k=1}^m \frac{\partial}{\partial x_k} \Big( b_{ik} \frac{\partial y_i(t, x)}{\partial x_k} \Big)$$

$$- 2y^{\mathrm{T}}(t, x) P \Gamma y(t, x) + 2y^{\mathrm{T}}(t, x) P W f(y(t, x)) \tag{6.91}$$

$$+ 2y^{\mathrm{T}} P W_1 f(y(t - \tau(t)), x)$$

$$+ 2 \sum_{i=1}^n y^{\mathrm{T}}(t, x) P E_i \int_{-\infty}^t \overline{K}_i(t - s) f(y(s, x)) \mathrm{d}s \Big] \mathrm{d}x$$

根据格林公式和 Dirichlet 边界条件，并按照文献 [50] 和 [74] 中相似的证明过程，可得

$$\int_\Omega \sum_{i=1}^n \frac{2p_i y_i(t, x)}{D_i(y_i(t, x))} \sum_{k=1}^m \frac{\partial}{\partial x_k} \Big( b_{ik} \frac{\partial y_i(t, x)}{\partial x_k} \Big) \mathrm{d}x$$

$$= \sum_{i=1}^n 2p_i \int_\Omega \frac{y_i(t, x)}{D_i(y_i(t, x))} \nabla \circ \Big( b_{ik} \frac{\partial y_i(t, x)}{\partial x_k} \Big)_{k=1}^m \mathrm{d}x$$

$$= \sum_{i=1}^n 2p_i \int_\Omega \nabla \circ \Big( \frac{y_i(t, x)}{D_i(y_i(t, x))} b_{ik} \frac{\partial y_i(t, x)}{\partial x_k} \Big)_{k=1}^m \mathrm{d}x$$

$$- \sum_{i=1}^n 2p_i \int_\Omega \Big( b_{ik} \frac{\partial y_i(t, x)}{\partial x_k} \Big)_{k=1}^m \circ \nabla \Big( \frac{y_i(t, x)}{D_i(y_i(t, x))} \Big) \mathrm{d}x$$

$$= \sum_{i=1}^n 2p_i \int_{\partial \Omega} \Big( \frac{y_i(t, x)}{D_i(y_i(t, x))} b_{ik} \frac{\partial y_i(t, x)}{\partial x_k} \Big)_{k=1}^m \cdot \mathrm{d}S$$

$$= - \sum_{i=1}^n 2p_i \sum_{k=1}^m \int_\Omega b_{ik} \Big( \frac{\partial y_i(t, x)}{\partial x_k} \Big)^2 \Big( \frac{y_i(t, x)}{D_i(y_i(t, x))} \Big)' \mathrm{d}x$$

$$\leqslant - \sum_{i=1}^n 2p_i \sum_{k=1}^m \int_\Omega b_{ik} \Big( \frac{\partial y_i(t, x)}{\partial x_k} \Big)^2 \mathrm{d}x \Big( \frac{y_i(t, x)}{D_i(y_i(t, x))} \Big)' \text{（这里利用了假设 6.10）}$$

$$\leqslant - \sum_{i=1}^n 2p_i \lambda_i \sum_{k=1}^m \int_\Omega \frac{b_{ik}}{L_k^2} y_i^2(t, x) \mathrm{d}x \tag{6.92}$$

在上述推导中还利用了假设 6.10 和引理 6.3。其中，· 表示内积；$\nabla = \Big( \dfrac{\partial}{\partial x_1}, \dfrac{\partial}{\partial x_2}, \cdots,$

$\dfrac{\partial}{\partial x_n}\Big)^{\mathrm{T}}$ 表示梯度算子; 。表示点乘; $\mathrm{d}S$ 表示 $\partial\Omega$ 的面积元, 且

$$\Big(b_{ik}\frac{\partial y_i(t,x)}{\partial x_k}\Big)_{k=1}^{m}=\Big(b_{i1}\frac{\partial y_i(t,x)}{\partial x_1},b_{i2}\frac{\partial y_i(t,x)}{\partial x_2},\cdots,b_{im}\frac{\partial y_i(t,x)}{\partial x_m}\Big)^{\mathrm{T}}$$

这样

$$
\begin{aligned}
\dot{V}_1(t)\leqslant\int_{\Omega}\Big[&-2y^{\mathrm{T}}(t,x)(P\Gamma+P\Lambda B_L)y(t,x)+2y^{\mathrm{T}}(t,x)PWf(y(t,x))\\
&+2y^{\mathrm{T}}(t,x)PW_1f(y(t-\tau(t),x))\\
&+2\sum_{i=1}^{n}y^{\mathrm{T}}(t,x)PE_i\int_{-\infty}^{t}\overline{K}_i(t-s)f(y(s,x))\mathrm{d}s\Big]\mathrm{d}x
\end{aligned}
\tag{6.93}
$$

$V_2(t)$ 和 $V_3(t)$ 的导数分别如下:

$$
\begin{aligned}
\dot{V}_2(t)\leqslant\int_{\Omega}\Big[&f^{\mathrm{T}}(y(t,x))Qf(y(t,x))-(1-\mu)\\
&\cdot f^{\mathrm{T}}(y(t-\tau(t),x))Qf(y(t-\tau(t),x))\Big]\mathrm{d}x
\end{aligned}
\tag{6.94}
$$

$$
\begin{aligned}
\dot{V}_3(t)=&\int_{\Omega}\sum_{i=1}^{n}\sum_{j=1}^{n}h_j^i f_j^2(y_j(t,x))\mathrm{d}x\\
&-\int_{\Omega}\sum_{i=1}^{n}\sum_{j=1}^{n}h_j^i\int_0^{\infty}K_{ij}(s)f_j^2(y_j(t-s,x))\mathrm{d}s\mathrm{d}x\\
=&\int_{\Omega}\sum_{i=1}^{n}f^{\mathrm{T}}(y(t,x))H^i f(y(t,x))\mathrm{d}x\\
&-\int_{\Omega}\sum_{i=1}^{n}\sum_{j=1}^{n}h_j^i\int_0^{\infty}K_{ij}(s)\mathrm{d}s\int_0^{\infty}K_{ij}(s)f_j^2(y_j(t-s,x))\mathrm{d}s\mathrm{d}x\\
\leqslant&\int_{\Omega}\sum_{i=1}^{n}f^{\mathrm{T}}(y(t,x))H^i f(y(t,x))\mathrm{d}x\\
&-\int_{\Omega}\sum_{i=1}^{n}\sum_{j=1}^{n}h_j^i\Big(\int_0^{\infty}K_{ij}(s)f_j(y_j(t-s,x))\mathrm{d}s\Big)^2\mathrm{d}x\\
=&\int_{\Omega}\sum_{i=1}^{n}f^{\mathrm{T}}(y(t,x))H^i f(y(t,x))\mathrm{d}x\\
&-\int_{\Omega}\sum_{i=1}^{n}\sum_{j=1}^{n}h_j^i\Big(\int_{-\infty}^{t}K_{ij}(t-s)f_j(y_j(s,x))\mathrm{d}s\Big)^2\mathrm{d}x\\
=&\int_{\Omega}\sum_{i=1}^{n}f^{\mathrm{T}}(y(t,x))H^i f(y(t,x))\mathrm{d}x
\end{aligned}
$$

$$- \int_{\Omega} \sum_{i=1}^{n} \left( \int_{-\infty}^{t} \overline{K}_i(t-s) f(y(s,x)) \mathrm{d}s \right)^{\mathrm{T}}$$

$$\times H^i \int_{-\infty}^{t} \overline{K}_i(t-s) f(y(s,x)) \mathrm{d}s \mathrm{d}x \qquad (6.95)$$

其中利用了假设 6.8 和引理 6.2。

根据假设 6.9，对于任意的正定对角矩阵 $G$，则有

$$2 \Big( f^{\mathrm{T}}(y(t,x)) G \Delta y(t,x) - f^{\mathrm{T}}(y(t,x)) G f(y(t,x)) \Big) \geqslant 0 \qquad (6.96)$$

综合考虑式 (6.93)$\sim$ 式 (6.96)，对于 $\xi(t,x) \neq 0$，可得

$$\dot{V}(t) \leqslant \int_{\Omega} \xi^{\mathrm{T}}(t,x) \Xi \xi(t,x) \mathrm{d}x \leqslant -\lambda_{\min}(-\Xi) \|\xi(t,x)\|_2^2 < 0 \qquad (6.97)$$

式中，$\Xi$ 同式 (6.85) 中的定义；$\lambda_{\min}(-\Xi) > 0$；$\xi(t,x) = \mathrm{col}\Big( y(t,x), f(y(t,x)), f(y(t-\tau(t),x)), \int_{-\infty}^{t} \overline{K}_1(t-s)f(y(s,x))\mathrm{d}s, \int_{-\infty}^{t} \overline{K}_2(t-s)f(y(s,x))\mathrm{d}s, \cdots, \int_{-\infty}^{t} \overline{K}_n(t-s)$ $f(y(s,x))\mathrm{d}s \Big)$ 是一个列向量。

这样，根据 Lyapunov 稳定理论，式 (6.84) 是全局渐近稳定的。证毕。

**注释 6.7**　近来，文献 [78] 首次针对 Neumann 边界条件下的具有反应扩散项的 Cohen-Grossberg 神经网络建立了基于线性矩阵不等式的全局渐近稳定判据，其中，对于激励函数附加了一项连续可微的条件。相对照，本小节针对具有反应扩散项的 Cohen-Grossberg 神经网络，在不要求激励函数的可微性条件，主要讨论了具有 Dirichlet 初始边界条件下的基于线性矩阵不等式的全局渐近稳定问题。与文献 [78] 中的结果相比较，Dirichlet 边界条件下的稳定结果充分利用了反应扩散项的信息，而 Neumann 初始条件下的稳定结果却没有利用反应扩散项这一信息。这主要是两者在处理不同边界条件采用的不同处理方法造成的，这进一步说明，虽然网络模型相同，但在不同的边界条件下，研究问题的方法和所得到的结论都是不同的。

当在式 (6.74) 中不考虑反应扩散项时，即 $b_{ik} = 0$，如果将假设 6.10 中的条件用 $0 < \underline{d}_i \leqslant d_i(\xi) \leqslant \overline{d}_i$ 来替代 (即放大函数 $d_i(\xi)$ 是一个正的、有界的函数，该条件比假设 6.10 中的条件更宽松，$i = 1, \cdots, n$)，定理 6.3 仍将成立。此时，若选取另一种形式的能量泛函，能建立另一种稳定判据，该判据将取消对时滞变化率的限制，即 $\dot{\tau}(t) < 1$ 的条件将被取消。

**推论 6.2**　假设 6.7$\sim$ 假设 6.9 成立，连续放大函数 $d_i(\xi)$ 是有界的正函数，即 $0 < \underline{d}_i \leqslant d_i(\xi) \leqslant \overline{d}_i (i = 1, \cdots, n)$。如果存在正定对称矩阵 $Q > 0$、正对角矩阵

$P$、$M$、$H^i$、$\overline{Z}$、$X_0$、$X_1$、$Y(i = 1, 2, \cdots, n)$，任意的适维矩阵 $N_1$ 和 $N_2$，使得

$$\overline{\Xi} = \begin{bmatrix} \Phi_{11} & \Phi_{12} & PW_1 & \Phi_{14} & \Phi_{15} & \Phi_{16} & -N_1 \\ * & \Phi_{22} & \Phi_{23} & \Phi_{24} & \Phi_{25} & 0 & 0 \\ * & * & \Phi_{33} & \Phi_{34} & \Phi_{35} & X_1\Delta & 0 \\ * & * & * & \Phi_{44} & \Phi_{45} & 0 & 0 \\ * & * & 0 & 0 & \Phi_{55} & 0 & 0 \\ * & * & * & 0 & 0 & \Phi_{66} & -N_2 \\ * & * & * & * & * & * & \Phi_{77} \end{bmatrix} < 0 \qquad (6.98)$$

则无反应扩散项的系统 (式 (6.84)) 是全局渐近稳定的，其中

$$\Phi_{11} = N_1 + N_1^{\mathrm{T}} - 2Y\Gamma$$

$$\Phi_{12} = X_0\Delta + PW$$

$$\Phi_{14} = [PE_1 \ PE_2 \ \cdots \ PE_n]$$

$$\Phi_{15} = -P + Y$$

$$\Phi_{16} = -N_1 + N_2^{\mathrm{T}}$$

$$\Phi_{22} = \sum_{i=1}^{n} H^i + Q - 2X_0 + \tau_M W^{\mathrm{T}}\overline{Z}W$$

$$\Phi_{23} = \tau_M W^{\mathrm{T}}\overline{Z}W_1$$

$$\Phi_{24} = [\tau_M W^{\mathrm{T}}\overline{Z}E_1 \ \tau_M W^{\mathrm{T}}\overline{Z}E_2 \ \cdots \ \tau_M W^{\mathrm{T}}\overline{Z}E_n]$$

$$\Phi_{25} = (MW)^{\mathrm{T}} - \tau_M W^{\mathrm{T}}\overline{Z}$$

$$\Phi_{33} = \tau_M W_1^{\mathrm{T}}\overline{Z}W_1 - (1 - \mu)Q - 2X_1$$

$$\Phi_{34} = [\tau_M W_1^{\mathrm{T}}\overline{Z}E_1 \ \tau_M W_1^{\mathrm{T}}\overline{Z}E_2 \ \cdots \ \tau_M W_1^{\mathrm{T}}\overline{Z}E_n]$$

$$\Phi_{35} = (MW_1)^{\mathrm{T}} - \tau_M W_1^{\mathrm{T}}\overline{Z}$$

$$\Phi_{44} = \mathrm{diag}(-H^1, -H^2, \cdots, -H^n) +$$
$$\begin{bmatrix} \tau_M E_1^{\mathrm{T}}\overline{Z}E_1 & \tau_M E_1^{\mathrm{T}}\overline{Z}E_2 & \cdots & \tau_M E_1^{\mathrm{T}}\overline{Z}E_n \\ * & \tau_M E_2^{\mathrm{T}}\overline{Z}E_2 & \cdots & \tau_M E_2^{\mathrm{T}}\overline{Z}E_n \\ * & * & & \vdots \\ * & * & \cdots & \tau_M E_n^{\mathrm{T}}\overline{Z}E_n \end{bmatrix}$$

$$\Phi_{45} = \begin{bmatrix} (ME_1)^{\mathrm{T}} - \tau_M E_1^{\mathrm{T}} \overline{Z} \\ (ME_2)^{\mathrm{T}} - \tau_M E_2^{\mathrm{T}} \overline{Z} \\ \vdots \\ (ME_n)^{\mathrm{T}} - \tau_M E_n^{\mathrm{T}} \overline{Z} \end{bmatrix}$$

$$\Phi_{55} = -2M + \tau_M \overline{Z}$$

$$\Phi_{66} = -N_2 - N_2^{\mathrm{T}}$$

$$\Phi_{77} = -\tau_M^{-1} \overline{D}^{-1} \overline{Z} \overline{D}^{-1}$$

$$\overline{D} = \mathrm{diag}(\overline{d}_1, \overline{d}_2, \cdots, \overline{d}_n)$$

**证明**　考虑如下 Lyapunov 泛函:

$$\overline{V}(t) = \overline{V}_1(t) + \overline{V}_2(t) + \overline{V}_3(t)$$

式中

$$\overline{V}_1(t) = 2\sum_{i=1}^{n} \int_0^{y_i(t)} \frac{p_i s}{D_i(s)} \mathrm{d}s + 2\sum_{i=1}^{n} m_i \int_0^{y_i(t)} \frac{A_i(s)}{D_i(s)} \mathrm{d}s \tag{6.99}$$
$$+ \int_{t-\tau(t)}^{t} f^{\mathrm{T}}(y(s)) Q f(y(s)) \mathrm{d}s$$

$$\overline{V}_2(t) = \sum_{i=1}^{n} \sum_{j=1}^{n} h_j^i \int_0^{\infty} K_{ij}(s) \int_{t-s}^{t} f_j^2(y_j(\theta)) \mathrm{d}\theta \mathrm{d}s \tag{6.100}$$

$$\overline{V}_3(t) = \int_{-\tau_M}^{0} \int_{t+s}^{t} \dot{y}^{\mathrm{T}}(\theta) Z \dot{y}(\theta) \mathrm{d}\theta \mathrm{d}s \tag{6.101}$$

$P = \mathrm{diag}(p_1, \cdots, p_n)$, $M = \mathrm{diag}(m_1, \cdots, m_n)$, $H^i = \mathrm{diag}(h_1^i, h_2^i, \cdots, h_n^i)$ 和 $Z$ 都是正定对角矩阵 $(i = 1, \cdots, n)$。

与证明定理 6.3 中的 $V_1(t)$、$V_2(t)$ 和 $V_3(t)$ 的求导过程类似,可得

$$\dot{\overline{V}}_1(t) \leqslant \Big[2y^{\mathrm{T}}(t)P + 2A^{\mathrm{T}}(y(t))M\Big]\Big[-A(y(t)) + Wf(y(t)) + W_1 f(y(t-\tau(t)))$$
$$+ \sum_{i=1}^{n} E_i \int_{-\infty}^{t} \overline{K}_i(t-s) f(y(s)) \mathrm{d}s\Big] \tag{6.102}$$
$$- (1-\mu) f^{\mathrm{T}}(y(t-\tau(t))) Q f(y(t-\tau(t))) + f^{\mathrm{T}}(y(t)) Q f(y(t))$$

$$
\begin{aligned}
\dot{\overline{V}}_2(t) \leqslant{} & \sum_{i=1}^{n} f^{\mathrm{T}}(y(t)) H^i f(y(t)) \\
& - \sum_{i=1}^{n} \Big( \int_{-\infty}^{t} \overline{K}_i(t-s) f(y(s)) \mathrm{d}s \Big)^{\mathrm{T}} H^i \int_{-\infty}^{t} \overline{K}_i(t-s) f(y(s)) \mathrm{d}s
\end{aligned}
\tag{6.103}
$$

$$
\begin{aligned}
\dot{\overline{V}}_3(t) ={} & \tau_M \dot{y}^{\mathrm{T}}(t) Z \dot{y}(t) - \int_{t-\tau_M}^{t} \dot{y}^{\mathrm{T}}(s) Z \dot{y}(s) \mathrm{d}s \\
\leqslant{} & \tau_M \dot{y}^{\mathrm{T}}(t) Z \dot{y}(t) - \int_{t-\tau(t)}^{t} \dot{y}^{\mathrm{T}}(s) Z \dot{y}(s) \mathrm{d}s \\
\leqslant{} & \tau_M \dot{y}^{\mathrm{T}}(t) Z \dot{y}(t) - \frac{1}{\tau_M} \Big( \int_{t-\tau(t)}^{t} \dot{y}(s) \mathrm{d}s \Big)^{\mathrm{T}} Z \int_{t-\tau(t)}^{t} \dot{y}(s) \mathrm{d}s \\
={} & \tau_M \Big[ A(y(t)) - W f(y(t)) - W_1 f(y(t-\tau(t))) \\
& - \sum_{i=1}^{n} E_i \int_{-\infty}^{t} \overline{K}_i(t-s) f(y(s)) \mathrm{d}s \Big]^{\mathrm{T}} D^{\mathrm{T}}(y(t)) \\
& \cdot Z D(y(t)) \Big[ A(y(t)) - W_1 f(y(t-\tau(t))) \\
& - W f(y(t)) - \sum_{i=1}^{n} E_i \int_{-\infty}^{t} \overline{K}_i(t-s) f(y(s)) \mathrm{d}s \Big] \\
& - \frac{1}{\tau_M} \Big( \int_{t-\tau(t)}^{t} \dot{y}(s) \mathrm{d}s \Big)^{\mathrm{T}} Z \int_{t-\tau(t)}^{t} \dot{y}(s) \mathrm{d}s \\
\leqslant{} & \tau_M \Big[ A(y(t)) - W f(y(t)) - W_1 f(y(t-\tau(t))) \\
& - \sum_{i=1}^{n} E_i \int_{-\infty}^{t} \overline{K}_i(t-s) f(y(s)) \mathrm{d}s \Big]^{\mathrm{T}} \overline{D} Z \overline{D} \\
& \cdot \Big[ A(y(t)) - W_1 f(y(t-\tau(t))) \\
& - W f(y(t)) - \sum_{i=1}^{n} E_i \int_{-\infty}^{t} \overline{K}_i(t-s) f(y(s)) \mathrm{d}s \Big] \\
& - \frac{1}{\tau_M} \Big( \int_{t-\tau(t)}^{t} \dot{y}(s) \mathrm{d}s \Big)^{\mathrm{T}} Z \int_{t-\tau(t)}^{t} \dot{y}(s) \mathrm{d}s
\end{aligned}
\tag{6.104}
$$

其中, 推导过程利用了引理 6.4。令 $\overline{Z} = \overline{D} Z \overline{D}$, 则 $Z = \overline{D}^{-1} \overline{Z} \, \overline{D}^{-1}$。

注意到

$$
2 \Big( A^{\mathrm{T}}(y(t)) Y y(t) - y^{\mathrm{T}}(t) \Gamma Y y(t) \Big) \geqslant 0
\tag{6.105}
$$

$$
2 \Big( f^{\mathrm{T}}(y(t)) X_0 \Delta y(t) - f^{\mathrm{T}}(y(t)) X_0 f(y(t)) \Big) \geqslant 0
\tag{6.106}
$$

$$2\Big(f^{\mathrm{T}}(y(t-\tau(t)))X_1\Delta y(t-\tau(t)) - f^{\mathrm{T}}(y(t-\tau(t)))X_1 f(y(t-\tau(t)))\Big) \geqslant 0 \quad (6.107)$$

$$2\Big(y^{\mathrm{T}}(t)N_1 + y^{\mathrm{T}}(t-\tau(t))N_2\Big)\Big(y(t) - y(t-\tau(t)) - \int_{t-\tau(t)}^{t} \dot{y}(s)\mathrm{d}s\Big) = 0 \quad (6.108)$$

综合式 (6.102)～ 式 (6.108), 对于 $\xi_0(t) \neq 0$, 有

$$\dot{V}(t) \leqslant \xi_0^{\mathrm{T}}(t)\overline{\Xi}\xi_0(t) < 0 \tag{6.109}$$

式中, $\overline{\Xi}$ 同式 (6.98) 中的定义; $\xi_0(t) = \mathrm{col}\Big(y(t),\, f(y(t)),\, f(y(t-\tau(t))),\, \int_{-\infty}^{t}\overline{K}_1(t-s)f(y(s))\mathrm{d}s,\, \int_{-\infty}^{t}\overline{K}_2(t-s)f(y(s))\mathrm{d}s,\cdots,\, \int_{-\infty}^{t}\overline{K}_n(t-s)f(y(s))\mathrm{d}s,\, A(y(t)),\, y(t-\tau(t)),\, \int_{t-\tau(t)}^{t}\dot{y}(s)\mathrm{d}s\Big)$ 是一个列向量。

　　根据 Lyapunov 稳定理论可知, 如果式 (6.98) 成立, 无反应扩散项的式 (6.84) 是全局渐近稳定的。证毕。

　　显然, 在不考虑反应扩散项的情况下, 在证明式 (6.84) 的稳定性的时候, 某些假设条件就可以适当的放松, 进而增强稳定结果的适用范围 (如对放大函数 $d_i(\xi)$ 的约束条件的变化)。同时, 当某些有用的适用范围更广泛的数学引理、矩阵不等式技术以及自由权矩阵等方法被用来放缩推导过程的条件时 (如采用引理 6.4 和式 (6.108) 的情况), 某些在证明过程中躲避不开的约束条件就可以被放松或取消 (如在推论 6.2 的稳定条件推导过程中, 由于增加了自由权参数的作用, 慢时变时滞约束条件 $\dot{\tau}(t) < 1$ 就被取消了, 进而推论 6.2 的稳定结果也可以用来判定快变时滞系统 ($\tau(t) \geqslant 1$ 的情况) 的稳定性), 进一步扩大了稳定结果的适用范围。

　　注意到式 (6.74) 中的激励函数的表示形式都是相同的, 即式 (6.74) 中的状态 $u_j(t,x), u_j(t-\tau(t),x)$ 和 $u_j(s,x)$ 都经受同样的非线性激励函数 $\overline{g}_j(\cdot)$ 的作用 ($j = 1,\cdots,n$)。如果作用在式 (6.74) 中各个变量上的非线性激励函数是不相同的情况, 此时的网络模型将能够描述更加宽泛的系统和描述更加复杂的神经元之间的作用关系。基于这种考虑, 将针对如下的具有不同激励函数的网络模型建立相应的稳定判据。则

$$\frac{\partial u_i(t,x)}{\partial t} = \sum_{k=1}^{m} \frac{\partial}{\partial x_k}\Big(b_{ik}\frac{\partial u_i(t,x)}{\partial x_k}\Big)$$
$$- d_i(u_i(t,x))\Big[a_i(u_i(t,x)) - \sum_{j=1}^{n} w_{ij}\overline{g}_j(u_j(t,x))$$
$$- \sum_{j=1}^{n} w_{ij}^1 \overline{f}_j(u_j(t-\tau(t),x))$$

$$- \sum_{j=1}^{n} c_{ij} \int_{-\infty}^{t} K_{ij}(t-s)\overline{h}_j(u_j(s,x))\mathrm{d}s + U_i \Big]$$ (6.110)

式中，$\overline{f}_i(y_i(t,x))$ 和 $\overline{h}_i(y_i(t,x))$ 分别满足假设 6.9 且具有增益常数 $\delta_i^g > 0$ 和 $\delta_i^h > 0$；$\Delta_g = \mathrm{diag}(\delta_1^g, \delta_2^g, \cdots, \delta_n^g)$；$\Delta_h = \mathrm{diag}(\delta_1^h, \delta_2^h, \cdots, \delta_n^h)$；其他符号同式 (6.74) 中的定义 $(i = 1, \cdots, n)$。

令 $u^* = (u_1^*, \ldots, u_n^*)^{\mathrm{T}}$ 是式 (6.110) 的一个平衡点。利用式 (6.110) 的平衡点方程及线性变换 $y_i(t,x) = u_i(t,x) - u_i^*$，式 (6.110) 转换为

$$\frac{\partial y_i(t,x)}{\partial t} = \sum_{k=1}^{m} \frac{\partial}{\partial x_k}\left(b_{ik}\frac{\partial y_i(t,x)}{\partial x_k}\right)$$
$$- D_i(y_i(t,x))\Big[A_i(y_i(t,x)) - \sum_{j=1}^{n} w_{ij} f_j(y_j(t,x))$$
$$- \sum_{j=1}^{n} w_{ij}^1 g_j(y_j(t-\tau(t),x)) - \sum_{j=1}^{n} c_{ij} \int_{-\infty}^{t} K_{ij}(t-s)h_j(y_j(s,x))\mathrm{d}s\Big]$$
(6.111)

或矩阵–向量形式：

$$\frac{\partial y(t,x)}{\partial t} = \sum_{k=1}^{m} \frac{\partial}{\partial x_k}\left(B_k\frac{\partial y(t,x)}{\partial x_k}\right) - D(y(t,x))\Big[A(y(t,x))$$
$$- Wf(y(t,x)) - W_1 g(y(t-\tau(t),x))$$
$$- \sum_{i=1}^{n} E_i \int_{-\infty}^{t} \overline{K}_i(t-s)h(y(s,x))\mathrm{d}s\Big]$$
(6.112)

式中

$$g_i(y_i(t,x)) = \overline{f}_i(u_i^* + y_i(t,x)) - \overline{f}_i(u_i^*)$$
$$h_i(y_i(t,x)) = \overline{h}_i(u_i^* + y_i(t,x)) - \overline{h}_i(u_i^*)$$
$$g(y(t,x)) = (g_1(y_1(t,x)), \cdots, g_n(y_n(t,x)))^{\mathrm{T}}$$
$$h(y(t,x)) = (h_1(y_1(t,x)), \cdots, h_n(y_n(t,x)))^{\mathrm{T}}$$

其他符号同式 (6.84) 中的定义 $(i = 1, \cdots, n)$。

**定理 6.4**　假设 6.7~ 假设 6.10 成立。如果存在正定对称矩阵 $Q > 0$、正对角矩阵 $G$、$G_g$、$G_h$、$P$ 和 $\overline{H}^i (i = 1, 2, \cdots, n)$，使得

$$\Xi_0 = \begin{bmatrix} \varUpsilon_{11} & \varUpsilon_{12} & PW_1 & \varUpsilon_{14} & G_g\varDelta_g & G_h\varDelta_h \\ * & \overline{\varUpsilon}_{22} & 0 & 0 & 0 & 0 \\ * & * & \varUpsilon_{33} & 0 & 0 & 0 \\ * & * & * & \overline{\varUpsilon}_{44} & 0 & 0 \\ * & * & * & * & \varUpsilon_{55} & 0 \\ * & * & * & * & * & \varUpsilon_{66} \end{bmatrix} < 0 \qquad (6.113)$$

式中

$$\varUpsilon_{11} = -2P\varGamma - 2P\varLambda B_L$$

$$B_L = \mathrm{diag}\Big( \sum_{k=1}^{m} \frac{b_{1k}}{L_k^2}, \sum_{k=1}^{m} \frac{b_{2k}}{L_k^2}, \cdots, \sum_{k=1}^{m} \frac{b_{nk}}{L_k^2} \Big)$$

$$\varUpsilon_{12} = PW + \varDelta G$$

$$\varUpsilon_{14} = [PE_1 \ PE_2 \ \cdots \ PE_n]$$

$$\overline{\varUpsilon}_{22} = -2G$$

$$\varUpsilon_{33} = -(1-\mu)Q$$

$$\overline{\varUpsilon}_{44} = \mathrm{diag}(-\overline{H}^1, -\overline{H}^2, \cdots, -\overline{H}^n)$$

$$\varUpsilon_{55} = Q - 2G_g$$

$$\varUpsilon_{66} = -2G_h + \sum_{i=1}^{n} \overline{H}^i$$

其他符号同定理 6.3 中的定义。则式 (6.112) 的平衡点是全局渐近稳定的。

　　**证明**　考虑如下的 Lyapunov 泛函:

$$V_0(t) = V_1(t) + V_4(t) + V_5(t)$$

式中

$$V_4(t) = \int_\Omega \int_{t-\tau(t)}^t g^{\mathrm{T}}(y(s,x)) Q g(y(s,x)) \mathrm{d}s\mathrm{d}x$$

$$V_5(t) = \int_\Omega \sum_{i=1}^n \sum_{j=1}^n \overline{h}_j^i \int_0^\infty K_{ij}(s) \int_{t-s}^t h_j^2(y_j(\theta,x)) \mathrm{d}\theta \mathrm{d}s\mathrm{d}x$$

$\overline{H}^i = \mathrm{diag}(\overline{h}_1^i, \cdots, \overline{h}_n^i)$ 是正定对角矩阵, $\overline{h}_j^i > 0$; $Q$ 是正定对称矩阵; $V_1(t)$ 同式 (6.88) 中的定义 $(i,j = 1, \cdots, n)$。

按照与式 (6.93)~ 式 (6.95) 相似的推导过程，$V_1(t)$、$V_4(t)$ 和 $V_5(t)$ 的导数分别为

$$
\begin{aligned}
\dot{V}_1(t) \leqslant \int_{\Omega} \Big[ & -2y^{\mathrm{T}}(t,x)(P\Gamma + P\Lambda B_L)y(t,x) \\
& + 2y^{\mathrm{T}}(t,x)PWf(y(t,x)) + 2y^{\mathrm{T}}(t,x)PW_1 g(y(t-\tau(t),x)) \\
& + 2\sum_{i=1}^{n} y^{\mathrm{T}}(t,x)PE_i \int_{-\infty}^{t} \overline{K}_i(t-s)h(y(s,x))\mathrm{d}s \Big]\mathrm{d}x
\end{aligned}
\tag{6.114}
$$

$$
\begin{aligned}
\dot{V}_4(t) \leqslant \int_{\Omega} \Big[ & g^{\mathrm{T}}(y(t,x))Qg(y(t,x)) - (1-\mu) \\
& \cdot g^{\mathrm{T}}(y(t-\tau(t),x))Qg(y(t-\tau(t),x)) \Big]\mathrm{d}x
\end{aligned}
\tag{6.115}
$$

$$
\begin{aligned}
\dot{V}_5(t) \leqslant & \int_{\Omega} \sum_{i=1}^{n} h^{\mathrm{T}}(y(t,x))\overline{H}^{i} h(y(t,x))\mathrm{d}x \\
& - \int_{\Omega} \sum_{i=1}^{n} \Big( \int_{-\infty}^{t} \overline{K}_i(t-s)h(y(s,x))\mathrm{d}s \Big)^{\mathrm{T}} \\
& \cdot \overline{H}^{i} \Big( \int_{-\infty}^{t} \overline{K}_i(t-s)h(y(s,x))\mathrm{d}s \Big)\mathrm{d}x
\end{aligned}
\tag{6.116}
$$

根据假设 6.9，对于任意的正定对角矩阵 $G_g$ 和 $G_h$，则有

$$
2\Big( g^{\mathrm{T}}(y(t,x))G_g \Delta_g y(t,x) - g^{\mathrm{T}}(y(t,x))G_g g(y(t,x)) \Big) \geqslant 0
\tag{6.117}
$$

$$
2\Big( h^{\mathrm{T}}(y(t,x))G_h \Delta_h y(t,x) - h^{\mathrm{T}}(y(t,x))G_h h(y(t,x)) \Big) \geqslant 0
\tag{6.118}
$$

综合式 (6.96)、式 (6.114)、式 (6.115)、式 (6.116)、式 (6.117) 和式 (6.118)，对于 $\overline{\xi}(t,x) \neq 0$，有

$$
\dot{V}(t) \leqslant \int_{\Omega} \overline{\xi}^{\mathrm{T}}(t,x)\Xi_0 \overline{\xi}(t,x)\mathrm{d}x \leqslant -\lambda_{\min}(-\Xi_0)\|\overline{\xi}(t,x)\|_2^2 < 0
$$

式中，$\Xi_0$ 同式 (6.113) 中的定义；$\overline{\xi}(t,x) = \mathrm{col}\Big( y(t,x),\, f(y(t,x)),\, g(y(t-\tau(t),x)),$
$\int_{-\infty}^{t} \overline{K}_1(t-s)h(y(s,x))\mathrm{d}s, \int_{-\infty}^{t} \overline{K}_2(t-s)h(y(s,x))\mathrm{d}s, \cdots, \int_{-\infty}^{t} \overline{K}_n(t-s)h(y(s,x))\mathrm{d}s,$
$g(y(t,x)),\, h(y(t,x)) \Big)$ 是一个列向量。

这样，根据 Lyapunov 稳定理论，如果式 (6.113) 成立，则式 (6.112) 是全局渐近稳定的。证毕。

**注释 6.8**  在本小节，同样利用时滞矩阵分解方法将分布时滞矩阵 $C$ 拆解成 $\sum_{i=1}^{n} E_i$ 的求和形式，其中，矩阵 $E_i$ 的第 $i$ 行由矩阵 $C$ 的第 $i$ 行构成，$E_i$ 的其余

各行均为 0。这样，可将分布时滞项 $\sum_{j=1}^{n} c_{ij} \int_{-\infty}^{t} K_{ij}(t-s) f_j(y_j(s,x)) \mathrm{d}s$ 表示为紧凑的矩阵–向量形式 $e_i \int_{-\infty}^{t} \overline{K}_i(t-s) f(y(s,x)) \mathrm{d}s$，其中，$e_i$ 是矩阵 $E_i$ 的第 $i$ 行，该分解方法在为分布时滞系统建立基于线性矩阵不等式的稳定结果中具有重要的作用。

**注释 6.9**　当前，针对反应扩散神经网络的初始边界条件满足如下 Neumann 边界条件的情况：

$$\frac{\partial u_i(t,x)}{\partial \overline{n}} = \left( \frac{\partial u_i(t,x)}{\partial x_1}, \frac{\partial u_i(t,x)}{\partial x_2}, \cdots, \frac{\partial u_i(t,x)}{\partial x_m} \right)^{\mathrm{T}} = 0$$

式中，$x \in \partial\Omega$；$\overline{n}$ 是 $\partial\Omega$ 的外法向量。已有许多稳定结果被提出，如文献 [24]、[27]、[35]、[50]~[53]、[55]、[72]、[78]、[83]。然而，许多诸如生物系统和人造的神经网络系统等都是由满足 Dirichlet 边界条件 ($u_i(t,x) = 0, x \in \partial\Omega$) 的偏微分方程来描述的[50,74,84,94,95]。如文献 [50] 中所指出那样，引理 6.3 不适用于 Neumann 边界条件下的反应扩散神经网络，即 Neumann 边界条件的偏微分方程不能应用引理 6.3，进而在利用格林公式处理反应扩散项的推导过程也就不一样。这就是说，即使针对相同的反应扩散神经网络，在不同的初始边界条件下也具有不同的处理反应扩散项的过程，进而导致所得稳定结果的不同。这就是本节要建立 Dirichlet 边界条件下的反应扩散神经网络的基于线性矩阵不等式的稳定判据的根本原因。

**注释 6.10**　当 $d_i(u_i(t,x)) = 1$ 和 $a_i(u_i(t,x)) = b_i u_i(t,x), b_i > 0$ 时，式 (6.74) 在文献 [50] 中被研究了。利用 Holder 代数不等式，一个代数不等式形式的稳定判据被提出来用来判定网络的稳定性，其中，通过巧妙构造一个 Lyapunov 泛函来抵消求导过程中连续分布时滞的影响，进而在处理技巧上解决了连续分布时滞对整个稳定判据的影响。此外，当 $d_i(u(t,x)) = 1$，$a_i(u(t,x)) = b_i u(t,x)$ 和 $c_{ij} = 0$ 时，式 (6.74) 则变成无分布时滞的 Hopfield 型神经网络，该网络在文献 [74] 中得到研究，并得到了一个代数不等式形式的稳定判据。因为基于代数不等式的稳定判据一般包含许多待调节的未知参数，且一般来说，没有一个具体的系统方法来指导如何对这些未知参数进行调节，这样，文献 [50] 和 [74] 中的稳定结果通常难以验证，特别是随着网络规模和网络数量增加的时候更是如此。相对照，本小节建立的结果用内点法等数值方法进行检验，具有易验证性。

**注释 6.11**　当 $d_i(u_i(t,x))$ 是一个正的、有界的放大函数，并利用 $M$ 矩阵理论，文献 [84] 针对无分布时滞的网络 (式 (6.74)) 建立了一个充分稳定判据。相对照，在放大函数 $d_i(u_i(t,x))$ 与文献 [84] 中相同要求的情况下，推论 6.2 提供了一种全新的稳定判据。无论从网络模型的复杂性及是否考虑了神经元的抑制作用等两个方面，本小节的稳定结果都改进了文献 [84] 中的结果。

**注释 6.12** 对比定理 6.3 和定理 6.4 可以发现，由于在网络模型中考虑了不同的激励函数，定理 6.4 比定理 6.3 具有更宽的适用范围。然而，对于具有相同激励函数情况的网络 (式 (6.84))，定理 6.4 将比定理 6.3 保守。不同的定理有不同的适用条件，这样，可以根据不同的情况来有选择地使用定理 6.3 和定理 6.4。

**注释 6.13** 在式 (6.74) 中，当 $d_i(u_i(t,x)) = 1$ 和 $c_{ij} = 0$ 时 $(i, j = 1, \cdots, n)$，即无分布时滞的反应扩散 Hopfield 神经网络 (式 (6.74))，该网络的稳定性问题在文献 [74] 中得到了研究。不同于以往的证明平衡点的存在性、唯一性及稳定性的两步走方法，在文献 [74] 中直接证明网络的全局指数收敛性，并直接断言平衡点的存在性和唯一性，即平衡点的存在性和唯一性是全局稳定结果的必然产物。文献 [74] 通过构造一个适当的 Lyapunov 泛函并应用一些代数不等式技术，得到了平衡点全局指数稳定的一个充分条件。与本小节的基于线性矩阵不等式的结果相比，文献 [74] 中的基于代数不等式的结果没能考虑神经元的抑制作用，而本节的结构充分考虑了神经抑制的作用，进而在某种程度上降低了稳定结果的保守性。

### 6.2.4 仿真示例

在本小节，将用两个例子来说明所得结果的有效性。

**例 6.2** 考虑具有三个神经元的网络 (式 (6.74))，其中，$d_i(u_i(t,x)) = 1$，$L_k = 1$，$a_1(u_1(t,x)) = 5u_1(t,x)$，$a_2(u_2(t,x)) = 6u_2(t,x)$，$a_3(u_3(t,x)) = 7u_3(t,x)$，$g_j(u_j(t, x)) = \tanh(u_j(t,x))$，$\tau(t) = \mathrm{e}^t/(1+\mathrm{e}^t)$，$U_i = 1(i,j,k = 1, 2, 3; m = 3)$

$$(b_{ik})_{3\times 3} = \begin{bmatrix} 0.0341 & 0.0498 & 0.0711 \\ 0.0029 & 0.0747 & 0.1173 \\ 0.2235 & 0.1654 & 0.0162 \end{bmatrix}, \quad W = \begin{bmatrix} 0.2787 & 0.5743 & 0.3158 \\ -0.7458 & 0.3207 & 1.3437 \\ 1.6035 & -0.1514 & -2.2378 \end{bmatrix}$$

$$W_1 = \begin{bmatrix} -1.5000 & 0.5000 & 0.2000 \\ 3.7000 & -2.0000 & 0.1000 \\ 4.8000 & 0.4000 & 2.0000 \end{bmatrix}, \quad C = \begin{bmatrix} 0.6465 & 0.4423 & -0.7518 \\ -0.1892 & 0.2912 & 0.2868 \\ 0.0013 & -0.8071 & -0.4553 \end{bmatrix}$$

$$(K_{ij}(s))_{3\times 3} = \begin{bmatrix} 2\mathrm{e}^{-2s} & 3\mathrm{e}^{-s} & 0.1\mathrm{e}^{-0.1s} \\ 0.2\mathrm{e}^{-0.2s} & 1.1\mathrm{e}^{-1.1s} & 1.8\mathrm{e}^{-1.8s} \\ 1.5\mathrm{e}^{-1.5s} & 2.9\mathrm{e}^{-2.9s} & \mathrm{e}^{-s} \end{bmatrix}$$

显然，$0 < \tau(t) \leqslant 1$，$\dot{\tau}(t) \leqslant \mu = 0.5$，$\Gamma = \mathrm{diag}(5, 6, 7)$，$\Delta = \mathrm{diag}(1, 1, 1)$ 和 $K_{ij}(s)$ 满足假设 6.8。

就本例而言，文献 [50] 中的定理 1 不成立。文献 [30] 要求

$$M_0 = \Gamma - (|W| + |W_1| + |C|)\Delta$$

$$= \begin{bmatrix} 2.5748 & -1.5166 & -1.2676 \\ -4.6350 & 3.3881 & -1.7305 \\ -6.4048 & -1.3585 & 2.3069 \end{bmatrix}$$

是一个 $M$ 矩阵, 其中, $|W| = (|w_{ij}|)_{3 \times 3}$。因为 $M_0$ 的特征值分别是 $-2.0667$、$5.7748$ 和 $4.5616$, 则可知 $M_0$ 不是 $M$ 矩阵。这样, 文献 [30] 的结果也不能判定本例中的网络的稳定性。然而, 应用定理 6.3, 求解可得

$$P = \mathrm{diag}(1.3688, 0.2450, 0.4307)$$
$$G = \mathrm{diag}(6.8323, 1.5662, 3.1346)$$
$$H^1 = \mathrm{diag}(0.6882, 0.2299, 0.8743), \quad H^2 = H^3 = H^1$$
$$Q = \begin{bmatrix} 5.3935 & -0.2395 & 0.1741 \\ -0.2395 & 0.9261 & -0.1614 \\ 0.1741 & -0.1614 & 1.5187 \end{bmatrix}$$

这样, 本例考虑的网络 (式 (6.74)) 是全局渐近稳定的。

为了进一步与以前的同类结果进行比较, 在本例中再考虑如下两种情况。

(1) 令 $C = 0$, 此时文献 [84] 中的定理 1 要求

$$M_1 = \widehat{\Gamma} - |W|\Delta - |W_1|\Delta$$
$$= \begin{bmatrix} 3.3763 & -1.0743 & -0.5158 \\ -4.4458 & 3.8742 & -1.4437 \\ -6.4035 & -0.5514 & 3.1673 \end{bmatrix}$$

是一个 $M$ 矩阵, 其中, $|W| = (|w_{ij}|)_{3 \times 3}$, $\widehat{\Gamma} = \mathrm{diag}\left( \sum_{k=1}^{3} b_{1k}/L_k^2, \sum_{k=1}^{3} b_{2k}/L_k^2, \sum_{k=1}^{3} b_{3k}/L_k^2 \right)$ $+ \Gamma$。因为 $M_1$ 的特征值分别是 $-0.0138$, $5.2158 + 0.3307i$ 和 $5.2158 - 0.3307i$, 进而 $M_1$ 不是 $M$ 矩阵。这样, 文献 [84] 中的结果不能判定本例的稳定性。然而, 定理 6.3 成立, 进而可知所考虑的网络是全局渐近稳定的。

(2) 令 $b_{ik} = 0$。此时, 文献 [32] 中的定理 3.3 要求如下条件成立:

$$Z_i = \gamma_i - \delta_i \sum_{j=1}^{3} (|w_{ji}| + |w_{ji}^1| + |c_{ji}|) > 0, \quad i = 1, 2, 3$$

将本例中的参数代入可知, $Z_1 = -8.4650 < 0$, $Z_2 = 0.5130 > 0$ 和 $Z_3 = -0.5859 < 0$。这样, 文献 [32] 中的定理 3.3 不能判定此种情况下的网络的稳定性。应用定理 6.3 可知, 此种情况下的网络模型是全局渐近稳定的。

**例 6.3** 考虑具有三个神经元的网络 (式 (6.74)),其中, $a_1(u_1(t,x)) = \gamma_1 u_1(t,x)$, $a_2(u_2(t,x)) = \gamma_2 u_2(t,x)$, $a_3(u_3(t,x)) = \gamma_3 u_3(t,x)$, $W_1 = 0$

$$W = \begin{bmatrix} -1 & -1 & 1 \\ 1 & -1 & 1 \\ -1 & -1 & -1 \end{bmatrix}, \quad C = \begin{bmatrix} -1 & 1 & 1 \\ 1 & -1 & 1 \\ -1 & 1 & -1 \end{bmatrix}$$

其他参数同例 6.2 中的定义。

就本例而言,文献 [50] 中的定理 1 要求如下条件成立:

$$2\lambda_i\left(-\gamma_i - \sum_{k=1}^{m} \frac{b_{ik}}{L_k^2}\right) + \sum_{j=1}^{n}\left(\lambda_i(w_{ij})^{2(1-\alpha_{ij})}\delta_j^{2(1-\beta_{ij})} + \lambda_j(w_{ji})^{2\alpha_{ji}}\delta_i^{2\beta_{ji}}\right)$$

$$+ \sum_{j=1}^{n}\left(\lambda_i(c_{ij})^{2(1-\rho_{ij})}\delta_j^{2(1-\theta_{ij})} + \lambda_j(c_{ji})^{2\rho_{ji}}\delta_i^{2\theta_{ji}}\right) < 0$$

式中, $\alpha_{ij}$、 $\beta_{ij}$, $\rho_{ij}$ 和 $\theta_{ij}$ 是某些常数; $\lambda_i > 0$ 是正常数 $(i, j = 1, 2, 3)$。通过计算可知,如果条件 $\gamma_1 > 3.8450$, $\gamma_2 > 3.8051$ 和 $\gamma_3 > 3.5949$ 同时成立,则文献 [50] 中定理 1 成立。如果选取 $\Gamma = \mathrm{diag}(\gamma_1, \gamma_2, \gamma_3) = \mathrm{diag}(3.8450, 3.8051, 3.5949)$,显然,文献 [50] 中定理 1 不再成立。此时,应用定理 6.3 可得

$$P = \mathrm{diag}(1.5196, 1.5196, 1.5196)$$
$$G = \mathrm{diag}(7.0447, 7.0447, 7.0447)$$
$$H^1 = \mathrm{diag}(3.1598, 3.1598, 3.1598)$$
$$H^2 = H^3 = H^1$$

因此,所考虑的式 (6.74) 是全局渐近稳定的。

如果选取 $\Gamma = \mathrm{diag}(3.8450, \gamma_2, 3.5949)$,其中, $\gamma_2 > 0$ 为待确定的正数,应用定理 6.3 可知,如果 $\gamma_2 \geqslant 1.1315$,所考虑的网络都是全局渐近稳定的。显然,当 $\gamma_2 \in [1.1315, 3.8051]$ 时,文献 [50] 中的定理 1 不再成立。此外,针对 $\Gamma = \mathrm{diag}(\gamma_1, 3.8051, 3.5949)$ 和 $\Gamma = \mathrm{diag}(3.8450, 3.8051, \gamma_3)$ 两种情况,应用定理 6.3,可分别求得 $\gamma_1 \geqslant 1.1714$ 和 $\gamma_3 \geqslant 0.9213$。与文献 [50] 中的结果相比,本节的结果将具有小的保守性。

## 6.3 具有 Neumann 边界条件的多分布时滞神经网络的指数稳定性

6.1 节和 6.2 节是针对具有不同初始条件 (Neumann 边界条件和 Dirichlet 边界条件) 下的反应扩散 Cohen-Grossberg 神经网络的稳定性问题,应用线性矩阵

不等式技术建立了一些全局渐近稳定的充分判据。本节将讨论反应扩散 Cohen-Grossberg 神经网络的全局指数稳定性问题，因为指数稳定性将具有更快的收敛性和指数衰减性。同时，一个系统原本是指数稳定的，如果仅能在技术原理上证明其是渐近稳定的 (充分性的且是构造性的)，则系统内在固有的很多信息或本质就不能够被充分挖掘和利用，这从某一程度上来说也是增加研究问题的保守性的一个方面。因此，充分研究和挖掘系统的内在固有性态，并将这种性态充分展示，将极大有利于对研究问题的本质认识。在一般的研究中，讨论渐近稳定性将比较直接和方便，能够满足相当一大类问题的需要。这样，在关于系统定性性质的研究中，以全局渐近稳定性的研究居多。为了从研究问题的深度上进一步提升，研究系统的指数稳定特性 (在诸多稳定性的定义中，指数稳定性就是一种具有很好性质的一类稳定定义) 将更能反映系统的本质信息 (如果一个系统是指数稳定的，否则，可研究其渐近稳定性或者其他特性，这也将更加看清这类系统的动态特性)。上述是从认识的角度讨论研究指数稳定性的重要性。在处理方法上，指数稳定性的分析比渐近稳定性的分析也相对较复杂，特别是渐近稳定性未必意味着指数稳定性的事实。正是基于上述这样的考虑，本节将着手对具有多分布时滞的反应扩散 Cohen-Grossberg 神经网络的平衡点建立全局指数稳定的判据。

### 6.3.1　引言

在过去的几十年中，由于 Cohen-Grossberg 神经网络在诸如联想地址存储记忆、模式识别及求解优化问题等领域具有极大的潜力，各种形式的 Cohen-Grossberg 神经网络得到了广大学者的关注。由于递归网络的应用严重依赖于其定性特性，特别是其稳定特性，进而大量的关于 Cohen-Grossberg 神经网络的全局渐近稳定性及全局指数稳定性的研究成果大量涌现[2-10,12,41,85]。由大量不同类型的神经元具有不同的突触大小和空间分布，使得神经元之间的信息传输不是瞬时完成的，也不是在某一固定的时滞之后再现的，神经元的当前状态通常是与其之前的一段时间内的所有神经元状态有关。基于这样的分析考虑，一部分学者开始将分布时滞引入神经网络模型中，用来刻画这种由于记忆或者信息分布传输所产生的时滞效性[2,14-16]。当前，主要有两类分布时滞被得到研究，一种是有限分布时滞形式[17,20,21,41]，另一种是无穷分布时滞形式[14-16,22,24-27,30,32,36,38,39,50,51,86-89]。含有上述两类分布时滞的 Cohen-Grossberg 神经网络已经得到学者的研究，并建立了许多基于 $M$ 矩阵和代数不等式等形式的不同稳定判据，但这些稳定判据都没能考虑神经元的抑制作用。与此同时，基于线性矩阵不等式的稳定判据也得到了学者的研究[8,10,11,17,20,21,40,41]，基于线性矩阵不等式的稳定判据的优点就是考虑了神经元的抑制作用；具有空间向量结构，易于多角度刻画系统的全面信息；线性矩阵不等式的求解有比较成熟的算法，进而易于校验；大量矩阵不等式的存在，将会使基于线性矩阵不等式的稳定结果保守性更小等。

　　在神经网络的电子线路的实际实现中，由于电子在非均匀的电场中运动会产生扩散反应现象，使得对神经原状态的描述必须同时在时间和空间的范畴内进行才能更加准确。这样，关于具有反应扩散相应的神经网络得到了许多学者的研究[24,27,30,35,49-55,88,90-92]，特别是建立了许多稳定性判据。然而，在这些稳定性的判据中，关于具有反应扩散项的时滞 Cohen-Grossberg 神经网络的稳定性却没有基于线性矩阵不等式的稳定判据。相比较来说，关于其他类型的神经网络的稳定性判据已有大量的基于线性矩阵不等式的结果，这种现象使得作者受到启发：是因为反应扩散项的时滞 Cohen-Grossberg 神经网络的稳定性判据易于得到，还是存在某些瓶颈问题没有解开使得研究者望而却步？怀着这样求索的心情展开细致的研究，查阅文献，认真对比同类文献，以求端倪。

　　正是基于上述的讨论，本小节的目的是采用线性矩阵不等式技术，针对如下的具有反应扩散项的多分布时滞的 Cohen-Grossberg 神经网络建立全局指数稳定判据，即

$$
\begin{aligned}
\frac{\partial u_i(t,x)}{\partial t} =& \sum_{k=1}^{m} \frac{\partial}{\partial x_k}\left(b_{ik}\frac{\partial u_i(t,x)}{\partial x_k}\right) \\
&- \overline{d}_i(u_i(t,x))\Big[\overline{a}_i(u_i(t,x)) - \sum_{j=1}^{n} w_{ij}g_j(u_j(t,x)) \\
&- \sum_{j=1}^{n} w_{ij}^1 g_j(u_j(t-\tau(t),x)) \\
&- \sum_{l=1}^{r}\sum_{j=1}^{n} c_{ij}^l \int_{-\infty}^{t} K_{ij}^l(t-s)g_j(u_j(s,x))\mathrm{d}s + U_i\Big]
\end{aligned}
\tag{6.119}
$$

式中，$x = (x_1,x_2,\cdots,x_m)^\mathrm{T} \in \Omega \subset \mathbf{R}^m$，$\Omega$ 是一个具有光滑边界 $\partial\Omega$ 和测度 $\mathrm{mes}\,\Omega > 0$ 的紧集；$u = (u_1(t,x),\cdots,u_n(t,x))^\mathrm{T}$；$u_i(t,x)$ 是第 $i$ 个单元在时间 $t$ 和空间 $x$ 的状态；$\overline{d}_i(\cdot)$ 是放大函数；$\overline{a}_i(\cdot)$ 是一个良态函数用来保证网络的解的存在性；$g_j(\cdot)$ 是神经元的激励函数；$w_{ij}$、$w_{ij}^1$ 和 $c_{ij}^l$ 分别是连接权系数、时滞连接权系数和分布连接权系数；$b_{ik} = b_{ik}(t,x,u) \geqslant 0$ 表示沿着第 $i$ 个神经元的传输扩散算子；$U_i$ 表示外部常值输入；$0 < \tau(t) \leqslant \tau_M$，$0 \leqslant \dot{\tau}(t) \leqslant \mu < 1$，$\tau_M$ 和 $\mu$ 都是正数 $(i,j=1,\cdots,n;k=1,\cdots,m;l=1,\cdots,r)$。式 (6.119) 的边界条件满足如下 Neumann 边界条件：

$$
\frac{\partial u_i(t,x)}{\partial \overline{n}} = \left(\frac{\partial u_i(t,x)}{\partial x_1},\frac{\partial u_i(t,x)}{\partial x_2},\cdots,\frac{\partial u_i(t,x)}{\partial x_m}\right)^\mathrm{T} = 0
$$

式中，$x \in \partial\Omega$，$u_i(s,x) = \phi_i(s,x)$ 在区间 $(-\infty,0]$ 上是一个有界的、连续可微的函数 $(i=1,2,\cdots,n)$；$\overline{n}$ 是 $\partial\Omega$ 的外法向量。

需说明的是, 式 (6.119) 包含了相当一大类现有的网络模型作为其特殊情况, 如文献 [6]、[20]、[22]、[30]、[36]、[50]、[51]、[86]~[90]、[92]、[93] 中的网络模型。这样, 直接针对式 (6.119) 所建立的稳定结果将比现有的相关网络的稳定结果具有更宽的适用范围, 同时也能促进非线性系统稳定性理论的相应发展。

### 6.3.2　基础知识

本节的符号含义同 6.2 节的基础知识中的定义。

**假设 6.11**　存在一个正常数 $\gamma_i > 0$, 使得连续函数 $\bar{a}_i(\cdot)$ 满足

$$\frac{\bar{a}_i(\zeta) - \bar{a}_i(\xi)}{\zeta - \xi} \geqslant \gamma_i \tag{6.120}$$

式中, $\forall \zeta, \xi \in \mathbf{R}, \zeta \neq \xi, i = 1, \cdots, n$。

**假设 6.12**　时滞核函数在区间 $[0, \infty)$ 上是一个实值非负连续的函数, 且对于 $i, j = 1, \cdots, n, l = 1, \cdots, r$ 及 $k_0 > 0$, 存在正常数 $k_{ij}^l > 0$ 和 $e_{ij}^l > 0$ 使得

$$\int_0^\infty K_{ij}^l(s)\mathrm{d}s = k_{ij}^l > 0 \tag{6.121}$$

$$\int_0^\infty K_{ij}^l(s)\mathrm{e}^{2k_0 s}\mathrm{d}s = e_{ij}^l < \infty \tag{6.122}$$

**假设 6.13**　有界的激励函数 $g_j(\cdot)$ 是连续的, 且满足

$$0 \leqslant \frac{g_j(\zeta) - g_j(\xi)}{\zeta - \xi} \leqslant \delta_j \tag{6.123}$$

其中, $\forall \zeta \neq \xi, \zeta, \xi \in \mathbf{R}, \delta_j > 0 (j = 1, \cdots, n)$。

**假设 6.14**　有界的放大函数 $\bar{d}_i(u_i(t, x))$ 是正的、可微的, $0 < \underline{d}_m \leqslant d_i(u_i(t)) \leqslant \bar{d}_M$, 且满足下列条件:

$$m_2^i \geqslant \left(\frac{u_i(t, x) - u_i^*}{\bar{d}_i(u_i(t, x))}\right)' \geqslant m_1^i \geqslant 0 \tag{6.124}$$

式中, $u_i^*$ 是式 (6.119) 的一个平衡点; $(\cdot)'$ 表示相对于变量 $u_i(t, x)$ 进行求导数; $m_1^i$ 和 $m_2^i$ 都是正常数 $(i = 1, 2, \cdots, n)$。

下面, 令 $\Gamma = \mathrm{diag}(\gamma_1, \cdots, \gamma_n), \Delta = \mathrm{diag}(\delta_1, \cdots, \delta_n)$ 和 $M_2 = \mathrm{diag}(m_2^1, \cdots, m_2^n)$。

**引理 6.5**[58](柯西不等式)　对于在积分区间内是良态的任意连续函数 $f(s)$ 和 $h(s)$, 则

$$\left(\int_{-\infty}^\theta f(s)h(s)\mathrm{d}s\right)^2 \leqslant \int_{-\infty}^\theta f^2(s)\mathrm{d}s \int_{-\infty}^\theta h^2(s)\mathrm{d}s$$

式中, $\theta \geqslant 0$。

**定义 6.1**    称式 (6.119) 是全局指数稳定的, 如果存在正常数 $\epsilon > 0$ 和 $M > 1$, 使得在任意初始条件 $\phi \in C^\infty(-\infty, 0]$ 和 $\varphi \in C^\infty(-\infty, 0]$ 情况下, 式 (6.119) 的两个解 $u(t, x)$ 和 $v(t, x)$ 满足下列条件:

$$\|u(t, x) - v(t, x)\|_2^2 \leqslant M\|\phi_m - \varphi_m\|_2^2 \mathrm{e}^{-\epsilon t}$$

式中, $\|u(t, x)\|_2 = \left(\int_\Omega |u(t, x)|^2 \mathrm{d}x\right)^{1/2}$; $|u(t, x)| = \left(\sum_{i=1}^n u_i^2(t, x)\right)^{1/2}$; $\|\phi_m - \varphi_m\|_2^2 = \sup_{s \in (-\infty, 0]} \|\phi(s, x) - \varphi(s, x)\|_2^2$。

### 6.3.3    全局指数稳定性结果

在本小节, 将对式 (6.119) 的平衡点建立全局指数稳定的判据。

令 $u^* = [u_1^*, \cdots, u_n^*]^\mathrm{T}$ 是式 (6.119) 的一个平衡点, $y_i(t, x) = u_i(t, x) - u_i^*$, 则式 (6.119) 将变换为

$$
\begin{aligned}
\frac{\partial y_i(t, x)}{\partial t} = &\sum_{k=1}^m \frac{\partial}{\partial x_k}\left(b_{ik}\frac{\partial y_i(t, x)}{\partial x_k}\right) \\
&- D_i(y_i(t, x))\Big[a_i(y_i(t, x)) - \sum_{j=1}^n w_{ij}f_j(y_j(t, x)) \\
&- \sum_{j=1}^n w_{ij}^1 f_j(y_j(t - \tau(t), x)) \\
&- \sum_{l=1}^r \sum_{j=1}^n c_{ij}^l \int_{-\infty}^t K_{ij}^l(t - s)f_j(y_j(s, x))\mathrm{d}s\Big]
\end{aligned}
$$

(6.125)

或矩阵-向量形式:

$$
\begin{aligned}
\frac{\partial y(t, x)}{\partial t} = &\sum_{k=1}^m \frac{\partial}{\partial x_k}\left(B_k\frac{\partial y(t, x)}{\partial x_k}\right) \\
&- D(y(t, x))\Big[A(y(t, x)) - Wf(y(t, x)) - W_1 f(y(t - \tau(t), x)) \\
&- \sum_{l=1}^r \sum_{i=1}^n E_i^l \int_{-\infty}^t \overline{K}_i^l(t - s)f(y(s, x))\mathrm{d}s\Big]
\end{aligned}
$$

(6.126)

式中

$$y(t, x) = (y_1(t, x), \cdots, y_n(t, x))^\mathrm{T}$$

$$D(y(t, x)) = \mathrm{diag}(D_1(y_1(t, x)), \cdots, D_n(y_n(t, x)))$$

$$D_i(y_i(t, x)) = \overline{d}_i(y_i(t, x) + u_i^*)$$

$$f(y(t,x)) = (f_1(y_1(t,x)), \cdots, f_n(y_n(t,x)))^{\mathrm{T}}$$

$$f_i(y_i(t,x)) = g_i(y_i(t,x) + u_i^*) - g_i(u_i^*)$$

$$B_k = \mathrm{diag}(b_{1k}, b_{2k}, \cdots, b_{nk})$$

$$\overline{K}_i^l(s) = \mathrm{diag}(K_{i1}^l(s), K_{i2}^l(s), \cdots, K_{in}^l(s))$$

$$A(y(t,x)) = (a_1(y_1(t,x)), \cdots, a_n(y_n(t,x)))^{\mathrm{T}}$$

$$a_i(y_i(t,x)) = \overline{a}_i(y_i(t,x) + u_i^*) - \overline{a}_i(u_i^*), \quad W = (w_{ij})_{n \times n}$$

$$C = (c_{ij})_{n \times n}, \quad W_1 = (w_{ij}^1)_{n \times n}$$

$E_i^l$ 是一个 $n \times n$ 矩阵，$E_i^l$ 的第 $i$ 行由矩阵 $C^l = (c_{ij}^l)_{n \times n}$ 的第 $i$ 行构成，$E_i^l$ 的其他行都是零向量。

显然，式 (6.119) 的稳定性问题定性地等价于式 (6.125) 或式 (6.126) 的稳定性问题。

**定理 6.5**　假设 6.11~ 假设 6.14 成立。对于给定的一个正常数 $k_0 > 0$，如果存在正定对称矩阵 $Q > 0$、正对角矩阵 $G$、$P$ 和 $H_i^l(i = 1, 2, \cdots, n; l = 1, \cdots, r)$，使得

$$\Xi = \begin{bmatrix} \Upsilon_{11} & \Upsilon_{12} & PW_1 & \Psi_1 & \Psi_2 & \cdots & \Psi_r \\ * & \Upsilon_{22} & 0 & 0 & 0 & \cdots & 0 \\ * & * & \Upsilon_{33} & 0 & 0 & \cdots & 0 \\ * & * & * & \Psi_{1d} & 0 & \cdots & 0 \\ * & * & * & * & \Psi_{2d} & \cdots & 0 \\ \vdots & \vdots & \vdots & \vdots & \vdots & & \vdots \\ * & * & * & * & * & \cdots & \Psi_{rd} \end{bmatrix} < 0 \tag{6.127}$$

则式 (6.126) 的平衡点是全局指数稳定的，其中

$$\Upsilon_{11} = 2k_0 P M_2 - P\Gamma - (P\Gamma)^{\mathrm{T}}$$

$$\Upsilon_{12} = PW + \Delta G$$

$$\Upsilon_{22} = \sum_{l=1}^{r} \sum_{i=1}^{n} H_i^l \widehat{E}_i^l + Q - 2G$$

$$\Upsilon_{33} = -(1-\mu)\mathrm{e}^{-2k_0 \tau_M} Q$$

$$\Psi_1 = [PE_1^1 \ PE_2^1 \ \cdots \ PE_n^1]$$

$$\Psi_2 = [PE_1^2 \ PE_2^2 \ \cdots \ PE_n^2]$$

$$\Psi_r = [PE_1^r \ PE_2^r \ \cdots \ PE_n^r]$$

$$\Psi_{1d} = \mathrm{diag}(-H_1^1 \widehat{K}_1^{-1}, -H_2^1 \widehat{K}_2^{-1}, \cdots, -H_n^1 \widehat{K}_n^{-1})$$

$$\Psi_{2d} = \mathrm{diag}(-H_1^2 \widehat{K}_1^{-2}, -H_2^2 \widehat{K}_2^{-2}, \cdots, -H_n^2 \widehat{K}_n^{-2})$$

$$\Psi_{rd} = \mathrm{diag}(-H_1^r \widehat{K}_1^{-r}, -H_2^r \widehat{K}_2^{-r}, \cdots, -H_n^r \widehat{K}_n^{-r})$$

$$\widehat{E}_i^l = \mathrm{diag}(e_{i1}^l, e_{i2}^l, \cdots, e_{in}^l)$$

$$\widehat{K}_i^l = \mathrm{diag}(k_{i1}^l, k_{i2}^l, \cdots, k_{in}^l), \quad i = 1, \cdots, n; l = 1, \cdots, r$$

**证明** 仿效文献 [7]、[8]、[41]、[50] 中的证明过程, 采用两步来证明定理 6.5。首先, 证明平衡点的存在和唯一性。不失一般性, 令 $u_i^*$ 和 $v_i^*$ 是式 (6.119) 的两个平衡点, 则

$$
\begin{aligned}
0 = \sum_{k=1}^m \frac{\partial}{\partial x_k} \Big( b_{ik} \frac{\partial(u_i^* - v_i^*)}{\partial x_k} \Big) - D_i(u_i^* - v_i^*)\Big[ \overline{a}_i(u_i^*) - \overline{a}_i(v_i^*) \\
- \sum_{j=1}^n w_{ij}(g_j(u_j^*) - g_j(v_j^*)) - \sum_{j=1}^n w_{ij}^1(g_j(u_j^*) - g_j(v_j^*)) \\
- \sum_{j=1}^n c_{ij}(g_j(u_j^*) - g_j(v_j^*)) \Big]
\end{aligned}
\tag{6.128}
$$

式中, $D_i(u_i^* - v_i^*) = \overline{d}_i(u_i^*)$。

在式 (6.128) 两侧分别乘以 $2(u_i^* - v_i^*)p_i$ 和 $2(f_i(u_i^*) - f_i(v_i^*))r_i$ 并相加, 然后在域 $\Omega$ 上相对于 $x$ 进行积分, 可得

$$
\begin{aligned}
0 = \sum_{i=1}^n \int_{\Omega} \Bigg\{ & \sum_{k=1}^m \frac{2(u_i^* - v_i^*)p_i}{D_i(u_i^* - v_i^*)} \frac{\partial}{\partial x_k} \Big( b_{ik} \frac{\partial(u_i^* - v_i^*)}{\partial x_k} \Big) \\
& + \sum_{k=1}^m \frac{2(f_i(u_i^*) - f_i(v_i^*))r_i}{D_i(u_i^* - v_i^*)} \frac{\partial}{\partial x_k} \Big( b_{ik} \frac{\partial(u_i^* - v_i^*)}{\partial x_k} \Big) \\
& - \big[ 2(u_i^* - v_i^*)p_i + 2(f_i(u_i^*) - f_i(v_i^*))r_i \big] \Big[ \overline{a}_i(u_i^*) - \overline{a}_i(v_i^*) \\
& - \sum_{j=1}^n w_{ij}(g_j(u_j^*) - g_j(v_j^*)) - \sum_{j=1}^n w_{ij}^1(g_j(u_j^*) - g_j(v_j^*)) \\
& - \sum_{j=1}^n c_{ij}(g_j(u_j^*) - g_j(v_j^*)) \Big] \Bigg\} \mathrm{d}x
\end{aligned}
\tag{6.129}
$$

根据 Green 公式和 Neumann 边界条件，则

$$\sum_{i=1}^{n}\int_{\Omega}\sum_{k=1}^{m}\frac{2(u_i^*-v_i^*)p_i}{D_i(u_i^*-v_i^*)}\frac{\partial}{\partial x_k}\Big(b_{ik}\frac{\partial(u_i^*-v_i^*)}{\partial x_k}\Big)\mathrm{d}x$$

$$=-\sum_{i=1}^{n}2p_i\sum_{k=1}^{m}\int_{\Omega}b_{ik}\Big(\frac{\partial(u_i^*-v_i^*)}{\partial x_k}\Big)^2\mathrm{d}x\Big(\frac{(u_i^*-v_i^*)}{D_i(u_i^*-v_i^*)}\Big)'$$

$$\leqslant 0 \tag{6.130}$$

$$\sum_{i=1}^{n}\int_{\Omega}\sum_{k=1}^{m}\frac{2(f_i(u_i^*)-f_i(v_i^*))r_i}{D_i(u_i^*-v_i^*)}\frac{\partial}{\partial x_k}\Big(b_{ik}\frac{\partial(u_i^*-v_i^*)}{\partial x_k}\Big)\mathrm{d}x$$

$$=-\sum_{i=1}^{n}2r_i\sum_{k=1}^{m}\int_{\Omega}b_{ik}\Big(\frac{\partial(u_i^*-v_i^*)}{\partial x_k}\Big)^2\mathrm{d}x\Big(\frac{f_i(u_i^*)-f_i(v_i^*)}{D_i(u_i^*-v_i^*)}\Big)'$$

$$\leqslant 0 \tag{6.131}$$

其中，推导过程利用了假设 6.14。

根据式 (6.130) 和式 (6.131)，从式 (6.129) 可得

$$0\leqslant-\big[2(u_i^*-v_i^*)p_i+2(f_i(u_i^*)-f_i(v_i^*))r_i\big]\Big[\overline{a}_i(u_i^*)-\overline{a}_i(v_i^*)$$

$$-\sum_{j=1}^{n}w_{ij}(g_j(u_j^*)-g_j(v_j^*))-\sum_{j=1}^{n}w_{ij}^1(g_j(u_j^*)-g_j(v_j^*)) \tag{6.132}$$

$$-\sum_{j=1}^{n}c_{ij}(g_j(u_j^*)-g_j(v_j^*))\Big]$$

或

$$0\leqslant\sum_{i=1}^{n}\Big\{-2p_i\gamma_i(u_i^*-v_i^*)^2-2r_i\gamma_i(u_i^*-v_i^*)(g_i(u_i^*)-g_i(v_i^*))$$

$$+\Big[2(u_i^*-v_i^*)p_i+2(g_i(u_i^*)-g_i(v_i^*))r_i\Big]$$

$$\times\Big[\sum_{j=1}^{n}w_{ij}(g_j(u_j^*)-g_j(v_j^*))+\sum_{j=1}^{n}w_{ij}^1(g_j(u_j^*)-g_j(v_j^*)) \tag{6.133}$$

$$+\sum_{j=1}^{n}c_{ij}(g_j(u_j^*)-g_j(v_j^*))\Big]\Big\}$$

进一步，有

$$0\leqslant\int_{\Omega}\Big\{-2(u^*-v^*)^{\mathrm{T}}P\varGamma(u^*-v^*)-2(g(u^*)-g(v^*))^{\mathrm{T}}R\varGamma(u^*-v^*)$$

$$+ \left[ 2(u^* - v^*)^{\mathrm{T}} P + 2(g(u^*) - g(v^*)) R \right]$$

$$\times (W + W_1 + C)(g(u^*) - g(v^*)) \bigg\} \mathrm{d}x \tag{6.134}$$

同时, 注意到下列条件成立:

$$0 \leqslant q_i (g_j(u_j^*) - g_j(v_j^*))^2 - (1 - \mu) q_i (g_j(u_j^*) - g_j(v_j^*))^2$$

$$0 \leqslant 2 g_i \gamma_i (u_i^* - v_i^*)(f_i(u_i^*) - f_i(v_i^*)) - 2 g_i (f_i(u_i^*) - f_i(v_i^*))^2 \tag{6.135}$$

$$0 = h_j^i (f_i(u_i^*) - f_i(v_i^*))^2 - h_j^i (f_i(u_i^*) - f_i(v_i^*))^2$$

式中, $q_i$、$g_i$、$h_j^i$ 都是正数 $(i, j = 1, \cdots, n)$。或者以矩阵–向量表示为

$$0 \leqslant (g(u^*) - g(v^*))^{\mathrm{T}} Q (g(u^*) - g(v^*))$$

$$- (1 - \mu)(g(u^*) - g(v^*))^{\mathrm{T}} Q (g(u^*) - g(v^*)) \tag{6.136}$$

$$0 \leqslant 2(g(u^*) - g(v^*))^{\mathrm{T}} \Delta G (u^* - v^*)$$

$$- 2(g(u^*) - g(v^*))^{\mathrm{T}} G (g(u^*) - g(v^*)) \tag{6.137}$$

$$0 = 2(g(u^*) - g(v^*))^{\mathrm{T}} H^i (g(u^*) - g(v^*))$$

$$- 2(g(u^*) - g(v^*))^{\mathrm{T}} H^i (g(u^*) - g(v^*)) \tag{6.138}$$

则从式 (6.134)、式 (6.136)∼ 式 (6.138) 可得

$$0 \leqslant \int_{\Omega} \xi^{\mathrm{T}} \Xi \xi \mathrm{d}x \tag{6.139}$$

式中, $\xi = \mathrm{col}(u^* - v^*, g(u^*) - g(v^*), \cdots, g(u^*) - g(v^*))$ 是一个列向量。

再考虑式 (6.127), 对于 $\xi \neq 0$, 可知 $\int_{\Omega} \xi^{\mathrm{T}} \Xi \xi \mathrm{d}x < 0$ 成立, 这与式 (6.139) 相矛盾。该矛盾意味着 $u^* = v^*$, 进而平衡点存在且唯一。

接下来, 考虑如下的 Lyapunov 泛函:

$$V(t) = V_1(t) + V_2(t) + V_3(t) \tag{6.140}$$

式中

$$V_1(t) = \int_{\Omega} \sum_{i=1}^{n} 2 p_i \mathrm{e}^{2 k_0 t} \int_{0}^{y_i(t,x)} \frac{s}{D_i(s)} \mathrm{d}s \mathrm{d}x \tag{6.141}$$

$$V_2(t) = \int_{\Omega} \int_{t - \tau(t)}^{t} \mathrm{e}^{2 k_0 s} f^{\mathrm{T}}(y(s,x)) Q f(y(s,x)) \mathrm{d}s \mathrm{d}x \tag{6.142}$$

$$V_3(t) = \int_\Omega \sum_{l=1}^r \sum_{i=1}^n \sum_{j=1}^n h_{ij}^l \int_0^\infty K_{ij}^l(s) \int_{t-s}^t e^{2k_0(\theta+s)} f_j^2(y_j(\theta,x)) \mathrm{d}\theta \mathrm{d}s \mathrm{d}x \qquad (6.143)$$

沿着式 (6.126) 的轨迹求泛函 $V_1(t)$ 的导数, 可得

$$\dot{V}_1(t) = 2k_0 e^{2k_0 t} \int_\Omega \sum_{i=1}^n 2p_i \int_0^{y_i(t,x)} \frac{s}{D_i(s)} \mathrm{d}s \mathrm{d}x + e^{2k_0 t} \int_\Omega \sum_{i=1}^n \frac{2p_i y_i(t,x)}{D_i(y_i(t,x))} \frac{\partial y_i(t,x)}{\partial t} \mathrm{d}x$$

$$(6.144)$$

根据假设 6.14, 有

$$0.5 m_1^i y_i^2(t,x) \leqslant \int_0^{y_i(t,x)} \frac{s}{D_i(s)} \mathrm{d}s \leqslant 0.5 m_2^i y_i^2(t,x) \qquad (6.145)$$

则式 (6.144) 可写为

$$\dot{V}_1(t) \leqslant 2k_0 e^{2k_0 t} \int_\Omega y^{\mathrm{T}}(t,x) P M_2 y(t,x) \mathrm{d}x$$

$$+ \int_\Omega e^{2k_0 t} \Bigg[ \sum_{i=1}^n \frac{2p_i y_i(t,x)}{d_i(y_i(t,x))} \sum_{k=1}^m \frac{\partial}{\partial x_k} \Big( b_{ik} \frac{\partial y_i(t,x)}{\partial x_k} \Big)$$

$$- 2y^{\mathrm{T}}(t,x) P\Gamma y(t,x) + 2y^{\mathrm{T}}(t,x) PWf(y(t,x)) + 2y^{\mathrm{T}} PW_1 f(y(t-\tau(t),x))$$

$$+ 2\sum_{l=1}^r \sum_{i=1}^n y^{\mathrm{T}}(t,x) PE_i^l \int_{-\infty}^t \overline{K}_i^l(t-s) f(y(s,x)) \mathrm{d}s \Bigg] \mathrm{d}x \qquad (6.146)$$

式中, $P = \mathrm{diag}(p_1, \cdots, p_n)$。

利用 Neumann 边界条件及与文献 [49]、[50]、[55]、[86] 相似的证明方法, 可得

$$\int_\Omega \sum_{i=1}^n \frac{2p_i y_i(t,x)}{D_i(y_i(t,x))} \sum_{k=1}^m \frac{\partial}{\partial x_k} \Big( b_{ik} \frac{\partial y_i(t,x)}{\partial x_k} \Big) \mathrm{d}x$$

$$= \sum_{i=1}^n 2p_i \int_\Omega \frac{y_i(t,x)}{D_i(y_i(t,x))} \nabla \circ \Big( b_{ik} \frac{\partial y_i(t,x)}{\partial x_k} \Big)_{k=1}^m \mathrm{d}x$$

$$= \sum_{i=1}^n 2p_i \int_\Omega \nabla \circ \Big( \frac{y_i(t,x)}{D_i(y_i(t,x))} b_{ik} \frac{\partial y_i(t,x)}{\partial x_k} \Big)_{k=1}^m \mathrm{d}x$$

$$- \sum_{i=1}^n 2p_i \int_\Omega \Big( b_{ik} \frac{\partial y_i(t,x)}{\partial x_k} \Big)_{k=1}^m \circ \nabla \Big( \frac{y_i(t,x)}{D_i(y_i(t,x))} \Big) \mathrm{d}x$$

$$= \sum_{i=1}^n 2p_i \int_{\partial\Omega} \Big( \frac{y_i(t,x)}{D_i(y_i(t,x))} b_{ik} \frac{\partial y_i(t,x)}{\partial x_k} \Big)_{k=1}^m \mathrm{d}S$$

$$- \sum_{i=1}^n 2p_i \sum_{k=1}^m \int_\Omega b_{ik} \Big( \frac{\partial y_i(t,x)}{\partial x_k} \Big)^2 \Big( \frac{y_i(t,x)}{D_i(y_i(t,x))} \Big)' \mathrm{d}x$$

$$\leqslant -\sum_{i=1}^{n} 2p_i \sum_{k=1}^{m} \int_{\Omega} b_{ik} \Big(\frac{\partial y_i(t,x)}{\partial x_k}\Big)^2 \Big(\frac{y_i(t,x)}{D_i(y_i(t,x))}\Big)' \mathrm{d}x$$

$$\leqslant 0 \tag{6.147}$$

式中, 推导过程利用了假设 6.14; $\nabla = \Big(\dfrac{\partial}{\partial x_1}, \dfrac{\partial}{\partial x_2}, \cdots, \dfrac{\partial}{\partial x_n}\Big)^{\mathrm{T}}$ 是梯度算子; $\circ$ 表示点乘运算算子; $\mathrm{d}S$ 是 $\partial\Omega$ 的面积元, 且

$$\Big(b_{ik}\frac{\partial y_i(t,x)}{\partial x_k}\Big)_{k=1}^{m} = \Big(b_{i1}\frac{\partial y_i(t,x)}{\partial x_1}, b_{i2}\frac{\partial y_i(t,x)}{\partial x_2}, \cdots, b_{im}\frac{\partial y_i(t,x)}{\partial x_m}\Big)^{\mathrm{T}}$$

这样

$$
\begin{aligned}
\dot{V}_1(t) \leqslant \int_{\Omega} \mathrm{e}^{2k_0 t} \Big[ & y^{\mathrm{T}}(t,x) 2k_0 PM_2 y(t,x) + 2y^{\mathrm{T}}(t,x)PWf(y(t,x)) \\
& + 2y^{\mathrm{T}}(t,x)PW_1 f(y(t-\tau(t),x)) - 2y^{\mathrm{T}}(t,x)P\Gamma y(t,x) \\
& + \sum_{l=1}^{r}\sum_{i=1}^{n} y^{\mathrm{T}}(t,x)PE_i^l \int_{-\infty}^{t} \overline{K}_i^l(t-s)f(y(s,x))\mathrm{d}s \Big]\mathrm{d}x
\end{aligned}
\tag{6.148}
$$

泛函 $V_2(t)$ 和 $V_3(t)$ 的导数分别如下:

$$
\begin{aligned}
\dot{V}_2(t) \leqslant \int_{\Omega} \mathrm{e}^{2k_0 t}\Big[ & f^{\mathrm{T}}(y(t,x))Qf(y(t,x)) - (1-\mu)\mathrm{e}^{-2k_0\tau_M} \\
& \times f^{\mathrm{T}}(y(t-\tau(t),x))Qf(y(t-\tau(t),x))\Big]\mathrm{d}x
\end{aligned}
\tag{6.149}
$$

$$
\begin{aligned}
\dot{V}_3(t) &= \int_{\Omega} \mathrm{e}^{2k_0 t}\sum_{l=1}^{r}\sum_{i=1}^{n}\sum_{j=1}^{n} h_{ij}^l \Big[\int_{0}^{\infty} K_{ij}^l(s)\mathrm{e}^{2k_0 s} f_j^2(y_j(t,x))\mathrm{d}s \\
& \quad - \int_{0}^{\infty} K_{ij}^l(s)f_j^2(y_j(t-s,x))\mathrm{d}s\Big]\mathrm{d}x \\
&= \int_{\Omega} \mathrm{e}^{2k_0 t}\sum_{l=1}^{r}\sum_{i=1}^{n} f^{\mathrm{T}}(y(t,x))H_i^l \widehat{E}_i^l f(y(t,x))\mathrm{d}x \\
& \quad - \int_{\Omega}\sum_{l=1}^{r}\sum_{i=1}^{n}\sum_{j=1}^{n} h_{ij}^l (k_{ij}^l)^{-1} \int_{0}^{\infty} K_{ij}^l(s)\mathrm{d}s \\
& \quad \times \mathrm{e}^{2k_0 t}\int_{0}^{\infty} K_{ij}^l(s)f_j^2(y_j(t-s,x))\mathrm{d}s\mathrm{d}x \\
&\leqslant \mathrm{e}^{2k_0 t}\Big[\int_{\Omega}\sum_{l=1}^{r}\sum_{i=1}^{n} f^{\mathrm{T}}(y(t,x))H_i^l \widehat{E}_i^l f(y(t,x))\mathrm{d}x \\
& \quad - \int_{\Omega}\sum_{l=1}^{r}\sum_{i=1}^{n}\sum_{j=1}^{n} h_{ij}^l (k_{ij}^l)^{-1}\Big(\int_{0}^{\infty} K_{ij}^l(s)f_j(y_j(t-s,x))\mathrm{d}s\Big)^2 \mathrm{d}x\Big]
\end{aligned}
$$

$$
\begin{aligned}
=\mathrm{e}^{2k_0t}\Big[&\int_\Omega \sum_{l=1}^r \sum_{i=1}^n f^{\mathrm{T}}(y(t,x))H_i^l \widehat{E}_i^l f(y(t,x))\mathrm{d}x \\
&-\int_\Omega \sum_{l=1}^r \sum_{i=1}^n \Big(\int_{-\infty}^t \overline{K}_i^l(t-s)f(y(s,x))\mathrm{d}s\Big)^{\mathrm{T}} \\
&\times H_i^l \widehat{K}_i^{-l}\int_{-\infty}^t \overline{K}_i^l(t-s)f(y(s,x))\mathrm{d}s\mathrm{d}x\Big]
\end{aligned}
\tag{6.150}
$$

式中，$H_i^l=\mathrm{diag}(h_{i1}^l,h_{i2}^l,\cdots,h_{in}^l)$；$\widehat{K}_i^l=\mathrm{diag}(k_{i1}^l,k_{i2}^l,\cdots,k_{in}^l)$；$\widehat{E}_i^l=\mathrm{diag}(e_{i1}^l,e_{i2}^l,\cdots,e_{in}^l)(i=1,\cdots,n;\ l=1,\cdots,r)$。

根据假设 6.13，对于任意的正定对角矩阵 $G$，则有

$$
2\big(f^{\mathrm{T}}(y(t,x))\Delta G y(t,x)-f^{\mathrm{T}}(y(t,x))Gf(y(t,x))\big)\geqslant 0
\tag{6.151}
$$

综合式 (6.148)～式 (6.151)，有

$$
\begin{aligned}
\dot{V}(t)\leqslant \mathrm{e}^{2k_0t}\int_\Omega \Big[&2y^{\mathrm{T}}(t,x)k_0 PM_2 y(t,x) \\
&-2y^{\mathrm{T}}(t,x)P\Gamma y(t,x)+2y^{\mathrm{T}}(t,x)PWf(y(t,x)) \\
&+2y^{\mathrm{T}}(t,x)PW_1 f(y(t-\tau(t)),x) \\
&+\sum_{l=1}^r \sum_{i=1}^n y^{\mathrm{T}}(t,x)PE_i^l\int_{-\infty}^t \overline{K}_i^l(t-s)f(y(s,x))\mathrm{d}s \\
&+f^{\mathrm{T}}(y(t,x))Qf(y(t,x)) \\
&-(1-\mu)\mathrm{e}^{-2k_0\tau_M}f^{\mathrm{T}}(y(t-\tau(t),x))Qf(y(t-\tau(t),x)) \\
&+\sum_{l=1}^r \sum_{i=1}^n f^{\mathrm{T}}(y(t,x))H_i^l \widehat{E}_i^l f(y(t,x)) \\
&-\int_\Omega \sum_{l=1}^r \sum_{i=1}^n \Big(\int_{-\infty}^t \overline{K}_i^l(t-s)f(y(s,x))\mathrm{d}s\Big)^{\mathrm{T}} H_i^l \widehat{K}_i^{-l} \\
&\times\int_{-\infty}^t \overline{K}_i^l(t-s)f(y(s,x))\mathrm{d}s \\
&+2f^{\mathrm{T}}(y(t,x))\Delta G y(t,x)-2f^{\mathrm{T}}(y(t,x))Gf(y(t,x))\Big]\mathrm{d}x \\
=\mathrm{e}^{2k_0t}\int_\Omega &\xi^{\mathrm{T}}\Xi\xi\mathrm{d}x<0
\end{aligned}
\tag{6.152}
$$

式中，$\xi\neq 0$，$\Xi$ 同式 (6.127) 中的定义；$\xi=\mathrm{col}\big(y(t,x),f(y(t,x)),f(y(t-\tau(t),x)),$
$\int_{-\infty}^t \overline{K}_1^1(t-s)f(y(t,s))\mathrm{d}s,\int_{-\infty}^t \overline{K}_2^1(t-s)f(y(t,s))\mathrm{d}s,\cdots,\int_{-\infty}^t \overline{K}_n^1(t-s)f(y(t,s))\mathrm{d}s,$

$$\int_{-\infty}^{t}\overline{K}_1^2(t-s)f(y(t,s))\mathrm{d}s,\int_{-\infty}^{t}\overline{K}_2^2(t-s)f(y(t,s))\mathrm{d}s,\cdots,\int_{-\infty}^{t}\overline{K}_n^2(t-s)f(y(t,s))\mathrm{d}s,\cdots,$$

$$\int_{-\infty}^{t}\overline{K}_1^r(t-s)f(y(t,s))\mathrm{d}s,\int_{-\infty}^{t}\overline{K}_2^r(t-s)f(y(t,s))\mathrm{d}s,\cdots,\int_{-\infty}^{t}\overline{K}_n^r(t-s)f(y(t,s))\mathrm{d}s\Big)$$

是一个列向量。

这样，从式 (6.152) 可得 $V(t)\leqslant V(0)$。注意到

$$V(t)\geqslant \lambda_m(PM_1)\mathrm{e}^{2k_0 t}\int_{\Omega}|y(t,x)|^2\mathrm{d}x \tag{6.153}$$

和

$$V(0)\leqslant R_t \sup_{-\infty<\theta\leqslant 0}\int_{\Omega}|y(\theta,x)|^2\mathrm{d}x \tag{6.154}$$

式中，$R_t = \lambda_M(PM_2) + \lambda_M(Q\Delta^2)/(2k_0) + \max(\delta_j^2 h_{ij}^l e_{ij}^l)/(2k_0)$；$\max(t_{ij})$ 表示 $t_{ij}$ 的最大元素；$\lambda_M(P)$ 表示矩阵 $P$ 的最大特征值；$\lambda_m(P)$ 表示矩阵 $P$ 的最小特征值；$M_1 = \mathrm{diag}(m_1^1,\cdots,m_1^n)$。因此

$$\|y(t,x)\|_2 \leqslant \sqrt{\frac{R_t}{\lambda_m(PM_1)}} \sup_{-\infty<\theta\leqslant 0}\|y(\theta,x)\|_2 \mathrm{e}^{-k_0 t} \tag{6.155}$$

根据 Lyapunov 稳定理论和指数稳定性定义可知，式 (6.126) 是全局指数稳定的。证毕。

当取消假设 6.12 中的式 (6.122) 时，可得到式 (6.126) 的全局渐近稳定条件。

**推论 6.3**　假设 6.11~ 假设 6.14 成立 (取消假设 6.12 中的式 (6.122))。如果存在正定对称矩阵 $Q > 0$、正对角矩阵 $G$、$P$ 和 $H_i^l(i=1,2,\cdots,n;l=1,\cdots,r)$，使得

$$\Xi = \begin{bmatrix} \overline{\Upsilon}_{11} & \Upsilon_{12} & PW_1 & \Psi_1 & \Psi_2 & \cdots & \Psi_r \\ * & \overline{\Upsilon}_{22} & 0 & 0 & 0 & \cdots & 0 \\ * & * & \overline{\Upsilon}_{33} & 0 & 0 & \cdots & 0 \\ * & * & * & \Psi_{1d} & 0 & \cdots & 0 \\ * & * & * & * & \Psi_{2d} & \cdots & 0 \\ \vdots & \vdots & \vdots & \vdots & \vdots & & \vdots \\ * & * & * & * & * & \cdots & \Psi_{rd} \end{bmatrix} < 0 \tag{6.156}$$

则式 (6.126) 的平衡点是全局渐近稳定的，其中

$$\overline{\Upsilon}_{11} = -P\Gamma - (P\Gamma)^{\mathrm{T}}$$

$$\overline{\Upsilon}_{22} = \sum_{l=1}^{r}\sum_{i=1}^{n}H_i^l\widehat{K}_i^l + Q - 2G$$

$$\overline{\varUpsilon}_{33} = -(1-\mu)Q$$

$$\varPsi_1 = [PE_1^1 \ PE_2^1 \ \cdots \ PE_n^1]$$

$$\varPsi_2 = [PE_1^2 \ PE_2^2 \ \cdots \ PE_n^2]$$

$$\varPsi_r = [PE_1^r \ PE_2^r \ \cdots \ PE_n^r]$$

$$\varPsi_{1d} = \mathrm{diag}(-H_1^1 \widehat{K}_1^{-l}, -H_2^1 \widehat{K}_n^{-l}, \cdots, -H_n^1 \widehat{K}_n^{-l})$$

$$\varPsi_{2d} = \mathrm{diag}(-H_1^2 \widehat{K}_1^{-2}, -H_2^2 \widehat{K}_n^{-2}, \cdots, -H_n^2 \widehat{K}_n^{-2})$$

$$\varPsi_{rd} = \mathrm{diag}(-H_1^r \widehat{K}_1^{-r}, -H_2^r \widehat{K}_n^{-r}, \cdots, -H_n^r \widehat{K}_n^{-r})$$

$$\widehat{K}_i^l = \mathrm{diag}(k_{i1}^l, k_{i2}^l, \cdots, k_{in}^l), \quad i = 1, \cdots, n; l = 1, \cdots, r$$

其他符号同定理 6.5 中的定义。

**证明**　在式 (6.140) 中，令 $k_0 = 0$，并按照与定理 6.5 相似的证明过程可得推论 6.3。证略。

需指出的是, 假设 6.12 中的式 (6.122) 在式 (6.126) 的指数稳定性证明中起着重要的作用。如果没有假设 6.12 中的式 (6.122)。对于连续分布时滞的网络就不能建立起任何形式的基于线性矩阵不等式的指数稳定判据。相对照，如果取消假设 6.12 中的式 (6.122)，则可以建立连续分时滞神经网络的全局渐近稳定判据。这就是定理 6.5 与推论 6.3 的本质区别。这样，在定理 6.5 中简单地令 $k_0 = 0$ 是得不到推论 6.3 的，因为推论 6.3 的成立前提条件是不能忽略的。

**注释 6.14**　当 $\overline{d}_i(u_i(t,x)$ 是正的、连续有界的放大函数，$k_{ij}^l = 1(l = 1)$，与式 (6.119) 相似的模型在现有的文献中得到了相应的研究，并建立了基于代数不等式和 $M$ 矩阵的全局指数稳定结果[22,30,50,86,88-90,92]，其中，$\int_0^\infty K_{ij}^l(s)\mathrm{e}^{2k_0 s}\mathrm{d}s < \infty$ 条件是必不可少的，但该信息在稳定条件中却没有用到。就作者所知，针对式 (6.119) 尚没有基于线性矩阵不等式的全局指数稳定判据。在本小节，通过对放大函数 $\overline{d}_i(u_i(t,x)$ 施加一个附加条件 (式 (6.122))，首次针对式 (6.119) 建立了基于线性矩阵不等式的时滞依赖的全局指数稳定判据，并充分考虑了分布时滞核信息，即条件 $\int_0^\infty K_{ij}^l(s)\mathrm{e}^{2k_0 s}\mathrm{d}s = e_{ij}^l < \infty$ 的信息在稳定判据中被考虑了。这样，就是否考虑了分布时滞核信息的角度来说，本节所建立的结果将比现有的稳定结果具有小的保守性，并具有易于验证的优点。

**注释 6.15**　在假设 6.12 中不考虑式 (6.122)，$\overline{d}_i(u_i(t,x)$ 是正的、连续有界放大函数，$k_{ij}^l = 1(l = 1)$，即单分布时滞系统 (式 (6.119))，相似的网络模型已得到部分学者的研究，并基于代数不等式方法和 $M$ 矩阵方法建立了全局渐近稳定判据[6,20,36,51,87,93]。相比较, 本节首次建立了基于线性矩阵不等式的全局渐近稳定判据, 具有易于校验, 考虑了神经元的抑制作用, 进而具有保守性小的特点。

**注释 6.16**　在导出本节的基于线性矩阵不等式的全局指数稳定性判据中, 有两个关键步骤需要提及, 一个是对放大函数施加了一个附加条件 (见假设 6.14); 另一个是利用作者提出的分布时滞矩阵分解技术将分布时滞核函数 $K_{ij}^l(s)$ 和分布时滞权系数 $c_{ij}^l$ 拆解成一组矩阵的乘积形式 (见式 (6.126), $i, j = 1, \cdots, n; l = 1, \cdots, r$)。基于上述两个关键步骤, 通过构造适当的 Lyapunov 泛函和利用柯西不等式, 成功解决了同时具有反应扩散项和多分布时滞的神经网络 (式 (6.119)) 全局指数稳定性问题。

### 6.3.4　仿真示例

在本小节将利用一个仿真例子来说明所得结果的有效性。

**例 6.4**　考虑具有三个神经元的网络 (式 (6.119)), 其中, $b_{ik} \geqslant 0$ 是一个正常数, $\bar{d}_i(u_i(t,x)) = 1$, $\bar{a}_1(u_i(t,x)) = 3u_1(t,x)$, $\bar{a}_2(u_i(t,x)) = 3u_2(t,x)$, $\bar{a}_3(u_i(t,x)) = 5u_3(t,x)$, $g_j(u_j(t,x)) = \tanh(u_j(t,x))$, $\tau(t) \leqslant \tau_M = 0.5, \mu = 0.1, U_i = 1$

$$W = \begin{bmatrix} -0.0600 & 0.3000 & 0.0300 \\ 0 & -0.0300 & -0.0600 \\ 0.0300 & -0.0300 & 0 \end{bmatrix}, \quad W_1 = \begin{bmatrix} -0.0300 & 0.0048 & 0.0900 \\ 0.0150 & 0.0480 & 0 \\ 0.3000 & 0.4500 & 0.0570 \end{bmatrix}$$

$$C^1 = C^2 = \begin{bmatrix} -1 & -1 & -1 \\ -1 & -1 & -1 \\ -1 & -1 & -1 \end{bmatrix}$$

$K_{ij}^l(s) = a_{ij}^l e^{b_{ij}^l s}$, $a_{ij}^l$ 和 $b_{ij}^l$ 分别是下列矩阵的相应元素 $(i, j = 1, 2, 3; l = 1, 2)$:

$$A^1 = (a_{ij}^1)_{3\times3} = \begin{bmatrix} 0.8674 & 0.0980 & 1.1913 \\ 0.7148 & 0.9538 & 1.9450 \\ 0.0062 & 0.4172 & 0.4624 \end{bmatrix}$$

$$A^2 = (a_{ij}^2)_{3\times3} = \begin{bmatrix} 1.5599 & 0.0768 & 1.6271 \\ 1.0766 & 0.1415 & 0.7559 \\ 0.3412 & 0.8730 & 1.8044 \end{bmatrix}$$

$$B^1 = (b_{ij}^1)_{3\times3} = \begin{bmatrix} 4.4495 & 3.0298 & 2.6075 \\ 4.4631 & 4.6076 & 2.6827 \\ 1.7808 & 1.7327 & 0.9471 \end{bmatrix}$$

$$B^2 = (b_{ij}^2)_{3\times 3} = \begin{bmatrix} 1.4673 & 3.5649 & 2.3888 \\ 4.9316 & 0.3599 & 1.4669 \\ 0.7509 & 3.9150 & 0.8278 \end{bmatrix}$$

显然，$\Gamma = \mathrm{diag}(3,\ 3,\ 5)$，$\Delta = \mathrm{diag}(1,\ 1,\ 1)$，$M_2 = \mathrm{diag}(1,\ 1,\ 1)$，且 $K_{ij}^l(s)$ 满足假设 6.12$(i,j = 1,\ 2,\ 3;\ l = 1,\ 2)$。

针对本例，当取 $k_0 = 0.1$ 时，应用定理 6.5，可得

$$Q = \begin{bmatrix} 0.4867 & -0.0923 & -0.0299 \\ -0.0923 & 0.9477 & 0.0508 \\ -0.0299 & 0.0508 & 0.2441 \end{bmatrix}$$

$$P = \mathrm{diag}(1.0021, 0.9870, 1.3473), \quad G = \mathrm{diag}(2.8371, 2.7477, 6.3344)$$
$$H_1^1 = \mathrm{diag}(0.9654, 0.2628, 0.9992), \quad H_2^1 = \mathrm{diag}(0.7608, 0.9756, 0.7612)$$
$$H_3^1 = \mathrm{diag}(0.0416, 1.4673, 1.1478), \quad H_1^2 = \mathrm{diag}(0.9957, 0.1728, 0.9826)$$
$$H_2^2 = \mathrm{diag}(0.8331, 0.7889, 0.7565), \quad H_3^2 = \mathrm{diag}(1.1723, 1.4521, 1.1568)$$

这样，所考虑的神经网络是全局指数稳定的。

为了与现有文献中的结果进行比较，在考虑如下两种情况。

(1) 取 $W = W_1 = 0$，$a_{ij}^l = b_{ij}^l$，即 $k_{ij}^l = 1, l = 1, 2$。此时，文献 [86] 中的定理 2 要求：存在常数 $\lambda_i > 0$，$\rho > 0$，$\beta_{il} + \beta_{il}' = 1$ 和 $\alpha_{ij}^l + (\alpha_{ij}^l)' = 1(i = 1, 2, 3)$，使得

$$\begin{aligned} M_i^0 =& \lambda_i \Gamma_i - 0.5\lambda_i \sum_{l=1}^{2}\sum_{j=1}^{3} |c_{ij}^l|^{2\alpha_{ij}^l} \delta_{jl}^{2\beta_{jl}} \\ & - \sum_{l=1}^{2}\sum_{j=1}^{3} |c_{ji}^l|^{2(\alpha_{ji}^l)'} \delta_{il}^{2\beta_{il}'} \int_0^\infty K_{ji}^l \mathrm{e}^{2k_0 s}\mathrm{d}s - \rho > 0 \end{aligned}$$

通过计算可知，对于任意的正常数 $\lambda_1$、$\lambda_2$ 和 $\rho$，都有 $M_1^0 < 0$ 和 $M_2^0 < 0$。这样，文献 [86] 中的定理 2 就不能判定本例中的网络的稳定性。应用定理 6.5，可求得

$$P = \mathrm{diag}(0.0469, 0.0245, 0.1678), \quad Q = \mathrm{diag}(0.0237, 0.5725, 0.0447)$$

$$G = \mathrm{diag}(0.1312, 0.1119, 0.8026), \quad H_1^1 = \mathrm{diag}(0.0555, 0.9516, 0.0880)$$

$$H_2^1 = \mathrm{diag}(0.0245, 0.5559, 0.0481), \quad H_3^1 = \mathrm{diag}(9.6509, 0.8634, 0.1357)$$

$$H_1^2 = \mathrm{diag}(0.0594, 0.8867, 0.0907), \quad H_2^2 = \mathrm{diag}(0.0265, 1.3149, 0.0416)$$

$$H_3^2 = \mathrm{diag}(0.0798, 0.9230, 0.1704)$$

这样，所考虑式 (6.119) 是全局指数稳定的。

(2) 取 $l = 1$, $W_1 = 0$, 则

$$A^1 = B^1 = \begin{bmatrix} 4.4495 & 3.0298 & 2.6075 \\ 4.4631 & 4.6076 & 2.6827 \\ 1.7808 & 1.7327 & 0.9471 \end{bmatrix}$$

$$W = \begin{bmatrix} 0.6137 & -0.9010 & 0.1460 \\ 0.0347 & 0.6430 & 0.4669 \\ -0.7854 & -0.4704 & 0.6582 \end{bmatrix}, \quad C_1^1 = \begin{bmatrix} 0.6654 & 0.3374 & -0.3108 \\ 1.0242 & -0.8897 & -0.8638 \\ 0.1018 & -1.0630 & 0.1925 \end{bmatrix}$$

此时, 文献 [30] 和 [92] 中的定理 1 要求

$$M_0 = \Gamma - (|W| + |C^1|)\Delta$$

$$= \begin{bmatrix} 1.7209 & -1.2384 & -0.4568 \\ -1.0589 & 1.4673 & -1.3307 \\ -0.8872 & -1.5334 & 4.1493 \end{bmatrix}$$

是一个 $M$ 矩阵, 其中, $|W| = (|w_{ij}|)$。因为 $M_0$ 的特征值分别为 $-0.1000$、$2.6753$、$4.7621$, 进而可知 $M_0$ 不是一个 $M$ 矩阵。同样对此种情况, 文献 [50] 中的定理 1 也不成立。所以, 文献 [30]、[50] 和 [92] 中的稳定结果不能判定本例中的网络的稳定性。当 $k_0 = 0.1$ 时, 应用定理 6.5, 可得

$$Q = \begin{bmatrix} 0.8405 & 0.5101 & 0.3947 \\ 0.5101 & 0.4586 & -0.0475 \\ 0.3947 & -0.0475 & 1.0803 \end{bmatrix}$$

$$P = \text{diag}(1.4428, 1.3749, 1.4653)$$

$$G = \text{diag}(4.1087, 3.9451, 5.9853)$$

$$H_1^1 = \text{diag}(0.9384, 0.3909, 0.9784)$$

$$H_2^1 = \text{diag}(1.6811, 1.1946, 2.8937)$$

$$H_3^1 = \text{diag}(0.0990, 0.4861, 0.3702)$$

因此, 所考虑的神经网络是全局指数稳定的。

# 6.4　小　　结

本章首先针对满足 Neumann 初始边界条件的反应扩散和单连续分布时滞的 Cohen-Grossberg 网络，首次建立了基于线性矩阵不等式的全局渐近稳定判据。其次，针对满足 Dirichlet 初始边界条件的反应扩散和单连续分布时滞的 Cohen-Grossberg 网络，首次建立了基于线性矩阵不等式的全局渐近稳定判据。由于初始边界条件的不同，在前提假设条件方面也存在显著不同，差别主要是体现在对激励函数的附加要求不同。然后，针对满足 Neumann 初始边界条件的反应扩散和多连续分布时滞的 Cohen-Grossberg 网络，首次建立了基于线性矩阵不等式的全局指数稳定判据。在推导过程中，有两个关键环节，一个是对放大函数施加的附加条件，另一个是利用时滞矩阵分解方法成功地将时滞核函数表示成矩阵–向量表示形式，进而为采用线性矩阵不等式技术能够处理的状态空间方程提供了最基础的支持。最后，通过适量的注释和仿真示例验证了所得结果的有效性。

## 参 考 文 献

[1] Cohen M A, Grossberg S. Absolute stability and global pattern formation and parallel memory storage by competitive neural networks. IEEE Trans. Systems, Man, and Cybernetics, 1983, 13(5): 815-826.

[2] Chen Y. Global asymptotic stability of delayed Cohen-Grossberg neural networks. IEEE Trans. Circuits and Systems-I : Regular Papers, 2006, 53(2): 351-357.

[3] Guo S, Huang L. Stability analysis of Cohen-Grossberg neural networks. IEEE Trans. Neural Networks, 2006, 17(1): 106-116.

[4] Huang C, Huang L. Dynamics of a class of Cohen-Grossberg neural networks with time-varying delays. Nonlinear Analysis: Real World Applications, 2007, 8: 40-52.

[5] Huang T, Chan A, Huang Y, et al. Stability of Cohen-Grossberg neural networks with time-varying delays. Neural Networks, 2007, 20(8): 868-873.

[6] Huang T, Li C, Chen G. Stability of Cohen-Grossberg neural networks with unbounded distributed delays. Chaos, Solitons and Fractals, 2007, 34(3): 992-996.

[7] Lu H, Shen R, Chung F L. Global exponential convergence of Cohen-Grossberg neural networks with time delays. IEEE Trans. Neural Networks, 2005, 16(6): 1694-1696.

[8] Lu W, Chen T P. New conditions on global stability of Cohen-Grossberg neural networks. Neural Computation, 2003, 15: 1173-1189.

[9] Lu W, Chen T P. Dynamical behaviors of Cohen-Grossberg neural networks with discontinuous activation functions. Neural Networks, 2005, 18: 231-242.

[10] Zhang H, Wang Z, Liu D. Robust stability analysis for interval Cohen-Grossberg neural networks with unknown time varying delays. IEEE Trans. Neural Networks, 2008, 19(11): 1942-1955.

[11] Zhang H, Wang Y. Stability analysis of markovian jumping stochastic Cohen-Grossberg neural networks with mixed time delays. IEEE Trans. Neural Networks, 2008, 19(2): 366-370.

[12] Chen T P, Rong L. Robust global exponential stability of Cohen-Grossberg neural networks with time delays. IEEE Trans. Neural Networks, 2004, 15(1): 203-206.

[13] Zeng Z, Wang J. Design and analysis of high-capacity associative memories based on a class of discrete-time recurrent neural networks. IEEE Trans. Systems, Man, and Cybernetics-B: Cybernetics, 2008, 38(6): 1525-1536.

[14] Chen W, Zheng W. Global asymptotic stability of a class of neural networks with distributed delays. IEEE Trans. Circuits and Systems-I : Regular Papers, 2006, 53(3): 644-652.

[15] Gopalsamy K, He X. Delay-independent stability in bidirectional associative memory networks. IEEE Trans. Neural Networks, 1994, 5(6): 998-1002.

[16] Zhang J, Jin X. Global stability analysis in delayed Hopfield neural network models. Neural Networks, 2000, 13: 745-753.

[17] Cao J, Yuan K, Li H X. Global asymptotic stability of recurrent neural networks with multiple discrete delays and distributed delays. IEEE Trans. Neural Networks, 2006, 17(6): 1646-1651.

[18] Li H, Chen B, Zhou Q, et al. Robust exponential stability for uncertain stochastic neural networks with discrete and distributed time-varying delays. Physics Letters A, 2008, 372: 3385-3394.

[19] Rakkiyappan R, Balasubramaniam P, Lakshmanan S. Robust stability results for uncertain stochastic neural networks with discrete interval and distributed time-varying delays. Physics Letters A, 2008, 372: 5290-5298.

[20] Song Q, Wang Z. Neural networks with discrete and distributed time-varying delays: A general stability analysis. Chaos, Solitons and Fractals, 2008, 37: 1538-1547.

[21] Yu J, Zhang K, Fei S, et al. Simplified exponential stability analysis for recurrent neural networks with discrete and distributed time-varying delays. Applied Mathematics and Computation, 2008, 205: 465-474.

[22] Chen S, Zhao W, Xu Y. New criteria for globally exponential stability of delayed Cohen-Grossberg neural network. Mathematics and Computers in Simulation, 2009, 79(5): 1527-1543.

[23] Huang Z, Wang X, Xia Y. Exponential stability of impulsive Cohen-Grossberg networks with distributed delays. International Journal of Circuit Theory and Applications, 2008, 36: 345-365.

[24] Li Z, Li K. Stability analysis of impulsive Cohen-Grossberg neural networks with distributed delays and reaction-diffusion terms. Applied Mathematical Modelling, 2009, 33: 1337-1348.

[25] Liang J, Cao J. Global asymptotic stability of bi-directional associative memory networks with distributed delays. Applied Mathematics and Computation, 2004, 152: 415-424.

[26] Liu Y, You Z, Cao L. On the almost periodic solution of cellular neural networks with distributed delays. IEEE Trans. Neural Networks, 2007, 18(1): 295-300.

[27] Lou X, Cui B, Wu W. On global exponential stability and existence of periodic solutions for BAM neural networks with distributed delays and reaction-diffusion terms. Chaos, Solitons and Fractals, 2008, 36: 1044-1054.

[28] Nie X, Cao J. Multistability of competitive neural networks with time-varying and distributed delays. Nonlinear Analysis: Real World Applications, 2009, 10: 928-942.

[29] Zhang J. Absolute stability analysis in cellular neural networks with variable delays and unbounded delay. Computers and Mathematics with Applications, 2004, 47: 183-194.

[30] Zhao Z, Song Q, Zhang J. Exponential periodicity and stability of neural networks with reaction-diffusion terms and both variable and bounded delays. Computers and Mathematics with Applications, 2006, 51: 475-486.

[31] Shao J. Global exponential convergence for delayed cellular neural networks with a class of general activation functions. Nonlinear Analysis: Real World Applications, 2009, 10: 1816-1821.

[32] Zhou L, Hu G. Global exponential periodicity and stability of cellular neural networks with variable and distributed delays. Applied Mathematics and Computation, 2008, 195: 402-411.

[33] Liang J, Cao J. Global output convergence of recurrent neural networks with distributed delays. Nonlinear Analysis: Real World Applications, 2007, 8: 187-197.

[34] Cui B, Wu W. Global exponential stability of Cohen-Grossberg neural networks with distributed delays. Neurocomputing, 2008, 72: 386-391.

[35] Liu P, Yi F, Guo Q, et al. Analysis on global exponential robust stability of reaction-diffusion neural networks with S-type distributed delays. Physica D, 2008, 237: 475-485.

[36] Meng Y, Guo S, Huang L. Convergence dynamics of Cohen-Grossberg neural networks with continuously distributed delays. Applied Mathematics and Computation, 2008, 202: 188-199.

[37] Mohamad S. Exponential stability preservation in discrete-time analogues of artificial neural networks with distributed delays. Journal of Computational and Applied Mathematics, 2008, 215: 270-287.

[38] Wu W, Cui B, Lou X. Global exponential stability of Cohen-Grossberg neural networks with distributed delays. Mathematical and Computer Modelling, 2008, 47: 868-873.

[39] Wang L. Stability of Cohen-Grossberg neural networks with distributed delays. Applied Mathematics and Computation, 2005, 160(1): 93-110.

[40] Wang Z, Zhang H, Yu W. Robust exponential stability analysis of neural networks with multiple time varying delays. Neurocomputing, 2007, 70: 2534-2543.

[41] Zhang H, Wang Z, Liu D. Global asymptotic stability and robust stability of a class of Cohen-Grossberg neural networks with mixed delays. IEEE Trans. Circuits and Systems-I : Regular Papers, 2009, 56(3): 616-629.

[42] Pao C V. Global asymptotic stability of Lotka-Volterra competition systems with diusion and time delays. Nonlinear Analysis: Real World Applications, 2004, 5: 91-104.

[43] Rothe F. Convergence to the equilibrium state in the Volterra-Lotka diffusion equations. Journal of Mathematical Biology, 1976, 3: 319-324.

[44] Zhao X. Permanence and positive periodic solutions of n-species competition reaction-diffusion systems with spatial inhomogeneity. Journal of Mathematical Analysis and Applications, 1996, 197: 363-378.

[45] Capasso V, Di Liddo A. Asymptotic behaviour of reaction-diffusion systems in population and epidemic models: the role of cross diffusion. Journal of Mathematical Biology, 1994, 32: 453-463.

[46] Liao X X, Li J. Stability in Gilpin-Ayala competition models with diffusion. Nonlinear Analysis, 1997, 28: 1751-1758.

[47] Raychaudhuri S, Sinha D K, Chattopadhyay J. Effect of time-varying cross-diffusivity in a two-species Lotka-Volterra competitive system. Ecological Modelling, 1996, 92: 55-64.

[48] Serrano-Gotarredona T, Rodriguez-Vazquez A. On the design of second order dynamics reaction-diffusion CNNs. Journal of VLSI Signal Processing, 1999, 23: 351-371.

[49] Liao X X, Yang S Z, Cheng S J, et al. Stability of generalized networks with reaction-diffusion terms. Science in China (Series F), 2001, 44(5): 389-395.

[50] Lu J. Robust global exponential stability for interval reaction-diffusion hopfield neural networks with distributed delays. IEEE Trans. Circuits and Systems-II : Express Briefs, 2007, 54(12): 1115-1119.

[51] Lv Y, Lv W, Sun J. Convergence dynamics of stochastic reaction-diffusion recurrent neural networks with continuously distributed delays. Nonlinear Analysis: Real World Applications, 2008, 9: 1590-1606.

[52] Zhao H, Wang K. Dynamical behaviors of Cohen-Grossberg neural networks with delays and reaction-diffusion terms. Neurocomputing, 2006, 70: 536-543.

[53] Zhou Q, Wan L, Sun J. Exponential stability of reaction-diffusion generalized Cohen-

Grossberg neural networks with time-varying delays. Chaos, Solitons and Fractals, 2007, 32: 1713-1719.

[54] Wang L, Xu D. Global exponential stability of Hopfield reaction-diffusion neural networks with time-varying delays. Science in China (Series F), 2003, 46(6): 87-94.

[55] Liang J, Cao J. Global exponential stability of reaction-diffusion recurrent neural networks with time-varying delays. Physics Letters A, 2003, 314: 434-442.

[56] Li D, He D, Xu D. Mean square exponential stability of impulsive stochastic reaction-diffusion Cohen-Grossberg neural networks with delays. Mathematics and Computers in Simulation, 2012, 82(8): 1531-1543.

[57] Wang J, Wu H, Guo L. Stability analysis of reaction-diffusion Cohen-Grossberg neural networks under impulsive control. Neurocomputing, 2013, 106: 21-30.

[58] Hardy G, Littlewood J E, Polya G. Inequality. London: Cambridge University Press, 1954.

[59] Forti M, Tesi A. New conditions for global stability of neural networks with applications to linear and quadratic programming problems. IEEE Trans. on Circuits and Systems-I , 1995, 42(7): 354-366.

[60] Enache C.Spatial decay bounds and continuous dependence on the data for a class of parabolic initial-boundary value problems. Journal of Mathematical Analysis and Applications, 2006, 323: 993-1000.

[61] Haberman R. Applied Partial Differential Equations with Fourier Series and Boundary Value Problems. NJ: Addison Wesley, 2004.

[62] Li K, Song Q. Exponential stability of impulsive Cohen-Grossberg neural networks with time-varying delays and reaction-diffusion terms. Neurocomputing, 2008, 72: 231-240.

[63] Wang X, Meng J. A class of observer-based generalized projective synchronization of chaotic neural networks. Chinese Journal of Applied Mechanics, 2008, 25(4): 656-659.

[64] Wang X, Zhao Q. Adaptive projective synchronization and parameter identification of a class of delayed chaotic neural networks. Acta Physica Sinica, 2008, 57(5): 2812-2818.

[65] Sanchez E N, Bernal M A. Adaptive recurrent neural control for nonlinear system tracking. IEEE Transactions on Systems, Man, and Cybernetics-B: Cybernetics, 2000, 30(6): 886-889.

[66] Wang J S, Chen Y P. A fully automated recurrent neural network for unknown dynamic system identification and control. IEEE Transactions on Circuits and Systems-I : Regular Papers, 2006, 53(6): 1363-1372.

[67] Wu M, Liu F, Shi P, et al. Exponential stability analysis for neural networks with time-varying delay. IEEE Trans. Systems, Man, and Cybernetics-B: Cybernetics, 2008, 38(4): 1152-1156.

[68]  Chen Y, Su W. New robust stability of cellular neural networks with time-varying discrete and distributed delays. International Journal of Innovative Computing, Information and Control, 2007, 3(6): 1549-1556.

[69]  Li T, Fei S, Guo Y, et al. Stability analysis on Cohen-Grossberg neural networks with both time-varying and continuously distributed delays. Nonlinear Analysis: Real World Applications, 2009, 10(4): 2600-2612.

[70]  Zhang Y, Zhou S, Xue A, et al. Delay-dependent state estimation for time-varying delayed neural networks. International Journal of Innovative Computing, Information and Control, 2009, 5(6): 1711-1724.

[71]  Zhang Y, Tian E. Novel robust delay-dependent exponential stability criteria for stochastic delayed recurrent neural networks. International Journal of Innovative Computing, Information and Control, 2009, 5(9): 2735-2744.

[72]  Liao X X, Yang S Z, Cheng S J, et al. Stability of general neural networks with reaction-diffusion. Science in China (Series F), 2001, 44(5): 389-395.

[73]  Wan L, Zhou Q. Exponential stability of stochastic reaction-diffusion Cohen-Grossberg neural networks with delays. Applied Mathematics and Computation, 2008, 206: 818-824.

[74]  Lu J. Global exponential stability and periodicity of reaction-diffusion delayed recurrent neural networks with Dirichlet boundary conditions. Chaos, Solitons and Fractals, 2008, 35: 116-125.

[75]  Lu C Y, Shyr W J, Yao K C, et al. Delay-dependent approach to robust stability for uncertain discrete stochastic recurrent neural networks with interval time-varying delays. ICIC Express Letters, 2009, 3(3A): 457-464.

[76]  Liu Z, Zhang H, Wang Z. Novel stability criterions of a new fuzzy cellular neural networks with time-varying delays. Neurocomputing, 2009, 72: 1056-1064.

[77]  Mou S, Gao H J, Qiang W Y, et al. New delay-dependent exponential stability for neural networks with time delay. IEEE Trans. Systems, Man, and Cybernetics-B: Cybernetics, 2008, 38(2): 571-576.

[78]  Wang Z, Zhang H. Global asymptotic stability of reaction-diffusion Cohen-Grossberg neural networks with continuously distributed delays. IEEE Transactions on Neural Networks, 2010, 21(1): 39-49.

[79]  Xia L, Xia M, Liu L. LMI conditions for global asymptotic stability of neural networks with discrete and distributed delays. ICIC Express Letters, 2008, 2(3): 257-262.

[80]  Yang R, Gao H J, Shi P. Novel robust stability criteria for stochastic hopfield neural networks with time delays. IEEE Transactions on Systems, Man, and Cybernetics-Part B: Cybernetics, 2009, 39(2): 467-474.

[81]  Zheng C, Zhang H, Wang Z. New delay-dependent global exponential stability criterion for cellular-type neural networks with time-varying delays. IEEE Trans. Circuits and Systems-II: Express Briefs, 2009, 56(3): 250-254.

[82] Liao X, Liu Y, Guo S, et al. Asymptotic stability of delayed neural networks: A descriptor system approach. Commun Nonlinear Sci Numer Simulat, 2009, 14: 3120-3133.

[83] Wang L, Gao Y. Global exponential robust stability of reaction-diffusion interval neural networks with time-varying delays. Physics Letters A, 2006, 350: 342-348.

[84] Fu C, Zhu C. Global exponential stability of Cohen-Grossberg neural networks with reaction-diffusion and Dirichlet boundary conditions. Lecture Notes in Artifical Intelligence, 2007, 4682: 59-65.

[85] Wang Z, Zhang H, Yu W. Robust stability of Cohen-Grossberg neural networks via state transmission matrix. IEEE Trans. Neural Networks, 2009, 20(1): 169-174.

[86] Lou X, Cui B. Boundedness and exponential stability for nonautonomous RCNNs with distributed delays. Computers and Mathematics with Applications, 2007, 54(4): 589-598.

[87] Lu J, Lu L. Global exponential stability and periodicity of reaction- diffusion recurrent neural networks with distributed delays and Dirichlet boundary conditions. Chaos, Solitons and Fractals, 2009, 39(4): 1538-1549.

[88] Song Q, Zhao Z, Li Y. Global exponential stability of BAM neural networks with distributed delays and reaction-diffusion terms. Physics Letters A, 2005, 335(2): 213-225.

[89] Sun J, Wan L. Global exponential stability and periodic solutions of Cohen-Grossberg neural networks with continuously distributed delays. Physica D: Nonlinear Phenomena, 2005, 208(1): 1-20.

[90] Chen A, Huang L, Cao J. Exponential stability of delayed bidirectional associative memory neural networks with reaction diffusion terms. International Journal of Systems Science, 2007, 38(5): 421-432.

[91] Luo Y, Xia W, Liu G, et al. $W^{1,2}(\Omega)$-and $X^{1,2}(\Omega)$-stability of reaction-diffusion cellular neural networks with delay. Science in China (Series F: Information Sciences), 2008, 51(12): 1980-1991.

[92] Song Q, Cao J, Zhao Z. Periodic solutions and its exponential stability of reaction-diffusion recurrnt neural networks with continuously distributed delays. Nonlinear Analysis: Real World Applications, 2006, 7: 65-80.

[93] Chen Z. Dynamic analysis of reaction-diffusion Cohen-Grossberg neural networks with varying delay and Robin boundary conditions. Chaos, Solitons and Fractals, 2009, 42(3): 1724-1730.

[94] Leung A. Equilibria and stabilities for competing species, reaction-diffusion equations with Dirichlet boundary data. Journal of Mathematical Analysis and Applications, 1980, 73: 204-218.

[95] Leung A. System of Nonlinear Partical Differential Equations: Applications to Biology and Engineering. Boston: Kluwer, 1989.

# 第7章　具有非对称耦合的复杂互联神经网络的同步稳定性

第 3~6 章主要是以一个 $n$ 维的 Cohen-Grossberg 型神经网络模型为主,针对其平衡点的稳定性展开的相关研究,建立了相应的全局渐近/指数稳定判据。实际上,生物神经网络本身就是一类复杂网络,只不过为了追求某种实际工业控制性能的需求而偏爱了生物神经元的一个或几个特质,进而在构造人工神经网络模型时都具有很大程度的约简和近似,主要是以还原论的思维方式来对待神经网络的。如果不将传统神经网络模型中的神经元看做一个具体的标量模式,而是将神经元看做一个具体的动力系统的缩影或质点,则此时的神经元之间的连接权就构成诸多动力系统之间的相互耦合关系,由此就构成了当下所研究的复杂网络模型。这样,将传统的递归神经网络模型看做一个动力节点,并增加不同作用形式的耦合关系及连接强度,就会构成高维的复杂神经动力网络。

## 7.1　稳定性与同步性的联系

研究 Cohen-Grossberg 型神经网络的动态特性之一就是稳定性,即所有的状态都要稳定,并收敛到相空间中的一个点。而研究复杂神经动力网络的动态特性之一就是同步性,即所有的动力节点的最终状态要达成一致,但不一定要求所有的动力节点的状态是稳定的。显然,复杂动力网络不仅是在规模上和认识上是对传统神经网络的一种升级,而且在动态特性研究上也是从孤立系统的稳定性向耦合系统的同步性概念的转化、升级和改造[1, 2]。为此,下面将谈一下作者对稳定性和同步性的认识,以便抛砖引玉,增进对司空见惯的老概念的重新认识和再深入思考。

稳定性的概念源于动力系统的研究,动力系统来源于运动描述,运动是需要一定的参考坐标系来进行刻画量度的,不同的参考系将会得到不同的运动关系。这样,常说的稳定性实质上就是运动稳定性,只不过习惯于了某种固化的思维而将某种保持平衡的性态,也称为稳定性。从这个认识上去理解稳定性,就会发现在稳定性的定性研究中,所有的稳定性理论都有一个最大的相似性:假定所考虑的非线性系统 (不论是自治的还是非自治的) 在零状态 (或平凡解) 处都为零,如自治系统 $\dot{x}(t) = f(x)$ 要求 $f(0) = 0$;非自治系统 $\dot{x}(t) = f(x(t), t)$ 要求 $f(0, t) = 0$。这样,所有这些稳定性理论就默认为零点就是系统的一个平衡点或平衡态,进而将原系统的稳定性问题归结到原点的稳定性问题上。实际上，这种给出的定性稳定性分析方法是建立在相对稳定性的概念之上的，是局部的认识。以研究物体运动为例，选取不同的参考系所研究的运动方程不同，建立的运动关系也不同，进而所建立的运动方程也都是相对的，得到的相应的运动描述也是相对的，相对于所指定的参考系的性态。因为回归到运动实体本身来讲，运动是存在的，以哪一个参考系为依托，取决于研究问题的着眼点。一般的选取原则是选择那些具有公共认识的、并能够建立相对简单的运动描述关系的一类参考系 (如在地球上研究物体运动，都是以地球作为参考系)。经典的 Lyapunov 稳定性定理就是这种以某种指定的参考系为依托、并经过适当的坐标平移以后所建立的一种以原点为相对参考基准的、简化的局部稳定性分析结果。对局部结果的反演外推，就可以进行大范围或者全局的稳定性分析。这就是作者多年来研究稳定性的心得体会。经典传统的稳定性结论都正确，但基于不同的认识观念解读，会在不同的认识程度上有不同的收获，进而也会有不同的应用和新发现。

再以同步性的研究为例，针对由 $N$ 个节点网络 $\dot{x}_i = f(x_i(t))$ 所组成的复杂网络，其中，$x_i(t) \in \mathbf{R}^n (i = 1, \cdots, N)$，网络的同步 (通常意义下指的是完全同步) 就是指第 $i$ 个节点的状态 $x_i(t)$ 要与第 $j(j \neq i)$ 个节点的状态 $x_j(t)$ 一致[3, 4]，即 $\lim\limits_{t \to \infty} \|x_i(t) - x_j(t)\| = 0 (j \neq i)$。显然，同步性是各节点网络之间的一种合作形态，在没有外部作用的情况下，同步性完全是内部行为，即内同步或自同步，同步态仅与自身的性态、状态有关；最终同步态是不可预知的、不可提前给定的。若在有外部作用的情况下，同步性则是广义的内部行为，是外部作用通过调节内部行为而达到的有目的的同步，即外同步、干预同步或受控同步，同步态可以与各节点系统的性态、状态有关，也可以与外界的制定或给定行为有关，此时的同步态可以是受控的、可以预知的，属于一种模型参考自适应的体系范畴。

自同步和受控同步也面临着一个参考基准的问题，以任一个给定的节点网络的动态特性为参考基准作为最终同步态是一种选择方式，如以第一个节点的状态作为最终同步态，则只要 $\lim\limits_{t \to \infty} \|x_i(t) - x_1(t)\| = 0$ 成立，就实现了一种同步，其中，$i \neq 1$。如果选择所有节点网络的状态的平均值 $\bar{x} = \sum\limits_i \xi_i x_i(t)$ 作为最终同步态，则只要 $\lim\limits_{t \to \infty} \|x_i(t) - \bar{x}\| = 0$ 成立，也实现了一种同步，其中 $\xi_i$ 为正的小于 1 的加权数。针对受控同步情况，还可以按照外部指定的参考状态实现预期同步，即 $\lim\limits_{t \to \infty} \|x_i(t) - g(y(t))\| = 0$ 成立，其中，$g(y(t))$ 可以是已知的函数，也可以是某一个已知的动力系统 $\dot{y}(t) = g(y(t))$。

通过对同步性的分析可见，无论哪种同步，都有一个参考基准，如以 $x_1(t)$、$\bar{x}$ 或者 $g(y(t))$ 为参考点。进而，网络的同步性是一个总体的认识，不同的同步定义有着不同的同步态；不能将网络同步都看成是一种模式或一个定义，只要定义合理，能够使节点系统达成一致性 (不论形式，只论形态，即可以是状态，可以是函数组合，可以是相角、幅值、频率等)，就实现了网络同步。这样，针对某一个参考系，就可将所要研究的相应的运动行为平移到该参考系上进行局部研究 (即不能兼顾所有的参考系，故此称为局部研究或局部结果)，就可以将相对的运动问题转化成以研究原点为平衡点的绝对问题的稳定性体系架构上来，进而可以按照分析孤立系统或传统神经网络的稳定性的方法进行相应研究。这就解释了为什么复杂网络的同步性与神经网络的稳定性具有很大的相似性，且具有很多证明过程的相似性的问题。

　　再声明一下，同步性是在稳定性的基础上的升级和改造，是认识上的一种提升，是系统论、网络论的必然结果。在一定意义上来说，复杂神经动力网络实现了同步，也就是实现了同步稳定，即所有的节点网络都达到了相同的性态和状态，实现了相对稳定。与孤立网络的稳定态不同，网络的同步态可以是任意形式的有界形态，即可以是稳定的、也可以是周期解、混沌孤立子等 (因为无界的状态是不具有可比性的，进而没法进行比较)。相比较，神经网络的平衡点稳定性只能是状态收敛到某一常值而不能再变化。

## 7.2　非对称耦合复杂网络的同步性简介

　　由于时滞递归神经网络在优化计算、模式识别和联想记忆等诸多领域具有重大优势和发展潜力，进而关于如下形式的时滞递归神经网络的动力学特性的研究得到了各国学者的广泛关注：

$$\frac{\mathrm{d}x(t)}{\mathrm{d}t} = -Dx(t) + Ag(x(t)) + Bg(x(t-\tau_1)) + U \tag{7.1}$$

并取得了大量的研究成果[5-7]，其中，向量 $x(t) \in \mathbf{R}^n$。之前的递归神经网络的研究，无论无时滞的还是有时滞的情况，研究最多的方面还是在稳定性分析、周期解或概周期解、无源性等方面[8-13]。因为传统的递归神经网络在实现大规模计算或阵列处理时，通常是在电路上集成到一起实现并行计算，进而能够提高计算效率和增大存储容量。在数学描述上，这类集成在一起的神经网络群就可以用一组阵列模型来描述[14]，形成如下形式的阵列神经网络或复杂互联神经动力网络：

$$\frac{\mathrm{d}x_i(t)}{\mathrm{d}t} = -Dx_i(t) + Ag(x_i(t)) + Bg(x_i(t-\tau_1)) + U + \sum_{j=1}^{N} G_{ij}Cf(x_j(t)) \tag{7.2}$$

式中，$i = 1, \cdots, N$；$x_i(t) \in \mathbf{R}^n$；$\sum_{j=1}^{N} G_{ij}$ 表示的就是 $N$ 个节点动力网络 (式 (7.1))之间相互作用的量度，决定着整个网络的同步性态，属于外耦合矩阵类；$f(x_j(t))$

表示的是相互耦合关系的作用形式, 即可以是线性形式、非线性形式或者其他组合形式等; 参数 $C$ 表示内耦合矩阵类, 即当前状态与其他耦合作用关系的强度, 也可以有多种形式存在; 上面两个表达式中的其他具体符号含义见后面的方程式, 此处为简化起见从略。通过利用 Kronecker 表示形式, 式 (7.2) 也可写为

$$\frac{\mathrm{d}y(t)}{\mathrm{d}t} = -Dy(t) + Ag(y(t)) + Bg(y(t-\tau_1)) + U + Gf(y(t)) \qquad (7.3)$$

式中, $y(t) = (x_1(t), \cdots, x_N(t))^{\mathrm{T}}$; $x_i(t) \in \mathbf{R}^n$; $g(y(t) = (g(x_1(t)), \cdots, g(x_N(t)))^{\mathrm{T}}$; $g(x_i(t)) \in \mathbf{R}^n$; $D = I_N \otimes D$; $A = I_N \otimes A$; $B = I_N \otimes B$; $G = G \otimes C$; $U = (U, \cdots, U)^{\mathrm{T}} \in \mathbf{R}^{n \times M}$。如果 $g(\cdot) = f(\cdot)$, 则式 (7.3) 可进一步简化为[15, 16]

$$\frac{\mathrm{d}y(t)}{\mathrm{d}t} = -Dy(t) + (A+G)g(y(t)) + Bg(y(t-\tau_1)) + U \qquad (7.4)$$

由此可见, 式 (7.4) 与式 (7.1) 具有完全相同的描述结构, 只不过在连接矩阵和状态维数上有所不同而已。这也就是称式 (7.2) 为复杂神经动力网络的原因。

**注释 7.1**　在复杂网络中, 外耦合矩阵 $G$ 也可简称为耦合矩阵, 表示不同节点之间相互连接或拓扑结构。如果网络中没有孤立的节点族, 则称耦合矩阵 $G$ 是不可约简的。也就是说, 复杂网络中的所有节点必须至少存在一个连接, 不能有无连接的节点存在。在最初的文献中[17], $G_{ij}$ 的定义是按如下方式进行的: 如果网络中的节点 $i$ 与节点 $j$ 之间有耦合 $(i \neq j)$, 则 $G_{ij} = 1$; 如果没有连接, 则 $G_{ij} = 0 (i \neq j)$。同时, $G$ 中对角元素按照如下方式定义, $G_{ii} = -\sum\limits_{j=1; j \neq i}^{N} G_{ij} = \sum\limits_{j=1; j \neq i}^{N} G_{ji}$。随着加权网络的提出, 对于耦合连接矩阵 $G$ 的认识也发生了变化, 可以存在非整数形式的连接。$G$ 决定的网络是一般的网络, 其连接拓扑既可以是规则网络、随机网络也可以是小世界网络或无标度网络。

在实际系统中, 由于同步现象是一种最基本的动态特性, 存在于具有相互作用的两类 (或多类) 不同系统、或者多个相同系统组成的阵列 (或耦合) 系统中, 而同步特性的存在既可以为人类服务 (如保密通信、同步信号发生器), 也可以对人类造成危害 (如桥梁或房屋的共振引发的灾难), 进而正确的认识同步行为、合理利用同步现象成为研究复杂网络的主要焦点之一, 得到了广大学者的普遍关注和研究[16,18-23]。这样, 阵列神经动力网络或复杂神经动力网络作为一类复杂网络, 关于其同步性问题的研究不论在了解脑神经科学还是在设计耦合阵列神经网络群以实现工程应用等方面都是一个重要的内容及不可缺少的一个认识环节。

近十年来, 针对由相同的时滞递归神经网络组成的阵列网络的同步性研究中, 主要有如下两类耦合矩阵结构得到探讨。

(1) 对称耦合矩阵结构 $G = (G_{ij}) \in \mathbf{R}^{N \times N}$, 这意味着, 对于两个互联的节点动力系统, 彼此之间的相互影响是一样的。在数学描述上也就是说, $G_{ij} = G_{ji} \geqslant 0$

$(i \neq j)$, $G_{ii} = - \sum\limits_{j=1;j \neq i}^{N} G_{ij}$。

(2) 非对称耦合矩阵结构 $G = (G_{ij}) \in \mathbf{R}^{N \times N}$，这意味着，对于两个互联的节点动力系统，彼此之间的相互影响是不一样的。在数学描述上也就是说，$G_{ij} \neq G_{ji}$, $G_{ij} \geqslant 0 (i \neq j)$, $G_{ii} = - \sum\limits_{j=1;j \neq i}^{N} G_{ij}$, 其中，$i, j = 1, \cdots, N$, $N$ 表示耦合系统的个数，$G = (G_{ij}) \in \mathbf{R}^{N \times N}$ 通常是一个不可约的矩阵。

需指出的是，在上述的两种耦合矩阵结构中，行和为零条件 $G_{ii} = - \sum\limits_{j=1;j \neq i}^{N} G_{ij}$ 等同于 $\sum\limits_{j=1}^{N} G_{ij} = 0$，该条件是保证复杂网络同步的基本条件。如在式 (7.2) 中，如果所有的节点系统的状态都达到了同步 $x_i = x_j$，则必然有

$$0 = -Dx_i^*(t) + Ag(x_i^*(t)) + Bg(x_i^*(t - \tau_1)) + U + \sum_{j=1}^{N} G_{ij}Cf(x_i^*(t)) \tag{7.5}$$

由于同步条件 $\sum\limits_{j=1}^{N} G_{ij} = 0$ 的限制，则由式 (7.5) 就直接得到

$$0 = -Dx_i^*(t) + Ag(x_i^*(t)) + Bg(x_i^*(t - \tau_1)) + U \tag{7.6}$$

该式就是式 (7.1) 的平衡点代数方程，由此实现了所有节点网络之间的同步 (此处的平衡态代数方程可以有各种形式的解存在，不一定要限制在传统的神经网络稳定性研究中的唯一平衡点的框架内，如可以是周期解、混沌孤立子等，往往表象出来的是流形。对于平衡态的代数方程存在多平衡态的时候，情况就会复杂，因为不同的初始条件将会导致不同节点动力网络的状态收敛到不同的吸引域。一种方法是采用完全相同的初始条件，则可以保证收敛到相同的收敛域，但这一条件有些过于苛刻。多个平衡态的存在意味着多个收敛域，如果初始条件偏离了某一个吸引域的范围，则在该吸引域中的平衡态将不会存在，最终还是实现不了完全同步。可见，复杂网络的同步性能与节点动力网络本身的性态还是有着内在联系的，不是因为有了耦合互联的作用形成了大规模的网络群就摒弃了节点动力网络系统自身的个体特性。关键结症还是在节点动力系统的平衡态的代数方程上面，由此可解释或评判所有的关于同步性的不同定义和诠释，一辨即知)。

针对对称耦合矩阵的情况，文献 [16]、[23]~[28] 研究了复杂神经动力网络的同步问题，并建立了基于 LMI 方法的同步判据或其他形式的同步判据。而基于 LMI 形式的同步判据基本都是利用 Kronecker 乘积的表示形式来得到的，而为了应用

Kronecker 乘积, 耦合矩阵的对称性和不可约简性的假设起到了至关重要的作用, 这就是源于数学证明的人为假设。

针对非对称耦合矩阵情况, 文献 [29]~[35] 研究了复杂神经动力网络的同步问题, 但仍然需要耦合矩阵的不可约简条件。在文献 [30] 中, 要求耦合矩阵元素 $G_{ij} \geqslant 0(i \neq j)$, $G_{ii} = -\sum\limits_{j=1;j\neq i} G_{ij}$ 且 $G = (G_{ij})$ 是不可约简的。文献 [31]~[33] 中所使用的方法是基于线性化的方法, 即在同步态处计算非线性函数的雅可比矩阵 (Jacobian matrix) 以得到线性主导矩阵, 这样所得到的同步结果仅能是局部的。同时, 文献 [31]~[34] 中的所有结果都是基于 Kronecker 形式的 (即在同步判据中包含有克罗内克符号), 进而增加了验证同步判据的困难。文献 [35] 中的结果是基于特征值方法, 同步判据中综合了线性耦合项的耦合矩阵与孤立节点动力网络的参数之间的某些关系, 增加了判据的保守性。

在本章, 将放松耦合矩阵 $G = (G_{ij})$ 的约束条件来研究由相同的 $N$ 个节点神经网络进行互联组成的复杂神经动力网络的全局同步性, 并建立了基于 LMI 的同步判据, 然后通过比较耦合矩阵 $G$ 的不同要求讨论了同步性的深刻含义。具体来说: ①不要求耦合矩阵 $G$ 的对称性和不可约简性, 针对线性时滞耦合阵列复杂神经网络建立了全局渐近同步判据, 该判据可方便地衡量复杂网络的同步性。②针对孤立节点网络的稳定性与线性时滞耦合阵列复杂网络的同步性之间的关系进行了讨论, 并对研究复杂网络的动态特性提供了深刻的见解; ③对基于坐标变换的方法来研究复杂网络的同步性的问题进行了讨论, 揭示了孤立节点网络拥有唯一平衡点的必要性, 这一点同文献 [24] 中的前提假设相一致。

## 7.3　问题描述与基础知识

考虑如下由 $N$ 个相同的孤立节点时滞动力神经网络组成的线性耦合复杂网络阵列:

$$
\begin{aligned}
\frac{\mathrm{d}x_i(t)}{\mathrm{d}t} = & - Dx_i(t) + Ag(x_i(t)) + Bg(x_i(t - \tau_1)) \\
& + a_1 \sum_{j=1}^{N} G_{ij} C x_j(t) + a_2 \sum_{j=1}^{N} G_{ij} \Gamma x_j(t - \tau_2) + U
\end{aligned} \tag{7.7}
$$

孤立节点网络为如下的 $n$ 维动力系统:

$$
\frac{\mathrm{d}x_i(t)}{\mathrm{d}t} = - Dx_i(t) + Ag(x_i(t)) + Bg(x_i(t - \tau_1)) + U \tag{7.8}
$$

式中, $x_i(t) = (x_{i,1}(t), \cdots, x_{i,n}(t))^{\mathrm{T}} \in \mathbf{R}^n$ 表示第 $i$ 个孤立节点网络的神经元的状态向量; $g(x_i(t)) = (g_1(x_{i,1}(t)), \cdots, g_n(x_{i,n}(t)))^{\mathrm{T}}(i = 1, \cdots, N)$; $D = \mathrm{diag}(d_1, \cdots, d_n) >$

$0$; $A = (a_{ij})_{n \times n}$; $B = (b_{ij})_{n \times n}$; $\tau_1$ 和 $\tau_2$ 分别是正的常值时滞; $G = (G_{ij})_{N \times N}$ 表示网络的外连接强度和拓扑结构的耦合配置矩阵; $C = \text{diag}(c_1, \cdots, c_n)$ 和 $\Gamma = \text{diag}(\gamma_1, \cdots, \gamma_n)$ 分别表示内连接强度的正定对角矩阵; $a_1$ 和 $a_2$ 分别表示瞬时耦合和时滞耦合的常值连接强度; $U = (U_1, \cdots, U_n)^{\mathrm{T}}$ 表示孤立节点网络的外部常值输入向量。

**注释 7.2**　　在式 (7.7) 的同步性分析中, 如果所有节点网络的状态是相同的或者是同步的, 即 $x_1(t) = x_2(t) = \cdots = x_N(t) = s(t)$, 其中, $s(t)$ 是式 (7.8) 的一个公共解, 则对外耦合矩阵 $G = (G_{ij})$ 必须施加一定的限制条件, 这就是需要零行和条件 $\sum_{j=1}^{N} G_{ij} = 0$ 的根本原因。此时, 式 (7.7) 的同步态就是式 (7.8) 的平衡态 (同步态或者平衡态都是时间趋于无穷时的最终态, 一般与初始条件无关。与初始条件有关的往往是状态演化曲线的暂态过程。但对于存在多平衡点的孤立节点网络, 平衡态是与初始条件有关的, 相应组成的复杂网络的同步态也就与初始条件有关。这仍是等效于动力系统的全局概念和局部概念的原则)。通常使用的零行和条件可表示为 $G_{ii} = -\sum_{j=1; j \neq i}^{N} G_{ij}$, 可参见文献 [16]、[23]~[36]。显然, 假设 $G_{ii} = -\sum_{j=1; j \neq i}^{N} G_{ij}$ 仅是保证零行和条件 $\sum_{j=1}^{N} G_{ij} = 0$ 的一种表示方式, 但绝不是唯一的一种方式。

在文献 [16]、[23]~[28] 中, 外耦合矩阵 $G$ 要求是对称的, 这也是意味着耦合矩阵 $G$ 的零列和条件成立。这种耦合矩阵满足零行和或零列和条件的要求完全是因为采用诸如 Kronecker 等数学方法来研究复杂耦合网络同步性问题时的构造性人为假设, 或者是一种极为特殊的、易于方便处理的、适用范围极度有限的合理假设。这样, 沿着分析对称性结构的神经网络动态特性逐渐演化到分析不对称结构神经网络的动态特性的研究历程和动态轨迹, 可以想象得到从研究具有对称耦合连接矩阵的复杂网络的同步性沿着向具有非对称耦合连接矩阵的复杂网络的同步性研究的转化。这是一种历史发展的必然, 也是人们认识提升的结果, 目前已有相应的具有非对称耦合连接矩阵的复杂网络的同步性研究成果公开发表[29-35]。

文献 [37] 对具有由相同节点网络组成的线性耦合复杂网络阵列的同步性问题展开了研究, 在耦合连接配置矩阵 $G$ 方面的一个重要贡献为: $G$ 的非对角线上的元素不再要求是非负的。这样, 零行和条件 $\sum_{j=1}^{N} G_{ij} = 0$ 仅是用来保证同步性的一个约束条件。显然, 文献 [37] 中对 $G$ 的约束要求显著放松了。这自然会产生更一般性的问题: 如果对耦合连接矩阵 $G$ 不施加任何约束, 则复杂互联网络将具有怎样的动态特性? 一般来讲, 此时的情况将归结到大规模互联系统的关联稳定性或稳定性问题上来[38]。基于上述的讨论可知, 同步问题仅是复杂互联大规模系统的稳定性问题的一种特殊情况，这也就是本章称为同步稳定性的原因。

在展开下面讨论之前，先澄清一下有关耦合系统或者复杂网络的同步性的概念认知问题。对于文献 [39]~[41] 中所研究的同步问题，设计了一个外部控制输入或者同步控制器来调节两个相同或不同类孤立节点网络之间的同步状态。如何实现这两个系统之间的同步就是通过研究同步误差系统以设计同步控制器来实现干预同步控制或者受控同步。针对复杂网络本身通过内部自组织来实现同步的问题（即自同步或自组织同步，没有外界的干预作用，仅是与网络自身的参数和结构有关），这类同步概念当属于复杂动力系统的稳定性范畴[42-45]，所建立的稳定判据仅是对耦合系统内部参数的一种约束关系而已。也就是说，自同步是耦合互联大规模系统的内部自组织的动态行为。通常，耦合互联复杂网络的最终自同步态是未知的，不能够提前确定。若对于主从同步或者驱动响应同步，或者 "leader-follower" 型同步，因为主系统、驱动系统或者 "leader" 的状态是作为跟踪目标的，在这些种同步模式中，最终同步态是已知的，与传统的自适应控制理论中的模型参考自适应的结构是相似的或者是同构的。这种具有指定同步目标类型的同步都属于受控同步或者干预同步、外同步。

**注释 7.3**　在 $\sum\limits_{j=1}^{N} G_{ij} = 0$ 的情况，式 (7.7) 中的同步态 $s(t)$ 应是孤立节点式 (7.8) 的最终解，该同步态或最终解解往往是一个微分流形，可以是稳定的，也可以是不稳定的。一种分析全局同步的方法就是直接研究耦合互联网络，例如，基于克罗内克乘积的方法将该耦合网络直接写成形如孤立节点神经网络的紧凑形式，形成按照分析传统动力系统稳定性的方式进行推演并建立相互关系。此种分析方法是不考虑同步态的具体表示形式，仅关注的是同步误差动力系统的敛散性而已[16,23,24]。另一种方法则是在感兴趣的已知的同步态处对耦合网络进行线性化[36]，然后基于线性系统的行列式判别稳定性方法进行相应的求解，这种所得到的同步结果往往是局部的。此外，与递归神经网络的稳定性证明相似[8-13]，孤立节点网络系统 (式 (7.8)) 的平衡点的存在性必须要事先指出或判定，这样，坐标平移的方法也能够用来分析复杂网络的同步性问题[29, 31]。这种坐标平移的分析方法看起来像驱动–响应模式的混沌同步控制设计[39-41]，但内在的机制却是不一样的。如文献 [46] 中指出：如果同步态 $s(t)$ 是一个定常状态，则 $s(t)$ 也是孤立节点网络 (式 (7.8)) 的平衡点或平衡态；如果 $s(t)$ 是一个非常值状态，则变分方法和线性化方法只能在已知轨迹 $s(t)$ 的局部域进行分析，且该轨迹必须要包含一定程度的吸引域。显然，这与复杂网络的同步态流形认识是有些不同的。针对 $s(t)$ 是混沌孤立节点网络的一个解的情况，在现有的文献中好像没有一个十分严格的关于网络同步到一个混沌轨迹的解析结果。例如，文献 [47] 中采用将 $s(t) = x_1(t)$ 固定化的方法仅是一种启发式的方法，但并不是完备严格的[46]，因为复杂网络的演化结果可能会出现涌现行为, 不同于任何一个节点网络的性态。甚至对于由具有多平衡点的孤立节点动力网络组成的复杂网络阵列, 至少在当下尚没有通用的稳定性或同步性分析方法[48-53]。因为针对多平衡点的情况, 难以预先指定某一个平衡点作为基准, 进而基于线性坐标平移或变换的方法就难以应用, 进而导致分析的困难。这样, 就可以明白在文献 [24] 中为什么有一个假设条件需要事先给出了。

在本章中, 为了研究复杂耦合神经动力网络的全局稳定性问题, 将耦合矩阵 $G$ 仅看做一个任意形式的连接矩阵, 只要满足存在合理性条件外, 没有其他任何特殊要求。但是, 当研究复杂神经动力系统的同步性问题时, 耦合矩阵 $G$ 的零行和条件仍旧是必需的, 因为这是研究基于数学模型的网络同步性的必然之路, 否则将无法着手展开研究 (自然界中或许不需要这样的直接假设条件也能实现系统间的同步, 但就当下的认识水平而言, 去掉 $G$ 的零行和条件仍是有困难的, 至少在数学上不是严格的, 但在仿真中或许可能出现非零行和的耦合矩阵可以产生同步的情况)。特别指出的是, 这里对耦合矩阵 $G$ 仅是要求满足零行和条件, 但对于 $G$ 是否为对称矩阵, 本章中却不加以限制, 进而本章的研究内容具有很强的普适性。例如, 文献 [37] 在不要求耦合矩阵 $G$ 的非对角线元素是非负的情况下, 通过设计一个自适应控制器实现了复杂网络的干预同步或受控同步。在文献 [29]~[35] 中, 分别采用线性化的雅可比矩阵方法、克罗内克乘积 (Kronecker product) 方法及特征值方法, 针对具有非对称耦合矩阵 $G$ 的复杂网络建立了不同表示形式的同步判据。与上述的文献建立的同步判据不同的是, 本章采用 LMI 方法针对具有非对称耦合矩阵的复杂神经动力网络建立一些稳定判据以及同步判据, 特别是研究了孤立节点网络的稳定性判据和复杂耦合神经动力网络稳定性判据之间的关系。这样, 无论在分析方法、研究内容以及建立的相关判据等方面, 本章得到的判据都是与现有的文献结果不同的。

与式 (7.7) 相关的初始条件为

$$x_i(s) = \phi_{i0}(s) \in \mathcal{C}([-\tau, 0], \mathbf{R}^n), \quad i = 1, \cdots, n$$

式中, $\tau = \max\{\tau_1, \tau_2\}$。一般来讲, 连续函数 $\phi_{i0}(s)$ 是有界的。因为无论怎样任意给定初始条件, 都只能在一定的紧集上进行取值, 或者在一定的容许域内取值, 不可能是无限值, 只能是有界值。这样, 对于初始条件的有界性说明不仅是必要的, 而且是实用的。

激励函数 $g_k(\cdot)$ 满足如下条件 $(k = 1, \cdots, n)$。

**假设 7.1**  激励函数 $g_k(\cdot)(k = 1, \cdots, n)$ 是有界的、Lipschitz 连续的和单调非减的函数, 即存在常数 $\delta_k > 0(k = 1, \cdots, n)$, 使得对于任意不同的 $\zeta, \xi \in \mathbf{R}$ 和 $\zeta \neq \xi$, 有

$$0 \leqslant \frac{g_k(\zeta) - g_k(\xi)}{\zeta - \xi} \leqslant \delta_k$$

此后, 令 $\Delta = \text{diag}(\delta_1, \cdots, \delta_n)$。

**注释 7.4** 根据神经网络稳定性分析的结果可知[8-13], 有界激励函数的神经网络总能保证平衡点或解的存在性 (这方面的讨论在前面几章中已经介绍过, 这里仅是简要提及), 这样, 就可确定 $s(t)$ 是孤立节点网络 (式 (7.8)) 的一个解。在耦合矩阵 $G$ 满足零行和条件的情况下, $s(t)$ 也会是耦合复杂神经动力网络 (式 (7.7)) 的同步态。此外, 本章中对激励函数施加有界的条件限制, 主要是为了凸显复杂网络的全局稳定性的证明以及与复杂网络同步性之间的关系, 进而没有对孤立节点网络或复杂耦合神经动力网络的平衡态的存在性进行证明。实际上, 本章的激励函数假设条件也可放宽到满足 Lipschitz 连续的一类无界激励函数 (见前面几章中关于平衡点存在性的说明部分), 这样的条件也可保证节点网络的平衡点的存在性。

下面, 本章将研究复杂网络的完全自同步, 即 $\|x_i(t) - x_j(t)\| \rightarrow 0 (i \neq j; i, j = 1, \cdots, N)$。也就是说, 复杂网络的同步态最终都保持一致。该同步态既可以是某一节点动力网络的平衡态, 也可以是这些所有节点网络的平衡态的加权平均态, 也可以是与这些节点网络的平衡态都无关的一种涌现。这样, 复杂网络的自同步现象, 反映的是网络内部之间的自组织、自协调、自发展、自演化的过程。

**注释 7.5** 不同的考虑角度或不同的需求, 将会有不同的网络同步定义, 进而会产生不同的证明过程。这样, 研究的结果最终会表现出: 即使是相同的复杂动力网络也会反映出诸多不同的同步性能或同步性态。这就犹如神经网络稳定性一样, 同样的神经网络模型, 如果考察不同的稳定性定义, 就会对应不同的稳定性性态。所以, 同一个网络模型原本具有诸多的丰富形态, 研究者所能认识的也只是其中的几种而已, 这主要取决于研究者的目标取向。但事实上, 被考察的对象本身 (如神经网络或者复杂神经动力网络) 该是怎样还是怎样, 只不过采用不同的分析手段来逐步认识这些性态, 以至于完全认识这些性态的过程。确定了所需要的目标并认识和了解了这些如何实现目标的过程和步骤, 这样, 就可为进行确定性设计提供图纸或者实现路线, 而后按图索骥即可。认识同步的过程也是这样, 不仅是解释现象和揭示现象, 更主要的是发现产生这种现象的原因和机制, 进而为如何产生这种现象以及如何抑制这种现象提供认识基础和实现手段。

不失一般性, 与文献 [8]~[13] 中分析神经网络的稳定性分析方法相似, 假设 $s(t)$ 是复杂神经动力网络 (式 (7.7)) 的一个同步态或者平衡态, 即

$$\begin{aligned}
\frac{\mathrm{d}s(t)}{\mathrm{d}t} = &- Ds(t) + Ag(s(t)) + Bg(s(t - \tau_1)) \\
&+ a_1 \sum_{j=1}^{N} G_{ij} Cs(t) + a_2 \sum_{j=1}^{N} G_{ij} \Gamma s(t - \tau_2) + U
\end{aligned} \tag{7.9}$$

式中, $s(t)$ 既可以是一个平衡点、周期解、混沌吸引子, 也可以是其他的涌现现象。

因为是定性研究复杂网络的同步态的性态, 而不是定量研究同步态的具体参数指标, 所以, 为方便起见, 可定义线性坐标变换 $e_i(t) = x_i(t) - s(t)(i = 1, \cdots, N)$, 将研究 $s(t)$ 的性态问题转化到研究原点或平凡解零点的性态问题。此时, 新得到的复杂动力网络可表示如下:

$$\frac{\mathrm{d}e_i(t)}{\mathrm{d}t} = -De_i(t) + Af(e_i(t)) + Bf(e_i(t - \tau_1))$$

$$+ a_1 \sum_{j=1}^{N} G_{ij} Ce_j(t) + a_2 \sum_{j=1}^{N} G_{ij} \Gamma e_j(t - \tau_2) \tag{7.10}$$

式中, $f(e_i(t)) = g(x_i(t)) - g(s(t))$; $f(e_i(t - \tau_1)) = g(x_i(t - \tau_1)) - g(s(t))(i = 1, \cdots, N)$。

**注释 7.6**    本章的目的就是要应用神经网络稳定性理论研究复杂神经动力网络 (式 (7.7)) 的动态特性问题, 也就是说, 将复杂神经动力网络看做一个大规模互联的动力系统, 然后研究该互联系统的全局稳定性问题。这一点是与当下研究复杂神经动力网络的同步性是不同的, 在机理上来说应该是复杂网络的稳定性包含了同步性, 这也是本章将同步性命名为同步稳定性的原因。特别值得说明的是, 在研究式 (7.7) 的稳定性的时候, 对耦合矩阵 $G$ 是不施加任何假设限制的, 这一点在后面的定理 7.1 的证明过程中可以看到。然而, 如果要研究式 (7.7) 的同步性问题, 则为了数学分析上的明晰和逻辑性, 对耦合矩阵 $G$ 必须施加一定的不得已而为之的假设条件, 即零行和条件 (该条件可以保证在网络达到同步态时在数学上能有一个合理的解释)。通过比较式 (7.7) 的稳定性和同步性的描述可知: 复杂网络的同步稳定性在某种程度上就是全局稳定性的一种特殊情况。然而, 孤立节点网络 (式 (7.8)) 的同步态 $s(t)$ 可以是稳定的、周期的或者是混沌吸引子, 从这个意义上来说, 式 (7.7) 的同步态与式 (7.7) 的平衡态是不同的。进而, 网络同步性与网络稳定性相比, 又有其自身的特点, 进而在复杂网络特别是复杂性科学中形成了一种不同于孤立节点网络的特性, 是一种新的动态特性或者动力学特征, 引起了全世界多学科领域的广大学者的关注和热研。正是基于这样的考虑, 本章针对复杂神经动力网络 (式 (7.7)) 建立了分离形式的稳定判据 (见定理 7.1): 一个条件是关于孤立节点网络 (式 (7.8)) 的稳定性的, 另一个条件是关于网络间耦合连接约束信息的。不用考虑耦合矩阵 $G$ 的信息, 适用本章所提出的稳定判据就可直接判断式 (7.7) 是否是稳定的。进一步, 如何耦合矩阵 $G$ 的零行和条件成立, 则本章的结果也可判断式 (7.7) 是否是完全同步的。这样, 本章所提出的结果拓宽了同步稳定性判据的适用范围, 并建立了神经网络稳定性理论与复杂网络同步性理论之间相互联系的桥梁。

# 7.4　主要结果

现在开始介绍本章的主要结果。

**定理 7.1**　在假设 7.1 下，如果存在正定对角矩阵 $P_i = \mathrm{diag}(p_1^i, p_2^i, \cdots, p_n^i)$，$R_i = \mathrm{diag}(r_1^i, r_2^i, \cdots, r_n^i)$，$\overline{P}_j = \mathrm{diag}(p_j^1, p_j^2, \cdots, p_j^N)$，$\overline{Q}_j = \mathrm{diag}(q_j^1, q_j^2, \cdots, q_j^N)$，正对角矩阵 $Q_{1i}$ 和 $Q_{2i}$，使得

$$
\Psi_{1i} = \begin{bmatrix} \Psi_i & P_i A + \Delta Q_{1i} & P_i B & 0 \\ * & -2Q_{1i} & 0 & 0 \\ * & * & -2Q_{2i} & \Delta Q_{2i} \\ * & * & * & -R_i \end{bmatrix} < 0 \tag{7.11}
$$

$$
\Psi_{2j} = \begin{bmatrix} \overline{Q}_j - d_j \overline{P}_j + 2a_1 c_j \overline{P}_j G & a_2 \gamma_j \overline{P}_j G \\ * & -\overline{Q}_j \end{bmatrix} < 0 \tag{7.12}
$$

则复杂神经动力网络 (式 (7.10)) 是全局稳定的，其中，$\Psi_i = R_i - 0.5(P_i D + D^\mathrm{T} P_i)$，$*$ 表示矩阵中相应的对称部分元素，$i = 1, \cdots, N, j = 1, \cdots, n$。

**证明**　对新型复杂动力网络 (式 (7.10)) 考虑如下的 Lyapunov-Krasovskii 函数：

$$
V(t) = V_1(t) + V_2(t) \tag{7.13}
$$

式中

$$
V_1(t) = \sum_{i=1}^{N} e_i^\mathrm{T}(t) P_i e_i(t) \tag{7.14}
$$

$$
V_2(t) = \sum_{i=1}^{N} \int_{t-\tau_1}^{t} e_i^\mathrm{T}(s) R_i e_i(s) \mathrm{d}s + \sum_{i=1}^{N} \int_{t-\tau_2}^{t} e_i^\mathrm{T}(s) Q_i e_i(s) \mathrm{d}s \tag{7.15}
$$

$P_i = \mathrm{diag}(p_1^i, p_2^i, \cdots, p_n^i)$，$R_i = \mathrm{diag}(r_1^i, r_2^i, \cdots, r_n^i)$ 和 $Q_i = \mathrm{diag}(q_1^i, q_2^i, \cdots, q_n^i)$ 分别是正定对角矩阵 $(i = 1, 2, \cdots, N)$。

沿着式 (7.10) 的轨线计算 $V_1(t)$ 和 $V_2(t)$ 的时间导数，可得

$$
\begin{aligned}
\frac{\mathrm{d}V_1(t)}{\mathrm{d}t} &= 2\sum_{i=1}^{N} e_i^\mathrm{T}(t) P_i \dot{e}_i(t) \\
&= 2\sum_{i=1}^{N} e_i^\mathrm{T}(t) P_i \Big[ -De_i(t) + Af(e_i(t)) + Bf(e_i(t-\tau_1)) \\
&\quad + a_1 \sum_{j=1}^{N} G_{ij} C e_j(t) + a_2 \sum_{j=1}^{N} G_{ij} \Gamma e_j(t-\tau_2) \Big]
\end{aligned} \tag{7.16}
$$

$$\frac{\mathrm{d}V_2(t)}{\mathrm{d}t} = \sum_{i=1}^{N} \left[ e_i^{\mathrm{T}}(t) R_i e_i(t) - e_i^{\mathrm{T}}(t-\tau_1) R_i e_i(t-\tau_1) \right]$$

$$+ \sum_{i=1}^{N} \left[ e_i^{\mathrm{T}}(t) Q_i e_i(t) - e_i^{\mathrm{T}}(t-\tau_2) Q_i e_i(t-\tau_2) \right] \tag{7.17}$$

根据激励函数的假设条件, 则有

$$2\left[ e_i^{\mathrm{T}}(t) \Delta Q_{1i} f(e_i(t)) - f^{\mathrm{T}}(e_i(t)) Q_{1i} f(e_i(t)) \right] \geqslant 0 \tag{7.18}$$

$$2\left[ e_i^{\mathrm{T}}(t-\tau_1) \Delta Q_{2i} f(e_i(t-\tau_1)) - f^{\mathrm{T}}(e_i(t-\tau_1)) Q_{2i} f(e_i(t-\tau_1)) \right] \geqslant 0 \tag{7.19}$$

同时有

$$2\sum_{i=1}^{N} e_i^{\mathrm{T}}(t) P_i a_1 \sum_{j=1}^{N} G_{ij} C e_j(t) = 2\sum_{j=1}^{n} a_1 c_j \bar{e}_j^{\mathrm{T}}(t) \overline{P}_j G \bar{e}_j(t) \tag{7.20}$$

$$2\sum_{i=1}^{N} e_i^{\mathrm{T}}(t) P_i a_2 \sum_{j=1}^{N} G_{ij} \Gamma e_j(t-\tau_2) = 2\sum_{j=1}^{n} a_2 \gamma_j \bar{e}_j^{\mathrm{T}}(t) \overline{P}_j G \bar{e}_j(t-\tau_2) \tag{7.21}$$

$$\sum_{i=1}^{N} \left[ e_i^{\mathrm{T}}(t) Q_i e_i(t) - e_i^{\mathrm{T}}(t-\tau_2) Q_i e_i(t-\tau_2) \right]$$

$$= \sum_{j=1}^{n} \left[ \bar{e}_j^{\mathrm{T}}(t) \overline{Q}_j \bar{e}_j(t) - \bar{e}_j^{\mathrm{T}}(t-\tau_2) \overline{Q}_j \bar{e}_j(t-\tau_2) \right] \tag{7.22}$$

$$-\sum_{i=1}^{N} e_i^{\mathrm{T}}(t) P_i D e_i(t) = -\sum_{j=1}^{n} d_j \bar{e}_j^{\mathrm{T}}(t) \bar{P}_j \bar{e}_j(t) \tag{7.23}$$

式中, $\overline{P}_j = \mathrm{diag}(p_j^1, p_j^2, \cdots, p_j^N)$, 且 $\overline{P}_j$ 中的元素都是 $P_i$ 中的元素; $\overline{Q}_j = \mathrm{diag}(q_j^1, q_j^2, \cdots, q_j^N)$, 且 $\overline{Q}_j$ 中的元素都是 $Q_i$ 中的元素; $Q_{1i}$ 和 $Q_{2i}$ 分别是正定对角矩阵; $e_i(t) = (e_i^1, e_i^2, \cdots, e_i^n)^{\mathrm{T}}$; $\bar{e}_j(t) = (e_1^j, e_2^j, \cdots, e_N^j)^{\mathrm{T}} (i=1, \cdots, N; j=1, \cdots, n)$。

将式 (7.16)~ 式 (7.23) 代入到 $\dfrac{\mathrm{d}V(t)}{\mathrm{d}t}$ 中, 可得

$$\frac{\mathrm{d}V(t)}{\mathrm{d}t} \leqslant \sum_{i=1}^{N} \left[ e_i^{\mathrm{T}}(t) \left( -\frac{P_i D + (P_i D)^{\mathrm{T}}}{2} + R_i \right) e_i^{\mathrm{T}}(t) \right.$$

$$+ 2e_i^{\mathrm{T}}(t)(P_i A + \Delta Q_{1i}) f(e_i(t))$$

$$+ 2e_i^{\mathrm{T}}(t) P_i B f(e_i(t-\tau_1)) - 2f^{\mathrm{T}}(e_i(t)) Q_{1i} f(e_i(t))$$

$$+ 2e_i^{\mathrm{T}}(t-\tau_1) \Delta Q_{2i} f(e_i(t-\tau_1)) - e_i^{\mathrm{T}}(t-\tau_1) R_i e_i(t-\tau_1)$$

$$- 2f^{\mathrm{T}}(e_i(t-\tau_1))Q_{1i}f(e_i(t-\tau_1))$$

$$+ \sum_{j=1}^{n}\left[\overline{e}_j^{\mathrm{T}}(t)\left(\overline{Q}_j - d_j\overline{P}_j + 2a_1c_j\overline{P}_jG\right)\overline{e}_j(t)\right.$$

$$\left. + 2\overline{e}_j^{\mathrm{T}}(t)a_2\gamma_j\overline{P}_jG\overline{e}_j(t-\tau_2) - \overline{e}_j(t-\tau_2)\overline{Q}_j\overline{e}_j(t-\tau_2)\right]$$

$$= \sum_{i=1}^{N}\eta_i^{\mathrm{T}}(t)\,\Psi_{1i}\eta_i(t) + \sum_{j=1}^{n}(\overline{e}_j^{\mathrm{T}}(t),\overline{e}_j^{\mathrm{T}}(t-\tau_2))\,\Psi_{2j}(\overline{e}_j^{\mathrm{T}}(t),\overline{e}_j^{\mathrm{T}}(t-\tau_2))^{\mathrm{T}} \tag{7.24}$$

式中，$\Psi_{1i}$ 和 $\Psi_{2j}$ 分别如式 (7.11) 和式 (7.12) 中的定义；$\eta_i^{\mathrm{T}}(t) = (e_i^{\mathrm{T}}(t), f^{\mathrm{T}}(e_i(t)),$ $f^{\mathrm{T}}(e_i(t-\tau_1))), e_i^{\mathrm{T}}(t-\tau_1))$。这样，如果 $\Psi_{1i} < 0$ 和 $\Psi_{2j} < 0$，则对于任意的 $(e_i^{\mathrm{T}}(t), f^{\mathrm{T}}(e_i(t)), f^{\mathrm{T}}(e_i(t-\tau_1)), e_i^{\mathrm{T}}(t-\tau_1)) \neq 0$ 和 $(\overline{e}_j^{\mathrm{T}}(t), \overline{e}_j^{\mathrm{T}}(t-\tau_2)) \neq 0$，有 $\mathrm{d}V(t)/\mathrm{d}t < 0$；只有当 $(e_i^{\mathrm{T}}(t), f^{\mathrm{T}}(e_i(t)), f^{\mathrm{T}}(e_i(t-\tau_1)), e_i^{\mathrm{T}}(t-\tau_1)) = 0$ 和 $(\overline{e}_j^{\mathrm{T}}(t), \overline{e}_j^{\mathrm{T}}(t-\tau_2))^{\mathrm{T}} = 0$ 时，才有 $\mathrm{d}V(t)/\mathrm{d}t = 0$。这样，式 (7.10) 的原点是全局 (渐近) 稳定的。由于线性坐标变换不改变原网络系统的动态特性，进而原复杂网络系统的平衡态也是全局 (渐近) 稳定的。证毕。

需说明的是，在定理 7.1 的证明过程中，利用了激励函数的假设条件，以至于在式 (7.18) 和式 (7.19) 引入了自由变量 $Q_{1i}$ 和 $Q_{2i}$。如果将激励函数的假设条件换成另一种方式来使用，则可得到如下形式的不等式形式：

$$2e_i^{\mathrm{T}}(t)P_iAf(e_i(t))$$

$$\leqslant e_i^{\mathrm{T}}(t)P_iAQ_{1i}^{-1}A^{\mathrm{T}}P_ie_i(t) + f^{\mathrm{T}}(e_i(t))Q_{1i}f(e_i(t)) \tag{7.25}$$

$$\leqslant e_i^{\mathrm{T}}(t)P_iAQ_{1i}^{-1}A^{\mathrm{T}}P_ie_i(t) + e_i^{\mathrm{T}}(t)\Delta Q_{1i}\Delta e_i(t)$$

$$2e_i^{\mathrm{T}}(t)P_iBf(e_i(t-\tau_1))$$

$$\leqslant e_i^{\mathrm{T}}(t)P_iBQ_{2i}^{-1}B^{\mathrm{T}}P_ie_i(t) + f^{\mathrm{T}}(e_i(t-\tau_1))Q_{2i}f(e_i(t-\tau_1)) \tag{7.26}$$

$$\leqslant e_i^{\mathrm{T}}(t)P_iBQ_{2i}^{-1}B^{\mathrm{T}}P_ie_i(t) + e_i^{\mathrm{T}}(t-\tau_1)\Delta Q_{2i}\Delta e_i(t-\tau_1)$$

式中，$Q_{1i}$ 和 $Q_{2i}$ 分别是正定对角矩阵 $(i = 1, \cdots, N)$。这样，又可以得到如下形式的稳定结果。

**定理 7.2**　在假设 7.1 的情况下，如果存在正定对角矩阵 $P_i = \mathrm{diag}(p_1^i, p_2^i, \cdots,$ $p_n^i)$，$R_i = \mathrm{diag}(r_1^i, r_2^i, \cdots, r_n^i)$，$\overline{P}_j = \mathrm{diag}(p_j^1, p_j^2, \cdots, p_j^N)$，$\overline{Q}_j = \mathrm{diag}(q_j^1, q_j^2, \cdots, q_j^N)$，正定对角矩阵 $Q_{1i}$ 和 $Q_{2i}$，使得

$$\Psi_{1i}^1 = \begin{bmatrix} \Psi_i^1 & P_iA & P_iB & 0 \\ * & -Q_{1i} & 0 & 0 \\ * & * & -Q_{2i} & 0 \\ * & * & * & \Delta Q_{2i}\Delta - R_i \end{bmatrix} < 0 \tag{7.27}$$

$$\Psi_{2j}^1 = \begin{bmatrix} \overline{Q}_j - d_j\overline{P}_j + 2a_1c_j\overline{P}_jG & a_2\gamma_j\overline{P}_jG \\ * & -\overline{Q}_j \end{bmatrix} < 0 \qquad (7.28)$$

则复杂神经动力网络 (式 (7.10)) 是全局 (渐近) 稳定的, 其中, $\Psi_i^1 = R_i + \Delta Q_{1i}\Delta - 0.5(P_iD + D^{\mathrm{T}}P_i)(i = 1, \cdots, N; j = 1, \cdots, n)$.

**证明**　定理 7.2 的证明过程与定理 7.1 的证明过程几乎相同, 只是将式 (7.18) 和式 (7.19) 替换为式 (7.25) 和式 (7.26) 而已。这样, 证明从略。

**注释 7.7**　尽管采用了相同的 Lyapunov 函数, 定理 7.1 和定理 7.2 的主要差别就在于对激励函数的假设条件的不同处理 (见式 (7.18) 和式 (7.19) 或式 (7.25) 和式 (7.26))。也就是说, 不同的不等式的处理导致了不同的表达形式 $\Psi_{1i}$ 和 $\Psi_{1i}^1$, 而 $\Psi_{1i}$ 和 $\Psi_{1i}^1$ 恰恰就是孤立节点网络的稳定判据, 但在耦合项的表达形式上却是相同的 (即激励函数的不同形式的表示只会影响孤立节点网络的稳定性判据, 而对于互联耦合项之间的作用关系没有任何影响)。因为定理 7.1 和定理 7.2 都是保证平衡态的全局稳定的充分条件, 由于难以评价式 (7.18) 和式 (7.19) 或式 (7.25) 和式 (7.26) 之间的保守性, 进而一般也很难比较定理 7.1 和定理 7.2 的保守性, 故而定理 7.1 和定理 7.2 是两个不同的稳定结果, 难以评判哪个更好。

**注释 7.8**　在定理 7.1 和定理 7.2 中, 第一个条件 $\Psi_{1i}$(或 $\Psi_{1i}^1$) 不依赖于第二个条件 $\Psi_{2j}$(或 $\Psi_{2j}^1$), 而第二个条件 $\Psi_{2j}$(或 $\Psi_{2j}^1$) 却依赖于第一个条件 $\Psi_{1i}$(或 $\Psi_{1i}^1$)。这样, 在求解定理 7.1 和定理 7.2 中的判别条件时, 第一个 LMI(式 (7.11) 或式 (7.27)) 必须要先计算出来, 然后才能计算第二个 LMI 条件 (式 (7.12) 或式 (7.28))。

**注释 7.9**　在定理 7.1 和定理 7.2 中, 第一个条件 $\Psi_{1i}$(或 $\Psi_{1i}^1$) 仅与孤立节点网络的动态特性有关; 而第二个条件 $\Psi_{2j}$(或 $\Psi_{2j}^1$) 却与复杂网络的耦合信息相关, 即依赖于耦合矩阵 $G$、耦合强度 $a_1$ 和 $a_2$ 等。一般来讲, 第一个条件 $\Psi_{1i}$(或 $\Psi_{1i}^1$) 构成了孤立节点网络的一类稳定判据[10-13]。这样, 如果孤立节点网络 (式 (7.8)) 是稳定的, 则复杂耦合神经动力网络 (式 (7.7)) 未必是稳定的, 因为还要评判耦合强度条件 $\Psi_{2j}$(或 $\Psi_{2j}^1$) 是否成立。这样, 定理 7.1 和定理 7.2 建立了孤立节点神经网络的稳定性判据与复杂耦合互联的神经动力网络的稳定性之间的相互关系。这样, 尽管孤立节点网络是稳定的, 但由于不同的耦合配置 $G$、$a_1$ 和 $a_2$ 的作用, 这将会影响整个耦合互联的复杂神经动力网络的总体性态。

**注释 7.10**　定理 7.1 和定理 7.2 的证明过程主要是受递归神经网络的稳定性分析和模糊逻辑系统的稳定性分析所启发。经典的克罗内克乘积方法是将复杂网络系统 (式 (7.7)) 看做一个整体的动力系统, 所有的约束关系都体现在克罗内克乘积之中, 进而各种约束交织在一起, 难以进行清晰评判; 而本章中所采用的方法是直接对孤立节点网络和互联耦合关系进行研究, 属于分离分析方式。然后, 按照模糊逻辑系统中的不同模糊隶属度对模糊规则进行加权的方式, 对孤立节点网络中的耦合项进行加权，由此形成由节点网络集成而得的总体大规模系统。这种分析方法的优点是容易利用递归神经网络的稳定性分析方法，进而可以得到分离形式的稳定判据或同步判据，即一个是关于节点网络的稳定性判据，另一个是关于耦合连接信息的约束能量平衡的判据。整个稳定性分析的主要困难在于如何解决耦合项 $G$、$a_1$ 和 $a_2$ 的作用。在本章中，通过函数关系式 (7.20)~ 式 (7.23)，成功解决了该问题，并建立了相关的稳定判据。

**注释 7.11**　　在定理 7.1 和定理 7.2 的证明过程中，对耦合矩阵 $G$ 没有施加任何限制，这意味着早期的对耦合矩阵 $G$ 的对称性、不可约简性及扩散性等条件约束都可以取消。如果对耦合矩阵 $G$ 施加零行和条件 $\sum\limits_{j=1}^{N} G_{ij} = 0$，则定理 7.1 和定理 7.2 中的结果将转化成全局同步稳定的判据。同时，在本章中，可以不必限制 $G_{ij}(i \neq j)$ 的正性约束及 $G_{ii} = -\sum\limits_{j=1}^{N} G_{ij}$ 的条件。在这个意义上，耦合矩阵 $G$ 可以看做一个广义的加权拓扑或广义的互联系数矩阵。

在定理 7.1 和定理 7.2 的证明过程中，有

$$-2\sum_{i=1}^{N} e_i^{\mathrm{T}}(t) P_i D e_i(t)$$

可以拆解成两部分，这样可以得到式 (7.23) 和

$$-\sum_{i=1}^{N} e_i^{\mathrm{T}}(t) \frac{(P_i D + D^{\mathrm{T}} P_i)}{2} e_i(t)$$

而前者主要用来补偿 $\sum\limits_{j=1}^{n} \overline{e}_j^{\mathrm{T}}(t) \overline{P}_j G \overline{e}_j(t)$ 的影响。记住这一点并观察到 $Q_i$(见式 (7.15)) 没有出现在定理 7.1(见式 (7.11)) 和定理 7.2(见式 (7.27)) 中，这将导致未知参数分布的不平衡，并将会影响不等式的可解性(在某种程度上对称性的结构既具有很强的鲁棒性，且具有良好的可计算性)。这样，可以将 $\sum\limits_{i=1}^{N} e_i^{\mathrm{T}}(t) Q_i e_i(t)$ 拆解成两部分，即

$$\sum_{i=1}^{N} e_i^{\mathrm{T}}(t) \frac{Q_i}{2} e_i(t)$$

和

$$\sum_{i=1}^{N} e_i^{\mathrm{T}}(t) \frac{Q_i}{2} e_i(t) = \sum_{j=1}^{n} \overline{e}_j^{\mathrm{T}}(t) \frac{\overline{Q}_j}{2} \overline{e}_j(t)$$

因此，结合上面的讨论和定理 7.1 及定理 7.2，可直接得到如下的结果。

**定理 7.3** 在假设 7.1 情况下, 如果存在正定对角矩阵 $P_i = \mathrm{diag}(p_1^i, p_2^i, \cdots, p_n^i)$, $R_i = \mathrm{diag}(r_1^i, r_2^i, \cdots, r_n^i)$, $Q_i = \mathrm{diag}(q_1^i, q_2^i, \cdots, q_n^i)$, $\overline{P}_j = \mathrm{diag}(p_j^1, p_j^2, \cdots, p_j^N)$, $\overline{Q}_j = \mathrm{diag}(q_j^1, q_j^2, \cdots, q_j^N)$, 正定对角矩阵 $Q_{1i}$ 和 $Q_{2i}$, 使得

$$\Psi_{1i} = \begin{bmatrix} \Psi_0 & P_i A + \Delta Q_{1i} & P_i B & 0 \\ * & -2Q_{1i} & 0 & 0 \\ * & * & -2Q_{2i} & \Delta Q_{2i} \\ * & * & * & -R_i \end{bmatrix} < 0 \tag{7.29}$$

$$\Psi_{2j} = \begin{bmatrix} \overline{Q}_j/2 - d_j \overline{P}_j + 2a_1 c_j \overline{P}_j G & a_2 \gamma_j \overline{P}_j G \\ * & -\overline{Q}_j \end{bmatrix} < 0 \tag{7.30}$$

则复杂神经动力网络 (式 (7.10)) 是全局 (渐近) 稳定的, 其中, $\Psi_0 = Q_i/2 + R_i - 0.5(P_i D + D^{\mathrm{T}} P_i)(i = 1, \cdots, N; j = 1, \cdots, n)$。

**定理 7.4** 在假设 7.1 情况下, 如果存在正定对角矩阵 $P_i = \mathrm{diag}(p_1^i, p_2^i, \cdots, p_n^i)$, $R_i = \mathrm{diag}(r_1^i, r_2^i, \cdots, r_n^i)$, $Q_i = \mathrm{diag}(q_1^i, q_2^i, \cdots, q_n^i)$, $\overline{P}_j = \mathrm{diag}(p_j^1, p_j^2, \cdots, p_j^N)$, $\overline{Q}_j = \mathrm{diag}(q_j^1, q_j^2, \cdots, q_j^N)$, 正定对角矩阵 $Q_{1i}$ 和 $Q_{2i}$, 使得

$$\Psi_{1i} = \begin{bmatrix} \Psi_1 & P_i A & P_i B & 0 \\ * & -Q_{1i} & 0 & 0 \\ * & * & -Q_{2i} & 0 \\ * & * & * & \Delta Q_{2i} \Delta - R_i \end{bmatrix} < 0 \tag{7.31}$$

$$\Psi_{2j} = \begin{bmatrix} \overline{Q}_j/2 - d_j \overline{P}_j + 2a_1 c_j \overline{P}_j G & a_2 \gamma_j \overline{P}_j G \\ * & -\overline{Q}_j \end{bmatrix} < 0 \tag{7.32}$$

则复杂神经动力网络 (式 (7.10)) 是全局 (渐近) 稳定的, 其中, $\Psi_1 = Q_i/2 + R_i + \Delta Q_{1i} \Delta - 0.5(P_i D + D^{\mathrm{T}} P_i)(i = 1, \cdots, N; j = 1, \cdots, n)$。

如果在定理 7.1 和定理 7.4 中令 $Q_{1i} = Q_1, Q_{2i} = Q_2, R_i = R$, 则可得到如下形式的稳定结果, 这类结果具有判断简易的优点。

**推论 7.1** 在假设 7.1 的情况下, 如果存在正定对角矩阵 $P = \mathrm{diag}(p_1, p_2, \cdots, p_n)$, $R = \mathrm{diag}(r_1, r_2, \cdots, r_n)$, $Q = \mathrm{diag}(q_1, q_2, \cdots, q_n)$, 正定对角矩阵 $Q_1$ 和 $Q_2$, 使得

$$\Psi_1 = \begin{bmatrix} \Psi_0 & PA + \Delta Q_1 & PB & 0 \\ * & -2Q_1 & 0 & 0 \\ * & * & -2Q_2 & \Delta Q_2 \\ * & * & * & -R \end{bmatrix} < 0 \tag{7.33}$$

$$\Psi_{2j} = \begin{bmatrix} (q_j - d_j p_j)I_N + 2a_1 c_j p_j G & a_2 \gamma_j p_j G \\ * & -q_j I_N \end{bmatrix} < 0 \qquad (7.34)$$

则复杂神经动力网络 (式 (7.10)) 是全局 (渐近) 稳定的, 其中, $\Psi_0 = R - 0.5(PD + D^{\mathrm{T}}P)(i = 1, \cdots, N; j = 1, \cdots, n)$。

**推论 7.2**　在假设 7.1 的情况下, 如果存在正定对角矩阵 $P = \mathrm{diag}(p_1, p_2, \cdots, p_n)$, $R = \mathrm{diag}(r_1, r_2, \cdots, r_n)$, $Q = \mathrm{diag}(q_1, q_2, \cdots, q_n)$, 正定对角矩阵 $Q_1$ 和 $Q_2$, 使得

$$\Psi_1 = \begin{bmatrix} \Psi_1 & PA & PB & 0 \\ * & -Q_1 & 0 & 0 \\ * & * & -Q_{2i} & 0 \\ * & * & * & \Delta Q_2 \Delta - R \end{bmatrix} < 0 \qquad (7.35)$$

$$\Psi_{2j} = \begin{bmatrix} (q_j - d_j p_j)I_N + 2a_1 c_j p_j G & a_2 \gamma_j p_j G \\ * & -q_j I_N \end{bmatrix} < 0 \qquad (7.36)$$

则复杂神经动力网络 (式 (7.10)) 是全局 (渐近) 稳定的, 其中, $\Psi_1 = R + \Delta Q_1 \Delta - 0.5(PD + D^{\mathrm{T}}P)(i = 1, \cdots, N; j = 1, \cdots, n)$。

**推论 7.3**　在假设 7.1 的情况下, 如果存在正定对角矩阵 $P = \mathrm{diag}(p_1, p_2, \cdots, p_n)$, $R = \mathrm{diag}(r_1, r_2, \cdots, r_n)$, $Q = \mathrm{diag}(q_1, q_2, \cdots, q_n)$, 正定对角矩阵 $Q_1$ 和 $Q_2$, 使得

$$\Psi_1 = \begin{bmatrix} \Psi_0 & PA + \Delta Q_1 & PB & 0 \\ * & -2Q_1 & 0 & 0 \\ * & * & -2Q_2 & \Delta Q_2 \\ * & * & * & -R \end{bmatrix} < 0 \qquad (7.37)$$

$$\Psi_{2j} = \begin{bmatrix} (q_j/2 - d_j p_j)I_N + 2a_1 c_j p_j G & a_2 \gamma_j p_j G \\ * & -q_j I_N \end{bmatrix} < 0 \qquad (7.38)$$

则复杂神经动力网络 (式 (7.10)) 是全局 (渐近) 稳定的, 其中, $\Psi_0 = Q/2 + R - 0.5(PD + D^{\mathrm{T}}P)(i = 1, \cdots, N; j = 1, \cdots, n)$。

**推论 7.4**　在假设 7.1 的情况下, 如果存在正定对角矩阵 $P = \mathrm{diag}(p_1, p_2, \cdots, p_n^i)$, $R = \mathrm{diag}(r_1, r_2, \cdots, r_n)$, $Q = \mathrm{diag}(q_1, q_2, \cdots, q_n)$。正定对角矩阵 $Q_1$ 和 $Q_2$, 使

得

$$
\Psi_1 = \begin{bmatrix} \Psi_1 & PA & PB & 0 \\ * & -Q_1 & 0 & 0 \\ * & * & -Q_2 & 0 \\ * & * & * & \Delta Q_2 \Delta - R \end{bmatrix} < 0 \tag{7.39}
$$

$$
\Psi_{2j} = \begin{bmatrix} (q_j/2 - d_j p_j)I_N + 2a_1 c_j p_j G & a_2 \gamma_j p_j G \\ * & -q_j I_N \end{bmatrix} < 0 \tag{7.40}
$$

则复杂神经动力网络 (式 (7.10)) 是全局 (渐近) 稳定的, 其中, $\Psi_1 = Q/2 + R + \Delta Q_1 \Delta - 0.5(PD + D^{\mathrm{T}}P)(i = 1, \cdots, N; j = 1, \cdots, n)$。

## 7.5 仿真示例

在本节, 将用一个仿真示例来说明所获得的结果的有效性。

**例 7.1**　考虑如下递归神经网络模型:

$$
\frac{\mathrm{d}y(t)}{\mathrm{d}t} = -Dy(t) + Ag(y(t)) + Bg(y(t - \tau_1)) + I \tag{7.41}
$$

式中, $y(t) = (y_1(t)\ y_2(t))^{\mathrm{T}}$ 是神经元的状态向量; $g(y_i(t)) = \tanh(y_i(t))$ 为激励函数; $I = (-10\ -10)^{\mathrm{T}}$ 为外部常值输入向量

$$
D - \begin{bmatrix} 12 & 0 \\ 0 & 12 \end{bmatrix}, \quad A - \begin{bmatrix} 2 & -0.1 \\ -5 & 3.0 \end{bmatrix}, \quad B = \begin{bmatrix} -1.5 & -0.1 \\ -0.2 & -2.5 \end{bmatrix}
$$

因为 $M = D - |A|\Delta - |B|\Delta$ 是一个 $M$ 矩阵, 根据文献 [13] 中的定理 2 的稳定性判据可知, 所考虑的孤立节点神经网络是全局渐近稳定的, 且具有唯一的平衡点 $(-0.8540, -0.5540)$。孤立节点神经网络 (式 (7.41)) 的状态轨线如图 7.1 所示。

现在考虑由三个神经网络 (式 (7.41)) 通过线性耦合得到的复杂动力网络, 其整个的状态方程形式如式 (7.7) 所示, 其中

$$
a_1 = 1, \quad a_2 = 1, \quad \tau_1 = \tau_2 = 1, \quad C = \begin{bmatrix} 4 & 0 \\ 0 & 4 \end{bmatrix}, \quad \Gamma = \begin{bmatrix} 0.3 & 0 \\ 0 & 0.3 \end{bmatrix}
$$

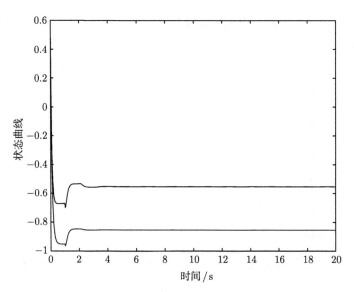

图 7.1　孤立节点网络 (式 (7.41)) 的状态曲线

下面，将考虑四种情况下的耦合矩阵 $G$，这将用来验证所提方法的有效性。

(1) $G$ 是非对称、零行和的，且 $G_{ij} \geqslant 0$，则有

$$G = \begin{bmatrix} -4.7497 & 4.5647 & 0.1850 \\ 4.4470 & -12.6611 & 8.2141 \\ 7.9194 & 6.1543 & -14.0737 \end{bmatrix}$$

利用 MATLAB LMI 工具箱来求解定理 7.1 中的式 (7.11) 和式 (7.12)，可得到如下可行解：

$$P_1 = P_2 = P_3 = \mathrm{diag}(3.0546, 0.2753)$$

$$R_1 = R_2 = R_3 = \mathrm{diag}(3.7716, 0.7247)$$

$$\overline{P}_1 = \mathrm{diag}(3.0546, 3.0546, 3.0546)$$

$$\overline{P}_2 = \mathrm{diag}(0.2753, 0.2753, 0.2753)$$

$$\overline{Q}_1 = \mathrm{diag}(5.4619, 5.0869, 5.9030)$$

$$\overline{Q}_2 = \mathrm{diag}(1.1408, 1.7505, 2.0176)$$

$$Q_{11} = Q_{12} = Q_{13} = \mathrm{diag}(7.2276, 0.9042)$$

$$Q_{21} = Q_{22} = Q_{23} = \mathrm{diag}(3.0434, 0.7267)$$

根据定理 7.1，所考虑的复杂耦合神经动力网络实现了全局同步，且同步状态

收敛到 $(-0.8540, -0.5540)$，该同步态就是孤立节点网络 (式 (7.41)) 的平衡态。同步轨线如图 7.2 所示。

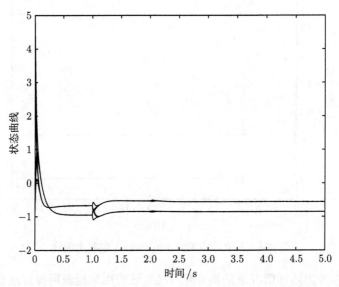

图 7.2　由孤立节点网络 (式 (7.41)) 耦合形成的神经动力网络的同步状态曲线 (情况 (1))

(2) $G$ 是非对称、零行和的，则有

$$G = \begin{bmatrix} -2 & -0.25 & 2.25 \\ -0.5 & -0.5 & 1 \\ -0.25 & 3.5 & -3.25 \end{bmatrix}$$

应用 MATLAB LMI 工具箱求解定理 7.1 中的两个条件 (式 (7.11) 和式 (7.12))，得到如下可行解：

$$P_1 = P_2 = P_3 = \mathrm{diag}(3.0546, 0.2753)$$

$$R_1 = R_2 = R_3 = \mathrm{diag}(3.7716, 0.7247)$$

$$\overline{P}_1 = \mathrm{diag}(3.0546, 3.0546, 3.0546)$$

$$\overline{P}_2 = \mathrm{diag}(0.2753, 0.2753, 0.2753)$$

$$\overline{Q}_1 = \mathrm{diag}(5.0151, 4.9651, 5.0419)$$

$$\overline{Q}_2 = \mathrm{diag}(3.6395, 0.9549, 2.1528)$$

$$Q_{11} = Q_{12} = Q_{13} = \mathrm{diag}(7.2276, 0.9042)$$

$$Q_{21} = Q_{22} = Q_{23} = \mathrm{diag}(3.0434, 0.7267)$$

根据定理 7.1 可知，所考虑的耦合神经动力网络达到了全局同步，且同步态收敛到 $(-0.8540, -0.5540)$，该同步态就是孤立节点网络 (式 (7.41)) 的平衡态。同步轨线如图 7.3 所示。

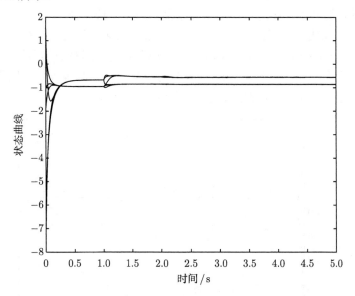

图 7.3　由孤立节点网络 (式 (7.41)) 耦合形成的神经动力网络的同步状态曲线 (情况 (2))

(3) $G$ 是任意的矩阵，且复杂网络存在稳定态，则有

$$G = \begin{bmatrix} -1.4781 & 0.3217 & 0.2334 \\ 0.3619 & -1.8776 & 1.2395 \\ 0.4778 & 0.6805 & 0.1257 \end{bmatrix}$$

应用 MATLAB LMI 工具箱求解定理 7.1 的两个条件 (式 (7.11) 和式 (7.12))，可得如下可行解：

$$P_1 = P_2 = P_3 = \mathrm{diag}(3.0546, 0.2753)$$

$$R_1 = R_2 = R_3 = \mathrm{diag}(3.7716, 0.7247)$$

$$\overline{P}_1 = \mathrm{diag}(3.0546, 3.0546, 3.0546)$$

$$\overline{P}_2 = \mathrm{diag}(0.2753, 0.2753, 0.2753)$$

$$\overline{Q}_1 = \mathrm{diag}(4.8567, 4.8657, 4.7407)$$

$$\overline{Q}_2 = \mathrm{diag}(3.2379, 3.0410, 1.3645)$$

$$Q_{11} = Q_{12} = Q_{13} = \mathrm{diag}(7.2276, 0.9042)$$

$$Q_{21} = Q_{22} = Q_{23} = \mathrm{diag}(3.0434, 0.7267)$$

因为耦合矩阵不再满足行和为零的条件，这样，根据定理 7.1，复杂神经动力网络的平衡态只能达到全局渐近稳定，且稳定态将分别收敛到 $(-0.6880, -0.4672)$、$(-0.9067, -0.5599)$ 和 $(-1.2828, -0.7576)$。这意味着复杂网络的最终稳定态与孤立节点网络的平衡态是不一样的，原因是不同的耦合拓扑结构改变了网络系统的平衡态方程的缘故。全局稳定态的状态轨迹如图 7.4 所示。

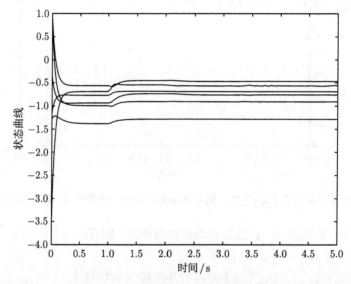

图 7.4    由孤立节点网络 (式 (7.41)) 耦合形成的神经动力网络的稳定状态曲线 (情况 (3))

(4) $G$ 是任意的矩阵，且复杂网络的状态是不稳定的，则有

$$G = \begin{bmatrix} 2.2047 & 0.8039 & 0.2302 \\ 1.7129 & -1.1685 & 0.1369 \\ -2.3570 & -1.9590 & -1.0598 \end{bmatrix}$$

应用 MATLAB LMI 工具箱求解定理 7.1 的条件 (式 (7.11) 和式 (7.12))，不存在可行解，进而不能判定耦合的复杂网络是否是稳定的。通过仿真可见，此时的复杂网络的状态轨线如图 7.5 所示。

通过对耦合矩阵的这四种情况进行仿真可以发现，通过选取不同的耦合矩阵，尽管节点网络本身是稳定的，复杂网络也可以呈现相当丰富的动态行为。同时，仿真示例也验证了本章所提出方法的有效性。

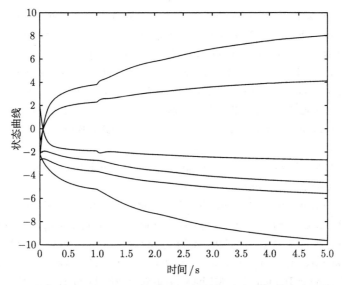

图 7.5　由孤立节点网络 (式 (7.41)) 耦合形成的神经动力网络的状态曲线 (情况 (4))

## 7.6　小　　结

本章针对具有线性耦合的、非对称配置结构的阵列神经网络组成的复杂神经动力网络, 基于 LMI 方法建立了几个全局稳定判据, 所得到的稳定结果是由两部分组成: 一个是关于节点网络的稳定性判据; 另一个是关于耦合连接信息的约束平衡。本章所得到的结果的主要特点为: 建立了神经网络的稳定性理论与阵列神经网络组成的复杂神经动力网络的同步性理论之间的相互关系, 并对耦合矩阵 $G$ 与稳定性的关系及与同步性的关系进行了讨论。数值仿真验证了所提方法的有效性。

## 参 考 文 献

[1] Wang Z, Zhang H. Synchronization stability in complex interconnected neural networks with nonsymmetric coupling. Neurocomputing, 2013, 108: 84-92.

[2] 王占山, 王军义, 梁洪晶. 复杂网络的相关研究及其进展. 中国自动化学会通讯, 2013, 1: 4-16.

[3] Jalili M. Enhancing synchronizability of diffusively coupled dynamical networks: a survey. IEEE Transactions on Neural Networks and Learning Systems, 2013, 24(7): 1009-1022.

[4] Liu W, Wang Z, Ni M. Controlled synchronization for chaotic systems via limited information with data packet dropout. Automatica, 2013, 49(8): 2576-2579.

[5] Perez-Munuzuri V, Perez-Villar V, Chua L O. Autowaves for image processing on a two-dimensional CNN array of excitable nonlinear circuits: flat and wrinkled labyrinths. IEEE Trans. Circuits and Syst. Ⅰ, 1993, 40: 174-181.

[6] Hoppensteadt F, Izhikevich E. Pattern recognition via synchronization in phase-locked loop neural networks. IEEE Trans. Neural Netw., 2000, 11(3): 734-738.

[7] Chen G, Zhou J, Liu Z. Global synchronization of coupled delayed neural networks and applications to chaos CNN models. International J. Bifur. and Chaos, 2004, 14(7): 2229-2240.

[8] Marcus C M, Westervelt R M. Stability of analog neural networks with delays. Phys. Rev. A, Gen. Phys., 1989, 39(1): 347-359.

[9] Arik S, Tavsanoglu V. On the global asymptotic stability of delayed cellular neural networks. IEEE Trans. Circuits Syst-Ⅰ: Fundam. Theory Appl., 2000, 47(5): 571-574.

[10] Wang Z, Zhang H, Yu W. Robust stability criteria for interval Cohen-Grossberg neural networks with time varying delay. Neurocomputing, 2009, 72(6): 1105-1110.

[11] Wang Z, Zhang H, Jiang B. LMI-based approach for global asymptotic stability analysis of recurrent neural networks with various delays and structures. IEEE Trans. Neural Networks, 2011, 22(7): 1032-1045.

[12] Zheng C, Zhang H, Wang Z. Novel exponential stability criteria of high-order neural networks with time-varying delays. IEEE Trans. Systems Man and Cybernetics Part B-Cybernetics, 2011, 41(2): 486-496.

[13] Chen T P, Rong L. Robust global exponential stability of Cohen-Grossberg neural networks with time delays. IEEE Transactions on Neural Networks, 2004, 15(1): 203-206.

[14] Wang Z, Cao J, Chen G, et al. Synchronization in an array of nonidentical neural networks with leakage delays and impulsive coupling. Neurocomputing, 2013, 111: 177-183.

[15] Yu W, Cao J, Chen G, et al. Local synchronization of a complex network model. IEEE Transactions on Systems, Man, and Cybernetics-Part B: Cybernetics, 2009, 39: 230-241.

[16] Cao J, Chen G, Li P. Global synchronization in an array of delayed neural networks with hybrid coupling. IEEE Trans. on Systems, Man, and Cybernetics-Part B-Cybernetics, 2008, 38(2): 488-498.

[17] 李春光. 复杂网络建模及其动力学性质的若干研究. 成都: 电子科技大学博士学位论文, 2004.

[18] Lu W, Chen T. Synchronization of coupled connected neural networks with delays. IEEE Trans. Circuits and Systems-Ⅰ: Regular Papers, 2004, 51(12): 2491-2503.

[19] Liu B, Lu W, Chen T. Global almost sure self-synchronization of Hopfield neural networks with randomly switching connections. Neural Networks, 2011, 24: 305-310.

[20] Wang H, Song Q. Synchronization for an array of coupled stochastic discrete-time neural networks with mixed delays. Neurocomputing, 2011, 74: 1572-1584.

[21] Yu J, Hu C, Jiang H, et al. Exponential synchronization of Cohen-Grossberg neural networks via periodically intermittent control. Neurocomputing, 2011, 74(10): 1776-1782.

[22] Li T, Song A, Fei S. Synchronization control for arrays of coupled discrete-time delayed Cohen-Grossberg neural networks. Neurocomputing, 2010, 74(3): 197-204.

[23] Feng J, Wang S, Wang Z. Stochastic synchronization in an array of neural networks with hybrid nonlinear coupling. Neurocomputing, 2011, 74(18): 3808-3815.

[24] Wu C, Chua L. Synchronization in an array of linearly coupled dynamical systems. IEEE Trans. Circuits Syst-I : Fundam. Theory Appl., 1995, 42(8): 430-447.

[25] Wu C, Chua L. On a conjecture regarding the synchronization in an array of linearly coupled dynamical systems. IEEE Trans. Circuits and Systems-I : Fundamental Theory and Applications, 1996, 43(2): 161-165.

[26] Li Z, Chen G. Global synchronization and asymptotic stability of complex dynamical networks. IEEE Trans. Circuits and Systems-II : Express Briefs, 2006, 53(1): 28-33.

[27] Lu P, Yang Y. Global asymptotic stability of a class of complex networks via decentralised static output feedback control. IET Control Theory Appl., 2010, 4(11): 2463-2470.

[28] Menon P P, Edwards C. Static output feedback stabilisation and synchronisation of complex networks with $H_2$ performance. International Journal of Robust and Nonlinear Control, 2010, 20: 703-718.

[29] Lu J, Ho D W C, Liu M. Globally exponential synchronization in an array of asymmetric coupled neural networks. Physics Letters A, 2007, 369: 444-451.

[30] Liu X, Chen T. Synchronization analysis for nonlinearly-coupled complex networks with an asymmetrical coupling matrix. Physica A, 2008, 387: 4429-4439.

[31] Wu J, Jiao L. Global synchronization and state tuning in asymmetric complex dynamical networks. IEEE Trans. Circuits and Systems-II , 2008, 55: 932-936.

[32] Wu J, Jiao L. Synchronization in complex dynamical networks with nonsymmetric coupling. Physica D, 2008, 237: 2487-2498.

[33] Wu J, Jiao L. Observer-based synchronization in complex dynamical networks with nonsymmetric coupling. Physica A, 2007, 386: 469-480.

[34] Zheng H, Jing Y, Zheng X, et al. Synchronization of a class of dynamical complex networks with nonsymmetric coupling based on decentralized control. 2009 American Control Conference Hyatt Regency Riverfront, St. Louis, 2009: 10-12.

[35] Song Q, Cao J, Liu F. Pinning-controlled synchronization of hybrid-coupled complex dynamical networks with mixed time-delays. International Journal of Robust and Nonlinear Control, 2012, 22: 690-706.

[36]  Li C, Chen G. Synchronization in general complex dynamical networks with coupling delays. Physics Letters A, 2004, 343: 263-278.

[37]  Cao J, Wang Z, Sun Y. Synchronization in an array of linearly stochastically coupled networks with time delays. Physica A, 2007, 385: 718-728.

[38]  刘永清. 大型动力系统稳定性的理论与应用. 应用数学, 1988, 2: 145-156.

[39]  Pecora L, Carroll T. Synchronization in chaotic systems. Phys. Rev. A, 1990, 64: 821-824.

[40]  Boutaye M, Darouach M, Rafaralahy H. Generalized state-space observers for chaotic synchronization and secure communication. IEEE Trans. on Circ. Syst-I , 2002, 49(3): 345-349.

[41]  Balmforth N, Tresser C, Worfolk P, et al. Master-slave synchronization and the lorenz equations. Chaos, 1997, 7(3): 392-394.

[42]  Gao H, Lam J, Chen G. New criteria for synchronization stability of general complex dynamical networks with coupling delays. Physics Letters A, 2006, 360(2): 263-273.

[43]  Li K, Guan S, Gong X, et al. Synchronization stability of general complex dynamical networks with time-varying delays. Physics Letters A, 2008, 372: 7133-7139.

[44]  Liu Y, Wang Z, Liang J, et al. Stability and synchronization of discrete-time markovian jumping neural networks with mixed mode-dependent time delays. IEEE Trans. Neural Networks, 2009, 20(7): 1102-1116.

[45]  Yue D, et al. Synchronization stability of continuous/discrete complex dynamical networks with interval time-varying delays. Neurocomputing, 2010, 73: 809-819.

[46]  Chen G, Wang X, Li X, Lu J. Some recent advances in complex networks synchronization. Recent Advance in Nonlinear Dynamics and Synchronization, 2009, 254: 3-16.

[47]  Lu J, Yu X, Chen G. Chaos synchronization of general complex dynamical networks. Physica A, 2004, 334: 281-302.

[48]  Nie X, Cao J. Multistability of competitive neural networks with time-varying and distributed delays. Nonlinear Analysis: Real World Applications, 2009, 10: 928-942.

[49]  Cheng C, Lin K, Shih C W. Multistability in recurrent neural networks. SIAM J. Appl. Math., 2006, 66: 1301-1320.

[50]  Cheng C, Lin K, Shih C. Multistability and convergence in delayed neural networks. Physica D, 2007, 225: 61-74.

[51]  Zeng Z, Wang J, Multiperiodicity and exponential attractivity evoked by periodic external inputs in delayed cellular neural networks. Neural Comput. 2006, 18: 848-870.

[52]  Wang L, Lu W, Chen T P. Multistability and new attraction basins of almost-periodic solutions of delayed neural networks. IEEE Trans. Neural Networks, 2009, 20: 1581-1593.

[53]  Cao J, Feng G, Wang Y. Multistability and multiperiodicity of delayed Cohen-Grossberg neural networks with a general class of activation functions. Physica D, 2008, 237: 1734-1749.

# 第8章 具有时变耦合连接的复杂神经动力网络的自适应同步

第 7 章研究了具有固定耦合连接权的复杂神经动力网络的稳定性和同步性问题，建立了耦合连接权矩阵与孤立节点网络参数之间的定量约束关系。实际上，在生物神经网络中，神经元的突触连接权系数几乎都是时变的，按照一定的自适应调节规律来保持整个耦合网络的整体同步性。这样，针对具有时变的耦合连接，如何设计外部自适应控制律、探寻耦合连接的自适应律以实现合作同步，不仅在研究复杂网络同步问题的本身，而且在认识神经网络相互作用之间的动态合同与协作方面也具有重要的意义。正是基于这样的考虑，促使了本章的相关研究。

## 8.1 引 言

递归动力神经网络在优化计算、信号处理及模式识别等方面具有重要的应用。在这些应用中，递归神经网络的重要动态特性之一就是稳定特性，该特性不仅是保证神经网络成功应用的理论基础，而且也是在理论上和认识上保证人们能够放心使用神经网络进行应用的前提。尽管一个东西能够很好使用，但缺少在机理上的认识仍不免令人心有余悸，而且与当下科学大发展的时代有些不同步。为此，世界范围内的科研工作者应该有责任和义务来努力解决这一类问题。目前，至少在神经网络应用方面的一些理论问题已经得到逐步认识和解决，特别是在神经网络稳定性方面取得的巨大突破给神经网络的应用奠定了坚实的理论基础和技术保证[1-6]。

事实上，工程应用的递归神经网络模型是模拟生物神经网络的特征而得到的，进而递归神经网络本身就代表了一类大规模互联的复杂网络。在递归神经网络的应用中，往往是追求简单有效的网络模型来解决实际的具体问题。然而在现实中，即使某一个简单具体的问题，也都是与整个系统的诸多问题相互耦合的，即这些简单问题通过有机系统的总体作用也将变得复杂多样，呈现出多种性态，这就是复杂性来自于简单性的综合写照。人们针对简单系统或者是单回路系统的研究已经有上百年，随着人造系统的规模和复杂性的增加，人们对组合系统的认识进一步提升，出现了诸多周期解、极限环、混沌孤立子等复杂的动态行为。但在某一类组合系统或者是复杂系统中，各个个体之间的性态或者动态行为能够达成一致的同步现象引起了人们的关注, 如天空飞翔的大雁群、水下的鱼群迁移、电影院中的热烈掌声、萤火虫的闪烁发光等。同时, 在人造的通信网络中, 发送端和接收端的信号要保持严格的同步性这样才能保证信号传输的正确性、及时性和可靠性, 同步发生器的设计以及同步协议的设计就显得非常重要, 这就是网络同步现象的一个具体实例[7-9]。这样, 类似于单回路系统的早期研究一样, 目前对于复杂网络中的一些认识也在仿照传统控制理论以及统计物理中的某些进程进行着重复的验证和开发工作, 其中的一项高级重复研究就是关于同步性的。从 *Nature* 和 *Science* 刊出关于复杂网络同步性的文章至今已近 20 年的时间, 关于复杂网络研究的文献如雨后春笋般地涌现, 不同行业的学者在各自的学科角度展开了空前的研究热潮, 取得了大量的丰硕成果, 参见文献 [10]～[19]。上述的大多数研究都是针对固定的耦合连接权矩阵展开的同步性研究, 而针对时变耦合连接情况下的同步性研究还不是很多。虽然有一些文献是关于复杂网络的结构辨识等相关研究, 但其机理还是侧重在求取稳态情况下的耦合连接权系数方面, 研究的出发点是在于耦合权系数的参数估计而不是如何调节耦合权系数来实现同步[20, 21]。

针对自适应控制器设计, 目前在自动控制理论中有很多种不同方式, 而且大多数是与最优控制和系统辨识联系在一起的[22, 23]。一种最简单的方式就是设计一个具有固定比例增益的线性误差反馈控制器, 如文献 [10] 和 [11] 中的方法; 另一种改进的形式就是具有可变增益的线性误差反馈控制器[12-14]。除了线性误差反馈控制器, 一些复杂的自适应控制器也得到设计和研究[18], 而这类自适应控制器中包含了很多待求解的自由参数, 且这类控制器的结构比线性反馈控制器的结构要复杂得多, 这使得其在实际应用中会受到很大的局限性。当耦合连接矩阵是时变的情况, 文献 [15]～[17]采用线性化方法设计了局部控制器, 而线性化的依据是在已知的同步态附近求取雅可比矩阵。同样, 针对时变耦合连接的情况, 文献 [7] 基于驱动-响应系统的框架设计了自适应耦合矩阵更新律来实现复杂网络的全局同步性, 但在该自适应更新律中用到了驱动系统以外的信息。也就是说, 在自适应更新律中用到了驱动系统信息和响应系统信息, 这样就会造成在远距离通信中的信息获取困难的问题, 也会增加控制律设计的复杂性。这样, 如何仅利用复杂网络本身的信息来构建外部控制律 (这样可以保证控制律中需要的信息会尽可能少) 以实现复杂网络的全局同步就具有重要意义。

还需指出的是, 针对复杂网络系统设计的控制器几乎都是分散控制器, 因为不同节点网络的信息都会在相应的自适应更新律中应用; 一般不会设计集中式的控制律, 因为针对多个节点网络是很难设计一个统一的控制律进行全局控制的。这样, 本章的目的就是提出一种分散控制策略来设计自适应耦合连接更新律和自适应控制器, 显著的优点就是同时利用了复杂网络的内部节点信息和外部连接权信息来共同协调整个网络以达到全局同步的目的。

## 8.2　问题描述与基础知识

考虑如下由 $N$ 个相同的神经网络模型通过线性耦合而组成的一类复杂网络:

$$
\begin{aligned}
\dot{x}_i(t) = {} & -Cx_i(t) + Af(x_i(t)) + Bf(x_i(t - \tau(t))) + J(t) \\
& + \sum_{j=1;j\neq i}^{N} d_{ij} G_{ij}(t) \Gamma(x_j(t) - x_i(t))
\end{aligned} \tag{8.1}
$$

式中, $x_i(t) = (x_{i1}(t), \cdots, x_{in}(t))^{\mathrm{T}}$; $C > 0$ 为正定对角矩阵; $A$ 和 $B$ 为连接权矩阵; $f(x_i(t)) = (f_1(x_{i1}(t)), \cdots, f_n(x_{in}(t)))^{\mathrm{T}}$ 为激励函数; $\tau > 0$ 是定常时滞; $d_{ij}$ 为正的耦合连接强度系数; $\Gamma$ 为内耦合正定对角矩阵; $G_{ij}(t)$ 为时变的外耦合连接权系数, 且满足 $G_{ii}(t) = -\sum_{j=1;j\neq i}^{N} G_{ij}(t)$; $\tau(t)$ 为有界的时变时滞, 且其变化率满足 $\dot{\tau}(t) \leqslant \mu < 1$; $J(t)$ 为节点网络的外部时变输入 $(i, j = 1, \cdots, N)$。

**假设 8.1**　激励函数 $f_i(x_i(t))$ 是连续有界的函数, 即 $|f_i(x_i(t))| \leqslant G_i^b$, $G_i^b > 0$ 是一个正常数, 且对于任意的 $\eta \neq v, \eta, v \in \mathbf{R}$ 满足如下 Lipschitz 条件:

$$
0 \leqslant \frac{f_i(\eta) - f_i(v)}{\eta - v} \leqslant \delta_i \tag{8.2}
$$

式中, $\delta_i > 0$ $(i = 1, \cdots, n)$。后面令 $\Delta = \mathrm{diag}(\delta_1, \cdots, \delta_n)$。

因为激励函数是有界连续的, 这样, 复杂神经动力网络 (式 (8.1)) 的解将存在。令复杂神经动力网络 (式 (8.1)) 的同步态为 $s(t)$, 其满足如下的方程:

$$
\dot{s}(t) = -Cs(t) + Af(s(t)) + Bf(s(t - \tau(t))) + J(t) \tag{8.3}
$$

为了保证复杂神经动力网络的状态同步到同步态 $s(t)$, 设计一个外部控制作用 $u_i(t)$ 施加到式 (8.1) 上, 即

$$
\begin{aligned}
\dot{x}_i(t) = {} & -Cx_i(t) + Af(x_i(t)) + Bf(x_i(t - \tau(t))) + J(t) \\
& + \sum_{j=1;j\neq i}^{N} d_{ij} G_{ij}(t) \Gamma(x_j(t) - x_i(t)) + u_i(t)
\end{aligned} \tag{8.4}
$$

定义同步误差 $e_i(t) = x_i(t) - s(t)(i = 1, \cdots, N)$, 则可得

$$
\dot{e}_i(t) = -Cx_i(t) + Af(x_i(t)) + Bf(x_i(t - \tau(t))) + J(t)
$$

$$- \Big( - Cs(t) + Af(s(t)) + Bf(s(t - \tau(t))) + J(t) \Big)$$

$$+ \sum_{j=1;j\neq i}^{N} d_{ij} G_{ij}(t) \Gamma(x_j(t) - x_i(t)) + u_i(t)$$

$$= - Ce_i + A(f(x_i(t)) - f(s(t)))$$

$$+ B(f(x_i(t - \tau(t)) - f(s(t - \tau(t)))) \tag{8.5}$$

$$+ \sum_{j=1;j\neq i}^{N} d_{ij} G_{ij}(t) \Gamma(x_j(t) - x_i(t)) + u_i(t)$$

在后面将设计自适应控制器 $u_i(t)$ 和自适应耦合连接更新律 $\dot{G}_{ij}(t)$ 来保证复杂网络的同步性。

设计自适应耦合连接更新律 $\dot{G}_{ij}(t)$ 的目的是用来估计不同节点网络之间的耦合连接强度 $G_{ij}(t)$ 的幅值大小 $(i \neq j)$。而对于 $i = j$ 的情况，为了保证复杂网络的同步性，耦合连接矩阵 $G$ 必须要满足零行和的条件，这样，根据式 $G_{ii}(t) = - \sum_{j=1;j\neq i}^{N} G_{ij}(t)$ 可计算 $G_{ii}(t)$。显然，这里不要求 $G_{ij}(t)$ 的对称性和不可约简性。此外，采用耦合连接自适应更新律方法仅适用于耦合矩阵满足零行和的情况，否则估计出来的耦合连接权系数将不满足同步性的要求，这就是复杂网络系统与传统的单回路控制系统在参数辨识与估计方面的不同：系统越复杂，受约束的条件越多，进而在实现方面也就带来了相应的困难。

基于上述讨论，本章选取如下形式的自适应控制器：

$$u_i(t) = -\sigma_i \theta_i(t) \Gamma(x_i(t) - s(t)) \tag{8.6}$$

式中，$\sigma_i = 1$ 表示第 $i$ 个节点网络作为施加控制的网络；$\sigma_i = 0$ 表示第 $i$ 个节点网络没有被施加控制作用；$\theta_i(t)$ 是一个自适应增益，有

$$\dot{\theta}_i(t) = \sigma_i k_i (x_i(t) - s(t))^{\mathrm{T}} (x_i(t) - s(t)) \tag{8.7}$$

其中，$\theta_i(0) > 0$；$k_i > 0$。

**注释 8.1**　需说明的是，针对上述形式的自适应控制器的设计，复杂网络的同步态 $s(t)$ 必须要事先已知，否则将无法进行设计。此种情况下，一般可选取任一节点网络的平衡态作为同步态 $s(t)$，也可将所有节点网络的平衡态进行加权作为复杂网络的同步态 $s(t)$。按照常识来讲，既然是进行耦合连接系数的在线估计，那么复杂网络的相关数据应该是能够获得的，这是一种适用条件。再则，自适应同步方式有些类似模型参考自适应控制的框架，给定参考目标或指令后再进行相应的跟随

或跟踪, 这也是一种适用情况。一般地, 每一种方法的提出都是有其限定条件或存在适用条件的, 很难设计一个通用的方法来包罗所有的情况。本书提出的方法也仅是针对一类特殊的情况给出的一种适宜的设计过程。

**注释 8.2**　自适应参数 $\theta_i(t)$ 的作用已经包含在自适应控制器 (式 (8.6)) 中, 如果将状态反馈控制作用 $u_i(t)$ 代入复杂网络中并通过合并可知, 若控制器 $u_i(t)$ 的增益都是正的, 则复杂网络中的负反馈的作用就会增强, 即神经元的抑制作用越强, 进而利于复杂网络的稳定性。基于这种考虑, 一种合适的选择方法就是要求 $\theta_i(t)$ 和 $k_i$ 都为正的。为了保持自适应参数 $\theta_i(t)$ 的更新律中 $\theta_i(t)$ 的轨线总是正的, 则基于单调动力系统理论可知, 只要保证初始条件 $\theta_i(0) > 0$, 就可保证 $\theta_i(t) > 0$ 的存在。这就是选择正的初始条件的原因。当然, 本章仅是给出一种合理的选择方法, 其他的方法也可以进行构造, 只要能够实现复杂网络同步即可。

针对自适应耦合连接更新律的设计, 本章采用文献 [8]、[19] 中的方法, 即

$$\dot{G}_{ij}(t) = d_{ij}h_{ij}(x_i - x_j)^{\mathrm{T}}(x_i - x_j) \tag{8.8}$$

式中, $G_{ij}(0) \geqslant 0$; $d_{ij}$、$h_{ij}$ 均为正常数 $(i, j = 1, \cdots, N)$。

**注释 8.3**　在自适应耦合连接更新律中, 只是遵照经典的网络同步方法采取的一种可行方式, 即所有的异连接 $G_{ij}(i \neq j)$ 都是正的, 这样可保证所有的自连接 $G_{ii} < 0$ 的情况。为此, 根据单调动力系统理论, 选择正的初始条件 $G_{ij}(0) \geqslant 0$ 可保证更新律中的所有状态轨线都是正的, 由此也易于满足耦合连接矩阵的同步扩散条件。如果将 $G_{ij}(0) \geqslant 0$ 的条件改为任意的初始条件, 将会造成很多分析困难, 进而必须要施加另一些约束来限制。在这一方面, 仍然有很多工作要做。

在后面的证明中, 将会用到如下引理。

**引理 8.1**[24]　令 $X$、$Y$ 和 $P$ 为具有适当维数的矩阵, $P$ 是一个对称正定矩阵。则对于任意的正标量 $\epsilon > 0$, 有

$$X^{\mathrm{T}}Y + Y^{\mathrm{T}}X \leqslant \epsilon^{-1}X^{\mathrm{T}}P^{-1}X + \epsilon Y^{\mathrm{T}}PY \tag{8.9}$$

**引理 8.2**[25]　一个 $n \times m$ 的矩阵 $A = (a_{ij})$ 和一个 $p \times q$ 的矩阵 $B = (b_{ij})$ 的 Kronecker 乘积 $A \otimes B$ 定义如下:

$$A \otimes B = \begin{bmatrix} a_{11}B & \cdots & a_{1m}B \\ \vdots & & \vdots \\ a_{n1}B & \cdots & a_{nm}B \end{bmatrix}$$

则下列关系成立:

(1) $(\alpha A) \otimes B = A \otimes (\alpha B) = \alpha(A \otimes B)$;

(2) $(A + B) \otimes C = A \otimes C + B \otimes C$;

(3) $(A \otimes B)(C \otimes D) = (AC) \otimes (BD)$。

## 8.3　自适应同步策略

现在开始陈述本章的主要结果。

**定理 8.1**　假设 8.1 成立。如果式 (8.6)、式 (8.7) 和自适应耦合连接更新律 (式 (8.8)) 成立，则式 (8.4) 被全局渐近同步到式 (8.3)。

**证明**　考虑如下 Lyapunov 函数：

$$V(t) = V_1(t) + V_2(t)$$

式中

$$V_1(t) = \sum_{i=1}^{N} e_i^{\mathrm{T}}(t)e_i(t) + \sum_{i=1}^{N}\sum_{j=1;j\neq i}^{N} \frac{1}{2h_{ij}}(G_{ij}(t) - \bar{\alpha}_{ij})^2 + \sum_{i=1}^{N}\sum_{j=1;j\neq i}^{N} \frac{1}{k_i}(\theta_i(t) - \bar{\beta}_i)^2 \tag{8.10}$$

$$V_2(t) = \sum_{i=1}^{N} \int_{t-\tau(t)}^{t} e_i^{\mathrm{T}}(s)M_0 e_i(s)\mathrm{d}s \tag{8.11}$$

$\bar{\alpha}_{ij} = \bar{\alpha}_{ji}$ 为非负的常数；$\bar{\beta}_i$ 是大于某一充分大的正数的常值，当且仅当 $G_{ij}(t) = 0$ 时，$\bar{\alpha}_{ij} = 0$；半正定矩阵 $M$ 将在后面给出定义。

函数 $V_1(t)$ 的导数如下：

$$\dot{V}_1(t) = 2\sum_{i-1}^{N} e_i^{\mathrm{T}}(t)\dot{e}_i(t) + \sum_{i=1}^{N}\sum_{j=1;j\neq i}^{N} \frac{1}{h_{ij}}(G_{ij}(t) - \bar{\alpha}_{ij})\dot{G}_{ij}(t)$$

$$+ \sum_{i=1}^{N}\sum_{j=1,j\neq i}^{N} \frac{2}{k_i}(\theta_i(t) - \bar{\beta}_i)\dot{\theta}_i(t)$$

$$= 2\sum_{i=1}^{N} e_i^{\mathrm{T}}(t)\Big[ -Ce_i + A(f(x_i(t)) - f(s(t)))$$

$$+ B(f(x_i(t - \tau(t))) - f(s(t - \tau(t))))$$

$$+ \sum_{j=1;j\neq i}^{N} d_{ij}G_{ij}(t)\Gamma(x_j(t) - x_i(t)) + u_i(t)\Big]$$

$$+ \sum_{i=1}^{N}\sum_{j=1;j\neq i}^{N} d_{ij}(G_{ij}(t) - \bar{\alpha}_{ij})(x_i - x_j)^{\mathrm{T}}\Gamma(x_i - x_j)$$

$$+ 2 \sum_{i=1}^{N} \sum_{j=1; j \neq i}^{N} \sigma_i(\theta_i(t) - \bar{\beta}_i)(x_i(t) - s)^{\mathrm{T}} \Gamma(x_i(t) - s) \tag{8.12}$$

应用假设 8.1、引理 8.1 及同步误差定义，可得

$$\begin{aligned}
\dot{V}_1(t) =& \sum_{i=1}^{N} e_i^{\mathrm{T}}(t) \Big( -2C + AA^{\mathrm{T}} + \Delta\Delta + BB^{\mathrm{T}} \Big) e_i(t) \\
&+ \sum_{i=1}^{N} e_i^{\mathrm{T}}(t - \tau(t)) \Delta\Delta e_i^{\mathrm{T}}(t - \tau(t)) \\
&+ 2 \sum_{i=1}^{N} e_i^{\mathrm{T}}(t) \Big( \sum_{j=1; j \neq i}^{N} d_{ij} G_{ij}(t) \Gamma(x_j(t) - x_i(t)) - \sigma_i \theta_i(t) \Gamma e(t) \Big) \\
&+ \sum_{i=1}^{N} \sum_{j=1; j \neq i}^{N} d_{ij}(G_{ij}(t) - \bar{\alpha}_{ij})(x_i - x_j)^{\mathrm{T}} \Gamma(x_i - x_j) \\
&+ 2 \sum_{i=1}^{N} \sum_{j=1; j \neq i}^{N} \sigma_i(\theta_i(t) - \bar{\beta}_i) e_i^{\mathrm{T}}(t) \Gamma e_i(t) \tag{8.13} \\
=& \sum_{i=1}^{N} e_i^{\mathrm{T}}(t) \Big( -2C + AA^{\mathrm{T}} + \Delta\Delta + BB^{\mathrm{T}} \Big) e_i(t) \\
&+ \sum_{i=1}^{N} e_i^{\mathrm{T}}(t - \tau(t)) \Delta\Delta e_i^{\mathrm{T}}(t - \tau(t)) \\
&+ 2 \sum_{i=1}^{N} e_i^{\mathrm{T}}(t) \Big( \sum_{j=1; j \neq i}^{N} d_{ij} G_{ij}(t) \Gamma(x_j(t) - x_i(t)) - \sigma_i \bar{\beta}_i \Gamma e_i(t) \Big) \\
&+ \sum_{i=1}^{N} \sum_{j=1; j \neq i}^{N} d_{ij}(G_{ij}(t) - \bar{\alpha}_{ij})(x_i - x_j)^{\mathrm{T}} \Gamma(x_i - x_j)
\end{aligned}$$

因为

$$\begin{aligned}
&\sum_{i=1}^{N} \sum_{j=1; j \neq i}^{N} d_{ij}(G_{ij}(t) - \bar{\alpha}_{ij})(x_i - x_j)^{\mathrm{T}} \Gamma(x_i - x_j) \\
=& \sum_{i=1}^{N} \sum_{j=1; j \neq i}^{N} d_{ij}(G_{ij}(t) - \bar{\alpha}_{ij})(e_i - e_j)^{\mathrm{T}} \Gamma(x_i - x_j) \\
=& 2 \sum_{i=1}^{N} \sum_{j=1; j \neq i}^{N} d_{ij}(G_{ij}(t) - \bar{\alpha}_{ij}) e_i^{\mathrm{T}} \Gamma(x_i - x_j) \\
=& -2 \sum_{i=1}^{N} \sum_{j=1; j \neq i}^{N} d_{ij}(G_{ij}(t) - \bar{\alpha}_{ij}) e_i^{\mathrm{T}} \Gamma(x_j - x_i) \tag{8.14}
\end{aligned}$$

将式 (8.14) 代入式 (8.13)，可得

$$
\begin{aligned}
\dot{V}_1(t) = &\sum_{i=1}^{N} e_i^{\mathrm{T}}(t)\Big(-2C + AA^{\mathrm{T}} + \Delta\Delta + BB^{\mathrm{T}} - 2\sigma_i\bar{\beta}_i\varGamma\Big)e_i(t) \\
&+ \sum_{i=1}^{N} e_i^{\mathrm{T}}(t-\tau(t))\Delta\Delta e_i^{\mathrm{T}}(t-\tau(t)) \\
&+ 2\sum_{i=1}^{N}\sum_{j=1,j\neq i}^{N} d_{ij}\bar{\alpha}_{ij}e_i^{\mathrm{T}}\varGamma(x_j - x_i)
\end{aligned} \tag{8.15}
$$

注意到

$$
\begin{aligned}
&2\sum_{i=1}^{N}\sum_{j=1;j\neq i}^{N} d_{ij}\bar{\alpha}_{ij}e_i^{\mathrm{T}}\varGamma(x_j - x_i) \\
=&2\sum_{i=1}^{N}\sum_{j=1;j\neq i}^{N} d_{ij}\bar{\alpha}_{ij}e_i^{\mathrm{T}}\varGamma(e_j - e_i) \\
=&2\sum_{i=1}^{N}\sum_{j=1}^{N} d_{ij}\bar{\alpha}_{ij}e_i^{\mathrm{T}}\varGamma e_j
\end{aligned} \tag{8.16}
$$

则结合式 (8.15) 和式 (8.16)，可得

$$
\begin{aligned}
\dot{V}_1(t) = &\sum_{i=1}^{N} e_i^{\mathrm{T}}(t)\Big(-2C + AA^{\mathrm{T}} + \Delta\Delta + BB^{\mathrm{T}} - 2\sigma_i\bar{\beta}_i\varGamma\Big)e_i(t) \\
&+ \sum_{i=1}^{N} e_i^{\mathrm{T}}(t-\tau(t))\Delta\Delta e_i^{\mathrm{T}}(t-\tau(t)) + 2\sum_{i=1}^{N}\sum_{j=1}^{N} d_{ij}\bar{\alpha}_{ij}e_i^{\mathrm{T}}\varGamma e_j
\end{aligned} \tag{8.17}
$$

函数 $V_2(t)$ 的导数如下：

$$
\dot{V}_2(t) = \sum_{i=1}^{N}[e_i^{\mathrm{T}}(t)M_0 e_i(t) - e_i^{\mathrm{T}}(t-\tau(t))M_0 e_i(t-\tau(t))(1-\dot{\tau}(t))] \tag{8.18}
$$

如果取 $M_0 = \dfrac{1}{1-\mu}\Delta\Delta$，其中，$\dot{\tau}(t) \leqslant \mu < 1$，则有

$$
\begin{aligned}
\dot{V}_2(t) =& \sum_{i=1}^{N}\left[e_i^{\mathrm{T}}(t)\frac{1}{1-\mu}\Delta\Delta e_i(t) - e_i^{\mathrm{T}}(t-\tau(t))\frac{1}{1-\mu}\Delta\Delta e_i(t-\tau(t))(1-\dot{\tau}(t))\right] \\
\leqslant& \sum_{i=1}^{N}\left[e_i^{\mathrm{T}}(t)\frac{1}{1-\mu}\Delta\Delta e_i(t) - e_i^{\mathrm{T}}(t-\tau(t))\Delta\Delta e_i(t-\tau(t))\right]
\end{aligned} \tag{8.19}
$$

因此

$$
\begin{aligned}
\dot{V}(t) =& \dot{V}_1(t) + \dot{V}_2(t) \\
=& \sum_{i=1}^{N} e_i^{\mathrm{T}}(t)\Big( -2C + AA^{\mathrm{T}} + \Delta\Delta + BB^{\mathrm{T}} + \frac{1}{1-\mu}\Delta\Delta \Big)e_i(t) \\
& + 2\sum_{i=1}^{N}\sum_{j=1}^{N} d_{ij}\bar{\alpha}_{ij}e_i^{\mathrm{T}}\Gamma e_j - 2\sum_{i=1}^{N} e_i^{\mathrm{T}}(t)\sigma_i\bar{\beta}_i\Gamma e_i(t) \\
=& 2e^{\mathrm{T}}(t)(d_{ij}\bar{\alpha}_{ij})_{N\times N} \otimes \Gamma e^{\mathrm{T}} \\
& - 2e^{\mathrm{T}}(t)(\sigma_i\bar{\beta}_i)_{N\times N} \otimes \Gamma e(t) + e^{\mathrm{T}}(t)I_N \otimes Q_0 e(t) \\
=& 2e^{\mathrm{T}}(t)\Big[(d_{ij}\bar{\alpha}_{ij})_{N\times N} - (\sigma_i\bar{\beta}_i)_{N\times N}\Big]\otimes\Gamma e(t) + e^{\mathrm{T}}(t)I_N\otimes Q_0 e(t) \quad (8.20)
\end{aligned}
$$

式中，$Q_0 = -2C + AA^{\mathrm{T}} + \Delta\Delta + BB^{\mathrm{T}} + \dfrac{1}{1-\mu}\Delta\Delta$ 是一个对称矩阵；$I_N$ 为 $Nn \times Nn$ 的单位矩阵。

因为耦合强度矩阵 $D = (d_{ij})_{N\times N}$ 是有界的、正的实矩阵，且 $\bar{\alpha}_{ij}$ 是正的、对称的标量元素，则矩阵 $D$ 的最大特征值存在。同样，因为 $\sigma_i$ 和 $\bar{\beta}_i$ 都是正的，则矩阵 $\Big[(d_{ij}\bar{\alpha}_{ij})_{N\times N} - (\sigma_i\bar{\beta}_i)_{N\times N}\Big]$ 的特征值分布主要由 $\bar{\beta}_i$ 的大小来决定。这样，$\bar{\beta}_i$ 的幅值越大，则矩阵 $\Big[(d_{ij}\bar{\alpha}_{ij})_{N\times N} - (\sigma_i\bar{\beta}_i)_{N\times N}\Big]$ 的特征值将变得越负，即矩阵 $\Big[(d_{ij}\bar{\alpha}_{ij})_{N\times N} - (\sigma_i\bar{\beta}_i)_{N\times N}\Big]$ 将是稳定矩阵或负定矩阵。因为 $I_N \otimes Q_0$ 是一个固定的矩阵，则可以选取一个足够大的 $\bar{\beta}_i$ 值使得

$$
\dot{V}(t) \leqslant -\epsilon \sum_{i}^{N} e_i^{\mathrm{T}}(t)e_i(t) \quad (8.21)
$$

式中，$\epsilon > 0$ 是一个小的正常数。根据 Lyapunov 稳定性理论，随着时间的演化，$e_i(t)$ 将趋于 0。这样，在式 (8.6)～式 (8.8) 的情况下，式 (8.4) 可全局渐近同步到式 (8.3) 中的同步态 $s(t)$。

**注释 8.4**　在上面的证明中，$Q_0 = -2C + AA^{\mathrm{T}} + \Delta\Delta + BB^{\mathrm{T}} + \dfrac{1}{1-\mu}\Delta\Delta$ 是一个对称矩阵，显然，该矩阵的表达关系式仅与节点网络的参数有关，即仅涉及节点网络的动态性能。根据前面几章的神经网络稳定性的证明过程，如果 $Q_0 = -2C + AA^{\mathrm{T}} + \Delta\Delta + BB^{\mathrm{T}} + \dfrac{1}{1-\mu}\Delta\Delta < 0$ 是一个对称负定矩阵 (该条件应是节点神经网络全局渐近稳定的一种判据)，即每个节点网络都是全局渐近稳定的，则由这些网络节点组成的复杂网络一定是全局同步的，而与连接强度的大小无关 (当然耦合连接矩阵必须满足零行和的约束条件；只要将 $\bar{\beta}_i$ 的初值选得足够大即可保证

前一项的负定性)。从这一点上, 节点网络的动态性能对于整个复杂网络的同步性能有着重要的影响。

**注释 8.5**  从上面的证明过程可见, 参数 $\bar{\alpha}_{ij}$ 和 $\bar{\beta}_i$ 总是存在的。特别地, 如果 $\bar{\beta}_i$ 的取值足够大, 则式 (8.6)~ 式 (8.8) 总能保证获得同步的效果。相对照, 在整个同步分析过程中, $\bar{\alpha}_{ij}$ 幅值的大小好像没有 $\bar{\beta}_i$ 幅值大小的作用大, 即在同步过程中 $\bar{\beta}_i$ 的作用比 $\bar{\alpha}_{ij}$ 的作用要大很多。总之, 所提出的自适应控制律和自适应耦合连接更新律能够保证整个网络实现全局同步。

**注释 8.6**  通过注释 8.5, 可以对这两个自适应更新律总结如下: ①外部控制律 $u_i(t)$ 可通过注入一些信息流给复杂网络 (具体的应是节点网络), 由此能够很好地调节整个网络的动态。外部控制律可以采取不同的信息获取形式来实现网络同步目标, 如线性状态反馈控制律、非线性状态反馈控制律等。内部调解律仅能通过获取的局部信息来调节耦合连接强度, 而对节点网络的动态影响很小。如果耦合连接强度的更新律设计得过于复杂, 则整个复杂网络系统将变得越来越复杂而将失去可实现的意义。这样, 与外部的控制律 $u_i(t)$ 相比, 内部的耦合连接更新律 $\dot{G}_{ij}(t)$ 对整个复杂网络的同步调节能力要弱。②如果连接强度系数 $\bar{\alpha}_{ij}$ 选取得足够大, 则矩阵 $(d_{ij}\bar{\alpha}_{ij})_{N\times N}$ 的特征值也将变化, 但无论怎样变化, 其范数总是有界的, 进而 $\bar{\alpha}_{ij}$ 的选取不宜过大。在这种情况下, 如果牵制控制 (pinning control) 的节点没有选择在该节点上, 有可能因为大的 $\bar{\alpha}_{ij}$ 而导致不能确保同步的实现 (因为此时 $I_N \otimes Q_0$ 有可能是正定的或者是不定矩阵); 相反, 如果牵制控制的节点就选择在这个节点上, 则大的 $\bar{\alpha}_{ij}$ 将利于同步的实现。相比较, 外部控制律 $u_i(t)$ 的设计就会自由得多, 既可以进行分布控制也可以进行集中控制; 既可以选取每一个节点进行控制, 也可以选取部分节点进行控制。只不过不同节点的选取会引起控制能量的差异及同步轨迹演化的激烈变化与否的差异。也就是说, 就调节能力而言, 外部控制律要比耦合连接更新律的内部调节对复杂网络的影响要大, 因为外部控制律可以改变节点网络的基本特征配置 (如特征值的变化、负反馈能力的变化、绝对稳定性等)。若对于一个处于临界状态的节点神经网络组成的复杂网络, 微小的耦合连接强度变化也会改变整个复杂网络的动态行为。所以, 耦合连接系数的自适应更新律在一定的外部控制律的影响范围内具有一定的调节能力, 是有限制的调节和变化。当然, 这些论述是基于本章的设计出发的, 如果换成其他形式的外部控制律和耦合连接更新律, 类似地, 应该也会有同样的结论, 这是基于内因 (外部状态反馈控制作用) 是变化的动力, 外因 (耦合连接矩阵的调节) 是变化的条件的认识的。

# 8.4  仿真示例

下面将通过一个数值例子来验证所提方法的有效性。

**例 8.1**　考虑节点神经网络 (式 (8.1)), 重写如下:

$$\dot{x}(t) = -Cx(t) + Af(x(t)) + Bf(x(t - \tau(t))) + J(t) \tag{8.22}$$

式中

$$C = \begin{bmatrix} 1 & 0 \\ 0 & 1 \end{bmatrix}, \quad A = \begin{bmatrix} 2 & -0.1 \\ -5 & 3 \end{bmatrix}$$

$$B = \begin{bmatrix} -1.5 & -0.1 \\ -0.2 & -2.5 \end{bmatrix}, \quad J(t) = (0\ 0)^{\mathrm{T}}, \quad \tau(t) = 1$$

式 (8.22) 具有一个混沌吸引子, 即式 (8.22) 是混沌的。在初始条件 $x(z) = (0.4\ 0.6)^{\mathrm{T}}$ 的情况下, 其状态轨迹的相图如图 8.1 所示。

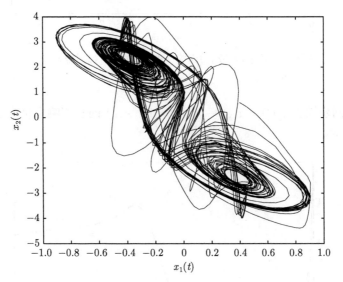

图 8.1　孤立节点网络 (式 (8.22)) 的相轨迹

选取初始条件 $x(z) = (0.4\ 0.6)^{\mathrm{T}}$ 时的式 (8.22) 的稳定态作为由五个相同的节点网络 (式 (8.22)) 线性耦合在一起的耦合复杂神经动力网络的同步态 $s(t)$。$G_{ij}(t)$ 的自适应耦合连接更新律选为式 (8.8) 的形式, 外部控制律选为式 (8.6) 和式 (8.7), 其中的参数为 $\sigma_i = 1(i = 1, \cdots, 5)$, $k_1 = 1, k_2 = 1, k_3 = 0.5, k_4 = 4, k_5 = 3$, $\Gamma = \mathrm{diag}(1, 1)$。五个节点网络的初始条件分别为 $x_1(z) = (1\ 2)^{\mathrm{T}}$, $x_2(z) = (1\ -1)^{\mathrm{T}}$, $x_3(z) = (2\ -2)^{\mathrm{T}}$, $x_4(z) = (5\ -3)^{\mathrm{T}}$, $x_5(z) = (0.1\ 6)^{\mathrm{T}}$, $z \in [-1, 0]$。

耦合复杂神经动力网络的状态响应轨线 $x_{i1}$ 和 $x_{i2}(i = 1, \cdots, 5)$ 分别如图 8.2 和图 8.3 所示。

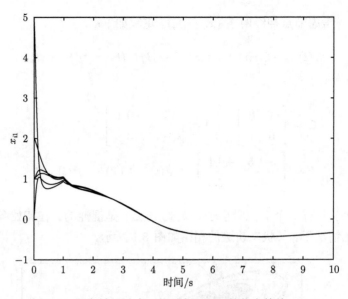

图 8.2　复杂神经动力网络 (式 (8.1)) 的状态轨线 ($x_{i1}$)

同时，同步误差 $e_i(t) = x_i(t) - s(t)(i = 1, \cdots, 5)$ 的状态响应轨线分别如图 8.4 和图 8.5 所示。

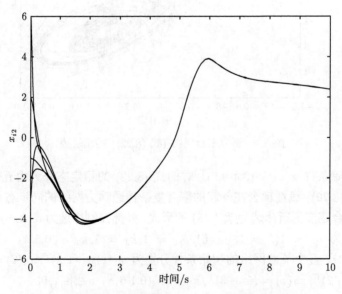

图 8.3　复杂神经动力网络 (式 (8.1)) 的状态轨线 ($x_{i2}$)

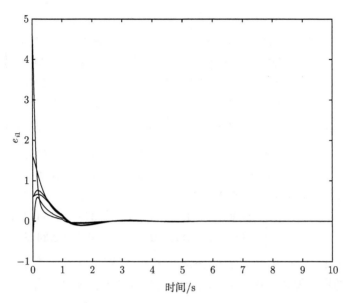

图 8.4　复杂神经动力网络 (式 (8.1)) 的同步误差轨线 ($e_{i1}$)

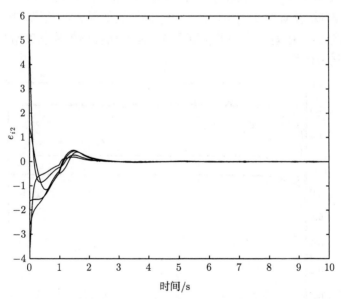

图 8.5　复杂神经动力网络 (式 (8.1)) 的同步误差轨线 ($e_{i2}$)

当 $h_{ij} = 1$，耦合连接矩阵 $G = (G_{ij})$ 的初值如下：

$$G_0 = \begin{bmatrix} -1.4258 & 0.6085 & 0.0576 & 0.0841 & 0.6756 \\ 0.6831 & -2.2043 & 0.3676 & 0.4544 & 0.6992 \\ 0.0928 & 0.0164 & -1.2785 & 0.4418 & 0.7275 \\ 0.0353 & 0.1901 & 0.7176 & -1.4214 & 0.4784 \\ 0.6124 & 0.5869 & 0.6927 & 0.1536 & -2.0456 \end{bmatrix}$$

$$D = (d_{ij}) = \begin{bmatrix} 0.8699 & 0.6400 & 0.4093 & 0.6084 & 0.5061 \\ 0.7694 & 0.2473 & 0.4635 & 0.1750 & 0.4648 \\ 0.4442 & 0.3527 & 0.6109 & 0.6210 & 0.5414 \\ 0.6206 & 0.1879 & 0.0712 & 0.2460 & 0.9423 \\ 0.9517 & 0.4906 & 0.3143 & 0.5874 & 0.3418 \end{bmatrix}$$

时变耦合矩阵 $G_{ij}(t)(i \neq j)$ 的轨线分别如图 8.6~ 图 8.10 所示。通过仿真结果可见，当网络同步实现时，复杂神经动力网络的耦合连接矩阵是有界的，且收敛到常值，

在初始条件 $\theta_1(z) = 0.1, \theta_2(z) = 0.2, \theta_3(z) = 0.3, \theta_4(z) = 1$ 和 $\theta_5(z) = 2$ 的情况下，自适应控制增益参数 $\theta_i(t)(i = 1, \cdots, 5)$ 的轨迹如图 8.11 所示。其中，$z$ 是初始时刻，这里取 $z = 0$。基于上面的仿真可见，本章所提出的控制策略是有效的，实现了网络自适应同步。

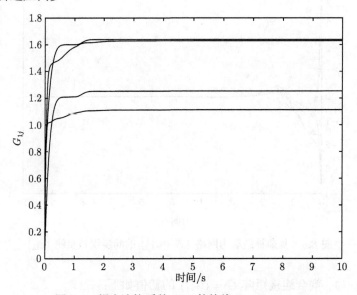

图 8.6  耦合连接系数 $G_{1j}$ 的轨线 $(i = 2, 3, 4, 5)$

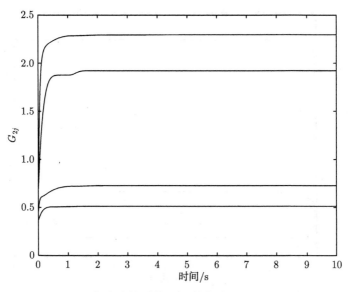

图 8.7　耦合连接系数 $G_{2j}$ 的轨线 $(i = 1, 3, 4, 5)$

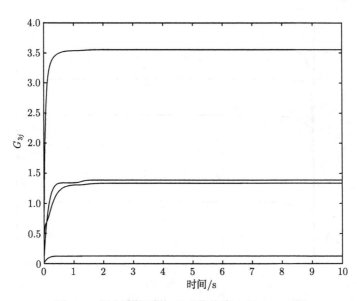

图 8.8　耦合连接系数 $G_{3j}$ 的轨线 $(i = 1, 2, 4, 5)$

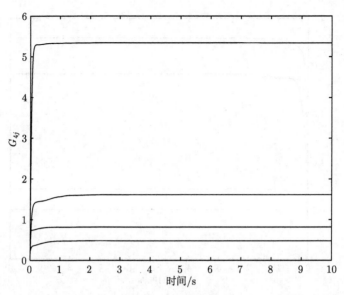

图 8.9　耦合连接系数 $G_{4j}$ 的轨线 $(i = 1, 2, 3, 5)$

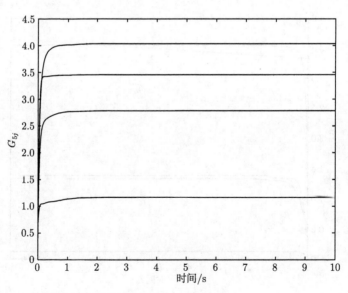

图 8.10　耦合连接系数 $G_{5j}$ 的轨线 $(i = 1, \cdots, 4)$

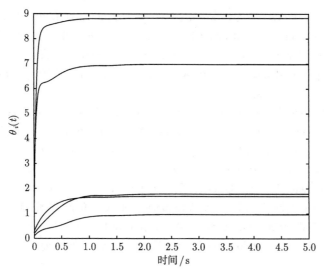

图 8.11　自适应控制增益参数 $\theta_i(t)$ 的轨线

# 8.5 小　结

针对具有时变耦合连接的一类复杂互联神经动力网络，本章提出了一种综合的自适应同步控制策略。基于内部调节和外部控制的综合治理方案，设计了两种不同类型的自适应更新律：一种是关于外部控制器的；另一种是关于耦合连接更新律的。这两种自适应律在鲁棒性和快速性等方面显著提高了复杂网络的同步性能。特别是在自适应耦合连接更新律中采用了分散控制的概念，这种分散控制方法仅利用节点的最近邻域信息来调节耦合连接强度。通过一些注释和一个仿真示例说明了本章结果的有效性。

## 参 考 文 献

[1] Zhang H, Ma T, Huang G, et al. Robust global exponential synchronization of uncertain chaotic delayed neural networks via dual-stage impulsive control. IEEE Transactions on Systems Man and Cybernetics Part B-Cybernetics, 2010, 40(3): 831-844.

[2] Fu J, Zhang H, Ma T, et al. On passivity analysis for stochastic neural networks with interval time-varying delay. Neurocomputing, 2010, 73(6): 795-801.

[3] Dong M, Zhang H, Wang Y. Dynamics analysis of impulsive stochastic Cohen-Grossberg neural networks with Markovian jumping and mixed time delays. Neurocomputing, 2009, 72(9): 1999-2004.

[4]   Ji C, Zhang H, Wei Y. LMI approach for global robust stability of Cohen-Grossberg neural networks with multiple delays. Neurocomputing, 2008, 71(6): 475-485.

[5]   Zhang H, Wang Y. Stability analysis of Markovian jumping stochastic Cohen-Grossberg neural networks with mixed time delays. IEEE Transactions on Neural Networks, 2008, 19(2): 366-370.

[6]   Zhang H, Wang G. New criteria of global exponential stability for a class of generalized neural networks with time-varying delays. Neurocomputing, 2007, 70(15): 2486-2494.

[7]   Wu X. Synchronization-based topology identification of weighted general complex dynamical networks with time-varying coupling delay. Physica A, 2008, 387: 997-1008.

[8]   Yu W, de Lellis P, Chen G, et al. Distributed adaptive control of synchronization in complex networks. IEEE Trans. Automatic Control, 2012, 57(8): 2153-2158.

[9]   Jalili M. Enhancing synchronizability of diffusively coupled dynamical networks: A survey. IEEE Transactions on Neural Networks and Learning Systems,2013, 24(7): 1009-1022.

[10]  Gong D, Zhang H, Wang Z, et al. Chaotic synchronization for a general complex networks with coupling delay based on pinning control. Proceedings of the 30th Chinese Control Conference, Yantai, 2011: 22-24.

[11]  Song Q, Cao J. On pinning synchronization of directed and undirected complex dynamical networks. IEEE Trans. Circuits and Systems-I : Regular Papers, 2010, 57(3): 672-680.

[12]  Liu S, Li X, Jiang W, et al. Adaptive synchronization in complex dynamical networks with coupling delays for general graphs. Appl. Math. Comput., 2012, 219(1): 83-87.

[13]  Zhang Q, Lu J, Lu J, et al. Adaptive feedback synchronization of a general complex dynamical network with delayed nodes. IEEE Trans. Circuits and Systems- II : Express Briefs, 2008, 55(2): 83-187.

[14]  Wang L, Dai H, Dong H, et al. Adaptive synchronization of weighted complex dynamical networks through pinning. The European Physical Journal B, 2008, 61: 335-342.

[15]  Zhong W, Dimirovski G, Zhao J. Adaptive synchronization for a class of complex delayed dynamical networks. 2008 American Control Conference, New York, 2008: 11-13.

[16]  Wang B, Guan Z. Chaos synchronization in general complex dynamical networks with coupling delays. Nonlinear Analysis: Real World Applications, 2010, 11: 1925-1932.

[17]  Yue D, Li H. Synchronization stability of continuous/discrete complex dynamical networks with interval time-varying delays. Neurocomputing, 2010, 73: 809-819.

[18]  Chen J, Jiao L, Wu J, et al. Adaptive synchronization between two different complex networks with time-varying delay coupling. Chin. Phys. Lett., 2009, 26(6): 060505.

[19]  Yuan Z, Cai J, Lin M. Global synchronization in complex networks with adaptive coupling. Mathematical Problems in Engineering, 2010, 1: 826721.

[20] Su H, Rong Z, Chen M, et al. Decentralized adaptive pinning control for cluster synchronization of complex dynamical networks. IEEE Transactions on Cybernetics, 2013, 43(1): 394-399.

[21] Zhang Y, Gu D, Xu S. Global exponential adaptive synchronization of complex dynamical networks with neutral-type neural network nodes and stochastic disturbances. IEEE Transactions on Circuits and Systems-I : Regular Papers, 2013, 60(10): 2709-2718.

[22] Zhang H, Luo Y, Liu D. Neural-Network-based near-optimal control for a class of discrete-time affine nonlinear systems with control constraints. IEEE Transactions on Neural Networks, 2009, 20(9): 1490-1503.

[23] Zhang H, Quan Y. Modeling, identification and control of a class of nonlinear system. IEEE Trans. on Fuzzy Systems, 2001, 9(2): 349-354.

[24] Wang Z, Zhang H, Liu D, et al. LMI based global asymptotic stability criterion for recurrent neural networks with infinite distributed delays. Lecture Notes in Computer Science, 2009, 5551: 463-471.

[25] 刘锡伟. 复杂网络的动力行为研究: 稳定性与同步性. 上海: 复旦大学博士学位论文, 2008.

# 第9章 具有时滞的复杂互联神经动力网络的容错同步

第8章研究的复杂神经动力网络的自适应同步是在控制环节和检测环节没有故障的情况下通过设计耦合连接更新律和外部自适应状态反馈控制律来实现的，内外兼修的共同作用实现了全局渐近同步。但是，作为一类互联网络控制系统，只要有控制作用的环节就会有执行器和传感器的存在，毕竟外部的控制不会凭空产生，一定是通过某一反馈机制来实现信息回馈的。这样，针对有外部控制作用的干预同步或者受控同步问题，就可以借鉴传统容错控制理论中的某些思想，宜考虑到执行器、传感器、网络通信、控制器等环节的故障。正是基于这样的考虑，本章将研究控制环节出现故障情况下的容错同步。

## 9.1 引　言

自然和社会中的很多系统都可以用复杂网络来描述，如生态系统、社会系统、互联网、万维网、计算机网、新陈代谢网、电网、神经网络等[1-5]。作为复杂网络的集体行为之一的同步现象在近十几年得到了人们的深度研究[4,6-10]。同步性是指与时间相关的一群动力系统的活动或行为，目前关于同步现象有不同种定义，如完全同步、聚类同步和相同步等[11-17]。神经系统是一个典型的复杂网络的例子，同步性在神经系统的功能行为中起着重要的作用[18, 19]；不同类型的大脑混乱就是与大脑中的同步标准的异常相联系的[20, 21]。近十年来，阵列耦合神经动力网络或复杂互联神经网络得到了不同学科领域的研究者的关注，这类复杂网络可以呈现时空混沌[22]、自动波[23]、螺旋波[24, 25] 等。复杂神经动力网络的同步也有许多应用，例如，文献 [23] 和 [26] 提出了用于并行图像处理的自动波原理；文献 [27] 提出了一个互联网络的结构用来存储和恢复复杂振荡模式作为同步态；文献 [28] 基于互联细胞神经网络将同步概念引入保密通信中。因此，研究复杂神经动力网络的同步性对于理解脑科学和设计复杂神经网络进行工程应用具有重要的理论意义[27,29,30]。

众所周知，由于网络结构的复杂性、长距离信息传递的中继性、信息通信的链路阻塞等，复杂网络中的信息流传输通常不是瞬时的或及时的，这就不可避免地产生时滞现象；这些时滞的存在往往会破坏整个网络的稳定性或者同步性。因此，在复杂网络模型中，不同节点网络之间的信息交互引入时滞连接耦合是合理的。这样, 关于具有时滞耦合连接的复杂神经动力网络的动态特性的研究得到了人们的研究[31-34], 例如, 文献 [31]、[32] 研究了具有时滞耦合项的振子网络的同步性, 并建立了同步稳定性判据; 文献 [33] 讨论了一类具有时滞耦合项的复杂动力网络, 并通过构造适当的 Lyapunov-Krasovskii 函数建立了相应的同步稳定性结果; 文献 [34] 考虑了一类具有不同耦合时滞项的动力网络, 利用矩阵测度的方法建立了一些关于同步稳定性的结果。如文献 [34] 中所指出的那样, 针对具有耦合时滞项的复杂动力网络一般是很难通过构造适当的 Lyapunov-Krasovskii 来建立同步稳定判据的。因此, 具有时滞耦合项的复杂网络的同步性研究仍具有很多问题需要进一步解决。

　　注意到复杂网络的同步性是通过耦合的互联节点网络之间相互交换信息来得到的, 而实际上, 在交换信息的过程中不可避免地会受到干扰或者不确定性的影响, 而这些不确定性的存在将会破坏节点网络之间的同步性, 甚至使整个复杂网络出现不稳定现象[35, 36]。为了保证在不确定性的环境下实现复杂网络同步, 一些自适应同步方法被相继提出来[6, 37, 38]。在文献 [6] 中, 基于切换系统的框架研究了部分耦合连接项被断开的一类复杂网络的全局同步性问题; 在文献 [37] 中, 为防止网络退化研究了一类不确定动力复杂网络的鲁棒同步性问题, 并提出了一种自适应策略来调节未知耦合连接系数; 在文献 [38] 中, 基于驱动–响应同步方法, 分别设计了两个自适应更新律来调节耦合连接强度和耦合连接系数。需指出的是, 文献 [6]、[37]、[38] 中所采用的方法主要是针对耦合连接系数的自适应调节, 即基于复杂网络自身的内部调节机制 (此时可称为自同步, 一般不需要外部控制器)。尽管内部耦合连接的自适应调节机制具有一定的抵抗不确定的能力, 但这种调节能力还是有限, 对于外部强干扰或者控制通道中的异常情况将无能为力。这样, 为了提高复杂网络的可靠同步性, 对复杂网络施加以外部控制以达到同步效果就显得很重要, 如牵制控制[39-41]、全节点控制[42-44] 和分布控制 [45, 46], 这些控制方法可通过控制全部或者部分节点网络来达到对全网的同步行为的调节[47]。这类同步方式一般称为干预同步或者受控同步, 其显著特点就是有外部的控制作用环节。当设计外部控制器的时候, 控制信息和测量信息应该通过执行器和传感器来进行传递。然而, 控制作用将会因为执行器的故障而被中断, 测量信号也会因为传感器的故障而受到影响。这样, 针对具有时滞互联的复杂神经动力网络的受控同步问题, 有必要考虑执行器故障或者传感器故障对网络同步的影响。

　　为提高复杂动力系统的安全性和可靠性, 容错控制在过去的 30 多年里得到了深入研究[48-52]。在经典的容错控制理论中, 常见的故障通常出现在两个位置: 执行器和传感器。执行器故障是指执行器环节出现异常或中断, 最终的结果是被送到执行器的命令信号或者控制信号不能作用到系统上, 导致控制失效。传感器故障是指传感器环节出现异常, 导致系统中的信号不能正常测量, 由此引起反馈回路中传输的信号不能反映真实的系统信号, 由此引起整个过程控制环节的过程变量的偏移或者失稳。执行器故障和传感器故障可能是由设备的老化、断线引起的,特别是传感器故障还可能是由仪表的灵敏度问题、热稳定性问题等引起仪表示数的不准确或者仪表的完全失效。在正常和异常情况下为保证受控系统的适当动态行为而不失稳,经典的容错控制方案中通常包含容错控制器设计和参数更新律设计等环节[53-59]。这样,与经典容错控制系统一样,研究具有时滞的复杂神经动力网络在执行器或传感器故障情况下的容错同步问题具有重要的意义。

目前,关于不确定性情况下的具有时滞的复杂神经动力网络的自同步问题已经有很多种方法被提了出来,这些方法主要是对耦合连接系数和耦合强度系数进行自适应调节[7-10,60,61]。相对照,关于复杂网络干预同步或者受控同步的研究近几年也得到了广为研究[62],然而针对执行器故障或者传感器故障情况下的复杂网络的受控同步问题却没有相关报道。基于上面的讨论,本章研究一类具有时滞的复杂互联神经动力网络在传感器故障下的容错同步问题。本章的主要工作在于同时设计了自适应控制律和自适应耦合系数更新律,由此来提高在传感器故障下的网络容错同步能力。具体来说,首先设计了一个被动容错控制器来实现传感器故障下的容错同步;其次,基于驱动–响应控制的同步框架,在响应网络中的传感器完全失效的情况下设计了自适应容错控制器和耦合连接系数更新律来实现网络的驱动–! 响应同步;第三,针对已知同步态的情况,设计了一种自适应容错同步控制律,该控制律包括状态反馈控制器和自适应补偿器两部分。自适应补偿器利用耦合连接系数的估计信息来提高复杂网络的自适应容错同步能力。

## 9.2　问题描述与基础知识

考虑如下由 $N$ 个相同的节点神经网络通过时滞耦合连接而得到的复杂神经动力网络:

$$\dot{x}_i(t) = Ax_i(t) + Bf(x_i(t)) + \sum_{j=1}^{N} c_{ij}\Gamma_1 x_j(t) + \sum_{j=1}^{N} h_{ij}\Gamma_2 x_j(t-\tau) \qquad (9.1)$$

式中, $x_i(t) = (x_{i1}(t), x_{i2}(t), \cdots, x_{in}(t))^{\mathrm{T}}$ 是第 $i$ 节点神经网络在时刻 $t$ 时的状态向量; $n$ 是节点神经网络的维数; $A = \mathrm{diag}(a_1, a_2, \cdots, a_n) > 0$ 表示自反馈连接的正定对角矩阵; $a_i(i = 1, \cdots, n)$ 表示神经细胞 $i$ 与其他神经细胞和输入断开联系作用后将电势复位到静止状态时的收敛速率; $B$ 为节点神经网络的具有适当维数的连接权矩阵; $f(x_i(t)) = (f_1(x_{i1}(t)), f_2(x_{i2}(t)), \cdots, f_n(x_{in}(t)))^{\mathrm{T}}$ 为节点神经网络的激励函数; $\Gamma_1 = \mathrm{diag}(\gamma_{11}, \gamma_{12}, \cdots, \gamma_{1n})$ 和 $\Gamma_2 = \mathrm{diag}(\gamma_{21}, \gamma_{22}, \cdots, \gamma_{2n})$ 分别表示内耦合矩阵的正定对角矩阵; $C = (c_{ij})_{N \times N}$ 和 $H = (h_{ij})_{N \times N}$ 分别表示外耦合连接配置矩阵和外耦合滞后连接配置矩阵 $(i, j = 1, \cdots, N)$ ; $\tau$ 是一个常值的传输时滞。

下面，将用到文献中广为使用的规范假设。

**假设 9.1**　激励函数 $f_i(\zeta)$ 是连续有界的函数，即 $|f_i(\zeta)| \leqslant f_i^b$，$f_i^b > 0$ 是一个正常数，且对于任意的 $\zeta \neq v, \zeta, v \in \mathbf{R}$，满足如下 Lipschitz 条件：

$$0 \leqslant \frac{f_i(\zeta) - f_i(v)}{\zeta - v} \leqslant \delta_i \tag{9.2}$$

式中，$\delta_i > 0$；$f_i(0) = 0$ $(i = 1, \cdots, n)$。为后面表示方便起见，令 $\Delta = \mathrm{diag}(\delta_1, \cdots, \delta_n)$。

**假设 9.2**　耦合配置矩阵 $C$ 和 $H$ 满足如下扩散条件：

$$c_{ij} = c_{ji} \geqslant 0, \quad c_{ii} = -\sum_{j=1; j \neq i}^{N} c_{ij}, \quad h_{ij} = h_{ji} \geqslant 0, \quad h_{ii} = -\sum_{j=1; j \neq i}^{N} h_{ij} \tag{9.3}$$

**注释 9.1**　假设 9.2 有两方面含义：① 假定了式 (9.1) 的连接中没有孤立聚类的存在，也就是说，$C = (c_{ij})_{N \times N}$ 和 $H = (h_{ij})_{N \times N}$ 都是不可约简矩阵；② 式 (9.3) 是著名的扩散条件，在复杂网络的同步理论中被广泛使用[39-43,45,46]。式 (9.3) 也可表述为 $\sum\limits_{j=1}^{N} c_{ij} = 0$ 和 $\sum\limits_{j=1}^{N} h_{ij} = 0$，这样的条件下，式 (9.1) 将达到同步态，并收敛到如下孤立节点神经网络的平衡态：

$$\dot{s}(t) = As(t) + Bf(s(t)) \tag{9.4}$$

式中，$s(t) = (s_1(t), s_2(t), \cdots, s_n(t))^\mathrm{T} \in \mathbf{R}^n$ 是孤立节点神经网络的平衡态。

**注释 9.2**　节点神经网络 (式 (9.4)) 可代表一类递归神经网络[26-29]，该类网络常用来进行优化计算和联想记忆。然而，由于满足不同条件的耦合连接配置矩阵 $(c_{ij})$ 和时滞耦合连接配置矩阵 $(h_{ij})$ 的作用，$(i, j = 1, \cdots, N)$，节点神经网络 (9.4) 的动态特性一般与复杂神经动力网络 (9.1) 的动态行为是不同的。例如，节点神经网络是稳定的，但复杂神经动力网络 (式 (9.1)) 的动态行为可能是不稳定的，这一点可在后面的仿真示例中看到。如果对于耦合连接配置矩阵施加以一定的约束限制，如式 (9.3)，则节点神经网络与复杂神经动力网络的动态行为之间就可以建立一定的关系，即此时的复杂网络的集体行为与节点网络的性态还是有关联的。

**引理 9.1**[8]　令 $X$、$Y$ 和 $P$ 为适当维数的实矩阵，$P$ 是一个正定对称矩阵，则对于任意的正标量 $\epsilon > 0$，有

$$X^\mathrm{T}Y + Y^\mathrm{T}X \leqslant \epsilon^{-1} X^\mathrm{T} P^{-1} X + \epsilon Y^\mathrm{T} PY \tag{9.5}$$

## 9.3　传感器故障时的复杂神经动力网络的被动容错同步

本节将考虑如下具有外部控制器 $u_i(t)$ 作用时的复杂神经动力网络 (式 (9.1))

的受控同步问题，即

$$\dot{x}_i(t) = Ax_i(t) + Bf(x_i(t)) + \sum_{j=1}^{N} c_{ij} \Gamma_1 x_j(t) + \sum_{j=1}^{N} h_{ij} \Gamma_2 x_j(t-\tau) + D_i u_i(t) \quad (9.6)$$

式中，$D_i$ 是一个具有适当维数的矩阵，其与控制通道的描述形式相关联；$u_i(t)$ 表示待设计的控制器用来实现复杂网络 (式 (9.6)) 的同步性 $(i = 1, \cdots, N)$；其余的符号定义同式 (9.1) 中的定义。

不失一般性，假定 $(A, D_i)$ 是可控的，且控制器 $u_i(t)$ 选取状态反馈形式 $u_i(t) = K_i x_i(t)$，其中，$K_i$ 是一个待设计的适维矩阵。针对传感器故障情况，考虑传感器故障矩阵 $F_i \in \Omega_i = \{f_{ij}|F_i = \mathrm{diag}(f_{i1}, f_{i2}, \cdots, f_{in})\}$，其中，$\Omega_i$ 表示第 $i$ 个节点神经网络的整个传感器故障集合，$f_{ij} = 1$ 表示第 $i$ 个节点神经网络的第 $j$ 个传感器正常状态，而 $f_{ij} = 0$ 表示第 $i$ 个节点神经网络的第 $j$ 个传感器出现故障或失效。

传感器故障情况下，复杂神经动力网络 (式 (9.6)) 可写为

$$\dot{x}_i(t) = (A + D_i K_i F_i)x_i(t) + Bf(x_i(t)) + \sum_{j=1}^{N} c_{ij} \Gamma_1 x_j(t) + \sum_{j=1}^{N} h_{ij} \Gamma_2 x_j(t-\tau) \quad (9.7)$$

式中，$i = 1, \cdots, N$。

**注释 9.3**　从复杂神经动力网络 (式 (9.7)) 可见，包含有相同节点神经网络的复杂网络 (式 (9.1)) 的同步问题转化成了由非相同节点神经网络组成的复杂网络的同步问题。在现有的文献中，广为流行的方法就是设计一个公共的外部控制器 $u_i(t) = Kx_i(t)$ 来保证复杂网络的同步，而此时一般都假定 $D_i = I_n$ 为单位矩阵 $(i = 1, \cdots, N)$。在现有的文献中，很少有基于 LMI 的同步判据来解决由非相同节点神经网络组成的复杂网络的同步性问题，正是基于此，本章将在这方面进行一些尝试性工作。

下面给出复杂神经动力网络 (式 (9.7)) 的全局容错同步的判据。

**定理 9.1**　如果存在正定对称矩阵 $P_i$、$Q_i$，正定对角矩阵 $S_i$，正常数 $\epsilon_c$、$\epsilon_h$ 和具有适当维数的矩阵 $K_i$，使得

$$\Phi_1 = \begin{bmatrix} \Phi_{11} & P_iB & P_i & P_i \\ * & -S_i & 0 & 0 \\ * & * & -\epsilon_c \Big(\sum_{j=1}^{N} c_{ij}^2\Big)^{-1} I & 0 \\ * & * & * & -\epsilon_h \Big(\sum_{j=1}^{N} h_{ij}^2\Big)^{-1} I \end{bmatrix} < 0 \quad (9.8)$$

$$N\epsilon_h \Gamma_2^{\mathrm{T}} \Gamma_2 - Q_i < 0 \quad (9.9)$$

则对于传感器故障 $F_i$，式 (9.7) 是全局容错同步的，其中，$\varPhi_{11} = P_i(A + D_iK_iF_i) + (A + D_iK_iF_i)^{\mathrm{T}}P_i + \varDelta S_i\varDelta + Q_i + N\epsilon_c\varGamma_1^{\mathrm{T}}\varGamma_1$，$I$ 是一个具有适当维数的单位矩阵，$*$ 表示矩阵中相应的对称部分，$i = 1, \cdots, N$。

**证明**　针对式 (9.7)，考虑如下的 Lyapunov-Krasovskii 函数：

$$V(t) = \sum_{i=1}^{N} \left( x_i^{\mathrm{T}}(t)P_ix_i(t) + \int_{t-\tau}^{t} x_i^{\mathrm{T}}(s)Q_ix_i(s)\mathrm{d}s \right) \tag{9.10}$$

沿着式 (9.7) 的轨迹计算 $V(t)$ 的导数，可得

$$\begin{aligned}
\dot{V}(t) = &\sum_{i=1}^{N} 2x_i^{\mathrm{T}}(t)P_i\Big[(A + D_iK_iF_i)x_i(t) + Bf(x_i(t)) + \sum_{j=1}^{N} c_{ij}\varGamma_1 x_j(t) \\
&+ \sum_{j=1}^{N} h_{ij}\varGamma_2 x_j(t-\tau)\Big] + \sum_{i=1}^{N} \Big[ x_i^{\mathrm{T}}(t)Q_ix_i(t) - x_i^{\mathrm{T}}(t-\tau)Q_ix_i(t-\tau) \Big]
\end{aligned} \tag{9.11}$$

根据假设 9.1 和引理 9.1，如下的不等式成立：

$$2x_i^{\mathrm{T}}(t)P_iBf(x_i(t)) \leqslant x_i^{\mathrm{T}}(t)P_iBS_i^{-1}B^{\mathrm{T}}P_ix_i(t) + x_i^{\mathrm{T}}(t)\varDelta S_i\varDelta x_i(t) \tag{9.12}$$

$$\sum_{i=1}^{N}\sum_{j=1}^{N} 2x_i^{\mathrm{T}}(t)P_ic_{ij}\varGamma_1 x_j(t) \leqslant \sum_{i=1}^{N} \left[ x_i^{\mathrm{T}}(t)\epsilon_c^{-1}\Big(\sum_{j=1}^{N} c_{ij}^2\Big)P_iP_ix_i(t) + Nx_i^{\mathrm{T}}(t)\epsilon_c\varGamma_1^{\mathrm{T}}\varGamma_1 x_i(t) \right] \tag{9.13}$$

$$\begin{aligned}
&\sum_{i=1}^{N} 2x_i^{\mathrm{T}}(t)P_i\sum_{j=1}^{N} h_{ij}\varGamma_2 x_j(t-\tau) \\
&\leqslant \sum_{i=1}^{N} \left[ x_i^{\mathrm{T}}(t)\epsilon_h^{-1}\Big(\sum_{j=1}^{N} h_{ij}^2\Big)P_iP_ix_i(t) + Nx_i^{\mathrm{T}}(t-\tau)\epsilon_h\varGamma_2^{\mathrm{T}}\varGamma_2 x_i(t-\tau) \right]
\end{aligned} \tag{9.14}$$

将式 (9.12)~ 式 (9.14) 代入式 (9.11)，可得

$$\begin{aligned}
\dot{V}(t) \leqslant &\sum_{i=1}^{N} x_i^{\mathrm{T}}(t)\Big[ 2P_i(A + D_iK_iF_i) + P_iBS_i^{-1}B^{\mathrm{T}}P_i + \varDelta S_i\varDelta + Q_i \\
&+ \epsilon_c^{-1}\Big(\sum_{j=1}^{N} c_{ij}^2\Big)P_iP_i + N\epsilon_c\varGamma_1^{\mathrm{T}}\varGamma_1 + \epsilon_h^{-1}\Big(\sum_{j=1}^{N} h_{ij}^2\Big)P_iP_i \Big]x_i(t) \\
&+ \sum_{i=1}^{N} x_i^{\mathrm{T}}(t-\tau)\Big( N\epsilon_h\varGamma_2^{\mathrm{T}}\varGamma_2 - Q_i \Big)x_i(t-\tau)
\end{aligned} \tag{9.15}$$

考虑式 (9.8) 和式 (9.9)，则对于任意的 $x_i(t) \neq 0$ 和 $x_i(t-\tau) \neq 0$，有

$$\dot{V}(t) < 0 \tag{9.16}$$

当且仅当 $x_i(t) = 0$ 和 $x_i(t-\tau) = 0$ 时，$\dot{V}(t) = 0 (i = 1, \cdots, N)$。根据 Lyapunov 稳定理论，复杂神经动力网络 (式 (9.7)) 在被动容错控制器 $u_i(t) = K_i x_i(t)$ 作用下实现了同步。也就是说，在传感器故障情况下所设计的被动容错控制器 $u_i(t) = K_i x_i(t)$ 使得式 (9.1) 实现了容错同步。

　　注意到在式 (9.8) 中，由于非线性耦合项的作用，控制器的增益矩阵的 $K_i$ 是很难求解出来的。下面讨论在定理 9.1 中，当 $P_i = P_1$ 为公共矩阵时的可解性问题。

　　(1) $D_i$ 是可逆的，此时，在式 (9.8) 中可令 $P_1 D_i K_i = Y_i$，可直接得到 $Y_i$ 和 $P_1$，然后根据 $K_i = (P_1 D_i)^{-1} Y_i$ 可计算出 $K_i$。

　　(2) $D_i = D$ 是不可逆的，但假定 $D$ 满足 $WD = \begin{bmatrix} I \\ 0 \end{bmatrix}$，其中，$W$ 是一个可逆矩阵，$I$ 是一个具有适当维数的单位矩阵。

　　此时，$P_1 D K_i = P_1 W^{-1} W D K_i = P_1 W^{-1} \begin{bmatrix} I \\ 0 \end{bmatrix} K_i = \begin{bmatrix} G_{11} & G_{12} \\ 0 & G_{22} \end{bmatrix} \begin{bmatrix} K_i \\ 0 \end{bmatrix} = \begin{bmatrix} G_{11} K_i \\ 0 \end{bmatrix} = \begin{bmatrix} \hat{Y}_i \\ 0 \end{bmatrix} = Y_i$，则定理 9.1 可修改为如下形式。

　　**定理 9.2**　假定 $WD = \begin{bmatrix} I \\ 0 \end{bmatrix}$，$W$ 是一个已知矩阵。如果存在正定对称矩阵 $G$，正定对角矩阵 $S_i$，正常数 $\epsilon_c$、$\epsilon_h$，适维矩阵 $Y_i$，使得

$$\overline{\Phi}_1 = \begin{bmatrix} \overline{\Phi}_{11} & GWB & GW & GW \\ * & -S_i & 0 & 0 \\ * & * & -\epsilon_c \Big( \sum_{j=1}^{N} c_{ij}^2 \Big)^{-1} I & 0 \\ * & * & * & -\epsilon_h \Big( \sum_{j=1}^{N} h_{ij}^2 \Big)^{-1} I \end{bmatrix} < 0 \tag{9.17}$$

$$N\epsilon_h \Gamma_2^{\mathrm{T}} \Gamma_2 - Q < 0 \tag{9.18}$$

则传感器 $F_i$ 故障情况下，复杂神经动力网络 (式 (9.7)) 是被动容错同步的，其中

$$G = P_1 W^{-1} = \begin{bmatrix} G_{11} & G_{12} \\ 0 & G_{22} \end{bmatrix}, \quad Y_i = \begin{bmatrix} \hat{Y}_i \\ 0 \end{bmatrix}$$

$$\Phi_{11} = GWA + A^{\mathrm{T}}W^{\mathrm{T}}G^{\mathrm{T}} + Y_iF_i + F_i^{\mathrm{T}}Y_i^{\mathrm{T}} + \Delta S_i\Delta + Q_i + N\epsilon_c\Gamma_1^{\mathrm{T}}\Gamma_1$$

控制器增益矩阵为 $K_i = G_{11}^{-1}\widehat{Y}_i(i = 1,\cdots,N)$。

针对 $P_i = P, K_i = K, Q_i = Q, S_i = S$ 和 $F_i = F$ 的情况 $(i = 1,\cdots,N)$，可得到如下结果。

**推论 9.1**　如果存在正定对称矩阵 $P$、$Q$，正对角矩阵 $S$，正常数 $\epsilon_c$、$\epsilon_h$ 及适维矩阵 $K$，使得

$$\Phi_1 = \begin{bmatrix} \Phi_{11} & PB & P & P \\ * & -S & 0 & 0 \\ * & * & -\epsilon_c\Big(\sum_{j=1}^{N}c_{ij}^2\Big)^{-1}I & 0 \\ * & * & * & -\epsilon_h\Big(\sum_{j=1}^{N}h_{ij}^2\Big)^{-1}I \end{bmatrix} < 0 \qquad (9.19)$$

$$N\epsilon_h\Gamma_2^{\mathrm{T}}\Gamma_2 - Q < 0 \qquad (9.20)$$

则针对传感器故障 $F_i = F$，式 (9.7) 可实现被动容错同步，其中，$\Phi_{11} = P(A + DKF) + (A + DKF)^{\mathrm{T}}P + \Delta S\Delta + Q + N\epsilon_c\Gamma_1^{\mathrm{T}}\Gamma_1$，$*$ 表示矩阵中的对称部分。

**注释 9.4**　推论 9.1 旨在提供一个公共的控制器来实现每一个节点网络中具有相同传感器故障时的容错同步。也就是说，针对每一个节点网络中出现相同的传感器故障时，推论 9.1 通过设计一个公共的容错控制器实现了整个复杂网络的同步。

**注释 9.5**　当 $i = 1, j = 1$ 时，推论 9.1 则简化至仅为节点网络设计容错控制器的过程以求网络系统的稳定性，此时的情况在传统的容错控制理论中已经得到广泛研究[63]。因此，本章的结果是对传统容错控制理论的进一步拓展。

## 9.4　基于驱动–响应框架的传感器故障下的自适应容错同步

定理 9.1 的目的是在传感器故障发生时为式 (9.1) 提供一个被动容错控制器，且定理 9.1 主要是针对复杂网络本身的同步性要求进行的干预控制。实际上，同步性也可以在两个复杂网络之间产生，如驱动–响应同步、主–从同步等[64]。一般来说，为了能够与驱动系统的状态保持同步，在响应系统中通常要增加控制环节或施加控制作用。此时，由于控制器的引入，传感器故障就可能发生在响应系统中，由于测量信号的偏差，将会导致整个复杂网络同步性能的下降，甚至失去同步性。因此，有必要在响应系统中设计自适应容错控制器以保证驱动–响应同步。在本节，

将复杂神经动力网络 (式 (9.1)) 看做驱动系统, 相应的响应系统具有如下形式:

$$\dot{\hat{x}}_i(t) = A\hat{x}_i(t) + Bf(\hat{x}_i(t)) + \sum_{j=1}^{N} \hat{c}_{ij}(t)\Gamma_1\hat{x}_j(t) + \sum_{j=1}^{N} \hat{h}_{ij}(t)\Gamma_2\hat{x}_j(t-\tau) + D_iu_i(t)$$

$$(9.21)$$

式中, $\hat{x}_i(t) = (\hat{x}_{i1}(t), \hat{x}_{i2}(t), \cdots, \hat{x}_{in}(t))^{\mathrm{T}} \in \mathbf{R}^n$ 为第 $i$ 个节点神经网络的状态向量; $u_i(t)$ 是待设计的外部控制器; $\hat{c}_{ij}(t)$ 和 $\hat{h}_{ij}(t)$ 是待调节的自适应耦合连接项 $(i, j = 1, \cdots, N)$。

应注意到, 在式 (9.21) 中的耦合连接系数是可以与式 (9.1) 中的耦合连接系数不同的, 只要能够达到状态的完全同步即可。本章的目的不是进行复杂网络结构的辨识, 而是强调同步性的研究, 特别是传感器故障情况下的容错同步研究。这样, 本节设计适当的容错控制器研究驱动–响应框架下的容错同步。

为了设计自适应控制律, 定义如下符号, $\tilde{x}_i(t) = \hat{x}_i(t) - x_i(t)$, $\tilde{c}_{ij}(t) = \hat{c}_{ij}(t) - c_{ij}$, $\tilde{h}_{ij}(t) = \hat{h}_{ij}(t) - h_{ij}$, 则同步误差系统为

$$\dot{\tilde{x}}_i(t) = A\tilde{x}_i(t) + B(f(\hat{x}_i(t)) - f(x_i(t))) + \sum_{j=1}^{N} \tilde{c}_{ij}(t)\Gamma_1\hat{x}_j(t)$$

$$+ \sum_{j=1}^{N} c_{ij}\Gamma_1\tilde{x}_j(t) + \sum_{j=1}^{N} \tilde{h}_{ij}(t)\Gamma_2\hat{x}_j(t-\tau) + \sum_{j=1}^{N} h_{ij}\Gamma_2\tilde{x}_j(t-\tau) + D_iu_i(t)$$

$$(9.22)$$

式中, $u_i(t) = -k_i(t)F_i\tilde{x}_i(t)$ 是在传感器故障 $F_i$ 发生时待设计的自适应容错控制律; $k_i(t)$ 是时变的控制增益 $(i = 1, \cdots, N)$。

称式 (9.1) 和式 (9.21) 将实现渐近同步或者完全同步, 如果 $t \to \infty$ 时, $\tilde{x}_i(t) \to 0(i = 1, \cdots, N)$。

**注释 9.6**　在研究复杂网络自同步的时候, 激励函数需满足假设 9.1, 特别是初始条件 $f_i(0) = 0$ 必须要满足, 这样才能保证零点是平衡点, 进而可以应用 Lyapunov 稳定理论来进行定性证明。然而, 在驱动–响应框架下的受控同步问题, 由于研究的是两个复杂网络之间的跟踪性、同步性或者相对稳定性, 进而激励函数的假设 9.1 就可以适当放宽。最主要的改进就是不必需要激励函数的初始条件 $f_i(0) = 0$ 的限制, 因为在驱动–响应的同步框架下, 只要能够最终实现完全同步, 两个复杂网络中的激励函数的最终态将是一样的。这样, 在本节, 可将 9.3 节中的激励函数假设 9.1 修改为如下较为宽松的假设 9.3。

**假设 9.3**　激励函数 $f_i(\zeta)$ 是连续有界的, 即 $|f_i(\zeta)| \leqslant f_i^b$, $f_i^b > 0$ 是一个有界的常值, 且对于任意的 $\zeta \neq v, \zeta, v \in \mathbf{R}$, 如下的 Lipschitz 条件成立:

$$0 \leqslant \frac{f_i(\zeta) - f_i(v)}{\zeta - v} \leqslant \delta_i \tag{9.23}$$

式中，$\delta_i > 0 \ (i = 1, \cdots, n)$。令 $\Delta = \mathrm{diag}(\delta_1, \cdots, \delta_n)$。

**定理 9.3**　假设 9.3 成立。对于给定的正常数 $k^*$，如果存在正定对称矩阵 $P$、$Q$ 和 $Q_1$，使得

$$\begin{bmatrix} \Phi_i & PB & P\Gamma_1\bar{c}N & P\Gamma_2\bar{h}N \\ * & -Q_1 & 0 & 0 \\ * & * & -Q & 0 \\ * & * & 0 & -Q \end{bmatrix} < 0 \tag{9.24}$$

同时，如果选择如下的自适应控制律和耦合连接更新律：

$$u_i(t) = -k_i(t)F_i\tilde{x}_i(t) \tag{9.25}$$

$$\dot{k}_i(t) = 2d_i\tilde{x}_i^{\mathrm{T}}(t)PD_iF_i\tilde{x}_i(t)$$

$$\dot{\tilde{c}}_{ij}(t) = -2\delta_{ij}\tilde{x}_i^{\mathrm{T}}(t)P\Gamma_1\hat{x}_j(t) \tag{9.26}$$

$$\dot{\tilde{h}}_{ij}(t) = -2\sigma_{ij}\tilde{x}_i^{\mathrm{T}}(t)P\Gamma_2\hat{x}_j(t-\tau)$$

则在传感器故障 $F_i$ 出现时，式 (9.1) 和式 (9.21) 可实现容错同步，其中，$\Phi_i = PA + A^{\mathrm{T}}P + \Delta Q_1 \Delta + 2Q - (k^*PD_iF_i + k^*F_i^{\mathrm{T}}D_i^{\mathrm{T}}P)$，$d_i$、$\delta_{ij}$ 和 $\sigma_{ij}$ 都是已知的正常数；$\bar{c} = \max\{|c_{ij}|\}$ 和 $\bar{h} = \max\{|h_{ij}|\}$ 是已知的常数，且 $k_i(t)$ 的初始条件是一个正常数 $(i, j = 1, \cdots, N)$。

**证明**　构造如下形式的 Lyapunov-Krasovskii 函数：

$$\begin{aligned} 2V_2(t) = {} & 2\sum_{i=1}^{N}\tilde{x}_i^{\mathrm{T}}(t)P\tilde{x}_i(t) + \sum_{i=1}^{N}\sum_{j=1}^{N}\frac{1}{\delta_{ij}}\tilde{c}_{ij}^2(t) + \sum_{i=1}^{N}\sum_{j=1}^{N}\frac{1}{\sigma_{ij}}\tilde{h}_{ij}^2(t) \\ & + \sum_{i=1}^{N}\frac{1}{d_i}(k_i(t)-k^*)^2 + 2\int_{t-\tau}^{t}\sum_{i=1}^{N}\tilde{x}_i^{\mathrm{T}}(s)Q\tilde{x}_i(s)\mathrm{d}s \end{aligned} \tag{9.27}$$

式中，$k^*$ 是一个充分大的正常数。

$V_2(t)$ 对时间的导数如下：

$$\begin{aligned} \dot{V}_2(t) = {} & 2\sum_{i=1}^{N}\tilde{x}_i^{\mathrm{T}}(t)P\dot{\tilde{x}}_i(t) + \sum_{i=1}^{N}\sum_{j=1}^{N}\frac{1}{\delta_{ij}}\tilde{c}_{ij}(t)\dot{\tilde{c}}_{ij}(t) + \sum_{i=1}^{N}\sum_{j=1}^{N}\frac{1}{\sigma_{ij}}\tilde{h}_{ij}(t)\dot{\tilde{h}}_{ij}(t) \\ & + \sum_{i=1}^{N}\frac{1}{d_i}(k_i(t)-k^*)\dot{k}_i(t) + \sum_{i=1}^{N}\tilde{x}_i^{\mathrm{T}}(t)Q\tilde{x}_i(t) - \sum_{i=1}^{N}\tilde{x}_i^{\mathrm{T}}(t-\tau)Q\tilde{x}_i(t-\tau) \end{aligned} \tag{9.28}$$

将式 (9.22) 代入式 (9.28)，并考虑假设 9.3 和引理 9.1，可得

$$
\begin{aligned}
\dot{V}_2(t) \leqslant & 2\sum_{i=1}^{N} \tilde{x}_i^{\mathrm{T}}(t)PA\tilde{x}_i(t) + \sum_{i=1}^{N} \tilde{x}_i^{\mathrm{T}}(t)(PBQ_1^{-1}B^{\mathrm{T}}P + \Delta Q_1 \Delta)\tilde{x}_i(t) \\
& + \sum_{i=1}^{N}\sum_{j=1}^{N} 2\tilde{x}_i^{\mathrm{T}}(t)P\tilde{c}_{ij}(t)\Gamma_1 \hat{x}_j(t) + \sum_{i=1}^{N}\sum_{j=1}^{N} \frac{1}{\delta_{ij}}\tilde{c}_{ij}(t)\dot{\tilde{c}}_{ij}(t) \\
& + \sum_{i=1}^{N}\sum_{j=1}^{N} 2\tilde{x}_i^{\mathrm{T}}(t)P\tilde{h}_{ij}(t)\Gamma_2 \hat{x}_j(t-\tau) + \sum_{i=1}^{N}\sum_{j=1}^{N} \frac{1}{\sigma_{ij}}\tilde{h}_{ij}(t)\dot{\tilde{h}}_{ij}(t) \\
& + \sum_{i=1}^{N}\sum_{j=1}^{N} 2\tilde{x}_i^{\mathrm{T}}(t)Pc_{ij}\Gamma_1 \tilde{x}_j(t) + \sum_{i=1}^{N}\sum_{j=1}^{N} 2\tilde{x}_i^{\mathrm{T}}(t)Ph_{ij}\Gamma_2 \tilde{x}_j(t-\tau) \\
& - \sum_{i=1}^{N} \left( 2\tilde{x}_i^{\mathrm{T}}(t)PD_i k_i(t)F_i \tilde{x}_i(t) - \frac{1}{d_i}k_i(t)\dot{k}_i(t) \right) - \sum_{i=1}^{N} \frac{1}{d_i}k^* \dot{k}_i(t) \\
& + \sum_{i=1}^{N} \tilde{x}_i^{\mathrm{T}}(t)Q\tilde{x}_i(t) - \sum_{i=1}^{N} \tilde{x}_i^{\mathrm{T}}(t-\tau)Q\tilde{x}_i(t-\tau)
\end{aligned}
\tag{9.29}
$$

如果选择了自适应控制律 (式 (9.26)) 和耦合连接更新律 (式 (9.27))，则有

$$
\begin{aligned}
\dot{V}_2(t) \leqslant & \sum_{i=1}^{N} \tilde{x}_i^{\mathrm{T}}(t)(2PA + PBQ_1^{-1}B^{\mathrm{T}}P + \Delta Q_1 \Delta + Q - 2k^* PD_i F_i)\tilde{x}_i(t) \\
& + \sum_{i=1}^{N}\sum_{j=1}^{N} 2\tilde{x}_i^{\mathrm{T}}(t)Pc_{ij}\Gamma_1 \tilde{x}_j(t) + \sum_{i=1}^{N}\sum_{j=1}^{N} 2\tilde{x}_i^{\mathrm{T}}(t)Ph_{ij}\Gamma_2 \tilde{x}_j(t-\tau) \\
& - \sum_{i=1}^{N} \tilde{x}_i^{\mathrm{T}}(t-\tau)Qx_i(t-\tau)
\end{aligned}
\tag{9.30}
$$

注意到

$$
\begin{aligned}
& \sum_{i=1}^{N}\sum_{j=1}^{N} 2\tilde{x}_i^{\mathrm{T}}(t)Pc_{ij}\Gamma_1 \tilde{x}_j(t) \\
\leqslant & \sum_{i=1}^{N}\sum_{j=1}^{N} (\epsilon_1 \tilde{x}_i^{\mathrm{T}}(t)Pc_{ij}\Gamma_1 Q^{-1}(Pc_{ij}\Gamma_1)^{\mathrm{T}}\tilde{x}_i(t) + \epsilon_1^{-1}\tilde{x}_j^{\mathrm{T}}(t)Q\tilde{x}_j(t)) \\
= & \sum_{i=1}^{N}\sum_{j=1}^{N} \epsilon_1 \tilde{x}_i^{\mathrm{T}}(t)Pc_{ij}\Gamma_1 Q^{-1}(Pc_{ij}\Gamma_1)^{\mathrm{T}}\tilde{x}_i(t) + \sum_{j=1}^{N} N\epsilon_1^{-1}\tilde{x}_j^{\mathrm{T}}(t)Q\tilde{x}_j(t)
\end{aligned}
\tag{9.31}
$$

$$\sum_{i=1}^{N}\sum_{j=1}^{N}2\tilde{x}_i^{\mathrm{T}}(t)Ph_{ij}\varGamma_2\tilde{x}_j(t-\tau)$$

$$\leqslant \sum_{i=1}^{N}\sum_{j=1}^{N}[\epsilon_2\tilde{x}_i^{\mathrm{T}}(t)Ph_{ij}\varGamma_2 Q^{-1}(Ph_{ij}\varGamma_2)^{\mathrm{T}}\tilde{x}_i(t)+\epsilon_2^{-1}\tilde{x}_j^{\mathrm{T}}(t-\tau)Q\tilde{x}_j(t-\tau)]$$

$$= \sum_{i=1}^{N}\sum_{j=1}^{N}\epsilon_2\tilde{x}_i^{\mathrm{T}}(t)Ph_{ij}\varGamma_2 Q^{-1}(Ph_{ij}\varGamma_2)^{\mathrm{T}}\tilde{x}_i(t)+\sum_{j=1}^{N}N\epsilon_2^{-1}\tilde{x}_j^{\mathrm{T}}(t-\tau)Q\tilde{x}_j(t-\tau) \quad (9.32)$$

将式 (9.31) 和式 (9.32) 代入式 (9.30)，可得

$$\dot{V}_2(t)\leqslant \sum_{j=1}^{N}\sum_{i=1}^{N}\tilde{x}_i^{\mathrm{T}}(t)\bigg[\frac{1}{N}\Big(2PA+PBQ_1^{-1}B^{\mathrm{T}}P+\varDelta Q_1\varDelta+Q-2k^*PD_iF_i\Big)$$

$$+\epsilon_1^{-1}Q+\epsilon_1 Pc_{ij}\varGamma_1 Q^{-1}(Pc_{ij}\varGamma_1)^{\mathrm{T}}+\epsilon_2 Ph_{ij}\varGamma_2 Q^{-1}(Ph_{ij}\varGamma_2)^{\mathrm{T}}\bigg]\tilde{x}_i(t) \quad (9.33)$$

$$+\sum_{i=1}^{N}\tilde{x}_i^{\mathrm{T}}(t-\tau)(N\epsilon_2^{-1}Q-Q)\tilde{x}_i(t-\tau)$$

如果选取 $\epsilon_1=\epsilon_2=N$，则有

$$\dot{V}_2(t)\leqslant \sum_{j=1}^{N}\sum_{i=1}^{N}\tilde{x}_i^{\mathrm{T}}(t)\bigg[\frac{1}{N}\Big(2PA+PBQ_1^{-1}B^{\mathrm{T}}P+\varDelta Q_1\varDelta+2Q-2k^*PD_iF_i$$

$$+\bar{c}^2 N^2 P\varGamma_1 Q^{-1}(P\varGamma_1)^{\mathrm{T}}+\bar{h}^2 N^2 P\varGamma_2 Q^{-1}(P\varGamma_2)^{\mathrm{T}}\Big)\bigg]\tilde{x}_i(t) \quad (9.34)$$

考虑式 (9.24)，则只要 $\tilde{x}_i(t)\neq 0$，就有 $\dot{V}_2(t)<0$；当且仅当 $\tilde{x}_i(t)=0$ 时才有 $\dot{V}_2(t)=0$。因此，在传感器故障的情况下，式 (9.1) 和式 (9.21) 之间实现了容错同步。

　　**注释 9.7**　定理 9.3 的一个主要特征就是提供了如何确定控制器增益 $k^*$ 的下界的方法。在现有的文献中，$k^*$ 一般都是随机给定的，这种选取往往使得给定值都会偏大，进而增加了控制器的设计负担；相对照，定理 9.3 能够给出更小的控制器增益 $k^*$，对设计满足一定控制需求的适宜的控制器提供了一种指导方法。

　　**注释 9.8**　定理 9.3 针对一类满足驱动–响应框架的互联复杂神经动力网络提供以一种容错同步控制方法。如果式 (9.1) 本是同步的，则在自适应更新律 (式 (9.26)) 和 (式 (9.27)) 的作用下，式 (9.21) 也能够实现同步。尽管在式 (9.1) 中的耦合矩阵满足扩散条件才能实现自同步，但在式 (9.21) 中估计得到的耦合矩阵不用满足扩散条件就会实现驱动–响应同步。这种驱动–响应同步能够实现的主要原因之一就是自适应控制律和自适应耦合连接更新律联合作用的结果；另一种解释的原因就是可将驱动网络看做参考模型，基于传统的模型参考自适应控制的框架，

将响应网络看做被控对象，这样，在一定的调节律下，不论被控对象为何都可实现目标的跟踪。

**注释 9.9**　利用自适应耦合连接更新律 (式 (9.27)) 也可以实时估计耦合连接的系数。如果估计得到的耦合连接系数能够精确跟踪实际系统的耦合系数，则该估计的耦合连接系数就可以用来评判网络间的耦合连接是否出现故障或失效。然而，本章的重点在于设计容错控制律来实现驱动网络 (式 (9.1)) 和响应网络之间的同步。复杂网络之间的耦合连接系数的故障检测与诊断是传统故障诊断理论有待涉入的领域，不在本章的探索范围之内。如何精确辨识驱动网络 (式 (9.1)) 的耦合连接系数以实现故障诊断是复杂网络未来的研究方向之一。

## 9.5　具有期望同步态的自适应容错同步

9.4 节主要是基于驱动–响应的同步框架研究的自适应容错同步控制方法，但由于不同的初始条件和不同的初始耦合连接系数将会使得式 (9.1) 的动态轨迹发生变化，进而使得所设计的控制律和耦合连接更新律显得复杂。若考虑一类特殊的驱动网络 (式 (9.1))，该复杂网络的同步态与各节点神经网络的平衡态相一致，或具有期望的同步态，则针对此种情况按照定理 9.3 所设计的自适应容错控制律将变得复杂，并增加了硬件设备的实现成本。此时，如何设计一类简单有效的自适应容错控制律就具有重要意义。本节就将对这一问题进行研究。

假定期望的已知同步态为 $x_1(t) = x_2(t) = \cdots = x_N(t) = s(t)$，即

$$\dot{s}(t) = As(t) + Bf(s(t)) + \sum_{j=1}^{N} c_{ij}\Gamma_1 s(t) + \sum_{j=1}^{N} h_{ij}\Gamma_2 s(t)$$

$$= As(t) + Bf(s(t)) \tag{9.35}$$

构造如下形式的响应网络：

$$\dot{x}_i(t) = Ax_i(t) + Bf(x_i(t)) + \sum_{j=1}^{N} c_{ij}\Gamma_1 x_j(t) + \sum_{j=1}^{N} h_{ij}\Gamma_2 x_j(t-\tau) + D_i u_i(t) \tag{9.36}$$

式中，$u_i(t)$ 是待设计的外部控制输入控制器 $(i = 1, \cdots, N)$。

为了研究式 (9.35) 和式 (9.36) 之间的同步性，考虑如下的同步误差动力系统，

$$\dot{\tilde{x}}_i(t) = A\tilde{x}_i(t) + B\tilde{f}(\tilde{x}_i(t)) + \sum_{j=1}^{N} c_{ij}\Gamma_1 \tilde{x}_j(t) + \sum_{j=1}^{N} h_{ij}\Gamma_2 \tilde{x}_j(t-\tau) + D_i u_i(t) \tag{9.37}$$

式中，$\tilde{x}_i(t) = x_i(t) - s(t)(i = 1, \cdots, N)$。

下面，将设计控制律 $u_i(t) = -K_i F_i \tilde{x}_i(t) + \phi_i(t)$ 来实现传感器故障时的容错同步控制，其中，$\phi_i(t) = \phi_{i1} + \phi_{i2}(t)$ 是后面待设计的外部控制律，$F_i$ 表示传感器故障 $(i = 1, \cdots, N)$。

**定理 9.4**　假设 9.3 成立。对于给定的矩阵 $K_i$、正常数 $g_1$ 和 $g_2$，如果存在正定对称矩阵 $P, Q$，正定对角矩阵 $M$，使得

$$\begin{bmatrix} PA + A^{\mathrm{T}}P + \Delta M \Delta + Ng_1^{-1}I + Q - PD_iK_iF_i - (PD_iK_iF_i)^{\mathrm{T}} & PB \\ * & -M \end{bmatrix} < 0$$

$$(9.38)$$

$$Ng_2^{-1}I - Q < 0 \tag{9.39}$$

同时，如果选取如下形式的自适应律：

$$\begin{aligned}
\dot{\hat{\gamma}}_{ci}(t) &= g_1 \tilde{x}_i^{\mathrm{T}}(t) P \Gamma_1 \Gamma_1 P \tilde{x}_i(t) \\
\dot{\hat{\gamma}}_{hi}(t) &= g_2 \tilde{x}_i^{\mathrm{T}}(t) P \Gamma_2 \Gamma_2 P \tilde{x}_i(t) \\
\phi_{i1}(t) &= -0.5 g_1 (D_i)^+ \hat{\gamma}_{ci}(t) \Gamma_1 \Gamma_1 P \tilde{x}_i(t) \\
\phi_{i2}(t) &= -0.5 g_2 (D_i)^+ \hat{\gamma}_{hi}(t) \Gamma_2 \Gamma_2 P \tilde{x}_i(t) \\
u_i(t) &= -K_i F_i \tilde{x}_i(t) + \phi_{i1}(t) + \phi_{i2}(t)
\end{aligned} \tag{9.40}$$

则式 (9.36) 在传感器故障时能够与具有期望同步态的式 (9.35) 之间实现自适应容错同步，其中，$\tilde{\gamma}_{ci} = \gamma_{ci} - \hat{\gamma}_{ci}$，$\tilde{\gamma}_{hi} = \gamma_{hi} - \hat{\gamma}_{hi}$，$\gamma_{ci} = \sum\limits_{j=1}^{N} c_{ij}^2$，$\gamma_{hi} = \sum\limits_{j=1}^{N} h_{ij}^2$，$(D_i)^+$ 表示矩阵 $D_i$ 的广义逆 $(i = 1, \cdots, N)$。

**证明**　考虑如下形式的 Lyapunov-Krasovskii 函数：

$$V_3(t) = \sum_{i=1}^{N} \tilde{x}_i^{\mathrm{T}}(t) P \tilde{x}_i(t) + \frac{1}{2} \sum_{i=1}^{N} \tilde{\gamma}_{ci}^2 + \frac{1}{2} \sum_{i=1}^{N} \tilde{\gamma}_{hi}^2 + \int_{t-\tau}^{t} \sum_{i=1}^{N} \tilde{x}_i^{\mathrm{T}}(s) Q \tilde{x}_i(s) \mathrm{d}s \tag{9.41}$$

$V_3(t)$ 沿着式 (9.37) 的轨迹求导数，可得

$$\begin{aligned}
\dot{V}_3(t) \leqslant & \sum_{i=1}^{N} \tilde{x}_i^{\mathrm{T}}(t) \Big( PA + A^{\mathrm{T}}P + PBM^{-1}B^{\mathrm{T}}P + \Delta M \Delta + Q \Big) \tilde{x}_i(t) \\
& + 2 \sum_{i=1}^{N} \sum_{j=1}^{N} \tilde{x}_i^{\mathrm{T}}(t) P c_{ij} \Gamma_1 \tilde{x}_j(t) + 2 \sum_{i=1}^{N} \sum_{j=1}^{N} \tilde{x}_i^{\mathrm{T}}(t) P h_{ij} \Gamma_2 \tilde{x}_j(t-\tau) \\
& - \sum_{i=1}^{N} \tilde{\gamma}_{ci} \dot{\hat{\gamma}}_{ci}(t) + 2 \sum_{i=1}^{N} \tilde{x}_i^{\mathrm{T}}(t) P D_i (-K_i F_i \tilde{x}_i(t) + \phi_i(t)) - \sum_{i=1}^{N} \tilde{\gamma}_{hi} \dot{\hat{\gamma}}_{hi}(t)
\end{aligned}$$

$$-\sum_{i=1}^{N} \tilde{x}_i^{\mathrm{T}}(t-\tau) Q \tilde{x}_i(t-\tau) \tag{9.42}$$

式中，利用了假设 9.3 和引理 9.1。

注意到如下不等式成立：

$$2\tilde{x}_i^{\mathrm{T}}(t) \sum_{j=1}^{N} P c_{ij} \Gamma_1 \tilde{x}_j(t)$$

$$\leqslant \sum_{j=1}^{N} \tilde{x}_i^{\mathrm{T}}(t) g_1 c_{ij}^2 P \Gamma_1 \Gamma_1 P \tilde{x}_i(t) + \sum_{j=1}^{N} g_1^{-1} \tilde{x}_j^{\mathrm{T}}(t) \tilde{x}_j(t)$$

$$= g_1 \gamma_{ci} \tilde{x}_i^{\mathrm{T}}(t) P \Gamma_1 \Gamma_1 P \tilde{x}_i(t) + \sum_{j=1}^{N} g_1^{-1} \tilde{x}_j^{\mathrm{T}}(t) \tilde{x}_j(t)$$

$$= g_1 (\tilde{\gamma}_{ci} + \hat{\gamma}_{ci}) \tilde{x}_i^{\mathrm{T}}(t) P \Gamma_1 \Gamma_1 P \tilde{x}_i(t) + \sum_{j=1}^{N} g_1^{-1} \tilde{x}_j^{\mathrm{T}}(t) \tilde{x}_j(t) \tag{9.43}$$

$$2\tilde{x}_i^{\mathrm{T}}(t) \sum_{j=1}^{N} P h_{ij} \Gamma_2 \tilde{x}_j(t-\tau)$$

$$\leqslant \sum_{j=1}^{N} \tilde{x}_i^{\mathrm{T}}(t) g_2 h_{ij}^2 P \Gamma_2 \Gamma_2 P \tilde{x}_i(t) + \sum_{j=1}^{N} g_2^{-1} \tilde{x}_j^{\mathrm{T}}(t-\tau) \tilde{x}_j(t-\tau)$$

$$= g_2 \gamma_{hi} \tilde{x}_i^{\mathrm{T}}(t) P \Gamma_2 \Gamma_2 P \tilde{x}_i(t) + \sum_{j=1}^{N} g_2^{-1} \tilde{x}_j^{\mathrm{T}}(t-\tau) \tilde{x}_j(t-\tau)$$

$$= g_2 (\tilde{\gamma}_{hi} + \hat{\gamma}_{hi}) \tilde{x}_i^{\mathrm{T}}(t) P \Gamma_2 \Gamma_2 P \tilde{x}_i(t) + \sum_{j=1}^{N} g_2^{-1} \tilde{x}_j^{\mathrm{T}}(t-\tau) \tilde{x}_j(t-\tau) \tag{9.44}$$

式中，$\gamma_{ci} = \sum_{j=1}^{N} c_{ij}^2$；$\gamma_{hi} = \sum_{j=1}^{N} h_{ij}^2$。

将式 (9.43) 和式 (9.44) 代入式 (9.41)，可得

$$\dot{V}_3(t) \leqslant \sum_{i=1}^{N} \tilde{x}_i^{\mathrm{T}}(t) \Big( PA + A^{\mathrm{T}} P + PBM^{-1} B^{\mathrm{T}} P + \Delta M \Delta + Q \Big) \tilde{x}_i(t)$$

$$+ \sum_{i=1}^{N} \tilde{\gamma}_{ci} (g_1 \tilde{x}_i^{\mathrm{T}}(t) P \Gamma_1 \Gamma_1 P \tilde{x}_i(t) - \dot{\hat{\gamma}}_{ci}(t)) + \sum_{i=1}^{N} g_1 \hat{\gamma}_{ci} \tilde{x}_i^{\mathrm{T}}(t) P \Gamma_1 \Gamma_1 P \tilde{x}_i(t)$$

$$+ \sum_{i=1}^{N} \tilde{\gamma}_{hi}(g_2 \tilde{x}_i^{\mathrm{T}}(t) P \Gamma_2 \Gamma_2 P \tilde{x}_i(t) - \dot{\hat{\gamma}}_{hi}(t)) + \sum_{i=1}^{N} g_2 \hat{\gamma}_{hi} \tilde{x}_i^{\mathrm{T}}(t) P \Gamma_2 \Gamma_2 P \tilde{x}_i(t)$$

$$+ \sum_{i=1}^{N} \sum_{j=1}^{N} g_1^{-1} \tilde{x}_j^{\mathrm{T}}(t) \tilde{x}_j(t) + \sum_{i=1}^{N} \sum_{j=1}^{N} g_2^{-1} \tilde{x}_j^{\mathrm{T}}(t-\tau) \tilde{x}_j(t-\tau) - \sum_{i=1}^{N} \tilde{x}_i^{\mathrm{T}}(t-\tau) Q \tilde{x}_i(t-\tau)$$

$$- 2 \sum_{i=1}^{N} \tilde{x}_i^{\mathrm{T}}(t) P D_i K_i F_i \tilde{x}_i(t) + 2 \sum_{i=1}^{N} \tilde{x}_i^{\mathrm{T}}(t) P D_i (\phi_{i1}(t)) + \phi_{i2}(t)) \tag{9.45}$$

如果选择自适应容错控制律 (式 (9.41))，式 (9.45) 可简化为

$$\begin{aligned} \dot{V}_3(t) \leqslant & \sum_{i=1}^{N} \tilde{x}_i^{\mathrm{T}}(t) \Big( PA + A^{\mathrm{T}} P + PBM^{-1}B^{\mathrm{T}}P + \Delta M \Delta \\ & + Q + N g_1^{-1} I - 2 P D_i K_i F_i \Big) \tilde{x}_i(t) \\ & + \sum_{i=1}^{N} N g_2^{-1} \tilde{x}_i^{\mathrm{T}}(t-\tau) \tilde{x}_i(t-\tau) - \sum_{i=1}^{N} \tilde{x}_i^{\mathrm{T}}(t-\tau) Q \tilde{x}_i(t-\tau) \end{aligned} \tag{9.46}$$

利用式 (9.38) 和式 (9.39)，则对于任意的 $\tilde{x}_i(t) \neq 0$ 和 $\tilde{x}_i(t-\tau) \neq 0$，有 $\dot{V}_3(t) < 0$；当且仅当 $\tilde{x}_i(t) = 0$ 和 $\tilde{x}_i(t-\tau) = 0$ 时才有 $\dot{V}_3(t) = 0$。根据 Lyapunov 稳定性理论，具有传感器故障的响应网络 (式 (9.36)) 被自适应容错同步到了式 (9.35) 的期望同步态。

当式 (9.36) 中没发生传感器故障时，可得到如下的自适应同步控制律，该结果可直接从定理 9.4 得出：

**推论 9.2**　假设 9.3 成立。如果存在正定对称矩阵 $P$、$Q$，正定对角矩阵 $M$，适维矩阵 $Y_i$，正常数 $g_1$ 和 $g_2$，使得

$$\begin{bmatrix} PA + A^{\mathrm{T}}P + \Delta M \Delta + N g_1^{-1} I + Q - Y_i - Y_i^{\mathrm{T}} & PB \\ * & -M \end{bmatrix} < 0 \tag{9.47}$$

$$N g_2^{-1} I - Q < 0 \tag{9.48}$$

同时，如果选择如下的自适应律：

$$\begin{aligned} \dot{\hat{\gamma}}_{ci}(t) &= g_1 \tilde{x}_i^{\mathrm{T}}(t) P \Gamma_1 \Gamma_1 P \tilde{x}_i(t) \\ \dot{\hat{\gamma}}_{hi}(t) &= g_2 \tilde{x}_i^{\mathrm{T}}(t) P \Gamma_2 \Gamma_2 P \tilde{x}_i(t) \\ \phi_{i1}(t) &= -0.5 g_1 (D_i)^{+} \hat{\gamma}_{ci}(t) \Gamma_1 \Gamma_1 P \tilde{x}_i(t) \\ \phi_{i2}(t) &= -0.5 g_2 (D_i)^{+} \hat{\gamma}_{hi}(t) \Gamma_2 \Gamma_2 P \tilde{x}_i(t) \\ u_i(t) &= -K_i \tilde{x}_i(t) + \phi_{i1}(t) + \phi_{i2}(t) \end{aligned} \tag{9.49}$$

则式 (9.36) 可自适应同步到式 (9.35) 的期望同步态，其中，$\tilde{\gamma}_{ci} = \gamma_{ci} - \hat{\gamma}_{ci}$，$\tilde{\gamma}_{hi} = \gamma_{hi} - \hat{\gamma}_{hi}$，$\gamma_{ci} = \sum_{j=1}^{N} c_{ij}^2$，$\gamma_{hi} = \sum_{j=1}^{N} h_{ij}^2$，$(D_i)^+$ 表示矩阵 $D_i$ 的广义逆，$K_i = (PD_i)^+ Y_i (i = 1, \cdots, N)$。

**注释 9.10**　现在可以对本章所建立的容错同步结果进行比较。定理 9.2 是基于被动容错控制理论而得到的，在网络同步运行演化中，被动容错控制器的结构和参数都保持不变 (被动容错控制器就是以不变应万变的方式来控制和调节系统的，一般来说，被动容错控制都是针对已知的故障模式类进行的有效控制，或者说，能够镇定给定的故障模式类的控制方案的交集称为被动容错控制。在这一点上，被动容错控制与鲁棒控制有很大的相似性，但鲁棒控制主要是针对被控系统存在参数不确定或者结构不确定情况下的控制，属于正常系统处于一定参数摄动范围或受到一定程度外界扰动情况下的抗扰动控制。相比较，被动容错控制则是指系统发生故障时能够通过一定的固定控制器来保持受控系统的稳定性，控制性能可能要有所下降。显然，在被动容错控制系统中参数的变化剧烈程度要比鲁棒控制中的参数变化的程度要大得多。另一个相似的概念则是可靠控制，其目的也是为了解决系统的安全稳定运行的，其既可指参数的摄动，也可指参数的故障情况。这样，可靠控制这种称谓一般多用在实际工业现场，而鲁棒控制和被动容错控制多用于研究领域或学术界；前者是追求结果而不问具体过程，后者则是明晰研究的细节而有所指)。定理 9.3 和定理 9.4 都是基于驱动–响应同步的框架下建立的自适应容错同步控制结果。在定理 9.3 中，驱动系统的集体行为将受不同的初始条件和初始的耦合连接条件影响而有不同的动态轨线；而在定理 9.4 中，驱动系统具有与所有的节点网络具有相同的集体行为。这样，定理 9.3 的适用范围比定理 9.4 的适用范围更广，更具有普适性。但针对具有期望同步态的驱动网络情况，定理 9.3 要求 $N$ 个自适应控制律和 $2N^2$ 个耦合连接更新律，而定理 9.4 要求 $N$ 个自适应控制律和 $2N$ 个自适应耦合更新律。显然，在同步控制器的硬件实现方面，满足定理 9.4 的控制律和更新律将需要更少的硬件设备和投资。

**注释 9.11**　本章主要是针对传感器故障的情况研究的自适应容错同步问题，而对于执行器故障情况下也可有类似的研究结果。例如，仿照传统的故障诊断理论中的某些方法，并基于本章的分析和设计，可以得到相应的同步结果。本章未对这方面进行研究，在这些方面还有很多工作要做。

**注释 9.12**　文献 [65]、[66] 针对一类大规模互联系统研究了容错控制问题，而复杂神经动力网络的容错同步控制与大规模复杂网络的容错控制的主要差别在于耦合项的处理上。在大规模复杂系统中，一般都是将耦合项看做一个有界的不确定项来进行处理，强调的是关联稳定性或者是整体稳定性，这样，耦合项的信息没有得到利用；相对照，在复杂神经动力网络中，耦合项的信息被进一步的细化，如满足一定的扩散条件等。这样，耦合信息被充分利用，进而对复杂网络的性态分析也就不仅仅局限在稳定性上，而是升级到同步性、一致性、牵制控制等传统的控制理论中没有出现过的新内容和新方向。所以，本章所建立的结果与文献 [65] 和 [66] 中所建立的结果是不同的。

## 9.6　仿　真　示　例

在本节，将用两个仿真例子来说明所得结果的有效性。

**例 9.1**　考虑具有三个孤立节点所组成的互联网络式 (9.1)，每个节点网络都是如下的 Hopfield 神经网络：

$$\dot{x}(t) = Ax(t) + Bf(x) \tag{9.50}$$

式中，$A = -\mathrm{diag}(1,1)$；$B = \begin{bmatrix} 1.5 & 0.1 \\ 0.2 & 2.5 \end{bmatrix}$；$f(x(t)) = \tanh(x(t))$。显然，$\Delta = \mathrm{diag}(1,1)$。

当初始条件为 $x_0 = (0.1 \ -0.1)^{\mathrm{T}}$，节点网络 (式 (9.50)) 的状态轨线如图 9.1 所示，显然是稳定的。

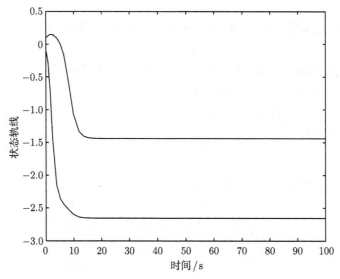

图 9.1　节点网络 (式 (9.50)) 的状态轨线

现在考虑式 (9.1)，其中

$$C = \begin{bmatrix} -2 & 1 & 1 \\ 1 & -2 & 1 \\ 0 & 1 & -1 \end{bmatrix}, \quad H = \begin{bmatrix} -1 & 1 & 0 \\ 1 & -2 & 1 \\ 1 & 0 & -1 \end{bmatrix}$$

$$\Gamma_1 = \mathrm{diag}(1,1), \quad \Gamma_2 = \mathrm{diag}(1,2), \quad \tau = 1, \quad D_i = \mathrm{diag}(1,1), \quad i = 1,2,3$$

当没有外部控制作用时，即 $u_i(t) = 0$，式 (9.1) 的状态轨线如图 9.2 所示。显然，尽管式 (9.50) 是稳定的，但没有外界控制作用的式 (9.1) 却呈现为不稳定，这一点证实了注释 9.2 中的论述。

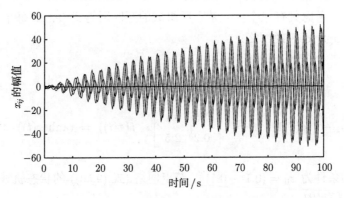

图 9.2　式 (9.1) 在没有控制作用时的状态轨线

现在考虑控制器 $u_i(t) = Kx_i(t)$，并应用推论 9.1，可得

$$Q = \mathrm{diag}(1.2450, 1.6984), \quad S = \mathrm{diag}(1.0936, 1.0930)$$

$$\epsilon_c = 0.7216, \quad \epsilon_h = 0.0676$$

$$P = \begin{bmatrix} 0.0440 & -0.0029 \\ -0.0029 & 0.0232 \end{bmatrix}, \quad Y = \begin{bmatrix} -2.7561 & -0.0029 \\ -0.0029 & -3.0030 \end{bmatrix}$$

相应地，正常情况的控制器增益为

$$K_n = (PD)^{-1}Y = \begin{bmatrix} -63.0997 & -8.5745 \\ -7.9340 & -130.7363 \end{bmatrix}$$

在控制器 $u_i(t) = K_n x_i(t)$ 作用下的式 (9.1) 的状态轨线如图 9.3 所示，显然，此时的耦合网络是稳定的。

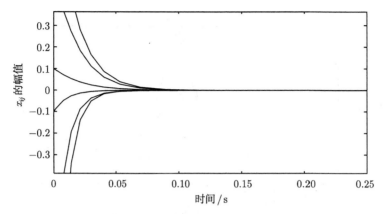

图 9.3　式 (9.1) 在正常控制器 $u_i(t) = K_n x_i(t)$ 作用时的状态轨线

当传感器故障 $F_1 = \mathrm{diag}(0,1)$ 出现时，推论 9.1 仍然成立，容错控制器的增益为

$$K = (PD)^{-1}Y = \begin{bmatrix} -103.0374 & -28.4254 \\ -37.7693 & -180.9852 \end{bmatrix}$$

此时，正常的控制器增益 $K_n$ 已经不满足推论 9.1 中的式 (9.19) 和式 (9.20)。在传感器故障 $F_1 = \mathrm{diag}(0,1)$ 时，对式 (9.1) 采用正常的控制器进行控制，所得到的状态轨线如图 9.4 所示。从图 9.4 可见，按照正常情况下设计的控制器 $u_i(t) = K_n x_i(t)$ 已不能保证传感器故障 $F_1 = \mathrm{diag}(0,1)$ 发生时的耦合网络的同步性要求。

当传感器故障 $F_1 = \mathrm{diag}(0,1)$ 出现在第二个节点网络中时，状态轨线如图 9.5 所示；当传感器故障 $F_1 = \mathrm{diag}(0,1)$ 出现在第三个节点网络中时，状态轨线如图 9.6 所示；当传感器故障 $F_1 = \mathrm{diag}(0,1)$ 同时出现在每一个节点网络中时，状态轨线如图 9.7 所示。从这些仿真结果可见，所设计的容错控制器实现了耦合网络的容错同步。

然而，当传感器故障 $F_1 = \mathrm{diag}(1,0)$ 出现时，推论 9.1 不再成立，这样，针对这种情况就不能设计容错控制器。当传感器故障 $F_1 = \mathrm{diag}(1,0)$ 出现在第一个节点网络中时，如图 9.8 所示，式 (9.1) 的状态轨迹是不稳定的。从仿真中也可以看到，每一个节点网络的第二个控制通道是至关重要的，或者说是关键的耦合链路。一旦第二个控制通道出现故障，整个耦合网络将会失去稳定性，更不用说同步性。可见，这类故障属于致命性的故障，这样的节点应给予重点保护，如采取硬件冗余备份或者严加监控，防止该通道的传感器出现故障。

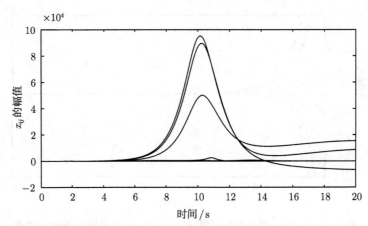

图 9.4   当传感器故障 $F_1 = \mathrm{diag}(0,1)$ 出现时采用正常控制器 $u_i(t) = K_n x_i(t)$ 控
制式 (9.1) 时的状态轨线

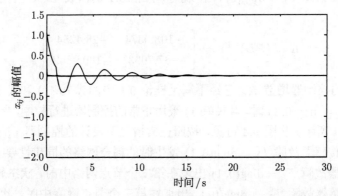

图 9.5   当传感器故障 $F_1 = \mathrm{diag}(0,1)$ 出现在第二个节点网络中时采用控制律
$u_i(t) = K x_i(t)$ 时式 (9.1) 的状态轨线

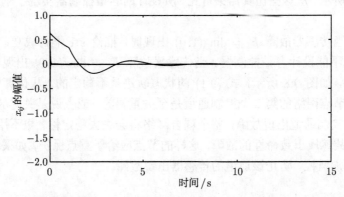

图 9.6   当传感器故障 $F_1 = \mathrm{diag}(0,1)$ 出现在第三个节点网络中时采用控制律
$u_i(t) = K x_i(t)$ 时式 (9.1) 的状态轨线

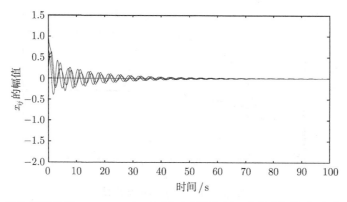

图 9.7　当传感器故障 $F_1 = \mathrm{diag}(0,1)$ 同时出现在每一个节点网络中时采用控制律

$u_i(t) = Kx_i(t)$ 时式 (9.1) 的状态轨线

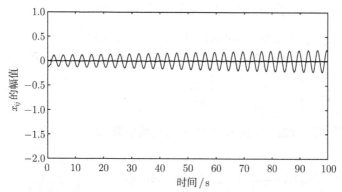

图 9.8　当感器故障 $F_1 = \mathrm{diag}(1,0)$ 出现在第一个节点网络中时采用控制律

$u_i(t) = Kx_i(t)$ 时式 (9.1) 的状态轨迹

**例 9.2**　作为复杂互联神经网络的一类应用, 考虑文献 [67] 中所建立的虚拟组织中的信誉计算问题。如果将文献 [67] 中的分布时滞项去掉, 则式 (9.1) 就是虚拟组织中的一类信誉计算模型。下面考虑具有三个节点的简化的信誉计算模型 (式 (9.1)), 节点神经网络仍同例 9.1 中的形式一样, 只不过 $A = \mathrm{diag}(-6, -4)$, 耦合连接矩阵同文献 [67] 中的一样, 即

$$C = H = \begin{bmatrix} -0.5 & 0.5 & 0 \\ 0.2 & -0.6 & 0.4 \\ 0 & 0.3 & -0.3 \end{bmatrix}, \quad \varGamma_1 = \varGamma_2 = \begin{bmatrix} 1 & 0 \\ 0 & 1 \end{bmatrix}$$

当初始条件为 $x_1(0) = (0.0303\ 0.0883)^{\mathrm{T}}$, $x_2(0) = (0.2917\ 0.2171)^{\mathrm{T}}$ 和 $x_3(0) = (0.2307\ 0.1346)^{\mathrm{T}}$ 时, 式 (9.1) 的状态轨线如图 9.9 所示, 显然该轨迹是稳定的。

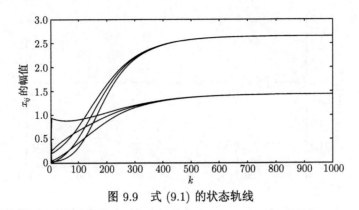

图 9.9　式 (9.1) 的状态轨线

在本例中, 采用本章提出的自适应控制律 (式 (9.26) 和式 (9.27)) 来使式 (9.21) 与驱动的信誉计算模型 (式 (9.1)) 之间实现同步。在正常的情况下, $F_1 = F_2 = F_3 = \mathrm{diag}(1,1)$, 对于给定的常数 $k^* = 2$, 应用定理 9.3 可得

$$
P = \begin{bmatrix} 1.3378 & -0.0108 \\ -0.0108 & 1.4755 \end{bmatrix}, \quad
Q = \begin{bmatrix} 5.5084 & -0.0284 \\ -0.0284 & 4.6470 \end{bmatrix}
$$

$$
Q_1 = \begin{bmatrix} 3.1084 & -0.1039 \\ -0.1039 & 1.1093 \end{bmatrix}
$$

选取自适应律 (式 (9.26) 和式 (9.27)) 中的初始参数为

$$
(\sigma_{ij})_{3\times 3} = \begin{bmatrix} 1 & 1 & 1 \\ 1 & 1 & 2 \\ 2 & 2 & 2 \end{bmatrix}, \quad
(\delta_{ij})_{3\times 3} = \begin{bmatrix} 2 & 2 & 1 \\ 2 & 2 & 1 \\ 2 & 1 & 1 \end{bmatrix}
$$

$$
d_1 = 2, \quad d_2 = 1, \quad d_3 = 1
$$

采样周期为 $t_s = 0.01\mathrm{s}$, 式 (9.1) 和式 (9.21) 的动态行为如图 9.10 所示, 耦合矩阵 $C$ 和 $H$ 的自适应估计值分别如图 9.11 和图 9.12 所示。

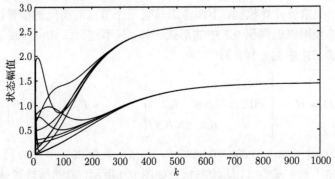

图 9.10　在自适应律 (式 (9.26) 和式 (9.27)) 作用下式 (9.1) 式 (9.21) 的状态轨线

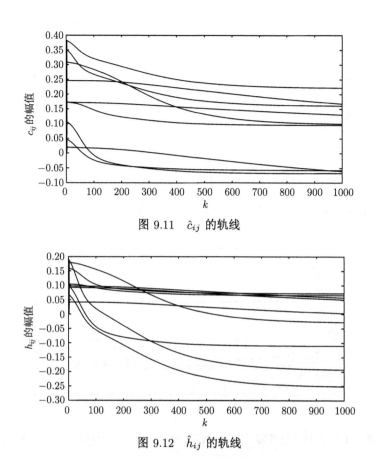

图 9.11　$\hat{c}_{ij}$ 的轨线

图 9.12　$\hat{h}_{ij}$ 的轨线

注意到尽管估计参数 $\hat{c}_{ij}$ 和 $\hat{h}_{ij}$ 未能够跟踪上真实参数 $c_{ij}$ 和 $h_{ij}$，但两个信誉计算网络 (式 (9.1) 和式 (9.21)) 之间的同步性仍然实现了。如何精确辨识网络参数 $c_{ij}$ 和 $h_{ij}$ 是网络系统建模的主要内容，不在本章讨论范围。本章的目的就是研究传感器故障下的自适应容错同步问题。这样，下面将针对传感器故障的情况讨论一下容错同步问题。

当传感器故障 $F_1 = \text{diag}(0, 1)$ 分别出现在第 $i$ 个节点网络中 $(i = 1, 2, 3)$，求解定理 9.3 中的式 (9.24)，可得

$$P = \begin{bmatrix} 1.6449 & -0.0173 \\ -0.0173 & 1.7510 \end{bmatrix}, \quad Q = \begin{bmatrix} 6.0167 & -0.0425 \\ -0.0425 & 5.5624 \end{bmatrix}, \quad Q_1 = \begin{bmatrix} 2.6903 & -0.1218 \\ -0.1218 & 1.2965 \end{bmatrix}$$

此时，在第一个节点网络中的状态轨线和估计参数轨线分别如图 9.13~图 9.15 所示。

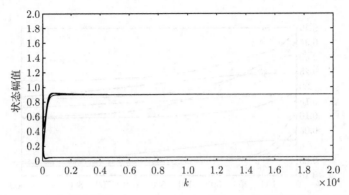

图 9.13　当传感器故障 $F_1 = \mathrm{diag}(0, 1)$ 时第一个节点网络的状态轨线

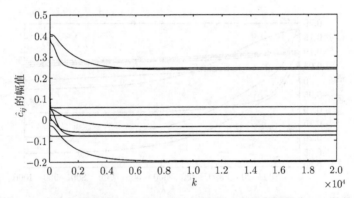

图 9.14　当传感器故障 $F_1 = \mathrm{diag}(0, 1)$ 时第一个节点网络中 $\hat{c}_{ij}$ 的轨线

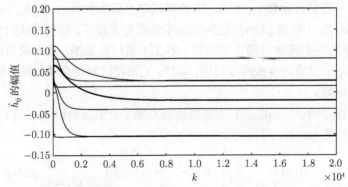

图 9.15　当传感器故障 $F_1 = \mathrm{diag}(0, 1)$ 时第一个节点网络中 $\hat{h}_{ij}$ 的轨线

　　当传感器故障 $F_1 = \mathrm{diag}(0, 1)$ 同时出现在每一个节点网络时，求解定理 9.3 中的式 (9.24) 可得

$$P = \begin{bmatrix} 1.5543 & -0.0202 \\ -0.0202 & 1.3888 \end{bmatrix}, \quad Q = \begin{bmatrix} 4.7631 & -0.0508 \\ -0.0508 & 4.3070 \end{bmatrix}$$

$$Q_1 = \begin{bmatrix} 1.8587 & -0.1077 \\ -0.1077 & 1.0641 \end{bmatrix}$$

此时的状态轨线和自适应耦合参数分别如图 9.16~图 9.18 所示。

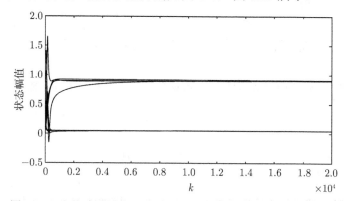

图 9.16　当传感器故障 $F_1 = \mathrm{diag}(0, 1)$ 时式 (9.21) 中状态轨线

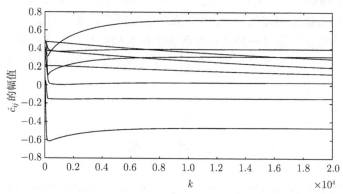

图 9.17　当传感器故障 $F_1 = \mathrm{diag}(0, 1)$ 时式 (9.21) 中 $\hat{c}_{ij}$ 的轨线

当传感器故障 $F_2 = \mathrm{diag}(1, 0)$ 出现在式 (9.21) 中时，定理 9.3 中的 LMI 条件将不再成立，此时就无法设计自适应控制律来实现网络之间的同步。

基于上面的两个仿真示例可见，本章提出的方法能对一类非致命性的传感器故障实现自适应容错同步。同时，通过应用所提出的容错同步判据可以判断出哪类传感器在复杂网络中更具有重要作用，进而可以针对重点的传感器进行重点监视和维护。针对致命性的传感器故障，在传统的故障诊断理论中也是没有办法来实现容错控制的，针对复杂网络中的这种致命性传感器故障也是如此。一般常用的提高功能冗余的方法就是硬件的备份，特别是重要传感器的备份，以备一时之需。

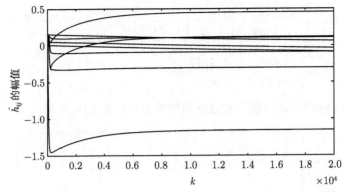

图 9.18　当传感器故障 $F_1 = \mathrm{diag}(0,\ 1)$ 时式 (9.21) 中 $\hat{h}_{ij}$ 的轨线

## 9.7　小　　结

　　本章针对传感器故障情况下的基于驱动–响应框架的复杂网络自适应容错同步进行了研究，得到了一些相应的结果。从系统的观点看，讨论了被动容错控制器的设计和自适应容错控制器的设计。所得到的容错同步结果是基于 LMI 方法和自适应参数调节方法的。通过一些注释对所得到的容错结果与经典控制理论中的一些容错控制方法进行了比较和对照。最后，通过两个数值例子验证了所得结果的有效性。

### 参 考 文 献

[1]　Li X, Jin Y, Chen G. Complexity and synchronization of the world trade web. Physica A, 2003, 328: 287-296.

[2]　Wang X, Chen G. Pinning control of scale-free dynamical networks. Physica A, 2002, 310: 521-531.

[3]　Porfiri M, di Bernardo M. Criteria for global pinning-controllability of complex networks. Automatica, 2008, 44: 3100-3106.

[4]　Koo J, Ji D, Won S. Synchronization of singular complex dynamical networks with time-varying delays. Applied Mathematics and Computation, 2010, 217: 3916-3923.

[5]　Gau R S, Lien C H, Hsieh J G. Novel stability conditions for interval delayed neural networks with multiple time-varying delays. International Journal of Innovative Computing, Information and Control, 2011, 7(1): 433-444.

[6] Wang Y, Xiao J, Wang H. Global synchronization of complex dynamical networks with network failure. International Journal of Robust and Nonlinear Control, 2010, 20: 1667-1677.

[7] Zheng S, Wang S, Dong G, et al. Adaptive synchronization of two nonlinearly coupled complex dynamical networks with delayed coupling. Communications in Nonlinear Science and Numerical Simulation, 2012, 17(1): 284-291.

[8] Gong D, Zhang H, Wang Z, et al. Novel synchronization analysis for complex networks with hybrid coupling by handling multitude Kronecker product terms. Neurocomputing, 2012, 82: 14-20.

[9] Zhou J, Lu J, Lu J. Adaptive synchronization of an uncertain complex dynamical network. IEEE Transactions on Automatic Control, 2006, 51(4): 652-656.

[10] Zhang Q, Lu J, Lu J, et al. Adaptive feedback synchronization of a general complex dynamical network with delayed nodes. IEEE Transactions on Circuits and Systems-II: Express Briefs, 2008, 55(2): 183-187.

[11] Osipov G V, Sushchik M M. The effect of natural frequency distribution on cluster synchronization in oscillator arrays. IEEE Transactions On Circuits and Systems-I: Fundamental Theory and Applications,1997, 44(10): 1006-1010.

[12] McGraw P N, Menzinger M. Clustering and the synchronization of oscillator networks. Physical Review E, 2005, 72(1): 015101.

[13] Yoshioka M. Cluster synchronization in an ensemble of neurons interacting through chemical synapses. Physical Review E, 2005, 71(6): 061914.

[14] Franovic I, Todorovic K, Vasovic N. Cluster synchronization of spiking induced by noise and interaction delays in homogenous neuronal ensembles. Chaos, 2012, 22(3): 033147.

[15] Francesco R, Roberto T, Huang L. Onset of chaotic phase synchronization in complex networks of coupled heterogeneous oscillators. Physical Review E, 2012, 86(2): 027201.

[16] Kawamura Y, Nakao H, Arai K. Phase synchronization between collective rhythms of globally coupled oscillator groups: noiseless nonidentical case. Chaos, 2010, 20(4): 043110.

[17] Jalili M. Enhancing synchronizability of diffusively coupled dynamical networks: A survey. IEEE Transactions on Neural Networks and Learning Systems, 2013, 24(7): 1009-1022.

[18] Fries P. Neuronal Gamma-band synchronization as a fundamental process in cortical computation. Annual Review of Neuroscience, 2009, 32: 209-224.

[19] Ivancevic V G, Ivancevic T T. Quantum Neural Computation, Intelligent Systems, Control and Automation: Science and Engineering. Berlin: Springer, 2010.

[20] Uhlhaas P J, Singer W. Neuronal dynamics and neuropsychiatric disorders: Toward a translational paradigm for dysfunctional large-scale networks. Neuron, 2012, 75(6):

963-980.

[21] Uhlhaas P J, Roux F, Rodriguez E. Neural synchrony and the development of cortical networks. Trends in Cognitive Sciences, 2010, 14(2): 72-80.

[22] Zheleznyak A, Chua L O. Coexistence of low-and high-dimensional spatio-temporal chaos in a chain of dissipatively coupled Chua's circuits. Int. J. Bifur. Chaos, 1994, 4(3): 639-672.

[23] Perez-Munuzuri V, Perez-Villar V, Chua L O. Autowaves for image processing on a two-dimensional CNN array of excitable nonlinear circuits: Flat and wrinkled labyrinths. IEEE Trans. Circuits Syst-I , 1993, 40: 174-181.

[24] Perez-Munuzuri A, Perez-Munuzuri V, Perez-Villar V. Spiral waves or a two-dimensional array of nonlinear circuits. IEEE Trans. Circuits Syst-I , 1993, 40: 872-877.

[25] Murray J D. Mathematics Biology. Berlin: Springer-Verlag, 1989.

[26] Chua L O, Yang L. Cellular neural networks: applications. IEEE Trans. Circuits Syst., 1988, 35: 1273-1290.

[27] Hoppensteadt F C, Izhikevich E M. Pattern recognition via synchronization in phase-locked loop neural networks. IEEE Trans. Neural Netw., 2000, 11: 734-738.

[28] Zhang Y, He Z. A secure communication scheme based on cellular neural networks. Proc. IEEE Int. Conf. Intelligent Processing Systems, 1997, 1: 521-524.

[29] Chen G, Zhou J, Liu Z. Global synchronization of coupled delayed neural networks and applications to chaos CNN models. Int. J. Bifurc. Chaos, 2004, 14(7): 2229-2240.

[30] Zhang H, Gong D, Chen B, et al. Synchronization for coupled neural networks with interval delay: A novel augmented lyapunov–krasovskii functional method. IEEE Transactions on Neural Networks and Learning Systems, 2013, 24(1): 58-70.

[31] Earl M G, Strogatz S H. Synchronization in oscillator networks with delayed coupling: A stability criterion. Phys. Rev. E, 2003, 67: 036204.

[32] Li C G, Xu H, Liao X, et al. Synchronization in small-world oscillator networks with coupling delays. Physica A, 2004, 335(4): 359-364.

[33] Li C G, Chen G. Synchronization in general complex dynamical networks with coupling delays. Physica A, 2004, 343: 263-278.

[34] Li C P, Sun W G, Kurths J. Synchronization of complex dynamical networks with time-delays. Physica A, 2006, 361: 24-34.

[35] Porfiri M, Stilwell D J. Consensus seeking over random weighted directed graphs. IEEE Trans. Autom. Control, 2007, 52(9): 1767-1773.

[36] Balthrop J, Forrest S, Newman M E J, et al. Technological networks and the spread of computer viruses. Science, 2004, 304: 527-529.

[37] Jin X, Yang G. Adaptive synchronization of a class of uncertain complex networks against network deterioration. IEEE Transactions on Circuits and Systems-I : Regular

Papers, 2011, 58(6): 1396-1409.

[38] Zhao Y, Jiang G. Fault diagnosis for a class of output-coupling complex dynamical networks with time delay. Acta Phys. Sin., 2011, 60(11): 110206-6.

[39] Zhao J, Lu J A, Zhang Q. Pinning a complex delayed dynamical network to a homogenous trajectory. IEEE Trans. Circuits Syst-II, Exp. Briefs, 2009, 56(6): 514-518.

[40] Guo W, Austin F, Chen S, et al. Pinning synchronization of the complex networks with non-delayed and delayed coupling. Phys. Lett. A, 2009, 373(17): 1565-1572.

[41] Yu W, Chen G, Lu J. On pinning synchronization of complex dynamical networks. Automatica, 2009, 45(2): 429-435.

[42] Li Z, Chen G. Robust adaptive synchronization of uncertain dynamical networks. Phys. Lett. A, 2004,324(3): 166-178.

[43] Zhou J, Lu J A, Lu J. Adaptive synchronization of an uncertain complex dynamical network. IEEE Trans. Autom. Control, 2006, 54(4): 652-656.

[44] Zhang Q, Lu J, Lu J, et al. Adaptive feedback synchronization of a general complex dynamical network with delayed nodes. IEEE Trans. Circuits Syst-II, Experss Briefs, 2008, 55(2): 183-187.

[45] Chen G, Lewis F L. Distributed adaptive tracking control for synchronization of unknown networked lagrangian systems. IEEE Trans. Systems, Man, and Cybernetics-B: Cybernetics, 2011, 41(3): 805-816.

[46] Yu W, de Lellis P, Chen G, et al. Distributed adaptive control of synchronization in complex networks. IEEE Trans. Automatic Control, 2012, 57(8): 2153-2158.

[47] Cui L, Kumara S, Albert R. Complex networks: An engineering view. IEEE Circuits and Systems Magazine, 2010, 3: 10-25.

[48] Liu M, Shi P, Zhang L, et al. Fault tolerant control for nonlinear Markovian jump systems via proportional and derivative sliding mode observer. IEEE Trans. on Circuits and Systems-I : Regular Papers, 2011, 58(11): 2755-2764.

[49] Gao Z, Jiang B, Shi P, et al. Passive fault tolerant control design for near space hypersonic vehicle dynamical system. Circuits Systems and Signal Processing, 2012, 31(2): 565-581.

[50] Shi P, Boukas E K, Nguang S K, et al. Robust disturbance attenuation for discrete-time active Fault tolerant control systems with uncertainties. Optimal Control Applications and Methods, 2003, 24: 85-101.

[51] Xu Y, Jiang B, Tao G, et al. Fault accommodation for near space hypersonic vehicle with actuator fault. International Journal of Innovative Computing, Information and Control, 2011, 7(5): 2187-2200.

[52] Shumsky A, Zhirabok A, Jiang B. Fault accommodation in nonlinear and linear dynamic systems: Fault decoupling based approach. International Journal of Innovative Computing, Information and Control, 2011, 7(7): 4535-4550.

[53] Henry D. Structured fault detection filters for LPV systems modeled in an LFR manner. International Journal of Adaptive Control and Signal Processing, 2012, 26:

190-207.

[54]　Blesa J, Puig V, Saludes J. Identification for passive robust fault detection using zonotope-based set-membership approaches. International Journal of Adaptive Control and Signal Processing, 2011, 25: 788-812.

[55]　Gayaka S, Yao B. Accommodation of unknown actuator faults using output feedback-based adaptive robust control. International Journal of Adaptive Control and Signal Processing, 2011, 25: 965-982.

[56]　Du D, Jiang B, Shi P. Sensor fault estimation and compensation for time-delay switched systems. International Journal of Systems Science, 2012, 43(4): 629-640.

[57]　Gao Z, Jiang B, Shi P, et al. Active fault tolerant control design for reusable launch vehicle using adaptive sliding mode technique. Journal of the Franklin Institute, 2012, 349(4): 1543-1560.

[58]　Jiang B, Gao Z, Shi P, et al. Adaptive fault-tolerant tracking control of near-space vehicle using Takagi-Sugeno fuzzy models. IEEE Transactions on Fuzzy Systems, 2010, 18(5): 1000-1007.

[59]　Jiang B, Staroswiecki M, Cocquempot V. Fault accommodation for nonlinear dynamic systems. IEEE Transactions on Automatic Control, 2006, 51(9): 1578-1583.

[60]　Wu X. Synchronization-based topology identification of weighted general complex dynamical networks with time-varying coupling delay. Physica A: Statistical Mechanics and Its Applications, 2008, 387(4): 997-1008.

[61]　Li H. Synchronization stability for discrete-time stochastic complex networks with probabilistic interval time-varying delays. International Journal of Innovative Computing, Information and Control, 2011, 7(2): 697-708.

[62]　Fang M, Park J H. Non-fragile synchronization of neural networks with time-varying delay and randomly occurring controller gain fluctuation. Applied Mathematics and Computation, 2013, 219(15): 8009-8017.

[63]　Chen J, Patton R. Robust Model-based Fault Diagnosis for Dynamic System. Dordrecht: Kluwer Academic Publishers, 1999.

[64]　Pecora L M, Carroll T L. Synchronization in chaotic systems. Phys. Rev. Lett., 1990, 64(8): 821-824.

[65]　Eryurek E, Upadhyaya B. Fault-tolerant control and diagnostics for large-scale systems. IEEE Control Systems, 1995, 15(5): 34-42.

[66]　Sun J, Wang Z, Hu S. Decentralized robust fault-tolerant control for a class uncertain large-scale interconnected systems. Fifth World Congress on Intelligent Control and Automation, New York, 2004: 1510-1513.

[67]　Cao J D, Yu W, Qu Y. A new complex network model and convergence dynamics for reputation computation in virtual organizations. Physics Letters A, 2006, 356: 414-425.

# 第 10 章　问题总结与展望

通过对神经网络的稳定研究再到复杂网络的同步性研究，作者在此过程中体会到了一些新的认识，特别是对以基于神经网络为代表的控制理论和基于统计物理和图论的复杂网络之间相互关系的认识。作为本书的概括与总结，下面将分别对控制理论与复杂网络的相互关系问题、不同系统之间能够产生同步的根源问题以及神经网络稳定性和复杂网络同步性的未来发展进行探讨和展望，希望能够对控制理论学科及其交叉学科的深度发展有所启示和借鉴。

## 10.1　对控制理论与复杂网络的认识总结

20 世纪人工神经网络理论 (更确切地说应是人工智能) 的兴起，基本上是与现代控制理论的发展变化相同步的 (属于滞后同步的一种，滞后时滞也是一个分段变化的函数)。利用当时人们对现代控制理论的认知态度来理解和认识在自然界中长存已久的生命科学和自然运行规律，并从中吸收和汲取相关需要的养分融入到现代控制理论的体系框架中，进一步促进控制理论的发展和完善，以期能够在更加灵活、智能的方式下希望被控对象能够实现人们预期的效果和性能要求，并由此展开先验的、预期的控制理论的分析和综合。经典的控制理论、现代控制理论，其至是智能控制理论 (几乎可以说控制理论本身) 都属于一种未雨绸缪、运筹帷幄的控制决策和控制规律的探寻，以期被控制对象能够产生期望的输出实现标称给定的性能，实现为人所用。这就是当下的主流控制理论的研究内容和认识水平，不仅现在是这样，而且将来也会是这样。

随着工业生产、经济发展的需要，人们的期望在不断提升，需求在不断扩大，使得简单的手工作坊式的工农业生产已经不能满足当下时代的需要，进而手动到半自动再到自动化，再到计算机化、局域网络化和无线网络化等的发展，使得被研究的物理对象和经济现象逐渐变得越来越庞杂，即被研究对象内部以及被研究对象之间呈现出相互耦合和关联的交互作用 (尚未有涉及人工的干预就已经如此不简单了)。针对这一现实的存在，基于原始还原论的认知态度已经不能够适应这种纷繁复杂的局面，迫切需要在解决问题的认识上和理论上有相应的更新和创造。为适应这种需求，产生了不同的控制理论分支，如大系统理论、协同理论、解耦控制理论、分层递阶控制理论、主从控制理论、自适应控制理论、智能控制理论、网络控制理论等。这些理论都是从所面临的现实问题或被研究对象的不同方面来展开的对认识规律的探索和研发，以期实现设计者的愿景。这是一种确定式的、先验式的探索和尝试。

面临同样的纷繁复杂的事物，不同性能指标的选取将导致研究角度和方式的变化，特别是研究者认知态度的变化。以当下研究的较为热门的复杂网络理论来说，它实际上就是对大规模互联大系统的一种不同诠释和认知，只是研究的侧重点和追求的性能期望值不同而已。简单来说，早期的大规模互联大系统的研究是基于确定性的、还原论的认知对其物理基础和运行控制机理展开的研究，具有强移植性；当下的复杂网络是基于统计的、系统论的认知对物理现象和外部特征的归纳和总结，以期能够对网络本身的未来演化提供决策支持，具有弱移植性，具体如下：

(1) 互联大系统理论强调系统内部的作用机制和作用规律，以期通过设计控制规则来改变大系统的动态行为而达到预先期望的控制指标，而对于过程中各种数据的处理也主要是为控制器设计服务的；相比较，复杂网络理论主要从统计物理的角度解释纷繁复杂的现象，通过大量数据的分布规律来揭示一类现象，进而在某些决策方面提供一定的战略指导和策略咨询，但几乎不可能提供确定性的控制规则，它是一种后验性、后效性的分析和研究。

(2) 基于控制理论所得到的控制流程和环节是用来指导生产实践的，是从无到有的过程；而复杂网络理论主要是针对已经发生的现象进行的一种统计规律研究，旨在通过大量的数据或现象发现一些既有的通式规律，是一种从 (物理上) 有到无 (统计规律的发现) 的过程。

(3) 基于控制理论所设计的各种物理对象实体构成了纷繁复杂的网络世界的基础或者个体，没有这些具体的个体，网络也就形成不了 (即复杂拼不过简单)；复杂网络理论本身是针对现实现象、自然现象的复杂性给出的一种认识态度和认识理念，是一种系统论、网络论的集成观点，强调的是事物间的相互作用以及演化过程中的涌现异质的出现。

(4) 基于控制理论的研究主要是针对具体的个体或者网络节点动力系统进行的基础研究，更为关注的是个体本身的性态，如稳定性、敛散性等；复杂网络理论强调的是多个节点网络之间的协同或者竞争、合作，如同步性和聚类性等，这些现象在孤立的节点动力系统中几乎是不可能发生的 (因为相互作用的复杂程度不够)。

(5) 基于控制理论的方法主要是基于还原论的认识，因为要涉及具体实体的设计细节，所以就必须对最微小的环节进行考虑，如电子器件的灵敏度、热稳定性及沟道质地等问题，只有从小做细，才能够保证所设计的人造动力控制系统的期望运行；复杂网络理论则是针对既成的事实或现实已有的物理系统，基于大量的观察、经验，特别是大数据进行的类似行为的分析、归纳和总结 (但不是具体的设计)，关注的是个体间的协调和整体外在表现的同步性、一致性、分布规律等宏观特质，是一种总体论的、大集合论的认知态度。脱离了大数据或海量数据，复杂网络的研究就将面临小样本概率事件的情况。

(6) 事物的演化总是从简单到复杂、从单一性到多样性、从局部到全部、从个体到群体发展的，这是自然发展的路程。相应地，人类认识这一路程并为人类所认识和所借鉴，则必然会从研究自然界的不同阶段领会不同的认识能力，以期实现人与自然之间的完全同步或者聚类同步，即平行同步认识，也可以说是实践—认识—再实践—再认识的具体再现。这样，控制理论的研究方式与复杂网络理论的研究方式是一个事物的两个方面，前者侧重综合与设计，后者侧重分析和统计，是对不同认识过程的不同处理方式。不同的需求导向导致了不同的分析方式和认识态度，这也是复杂性的一种体现。所以，无论研究控制理论还是研究复杂网络，必须要明确本身的定位和相互关系，而这是相互依存和互为补充的。控制理论在分析和综合时是还原论，但在总体规划时却有着鲜明的系统论和整体论的态度，否则总设计师的功效就会丧失；研究复杂网络理论不仅要看到系统论和网络论等总体论的优势，而且也要看到节点本身就是一种回归。毕竟个体的存在是首要的，没有了节点，复杂网络也就失去了依托的根基，最终，尘埃落定后还要归结于沉寂。

(7) 从系统论的角度看，节点就是简单性、细节的简化；从还原论的角度看，相互连接的大系统或大网络就是复杂性、整体复杂性的体现。简单性和复杂性之间的关联就是相互作用，正因为不同的相互作用，使得原本简单的节点系统呈现出节点系统原本不该出现的复杂行为或涌现。不知如何命名，进而出现了大规模系统、互联系统、大系统、巨系统、开放的巨系统、复杂系统、复杂网络等概念，这些实则上都是对同一事物的不同名状和解析。大浪淘沙，东西合璧，最终复杂网络的发展势态在当下处于主导阶段。无论怎样，如黑格尔所言，存在即为合理，只有在以系统和概念的形式对存在界作合乎理性的再构建中才能觉察和认知。这种存在不能回避，只能面对；不能漠视，只能解决和适应。这是一种认知态度，更是一种学习方式。

(8) 不同的研究内容铸就了不同的研究方式和思维模式，但作为主体的人却是处于一个不同空间和论域中自主的人，可以容纳不同的学习方式和思维以利于所从事研究问题的解决。这就涉及一个如何整合的问题，即如何将纷繁的不同节点信息化解为不同局部域的动力，以此形成正反馈促进某些局部域的发展壮大，进而再强有力地形成更大的正反馈不断循环往复，推动整个网络的良性动态演化，这就是简单和复杂的关系，即正反馈是推动复杂网络系统不断演化的动力所在。

(9) 既然涉及复杂网络，就会有必要对复杂性的认识增强一些了解。目前，根据不同的研究领域和不同的认识理解，对于复杂性的认识仍是有很多种的。但总体来说，大致的趋势是一致的，即复杂性是通过系统内在作用或外在作用形成的自组织、自协调和自发展的动态演化过程中出现的涌现行为或现象。这种涌现现象反映出来的特质在原有的节点系统中是不可能出现的，而且即使有也不是经常出现(因为某些不确定性因素的作用使其有可能出现)。所以，孤立节点系统的简单堆砌虽在规模上形成了较为复杂的现象，但没有存在彼此之间的强相互作用在某一高级认识上也是不能称为复杂网络的。简单和复杂之间也是存在过渡区和中间态的，认识也是逐渐展开的。不论概念上如何命名和划分，尊重事实、提升认识、解决问题才是最主要的。

(10) 根据复杂性的上述描述可见，生物神经网络本身就是一种复杂网络，不同神经元之间的相互作用机制构成了不同的视觉网络、运动网络、嗅觉网络等。基于模拟生物神经网络的某些特征而得到的人工神经网络模型，因为继承了生物神经网络的非线性激励函数、突触的激励作用和抑制作用、内部反馈机制以及神经元之间的连接强度等主要特征，进而从机理上讲也符合复杂网络的描述，是一类复杂网络系统。如果再将人工神经网络进行耦合互联，形成神经网络阵列，则这类阵列神经网络自然就形成了复杂神经动力网络。这样，将神经网络的稳定性研究跃升到复杂神经动力系统同步性的研究就是顺理成章的事情，是顺应研究事物变化需要的一种与时俱进、一种平行认知和一种相对稳定性。

总之，通过对复杂网络的认识和研究，既可以对以往的控制理论的一些概念和认知有一个反观内照的过程，不断提升认识水平，也会对网络的运行机制有一个明晰的认识，进而对当下的研究发展趋势有一个大致的了解，以此合理定位自己的研究方向，不会因浮华表象而迷失了自我，更不会不知道自己在做什么。事实上，复杂来自于简单，诸如熟知的简单性隐藏于表面复杂性之后，多即是少，科学的意义就是在无序的复杂性中发现有意义的简单性等，这些将促使我们透过不断增长和演化的简单动力模型来寻找对复杂现象的合理解释，由此形成一类从具体到抽象、从特殊到一般再到特殊的新型的认识方式和认识态度。

## 10.2  复杂网络同步性态源的研究

单回路或简单回路动力系统的动态特性主要是指稳定性。稳定性即动力系统的演化围绕其固有本征值的变化能力，该本征值既可以是系统初始具有的，也可以是通过外界改造并与本身的原始性态融合而成的升级的广义本征值。这样的本征值在一定的时间区间内是保持不变的，或者是变化缓慢的，即本征值的半衰期很长。这样，对系统的模型描述方式的不同，以及对同一种模型描述展开的不同，稳定性态的研究就由此丰富起来，如时域描述、频域描述、事件描述、事件-时间混合描述以及时空描述的模型等；对稳定性的理解和需求包括有界稳定、渐近稳定、指数稳定、一致稳定、有限时间稳定等。

与传统的动力系统稳定性研究相对应，复杂动力网络的研究越发显得形式多样、形态纷呈。以同步性研究为例，目前的研究主要集中于基于模型的无标度复杂动力网络模型的研究，如何针对其他形态的复杂网络的同步性研究还需要进一步的探究。即使以这种无标度的复杂网络为例，同步性一般也都是局限于所有节点网络之间状态 (如幅值、频率、相位等) 的同步性，或者是完全同步、或者是聚类同步、或者是间歇同步等。这种针对状态同步性的研究也都是对传统混沌系统的同步性的一种升级和改造，本质上属于模型参考自适应控制的范畴。自适应控制的方式方法很多，如何能够将这些方法应用到复杂网络的同步性研究中也是需要探讨的。

即使如此谈论和研究同步性，我们仅是知道同步的结果和效果，但什么是产生这种效果的根源呢？以剧场中观众的鼓掌为例，为什么最初的零散鼓掌最后能形成有节奏的同步掌声？为什么萤火虫的闪光能够同步产生，是靠什么机制来产生？复杂网络模型的描述有哪些种方式？时域的描述方式有哪些优势和不足？复杂网络的研究最初是从哪里开始的，为什么从那里开始？诸多问题，都是未来进一步深入探讨的问题。这里，我们可以提一些奇异性的想法来尝试提供一些探究途径。首先，复杂网络的研究是从物理世界开始的，首先是从具有时空特征的波函数发轫的。这种同步现象的发现是对物理世界的一种认识，是物理世界多样性的一种展现。既然是物理世界的一种展现，物理世界还有其他许多已知或者未知的现象需要我们去认识和发现。所以，描述物理世界的方式方法就不会仅有一种，基于不同的描述方式所认识的物理世界将会有不同的收获，将会更加呈现物理世界的多样性。所以，加强用其他非数学的方式来描述物理世界，探究内在的相对关系，无论定性的还是定量的，都是一个有待尝试的有趣工作。目前在物理界研究复杂网络更为普遍的一种方法就是基于统计概率的方式，通过收集实在系统或既有网络的数据，通过不同的评价指标，根据入度和出度的数据信息进行统计式归纳和总结，展开后验式或后效式总结，以期发现一些已有网络中的部分规律，希冀能对接下来的同类网络或系统提供一种经验式或者指导式的战略决策或规划。其次，既然同步现象首先是从物理的复杂网络的波函数中认识的，产生同步的根源势必与物理世界本身的自然规律有关，宜从物理的基本规律着手。一种可能就是从传递的信息是光波，光波具有波粒二象性这方面展开探索性研究。传输波本身就具有一定的频率和幅度，幅度影响传递信息的强弱，波动频率影响传递信息的相位。以团体操或者团体表演为例，每个个体都是一个智能体，能够按照统一的指令 (如语言口令或者音乐节奏等) 进行合作 (能够合作是同步的必要前提，无论主动同步还是被动同步都是如此)，每一个个体表现出来的是粒子性，而协作的集体行为则表现出来的是波动性，进而有一种节奏感和震撼力。为何每个粒子形态的实体能够实现合作与同步，这又与每个个体自身的组成是粒子性态有关。每个个体的粒子性态在某一频率下会发生谐振或者共振 (即如何寻找所有个体的频率的最大公约数和最小公倍数的代数问题)，特别是主动地接受外界的刺激产生积极的响应，这种谐振感就会增强，进而达成与统一指令的一致性或同步性。有生命的机体本身都具有这一性征，最典型的就是生物钟或者所谓的默契或共识,对于人来讲,这就是一种文化的熏陶或者修养;对于其他动物来讲,这就是一种适应本能,适应环境的自我调节和保护。这样,研究不同粒子个体之间能够产生波动性的过程是揭示同步性之源的一个可能探索方向。

基于上述认识,我们目前的状态同步都可看做基于幅值的同步,而没有涉及相位或者频率的信息。任何动力系统本身都具有幅频特性,系统本身固有的频率称为自然频率或者是固有频率,且按照傅里叶分解的结果可知,任何一个波动信号都是由基波和不同频率的其他波形组成的,这一点就类似于白色光是由七种不同频率的光波组成的。这样,探究同步之源的一种突破口可以在频率域方面展开,从自然频率以及与其相应的频率倍数的谐振角度来进行尝试,应该能够提供一种合理的定性解释。如何能够更加精细地定量解释尚有待发展。

## 10.3　神经动力网络和复杂神经动力网络的未来展望

自 1982 年 Hopfield 教授发表的关于 Hopfield 神经网络的文章以来,针对动力神经网络的稳定性研究到目前已经有 30 年的历史了,无论在神经网络模型的种类上、网络参数本身对网络动态性能的影响等方面都展开了深入的研究,并取得了丰富的成果。但作为一门交叉的学科,动力神经网络的动态特性的研究远没有尽头,随着计算机技术的发展、数值算法的发展、数学分析手段的不断推陈出新、认识层次的不断提升等,在动力神经网络中考虑的因素和环节越来越多,使得研究的内容越来越丰富,进而对神经动力网络的认识也越来越深刻。特别是随着互联网络、复杂网络的出现和兴起,出现了很多以往没有意识到或关注到的问题,这给神经动力网络的发展又带来了新的生机。下面就未来的可能研究方向进行简要展望。

(1) 继续在降低神经动力网络的稳定判据保守性方面展开深入研究。现有的稳定判据基本上都是充分条件,如果能够获得充分必要的条件就会大幅度地降低稳定判据的保守性。一种思路是在数学分析手段上深度借鉴数学领域的前沿发展和计算机技术的发展,以期通过交叉学科的发展来促进神经网络稳定性理论的发展。如将切换控制的思想引入神经网络的稳定性分析中,将时滞变量进行划分切换、切片,或者将激励函数进行划分、切片,进而用切换系统的思想进行整合来得到总体的分析效果,这就是一种当下研究稳定性的主流。

(2) 现在的神经动力网络的稳定判据的表述形式越来越复杂以期能够获得更好的效果,但这种形式表达的复杂性势必会带来计算的复杂性,增加计算的负担。所以,如何对稳定判据的有效性和计算复杂性进行权衡或折中,也是神经动力网络将要面临的一个问题。产生这样的认识是基于将神经网络的稳定性分析过程看做一个混杂动力系统的观点、有人参与的活动。如果在人力上投入如此巨大的能量而在稳定判据效果的获取上收效甚微将会不经济。毕竟,稳定性判据的保守性将是一直存在的，要具体问题具体分析。

(3) 继续深入研究神经动力网络的多稳定性问题。全局性的概念一般都是在给定的论域和空间中进行的，有各自研究的领地。这样，如何在给定的论域和空间中能够容许有更多的平衡点的存在，以便于在存储记忆和模式识别中能发挥更大的作用、解决因大型硬件设备所带来的占用大量空间、产生大量污染等弊端而提供一种可行的虚拟存储或者云存储，具有重要的战略意义。目前的多稳定性研究都是在假设激励函数属于多值取值的前提下进行的，并基于小区域的划分事先就得到多平衡点的个数，然后在每一个划分区间里再应用线性系统理论的分析方法来研究该平衡点的局部稳定性。事实上，很多非线性函数的特征基本上都是未知的，仅知道属于某一类型。这样，如何在给定的一类激励函数中给出多平衡点的绝对稳定性就显得极为重要。

(4) 神经网络的动态稳定性是神经网络应用的基础之一。目前的研究都是针对连接权值是固定的情况下的一种定常控制系统的分析方式，如何考虑连接权值是时变的情况下的在线动态稳定性的评判将具有重要的意义。例如，在电力网络中，实时的电压调节和无功潮流分布都是涉及电网安全稳定运行的重要环节，常用的就是采用局部线性化的方法进行稳定性判断，而这对于快速变化的输电网络来说是远远不够的。类似于时变系统理论，对于时变连接权的神经网络的动态稳定性的研究还不是很多。相比较，对于神经网络控制中稳定性的分析和证明，其原理也都基于线性逼近的方法得到的局部结果。这样，如何开展时变系数的神经网络的在线动态稳定性研究也是一个很有吸引力的方向。这中间的关键应是如何确定稳定性定义以及采用何种分析手段来进行在线拓展。

(5) 加强神经网络的应用研究，如在优化计算、联想记忆和模式识别等领域。神经网络的稳定性的提出既然是源于工程的需要，最终还是要回归到工程中去，以便将所得到的良好的结果更好地服务于工程实际需要。

(6) 神经网络的动态发展也是受其他学科的发展影响的，例如，早期的神经网络研究主要是针对孤立系统的神经网络本身进行的，而实际上神经网络本身就是由大量的节点相互耦合连接而成的一类复杂网络。这样，受当下复杂网络研究的启发，神经网络阵列或者复杂互联神经动力网络的整体性态也得到了人们的关注和研究。平行于复杂网络的研究路线，相应的开展了同步性、牵制控制等研究，也取得了一些积极结果。研究耦合神经网络或者复杂神经动力网络也正是逐渐回归到自然的生物神经网络本身的过程，进而在认识神经科学、认知科学等方面都将具有启迪和借鉴作用。这样，进一步开展复杂互联神经动力系统的动态行为、动态学习、合作协调等方面的研究也是一个未来的方向。

(7) 既然是存在系统，就免不了会发生故障，有故障情况下的可靠控制、容错控制、自适应控制等相应的研究也是复杂神经动力网络大力发展的一个方向。

(8) 上面的几点方向都是针对 Hopfield 型神经网络的，即面向工程领域的研究。实际上，神经网络本身是基于生命的或者生物的，这样就有必要重新审视生物神经网络的行为。而在神经网络理论中，Cohen-Grossberg 神经网络就是起源于生态系统的，最显著的特点就是所有的状态轨迹都是非负的，要么物种存在，要么物种灭亡，不存在麦克斯韦猫现象。这样，既可以研究 Cohen-Grossberg 生态网络的个体特性，也可以研究有 Cohen-Grossberg 网络组成的复杂生态网络的集体行为或者集群效应。此外，再结合一些其他的特征描述，如反应扩散效应、切换效应、事件效应、通信效应等，又可以衍生出一大类问题。这些问题的研究也是有潜力的。

(9) 稳定性特性以外的其他多种动态特性及控制策略的相关研究。神经网络的兴起与控制理论，特别是智能控制理论的兴起密切相关。传统的控制理论主要是针对单平衡点系统某个特定运动的稳定性、镇定与解耦这一类问题。而从系统的运转来说，有时感兴趣的是整个复杂系统的性能，例如，现今的电力系统，其感兴趣的已不是工作点在 Lyapunov 意义下的稳定性，而是整个电网的稳定运行；对一些经济系统，我们更关心的是其经济效益的稳定增长，而不是在某一经济水平上的踏步不前。另外，有些非线性系统很难达到 Lyapunov 稳定性或系统的 Lyapunov 函数选择较困难，使得人们转而去研究系统中一些较易实现的集体性质，如扰动过程中保持系统状态或输出的有界性有时就可以既满足需求也不难实现。另外系统中是否存在自振、同宿轨、双态性、类梯度性乃至混沌，这些都不能再归结为单平衡点的稳定性，而是由复杂系统决定的特性。Lyapunov 稳定性理论诞生至今已有120 年 (1892 年提出)，绝对稳定性的研究也有 70 年 (1944 年 Lure 提出)，这期间产生这些理论的物理背景发生了变化，系统复杂程度大大增加，所需解决的问题不再限于单平衡点的稳定性。非线性系统的复杂性表现为：由于平衡位置不单一，使得其动力学行为对系统的初始状态有很强的敏感性和依赖性；动力学模式复杂多样，除收敛及无界，还可能存在各种时空周期、非周期振动乃至混沌运动；其动力学模式对微小的外界激励十分敏感。对这类复杂非线性系统的研究，已远远超出了 Lyapunov 稳定性的研究范畴，由此进入研究复杂非线性系统集体性质的时期。

从控制的角度考虑，研究集体性质这类问题应着重如下几个方面。①基于控制通道的系统集体性质的控制。这时控制的目标不再仅是调节和跟踪，而是集体行为的构造，如系统周期或非周期振动的同步化控制，渐进行为的控制改造，包括平衡点、周期轨道、分岔以及奇异吸引子、混沌运动之间的控制转化及其转化条件等。② 系统集体性质及其鲁棒性分析。一种物理现象的稳定呈现，离不开该现象所依赖的鲁棒性。系统分析所研究的问题不仅是平衡位置附近 Lyapunov 意义下的稳定性，而更强调集体性质及其鲁棒性、解的渐进行为模式及对不确定扰动的敏感性的判别，如有界性、收敛性、周期解及拟周期解的存在及类型、混沌等的产生条件及其鲁棒性。

针对上述问题，利用有限维控制理论与方法，特别是基于 KYP 引理并经过改造后的频域方法可为系统总体性质的鲁棒性分析与控制、奇怪吸引子、同宿轨道与参数划分、Hausdorff 维数与 Lyapunov 指数等方面的研究提供研究手段，并有望在其中若干问题上取得突破。同时，针对系统本身以及控制过程中出现的各种时滞环节、滞环传输、网络通信、混杂事件等，宜采用无限维控制理论等方法来进行研究，建模的手段可以扩展到偏微分方程、符号动力系统等，并在某些问题上有望能够取得一些进展。从控制科学的发展来看，回到更复杂的工程系统中去研究科学进展的新问题是控制科学的出路。

总之，对神经网络本身的特性还有很多未被彻底认识的方面，与此同时，新的复杂神经动力网络又应运而生，给我们带来了许多新鲜的研究问题。老问题、新问题都是问题，都是要解决的。遵照一定的研究主线，循序渐进，渐开渐远，渐行渐深，只要秉着对事物本源的探索精神，能够有着与众不同的认知和收获，有着较为有效的实证或例证效果，就可以心安理得，继续躬耕不辍了。